中国建筑业
施工技术发展报告
（2024）

中国土木工程学会总工程师工作委员会
中建工程产业技术研究院有限公司　组织编写
中　国　建　筑　学　会　建　筑　施　工　分　会

毛志兵　主　　编

中　国　建　筑　工　业　出　版　社

图书在版编目（CIP）数据

中国建筑业施工技术发展报告. 2024 / 中国土木工程学会总工程师工作委员会，中建工程产业技术研究院有限公司，中国建筑学会建筑施工分会组织编写；毛志兵主编. -- 北京：中国建筑工业出版社，2024. 10.（2025.5 重印）

ISBN 978-7-112-30351-9

Ⅰ. TU74

中国国家版本馆 CIP 数据核字第 20249H0P57 号

本书结合重大工程实践，总结了中国建筑业施工技术的发展现状，展望了施工技术未来的发展趋势。本书共分 25 篇，主要内容包括：综合报告、地基与基础工程施工技术、基坑工程施工技术、地下空间工程施工技术、钢筋工程施工技术、模板与脚手架工程施工技术、混凝土工程施工技术、钢结构工程施工技术、砌筑工程施工技术、预应力工程施工技术、建筑结构装配式施工技术、装饰装修工程施工技术、幕墙工程施工技术、屋面与防水工程施工技术、防腐蚀工程施工技术、给水排水工程施工技术、电气工程施工技术、暖通工程施工技术、建筑智能化工程施工技术、季节性施工技术、建筑施工机械技术、特殊工程施工技术、城市地下综合管廊施工技术、绿色施工技术、信息化施工技术。

本书可供建筑施工工程技术人员、管理人员施工，也可供大专院校相关专业师生参考。

责任编辑：张　磊　万　李

责任校对：赵　力

中国建筑业施工技术发展报告（2024）

中国土木工程学会总工程师工作委员会
中建工程产业技术研究院有限公司　组织编写
中国建筑学会建筑施工分会

毛志兵　主　编

*

中国建筑工业出版社出版、发行（北京海淀三里河路 9 号）

各地新华书店、建筑书店经销

北京红光制版公司制版

北京中科印刷有限公司印刷

*

开本：787 毫米×1092 毫米　1/16　印张：28　字数：697 千字

2024 年 10 月第一版　2025 年 5 月第二次印刷

定价：**99.00** 元

ISBN 978-7-112-30351-9

（43732）

本书编审委员会

本书编写组

主　　编： 毛志兵

副 主 编：（按姓氏笔画排序）

冯　跃　刘子金　李　娟　李景芳　杨健康　张　琨
张晋勋　陈　浩　金德伟　郑　勇　宗敦峰　赵正嘉
胡德均　黄　刚　龚　剑　薛　刚　薛永武　戴立先

编写人员：（按姓氏笔画排序）

丁少龙　丁宝杰　于冬维　于震平　马　杰　马　栋
马庆海　王　伟　王　旭　王　军　王　威　王　胜
王　斌　王巧莉　王四久　王立群　王宇彤　王武现
王建永　王海崧　亓　轶　车稳升　龙厚涛　叶光伟
田厚仓　代小强　冯大斌　吉明军　吕　萌　朱志雄
朱晓伟　伍任雄　伍朋朋　刘　云　刘　升　刘　兮
刘小琴　刘卫华　刘今越　刘文涛　刘永奇　刘国庆
刘明生　刘建魁　刘晓英　刘爱玲　刘海哲　刘新乐
齐大伟　关占明　阮诗鹏　孙正阳　孙永民　孙佳伟
孙金桥　芮剑彬　严伟一　严家友　苏　章　李　凯
李　佳　李　聃　李　博　李　潇　李　鑫　李大宁
李小荣　李久林　李卫俊　李云舟　李止芳　李长勇
李文建　李国建　李学梅　李绍才　李思遥　李冠英
李逢春　李梓丰　李维清　李媛媛　杨　煜　杨双田
杨旭东　杨均英　杨宝今　杨淑娟　肖　飞　吴　凡
吴　飞　吴学松　吴独秀　吴哲伟　邱　勇　邱德隆
何　平　何　伟　何　萌　何成成　余小晴　余海敏
邹石军　邹厚存　汪志勇　沈　蓉　宋永威　张　雷
张　意　张　磊　张玉斗　张兆龙　张英辉　张昌叙
张明明　张金花　张泽宁　张盈辉　张家诚　张智宏
陈　全　陈立强　陈宇峰　陈国柱　陈怡宏　陈振明

陈晓明　陈铭轩　陈敏璐　武廷超　欧阳学明　罗　利
周　康　周刘刚　周国平　周学军　周泉吉　周起太
周海锋　庞　涛　郑　义　郑　晨　孟佳文　赵秋萍
赵福明　郝建兵　胡　威　胡中华　胡建民　胡晓江
侯胜男　侯智勇　洪苑乾　姚　曙　姚凯骞　贺雄英
袁银书　耿贵军　聂　恺　贾　滨　钱忠勤　钱增志
徐　华　徐　坤　殷明伦　高　杨　高　珂　高瑞国
郭海山　唐　军　黄　宏　黄　晴　黄延铮　黄克起
黄晨光　曹亚军　龚顺明　章志锋　梁亚明　逯绍慧
彭明祥　彭爱红　彭毅杰　董　超　董建伟　韩　超
程　哲　程慧珍　焦　莹　鲁开明　曾运平　蓝戊己
甄志禄　简征西　詹林山　蔡　倩　蔡　裕　蔡建桢
臧雪伟　裴建新　廖　星　谭　卡　谭　燕　谭志成
潘俊儒　薛德华

前　言

在习近平新时代中国特色社会主义思想指引下，我国各行各业深入学习贯彻党的二十大精神，科学技术水平以前所未有的速度蓬勃发展。中国建筑业在创新发展的快车道上高速运行，新技术、新工艺、新材料、新设备不断涌现，建成了一大批绿色低碳、规模宏大、结构新颖、技术难度大的超高层、异形大跨结构等工程，充分展示了我国建筑业施工技术的硬实力。中国建筑业的高质量发展，是实现中国式现代化的重要组成部分。建筑施工技术是建筑质量和建筑效率的根本保证。目前我国的许多工程施工技术已达到国际先进水平。实施创新驱动发展战略，打造中国建造升级版，集聚力量进行原创性引领性技术攻关，突破制约建筑业发展的质量瓶颈，打造发展新动能新优势，推广先进建造设备和智能建造技术，大力发展绿色建筑，深入推进可再生能源、资源建筑应用，实现工程建设全过程低碳环保、节能减排，提升建设工程的质量和安全性能，对助推我国建筑业高质量发展和国民经济发展具有重大的现实意义和深远的历史意义。

《中国建筑业施工技术发展报告（2024）》是由中国土木工程学会总工程师工作委员会联合中建工程产业技术研究院有限公司、中国建筑学会建筑施工分会共同组织发布的行业技术发展报告，其宗旨是促进我国建筑业发展，推动施工技术进步，以更好地为建筑业服务。在业内领导、专家学者的大力支持下，通过国内众多大型建筑企业和技术工作者积极参与和无私耕耘，经过十余年的共同努力，《中国建筑业施工技术发展报告》分别于2014年、2016年、2018年、2021年和2023年出版发行，为中国建筑业施工技术发展做出了贡献。

《中国建筑业施工技术发展报告（2024）》在前五版的基础上，调研、参考大量国内外资料，结合一些重大工程实践，总结了中国建筑业近三年来施工技术发展现状，展望了施工技术未来发展趋势。本书包括地基与基础工程施工技术、混凝土工程施工技术、模板与脚手架工程施工技术、建筑结构装配式施工技术、信息化施工技术等24个单项技术报告。每个单项技术报告分别包含概述、主要技术介绍、技术最新进展（1～3年）、技术前沿研究、技术指标记录、典型工程案例等内容。

感谢编委会全体成员在本书从起草、编辑、统稿到定稿整个过程中的辛勤付出，感谢审定专家的认真审核。

由于对建筑业施工技术资料的收集和研究还不够全面，编者水平有限，报告难免存在不足之处，希望同行专家和广大读者给予批评指正。

在编写过程中，参考了众多建筑施工技术文献，不便一一列出，在此谨向各位编著者致谢。

本书编审委员会

2024年10月

目　录

第一篇　综合报告 …… 1

一、发展回顾 …… 2
二、主要技术内容 …… 2
三、技术发展趋势 …… 5
四、政策建议 …… 8

第二篇　地基与基础工程施工技术 …… 11

一、地基与基础工程施工技术概述 …… 12
二、地基与基础工程施工主要技术介绍 …… 14
三、地基与基础工程施工技术最新进展（1～3 年） …… 21
四、地基与基础工程施工技术前沿研究 …… 23
五、地基与基础工程施工技术指标记录 …… 25
六、地基与基础工程施工技术典型工程案例 …… 25

第三篇　基坑工程施工技术 …… 31

一、基坑工程施工技术概述 …… 32
二、基坑工程施工主要技术介绍 …… 32
三、基坑工程施工技术最新进展（1～3 年） …… 41
四、基坑工程施工技术前沿研究 …… 44
五、基坑工程施工技术指标记录 …… 45
六、基坑工程施工技术典型工程案例 …… 45

第四篇　地下空间工程施工技术 …… 53

一、地下空间工程施工技术概述 …… 54
二、地下空间工程施工主要技术介绍 …… 57
三、地下空间工程施工技术最新进展（1～3 年） …… 60
四、地下空间工程施工技术前沿研究 …… 62
五、地下空间工程施工技术指标记录 …… 63
六、地下空间工程施工技术典型工程案例 …… 65

第五篇　钢筋工程施工技术 …… 69

一、钢筋工程施工技术概述 …… 70

二、钢筋工程施工主要技术介绍 …… 72
三、钢筋工程施工技术最新进展（1～3 年） …… 76
四、钢筋工程施工技术前沿研究 …… 81
五、钢筋工程施工技术指标记录 …… 81
六、钢筋工程施工技术典型工程案例 …… 82

第六篇　模板与脚手架工程施工技术 …… 93

一、模板与脚手架工程施工技术概述 …… 94
二、模板与脚手架工程施工主要技术介绍 …… 94
三、模板与脚手架工程施工技术最新进展（1～3 年） …… 99
四、模板与脚手架工程施工技术前沿研究 …… 104
五、模板与脚手架工程施工技术指标记录 …… 105
六、模板与脚手架工程施工技术典型工程案例 …… 106

第七篇　混凝土工程施工技术 …… 113

一、混凝土工程施工技术概述 …… 114
二、混凝土工程施工主要技术介绍 …… 115
三、混凝土工程施工技术最新进展（1～3 年） …… 118
四、混凝土工程施工技术前沿研究 …… 122
五、混凝土工程施工技术指标记录 …… 125
六、混凝土工程施工技术典型工程案例 …… 126

第八篇　钢结构工程施工技术 …… 129

一、钢结构工程施工技术概述 …… 130
二、钢结构工程施工主要技术介绍 …… 130
三、钢结构工程施工技术最新进展（1～3 年） …… 132
四、钢结构工程施工技术前沿研究 …… 134
五、钢结构工程施工技术指标记录 …… 136
六、钢结构工程施工技术典型工程案例 …… 137

第九篇　砌筑工程施工技术 …… 141

一、砌筑工程施工技术概述 …… 142
二、砌筑工程施工主要技术介绍 …… 143
三、砌筑工程施工技术最新进展（1～3 年） …… 145
四、砌筑工程施工技术前沿研究 …… 150
五、砌筑工程施工技术指标记录 …… 155
六、砌筑工程施工技术典型工程案例 …… 156

第十篇　预应力工程施工技术 …… 159
一、预应力工程施工技术概述 …… 160
二、预应力工程施工主要技术介绍 …… 160
三、预应力工程施工技术最新进展（1～3年） …… 164
四、预应力工程施工技术前沿研究 …… 167
五、预应力工程施工技术指标记录 …… 168
六、预应力工程施工技术典型工程案例 …… 168
第十一篇　建筑结构装配式施工技术 …… 171
一、建筑结构装配式施工技术概述 …… 172
二、建筑结构装配式施工主要技术介绍 …… 172
三、建筑结构装配式施工技术最新进展（1～3年） …… 178
四、建筑结构装配式施工技术前沿研究 …… 182
五、建筑结构装配式施工技术指标记录 …… 184
六、建筑结构装配式施工技术典型工程案例 …… 184
第十二篇　装饰装修工程施工技术 …… 187
一、装饰装修工程施工技术概述 …… 188
二、装饰装修工程施工主要技术介绍 …… 188
三、装饰装修工程施工技术最新进展（1～3年） …… 195
四、装饰装修工程施工技术前沿研究 …… 196
五、装饰装修工程施工技术指标记录 …… 197
六、装饰装修工程施工技术典型工程案例 …… 197
第十三篇　幕墙工程施工技术 …… 201
一、幕墙工程施工技术概述 …… 202
二、幕墙工程施工主要技术介绍 …… 202
三、幕墙工程施工技术最新进展（1～3年） …… 205
四、幕墙工程施工技术前沿研究 …… 211
五、幕墙工程施工技术指标记录 …… 213
六、幕墙工程施工技术典型工程案例 …… 213
第十四篇　屋面与防水工程施工技术 …… 217
一、屋面与防水工程施工技术概述 …… 218
二、屋面与防水工程施工主要技术介绍 …… 218
三、屋面与防水工程施工技术最新进展（1～3年） …… 224
四、屋面与防水工程施工技术前沿研究 …… 229
五、屋面与防水工程施工技术典型工程案例 …… 232

第十五篇　防腐蚀工程施工技术……………………………………………………… 235

一、防腐蚀工程施工技术概述……………………………………………………………… 236
二、防腐蚀工程施工主要技术介绍………………………………………………………… 236
三、防腐蚀工程施工技术最新进展（1～3年） …………………………………………… 241
四、防腐蚀工程施工技术前沿研究………………………………………………………… 242
五、防腐蚀工程施工技术指标记录………………………………………………………… 243
六、防腐蚀工程施工技术典型工程案例…………………………………………………… 247

第十六篇　给水排水工程施工技术 ……………………………………………………… 249

一、给水排水工程施工技术概述…………………………………………………………… 250
二、给水排水工程施工主要技术介绍……………………………………………………… 250
三、给水排水工程施工技术最新进展（1～3年） ………………………………………… 255
四、给水排水工程施工技术前沿研究……………………………………………………… 259
五、给水排水工程施工技术指标记录……………………………………………………… 261
六、给水排水工程施工技术典型工程案例………………………………………………… 263

第十七篇　电气工程施工技术 …………………………………………………………… 267

一、电气工程施工技术概述………………………………………………………………… 268
二、电气工程施工主要技术介绍…………………………………………………………… 268
三、电气工程施工技术最新进展（1～3年） ……………………………………………… 273
四、电气工程施工技术前沿研究…………………………………………………………… 278
五、电气工程施工技术指标记录…………………………………………………………… 281
六、电气工程施工技术典型工程案例……………………………………………………… 282

第十八篇　暖通工程施工技术 …………………………………………………………… 285

一、暖通工程施工技术概述………………………………………………………………… 286
二、暖通工程施工主要技术介绍…………………………………………………………… 286
三、暖通工程施工技术最新进展（1～3年） ……………………………………………… 291
四、暖通工程施工技术前沿研究…………………………………………………………… 295
五、暖通工程施工技术指标记录…………………………………………………………… 297
六、暖通工程施工技术典型工程案例……………………………………………………… 299

第十九篇　建筑智能化工程施工技术 …………………………………………………… 303

一、建筑智能化工程施工技术概述………………………………………………………… 304
二、建筑智能化工程施工主要技术介绍…………………………………………………… 304
三、建筑智能化工程施工技术最新进展（1～3年） ……………………………………… 308
四、建筑智能化工程施工技术前沿研究…………………………………………………… 312
五、建筑智能化工程施工技术指标记录…………………………………………………… 316

六、建筑智能化工程施工技术典型工程案例…… 318

第二十篇　季节性施工技术 …… 319

一、季节性施工技术概述…… 320
二、季节性施工主要技术介绍…… 320
三、季节性施工技术最新进展（1～3年） …… 325
四、季节性施工技术前沿研究…… 326
五、季节性施工技术指标记录…… 327
六、季节性施工技术典型工程案例…… 328

第二十一篇　建筑施工机械技术 …… 337

一、建筑施工机械技术概述…… 339
二、建筑施工机械主要技术介绍…… 343
三、建筑施工机械技术最新进展（1～3年） …… 348
四、建筑施工机械技术前沿研究…… 353
五、建筑施工机械技术指标记录…… 356
六、建筑施工机械技术典型工程案例…… 357

第二十二篇　特殊工程施工技术 …… 361

一、特殊工程施工技术概述…… 363
二、特殊工程施工主要技术介绍…… 364
三、特殊工程施工技术最新进展（1～3年） …… 374
四、特殊工程施工技术前沿研究…… 378
五、特殊工程施工技术指标记录…… 381
六、特殊工程施工技术典型工程案例…… 383

第二十三篇　城市地下综合管廊施工技术 …… 387

一、城市地下综合管廊施工技术概述…… 388
二、城市地下综合管廊施工主要技术介绍…… 388
三、城市地下综合管廊施工技术最新进展（1～3年） …… 392
四、城市地下综合管廊施工技术前沿研究…… 392
五、城市地下综合管廊施工技术指标记录…… 394
六、城市地下综合管廊施工技术典型工程案例…… 395

第二十四篇　绿色施工技术 …… 397

一、绿色施工技术概述…… 398
二、绿色施工主要技术介绍…… 398
三、绿色施工技术最新进展（1～3年） …… 399
四、绿色施工技术前沿研究…… 400

五、绿色施工技术指标记录…… 405
六、绿色施工技术典型工程案例…… 406

第二十五篇　信息化施工技术 …… 415

一、信息化施工技术概述…… 416
二、信息化施工主要技术介绍…… 416
三、信息化施工技术最新进展（1～3 年） …… 418
四、信息化施工技术前沿研究…… 426
五、信息化施工技术典型工程案例…… 430

第一篇 综 合 报 告

中建工程产业技术研究院有限公司 孙金桥 姚凯骞 李 佳 张 磊

摘要

《中国建筑业施工技术发展报告》在业界的影响力日益显著，已树立起品牌标杆，其在提升工程质量、节能减排以及加速新技术推广等方面取得了显著成效，成为推动建筑业技术革新的重要力量。当前，我国经济正经历从高速增长向高质量发展的转变。推动建筑业的高质量发展，不仅是稳固其作为支柱产业地位的必然选择，也是促进生态文明建设的必由之路，更是满足人民群众日益增长居住需求的必然要求。本篇梳理了近年来建筑业关键技术的发展脉络，突出了创新技术的应用亮点，并通过典型案例探讨了建筑业未来的发展趋势。结合行业特性和发展规律，本篇提出了政策建议，强调以绿色低碳发展为导向，培育建筑业新质生产力和加快数字化协同，共同推动建筑业向更高质量发展。

Abstract

The influence of "China Construction Industry Construction Technology Development Report" in the industry is becoming increasingly significant, and it has established a brand benchmark. It has achieved remarkable results in improving project quality, energy conservation and emission reduction, and accelerating the promotion of new technologies, becoming an important force in promoting technological innovation in the construction industry. At present, China's economy is undergoing a transition from high-speed growth to high-quality development. Promoting the high-quality development of the construction industry is not only an inevitable choice to consolidate its status as a pillar industry, but also a necessary way to promote ecological civilization construction, and a key to meeting the growing housing needs of the people. This article sorts out the development context of key technologies in the construction industry in recent years, highlights the highlights of innovative technology applications, and explores the future development trends of the construction industry through typical cases. Combined with industry characteristics and development laws, this article puts forward policy suggestions, emphasizing green orientation, using industrialized means and intelligent empowerment to jointly promote the development of the construction industry to a higher quality.

一、发展回顾

《中国建筑业施工技术发展报告》是由中国土木工程学会总工程师工作委员会、中建工程产业技术研究院有限公司（中国建筑技术中心）和中国建筑学会建筑施工分会联合组织发布的行业技术发展报告，其宗旨是推动施工技术创新，促进我国建筑业发展。

2013 年，我们首次发布了《中国建筑业施工技术发展报告（2013）》，之后不断总结提炼最具代表性的共性技术和最新技术，先后发布了《中国建筑业施工技术发展报告（2015）》《中国建筑业施工技术发展报告（2017）》《中国建筑业施工技术发展报告（2020）》和《中国建筑业施工技术发展报告（2022）》。十几年来，《中国建筑业施工技术发展报告》在业界的影响力日益显著，已树立起品牌标杆，其在提升工程质量、节能减排以及加速新技术推广等方面取得了显著成效，成为推动建筑业技术革新的重要力量。

我国建筑业发展迅速，建筑施工技术与日俱进，与施工技术相关的新理论、新工艺和新材料等不断涌现。但同时也存在东西部地区技术发展不均衡、中、小建筑企业技术能力差、量大面广工程整体技术含量低等问题，制约了建筑行业整体竞争力。《中国建筑业施工技术发展报告》坚持先进、适用和可靠的原则，定位于适用范围较广、应用前景好和符合发展方向的新技术，整合资源，引领带动技术发展。为保持先进性、提高稳定性和前瞻性，《中国建筑业施工技术发展报告》需要适时吸纳最新技术创新内容，持续更新。

《中国建筑业施工技术发展报告（2024）》研究了近两年来建筑施工中相关专业的主要技术、最新技术以及相应技术指标，针对目前工程中存在的问题与需求，展望了未来技术发展方向，系统展示了 2022 年以来国内各项专业施工技术的发展情况，其服务对象主要为施工企业领导及各级总工程师。

二、主要技术内容

报告分 24 个专业分别介绍施工技术的发展情况，涵盖了工程施工中的主要专业，分别是：地基与基础工程、基坑工程、地下空间工程、钢筋工程、模板与脚手架工程、混凝土工程、钢结构工程、砌体工程、预应力工程、建筑结构装配式工程、装饰装修工程、幕墙工程、屋面与防水工程、防腐工程、给水排水工程、电气工程、暖通工程、建筑智能化工程、季节性施工、建筑施工机械、特殊工程、城市地下综合管廊、绿色施工、信息化施工。

地基与基础工程施工技术篇　主要从地基处理和基础工程两个方面选取四项施工技术加以重点介绍，其中，地基处理包括数字化微扰动搅拌桩技术、囊式扩张主动控制技术，基础工程包括桩端后注浆预制桩技术、机械连接先张法预应力混凝土竹节桩技术。系统总结了我国地基与基础工程施工领域的近两年技术进展以及最新前沿研究发展方向。

基坑工程施工技术篇　主要从基坑支护、地下水控制、土方开挖、基坑监测等几个方面介绍相关施工技术知识，总结基坑施工技术最新进展和基坑施工前沿技术。张弦梁结合钢桁架支撑系统、基坑气膜技术、DMP 数字化微扰动搅拌桩技术等基坑施工新技术代表着基坑工程日新月异的技术更新和技术进步。

地下空间工程施工技术篇　主要介绍了地下交通工程、地下公共服务设施、地下市政公用工程、地下人防工程等多种类型工程的发展现状，以及明挖法、暗挖法、盾构法、逆作法、顶管法、沉井法等施工技术的基本情况和最新进展。对地下空间施工技术前沿研究进行了总结。

钢筋工程施工技术篇　主要介绍了钢筋工程施工技术和最新进展，并对钢筋工程施工技术的前沿研究进行了展望。高强钢筋的应用将成为钢筋应用发展的趋势，钢筋机械、钢筋加工工艺的发展和建筑结构、施工技术的发展相辅相成。钢筋自动化加工设备已广泛应用于预制构件厂，钢筋成型制品加工与配送技术成为钢筋工程发展的重点，最终将和预拌混凝土行业一样实现商品化。钢筋焊接网技术和新型锚固板连接技术的大量应用是钢筋工程显著的技术进步，先进钢筋连接技术的应用对于提高工程质量、提高劳动生产率、降低成本具有十分重要的意义。连接大规格、高强度钢筋的新型灌浆接头研制成功，为建筑产业升级奠定了基础。

模板与脚手架工程施工技术篇　主要介绍了模板与脚手架工程施工技术历史沿革、最新进展、研发方向以及在建筑施工中的应用。结合项目实例，总结了清水模板技术、轻量化集成平台体系、混凝土挂篮悬臂浇筑技术在施工中的应用。模板与脚手架体系顺应时代要求，对材料、技术特点和智能化应用不断地改革创新。近年涌现出玻璃纤维钢化模板、热塑性复合材料建筑模板等一系列新的优质材料模板种类；施工技术方面也有了长足发展，混凝土挂篮悬臂浇筑技术、高层住宅的轻量化智能建造一体化平台、模板台车技术等都是近年来模架技术发展创新的优秀成果，都反映出模架体系朝着绿色化、智能化、工具化、机械化的方向发展。

混凝土工程施工技术篇　主要介绍了近两年来混凝土原材料在低碳胶凝材料技术、新型外加剂技术、固体废弃物资源综合利用技术、超高性能混凝土技术、高耐久性混凝土技术、装配式混凝土技术、混凝土 3D 打印技术、绿色低碳混凝土技术、混凝土工程数字化与智能化技术等施工技术方面的新进展，介绍了混凝土技术在建筑工业化、互联网技术与混凝土领域的结合、原材料新技术、混凝土制备及施工技术、特种混凝土技术、混凝土 3D 打印技术、绿色混凝土技术等方向的前沿研究。

钢结构工程施工技术篇　主要结合钢结构技术介绍和典型工程实例，全面介绍了钢结构工程技术的发展成就和未来趋势。钢结构制造技术从最初的手工放样、手工切割发展成大量数控、自动化制造设备的高效应用。随着信息化的应用，更加速了钢结构智能化制造的进程。与此同时，钢结构安装技术也取得了长足的发展，每年大量的安装技术得以挖掘，城市的天际线也不断被刷新。

砌体工程施工技术篇　以现代砌体结构的发展为重点，结合现代砌体结构发展中的材料特性、工艺特点、工程实例等内容，对我国现代砌体工程的施工建造技术做了较为全面、系统的描述与总结。结合当前我国节能环保和建设绿色建筑的需要，以我国砌体结构工程的发展现状为出发点，以有利于砌体结构施工技术的发展和实现建筑节能要求为目标，对砌体工程先进建造技术的发展应用进行了展望。

预应力工程施工技术篇　主要介绍了预应力施工技术的历史、现状及最新发展情况，对预应力混凝土结构先张法、后张无粘结、后张有粘结、后张缓粘结和预应力钢结构拉索法、支座位移法、弹性变形法等主要技术的施工特点进行了总结，同时介绍了预应力桥梁和特种预应力结构（SOG预应力整体地坪）的施工特点以及近两年预应力工程施工技术的最新进展，对国内目前一些比较有代表性的超高强预应力钢绞线、缓粘结预应力技术、折线先张法T梁预制的项目做了介绍。

建筑结构装配式施工技术篇 详细描述了建筑结构装配式施工技术在我国的发展概况，内容涵盖装配式结构体系，预制构件设计、生产、储运，装配化施工，模块化建造技术，以及信息化技术和智能建造等内容。结合近两年国内建筑结构装配式施工技术典型案例，介绍了当前国内装配式框架结构、装配式剪力墙结构和模块化建筑技术应用情况。

装饰装修工程施工技术篇 介绍了装饰装修工程从传统施工方式朝着信息化、绿色化、工业化、智能化方向发展。目前装配化装修、BIM、AI、3D打印、绿色建材等新技术已在建筑装饰装修工程中得到广泛应用，不断推动建筑工程在提升品质、降低成本、提高效率等方面稳步发展，不断推动人居环境向着绿色、健康、舒适、智能的方向发展。

幕墙工程施工技术篇 总结了建筑幕墙的设计技术、材料应用技术、加工制作以及施工工艺进步等，对建造幕墙数字化设计、智能制造、信息化建造以及既有幕墙的安全检测和更新等方面进行了阐述。建筑幕墙除满足外围护结构基本功能的要求外，正在向节能减排 、绿色供能等方面发展。

屋面与防水工程施工技术篇 介绍了屋面工程材料、防水工程材料、屋面工程施工技术、防水工程施工技术。总结了屋面与防水工程施工技术近两年来最新的研究与进展，简要介绍了会展中心、体育馆等几个项目的应用案例。

防腐蚀工程施工技术篇 主要介绍了混凝土结构、钢结构和木结构的防腐蚀材料分类和特点、主要技术与工艺技术标准，重点介绍了石墨烯、包覆防腐蚀技术等防腐技术的最新研究进展，展望了石墨烯、纳米复合涂料、地质聚合物、有机－无机复合防腐材料、阴极保护技术，以及环保防腐涂料等在防腐蚀的应用前景，简要介绍了杭州湾大桥等工程的防腐蚀应用案例。

给水排水工程施工技术篇 主要介绍了目前我国建筑给水排水施工技术的现状以及最新的研究和进展，同时论述了其未来的发展趋势。主要包括铸铁管道柔性连接技术、衬塑复合钢管管道沟槽连接技术、塑料管道的熔接连接技术、无应力配管施工技术。

电气工程施工技术篇 从建筑电气专业工艺流程等方面介绍了电气专业技术的工艺措施特点，同时通过光伏发电、风力发电、风光互补等新能源，电气火灾监控、机电集成单元、光导照明等系统，以及变频器、LED新型光源、智能照明系统的节能措施等一系列新技术的发展和应用，阐述了电气专业技术的前沿研究方向，提出了最大电缆敷设、耐火母线最长耐火时间和温度、可弯曲金属导管主要性能、钢缆－电缆最大提升速度等一系列的技术指标。

暖通工程施工技术篇 以典型工程案例为依托，介绍了传统暖通空调施工技术以及互联网＋BIM技术、空调系统调试技术、减振降噪技术、试压清洗技术等最新进展。同时展望了空调系统研发方向，包括蓄冷/蓄热系统的应用、新能源的利用、新材料、新标准和新设备的引入等，未来暖通空调施工技术将朝着智能化、高效化和可持续化方向发展，为建筑提供更加舒适、节能、环保的室内环境。

建筑智能化工程施工技术篇 主要介绍了建筑智能化工程的概念与行业发展特点，以及建筑智能化工程的施工技术与施工要点，分析了BIM、装配式建筑、建筑电气弱电工程、人工智能、电子信息技术等在建筑智能化工程应用中的最新进展，同时对于 BIM 新应用、通信、物联网、移动互联网等在建筑工程中的应用进行展望，强调建筑智能化工程与产业结合的相互赋能。

季节性施工技术篇　主要介绍了不同季节采用的施工技术内容、特点，以典型案例的形式介绍了冬期施工的发展历程、技术指标、技术要求、发展展望。

建筑施工机械技术篇　对施工不同阶段所使用的基础施工机械、塔式起重机械、施工升降机械、混凝土及砂浆机械、钢筋机械等近两年来的技术进步与发展进行了论述，阐述了近两年来广受关注的建筑机器人的发展情况、主要技术及应用情况。

特殊工程施工技术篇　主要针对加固改造技术、建筑物整体移动、膜结构和建筑遮阳四个方面分别进行了介绍。通过总结建筑结构加固改造工程近两年来在加固技术和特种加固材料方面的发展与应用，对结构加固改造技术的前沿研究进行了分析展望。对建筑物整体移动技术、膜结构设计、建筑遮阳技术的最新发展进行了总结。

城市地下综合管廊施工技术篇　对城市地下综合管廊主要施工技术进行了概述，重点对综合管廊技术最新进展、前沿研究、技术指标及典型案例进行阐述。总结了近年来国内管廊最新建设成果；梳理了综合管廊明挖现浇法、装配法及暗挖施工中的盾构法、顶管法、浅埋暗挖法、盖挖法等施工技术。重点对综合管廊防水工程和健康监测技术，装配式、高水头、大纵坡等工况下施工技术及综合管廊人防、智慧管理等新技术应用进行了概述。

绿色施工技术篇　简述了绿色施工技术概念、原理、特点及发展的脉络，侧重阐述了我国绿色施工技术近两年的最新进展，凸显了绿色施工技术创新、研发与推广应用的特点，揭示了绿色施工实践对于建筑企业、施工现场的重要影响，同时还阐释了绿色施工向低碳建造的转型升级，结合绿色施工技术典型工程案例，对示范工程的主要绿色低碳施工技术进行了更为具体的展示。

信息化施工技术篇　主要介绍了近两年来，我国信息化施工的技术发展情况，主要包括 BIM 技术、物联网技术、信息综合管理技术、智能建造技术、绿色建造技术等。随着国内施工行业的发展，信息化技术将会大力推动建筑施工技术的革新以及项目施工管理水平的提高，有效促进项目施工向精细化、集成化方向发展。

与 2022 版相比，《中国建筑业施工技术发展报告（2024）》简化浓缩并增加了新技术等内容，部分专业更新了近两年来施工技术发展成果；增加了施工技术前沿研发内容；更新了最新典型工程案例；继续重点关注建筑业热点技术，如智能建造技术、装配建造技术、绿色低碳技术和信息化施工技术等；总体描述了我国建筑工程目前施工技术的发展情况，为中国建筑施工企业领导层决策提供依据，为专业技术人员提供技术发展方向及趋势的参考和借鉴。

三、技术发展趋势

随着科技的不断进步和社会经济的快速发展，建筑业施工技术正迎来前所未有的变革。从传统的施工方法到现代化的技术应用，施工技术正朝着更加环保、高效、智能的方向发展。

进入“十四五”时期，建筑业迎来了一个全新的发展阶段，更是一个加快转型发展的关键时期。当前，工程总承包、全过程工程咨询、建筑师负责制等先进的建设制度正在逐步推进和探索，这标志着建筑行业正在经历一场深刻的变革。这场变革不仅涉及开发、设计、咨询、施工等传统领域，还延伸至建材、装备、软件等全产业链的各个环节。行业的结构性变革正在悄然进行，其组织管理模式也正朝着更加协同化、一体化的方向发展。作为我国超大规模市场的重要组成部分，建筑市场在与先进制造业、新一代信息技术的深度融合发展中展现出了巨大的潜力和发展空间。这种深度融合不仅为建筑业带来了技术创新和管理创新的机遇，也为整个产业链的升级和转型提供了强有力的支撑。与此同时，我国城市发展已经由过去的大规模增量建设转向存量提质改造和增量结构调整并重的阶段。人民群众对住房的需求也从过去的“有没有”转变为追求“好不好”。这种变化将为建筑业提供更加广阔的转型发展机遇，推动其向更高质量、更可持续的方向发展。特别是在“双碳”目标的指引下，建筑业也面临着巨大的转型压力。建筑能效提升、用能结构优化、城乡绿色低碳转型等要求，为建筑业指明了转型的方向。建筑业需要积极响应这一号召，通过技术创新和管理创新，不断提高建筑能效，优化用能结构，推动城乡绿色低碳发展。

在新时代的背景下，绿色化、工业化和智慧化已经成为建筑业发展的新趋势和主导方向。这些新兴的建筑方式将引领产业结构的深刻变革，为建筑业的可持续发展注入强劲动力。

3.1 绿色化是施工技术发展的必然趋势

在国家大政方针的指引下，建筑业施工技术持续向绿色化迈进，政策对绿色建材应用的扶持力度显著增强。同时，新型环保施工材料不断涌现并得到广泛应用，绿色建造方式和绿色建筑正逐步占据行业发展的主导地位。相应地，与之配套的施工技术也在逐步发展完善，以满足绿色建筑日益增长的需求。

2023年7月19日，住房城乡建设部就国家标准《零碳建筑技术标准》公开征求意见，旨在降低建筑用能需求，提高能源利用效率，引导建筑和以建筑为主要碳排放区域逐步实现低碳、近零碳、零碳排放，力争实现2030年前碳达峰，2060年前碳中和的宏伟目标。

2024年3月12日，国家发展改革委、住房城乡建设部联合制定的《加快推动建筑领域节能降碳工作方案》(国办函〔2024〕20号）对于实现碳达峰碳中和、推动建筑业绿色低碳高质量发展具有重要意义。

2024年4月19日，住房城乡建设部批准《建筑与市政工程绿色施工评价标准》GB/T 50640—2023为国家标准，自2024年5月1日起实施，该标准规范了建筑与市政工程绿色施工评价方法，内容包括了环境保护、资源节约、人力资源节约和保护以及技术创新等评价指标，并且明确了评价方法、评价组织和程序。

近年来，得益于绿色建筑与绿色建造等政策的有力指导，我国通过工程示范项目、吸收国外先进的绿色施工技术，并结合自主研发和工程实践，成功构建了一系列成熟的绿色施工技术体系。这些技术体系不仅关注建筑物从规划到交付的全生命周期，还强调绿色策划、绿色设计和绿色施工的重要性。同时，通过整合 BIM、大数据和物联网等现代信息技术，优化了组织管理模式，如工程总承包和全过程咨询，进一步推动了绿色施工技术的创新与应用。这一系列的努力，有效促进了我国建筑业的绿色化转型升级，为实现可持续发展目标奠定了坚实基础。

3.2　工业化是建筑业技术变革的关键驱动力

住房城乡建设部印发的《"十四五"建筑业发展规划》提出，推动智能建造与新型建筑工业化协同发展，加快建筑业转型升级，实现绿色低碳发展。

建筑工业化是一种革新性的过程，旨在通过模仿大工业生产的模式来改造传统的建筑业，从而推动其从传统的手工业生产模式向社会化大生产模式转变。这一转变的核心在于实现建筑标准化，确保构配件的生产能够在工厂内实现规模化、高效化；同时，施工过程的机械化操作将大幅度提升施工效率；而在组织管理和信息技术的应用上，实现科学化和信息化，将进一步提升建筑项目的整体管理水平。此外，建筑工业化还强调不断引入现代科学技术的最新成果，以持续提高劳动生产率、缩短建设周期、降低工程成本，并显著提升工程质量，为建筑业的可持续发展注入新的活力。

自2015年以来，我国建筑工业化受到前所未有的关注，各地政府部门、设计、科研单位以及施工企业都在为此积极筹划和尝试，BIM、互联网、物联网、大数据等现代信息化技术不断推广应用，建筑产品无论从技术体系、制造工艺、商业模式上都与传统做法有所不同，因此又被称为"新型建筑工业化"。

新型建筑工业化，作为科技革命的新浪潮，引领着建筑业向更高效、更绿色的方向发展。它依托预制化生产、装配式施工、标准化和信息化管理等创新模式，贯穿于建筑的全寿命周期。在这一过程中，集成化标准设计、模块化部件生产和精益化机械施工成为关键手段，它们共同构成了新型建筑工业化的核心。

新型建筑工业化强调对整个价值链、企业链、创新供需链和空间链的整合与优化，从而显著提升建设效率与建筑质量。它不仅有效地提高了施工效率，促进了信息交互的便捷性，还有助于节能减排，克服了传统劳动密集型建筑模式在组织管理上的局限。作为建筑业技术变革的强劲动力，新型建筑工业化是推动新时代建筑业转型和升级的重要途径。它不仅有助于打造"中国建造"的国际品牌，提升我国建筑业的国际竞争力，还为我国建筑行业的高质量发展奠定了坚实基础。因此，新型建筑工业化是新时代建筑业发展的必然选择，对于实现建筑业的可持续发展具有重要意义。

3.3　智慧化是施工技术升级的必经之路

随着全球建筑业持续迈向更高层次的发展，数字化、智能化以及智慧化已经成为引领行业前行的核心动力，直接关联着企业的竞争力和创新能力。从工程建设的整体链条来审视，新一代信息技术的崛起为建筑业数字化转型提供了强有力的支撑，使其成为不可避免的趋势。特别是BIM（建筑信息模型）、CIM（城市信息模型）、4G/5G移动通信、物联网、人工智能、大数据、云计算以及导航定位等技术，它们共同构成了智慧化建造的技术基础，直接体现了建筑行业的竞争力和创新活力。

现代建筑的发展不再仅仅依赖于单一技术或产品的创新，而是更多地向着多技术融合、互动发展的系统化、集成化方向迈进。在这一过程中，智慧建造技术、智慧建造设备以及智慧建造软件等一系列技术成果已经应运而生，共同推动着建筑业向着更加智慧、高效、可持续的方向发展。

(1) 智慧建造技术，其核心在于BIM技术的集成应用。这一技术不仅要求BIM与物联网、云计算、大数据、5G通信等新一代信息技术的紧密结合，而且致力于推动绿色建造和新型建筑工业化建造的实施。通过这种集成应用，智慧建造技术为建筑行业的可持续发展和工业化进程提供了强有力的技术支撑。

(2) 智慧建造技术并非单一的技术或设备，而是技术与设备的综合体。它实现了新一代信息技术与智能设备在工程建造领域的深度融合与集成。在这一过程中，扩展显示设备、三维扫描仪、测量机器人、3D打印设备、移动端、无人机、建筑机器人等设备成为体力替代和脑力增强的关键支撑。这些设备不仅为工程人员提供了更高效的工具，还使得他们的交互、感知、决策、执行和反馈等动作得以更好地实现。

(3) 智慧建造技术的核心在于信息技术与工程建造方法的深度融合。为了将这一融合过程固化下来，需要以BIM软件为核心的一系列智慧建造软件，如建筑性能分析软件、协同管理软件、集成平台等。这些软件不仅是智慧建造技术的核心和灵魂，更是推动建筑行业向数字化、智能化、智慧化方向发展的关键力量。通过这些软件，工程人员可以更加高效地管理和分析项目信息，优化施工流程，提升建造质量和效率。

四、政策建议

以习近平新时代中国特色社会主义思想为指导，认真贯彻落实党中央、国务院重大决策部署，坚持新发展理念，践行“双碳”发展目标，着眼中华民族伟大复兴战略全局和世界百年未有之大变局，围绕科技变革、新型城镇化、“新基建”、应急基础设施建设、“一带一路”等行业重点问题，不断促进建筑业转型升级，实现“中国建造”建设中国、走向世界的伟大目标。各领域施工技术的发展创新重点体现在以下几方面：

4.1 完善绿色低碳发展顶层设计

(1) 修订和完善《建筑法》，突出强调绿色低碳理念，结合建筑活动全寿命周期的分阶段特点，新增“绿色建设”专章，对绿色立法内容加以集中规定；构建绿色法律制度以增强《建筑法》绿色立法的科学性针对性，如：明确工程建设绿色标准全过程执行制度、建立绿色建材认证制度、建立绿色建设经济激励法律制度等。

(2) 深化绿色低碳建筑技术和标准建设及应用。修订和完善现行建筑设计标准，将建筑绿色低碳的基本要求纳入设计标准体系，纳入工程建设强制规范。

(3) 以现有的工程质量监管体系为基础，建立项目立项、规划、设计、施工、监理等阶段绿色审查机制，建立各环节连贯、闭合的管理机制，以确保建筑在实际运行中符合绿色标准。从建筑设计、建造和运维的整体性推进超低能耗建筑。以能耗限额、碳排放限额为基准，以市场能源价格以及碳排放交易为抓手，推进超低能耗建筑的设计、建造和运行。

4.2 构建智能建造产业体系，培育建筑业新质生产力

(1) 强化智能建造产业体系顶层设计，出台产业体系建设指引文件，突出企业创新主

体地位，构建有利于创新链与产业链深度融合的政策体系；丰富智能建造产业体系建设政策工具箱，引导多系统、多渠道的创新资源投入，加快形成智能建造产业建设评价机制，构建高质量、高标准的技术要素市场。

(2) 推进智能建造全生命周期数字化监管，强化国产 BIM 软件技术攻关和示范样板打造，推进 BIM 技术从报建到交付的各环节应用，完善标准体系建设，鼓励 BIM 三维模型成果交付；实施数字审批和智慧应用，让数据在监管系统内高效有序流转，深化现有住建政务信息系统整合，助力住建监管实现“无延迟决策、零距离指挥、跨空间监管”的现代数智治理能力。

(3) 培育智能建造产业集群，通过建设智能建造产业园、打造智能建造产业基地，强化国家部委及地方各级政府在组织协调、主体培育、要素供给等方面的职能，提供产业链孵化培育的一站式服务，以产业资本为纽带汇聚创新资源，支持龙头企业发挥全产业链优势，加快构建建筑业现代化产业体系。

4.3 加快推动建筑产业链整体数字化协同

(1) 着力夯实建设基础，降低建筑业企业数字化转型门槛。要确保数字基础设施的畅通无阻，以充分激发数据要素的潜在价值。针对 BIM、云计算、大数据、物联网、移动互联网以及人工智能等行业领域，应深入理解它们各自的发展需求及特性，采取差异化的策略进行强化支持，在技术、政策和资源上给予精准引导，以实现这些技术之间的互联互通、共同建设、资源共享和高效利用。

(2) 着力强化支撑能力，打造建筑产业链一体化应用场景。由政府引导建筑产业链上下游企业共同参与数字化转型，以系统性数字化打通“信息孤岛”，形成全产业链的一体化数字化应用格局。构筑自立自强的建筑业数字化领域技术创新体系，整合跨部门、跨学科创新资源，切实掌握建筑业数字技术发展主动权。

(3) 着力推动建筑业生产方式转型升级，实现行业的绿色低碳发展。积极探索数字化技术与绿色建筑的有效结合，推动建筑全生命周期的绿色化发展，包括推动建筑业供应链的绿色化，推动建筑产业的循环发展，推动绿色建筑的运维管理等举措，实现数字赋能建筑行业绿色可持续发展。

第二篇　地基与基础工程施工技术

上海建工集团股份有限公司　　陈晓明　周泉吉　沈　蓉
中国建筑第六工程局有限公司　焦　莹　黄克起　郑　晨

摘要

随着我国城市化进程的不断加快，地基与基础工程施工技术发展面临着新机遇和新需求，同时也带来了新挑战和新问题。其中，围绕城市复杂环境下的地基基础"绿色、高效、微扰动、主动控制"施工技术发展需求最为迫切。本篇通过广泛调研，分析并介绍了我国地基与基础工程施工领域的近两年技术进展、最新前沿研究发展方向，并从地基处理和基础工程两个方面分别选取两项施工技术加以重点介绍。其中，地基处理包括数字化微扰动搅拌桩技术、囊式扩张主动控制技术，基础工程包括桩端后注浆预制桩技术、机械连接先张法预应力混凝土竹节桩技术，简要介绍各项技术的原理、特性、优点、适用性及专项装备。最后，通过工程案例介绍了上述提及的四项施工技术的工程应用情况，以期为我国地基与基础施工技术领域的专家同行提供一定的参考，并为推动我国该技术领域的发展建言献策。

Abstract

With the rapid development of China's process of urbanization, new needs and new challenges are brought to the development of foundation technology, Among which the environmentally friendly and energy efficient foundation technology is the most urgent. Based on extensive research, the development of the ground improvement and foundation engineering construction technology in recent years have been introduced. Then the report mainly introduces two ground treatment techniques include Digital Minor-disturbance Mixing Pile, Capsuled Expansion Active Control Technology. Two pile foundation construction techniques include UHC Pipe Piles Implanted by Mixing and Post-grouting, Mechanical-Connection Bamboo Joint Piles. Finally, practical engineering application cases of four topic techniques mentioned above are given. As a reference for the society of foundation construction technology, and a promotion for foundation technology development in our country.

一、地基与基础工程施工技术概述

地基与基础工程是各类工程建设的根本，特别是我国大量城市建设项目、基础设施建设等都需要在软弱地基和特殊土地基上进行，地基与基础工程施工技术相对复杂、灵活性高，直接影响到整个建筑工程的质量水平乃至使用寿命。传统的地基与基础工程施工技术大多环境污染高、工艺流程复杂，难以做到数字化施工管理、精细化施工控制，近年来，随着我国建筑业面向“工业化、数字化、绿色化”转型升级发展，传统岩土工程也面临着第四次工业革命带来的变革和可持续发展的要求，与此同时地基与基础施工技术也正不断朝着“绿色、高效、微扰动、主动控制”等方向加速发展。

1.1 地基处理技术

地基处理就是针对不能满足建筑物要求（包括承载力、稳定变形和渗流）的软弱地基和不良地基，采用物理或化学方法进行加固，改善地基的物理力学性质使其能够满足工程设计要求。由于我国幅员辽阔，不同地区地基土质因其成因和固结历史不同，在强度、变形以及渗透性等物理力学性质上也具有本质的不同。其中较为典型的软弱不良地基类型，如软土地基在渤海湾、长三角、珠三角等沿海地区广泛分布，湿陷性黄土覆盖了西北、华北近 64 万 km^2 国土面积，东北和西部高原的开发建设则受冻土影响。因此，地基处理技术的应用和发展具有明显的区域性，针对具体的不良地基类型，需因地制宜地采用有针对性的加固处理方法。地基处理技术根据加固原理及工艺各自原理和做法的不同主要可以归结为以下几类：置换及拌入法，排水固结法，加筋法，灌入固化法，振密、挤密法，托换纠倾法，冷热处理法等。

长期以来，我国地基处理技术领域不断注重多种地基处理方法的联合应用，并由此形成了极富特色的复合地基处理加固技术。我国地基处理技术已形成适应于各类地质条件和工程要求的多系列、多方法、多工艺，从解决一般性的工程地基处理问题，向解决各类超软、超深、高填方等大型地基处理和多种方法联合处理方向发展。

同时，传统地基处理技术在实际工程应用过程中普遍存在环境污染高、施工工艺复杂、施工周期长等缺点。近年来，我国城市更新背景下以老旧密集住区、复杂环境约束为特点的建设项目不断涌现，对地基处理技术的发展提出了新要求、新方向，一些“环境友好、绿色高效”的施工技术备受青睐，并得到了快速发展和广泛应用，如数字化微扰动搅拌桩技术、囊式扩张主动控制技术等。其中，数字化微扰动搅拌桩技术是在吸取传统双轴、三轴搅拌工法优点的基础上，通过机械设备、工艺流程、数字化控制系统等方面的革新，实现成桩质量、自动化控制、施工微扰动等方面的巨大提升。囊式扩张主动控制技术通过将慢凝水泥注浆材料注入预先埋入土体一定深度范围内的囊袋中，实现对目标区域土体应力、位移的精准、精细调控，从而实现对临近桩基础等结构物的变形毫米级精准化主动控制。

为适应于城市更新期复杂环境保护、安全风险管控需求，具有“绿色、高效、微扰动、主动控制”特性，同时机械化、工业化、数字化水平相对较高的地基处理技术正展示出蓬勃发展态势并具备广阔的应用前景，通过不断的技术迭代、工艺优化、装备研发多维度创新突破，将逐步为我国城市建设的环境友好发展提供优势解决方案。

1.2　基础工程施工技术

基础是指工程结构的下部扩展构件，用来将上部建筑结构荷载传递给地基，并协调变形、承上启下、共同作用的连接作用。基础按埋置深度可分为浅基础和深基础，按变形特征可分为柔性基础和刚性基础，按照施工方法分类，桩基础可分为非挤土桩、部分挤土桩和挤土桩三大类。随着城市建设中高层、超高层建筑体量规模的不断攀升，地基基础承载力及变形控制要求的不断提高；城市更新背景下老旧密集住区和复杂地质环境施工工况的不断涌现，也为桩基施工技术的创新性蓬勃发展提供着无限动力，传统桩基施工工艺比如人工挖孔灌注桩、锤击预制桩等具有施工效率低、泥浆污染高、环境扰动大等缺点，已难以满足当前诸多工程中面临的多因素、强约束周边环境条件实际要求。

桩基工程机械化施工的快速发展，引领了新型绿色高效、智能控制的桩基施工技术不断推陈出新。近年来，伴随着大型成孔灌注一体化设备的推广应用，出现了一些新型的灌注桩施工技术如：长螺旋压灌桩后插钢筋笼技术，大扭矩旋挖钻机嵌岩灌注桩技术；而免共振成桩设备及其施工工艺的日趋成熟，也涌现出一批预制桩低扰动成桩技术，如：大型钢管桩免共振快速成桩施工技术、新型（异形）预制桩施工技术、预制桩免共振沉桩施工工艺等。以预制桩免共振沉桩施工工艺为例，该工艺通过信息化技术、智能化技术及一系列配套技术（如导向桩架）的研发与应用，可实现工程施工的智能化控制，大幅提高施工效率，提高桩基施工垂直度，降低工程施工对周边环境的扰动影响，在充分保证成桩质量的同时，提高桩基施工的整体水平。

针对既有桩基施工工艺创新性改良实现桩基性能提升，或者针对既有设备的特性进行创新性施工工艺开发，实现“一机多能”绿色化应用，也成为一种发展趋势。比如，钻孔灌注桩在施工中存在扩径、缩径、沉渣、泥浆排放量大、桩身质量较难控制等问题，而预制桩存在严重挤土、噪声污染、桩侧摩阻力不足等问题，通过取长补短、两相结合发展出一系列基于预制桩植入的新型桩基工法，该类工法具有低噪声、无挤土、少排泥等绿色环保优势而逐渐广泛应用于高层建筑、桥梁等工程中，如桩端后注浆预制桩、机械连接先张法预应力混凝土竹节桩等。其中，桩端后注浆预制桩工法是在旋喷桩、水泥土搅拌桩注浆中插入预制桩形成劲性复合管桩，同时配合桩端后注浆施工工艺，能够实现降本显著（30％～40％）、施工高效（6～10 倍）、质量可靠、环境友好等多个方面的大幅提升。机械连接先张法预应力混凝土竹节桩，采用预应力混凝土离心桩无端板机械连接方式连接，可大幅提升软土地区桩端及桩侧阻力，有效保障接头质量和桩身垂直度，是一种特别适用于软土地区的新型桩基础。

与此同时，随着物联网、大数据等信息化技术与桩基施工设备结合地愈发紧密，通过对桩基施工设备及控制系统不断改进提升，桩基施工机械化、自动化、智能化水平不断提高，极大地提高了桩基设备在成桩质量、施工效率、环境友好等各方面的水平。

二、地基与基础工程施工主要技术介绍

2.1 地基处理主要技术介绍

2.1.1 数字化微扰动搅拌桩技术

数字化微扰动四轴搅拌桩设备由搅拌系统、桩架系统、供气系统、自动制浆与供浆系统及数字化施工控制系统组成，具有功率大、施工效率高、施工扰动小、数字化程度高等优势。四轴搅拌桩包含4根钻杆，如图2-1所示，最大施工深度可达45m。

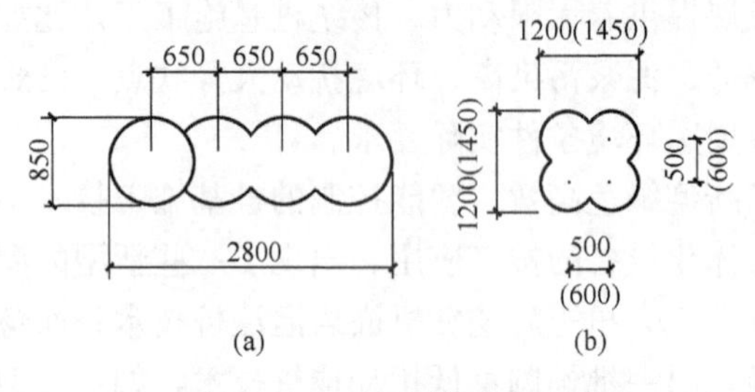

图2-1 四轴搅拌桩类型

(a) 一字形；(b) 四叶草形

如图2-2所示，在4根钻杆内部均同时配置喷浆管和喷气管，成桩过程中，钻头可同时喷射浆液和压缩空气，避免部分钻杆喷浆、部分钻杆喷气，导致桩身强度平面分布不均的问题。同时，由于每根钻杆均有压缩空气介入，可充分减小搅拌阻力，有助于在较硬的黏土和砂土中施工，有利于水泥浆液和土体充分搅拌。压缩空气可加速水泥土碳酸化过程，提高搅拌桩中水泥土的早期强度。

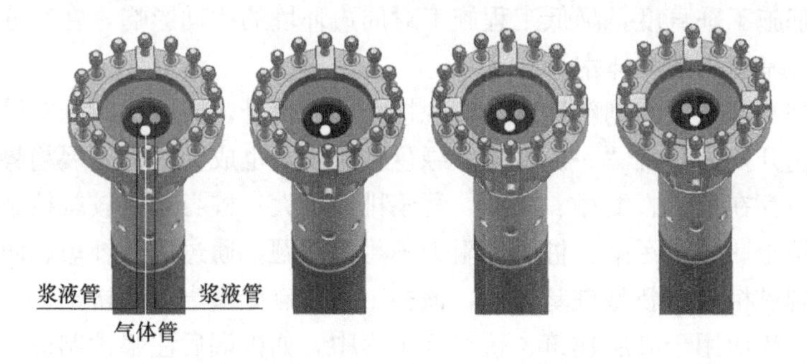

图2-2 钻杆内部喷浆（气）管布置

在四轴搅拌钻头上设置7层可变角度的搅拌叶片，单点土体搅拌次数可达50次，远超规范建议的20次。在搅拌钻头上配置差速叶片，成桩过程中不随钻杆转动，可有效防止形成黏土泥球，既增加土体搅拌次数，也防止搅拌过程中形成大土块，保证土体与浆液搅拌均匀。

四轴搅拌桩采用如图2-3所示的上下转换喷浆技术。在搅拌钻头上设置上、下层喷浆口，下沉时开启下喷浆口，喷出的浆液在上部搅拌叶片作用下与土体充分搅拌，转为提升时，关闭下喷浆口，同时开启上喷浆口，这样上喷浆口喷出的浆液在下层叶片作用下

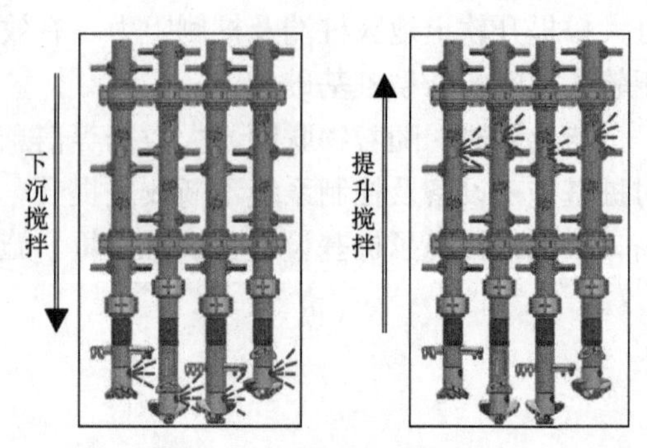

图2-3 上下转换喷浆工艺

与土体充分搅拌，有效解决双轴和三轴提升过程中，底部喷射口喷射浆液无法被搅拌叶片充分搅拌的问题。使下沉和搅拌全过程中的浆液与土体都能得到充分搅拌，进一步改善桩身深度范围内的水泥土均匀性。

四轴搅拌桩采用如图 2-4（a）所示的异形钻杆，在钻杆转动下沉或提升过程中，会在钻杆周边形成排浆、排气通道，当搅拌钻头附近压力超过土体原位应力时，浆液沿钻杆周边排浆通道自然排出，从而避免搅拌钻头附近浆体压力聚集增大，对土体造成挤压的情况。另外，在四轴搅拌钻头上配备地内压力传感器，能实时监测地内压力变化情况，数字化控制系统根据监测数据自动调节浆气压力，可确保钻头附近地内压力保持在预估合理范围内。通过合理控制地内压力、自主排浆，大大降低搅拌合喷浆过程对原位土体应力场的影响。同时，在钻杆底部配置如图 2-4（b）所示的差速叶片，可有效防止黏土粘附钻杆和泥球形成，进一步降低因搅拌阻力过大扰动周边土体。

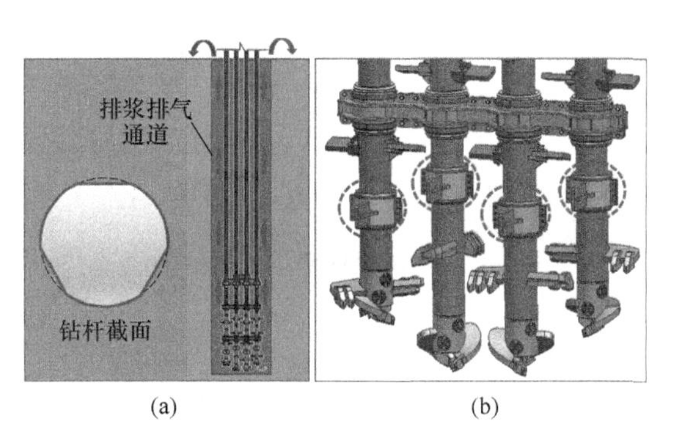

图 2-4　减小施工扰动措施

（a）异形钻杆；（b）差速叶片

将四轴搅拌桩设备配置数字化施工控制系统，包含定位、控制和监控子系统（图 2-5），可控制成桩自动化施工、实时记录施工过程参数，并对成桩过程进行监控，对异常情况进行预警。

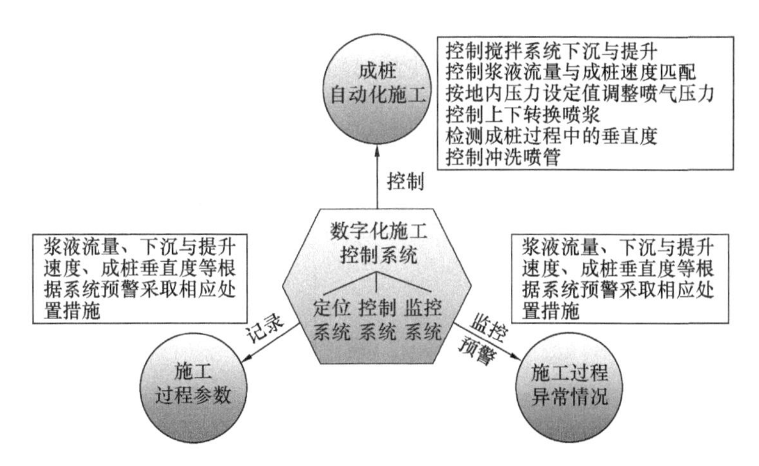

图 2-5　数字化施工控制系统

将试成桩确定的施工参数输入数字化施工控制系统后，设备根据设定的参数能自动完成搅拌桩施工。通过该系统能实现分段精确控制，如图 2-6 所示，在各区段内可分别控制搅拌系统的下沉与提升速度，匹配浆液流量与成桩速度，按地内压力设定值调整喷气压力，控制上下转换喷浆，检测桩身垂直度等，通过不同参数设定能更加高效地解决不同类型土层中搅拌桩施工面临的问题，提高搅拌桩施工经济性。在不发生异常报警情况下，施工全过程不需人工操作，大大降低人为因素对搅拌桩施工质量的影响，提高搅拌桩成桩质量可靠性、一致性。

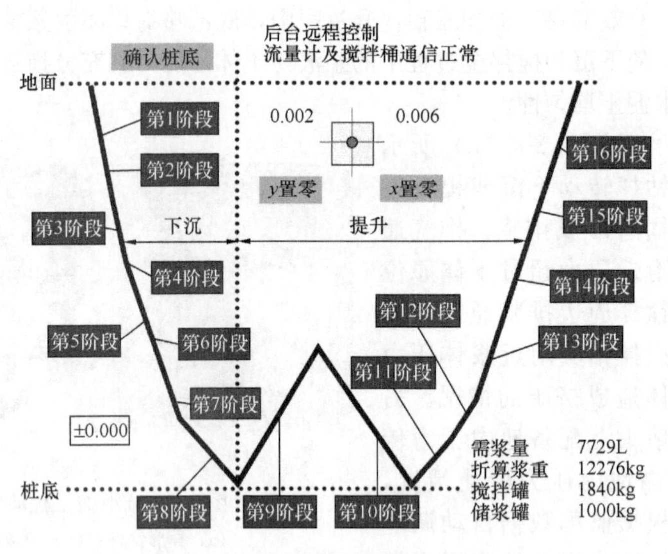

图 2-6 分段自动施工控制示意

数字化控制系统借助精密传感器可监控搅拌速度、喷浆量、浆液压力与流量、地内压力等关键参数，并能对异常施工情况进行预警，增加搅拌桩施工过程中的透明度及突发问题处置时效性。数字化系统可捕捉施工全过程参数，通过网络模块将施工参数实时上传至云平台，保证数据的有效性、安全性，便于进行分析和检查。

2.1.2 囊式扩张主动控制技术

囊式扩张主动控制技术（Capsuled Expansion Active Control Technology），简称囊式注浆工法，其主要原理是通过将慢凝水泥注浆材料注入预先埋入土体一定深度范围内的囊袋中，使浆液聚集在囊袋内部并推动囊袋向外部土体膨胀，并按照预先设定的囊袋深度、囊袋体积、囊袋形状等条件下，实现对目标区域土体应力、位移的精准、精细调控，从而实现对临近桩基础等结构物的变形毫米级精准化控制，并能达到土体扰动较小、注浆效率较高的显著效果，可广泛用于复杂城市环境下基坑施工中对周围土体加固等领域，囊体扩张及主要设备见图 2-7、图 2-8。

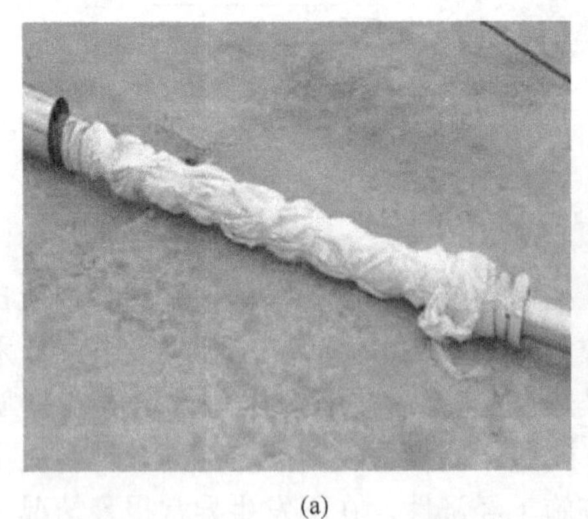
(a)

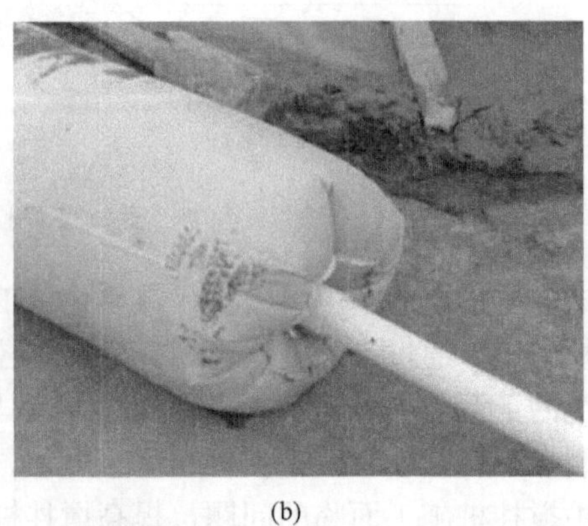
(b)

图 2-7 囊体扩张示意图

（a）囊体扩张前；（b）囊体扩张后

图 2-8　囊式注浆现场设备

(a) 引孔注浆；(b) 注浆设备；(c) 材料搅拌设备；(d) 注浆管

不同于传统袖阀管注浆，囊式注浆通过将流动性材料注入特制的防刺破、高强度的囊体中，囊体采用无延展性材料，因此可以严格精准控制扩张体积及形状，囊体内外不透水从而避免了劈裂、渗透的现象，因此控制效率更高。由于注入囊体的流动性材料具有缓凝特性，因此与被保护结构物的变形监测系统相结合，可以实现多次扩张，从而对土体应力和变形、邻近结构物变形进行实时主动控制，同时囊体材料作为明确的位移、水力边界条件，便于实现精准的数值模拟预测。

现场囊式注浆可根据实际需求做成分段囊式的结构，通过钻孔开挖形成注浆钻孔，将单个囊袋依次插入钻孔中，并通过接头将相邻单个囊袋单元进行串联，形成沿深度分布的多段囊式注浆结构。在注浆过程中，将注浆管插入串联的囊袋单元中，并通过注浆管插入深度测量及控制，使得注浆管两侧注浆活塞正好在同一囊袋单元中，确保注浆范围控制在特定囊袋单元内，从而实现对多段囊式注浆结构的精细、多段注浆。

独特的工法流程及装备性能，使得囊式注浆工法较常规的袖阀管注浆方法具有突出优势，尤其对于基坑近接敏感构筑物的情况而言，囊体扩张技术的靶向作用和高效性，可以精准有效地控制邻近受保护构筑物的水平变形，且不会造成不利扰动。同时由于囊式注浆具备全过程实时有效地控制周边土体变形的能力，可帮助工程取消部分被动控制工序，优化施工方案，降低工期，减少成本。

2.2　基础工程施工主要技术

2.2.1　桩端后注浆预制桩技术

桩端后注浆预制桩指桩端附近土层通过桩端后注浆得到加固的预制桩。其工作原理是基于土体的渗透性，通过在预制桩桩身空腔中设置注浆管，在桩端安装定制的具有注浆、止回功能的注浆桩尖，形成连通的注浆通道；待预制桩沉桩到位后，通过注浆通道向预制桩桩端土层压注水泥浆，水泥浆对桩端土层进行加固，同时沿预制桩外壁上返，从而达到加固桩端和桩侧土体，提高地基和桩基承载力的目的。预制桩桩端后注浆工艺原理见图 2-9。

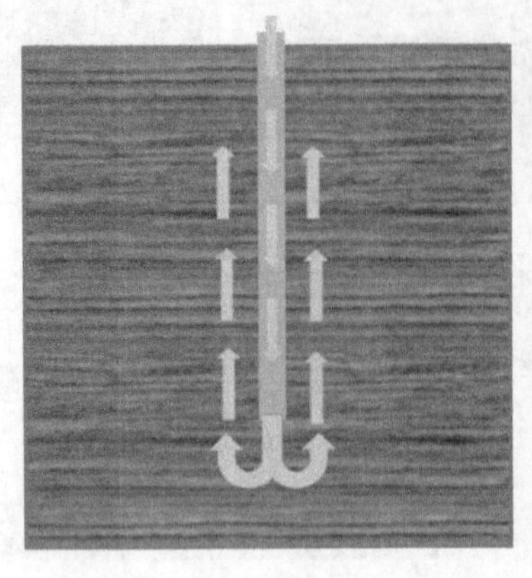

图 2-9　桩端后注浆预制桩工艺原理

桩端后注浆预制桩的技术关键在于注浆桩尖，注浆桩尖为类平底十字桩尖，集闭口桩尖、注浆、止回等功能集成于一体。即注浆桩尖应具备很强的穿透能力，能够克服沉桩障碍；具备多向的注浆功能，能够全面加固桩端；具备可靠的止回功能，防止注浆桩尖返浆。注浆桩尖见图 2-10。

图 2-10　注浆桩尖

桩端后注浆预制桩施工时，可根据场地的地质条件和环境保护要求，灵活选择沉桩工艺。桩端后注浆预制桩沉桩工艺有静压沉桩工艺、搅拌植入工艺、引孔植入工艺。选择如下：①若场地条件良好，不存在静压沉桩难以穿越的砂层、砾石、碎石等土层，且场地周边无重要设施、建筑，环境保护要求比较宽松，则可采用静压沉桩工艺；②若场地条件良好，不存在静压沉桩难以穿越的砂层、砾石、碎石等土层；但是场地周边存在重要设施、建筑，环境保护要求比较严格，则可选择搅拌植入工艺；③若场地条件不利，存在静压沉桩难以穿越的砂层、砾石、碎石等土层，则可采用搅拌植入工艺；或者场地周边存在重要的设施、建筑、管线，环境保护要求非常严格，则可采用引孔植入工艺。

以静压沉桩和搅拌植入工艺为例，其施工流程如图2-11所示虚线框中的工序如桩尖制作、桩尖焊接、清水开塞、桩端后注浆，均为穿插在沉桩前、后进行，不占用沉桩的绝对工期，搅拌桩施工和预制桩植入工序可以流水作业，仅是在预制桩沉桩或植入过程中增加了注浆管连接，因此其对传统沉桩工艺的工效影响很小。

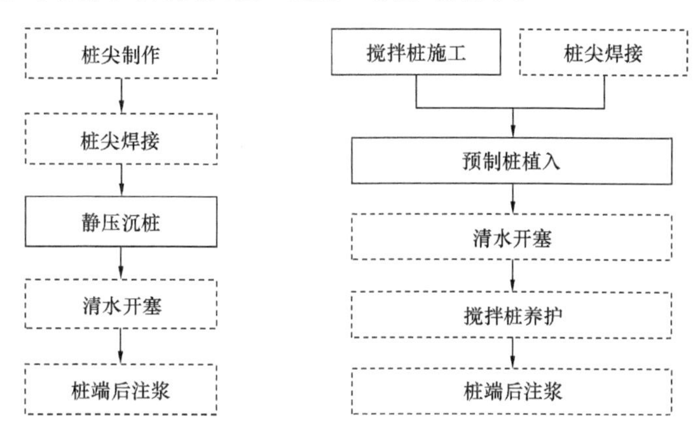

图2-11 静压沉桩和搅拌植入工艺流程图

桩端后注浆预制桩施工过程中，注浆管工作压力不小于10MPa；管桩接桩时需先连接注浆管，然后再对接管桩；沉桩结束后宜在24h内完成清水开塞，目的是打通注浆管路，开塞压力一般最大可达5～8MPa；静压沉桩工艺施工的，清水开塞完成后可立即后注浆；采用搅拌植入或引孔植入工艺的，宜在沉桩完成7天后进行桩端后注浆；桩端后注浆以注浆量控制为主，注浆压力控制为辅，宜采用低压小流量注浆。

桩端后注浆预制桩适用于建筑、市政、公路和铁路工程中承载力需求高的抗压桩，适用于持力层为粉土、砂土、砾石、碎石土和强风化岩的场地。桩端后注浆操作简单，故其对预制桩、施工设备及施工方选择无任何限制。桩端后注浆预制桩优势非常突出，具体表现为：①降本显著：较钻孔灌注桩节约造价30%～40%。②施工高效：施工速度较钻孔灌注桩提高6～10倍。③质量可靠：水泥浆受到原状土约束，不易跑浆。④环境友好：材料消耗少、泥浆等废弃物排放少。桩端后注浆预制桩具有普遍适用性和良好的应用前景。

2.2.2 机械连接先张法预应力混凝土竹节桩施工技术

机械连接先张法预应力混凝土竹节桩采用预应力混凝土离心桩无端板机械连接方式连接，是一种特别适用于软土地区的新型桩基础。竹节桩在滨海平原、内陆平原和部分山前平原施工时可采用锤击法或静压法沉桩，其他地区可采用植入法、引孔法和中掘法沉桩，具体情况应根据现场实际条件及周边环境采取合适的沉桩方法。

软土地区桩端及桩侧阻力较小，需要加长桩长提高桩基承载力，但接头质量和桩身垂直度很难保证。机械连接先张法预应力混凝土竹节桩有特制的连接接头构造措施，能够保证接桩质量。

机械连接先张法预应力混凝土竹节桩可适用于铁路、公路与桥梁、港口、水利、市政等建设工程中，其外观及接桩方式见图2-12、图2-13。

竹节桩施工工艺流程如图2-14所示。①吊装：吊装前固定端大螺母朝上，吊点位置应符合要求。起吊时防止桩身大幅度摆动，避免桩身遭受撞击磕碰而破坏，同时吊车司机

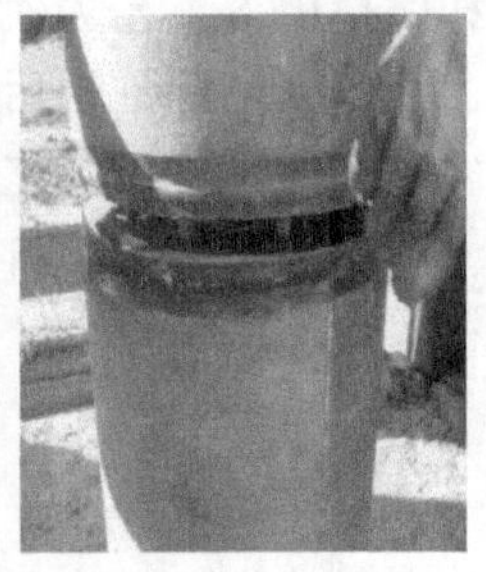

图 2-12　竹节桩连接接头

图 2-13　竹节桩桩体

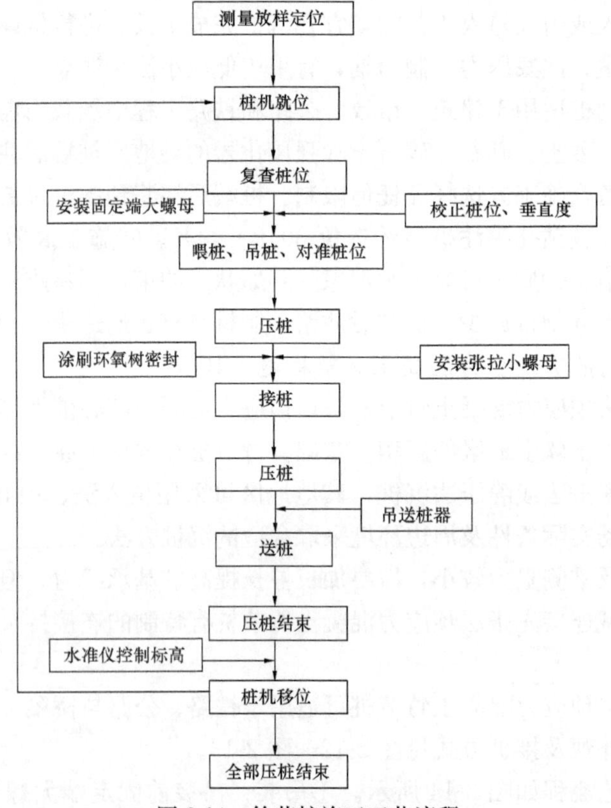

图 2-14　竹节桩施工工艺流程

与地面指挥密切配合，将桩准确吊入桩机夹具。②压桩：在检查桩位正确后，桩机进入桩位并用线坠精确对准桩位，吊送预制桩进入桩机夹具，桩机调平，预制桩在离地面50cm时，桩机调整用极坐标检查桩位的准确性，桩机夹紧预制桩开始对中后夹具放松，用经纬仪确保桩的垂直度在1%以内，然后开始沉桩，沉桩时桩机司机应记好每个行程油压缸读数。③接桩：桩下段离地面0.5～1.0m时，开始接桩，将上节桩吊起，安装小螺母连接插件，对准下节桩大螺母，然后用钢丝刷清除端板坡口。根据经纬仪调整上节桩垂直度，对连接处涂抹环氧树脂，连接插件对准下节桩的孔洞，完成后继续压桩。④送桩：送桩前应预先计算好送桩深度，并在送桩管上做出明显标志，用水准仪严格控制桩顶标高的偏差（±50mm）。送桩时，应确保送桩管和桩身在同一轴线上。⑤施工顺序：根据设计图纸、地质报告，结合制桩情况及周边环境为防止挤土效应的影响，合理安排施工顺序、控制打桩速率。

竹节桩沉桩过程中会产生明显的挤土效应，从而将桩周土体压密，使桩周土体状态发生改变，竹节部位能显著提高桩侧摩阻力。根据相关研究发现，机械连接竹节桩的抗压和抗拔承载力均高于一般的管桩，平均承载力可提高20%以上。

机械连接先张法预应力混凝土竹节桩全部在工厂内加工成形并养护至设计强度，因此桩身强度高、成桩质量好，而且施工速度快、综合成本低，尤其适用于大规模布设桩基的工程项目，目前逐步得到了推广。机械连接先张法预应力混凝土竹节桩符合当下绿色建造、低碳施工的可持续发展方向，具有很好的推广空间和发展前景。

三、地基与基础工程施工技术最新进展（1～3年）

3.1　地基处理技术最新进展

长期以来，地基处理技术的发展重点围绕三个方面，即新型地基处理材料的开发应用，多种地基处理技术的联合应用，以及地基处理专项施工设备的研制。当前所处的第四次工业革命为土木工程带来的变革和可持续发展的要求，也为传统岩土工程的发展提供了巨大的机遇与挑战。新形势下，追求地基处理技术韧性、绿色、智能、人文品质的多方面提升，已成为岩土工程面临的重大议题。特别是城市更新背景下的密集城区复杂环境下的低影响、短周期施工实际需求，也极大推动了一批具备绿色环保、低碳高效、微扰动、微变形控制等地基处理技术的快速发展。

传统软弱土地基加固材料普遍采用水泥或石灰作为固化剂，但这两类固化剂均存在能耗大、排放多、造价高等问题，为此国内外学者一直在努力探索开发新型绿色、节能、环保型固化剂，尤其对工业废弃物在岩土工程地基加固再利用开展了大量研究，其中在钢渣改良土、活性MgO水泥、电石渣改良土、赤泥改良土等方面取得了不少进展；基于土工合成材料的加筋土地基可以有效提升路基承载力及工后沉降控制水平，并提高地基土的抗震、抗液化性能；而基于非水反应类双组分聚氨酯材料等高聚物注浆技术的应用可以大幅提高土体的防渗性能。

通过“取长补短、优势互补”进行多种地基处理技术的联合应用可以大幅提升城市复杂环境下的地基处理技术适用性。为了提高电渗法的加固效果和施工效率，工程中提出了电渗-堆载联合、电渗-强夯联合、电渗-真空预压联合等方法；利用真空法的快速排水特性，结合强夯法使得土体超孔隙水压力快速增长，真空联合强夯预压法在高含水率吹填土地基等加固工程中广泛应用，并逐步形成了“主动降水、合理布置、逐级增能、少击多遍”的施工原则；为施工高效并快速形成刚度以满足变形控制要求，刚性桩复合地基处理技术取得了很大进展，主要体现在多元复合地基、排水型桩复合地基、劲性桩复合地基、桩网复合地基等方面；针对既有工程加固或低净空加固要求，一种接杆式双向搅拌桩，通过接杆施工，可在净空 4m 下施工 30m 深的双向搅拌桩，已在既有高铁工程、高架桥下路基工程中得到了成功应用。

伴随着第四次工业革命的浪潮的有力推动，围绕着物联网、信息技术等突破口，地基处理装备呈现出自动化、数字化和智能化的发展趋势，出现了不少新型设备并成功应用于工程，其技术成熟度逐步提高、工程应用规模逐步扩大；围绕着绿色低碳、可持续发展等要求，地基处理技术发展表现出预制式、低碳化特点，尤其是安全风险的主动控制技术也呈现出多性能多目标发展趋势，这种绿色地基处理技术和提升韧性的高效控制技术是未来地基处理发展的重要方向。比如数字化微扰动搅拌桩技术是通过对四轴搅拌桩技术进行数字化提升，能分段精细化控制成桩自动化施工，人为干预因素少。施工过程中，能实时监控重要参数，并预警异常情况，提高搅拌桩施工过程中的透明度及问题处置时效性。比如囊体扩张实时主动控制技术，相比袖阀管、注浆等其他变形控制技术更精准、控制效率更高，可以更好地对邻近土体实现定向、定位、定量的精准“靶向”变形控制，工程实践证明，使用该技术对桩基、隧道变形的控制效率高达 55.6%与 69.2%。相对于传统变形被动控制技术，在变形控制能力、节约造价、工期等方面均有明显优势。

3.2 基础工程施工技术最新进展

随着我国超高层建筑的快速发展，尤其在以上海、天津、武汉等为代表的沿江沿海软土地区，考虑到承载力、变形控制、经济性及施工环境影响，采用超长、超深灌注桩技术已成为一种优选方案。超长桩成孔深度大、施工时间长、泥浆相对密度大、含砂率高，导致成孔垂直度、桩身泥皮、沉渣等问题更为突出，选择合适的成孔机具、工艺和辅助措施甚为关键。通过扩底抗拔桩和桩侧后注浆抗拔桩新技术，以及钻进更快更稳定的三翼双腰箍钻头和杆内垂直度实时控制装置，可以有效解决超长桩成孔垂直度和孔壁稳定性控制难度大等问题，通过精确控制反循环压力的压力可调式气举反循环装置，可以解决深厚砂层正循环清孔携渣能力不足、气举反循环易坍孔的问题。通过上述技术的综合应用，钻孔灌注桩在建筑工程中已达到 120m 施作深度的记录，以及 5000t 的加载记录。

同时，针对钻孔灌注桩施工过程中的泥浆固化和水资源循环利用难题，通过絮凝剂对泥浆内的悬浮颗粒进行絮凝沉积，并离心处理，有效分离泥浆中的水和泥土，继续对上层水进行处理并重复利用，并对下层泥浆通过固化设备处理形成含水量 25%～30%的固态泥饼，运出作为园林绿化用途，形成泥土重复利用。实践证明，采用泥浆固化工艺和泥水分离再循环利用技术，可以节约成本近 50%，仅水资源节约成本就 15%左右，同时能在很大程度上减少水土资源流失和实现绿色施工的目标。

钻孔灌注桩、预制桩等传统桩型很难同时兼顾高承载性能、工业化与节能降耗、绿色环保的要求。如钻孔灌注桩在施工中存在扩径、缩径、沉渣、泥浆排放量大、桩身质量较难控制问题，而预制桩存在严重挤土和噪声污染等问题。针对传统桩型的施工缺点，于工程实践中创新开发的预制桩植桩系列工法，作为一种绿色环保的新型桩基工艺，具有低噪声、无挤土、少排泥等优势。预制桩植桩工法分为内钻振动沉桩工法、引孔植桩工法、搅拌插芯工法、静钻根植工法等类型。其中，内钻振动沉桩工法针对大直径管桩中空特点，结合锤击施工和长螺旋引孔施工工艺，利用长螺旋钻机在管桩内腔及下端取土引孔，减小桩端阻力，达到沉桩目的；引孔植桩工法采用长螺旋、旋挖、潜孔锤等钻孔成孔，再灌入水泥砂浆，将管桩植入，充分发挥持力层和管桩桩身承载力。搅拌插芯工法在旋喷桩、水泥土搅拌桩注浆中插入预制桩形成劲性复合管桩。静钻根植工法采用专用单轴搅拌钻机对土体进行钻进、搅拌，并在桩端位置进行扩孔，在钻杆提升过程中边搅拌、边注浆，形成水泥土桩孔，最后靠桩自重将预制桩植入孔内，水泥土固化后形成水泥土包裹刚性桩体的植入桩。预制桩植桩系列工法因其“绿色、高效、低影响、高性能”等优势，很好地解决了城市更新期复杂环境下的传统桩基施工所面临的一些固有难题。

四、地基与基础工程施工技术前沿研究

4.1　地基处理技术前沿研究

随着大型工程建设和现代化进程，近年来地基处理技术取得了大量的新进展，总体呈现出由单一加固技术向复合加固技术，单岩土学科技术向化学、生物、物理等多学科技术发展的趋势。

特别是随着绿色施工理念的深入人心，“双碳”目标的持续推动，新型地基处理方法不断涌现。固化剂稳定法是通过土体与固化剂材料之间发生物理化学反应，提高土体承载能力和稳定性，活性氧化镁具有较高的CO_2吸附能力，被广泛应用于新型水泥基材料和软土固化中。活性 MgO 主要通过碳化技术实现软土固化，显著降低土体含水率、改变淤泥质软土的脱水性能。高分子固化剂作为一种新型土体加固材料，具有工程造价小、运输便捷、环境影响小等优点，高分子固化剂可以填充土的孔隙、胶结土的团粒，通过在土粒和聚合物之间形成物理化学联系来提高土体强度。微生物诱导碳酸钙沉淀技术（Microbial Induced Carbonate Precipitation，简称 MICP）是一种新兴的地基处理技术，其主要原理是利用岩土体中细菌的吸附作用使周围溶液中钙离子聚集到细菌表面，从而与碳酸根离子在碱性环境下结合生成碳酸钙晶体，碳酸钙晶体在岩土体孔隙中不断生长和堆积，最终改善岩土体的工程力学性质。该技术因为具有能耗低、土体扰动小和二次污染小等特点，有望成为一种高效、可持续的地基处理技术。目前，相关试验已经证明，通过 MICP 技术可以有效提高砂土的工程特性以及地基土的抗液化特性。同时，以提高绿色、低碳施工为导向，以节能、节材为目标，以工业废渣、废弃物等作为地基处理材料的相关研究正成为行业的研究热点。

与此同时，随着传统建筑行业“工业化、数字化”发展需求，地基处理领域也同样致力于不断催生一批具有自动化控制、智能化预警功能的施工装备。数字化电驱振动沉管碎石桩工艺，与常规碎石桩工艺相比，增加了往钢管内加入压缩空气的环节，并使用数字化

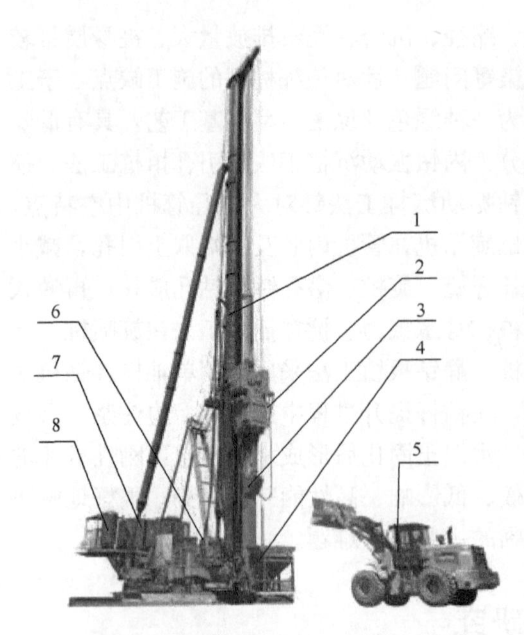

1—桩架；2—电驱振动锤；3—桩管；4—提料斗；5—装载机；6—施工管理系统；7—发电机组；8—空压机组

图 2-15　数字化电驱振动沉管碎石桩施工设备

施工控制技术，可实现自动化施工、隐蔽工程可视化及打桩机群的管理。数字化电驱振动沉管碎石桩施工设备主要包括电驱振动锤、提料斗、桩管（含进料口、桩尖）、桩架、施工管理系统、发电机组、空压机组及装载机（图 2-15）。采用箱式减振结构，振动频率低，轴承使用寿命长，通过智能化控制实现运行参数实时监控。在施工数据采集和监控系统方面，针对传统陆上振动沉管碎石桩施工缺少施工过程数据、施工质量问题无法及时发现的问题，开发了数字化施工管理系统，包括数据采集和监控系统，通过各传感器对施工过程中重要参数进行监测、控制，可实现卫星定位（桩位）、垂直度监控、石料方量检测、成桩效率管理、成桩质量管理、施工报表管理等功能，具有施工数据自动采集与显示、监控及预警功能。

基于卫星通信技术和无人驾驶技术的智能压实系统，是为克服传统高速公路路基压实施工路径难以精确控制、压实质量难以保障的难题发展而来的，该系统可实现压路机的无人驾驶自动压实，从而提升路基施工的质量、效率和安全性。该智能压实系统的核心框架主要包括压路机、北斗导航系统和无人驾驶管理平台。其中，压路机通过装载高精度 RTK（载波相位差分技术）定位模块、自动驾驶控制器、毫米波雷达、激光雷达、红外温度传感器、加速度传感器和转向传感器等设备，能够按照预设的施工数据进行精确作业。系统可以对压实的位置、遍数和温度进行实时动态监控，并通过 5G 网络进行数据传输，同时通过管理平台实现信息的交互。在黑龙江省高速公路哈肇路段进行的无人驾驶智能压实系统试验表明，该设备施工下达到施工要求的面积占比高达 97.91%。该系统同时具有信息反馈速度快、运行安全、压实轨迹均匀整齐以及施工质量高等优点。

4.2　基础工程施工技术前沿研究

近年来工程界发展了一系列桩基新技术，满足了桩基承载力和深基础沉降控制的要求。桩基础工程施工机械化程度高，技术前沿研究主要也集中在桩基工程装备及相关施工工艺的研发上。相比于欧美等发达国家，我国桩基施工装备虽起步较晚，但得益于经济建设的蓬勃发展，我国在桩基工程施工装备及其配套技术的创新研发领域发展迅猛，如在旋挖钻机嵌岩施工技术、植桩技术及异形预制桩施工技术领域发展成效显著。随着我国“一带一路”倡议的进一步落实，基建项目逐渐走出国门，新型城镇化发展的大力推进，风电、海上工程、新能源开发等领域建设市场的不断深化，桩基施工装备朝着大型化、高性能、高精度等方向不断发展。同时，城市更新背景下的中心城区工程建设需求不断攀升，为满足强环境约束下的施工条件要求，低净空、工具化、小型化桩基施工装备、技术也备受关注。另外，基于人工智能技术开发具有一定智能化的桩基施工装备，提高装备操作的便捷性、安全性、精确性，实现桩基施工的可视化操作、智能化控制也正逐渐成为发展的重要突破口。

而对于施工工艺方面，伴随着我国建筑行业从粗放式向精细化发展模式的整体转变，传统的一些施工工艺因建筑垃圾排放、施工扰动剧烈、资源消耗过高等因素逐渐难以适应于“双碳”目标的新形势下工程建设需求，尤其是在北京、上海等大中型城市，对于绿色化、环境友好型的新型施工工艺具有迫切需求。如“静钻根植工法”集成了钻孔灌注桩、深层搅拌桩、扩底桩、预制桩等技术的优点，充分发掘桩基的性能，机械化程度高，沉桩过程对桩身无损伤，施工过程具有低振动、低噪声、无挤土、少排泥等优点，尤其适用于城市更新背景下复杂环境的桩基微扰动、绿色环保施工的需求。

五、地基与基础工程施工技术指标记录（表 2-1）

地基与基础工程施工技术指标记录　　表 2-1

施工技术名称	具体指标数据
数字化微扰动搅拌桩技术	最大加固深度：45m 单点土体搅拌次数：50 次 搅拌下沉速度：0.5～1.0m 搅拌提升速度：0.8～1.5m
囊式扩张主动控制技术	地层变形控制精度：1mm 桩基变形控制效率：55.6% 隧道变形控制效率：69.2%
桩端后注浆预制桩	注浆管工作压力：≥10MPa 降低造价成本：≥30% 施工效率提升：6～10 倍（较钻孔桩）
机械连接先张法预应力混凝土竹节桩	同条件预应力管桩相比： 抗压、抗拔承载力提高：≥20 节约混凝土材料：≥15% 降低生产成本：≥10%

六、地基与基础工程施工技术典型工程案例

6.1 地基处理施工案例

6.1.1 数字化微扰动搅拌桩施工

上海宝山某基坑项目地下 1 层，基坑面积约 3.3 万 m^2，开挖深度 5.2～6.9m，支护结构采用 ϕ850@650 四轴搅拌桩内插 H700×300×13×24 的型钢结合钢管斜抛撑。四轴搅拌桩深 18m，水泥掺量为 13%。地表沉降监测点及深层土体测斜点如图 2-16 所示。微

扰动四轴搅拌桩试成桩后，在距试验桩中心 2m、3m、6m 处布置测斜点，可以看出，试成桩过程中土体普遍产生朝向试验桩的水平位移，位移量随距桩体的距离不断减小。在距离桩身 2m 处，最大水平位移发生 8m 深度处，数值为 1.96mm；在 4m 处最大水平位移为 1.63mm；而在 6m 处整体位移较小，最大水平位移<1mm。

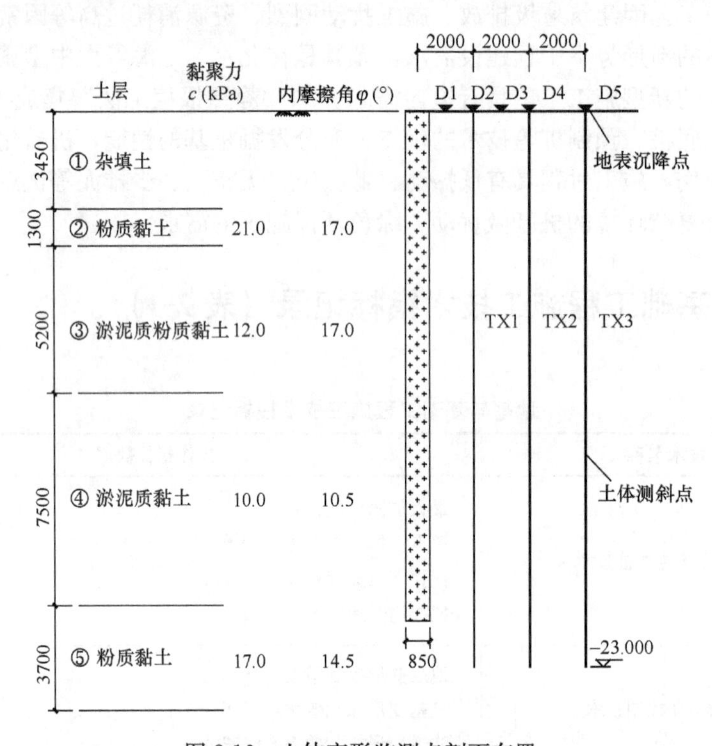

图 2-16　土体变形监测点剖面布置

成桩过程中，周边土体略微向上隆起。距离试桩位置越近，地表隆起越大，最大隆起量约 1.2mm。随着距离增大，隆起量逐渐减小。总体而言，搅拌桩施工对地表沉降影响非常小。

相比传统水泥土搅拌桩，全方位高压旋喷注浆（MJS 工法）和微扰动搅拌桩（IMS 工法）能显著减小成桩施工引起的周边土体水平位移及地表沉降。工程实践中，上述两种方法被公认为微扰动施工工艺，常用于周边环境保护要求较高的项目中。经对比研究，微扰动四轴搅拌桩、MJS 工法高压旋喷桩、IMS 工法水泥土搅拌桩施工过程中周边土体及地表变形，监测数据如表 2-2 所示。可以看出，微扰动四轴搅拌桩施工过程中，在距桩身 2m 处，土体水平位移及竖向隆起量均控制在 5mm 左右，与 MJS 工法及 IMS 工法相当，同样可实现成桩施工对桩周土体的微扰动。

不同类型工法施工扰动对比　　**表 2-2**

工法	地区	最大土体水平位移（mm）	最大地表竖向位移（mm）
MJS工法	上海	6（距 2m 处）	4（2m 处）
MJS工法	上海	8（距 1m 处）	—
MJS工法	宁波	9.5（距 1m 处）	—

续表

工法	地区	最大土体水平位移（mm）	最大地表竖向位移（mm）
IMS工法	—	2.8（距2.5m处）	—
四轴搅拌桩	南京	4.8（距2m处）	3.2（1m处）
四轴搅拌桩	上海	2.0（距2m处）	1.2（1m处）

6.1.2　囊式扩张主动控制技术施工

天津市中心妇产科医院原址改扩建工程位于天津市市中心，基坑开挖深度为12.60m，挖土方量为110000m^3。基坑南侧邻近天津地铁3号线区间，围护结构外缘距隧道外缘约10m，隧道水平报警值为4mm。深基坑开挖卸荷将导致地铁产生附加变形和内力，可能会严重影响地铁隧道的安全。因此工程采用了主动控制技术，即囊式注浆控制变形技术，来降低基坑开挖对隧道的影响，如图2-17所示，通过注浆管向土体中的注浆，由囊袋膨胀积压土层来达到加固基础的目的。

图2-17　基于囊管扩张的地层变形主动控制技术

当第二步土方开挖结束后，进行囊体的预埋设施工，在隧道与基坑之间距离隧道净距3.6m处布置排囊体，包括53个主控囊体和30个副控囊体，主控囊体孔间距2m，部分主控孔之间间隔1m处穿插布置一个副控囊体孔。主控囊体起到主要控制作用，考虑控制效率变形恢复的问题，设置副控囊体起到预备控制作用。囊体的平均扩张直径约为50cm，详见图2-18。在基坑施工过程中，根据左线隧道监测数据的实时反馈，每当隧道水平位移达到3mm时，间隔启动部分囊体实时主动控制隧道的变形。

通过囊袋式微扰动注浆技术，对隧道变形的控制效率高达69%，大大保证了地铁3号线营西区间运营安全，产生了巨大的社会效益。采用囊式注浆方案后，施工中将原有的基坑分区开挖取消，缩短了工期，且减少了地铁应急费用的支出。

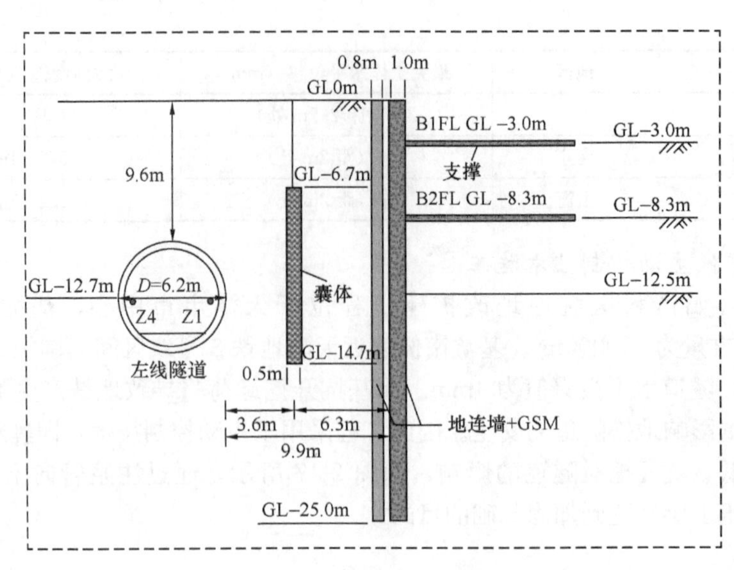

图 2-18 囊体位置示意图

6.2 基础工程施工案例

6.2.1 桩端后注浆预制桩施工

上海徐汇滨江西岸金融城位于徐汇区东部黄浦江畔，基地总占地面积 23 万 m^2，计容面积近 109 万 m^2，由五个街坊 28 个地块组成。其中 F 地块拟建两栋建筑高度约 90m 的塔楼，对桩基承载力要求较高。

该项目地质条件上部为深厚的江滩土，下部存在⑦-21 层粉砂层，P_s 值较大，管桩静压沉桩穿透困难。桩基选型时①选用传统 PHC600 管桩有效桩长 37m，经试桩单桩抗压竖向承载力特征值为 2130kN，从而导致核心筒区域桩基数量较多，难以满足桩基间距 ≥3.5d（d 为直径）的要求。②初步选择有效桩长 50m、ϕ700 桩端后注浆钻孔灌注桩作为塔楼桩基，设计试桩获得单桩竖向抗压极限承载力平均值为 10150kN，能够满足设计要求，但经测算远超目标成本。③后选用桩端后注浆 PHC600 管桩设计试桩 4 根，有效桩长 37m，桩底标高－42.0m，进入持力层 7-1 层（灰绿-灰黄色砂质粉土）约 2～3m，单桩后注浆水泥用量 1.5t，试桩经静载检测单桩竖向抗压承载力极限值平均达 8700kN。

两个塔楼采用桩端后注浆 PHC600 管桩代替 ϕ700 桩端后注浆钻孔灌注桩，单桩竖向抗压承载力特征值取 3973kN（试桩），工程桩单桩竖向抗压承载力特征值取 3500kN。经过成本测算，采用桩端后注浆 PHC 管桩代替桩端后注浆钻孔灌注桩，两个塔楼桩基成本节约 40%，节省了工期，经济效益显著。

6.2.2 机械连接先张法预应力混凝土竹节桩施工

天津泰达乐歌电商基地项目位于天津市滨海新区，总建筑面积 17.55 万 m^2，是天津市首例 1＋1 混合结构体系双层坡道物流库。其中 1 号仓库和 2 号仓库采用机械连接先张法预应力混凝土竹节桩桩基础，选用的桩型为 T-PHC-B400（370）-95，桩长 26m。

场地内自上而下地质情况分别为：0.8～1.6m 人工填土层，0.7～1.9m 新近冲积层，14.8～16.7m 全新统中海相沉积层，再往下为未穿透揭示的全新统下组陆相冲积层。根据现场条件与地质条件，采用锤击法沉桩，2 套沉桩设备如图 2-19 所示：

图 2-19　竹节桩成桩设备

机械连接先张法预应力混凝土竹节桩运至现场时需提供原材料质量试验报告、钢筋试验报告、混凝土试块强度报告、竹节桩出厂合格证等证明材料。

沉桩方法应综合考虑地质条件和周围环境特点。沉桩时桩身应垂直，垂直度偏差不得超过 0.5%，首节沉桩插入地面时的垂直度偏差不得超过 0.3%。应在打桩设备影响范围外的区域安置测量仪器，并对桩基轴线进行校准。出现偏差时不得强行扳桩纠偏，防止桩身开裂影响使用。施工过程中禁止采用上、下节桩轴线形成夹角的方法调节上节桩的垂直度。

场地平整后保证地面无障碍和积水，最外排桩工作面两侧分别设置不小于 4m 的工作面，转角部位最外排桩的工作面两侧分别设置 4m 和 6m 的作业空间。严格控制现场桩基的点位放样，确保桩点位准确无误。竹节桩在场地内严格按照施工规范要求，杜绝超远运距和偏心起吊。一切准备就绪后开始吊桩，过程中用经纬仪校正垂直度，满足要求后开始锤击送桩。送桩收锤时，应以标高控制，最后三锤控制平均贯入度<50mm。

1 号仓库长 144m，宽 109m，共布置 1111 根竹节桩。2 号仓库长 131m，宽 109m，共布置 986 根竹节桩。两个仓库基础所用竹节桩均为 T-PHC-B400（370)-95 竹节桩，桩长均为 26m，采用 15m 桩和 11m 桩接桩使用。2 台桩机仅仅用 14 天的时间便完成打桩任务，和灌注桩方案相比极大地缩短了施工时间，并减少泥浆排放量超 27000m^3，在取得了显著经济效益的同时也实现了环境友好型的工程建设目标。

第三篇　基坑工程施工技术

中铁建工集团有限公司　　　　　　　杨　煜　吉明军　丁少龙
南京第二道路排水工程有限责任公司　严家友　严伟一　徐　华

摘要

基坑工程在城市建设中发挥着重要的作用，不仅为建筑物提供重要的基础，还能够在经济发展和城市发展战略等方面带来积极的影响。本篇主要从基坑支护、地下水控制、土方开挖、基坑监测等几个方面介绍相关施工技术知识，总结基坑施工技术最新进展和基坑施工前沿技术。张弦梁结合钢桁架支撑系统、基坑气膜技术、DMP数字化微扰动搅拌桩技术等基坑施工新技术代表着基坑工程日新月异的技术更新和技术进步。以上海市静安区95号C地块项目深基坑工程和南京滨江水环境提升利用系统工程一期项目为例，解析深基坑工程施工技术的管理要素及创新。

Abstract

Foundation pit engineering plays an important role in urban construction, which not only provides an important foundation for buildings, but also can bring positive influence in economic development and urban development strategy. This article mainly introduces the relevant construction technology knowledge from the aspects of foundation pit support, groundwater control, earthwork excavation, foundation pit monitoring and so on, and summarizes the latest progress of foundation pit construction technology and the cutting-edge technology of foundation pit construction. Beam string combined with steel truss support system, foundation pit air mold technology, DMP digital disturbance mixing pile technology and other new foundation pit construction technology represents the rapid technical update and technological progress of foundation pit engineering. Taking Deep foundation pit project of Polt C, No. 95 Jing'an District, Shanghai and Nanjing Waterfront River Environment Improvement system Utilization Project Phase I as examples, the management elements and innovation of construction technology of deep foundation pit project are analyzed.

一、基坑工程施工技术概述

基坑工程是集地质工程、岩土工程、结构工程和岩土测试技术于一身的系统工程，风险性高、综合性强，区域差异性明显。基坑工程主要包括基坑支护、地下水控制、土方开挖、环境监测及保护等施工技术。

高层、超高层建筑和城市地下空间利用的发展促进了基坑工程设计和施工技术的进步。近年来，基坑围护体系的种类、各种围护体系的设计计算方法、施工技术、监测手段以及基坑工程理论在我国都有了长足的发展。各种基坑支护技术也应运而生，土钉墙、挡墙、排桩、地下连续墙、HUW 工法桩、SMW 工法桩、LXK 工法、PCMW 工法桩、钢板桩、PUC 桩、WSP 钢管桩、双轴深层搅拌桩、三轴深层搅拌桩、五轴深层搅拌桩、钉形水泥土搅拌桩、TRD、SMC、CSM、MJS、RJP 止水帷幕、旋喷桩止水帷幕、内支撑等技术不断发展。

随着建筑密度逐年加大，建筑施工环境的复杂和敏感度日益加剧，增加施工难度的同时也促进了基坑施工技术的飞速发展。复杂建筑环境的制约日益加剧，尤其基坑环境变形的影响，无论对基坑自身还是周边建（构）筑物的安全都是挑战，兼顾安全和成本的新型支护技术将有发展意义。

二、基坑工程施工主要技术介绍

2.1 基坑支护技术

基坑支护技术经过多年的理论与实践结合，基坑支护方式由最原始的放坡开挖和木桩支护获得快速发展，传统支护形式的施工技术日趋成熟，新型支护形式也不断被开发应用。

2.1.1 自稳边坡

根据土质按一定的坡率，单级或多级放坡，每级平台设台阶，土工膜覆盖坡面，抹水泥砂浆或喷混凝土砂浆保护坡面，用砂袋或土包反压坡脚、坡面。

对于开挖深度较大，属于淤泥、流塑性土层以及地下水位高于开挖面且未降水处理的、基坑周围有地下管线、建（构）筑物的不宜采用自稳放坡的形式。

2.1.2 土钉墙

土钉墙是由随基坑开挖分层设置、纵横向密布的土钉群、被喷射混凝土面层及原位土体所组成的支护结构。主要有单土钉墙支护和复合土钉墙支护两种形式。

（1）单土钉墙支护

土钉加固，边坡表面铺设一道钢筋网再喷射一层混凝土面层，使其与土方边坡相结合的边坡加固支护技术。

适用范围：地下水位以上或降水的非软土基坑，且深度不宜大于 12m，对于淤泥或淤泥质土层、膨胀土或边坡土质松散不适用。

（2）复合土钉墙

复合土钉墙是土钉墙与预应力锚杆、截水帷幕、微型桩中的一类或几类结合而成的基坑支护形式。

预应力锚杆复合土钉墙是由预应力与土钉墙结合而成的基坑支护形式，其适用于地下水位以上或降水的非软土基坑，且深度不宜大于15m。

水泥土桩复合土钉墙：用于非软土基坑时，基坑深度不宜大于12m，用于淤泥质土基坑时，基坑深度不宜大于6m，不宜在高水位的碎石土、砂土层中使用。

微型桩复合土钉墙：该支护方式适用于土质松散、自立性较差、对基坑没有防渗要求或地下水位较低不必进行防渗处理的基坑工程，对增强土体的自立性、增加面层刚度、增加边坡稳定性、防止坑底涌土十分有利。

截水帷幕复合土钉墙是由截水帷幕与土钉墙结合而成的基坑支护形式。采用该支护方式时，止水帷幕作为临时挡墙和隔水帷幕，避免了土体开挖后土体渗水和强度降低，导致不能临时直立而失稳、基地隆起、管涌等问题。

此外根据基坑周边环境、开挖深度、土质条件及地下水情况，可合理选择：超前微型桩＋预应力锚杆＋土钉支护；截水帷幕＋预应力锚杆＋土钉支护；桩撑结构＋土钉支护；深层搅拌桩＋工字钢＋土钉墙支护等土钉墙的组合形式支护。

2.1.3　支挡式结构支护

(1) 排桩支护

1) 钢板桩

根据其加工制作工艺的不同可以分为：槽钢钢板桩、锁口钢板桩，由钢板正反扣搭接或并排组成。槽钢钢板桩搭接处不严密，不能完全止水。锁口钢板桩打入土中，能够形成连续的支护墙，具有良好的止水效果。钢板桩具有良好的耐久性，造价低、施工效率高，基坑施工完毕回填土后可将钢板桩拔出回收再次使用，见图3-1、图3-2。类似的支护形式：还有PUC桩、WSP钢管桩和HUW工法桩。

图3-1　槽钢钢板桩布设形式

(a) 正反扣搭接；(b) 并排布置

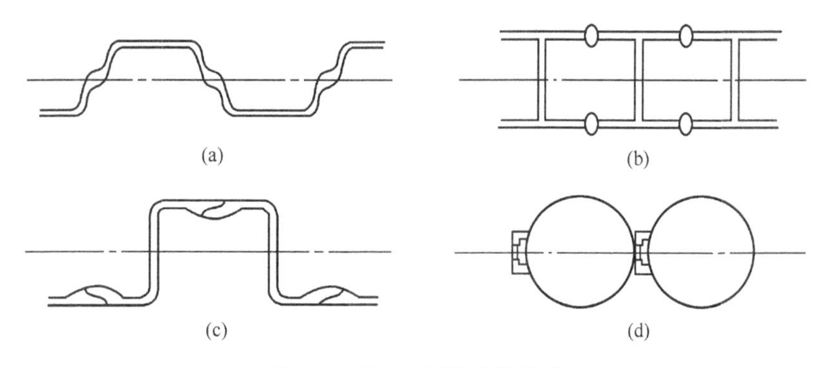

图3-2　锁口钢板桩布设形式

2）钢筋混凝土板桩是一种防护桩，其形状长而扁，可用于低边坡、浅基坑等的防护。其具有施工简单、现场作业周期短等特点，曾在基坑中广泛应用，但由于钢筋混凝土板桩一般采用锤击式强夯打入的施工方法，振动与噪声大，同时沉桩过程中挤土也较为严重，目前在城市基坑工程中应用较少。

3）灌注桩支护

悬壁式单排桩：将悬臂桩成排打入，桩内侧的土挖出，外侧土在排桩支护下不会坍塌的支护结构。悬臂高度不宜超过6m，深度较大时可结合冠梁顶以上放坡卸载使用，在软土地层中，开挖深度大于5m时不宜采用。

悬臂式双排桩：由前、后两排平行的钢筋混凝土桩、压顶梁和前、后排之间连梁形成的支护结构，必要时对桩间进行加固处理。双排桩有更大的侧向刚度，有效减小基坑的侧向变形，支护深度相应增加。

咬合桩支护：咬合桩是相邻混凝土排桩间部分圆周相嵌，并于后序次相间施工的桩内放入钢筋笼，使之形成具有良好防渗作用的整体连续防水、挡土围护结构。

4）工法桩支护

SMW工法桩：又称为型钢水泥土搅拌墙，即在水泥土桩内插入型钢（H型钢、钢板桩、钢管等，型钢插入深度一般小于搅拌深度），将承受荷载与防渗挡水结合起来，使之成为同时具有受力与抗渗两种功能的支护结构的围护墙。该支护方式对场地适应性强，施工周期短，成本低，型钢可循环利用，是一种相对绿色节能的支护方式。适宜的基坑深度为6～12m，国外开挖深度已达到20m。

PCMW工法桩：在单排三轴深搅桩中插入大直径预制混凝土桩，根据基坑开挖深度配置内支撑，形成预制混凝土桩挡土承力、水泥土止水的复合支护结构。预应力混凝土桩的形式有预应力高强混凝土管桩、预应力混合配筋管桩、预应力混凝土矩形支护桩、U形预应力混凝土板桩和H形预应力混凝土桩等。

TRD插型钢支护：是一种在地面上垂直插入链锯型刀端口，连接刀链锯，在其侧面移动的同时，切割出沟体并注入固化液使之和原位土混合，并进行搅拌，形成等厚的水泥土地下连续墙，起到止水的功能，再插入H型钢等芯材，形成刚性挡土墙。

大直径高压旋喷桩＋型钢支护：将大直径高压旋喷桩（直径1.5～3m）与型钢桩连接成整体，形成高压旋喷桩止水、型钢桩挡土的复合支护结构。大直径高压旋喷桩常采用MJS工法或RJP工法进行施工。MJS工法利用可多方位施工的高压喷射注浆设备和具有强制排浆、可调控地内压力功能的钻具，通过喷射流切割土体并与土体拌合形成大直径水泥土加固体，具有对周边环境影响小的特点；RJP工法对土体进行两次切削破坏，第一次是利用上段超高压水与压缩空气复合喷射流体先行切削土体，第二次是利用下段超高压浆液与压缩空气复合喷射流体扩大切削土体，进而形成大直径的桩体。

（2）地下连续墙（预制、现浇）

地下连续墙是在地面以下用于支承建筑物荷载、截水防渗或挡土支护而构筑的钢筋混凝土连续墙体。通常连续墙的厚度为600mm、800mm、1000mm、1200mm，也有厚达1500mm的，地下连续墙一般与锚索或支撑组成锚拉式结构或支挡式结构。传统的地下连续墙接头形式有锁口管接头、工字钢接头和十字钢板接头，橡胶止水接头和套铣接头是近年来发展的新形式。

本法的特点是：施工振动小，墙体刚度大，整体性好，施工速度快，可省土石方，可用于密集建筑群中建造深基坑支护及进行逆作法施工，可用于各种地质条件下，包括砂性土层、粒径 50mm 以下的砂砾层中施工。

预制地下连续墙技术：按常规施工方法成槽后，在泥浆中先插入预制墙段、预制桩等预制构件，然后以自凝泥浆置换成槽用的护壁泥浆，或直接以自凝泥浆护壁成槽插入预制构件，以自凝泥浆的凝固体填塞空隙，防止构件间接缝渗水，形成地下连续墙。该技术相对经济又兼具现浇地下墙和预制地下墙的优点。

(3) 锚拉式支护结构

锚拉式结构包含挡土结构与锚拉结构两部分。土层锚杆形式：锚拉结构宜采用钢绞线锚杆；当设计的锚杆抗拔承载力较低时，也可采用普通钢筋锚杆；当环境保护不允许在支护结构使用功能完成后锚杆杆体滞留于基坑周边地层内时，应采用可拆芯钢绞线锚杆。常用的锚杆形式有成孔锚杆、自钻式锚杆和可回收锚杆。

成孔锚杆根据土层性状和地下水条件选择套管护壁、干成孔或泥浆护壁成孔工艺。自钻式锚杆属于拉力型低预应力岩土混层锚杆，可将钻孔、注浆和锚固连续完成，工效很高，在相对狭窄的空间，自钻式锚杆可以正常施工。可回收锚杆，避免了遗留在地下的锚杆影响地下空间开发的问题，符合绿色施工的理念。可回收式锚杆分为 5 类：过载强拆类、端头锚固类、自钻自锁类、锚筋回转类、自拆锚具类。

锚拉式结构中的挡土结构可采用：混凝土排桩、土钉墙、地下连续墙、SMW 工法桩、LXK 工法、TRD 工法桩、PCMW 工法桩等。常见的结构形式有锚固式排桩、SWM 支护结构＋1～3 道锚索（旋喷扩大头）、LXK 工法桩等。

锚固式排桩：由围护结构体系和锚固体系两部分组成，围护结构体系采用钢筋混凝土排桩，锚固体系可分为地面拉锚式和锚杆式两种。地面拉锚式要有足够的场地设置锚桩，或其他锚固物。锚杆式要地基土能提供锚杆较大的锚固力，适用于砂土地基或黏土地基，软黏土地基不能提供锚杆较大的锚固力，所以很少使用。

SWM 支护结构＋1～3 道锚索（旋喷扩大头）：扩大头锚索因其采用高压旋喷成孔注浆工艺，可以对周边土体起到加固的作用，且与周边土体形成较大的锚固直径，可以克服常规锚索施工对周边环境的影响，施工速度快、可靠性高。旋喷扩大头锚索在施工及受力等方面的有优势，克服了常规锚索成孔过程塌孔的难题，确保了支护结构的安全，减小了对邻近建筑物的影响，降低了成本，有效保证工期，特别是针对欠固结土等软土地基，该联合支护体系更能体现其优势。

LXK 工法桩：是一种在水泥搅拌桩墙内快速插筋和土钉、土锚联合为主组成的基坑支护方法。支护形式可选用后仰锚拉钢桩支护；水泥土加筋地连墙＋水泥土地锚三角形支护结构；门架式加筋水泥土桩支护结构；加筋水泥土桩墙与多排水泥土地锚支护结构、加筋水泥土桩墙与锚杆或土钉支护等。该方法主要适用于松散软弱的江堤、公路铁路路基、建筑物深基坑等。

(4) 内支撑式支护结构

支撑式结构包含挡土结构与内支撑结构。常见挡土结构可采用：灌注桩、地下连续墙、工法桩、钢板桩、组合钢板桩或 WSP 钢管桩等；内支撑可采用钢支撑、混凝土支撑、钢与混凝土混合支撑。常见的组合形式有：灌注桩＋止水帷幕＋钢支撑、钢筋混凝土支撑组合；地下连续墙、工法桩与钢支撑或钢筋混凝土支撑组合；钢板桩、WSP钢管桩与钢支撑组合。

1）装配式型钢内支撑：装配式型钢内支撑具有安全可靠、高效快捷、可循环使用、绿色环保、降本增效等优点，与排桩有机结合，有效解决了悬臂式排桩容易产生变形和位移的问题，是一种值得推广和应用的支撑手段，适用于支撑跨度在150m以内的基坑工程。

2）装配式预应力钢支撑体系。通过对预制钢构件现场拼装并施加预应力的钢支撑体系，主要包括钢管支撑体系、预应力型钢组合支撑体系、预应力张弦梁钢桁架支撑体系、预应力鱼腹式钢支撑体系、钢管组合支撑体系。装配式预应力钢支撑体系结构宜用于平面形状较规则的基坑工程，且钢支撑对撑长度不宜大于90m，水平主撑间距不宜大于基坑宽度，见图3-3。

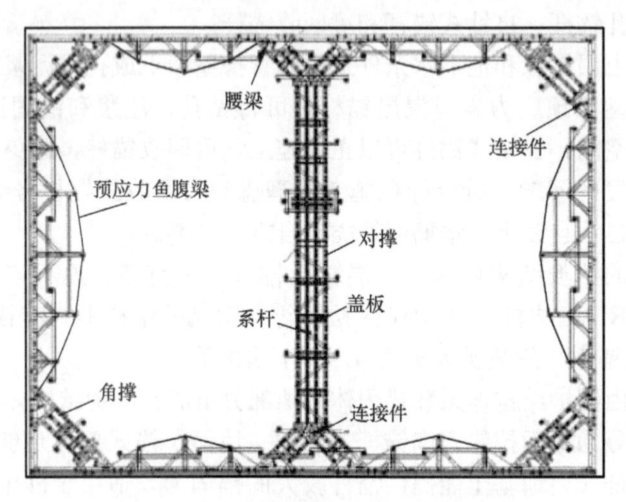

图3-3　预应力鱼腹梁钢结构支撑示意图

（5）支护结构与主体结构结合的逆作法

支护结构与主体结构相结合是指采用主体地下结构的一部分构件（如地下室外墙、水平梁板、中间支承柱和桩）或全部构件作为基坑开挖阶段的支护结构，不设置或仅设置部分临时支护结构的一种设计和施工方法。此做法同时向地上和地下施工，可以缩短工程的施工工期。

适应范围：作业空间较小和上部结构工期要求紧迫的地下工程，一般3层及以上地下室工程较为适用。

2.1.4　重力式挡土墙

重力式挡墙又名水泥土重力式挡墙，是以水泥系材料为固化剂，通过高压旋喷或搅拌机械将固化剂和地基土进行搅拌，形成连续搭接的水泥土柱状加固体挡土墙，可兼作隔渗帷幕，靠挡土墙自身的强度抵抗水土压力。它主要适用于包括软弱土层在内的多种土质，支护深度不宜超过7m，当周边环境要求较高时，基坑开挖深度宜控制在5m内，在施工过程中周边土体会产生一定的隆起或侧移，基坑周边需要有一定的施工场地。

2.2　地下水控制技术

地下水控制包括基坑开挖影响深度内的潜水、微承压水与承压水控制，应根据工程地质和水文地质条件、基坑周边环境要求及支护结构形式选用集水明排、截水、降水、回灌或其组合方法。

2.2.1　集水明排技术

当基坑开挖不很深，基坑涌水量不大时，集水明排法是应用最广泛，也是最简单、经济的方法。盲沟和集水井组合降水。在基坑周围开挖截水沟，基坑内利用渗沟将水排至集水井，再通过水泵抽至基坑外。该技术适用于吹填砂地或渗透系数较高的含水土层降水。

2.2.2　截水技术

当降水会对环境造成长期不利影响时，应采用截水方法控制地下水。基坑截水通常选用水泥土搅拌桩帷幕、高压旋喷或摆喷注浆帷幕、搅拌-喷射注浆帷幕、地下连续墙或咬合式排桩等。支护结构采用排桩时，可采用高压喷射注浆与排桩相互咬合的组合帷幕。落底式竖向截水帷幕应插入不透水层。当地下含水层渗透性较强、厚度较大时，可采用悬挂式竖向截水与坑内井点降水相结合或采用悬挂式竖向截水与水平封底相结合的方案。

止水帷幕形式主要有：双轴水泥土搅拌桩、三轴深层搅拌桩、五轴深层搅拌桩、高压旋喷桩、MJS工法桩、TRD工法桩、CSM工法桩、RJP工法桩等。

此外，富水砂层盾构始发或接收过程洞门破除时，常采用人工冷冻法将洞门外地层中的水冻结成冰，形成冻土止水帷幕。冻结法是利用人工制冷技术，将开挖空间周围含水地层冻结成一个封闭的不透水帷幕——冻结壁，用以抵抗水土压力并隔绝地下水的方法，具有冻结体范围可控性强（可将地下障碍物同步冻结）、均匀性好和完整性好的优点。

2.2.3　降水技术

常用的基坑降水方法有轻型井点降水、管井井点降水、真空降水管井降水、深井井点降水、喷射井点降水、电渗井点降水和辐射井点降水等。

（1）轻型井点降水。在基坑周围每隔一定距离布置井点管至透水层内，各井点之间用密封的管路相连，组成井群系统，在管路系统和井点管中形成真空，通过真空抽水设备集中抽吸基坑地下水，井点管和下部渗水管内的压力小于周围含水层中的压力，在压差作用下，地下水向滤水管中渗流，地下水经过井点管和总管被真空设备吸走，井点间降落深度叠加使基坑地下水在短时间内降至设计深度，以便进行基坑施工。

该方法一般适用于基坑面积不大，降低水位不深的情况，渗透系数为0.1～50m/d的土层中。降水深度：单级井点3～6m，多级井点6～12m。但要求基坑周围有足够的空间，便于放坡或挖槽。

（2）真空管井降水。在常规管井降水的基础上，结合真空技术，使管井内形成一定的真空负压，在大气压的作用下，加快弱透水层中的地下水向管井内渗透，达到对弱透水地层的疏干目的。真空管井降水不仅保留了管井重力释水的优点，而且可以根据地层条件和工程需要在任意井段增加负压汲取黏土、粉土等弱透水层中的地下水及地层界面残留水。该技术主要适用于弱透水地层的疏干降水。

（3）深井井点降水。在深基坑周围埋置深于基底的井管，依靠深井泵或深井潜水泵将地下水从深井内提升到地面排出，使地下水位降至坑底以下。该方法排水量、降水深度和降水范围都比较大，适用于渗透系数为1～250m/d、降水深度大于5m的情况，用于降低潜水或承压水，可在基坑外围布置，必要时也可布置在基坑内，当降水容易引起周围土体不均匀沉降而影响周围建筑物的安全时，可采用基坑四周设置止水帷幕、坑内设置深井井点降水的方式。基坑工程的降水井重点在于通过控制降水井内的动水头深度达到将坑内地下水水位降低至坑内开挖面以下的目的。

(4) 喷射井点降水。在井点管内部安置特制喷射器，用高压水泵或空气压缩机通过井点管中的内管向喷射器输入高压水或压缩空气，形成水气射流，将地下水经井点外管与内管之间的间隙抽走排出。

喷射井点常用作深层降水，在粉土、极细砂和粉砂土层中较为适用，降水深度可达到8～20m。在较粗的砂粒中，由于出水量较大，循环水流就显得不经济，这时宜采用真空深井。

(5) 电渗井点降水。利用轻型井点和喷射井点的井点管作阴极，另埋设金属棒作阳极，通入直流电后，土颗粒自负极向正极移动，水则自正极向负极移动而被集中排出。该技术常与轻型井点或喷射井点结合使用。

自渗井点降水。在一定深度内，存在两层以上的含水层，且下层渗透能力大于上层，在下层水位低于降水深度的条件下，人为联通上下含水层，在水头差作用下，上层地下水通过井孔自然流到下部含水层中，从而无需抽水即可达到降低地下水位的目的。

(6) 辐射井点降水。在降水场地设置集水竖井，在竖井中不同深度和方向打水平井点，使地下水通过水平井点流入集水竖井中，再用水泵将竖井中的水抽出，达到降低地下水位的目的。

该方法一般适用于渗透系数较高的含水层降水，如粉土、砂土、卵石土等，可以满足不同深度降水，特别是大面积基坑降水。

2.2.4 其他降水技术

降水回灌一体化施工技术：基坑降水会引起周围地面的不均匀沉降，为了减小基坑降水对周围环境的影响，在保证降低基坑内水位的同时设置回灌井，将抽出的地下水重新引入含水层，补给地下水，这样回灌井点就形成一道隔水帷幕，阻止回灌井点外侧建筑物下方地下水的流失，并使回灌井外地下水位基本保持不变，含水层应力状态基本维持原状，有效地防止基坑降水对周围建筑物的影响。

新型气动基坑降水施工技术，由空气压缩机和储气罐提供压缩空气，通过智能控制箱将压缩空气传输到设置在管井底部的水气置换器，利用气动技术将水排出管井，实现自动智能气动降水，有效消除了用电安全隐患和施工现场交叉作业需要频繁拆改带来的影响，通过传感器和变频器的使用，实现了气动降水泵的自动启停，节约用电。

2.3 土方开挖技术

基坑工程的挖土方案按照有无支护结构，可以分为无支护开挖和有支护开挖。无支护开挖主要指放坡挖土，有支护开挖包括中心岛式（也称墩式）开挖、盆式开挖、逆作法挖土和静力爆破等。

放坡开挖：周围环境和地质条件较好，开挖深度较小，无需支护，根据开挖深度及土层类别确定放坡坡度即可。放坡开挖需要周围空间宽阔，有足够的放坡场地，在城市或人口密集地区，不适合采用这种开挖方式。

中心岛式开挖：先行挖去周边土层，以中心为支点，向四周开挖土方，且利用中心岛为支点架设支护结构的挖土方式。适合大型基坑开挖，周围土层挖除后应及时进行桁架式支撑结构的架设或浇筑，减小围护结构的变形量，见图 3-4。

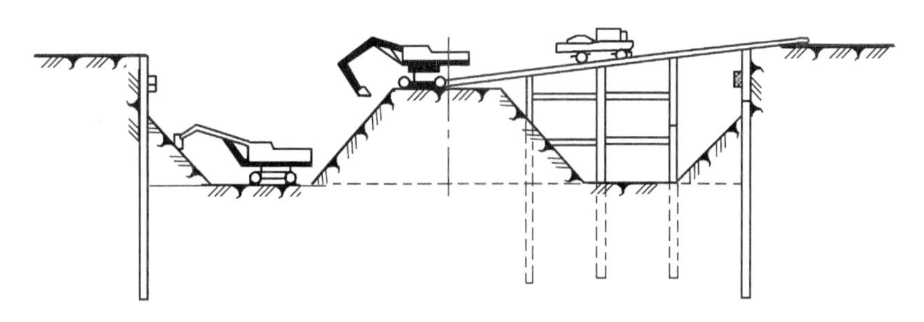

图 3-4　中心岛式开挖示意图

盆式开挖：适合开挖面积大且无法放坡的基坑开挖。先开挖基坑中间部分的土方，周围四边预留土坡，最后挖除。采用盆式挖土方法可以使周边的土坡对围护结构有支撑反压作用，减小围护结构的变形，其缺点是大量的土方不能直接外运，见图 3-5。

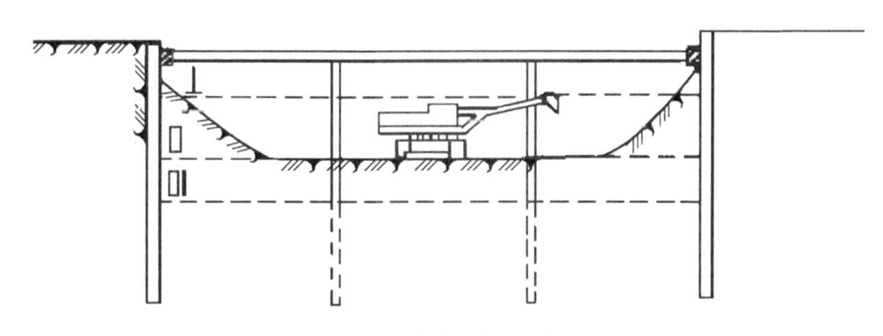

图 3-5　盆式开挖示意图

逆作法开挖：是在开挖的时候，利用主体工程地下结构作为基坑支护结构，并采用地下结构由上而下施工的设计方法，即挖土到达某一设计标高时，就先开始做主体结构，然后再继续向下开挖，直至开挖至设计标高；用于高层建筑、多层地下室结构施工及类似于地下室结构的地下构筑物的结构施工；但地下室连续墙中柱桩沉降量必须经过计算。

静力爆破：在硬土质地区施工深基坑工程时，可运用爆破先行破除松散硬土层，而后再使用机械进行基坑土方清运。相比传统的炸药爆破静力爆破更安全，方便管理，不需要雷管、炸药等危险爆炸品，而且爆破材料环保，无声、无振动、无飞石、无毒气、无粉尘，是无公害环保产品。

水冲法开挖：是在高压清水泵的作用下，形成压力水，利用水枪喷射出高速水流，对土体进行切割、粉碎并湿化形成泥浆液体，再通过增压泵将泥浆输送至弃土场内。

2.4　基坑监测技术

基坑监测是基坑工程施工中的一个重要环节，是指在基坑开挖及地下工程施工过程中，对基坑岩土性状、支护结构变位和周围环境条件的变化，进行各种观察及分析工作，并将监测结果及时反馈，预测进一步施工后将导致的变形及稳定状态的发展，根据预测判定施工对周围环境造成影响的程度，来指导设计与施工，实现所谓信息化施工。

2.4.1 基坑现场监测常用仪器

传统监测仪器主要有水准仪、经纬仪、全站仪、测斜仪、分层沉降仪、应力应变计、钢筋计、土压力计、孔隙水压计、水位计、温度计、低应变动测仪和超声波无损检测仪（检测支护结构的完整性和强度）等。随着大数据、云计算等先进技术的发展，检测技术也逐步实现了数字化和智能化，一般有监控专家系统、智能控制系统、可视化监测软件等配套工具，反应时间可控制在1s内，采样频率可达100Hz，完全能够做到实时监测，为工程建设提供信息化支持。

2.4.2 基坑工程现场监测内容及方法

基坑监测通常是指对变形、应力、地下水动态等的监测与分析。

（1）变形监测主要指地面、边坡、坑底土体、支护结构（柱、锚、内支撑、连续墙等）、周围建（构）筑物、地下设施等水平或竖向位移的监测与分析。

采用目测的方法进行实时巡视，对倾斜、开裂等问题准确进行记录，并进行拍照；用精密光学仪器、全站仪、视准线或收敛计测量水平位移；经纬仪投影测量倾斜；埋设测斜管、分层沉降仪测量深层土体变形。

（2）应力监测主要指支护结构中受力杆件、土体内应力的监测与分析。

预埋应力传感器、钢筋应力计、电阻应变片等元件，埋设土压力盒或应力铲测压仪测定杆件或土层中的应力变化。

（3）地下水动态监测主要指对地下水位、水压力、排水量等的监测与分析。

设置地下水观测孔观测地下水位变化；埋设孔隙水压力计或钻孔测压仪监测孔隙水压力；对抽水量及含沙量定期观测记录。

2.4.3 基坑监测数据处理

基坑监测应科学、准确，及时反馈监测数据、进行数据分析，形成技术成果，包括当日报表、阶段性报告、总结报告，并及时报送，供施工、设计、监理等各方参考决策，并对后续施工及类似工程施工予以指导。

2.4.4 新型监测技术

国内外应用于基坑工程监测的技术和方法正在从传统的点式仪器监测向分布式、自动化、高精度和远程监测的方向发展。

分布式光纤传感技术：光纤传感器具有抗电磁干扰、防水、抗腐蚀和耐久性长等特点。分布式光纤传感器体积小、重量轻，便于铺设安装，更重要的是突破了传统点式传感的概念，可以测出光纤沿线任一点上的应变、温度和损伤等信息，能够捕捉到被测对象的整体应变性状，实现对监测对象的远程分布式监测。

测量机器人＋无线传输的监测技术：基于测量机器人具有的自动寻找、识别和精确照准目标等功能，对深基坑进行实时监测，利用通信技术将测量数据传输到计算机数据库中，进行数据处理、分析计算、结果报告输出，及时做出深基坑稳定性预警。

无人机图像处理技术＋数学算法的监测技术：利用无人机快速获取基坑图像，建立基坑点云模型，获取点云数据，结合数学算法计算监测指标，与安全指标对比确定其安全性能。

智能联网监测技术：在基坑周围埋设监测点，通过GNSS监测，并将数据通过传感器实时传至数据处理平台，自动进行计算与分析，生成变量曲线图，并根据预先设定好的规范值自动预警报警。

基于激光投射和图像识别的基坑监测技术：监测系统工作时，激光发射器将光斑投射到屏幕上，摄像头固定在投射屏幕前正对屏幕，实时采集屏幕上光斑图像。若监测点发生位移，则光斑也会有相应的位移，通过采集图像并进行分析计算，得到光斑的位移，即监测点的位移，见图 3-6。

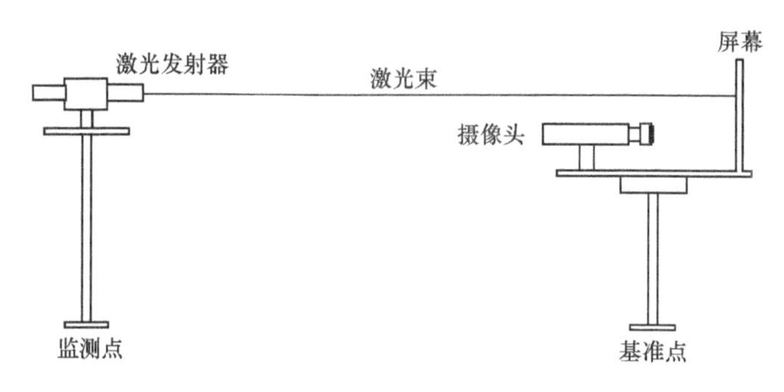

图 3-6 监测系统原理图

三维激光扫描技术：可以快速准确地完成大型结构的监测工作，并能提供结构表面的三维点数据，从而建立高精度的结构三维模型，效率高、精度高，但造价较高，一般只适用于大坝、矿区等大型工程结构的监测和建模，对小型结构的监测不具备经济性。

数值模拟技术：近些年，有限元软件的功能不断完善，计算方法逐步成熟，可根据实际参数建立基坑模型，模拟基坑所处的力学变化状态，得到基坑支护结构及周围土体的位移和内力等结果。由于土体环境较为复杂，而模型是在原基础上简化而成，所以计算结果会存在一定的偏差。

钢支撑伺服式预应力加压稳压系统：由监控站、液压伺服泵站系统、钢套箱组成。伺服系统监控主机与泵站具有自动补偿功能：监控站依据具体工程设计参数、系统采集数据启动自动监控自动补偿功能。当数据超出范围时，监控站发出指令，控制泵站、液压元件、千斤顶等工作，实现钢支撑轴力的伺服监控，保证有效控制轴力及基坑侧墙的位移。同时数据实时存储本地和上传云平台。

目前，我国 5G 技术领先全球，要充分利用 5G 互联网技术，开发集数据收集、存储、分析于一体的数据处理平台，避免重要科研数据的泄漏，使基坑监测技术智能化。

三、基坑工程施工技术最新进展（1～3 年）

随着深层地下空间的开发利用，基坑工程呈现出深、大、密集等特点。基坑施工安全；对周边建（构）筑物、地下管线（管道）、地铁车站与区间隧道等环境保护；与地裂缝、地下水等复杂地质环境之间的相互影响，成为基坑工程急需解决的问题，同时问题的产生也促进了基坑工程施工技术的更新与发展。

（1）倾斜桩技术。是将传统的竖直桩绕桩顶旋转一定角度后形成的斜桩支护技术，包括将斜桩、直桩交替布置并通过单根冠梁连接形成的斜直交替桩支护结构，由前排倾斜

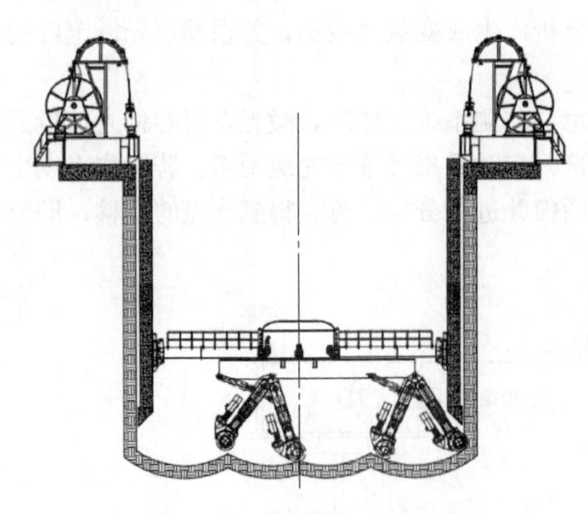

图 3-7　垂直盾构示意图

桩、后排垂直桩、前排桩顶冠梁、后排桩顶冠梁和前后桩间连梁组成的前排倾斜双排桩。

（2）垂直盾构技术。垂直掘进机由井下及井上部分组成，其中井下部分为设备的主要掘进部分，主要由截割头、支撑臂、支撑台、大回转台、排浆组件构成。井上部分主要由卷扬机、管线架、管片提升机构、控制室及配电设备、液压部分泵站、泥水分离站、压滤机等构成，见图 3-7。垂直盾构施工速度快，配备数字化监控系统，实时监测结构受力状态，施工设备采用模块式结构，布置灵活，可在狭窄的空间内使用。

（3）高压喷射承压型变直径钢筋笼扩大头锚杆技术。通过在扩大头段加入变直径钢筋笼，形成了有钢筋笼骨架的钢筋混凝土扩大头，使其在整体受力，锚固段稳定性以及抗拔承载力性能等方面都有较大的提高，变直径钢筋笼注浆扩体段材料不浪费并可对周边土体产生胀压挤密作用，使结构受力得到最大优化，与常规钻孔灌注桩（或预制桩）方案相比可以大幅节省工程造价（15％～45％）。

（4）超深套铣地下连续墙施工技术。通过直接铣削相邻槽段接头处混凝土，依靠混凝土相邻咬合形成致密的地墙接缝。成槽施工垂直度控制利用铣轮转速调整预防偏差发生，通过施工过程合理的管理措施及实时垂直度检测，有效保证墙身质量。通过结合自动化控制及监测系统，有效保证地下连续墙墙体的垂直度及防渗性等质量要求，降低深层地下工程建设的风险，提高施工效率，节省工程造价，对土体的扰动小，有效控制对周边环境的干扰。

（5）斜支撑技术。将斜向插入开挖面以下一定深度的钢管或钢格构与围护桩顶的冠梁连接，给竖向围护桩以支撑力的支撑结构，有注浆钢管、高压旋喷桩内插钢管或钢格构和旋入式螺旋钢管等形式。注浆钢管采用先打入钢管再注浆的施工方式，支撑的底端可采用扩底承载体（用干硬混凝土夯实形成加固体），以提高支撑承载能力。高压旋喷桩内插入钢管或钢格构可采用高压旋喷桩整体成桩完成后再插入钢管或钢格构的方式，也可采用钢管或钢格构跟进高压旋喷桩施工插入的方式，高压旋喷桩端部可通过增大喷射压力或复喷的方式形成扩大端，以提高支撑承载能力。旋入式螺旋钢管采用旋拧机将前部焊接有螺旋叶片的钢管旋转压入土体的方式施工。斜支撑在工程中具有安全可靠、经济合理、性能突出、施工方便、环境友好等优点，未来也具有极大的应用空间，见图 3-8。

（6）张弦梁结合钢桁架支撑系统。是一种新型组合的钢结构内支撑系统，系采用标准化构件形成的装配式钢支撑结构系统。该支撑系统可通过预应力的施加和复加控制支护结构的变形，而且采用大跨度预应力张弦梁可形成支撑杆件间的较大空间，具有绿色环保、节能降耗和施工迅速的特点。

（7）十字形装配式基坑支护技术。由很多个预制格构单元通过连接装置机械连接而成，每个格构单元由竖向肋梁、横向连梁、锚索孔、连接装置等组成，见图 3-9。格构单元可由混凝土浇筑而成，也可由钢结构构件拼装而成。该支护方式是一种施工安全、速度快、造价低、可回收利用、绿色环保的新型基坑支护形式。

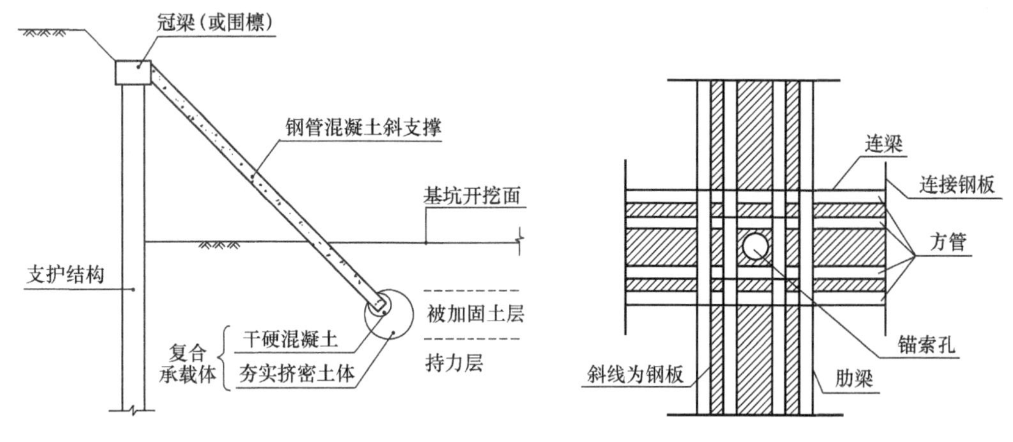

图 3-8 大头撑支护形式示意图

图 3-9 十字形装配式基坑支护技术示意图

（8）DMP 数字化微扰动搅拌桩技术。通过多通道钻杆上的切削叶片和搅拌钻头上的喷浆口、喷气口喷射出的浆液与气体共同切割土体，并将水泥等固化剂与土体均匀搅拌，通过地内压力自动调节以及异形钻杆与土体间形成的通道进行排浆排气，实现微扰动施工并形成具有一定强度和抗渗性的桩体。适用范围：标准贯入击数 N 大于 30 的砂土层，施工引起的桩周土体变形可控制在 5mm 以内，能够满足敏感城市环境条件下环境保护要求，最大施工深度可达 45m，可用于形成地下工程超深隔水帷幕和深层土体加固等，为超深地下空间的开发建设提供了有力的技术支撑。

（9）基坑气膜技术。“基坑气膜”是一种临时性支护结构，主要由充气膜和支撑系统组成。充气膜是一种由高分子材料制成的薄膜，具有良好的透气性和防水性能。支撑系统则包括钢架和锚固件等，用于固定充气膜并将其与土体分离。在基坑开挖前，将充气膜覆盖在基坑周围，形成一个密闭的空间。随着基坑的开挖，充气膜会逐渐向下移动，直到达到设计高度。在整个过程中，充气膜可以有效地保护土体免受外界影响，减少土体变形和地下水渗漏的风险。

（10）预制-现浇咬合式地下连续墙技术。由交替排列的预制墙幅与现浇混凝土墙幅咬合形成，预制墙幅采用长墙，现浇墙幅采用短墙。与传统现浇地下连续墙相比，该技术通过截面优化和技术更新，节约钢筋和混凝土用量，减少现场钢筋笼焊接，节约用电，减少光污染和环境污染，具有质量好、速度快、费用低、绿色低碳、可持续发展等显著特点。

深基坑工程的不断发展带动新型支护结构及施工技术的出现，超深风井钢管结构柱施工新技术、顶管法联络通道施工技术、双轮铣深层搅拌墙技术、全回转全套管施工技术在超深基坑工程、隧道工程和地铁车站建造领域不断进步。

四、基坑工程施工技术前沿研究

(1) 深基坑工程设计计算新理论研究。基坑的稳定性、支护结构的内力和变形以及周围地层的位移对周边建(构)筑物和地下管线等影响的理论计算分析，目前尚难以准确得出比较符合实际情况的结果。加强考虑应力路径的作用、土的各向异性、土的流变性、土的扰动、土与支护结构的共同作用等的计算理论以及有限单元法等的研究；深基坑三维整体设计法，以 HSSM 土体本构模型为核心，利用被已有成果证明具有科学性的三维数值模型获得基坑支护结构与周边环境动态性状，从而主动调整支护结构模拟基坑周边状态，保证基坑支护结构与周边环境安全的全过程决策方法；提高原位测试水平并重视从原位测试结果中确定合理的计算参数；发展基坑变形控制设计理论等，这些都是需要重点研究和发展的方向。

(2) 深基坑环境变形控制技术研发。城市化的迅速发展使得基坑工程对变形控制要求愈来愈高，甚至十分严苛，未来超大超深基坑毗邻地铁、高层建筑的情况会越来越多，环境变形控制技术是未来工程建设发展的需要。如今基坑围护体系设计采用按变形控制设计理论进行了一定的探索和工作，但设计理论和方法尚不完善，还不成熟；变形控制技术单纯靠增大支护刚度，缺乏经济性。发展成熟的变形控制设计计算方法和经济高效的环境变形控制技术是基坑工程未来的重要研究方向。

(3) 深基坑自动化监测和远程监控的信息化施工技术研究。近年来，随着计算机技术和工业化水平的提高，基坑工程自动化监测技术也发展迅速，目前国内一些深大险难的基坑工程施工开始选择自动化连续监测，未来有望通过构架在因特网上的分布式远程监控管理终端，把建筑工地和工程管理单位联系在一起，形成高效方便的数字化信息网络；同时通过 5G、AI 和大数据分析，结合地质条件、设计参数及现场施工工况，对监测数据进行分析并预测下一步发展趋势，建议相应的工程措施，确保工程顺利进行，实现信息化施工。

(4) 深基坑工程计算分析软件研发。目前，世界上关于基坑工程分析计算的软件种类很多，但我国产权的工程应用软件相对较少，对国外的技术依赖较大，面对国外行业技术垄断很容易进入瓶颈期，所以研发自己的工程应用软件和技术，抵抗外国技术垄断，对于我国的工程建设和工程研发工作迫在眉睫。

(5) 深基坑高精度高效率施工机具研发。伴随“中国制造 2025”国家战略的实施，工程机械装备行业有望为基坑工程和地下工程提供精度高、质量可靠、适应性强、施工高效、智能化和可视化的施工设备。如大深度大厚度地下连续墙施工装备、100m 级超深水泥土搅拌墙装备、高效灵活的挖运土设备等为各类高难度和高复杂度的深基坑工程和提供装备和技术保障。同时研究开发小型、灵活、专用，适应狭小工作面的地下挖土机械同样也可提高工效，加快施工进度。

(6) 深基坑预制装配式产业化技术研究。发展预制装配式支护技术，包括自凝泥浆预制地下连续墙技术、装配式张弦梁+钢桁架支撑技术、静钻根植桩技术可拆卸式型钢混凝土组合冠梁技术(DCC 工法)、德国 LTW 沟槽支护系统、改良钢支撑形式、优化支撑轴力预加系统、构件标准化、时限支撑系统的信息化管理。在基坑工程、隧道工程和地铁车站建造领域，通过系统研发达到预制装配式技术应用的标准化设计、工厂化生产、装配化施工和信息化管理的目标，大幅减少泥浆排放，提高施工效率和质量，实现基坑和地下工程工业化，见图 3-10。

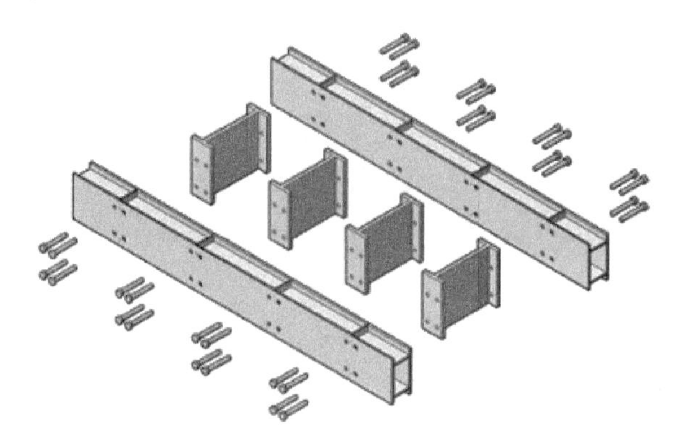

图 3-10　型钢混凝土组合冠梁示意图

（7）装配式竖井建造技术。功能集约高效、占地小；建设快速安全，对环境影响小；预制装配率高，绿色低碳；智能化、数字化程度高。

五、基坑工程施工技术指标记录

（1）最大开挖深度：云南省滇中引水龙泉倒虹吸接收井基坑，开挖深度 77.3m，半径为 8.5m 的圆形结构，围护结构采用 1.5m 厚的地下连续墙帷幕止水，地连墙成槽深度达 96.6m，墙顶设锁口圈梁。

（2）最大开挖面积：南京江北新区地下空间项目，占地面积约为 62ha，最大开挖深度约为 50.2m，地下空间总建筑面积约 148 万 m^2。

（3）山东大学齐鲁医院（青岛）二期项目，深基坑东西宽约 200m，南北宽约为 160m，基坑周长 803m，基坑开挖最大深度 50m，是目前房屋建筑最深基坑。

六、基坑工程施工技术典型工程案例

6.1　案例一：静安区 95 号 C 地块项目深基坑工程

本项目位于上海市静安区，本基坑安全等级为一级（场地东侧油罐基坑安全等级为三级）；A 区及 B 区基坑外围周边环境保护等级为二级，C 区、D 区及 E 区基坑周边环境保护等级为一级，F 区基坑周边环境保护等级为二级，见图 3-11。

基坑一般区域为地下三层，基坑面积约 18940m^2，基坑开挖深度 18.6～20.7m；临近轨道交通 7 号线隧道，含两条线路，基坑 C 区距离较近线路边线约 15.03m，基坑 E 区距离较近线路边线约 10.62m，基坑 D 区距离较远线路中心线约 28.4m。地下室结构外边线与地铁区间隧道结构外边线最小净距约 10.8m。基坑边线平行地铁延长距离约 188m。场地东北角的油罐基坑面积 45m^2，开挖深度约 3.5m。

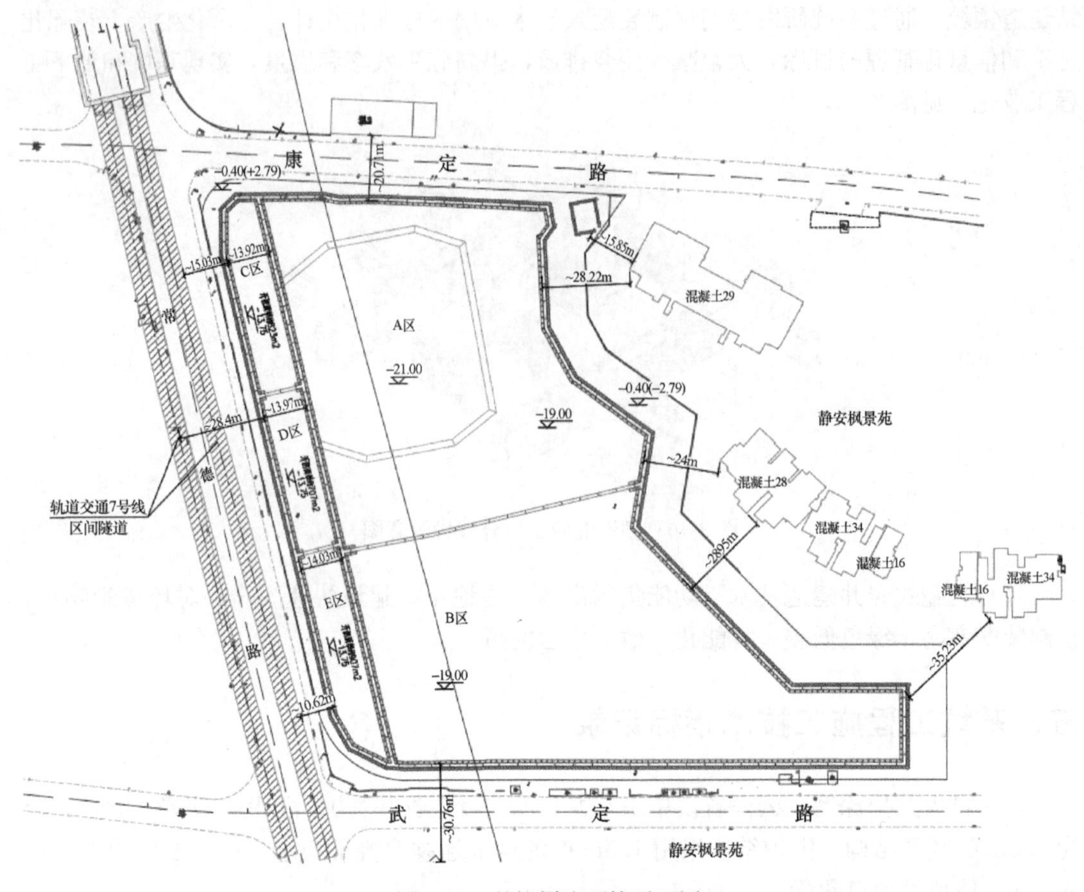

图 3-11　基坑周边环境平面图

6.1.1　基坑支护

本工程基坑围护外墙及中隔墙均采用 1m 地下连续墙（墙深 28～48m），基坑四周采用 ϕ850@600 三轴搅拌桩槽壁加固（桩长 22～30m），外排套打内排搭接。

工程基坑分为 6 个区独立交叉、先后施工。A 区和 B 区为地下三层，基坑开挖深度约为 18.6～18.7m（塔楼区开挖深度达到 20.7m），开挖面积分别为 $9115m^2$ 及 $9825m^2$，基坑的外围围护结构均为 1000mm 厚、48m 深的地下连续墙，墙趾进入$⑧_1$层土，隔断坑内外第$④_2$层、第$⑤_2$微承压水及第⑦层承压水水力联系。A 区和 B 区之间的中隔墙均采用 1000mm 厚、40m 深的地下连续墙。坑内设四道钢筋混凝土水平支撑。C 区、D 区及 E 区紧邻 7 号线区间隧道，为地下两层，开挖面积分别为 $823m^2$、$707m^2$ 和 $907m^2$，开挖深度约为 13.7m，基坑外围采用 1000mm 厚、32～35m 深的地下连续墙，墙趾进入⑥层土，隔断坑内外第$④_2$层及第$⑤_2$微承压水水力联系。C 区、D 区及 E 区之间的中隔墙均采用 1000mm 厚、28m 深的地下连续墙。坑内设四道水平支撑其中第一道为钢筋混凝土支撑，其余三道为钢管支撑。F 区为油罐基坑，开挖深度约 3.5m，采用 ϕ600mm 钻孔灌注围护，桩深 9m，外设 9m 深 ϕ850mm 三轴水泥土搅拌止水帷幕。坑内设一道钢筋混凝土水平板撑。本工程基坑支护形式和分区图，见图 3-12。

基坑工程中的竖向支撑构件包括立柱桩，ϕ850mm 工程桩兼做立柱桩，柱下基础直径

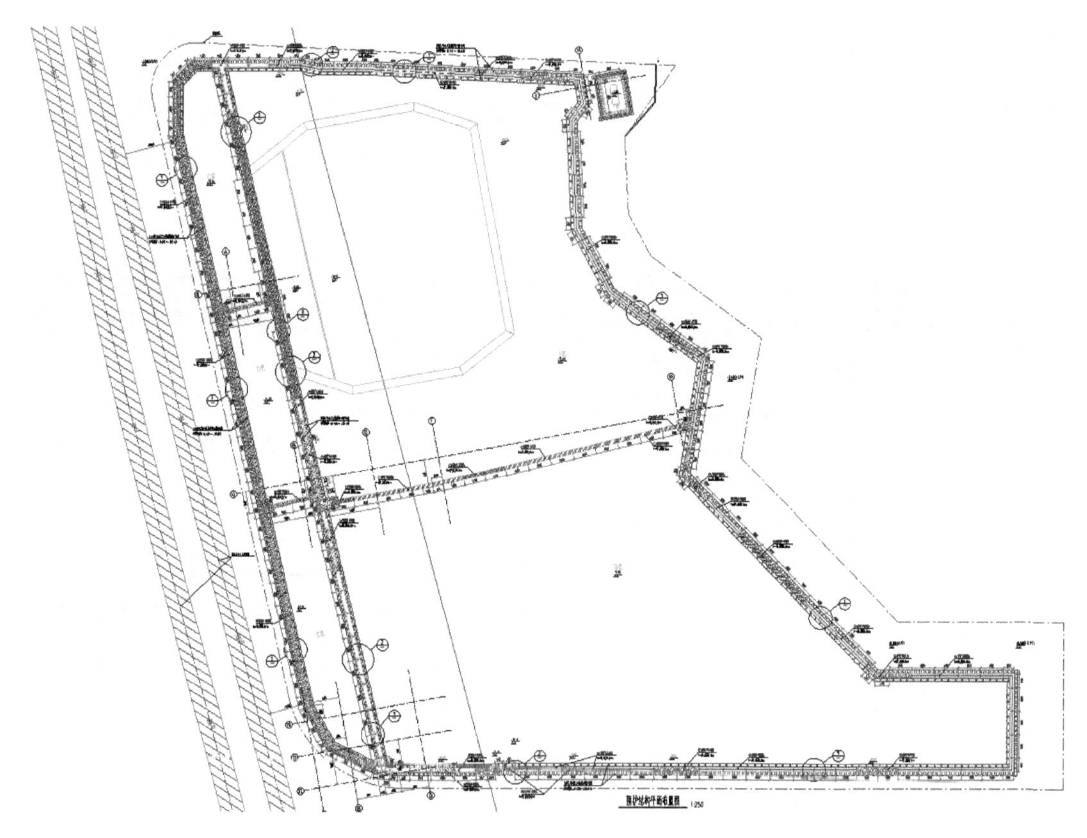

图 3-12　深基坑围护结构总平面图

为 850mm，有效桩长 40m 左右，格构柱角钢规格 4 ∟180×18。

本工程基坑地基加固类型，如表 3-1 所示。

基坑地基加固表　　**表 3-1**

序号	地基加固部位	采用加固方法
1	坑边加固	采用 ϕ850@600 三轴搅拌桩进行坑边加固，紧邻地铁区域采用三轴水泥土搅拌桩，搭接 250，满堂加固，加固范围－5.50～－27.00，其余采用三轴水泥土搅拌桩，搭接 250，裙边加固（宽度 6m、10m），加固范围－11.60～－27.10
2	坑内深坑加固	采用三重管高压旋喷桩加固，加固形式 ϕ1000@600，挡土加固，加固范围－19.10～－30.10，三重管高压旋喷桩深坑加固单桩水泥掺量≥25％
3	基坑裙边、满堂及抽条加固	采用 ϕ850@600 三轴水泥土搅拌桩加固形式，搭接 250，单桩水泥掺量≥20％；加固体以上土体采用低水泥掺量（单桩 10％）对扰动土体进行补强
4	搅拌桩与地墙缝隙加固	坑内三轴水泥土搅拌桩加固体与地墙成槽预加固体间（或与地墙间）留有 300～500mm 空隙，空隙处采用 ϕ800@600 三重管高压旋喷桩填充加固，单桩水泥掺量≥25％，加固范围从三轴水泥土搅拌桩强加固体顶面到强加固体底面

6.1.2　地下水控制

本工程的基坑降水方案采用针对基坑内降潜水（疏干井）和降承压水（减压井）的合理布置、售水量及地下水头标高的控制方案，确保本工程基坑开挖安全和周边管线、建筑物不受损坏的关键。对本工程浅层降水策略：对较浅层的第①～⑤$_{1}$层的潜水含水层、第④$_{2}$层微承压水，采取“隔＋疏”的方式进行降水；深层降水策略：对第⑤$_{2}$层、第⑦层中的微承压水和承压水，采取“坑内降压＋坑外回灌一体化”的治理策略。坑内外成井施工完成后，降水正式运行前及时做预降压抽水试验，同步观测坑内和坑外承压水水位变化情况，以判断围护施工质量、隔水效果。

6.1.3 基坑开挖

本工程基坑土方开挖针对上海地区软土的流变特性应用“时空效应”理论，严格实行限时开挖支撑要求。土方开挖应严格实行“分层、分段、分块、限时对称平衡开挖支撑”的原则，将基坑变形带来对周围设施的变形影响控制在允许的范围内。

本项目基坑采用“分坑施工技术”，通过分坑施工桩基及围护工程，有效控制基坑及地铁变形风险；通过分坑开挖基坑土方工程，限时完成支撑及底板结构对撑，有效控制基坑及地铁变形量。通过合理分块，满足地铁侧留土护壁最后开挖、垂直于地铁侧主撑优先限时完成的要求，有效避免跳挖过程中挖掘机不断吊转耽误的施工时间。

繁华街区地铁沿线深基坑土方开挖采用中部盆式开挖，优先完成垂直于地铁方向的四道主撑，地铁侧 4 倍开挖深度（约 20m）范围内进行留土护坡最后开挖，确保地铁安全；垂直地铁侧主撑 2 根完成控制在 24h 内，4 根完成控制在 48h 内。繁华街区地铁沿线基坑分坑剖面图和局部分块基坑分段平面图见图 3-13；基坑土方开挖优化图见图 3-14。

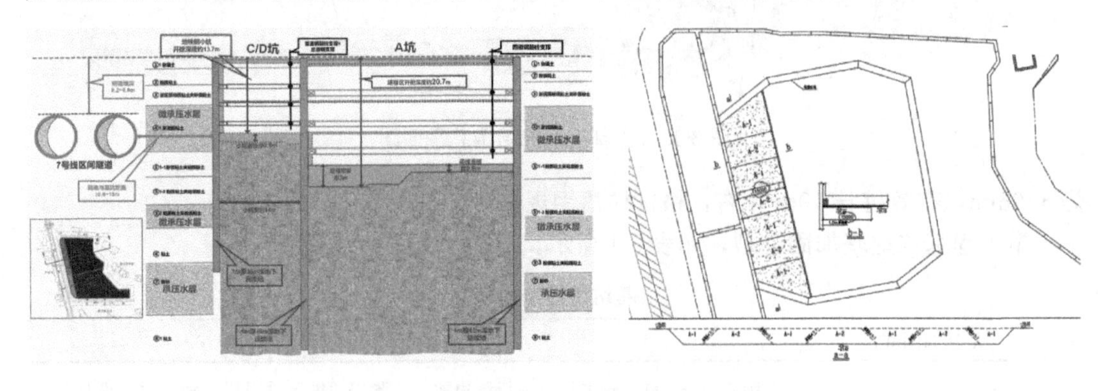

图 3-13　繁华街区地铁沿线基坑分坑剖面图和局部分块基坑分段平面图

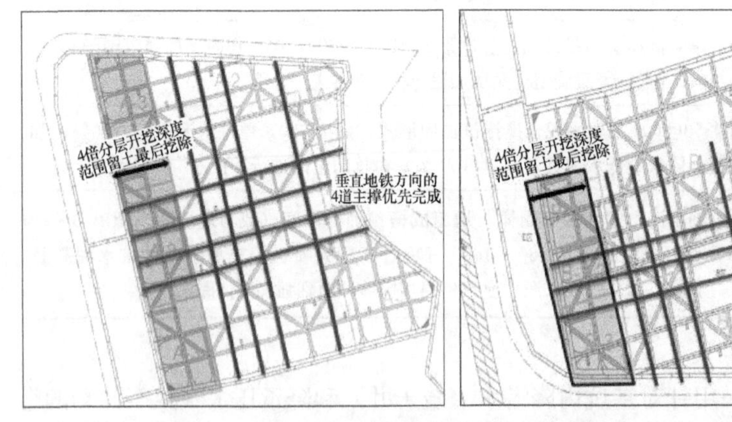

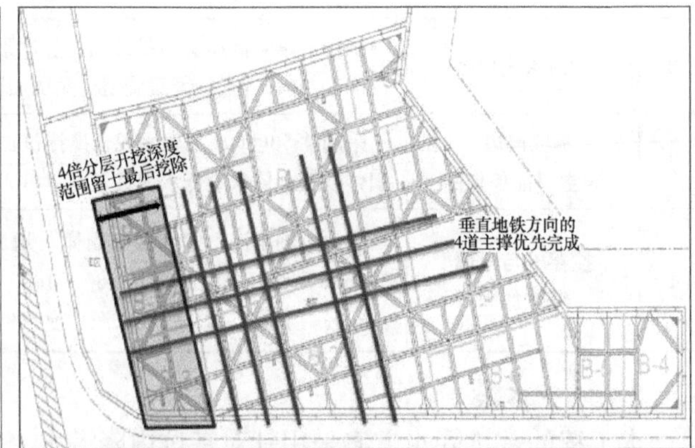

图 3-14　繁华街区地铁沿线深基坑土方开挖优化图

6.1.4　基坑监测

在基础工程的桩基施工、围护施工及土体加固期间，周期性对周边环境进行观测，及时发现隐患，并根据监测成果相应地及时调整施工速率及采取相应的措施，确保周边建（构）筑物、道路及市政管线的正常使用。

在基坑开挖过程中，由于地质条件、荷载条件、材料性质、施工条件和外界其他因素的复杂影响，很难单纯从理论上预测工程中可能遇到的问题，而且，理论预测值还不能全面而准确地反映工程的各种变化。所以，在理论指导下有计划地进行现场工程监测十分必要，并在施工组织设计中制定和实施周密的监测计划。

6.2　案例二：南京滨江水环境提升利用系统工程一期项目6号盾构井基坑工程

南京滨江水环境提升利用系统工程一期项目位于长江以北，沿滨江大道敷设内径2.5m的污水管，全长约10km，共设置6个盾构工作井和1个提升泵站，工作井及泵站均采用明挖顺作法施工，线路采用盾构施工。6号圆形盾构井距离长江约600m，其内衬钢筋混凝土结构壁厚1.5m、外径21m、内径18m，基坑开挖深度27.37m，基坑开挖边线外围20～50m范围内存在多个在建高架桥桥墩。

6号圆形盾构井处于长江漫滩地貌单元，自上而下地层依次为杂填土（厚6.51m）、淤泥质粉质黏上（厚3m）、稍密粉细砂（厚5.5m）、中密粉细砂（厚16.4m）、密实粉细砂（厚18.1m）、强风化泥质粉砂岩（厚0.4m）和中风化泥质粉砂岩。粉细砂层地下水与长江水力联系，上部淤泥质粉质黏土为相对隔水层，具有承压性，承压水水头在地面下5～7m。中风化泥质粉砂岩强度不均匀，饱和单轴抗压强度2～10MPa。

6.2.1　基坑支护

设计采用1m厚地下连续墙作为围护结构，地下连续墙嵌入中风化岩层1.5m，地下连续墙深度51.41m，地下连续墙混凝土强度等级为水下C35，采用工字形型钢接头。根据成槽机每抓抓土宽度2.8m的特点，将地下连续墙划分为14幅内角154.3°的折线，组合起来是内切内衬结构外边线的14边形，7幅首开幅（A1），7幅闭合幅（A2），如图3-15所示。平面形状如图3-16所示。地下连续墙首开幅幅宽4.46m，闭合幅幅宽6.06m。由于常规的液压抓斗地下连续墙成槽机无法抓取中风化岩，特增设了切割岩石能力较强的铣槽机，采用抓铣结合方式进行成槽。地下连续墙两侧设置ϕ850mm三轴搅拌桩进行槽壁加固，防止成槽过程槽壁坍塌，三轴搅拌桩深30m。地下连续墙外侧三轴搅拌桩采用套接一孔法施工，内侧三轴搅拌桩采用切割搭接法施工。

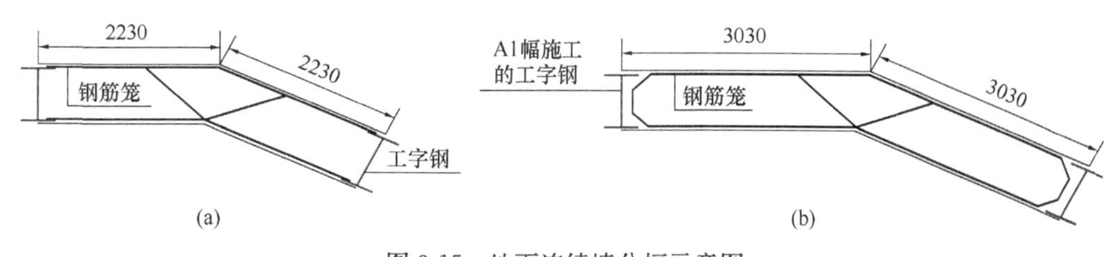

图3-15　地下连续墙分幅示意图

（a）首开幅（A1幅）；（b）闭合幅（A2幅）

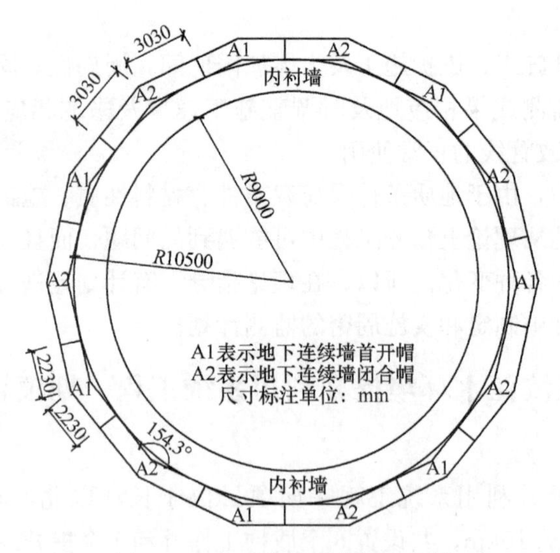

图 3-16　地下连续墙分幅平面图

井室内衬结构采用整体逆作、局部顺作的方式进行，逆作的井室结构作为基坑开挖工况下的内支撑，与地下连续墙共同抵抗坑外的水土压力。施工工况如表 3-2 所示。

深基坑施工的主要工况　　**表 3-2**

工况	施工内容
1	冠梁施工完毕且达设计强度 80%，开挖第 1 层土方至地面下 8.36m，施工第 1 层内衬结构
2	第 1 层内衬结构达到设计强度 80%，开挖第 2 层土方至地面下 12.7m，施工第 2 层内衬结构
3	第 2 层内衬结构达到设计强度 80%，开挖第 3 层土方至地面下 16.21m，施工第 3 层内衬结构
4	第 3 层内衬结构达到设计强度 80%，开挖第 4 层土方至地面下 19.71m，施工第 4 层内衬结构
5	第 4 层内衬结构达到设计强度 80%，开挖第 5 层土方至地面下 23.51m，施工宽 1.5m、高 1.2m 的临时内支撑。因为牵涉到盾构进出洞洞门钢环须一次性整体埋设的问题，此层土方开挖高度范围内的内衬未倒挂逆作
6	临时内支撑达到设计强度 80%，开挖第 6 层土方至坑底，及时浇筑垫层和底板
7	底板达到设计强度 80%，拆除临时内支撑，施工底板面至地面下 23.51m 范围内的内衬结构及洞门钢环

6.2.2　地下水控制

场地距长江边仅 600m，且存在渗透系数约为 10m/d 的深厚粉细砂层，粉细砂层中富含的承压水与长江水体直接连通，水头随长江水位的涨、落而升高、降低。基坑工程地下水控制采用地下连续墙封堵＋坑内降水管井疏排的方式，地下连续墙墙底嵌入中风化岩 1.5m，以隔断粉细砂层地下水向坑内补给的水平路径，并借用中风化岩渗透系数小的特点使承压水绕过地下连续墙底向坑内竖向补给的流量大幅减少。

坑内布设 4 口降水管井，2 口深 38m，2 口深 45m，深浅交错布置。为有效控制由于地下连续墙渗透而造成水携带粉细砂从临空面倾斜而下的渗透破坏风险，在坑外布设了 5 口深 38m 的应急降水管井，以在渗透破坏现象发生时能够及时降低坑外地下水水头。坑内外管井成孔直径均为 800mm，均采用 ϕ325mm×6mm 桥式滤管，滤管外均包 1 层 60 目滤网，选用优质中粗砂作为滤料。将单井出水量不小于 100m^3/h 作为坑外管井验收的重要指标，将仅启用坑内 2 口 38m 深降水井能够将坑内地下水水位控制在 30m 深作为土方开挖条件验收的重要指标。

6.2.3　土方开挖

本工程为深井基坑，基坑开挖面积小但深度深，不具备渣土车直接开至坑内开挖面的条件。开挖面以上的土体均为第四纪松散土体，普通的挖土机即可直接开挖。挖土机将坑内土体挖除并将土方堆放至地下连续墙内边附近后，钢丝绳抓斗设备站在坑边进行垂直取土，将坑内土方运送至渣土车。坑内采用岛式开挖的方式，先将四周土方开挖至预定标高，再开挖中心土方。土方开挖遵循分区、分块、对称、平衡和限时的原则，临时边坡高差不大于 2m，坡比缓于 1：1。土方开挖过程应注重对降水管井的保护。

6.2.4　基坑监测

基坑监测周期为地下连续墙槽壁加固三轴搅拌桩开始施工至井室结构全部施工完成。监测项目包括地下连续墙顶竖向位移、水平位移，深层土体水平位移，内衬墙（支撑）内力，坑外地下水位，坑边地表竖向位移和桥墩竖向位移。深层土体水平位移、地下连续墙顶竖向（水平）位移和坑外地下水位监测点各布设 5 个，沿圆形地下连续墙均匀布置。环形内衬墙内力监测点 16 个，每层 4 个，共 4 层（第 1～4 层内衬墙）；临时环形支撑（第 6 层支撑）内力监测点 4 个，冠梁内力监测点 4 个。桥墩竖向位移监测点 23 个，每个桥墩布置 2～3 个监测点。

第四篇　地下空间工程施工技术

北京城建集团有限责任公司　李久林　张　雷　宋永威　亓　轶　殷明伦　孙正阳
李　博　邱德隆　周刘刚　李绍才
平煤神马建工集团　梁亚明　刘　升　张英辉　关占明　侯智勇　马庆海

摘要

城市地下空间施工技术专注于城市地下的开挖与建造，以应对城市扩张带来的空间紧张问题，涵盖了从地铁隧道到综合管廊等多种地下设施建设。近年来该领域取得了显著进展，特别是在明挖法、暗挖法、盾构法等核心施工技术上。明挖法通过更环保的支护技术降低了施工对环境的影响；暗挖法通过优化超前支护与加固技术，在复杂地质条件下提高了安全性；盾构技术则在大直径盾构机与智能监控系统上获得突破；另外数字化与智能化成为新的趋势。未来地下空间施工技术将深化技术创新与跨领域集成，着重发展智能感知装备、自主施工系统，以及融入人工智能、新型材料和生物工程等前沿科技，不断提升安全标准、增强作业效率，并促进环境保护。

Abstract

The construction technology of urban underground space focuses on the excavation and construction of urban underground engineering, in order to deal with the space tension caused by urban expansion, covering a variety of underground facilities from subway tunnels to comprehensive pipe corridors. In recent years, this field has made remarkable progress, especially in the core construction techniques such as open-cut method, underground excavation method, shield method and so on. The open-cut method reduces the impact of construction on the environment through more environmentally friendly support technology, and the underground excavation method improves the safety under complex geological conditions by optimizing advance support and reinforcement technology. Shield technology has made a breakthrough in large-diameter shield machine and intelligent monitoring system; in addition, digitization and intelligence have become a new trend. In the future, underground space construction technology will deepen technological innovation and cross-domain integration, focusing on the development of intelligent sensing equipment, independent construction systems, and the integration of cutting-edge technologies such as artificial intelligence, new materials and bioengineering, to continuously improve safety standards, enhance operational efficiency, and promote environmental protection.

一、地下空间工程施工技术概述

地下空间（Underground Space，US）指的是在地球表面以下的土层或岩层中天然形成或经过人工开发而成的空间。地下空间的开发和利用主要用于生活、生产、交通、防灾、战争防护等多种功能。城市地下空间的合理开发与利用被视为现代城市可持续发展、解决城市土地紧缺问题的有效途径。

中国地下空间工程的起步与国防和人防工程紧密相关，20 世纪 80 年代提出的“平战结合”设计理念促进了地下空间的有效利用。进入 21 世纪，中国地下空间工程的开发数量和规模迅速增长，以地铁、地下综合管廊、地下商场、停车场等为标志，中国已成为世界上地下空间开发利用的领军者。随着地下隧道、车站和综合体的建设，地下工程呈现出高难度、高精度的特点，推动了施工技术的革新，尤其是在微变形控制、软土地层施工和复杂地质条件下变形预测方面实现了突破。

1.1 地下空间工程

1.1.1 地下交通工程

城市地下交通系统包括动态与静态交通设施，如地铁、地下道及停车场，以应对地上交通拥堵。我国地铁建设和运营里程持续增长，截至 2024 年 4 月，全国共有 54 个城市开通运营城市轨道交通线路 310 条，运营里程为 10273.7km。

大城市正趋向于围绕地铁站构建综合换乘枢纽，如北京南站等，实现与多模式交通无缝对接，采纳“零换乘”理念，采用立体布局确保便捷换乘。北京城市副中心站即为一例，作为“四网融合”枢纽，主体设于地下，占地 61 万 m^2。

地下步行系统有效联结地铁、商业区与地面，提升空间利用效率，蒙特利尔与东京的地下步行网络即为典范，促进了城市资源集约化发展。

随着车辆增多，停车需求激增，导致停车难题。地下停车场成为解决方案，如法国 1954 年规划 41 座地下停车场，提供超 5 万个车位；日本 20 世纪 70 年代起在大城市规划公共地下停车场，有效缓解停车紧张状况。这些地下交通设施建设不仅优化了城市交通流线，还促进了城市空间的高效与可持续发展。

1.1.2 地下公共服务设施

随着城市扩张和集约化进程，地下公共服务设施发展迅速，涵盖商业、文体、科教及仓储物流等领域。日本最早开始发展地下商业，东京、名古屋等地的地下街总面积逾 40 万 m^2。全球多地涌现地下综合体，如蒙特利尔 Eaton 中心和巴黎列阿莱综合体，集交通、商业、文娱功能于一体；上海虹桥地下商业区达 260 万 m^2，居国内之首，通过地道网络紧密相连。

地下空间因恒温、恒湿等特性，吸引图书馆、博物馆、医院等公共服务设施入驻。挪威的约维克地下体育馆和新加坡裕廊岛深海储油库，展现了地下设施的创新应用。

尽管如此，地下公共服务设施建设仍受传统观念制约，全球均有较大发展潜力待挖掘。未来，地下空间的综合开发利用将是城市化进程中的重要课题。

1.1.3　地下市政公用工程

发达国家如英、法、德、美等均重视地下综合管廊建设，运用现代信息技术强化监控与管理。中国自21世纪加快地下管网改造，发布多项政策指导与技术规范，推动36个城市的综合管廊试点，目标是减少“马路拉链”，美化城市景观，提升防灾能力。

地下污水处理厂作为环保新趋势，最早兴起于北欧，因其节省土地、适应环境的独特优势。各国如瑞典、荷兰、芬兰、日本均建有标志性地下污水处理厂，展示了不同类型的建设策略。中国地下污水处理厂建设自20世纪90年代起加速，尤其“十三五”期间数量与规模均跃居世界前列，分布于各大城市，符合环保与可持续发展目标。

城市立交与道路排水系统亦面临挑战，极端气候与车辆增多加大了城市排水系统的负荷。过去关注点集中在道路耐久性，现今城市交通与立交排水问题同样受到重视，促使相关设施如雨水管线和泵站建设的快速发展，以应对日益复杂的城市排水需求。

1.1.4　地下人防工程

中国早期人防建设缺乏规划，导致空间浪费。21世纪以来，随着地下空间开发需求增长，中国开始注重地下空间的统筹规划，实现人防工程与城市发展的协调，如上海火车站南广场地下人防工程有效解决了停车难题。

人防工程概念亦扩展为民防，不仅防战争灾害，还涵盖人为与自然灾害，强化应急避难等功能。随着地下空间综合利用率提高，中国正探索将人防功能融入大型地下综合体规划中，确保地下空间既服务日常又能在战时发挥避难、疏散等关键作用，标志着人防工程向更全面、深入的方向发展。

1.2　地下空间施工技术发展历程

1.2.1　明挖法

中国自20世纪70年代末起，对明挖法基坑工程展开了深入研究。起初，开挖多采用放坡形式，但随深度需求增加，空间限制催生了围护结构的应用。20世纪80年代，伴随经济起飞与高层建筑、地下工程的兴起，深基坑问题凸显，人工挖孔桩与水泥土搅拌桩成为主流围护手段。进入20世纪90年代，超大规模深基坑涌现，面积达3万m^2，深度约20m，此时复合土钉、SMW工法、钻孔桩、地下连续墙及逆作法等先进技术得以推广。

进入21世纪，中国明挖法基坑工程迎来飞跃，基坑规模继续扩大，面积维持在2～3万m^2，但深度突破30m，甚至达到50m的极值，标志着中国在深大基坑施工技术方面取得了显著进步与创新。这些进展不仅反映了中国在地下空间开发利用上的雄心，也体现了施工技术创新对解决复杂工程挑战的至关重要性。

1.2.2　暗挖法

暗挖法是一种在地表下进行隧道或地下结构开挖的技术，这种方法可以追溯到早期的人工挖掘时期，但在现代工程实践中，它的发展经历了多个阶段。20世纪中叶，随着新奥地利隧道施工方法（New Austrian Tunnelling Method，NATM）的提出和发展，暗挖法开始有了系统的理论支持和技术框架。NATM强调监测围岩的变形，并根据监测结果调整支护措施，这标志着暗挖法进入了一个新的发展阶段。

中国在隧道施工技术上的重要里程碑始于20世纪80年代，军都山铁路隧道首次尝试新奥法（NATM）于黄土层中的浅埋暗挖。1986年，北京地铁复兴门折返段成功应用并发展了这一技术，提出“浅埋暗挖法”及“管超前、严注浆、短开挖、强支护、快封闭、勤量测”的十八字方针，1987年国家科委正式取名为“浅埋暗挖法”。至20世纪90年代，北京地铁复八线广泛采用浅埋暗挖法，建成约13.5km区间及4座暗挖车站。

浅埋暗挖法凭借其灵活性、成本效益、环境友好及结构强度高等特点，与我国城市环境高度契合。多年实践推动了技术的不断成熟，尤其在大跨度暗挖领域取得显著进展，成为地下空间开发的优选技术。近年来，随着城市轨道交通的蓬勃兴起，浅埋暗挖法在地铁车站建设、特殊断面区间施工等方面的应用日益广泛，展现了在中国城市地下空间开发利用中的巨大潜力与价值。

1.2.3 盾构法

中国盾构技术自20世纪50年代起步，从阜新煤矿的手掘式盾构到北京下水道工程的小口径尝试，再到自主研发的网格挤压式盾构，技术逐步成熟。进入20世纪90年代，北京、上海等地地铁建设中广泛使用土压平衡盾构，广州地铁引入日本盾构，标志着技术应用与国际合作的加深。21世纪，中国盾构技术加速发展，2001年纳入国家高技术研究发展计划（863计划），2015年国产大直径盾构机的成功下线更是实现了自主创新的历史性突破。至2019年，国产盾构设备在国内市场占有率超过90%，国际市场份额亦超过三分之二。2020年，我国香港完成的超大直径盾构工程刷新了全球纪录，2022年首台国产大倾角TBM（隧道掘进机）的投入使用，再次彰显了中国在隧道掘进领域的技术实力。

面对隧道建设日益复杂的挑战，如超长距离、复杂地质与环境，当前技术趋势聚焦于多模式盾构/TBM掘进技术、水下隧道建造技术及异形盾构的研发，这些前沿技术与装备的突破，正引领着未来城市地下空间施工技术的创新发展方向。

1.2.4 逆作法

逆作法是一种在深基坑工程中先从顶部开始施工，然后逐步向下挖掘直至底部的施工方法。这种方法在20世纪后半叶随着城市化步伐加快以及对地下空间利用效率的需求提升而逐渐受到重视。逆作法不仅减少了传统顺作法施工过程中可能造成的地面沉降和周围建筑物的影响，还提高了施工的安全性和效率。

在中国，逆作法的应用与发展始于20世纪80年代末期至90年代初期。鉴于国内城市中心区用地紧张及深基坑施工安全与环境影响的考量，逆作法作为一种有效的解决方案，逐渐在北京、上海、广州、南京等大中型城市的多高层建筑与地下工程改造中得到推广和应用。上海基础工程科研楼和电信大楼是最早一批采用逆作法施工的标志性建筑之一，它们的成功为后续类似项目的实施提供了宝贵的经验。

随后，诸如延安东路隧道风塔、合流污水治理泵房、明天广场、广州新中国大厦及南京德基广场等一系列具有代表性的工程项目相继采用逆作法进行施工。这些项目的成功实施，不仅证明了逆作法在高层建筑与复杂环境下施工的成熟度与重要性，也为我国的城市化进程及城区建设作出了显著贡献。如今，逆作法已经成为中国城市中心区域深基坑施工的标准做法之一，极大地促进了城市土地资源的有效利用和城市基础设施建设的质量提升。

1.2.5 顶管法

伴随土压平衡、泥水平衡理论及接口技术的发展，1984年后，中国顶管技术显著提升。1999年，上海隧道股份创新性地将3.8m×3.8m矩形顶管机应用于地铁3号线建设，引领矩形隧道技术革新。时至今日，国内大断面矩形顶管（宽超6m，高超3m）施工普遍应用，矩形顶管机技术集高新技术于一体，功能全面覆盖土体切割、渣土输送、精确导向与纠偏，标志着我国在该领域已达到国际先进水平。

1.2.6　*沉井法*

1933年茅以升在钱塘江大桥项目中首次应用“沉箱法”，自1950年起，中国沉井技术迅速发展。此后，中国在竖井、地下储库、泵站、盾构工作井等建设中广泛采用沉井技术，特别是在水利大坝、隧道工程中，创新沉井群连续下沉技术，克服特殊地质挑战，如1996年江阴长江大桥北锚墩超大型沉井工程，深度达58m。

此外，沉井技术有效解决了城市中心区域地下车库建设占地问题，南京长江大桥、武汉长江大桥等重大工程的桥墩基础亦广泛采用沉井工艺，彰显了沉井技术在深水、急流环境下的独特优势，及其在现代城市地下空间开发利用中的重要地位。

二、地下空间工程施工主要技术介绍

2.1　明挖法施工技术

明挖法是指在无支护或支护体系的保护下开挖基坑或沟槽，然后在基坑或沟槽内施作地下工程主体结构的施工方法。

明挖法根据主体结构的施工顺序，可分为放坡明挖法、垂直明挖法。

当场地空间允许且能保证基坑稳定时，可采用无支护的放坡明挖法开挖。当工程地质情况较好、地下水位较低，基坑边坡可不进行护坡处理。当地下水位较高、基坑边坡暴露时间较长，为防止边坡受雨水冲刷或地下水侵入，可采用必要的护坡措施。当基坑很深、地质条件较差、地下水位较高、基坑周边存在建（构）筑物，无法满足放坡开挖的要求时，采用有支护体系的垂直明挖法。垂直明挖法是在围护结构和支撑体系的保护下，自地面向下垂直开挖，挖至设计高程后，在基坑底部由下向上施做主体结构的施工方法。垂直明挖法根据基坑支护结构分为支挡式结构、土钉墙、重力式水泥土墙。其中支挡式结构又分为拉锚式结构、支撑式结构、悬臂式结构及双排桩；土钉墙又分为单一土钉墙、预应力锚杆复合土钉墙、水泥土桩复合土钉墙、微型桩复合土钉墙。

2.2　暗挖法施工技术

暗挖法原理是利用土层在开挖过程中短时间的自稳能力，采取适当的支护措施，使围岩或土层表面形成密贴型薄壁支护结构的不开槽施工方法，主要适用于黏性土层、砂层、砂卵层等地质。我国发展提出的“浅埋暗挖法”的实质内涵是按照“十八字”方针，即“管超前、严注浆、短开挖、强支护、快封闭、勤量测”等，进行隧道的设计和施工。其关键与辅助施工技术主要有降水、土体加固、超前支护、土方开挖方法与初支支护、土方地下水平运输与垂直提升、地下结构防水施工、与周边建（构）筑物隔离技术、监测技术与信息化施工等。

暗挖法施工因掘进方式不同，可分为众多的具体施工方法，如全断面法、正台阶法、环形开挖预留核心土法、单侧壁导坑法、双侧壁导坑法、中隔壁法、交叉中隔壁法、中洞法、侧洞法、柱洞法等。暗挖法的核心技术指标主要为暗挖结构跨度与深度；此外，大管棚支护长度、土体加固技术以及降水等关键与辅助施工技术也形成了其各单项核心技术指标。

2.3 盾构法施工技术

盾构类别依据开挖面封闭与否分为密闭式（如土压平衡、泥水平衡盾构）和敞开式（含手掘、半机械及全机械挖掘）两大类。

该技术优势显著：①高安全性，确保不稳定土层中作业安全；②暗挖施工，与地面活动并行不悖，尤其适合市区密集建筑与交通要道下的施工；③低振动、低噪声，有效控制地表沉降，对环境及周边居民影响甚微。

其技术核心涵盖：正确分类选型盾构机、设定合理掘进技术参数、掌握盾构施工技术要领，以及精密控制地表沉陷与地层移动，确保施工高效、安全与环保。

2.4 逆作法施工技术

逆作法是一种自上而下的施工技术，它在建造过程中将主体结构与临时支护体系相结合，反向进行土方开挖与结构施工，实现高效利用空间与减小对周边环境影响的施工方法。具体流程涉及先筑地下连续墙或支护桩作为外围护结构，内部设置临时支撑柱与桩，承载上部重量与施工荷载。接着，施工首层梁板结构作为首层支撑，随后逐级向下开挖并建造地下室结构，直至底板封闭。此过程中，地上结构可与地下工程同步推进，实现高效立体施工。

关键技术涵盖降水处理、支撑桩柱施工、地下连续墙技术、防水处理、土体加固、开挖方法、周边结构保护、精密监测与信息化施工管理等。技术核心指标侧重于逆作层数、深度、支撑结构垂直度，同时关注地下墙深度、土体加固效果及降水效率等，这些均为确保逆作法施工安全与效率的关键参数。

2.5 顶管法施工技术

顶管法是一种非开挖地下管道施工技术，通过地面工作井将预制管道分节顶入土层，借助专门的掘进工具和液压千斤顶在避免大规模开挖地表的情况下铺设管道或构建隧道。

目前，顶管施工常采用的施工工艺分为敞开人工手掘式（开放型）和密封机械式顶管（密封型）施工方法，其中机械式顶管施工常用的施工方法又有泥水平衡式和土压平衡式两种。目前顶管已经作为一种常规的施工工艺在地下空间中广泛使用。特别是矩形顶管，在城市过街通道、综合管廊、地下停车场、地下商业街等地下空间开发方面具有普遍的使用。

2.6 沉井法施工技术

将事先在地面上用钢筋混凝土制成的井筒形状的结构作为基坑坑壁的支撑，在井壁的保护下，用机械和人工在井内挖土，并在其自重作用下沉入土中的结构物称为沉井。沉井施工实质上就是将一个在地面上事先浇制好的构筑物通过挖土沉入地下一定深度后成为地下构筑物的施工过程。

在城市市区采用沉井作为地下构筑物就无需打围护桩（钢板桩或其他围护桩），也不影响周围建（构）筑物，不需要支撑土壁及防水。因其本身刚度较大，沉井外侧井墙就能防止侧面土层的坍塌。如因场地狭窄，同时受附近建筑物或其他因素条件的限制，而不适宜采用大开挖的地点，可采用沉井法施工。

2.7 其他辅助施工技术

为了满足各种地下空间施工方法安全、快速施工，限制结构的沉降，防止结构漏水所采用的各种方法统称为“辅助施工方法”。

2.7.1 降水与止水技术

地下工程地下水控制技术需兼顾施工需求与环境友好，涵盖抽排降水、控制性降水及止水帷幕等策略。在渗透性强的富水地层中，降低地下水位成为首选，以稳固围岩并增强支护安全性。常用的降水方法如管井降水，适用于渗透系数大、透水层厚的情况，具有排水量大、深度广等优点，适合砂砾层，可降承压水。其他辅助手段如明沟集水井等，常配合暗挖与逆作法使用。

暗挖施工中，通常沿结构外围布设降水井，预降水位至作业面以下 0.5m，大跨度结构需确保中间部位水位低于开挖线至少 1m，结合明排措施。逆作法则采用外围降水与坑内疏干结合策略。

当降水方案受限，采用帷幕止水措施，如地下连续墙、高压旋喷桩、SMW 工法桩等，其中地下连续墙在逆作法中应用广泛，兼具多重功能。高压喷射注浆法依据不同工况采用单管、二管或三管法，适用于多种地基类型。SMW 工法通过插入 H 型钢增强水泥土桩性能，实现快速、经济、高抗渗的围护施工。

近期，类似沉井工法的水下开挖作业亦有所发展，结合地下连续墙围护，实施水下作业后灌注混凝土，辅以渗水堵水及防水措施，确保结构底板施工质量。这些技术的发展展现了地下水控制技术的多元化与精细化趋势，以适应复杂多变的地下施工环境。

2.7.2 超前支护技术（暗挖法）

超前支护技术是地下工程预加固的关键措施，主要包括超前锚杆、超前小导管和超前大管棚。超前锚杆技术通过外插于开挖面前方的锚杆实现预加固，适用于应力小、水少、岩体破碎环境，分为悬吊式与格栅拱支撑两类，有效预防坍塌风险。超前小导管则针对易塌孔及大断面难以实施锚杆的情况，提供有效支护。

超前大管棚技术利用大直径钢管（ϕ100mm～ϕ600mm）沿开挖轮廓预先植入地层，长度可达 20～40m，外插角小于 5°，与钢拱架组合形成支护体系，通过注浆增强地层稳定性，尤其适用于复杂地质条件。然而，其施工过程对地层扰动较大，工艺及设备要求较高，但支护刚度和加固效果优于小导管。

2.7.3 土体加固技术

土体加固技术旨在强化土层稳定性和安全性，为暗挖法与逆作法施工提供关键支持。主要技术包括注浆法、旋喷注浆法及人工冻结法。

注浆法通过地表垂直预注浆实施，涵盖静压、劈裂及化学注浆，分别适应不同地层特性，注浆方式则有前进式与后退式。暗挖隧道中，注浆加固不仅限于地表，还可在掌子面进行水平或斜向注浆，使用材料多样，如 TGRM 浆液、超细水泥浆等，增强土体性能。

旋喷桩法利用高压（20～40MPa）将浆液注入土层，形成加固体，根据施工方式分为单管、二重管、三重管及多重管法，可形成柱状、壁状加固体，兼具地基加固与防水功能，适用于深基坑支护。

人工冻结法则利用低温冷媒在地层中形成冻土墙，有效抵抗地压、隔绝地下水，为特殊地层开挖与支护提供保障。

2.7.4 近接建（构）筑物隔离与保护技术

地下空间结构施工不可避免地与房屋、厂房及其基础等建筑物与道路、管道、地铁、铁路等构筑物临近、旁穿或下穿、上穿等，即近接建（构）筑物。近接建（构）筑物的施工措施主要有隔离、悬吊保护、基础加固、临时支顶等。隔离措施主要是在新建地下空间结构与既有结构净距的空间范围内进行土注浆加固或设置隔离桩、旋喷桩等。悬吊保护主要用于逆作法基坑工程范围内或暗挖下穿的管线所采取的临时保护措施。基础加固主要用于暗挖法中暗挖下穿房屋、桥梁等建筑物基础时所采取的注浆加固、基础托换等措施。

2.7.5 监测技术及其数字化

施工监测是地下空间工程施工的重要组成部分，通过施工监测随时修正设计与施工参数，以确保安全。监测的项目与内容一般包括地表沉降、周围建（构）筑物变形、管线沉降、基坑围护结构倾斜变形、隧道拱顶沉降与收敛变形、隆起变形、竖向支撑应力等；不同监测项目采用的仪器主要有轴力计、应力计、水准仪、全站仪、测斜仪等。监测实施过程中，不同监测点的元件安装、保护等做法也逐渐完善。施工过程中的监测主要有施工监测与第三方监测。近几年，各级管理部门非常重视施工过程的监控与管理以及作业面的控制，投入了大量人力、物力，建立了系统的网络平台。

当前将无人机、三维激光扫描仪、机器人、光纤传感及图像处理等监测技术应用于地下空间监测中，对地下工程自动化监测区域进行云数据采集，可缩短数据收集的时间，有效实现数字化监测。特别是对于大型复杂工程项目，利用数字化技术可实现对施工诱发地面变形、围岩变形等问题的实时监控，对工程及时准确预警。如深圳市轨道交通 2 号线地铁隧道自动化监测项目实现了三维激光扫描仪在隧道变形监测中的应用，通过三维激光扫描仪对隧道自动化监测区域进行点云数据采集，并进行数据处理和分析，成功预警工程险情。

2.7.6 地下空间施工的数字化技术

近年来，地下工程加强了智慧化技术应用，努力实现整个建设过程的精细化、数字化、智能化以及信息化。运用基于网络的地下工程施工可视化分析管理系统，建立工程施工的三维数字化模型，并采用智能设备，以实现数字化施工。通过三维可视化的 360°全方位视角进行可视化交底，规避错误施工和返工风险，提高施工效率。如珠三角水资源配置工程项目通过基础设施智慧服务系统（is3）进行智能施工安全管控，系统基于多源地质信息建立海底盾构隧道地质模型，并利用地质统计学方法对断层破碎带地层位置进行预测，可实现工程数据管理、数据可视化、智能施工安全管控等功能。

三、地下空间工程施工技术最新进展（1～3 年）

3.1 地下空间主要施工技术最新进展

3.1.1 明挖法

随着现代城市发展和地下空间功能性的需求，深基坑工程具有“开挖深度大、开挖面积大、变形控制敏感”等特点。在工程地质条件较差的区域，其复杂性和难度更为突出。近年来，深基坑施工控制技术逐渐向“绿色、低碳、环境低影响”的方向发展，如超深帷幕技术、支护结构与主体地下结构相结合技术、可回收的临时支护结构。

超深帷幕技术为解决深大地下空间开发面临的深层承压水控制安全问题，包括超深水泥土搅拌墙技术和超深超高压喷射注浆技术。超深水泥土搅拌墙技术可用于形成竖向超深隔水帷幕，根据不同成墙工艺分为渠式切割水泥土搅拌墙技术（TRD 工法）和铣削式水泥土搅拌墙技术（SMC 工法），相比水泥土搅拌桩和混凝土地下连续墙，这两项技术适应地层广、隔渗性能好、成墙工效高、工程造价低，是一种节能降耗的承压水控制新技术。超高压喷射注浆技术也为深大地下空间开发面临的深层承压水控制安全问题提供了一种有效的手段，可用于形成超深隔水帷幕、地下连续墙槽段接缝封堵等，N-jet 技术是通过具有多个可变角度喷嘴的前端喷射注浆装置喷射超高压水泥浆液，并与土体混合形成大直径大深度圆形或扇形截面的水泥土加固体。

支护结构与主体地下结构相结合是指采用部分或全部主体地下结构构件作为基坑支护结构。根据结合方式的不同可以分为围护墙与地下室外墙相结合（即两墙合一、桩墙合一）、支撑与水平梁板相结合以及竖向构件相结合等不同形式。一方面，可以利用基坑围护墙作为永久地下室的外墙，既提高了地下空间的利用率也节省了工程造价。另一方面，采用逆作法施工时，可利用逐层浇筑的地下室结构梁板作为基坑围护墙的内部支撑，由于地下结构水平构件与临时支撑相比刚度大得多，所以围护结构在侧向水土压力作用下的变形相对较小。

可回收的临时支护是一种绿色、环保、可持续发展的基坑支护技术，如型钢预应力搅拌墙、可回收式预应力锚索、前撑式注浆钢管桩技术等。其中装配式预应力型钢组合支撑技术融合了组合钢结构和预应力原理，可以用于更大规模、挖深和基坑工程，基坑实施完成后，型钢支撑构件可实现拆卸回收、循环利用。前撑式注浆钢管桩技术采用注浆钢管作为基坑围护桩的斜向支撑，不仅能代替原有复杂且高成本的支撑体系，提供更大的施工空间，缩短工期，还避免了拆撑时对环境的二次噪声、粉尘污染及固态垃圾污染，实现了绿色施工。

3.1.2　暗挖法

近年来，我国城市地下空间施工中的暗挖技术，特别是喷锚暗挖法，展现出显著进展。新奥法依托岩体力学，强调围岩自承与主动控制，利用锚杆和喷射混凝土为主要支护，已成为指导隧道与地下工程设计施工的重要原则。在此基础上，结合我国实际情况发展起来的浅埋暗挖法，以其成本效益高、环境影响小、施工灵活等优势，在多地地下工程中广泛应用，如北京地铁多项区间与车站建设，形成了成熟配套技术体系。

近两年，浅埋暗挖法应用边界不断拓展，成功应对非第四纪地层、超浅埋（最浅至 0.8m）、大跨度及高水位等复杂挑战。成都地铁 13 号线采用“管幕暗挖法”穿越桥梁；长春地铁 5 号线应用“一次扣拱暗挖逆作法”于两站建设；深圳侨城东路北延项目在复杂富水地层中，创新实施 6 种浅埋暗挖方法，建造包含特大断面的叶形地下立交隧道，展现了我国暗挖技术在复杂环境下的卓越适应性和技术革新力。

3.1.3　盾构法

盾构法施工在过去几年有了长足的进步，盾构施工技术方面，在大粒径砂卵石地层、高度软硬不均地层、极软土地层、水下岩体等地层中取得了技术上的突破；在地层沉降控制方面，能控制在毫米级水平；面对存在显著地质差异的地层掘进难题，研发了首台土压/泥水/TBM三模式隧道掘进机；在南京市河西沉井式停车设施建设项目中，我国首次采用垂直竖井掘进机（VSM）施工；推盾工法是一种将顶管工法和盾构工法相结合的施工工法，结合了顶管和盾构的优点，场地占用面积小、施工速度快、掘进距离远、转弯半径小等优点；建成了我国第一条地处8度抗震设防烈度区的超大直径海底盾构隧道——汕头海湾隧道。我国在盾构机部分关键零部件的生产制造技术（主轴承、主密封、减速机、液压配件、检测元器件等)、系统集成技术、控制技术等方面进行了科研攻关并取得一些成果，自主研制了可用于驱动18m级盾构机的超大直径主轴承，中铁装备研发了一种半自动管片拼装机，提升了管片拼装的效率和质量。

3.2 地下空间辅助施工技术最新进展

3.2.1 基坑气模技术

"基坑气膜"是一种用于城市核心区域的兼具防尘性、降噪性、节能性、防火性、智能性的基坑辅助施工新技术。其采用内外气压差支撑，再利用斜向网状结构加以固定，将膜材固定于地面基础结构周边。作业时，利用供风系统让室内气压上升到一定压力，使屋顶内外产生压力差以抵抗外力。由于利用气压来支撑，无需任何梁、柱，除了得到更大的建筑空间之外，同时也隔绝了噪声、降低了粉尘外溢。

3.2.2 智慧工地深基坑监测系统

近年来，地下工程加强了智慧化技术应用，努力实现整个建设过程的精细化、数字化、智能化以及信息化。智慧工地深基坑监测系统能够实现对深基坑施工现场环境及施工质量的全方位监测与控制，为深基坑施工管理提供了强有力的支持和保障。深基坑监测系统主要包括几个模块：传感器模块、数据采集模块和数据分析模块。在系统运行过程中，传感器模块能够实时感知深基坑施工场景中的各种信息和参数数据，如土层压力、变形位移、水位以及温度等数据信息，将这些数据传输至数据采集模块进行数据采集、存储。数据采集模块将传感器模块采集的数据进行关联分析后，通过数据分析模块对数据进行处理和分析，得到深基坑施工场景的实时监测数据。同时，智慧工地深基坑监测系统还支持远程数据传输和云端管理，实现了当地、远程、全球任意时间、任意地点的数据互联互通。

四、地下空间工程施工技术前沿研究

4.1 工业化施工技术

地下工程领域中，盾构法隧道的广泛应用和预制顶推法在市政综合管廊中的推广，标志着地下空间工业化施工技术的稳步前行。在城市中心地带，工业化建造模式以其标准化工序、工厂化生产和机械化作业，有效缓解地面活动影响，保护周边环境，实现快速绿色施工，成为地下空间开发的优选策略。

4.2　机械化施工装备

中国地下工程装备领域正经历技术创新的飞跃，自主研发的超级装备集成人工智能、物联网等前沿技术，专为应对复杂地质条件和超大超深地下结构设计，引领绿色化、智能化、国产化的装备升级。如马蹄形盾构机的成功应用，新疆乌尉公路天山胜利隧道中超长水平地质钻探设备的研发，均展示了机械化施工装备在提高施工速度、精度与安全方面的显著成效。自动化混凝土设备、非开挖技术、智能运输系统的引入，进一步提升了地下施工的自动化水平，降低了人力成本，提高了工程效率与安全性。

4.3　数智化施工平台

建筑信息模型（BIM）技术在地下空间施工中发挥着越来越重要的作用，通过数字化模拟实现项目全生命周期的精细管理。北京城市副中心站综合交通枢纽工程是BIM技术应用的典范，利用BIM进行3D可视化施工模拟，结合GIS、视频融合技术等，构建地质信息三维模型，实现实时监测与四维动态分析，显著提高了施工质量和效率。智能监测与数据分析、AI与机器学习的应用，不仅优化施工决策，还通过VR/AR技术提供虚拟培训，增强了安全性和精确度。无人化施工设备的探索，标志着地下空间施工向着更高智能化水平迈进。

4.4　绿色化施工标准

地下空间绿色化施工旨在创建低碳环保的建造与使用环境。一方面，聚焦于建成环境的声光气水温等控制技术，如复合通风节能、阳光导入、高效照明与环境降噪技术；另一方面，推广绿色建材和施工技术，如新型支护桩、可回收锚杆与临时结构优化技术。另外，环保材料与施工技术的采用，结合智能化废弃物管理系统，不仅减少了施工污染，还实现了资源的循环利用。通过环境模拟与风险评估，制定绿色施工标准，引导行业向更可持续方向转型，确保地下空间施工与环境保护并行不悖，推动地下空间开发进入绿色、低碳的新纪元。

五、地下空间工程施工技术指标记录

5.1　地下空间施工技术指标记录

5.1.1　明挖法施工指标记录

2019年，中铁十局济南机场综合交通枢纽工程明挖基坑最大宽度达到了61.2m，长度为307.6m，创国内地铁明挖基坑之最。

5.1.2　暗挖法施工指标记录

重庆轨道交通红旗河沟车站隧道，采用暗挖法，开挖高度近33m、跨度近26m，为亚洲最大断面同类工程。

5.1.3　盾构法施工指标记录

（1）2019年，北京地铁新机场线06标实现8.8m土压平衡盾构在砂卵石地层不换刀连续掘进 1.7km，创国内外记录。

(2) 2020 年，香港屯门—赤鱲角连接线使用直径 17.6m 泥水平衡盾构，创全球最大直径记录。

(3) 2021 年，中国开发出首台土压/泥水/TBM 三模式隧道掘进机，突破 6m 级三模式盾构技术集成难题。

(4) 2021 年，新疆天山胜利隧道 2 号竖井应用 11.40m 直径掘进机，创最大直径、最大深度垂直隧道记录。

(5) 2022 年，中俄东线长江盾构穿越工程，长度 10.226km，深度最深、水压最高，树立油气管道盾构施工新标杆。

(6) 2022 年，北京东六环改造工程使用直径 16.07m 盾构机，开挖断面达 $202m^2$。

(7) 2023 年，汕头海湾隧道采用 13.42m 直径泥水平衡盾构，为中国首条 8 度抗震超大直径海底隧道。

(8) 2023 年，中国铁建重工推出 8.61m 直径主轴承，适配 18m 级盾构机，实现超大直径盾构机核心部件国产化。

(9) 2024 年，中铁装备“高加索号”TBM，直径 15.084m，成为全球最大直径硬岩掘进机，用于格鲁吉亚古多里隧道。

5.1.4 逆作法施工指标记录

国内目前最大规模的逆作法基坑工程是位于北京市的城市副中心站综合交通枢纽项目。该项目被称为亚洲最大的地下综合交通枢纽，其规模约 128 万 m^2，工程东西长 2.1km，南北最大宽度 650m，基坑最大深度达 47m。

5.1.5 沉井法施工指标记录

五峰山长江特大桥北锚碇，沉井长 100.7m，宽 72.1m，高 56m，重 133 万 t，为世界最大陆地深沉井。

5.1.6 冻结法技术指标记录

(1) 广州市轨道交通十一号线冻结加固工程，创市政工程领域 4.5 万 m^3 冻土体积记录。

(2) 珠江三角洲水资源配置工程，液氮冻结单孔深度达 53.93m，国内最深。

(3) 北京东六环改造工程 10 号人行横通道，采用冻结法施工，埋深达 63.03m，为国内最深冻结横通道。

(4) 中煤建设集团高家堡煤矿西区进风立井冻结工程，深度 990m，创国内立井冻结深度记录；马城铁矿主斜坡道冻结工程，长度 1109.3m，为斜井冻结长度之最。

5.2 地下空间工程规模指标记录

5.2.1 地下综合枢纽工程指标记录

(1) 2018 年，武汉光谷地下综合交通枢纽，路口建筑总面积 16 万 m^2，环岛内直径 160m，外直径 300m。

(2) 2019 年，深圳岗厦北综合交通枢纽，核心换乘区面积 22.49 万 m^2，含 51.2m×48.0m 无柱中庭。

(3) 2020 年，北京城市副中心站综合交通枢纽，地下设计面积 128 万 m^2，基坑深度达 35.858～38.198m，宽度 170m，长约 1.8km。

(4) 2023 年，上海静安垂直掘进地下智慧车库开始建设，单个竖井直径 23.02m，为世界最大，深约 50.5m，设 304 个车位，采用先进智能存取技术，平均存取车时间 90s。

5.2.2　地下污水处理工程指标记录

北京槐房再生水厂，采用小直径盾构技术于污水、再生水管线，适应广泛地质条件，实现小半径转弯、坡度施工。该厂占地面积约 16.22 万 hm^2，日处理规模 60 万 m^3，处理出水达Ⅳ类水体标准，采用先进污泥处理工艺，实现无害化处置。工程包含 45 个建（构）筑物，地下部分面积 16.22 万 m^2，建设湿地保护区，采用多层地下结构。

5.2.3　地下立交桥及排水泵站工程指标记录

(1) 北京大红门桥区泵站调蓄池，采用超大断面多层导洞法施工（宽 22.3m、高 19.6m）。

(2) 东六环改造工程土桥立交，作为北京首座地下互通立交，实现全地下匝道布局，有效连通地面交通网络。

六、地下空间工程施工技术典型工程案例

6.1　北京大兴国际机场线工程

6.1.1　工程概况

北京大兴国际机场线，作为连接北京中心城区与大兴国际机场的市域快速轨道交通线路，被誉为“新国门第一线”。该线全长 41.36km，设计最高时速 160km/h，采用市域 D 型车辆、AC25kV 供电，具备全自动驾驶功能。线路设大兴机场站、大兴新城站、草桥站及磁各庄车辆段，在草桥站与地铁 10 号线、19 号线换乘，并规划向北延伸至丽泽商务区，实现与城区多条地铁线的“五线换乘”，同时向南对接京雄快轨，强化京津冀区域的交通联系。

6.1.2　关键施工技术

大兴国际机场线盾构隧道总长 14.6km，穿越复杂砂卵石地层及既有线等设施，面临严苛环境风险。通过盾构掘进理论、技术创新和盾构装备研制，解决了在砂卵石地层盾构长距离掘进的难题，实现了隧道的连续安全高效掘进，推动了我国盾构施工技术的进步（图 4-1）。

1. 砂卵石地层土压平衡盾构长距离高效安全掘进技术

全线盾构区间隧道全长 14.6km，共分 5 个区段，单个区段隧道长度 2.1～3.8km，内径 7900mm，外径 8800mm。

(1) 盾构刀盘刀具设计与配置技术：开发出适合砂卵石地层的盾构刀盘与刀具，实现单次不换刀掘进 1.7km 的世界纪录。

(2) 盾构长距离高效掘进技术：建立磨损预测模型与高效掘进模式，减少换刀频次，提高掘进效率。

(3) 砂卵石地层盾构长距离掘进安全控制技术：研发盾构实时监测系统，确保盾构施工地层位移控制在毫米级，保障掘进安全。

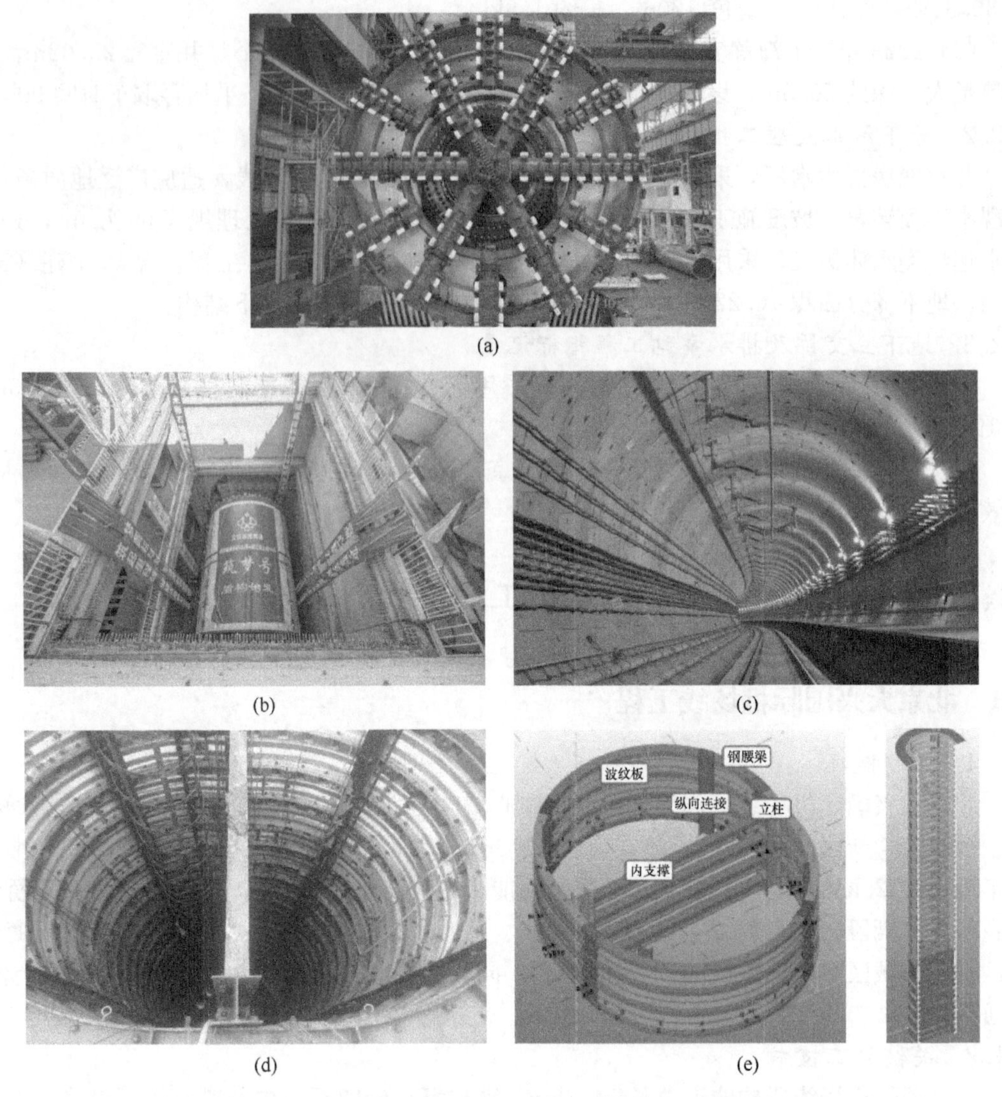

图 4-1　北京大兴国际机场线工程施工技术图示
(a) 盾构机刀盘；(b) 盾构始发；
(c) 成型隧道；(d) 装配式检修井；(e) 装配式检修井模型

2. 预制装配式盾构检修井施工技术

针对长达 2km 以上的区间，工程设置了 15 座预制装配式盾构检修井，实现盾构掘进中途检修和换刀。这些检修井采用预制件组装，便于快速安装与重复利用，节约停机换刀时间，保证盾构连续掘进。

6.2　东方枢纽上海东站项目

6.2.1　工程概况

东方枢纽上海东站项目位于浦东新区祝桥镇，总用地面积约 0.37km²，总建筑面积达到 138.7 万 m²。其中，地下工程主体结构主要包括站房、空铁联运模块、城市中庭及通廊地下部分等，整体地下空间挖深变化多，基坑普遍挖深约 11～14m，最大挖深达 28.95m，地下建筑面积约 37.46 万 m^2。站场总规模 14 台 30 线，主要连通沪通、沪乍杭通道，并可衔接沪苏湖、沪杭等方向。

6.2.2　关键施工技术

针对城市环境中超大超深基坑（群）开挖过程的特殊性，通过研究城市环境、复杂地质条件、多重开挖扰动及其耦合作用对基坑工程围岩土体性能与基坑整体稳定性的影响，揭示超大深基坑（群）工程边坡、基底、围护结构等要素变形失稳规律变异性及其时空关联效应，建立基于目标保护的超大深基坑（群）安全控制技术及其方法。

针对上海东站地下工程施工中超大规模基坑群多级联合降水等安全风险和投用大量新装备、新工艺带来的风险隐患，上海东站项目管理部积极打造智慧工地。成立上海东站监测控制中心，整合监理和第三方监测、检测力量，实施基坑监测智能化、信息化、平台化管理，采用“线上＋线下”风险总控模式，实现对基坑施工风险的全过程动态监测和实时预警。

1. 城市超大深基坑（群）施工安全事故特征、致险源辨识及多水准安全风险状态评估技术

针对城市超大深基坑（群）日益复杂的施工环境和施工技术，以保障基坑工程施工安全为核心目标，围绕着复杂地层城市超大深基坑（群）施工安全致险源耦合作用机理与风险演化机制开展理论攻关，揭示多致灾因子耦合作用下的灾变演化机理，提出超大深基坑（群）独特灾害类型与关键表征参数的映射关系，构建其位移发展预测与安全风险状态评估模型，为建立超大深基坑（群）施工安全管控理论体系、开发超大深基坑（群）施工安全技术提供理论和方法支撑。

2. 城市超大超深基坑（群）开挖时空关联效应及安全控制技术

基于城市超大深基坑（群）施工动态仿真反演技术及分析方法，实现地下水变动与基坑（群）岩土体和支护结构的协调变形监测的施工安全预警，分析超大超深基坑（群）不同施工工序、施工强度对邻近“生命”管线、轨道交通结构、建筑物结构的影响情况，评估邻近建筑物和构筑物在超大超深基坑（群）施工过程的危险性变形，提出适用于超大超深基坑（群）及邻近结构安全的安全控制技术及其方法，形成考虑邻近结构及超大超深基坑（群）服役状态的超大深基坑（群）施工风险控制技术。

3. 城市复杂地质条件深基坑多维多层次安全智慧监控平台及管控关键技术

建立项目风险源清单，针对性布点监测跟踪致灾源，基于关键风险源动态演变与监测数据对应关系，构建风险监测指标，划分风险等级，优化监测方法。采用雷达、地质 B 超等探测设备实现超前地质情况预报。建立基坑群环境智能监测网，并推进多模态智能巡检机器人、AR 等技术，对工作面“预测、预判、预控”。依据风险源清单，将控制目标转换成约束条件模型，预测关键风险要素对超大深基坑群协同开挖时序的影响，对基坑群开挖时序进行动态优化。完成自动化诊断预警平台布设应用；建立技术预警和管理预警体系，形成城市深基坑群施工“监测-反演-预测-控制”闭合化管控体系。

第五篇 钢筋工程施工技术

北京建工集团有限责任公司 李大宁 刘爱玲 李云舟
南通华新建工集团有限公司 钱忠勤

摘要

高强钢筋的应用将成为钢筋应用发展的趋势，钢筋机械、钢筋加工工艺的发展和建筑结构、施工技术的发展相辅相成。钢筋自动化加工设备已广泛应用于预制构件厂，钢筋成型制品加工与配送技术成为钢筋工程发展的重点，最终将和预拌混凝土行业一样实现商品化。钢筋焊接网技术和新型锚固板连接技术的大量应用是钢筋工程显著的技术进步，先进钢筋连接技术的应用对于提高工程质量、提高劳动生产率、降低成本具有十分重要的意义。连接大规格、高强度钢筋的新型灌浆接头研制成功，为建筑产业升级奠定了基础。

Abstract

High strength steel will be development trends in the future, steel bars machinery and construction technology development is mutually reinforcing, automatic steel bar processing equipment in the precast plant has been widely used, processing and distribution of bars products technology became a focus of bars engineering development, will eventually be as commercialized as ready-mixed concrete industry. Welded steel mesh and application of new anchorage plate connection technology is significantly bars engineering technology, and advanced application of bars splicing technology, for improving project quality and improving productivity and reducing costs is of great significance. Splicing specifications and high strength steel, developed new grouting joints laid the foundation for the upgrading the architecture industry.

一、钢筋工程施工技术概述

1.1 钢筋

在建筑工程中钢筋作为最重要与最主要的材料之一，用量极大。钢筋根据生产工艺不同分为热轧、冷轧、冷拉等。

目前国外混凝土结构所采用的钢筋等级基本上以 300MPa 级、400MPa 级、500MPa 级三个等级为主，工程中普遍采用 400MPa 级及以上的高强钢筋，其用量一般达 70%～80%。日本钢筋混凝土结构用钢筋规范（JISG 3112）与我国目前钢筋标准比较一致。美国钢筋混凝土房屋建筑规范（ACI 318）对混凝土结构用钢筋的强度等级分别为 40 级（屈服强度 280MPa）、60 级（屈服强度 420MPa）、75 级（屈服强度 520MPa）。俄罗斯规范 CII 52-101-2003 中钢筋最高强度等级为 600MPa，但保留了 300MPa 钢筋。

新型高强钢筋强度 635MPa 级热轧带肋高强钢筋代表我国目前推广应用方向，它可以进一步解决建筑结构中“肥梁胖柱”的问题，增加建筑使用面积，使结构设计更加灵活，提高建筑使用功能，推动钢铁“减量化”应用，支撑建筑业的转型升级；可以减少钢筋消耗量，节省资源和能源，减少环境污染，提高建筑安全储备；新型高强钢筋与高强混凝土配合使用，还可以减轻结构自重、减少运输工程量费用、避免结构构件钢筋的密集配置、方便施工，保证工程质量。通过新型热轧带肋高强钢筋的推广应用，为推动经济、社会全面高质量、可持续发展，实现 2030 年“碳达峰”与 2060 年“碳中和”目标提供基础；符合当前国家提倡的绿色、环保、节能节材的要求，经济及社会效益显著。

1.2 钢筋加工与配送

钢筋成型制品加工与配送技术成为钢筋工程发展重点，20 世纪 70 年代，随着钢筋加工机械自动化程度的提高，成型钢筋制品加工与配送技术开始逐步得到应用。目前，钢筋加工企业在欧美发达国家得到了较大发展，钢筋的综合深加工比率均达到 30%～40%，差不多每隔 50～100km 就有一座现代化的商品化钢筋加工厂，已基本实现了集中化和专业化。

我国 2008 年前后部分地区出现了钢筋制品加工企业，但大多数企业生产方式仍以半自动加工为主。我国对《混凝土结构工程施工质量验收规范》GB 50204—2002 进行了修订，形成 2015 版新规范。

1.3 钢筋连接

随着各种钢筋混凝土建筑结构大量建造，促使钢筋连接技术得到很大发展。推广应用先进钢筋连接技术，对于提高工程质量、提高劳动生产率、降低成本具有十分重要的意义。钢筋连接技术可分为三大类：钢筋搭接绑扎、钢筋焊接、钢筋机械连接。

1.3.1 钢筋搭接绑扎

钢筋搭接绑扎是最早的钢筋连接方法，施工简便，性能可靠，但消耗钢材，恢复性能差。钢筋搭接绑扎不得用于轴心受拉和小偏心受拉杆件的纵向受力钢筋，对于连接钢筋直径也有限制，因此现今该种连接方法已逐渐被钢筋焊接、钢筋机械连接所代替。钢筋搭接绑扎仅在小规格钢筋采用。

1.3.2　钢筋焊接

钢筋焊接技术自 20 世纪 50 年代开始逐步推广应用。近十几年来，焊接新材料、新方法、新设备不断涌现，工艺参数和质量验收逐步完善和修正。钢筋焊接包括钢筋电阻点焊、钢筋闪光对焊、钢筋电弧焊、钢筋电渣压力焊、钢筋气压焊、预埋件钢筋埋弧压力焊 6 种方法。2012 年行业标准《钢筋焊接及验收规程》JGJ 18—2012 发布实施。自 20 世纪 80 年代以来，在国内外，钢筋焊接网不仅在房屋建筑，并且在公路、桥梁、飞机场跑道、护坡等工程中也大量推广应用。

1.3.3　钢筋机械连接

钢筋机械连接技术自从 20 世纪 80 年代后期在我国开始发展，是继绑扎、电焊之后的"第三代钢筋接头"。套筒冷挤压连接接头始于 1986 年，1987 年开始应用于工程建设，1987 年 10 月在国内首先将钢筋套筒挤压技术应用于工程中 405m 高的中央电视塔率先采用套筒冷挤压连接。

1996 年 12 月发布行业标准《钢筋机械连接通用技术规程》JGJ 107—1996 和《带肋钢筋套筒挤压连接技术规程》JGJ 108—1996。锥螺纹套筒连接接头始于 1990 年，1996 年 12 月发布《钢筋锥螺纹接头技术规程》JGJ 109—1996。镦粗直螺纹连接技术于 1997 年 11 月进入工程应用，1999 年我国开创性地研制成功等强锥螺纹连接技术，又成功开发了滚轧直螺纹连接技术，2002 年我国又成功推出剥肋滚轧直螺纹连接技术，极大地推动了钢筋机械连接技术发展和应用。由于钢筋的机械连接接头质量和可靠性高，在现浇混凝土建筑工程中发挥越来越大的作用。

2009 年我国成功开发了直螺纹套筒灌浆连接技术，2015 年 1 月发布《钢筋套筒灌浆连接应用技术规程》JGJ 355—2015 ，以钢筋连接技术为出发点，带动整个装配式混凝土结构行业施工技术向更成熟化发展。

1.4　钢筋锚固板锚固

近年来一种垫板与螺母合一的新型锚固板连接技术逐步发展，将锚固板与钢筋组装后形成的钢筋锚固板具有良好的锚固性能，螺纹连接可靠、方便，锚固板可工厂生产供应，用它代替传统的弯折钢筋锚固和直钢筋锚固可以节约钢材，方便施工，减少结构中钢筋拥挤情况，提高混凝土浇筑质量。

近年来，国内一些研究单位和高等学校对钢筋锚固板的基本性能和在框架节点中的应用开展了不少有价值的研究工作，取得了丰富的科研成果。《钢筋锚固板应用技术规程》JGJ 256—2011 于 2012 年 4 月颁布实施。钢筋直筋、弯钩锚固的替代锚固板锚固已在国外广泛采用。目前国内混凝土预制构件也已大量采用钢筋锚固板锚固。

二、钢筋工程施工主要技术介绍

2.1 钢筋

高强钢筋是指强度级别为屈服强度 400MPa 及以上的钢筋，目前在建筑工程的规范标准中为 400MPa 级、500MPa 级、600MPa 级的热轧带肋钢筋。

高强钢筋在强度指标上有很大的优势，400MPa 级高强钢筋（标准屈服强度 400N/mm^2）强度设计值为 HRB335 钢筋（标准屈服强度 335N/mm^2）的 1.2 倍，500MPa 级高强钢筋（标准屈服强度 500N/mm^2）强度设计值为 HRB335 的钢筋的 1.45 倍。当混凝土结构构件中采用 400MPa 级、500MPa 级高强钢筋替代目前广泛应用的 HRB335 钢筋时，可以显著减少结构构件受力钢筋的配筋量，有很好的节材效果。当采用 500MPa 级高强钢筋时，伴随钢筋强度的提高，其延性也相应降低，对构件与结构的延性将造成一定影响。

新型高强钢筋强度 635MPa 级热轧带肋高强钢筋力学性能要求：钢筋的屈服强度实测值大于等于 635MPa，钢筋的抗拉强度实测值大于等于 795MPa，钢筋标准中热轧带肋钢筋的断后伸长率≥15.0，钢筋的最大拉力下总伸长率不应小于 7.5%。

2.2 钢筋加工与配送

成型钢筋制品加工与配送主要技术内容包括：①钢筋加工前的下料优化，任务分解与管理；②线材专业化加工——钢筋强化加工、带肋钢筋的开卷调直、箍筋加工成型等；③棒材专业化加工一定尺切割、弯曲成型、钢筋直螺纹加工成型等；④钢筋组件专业化加工——钢筋焊接网、钢筋笼、梁、柱、钢筋桁架等；⑤钢筋制品的优化配送。

成型钢筋制品加工与配送技术的主要技术优势与特点如下：

① 能有效降低工程成本，实行成型钢筋制品加工与配送可在较大生产规模下进行综合优化套裁，使钢筋的利用率保持最高，大量消化通尺钢材，减少材料浪费率和能源消耗，而且减少现场绑扎作业量，降低现场人工成本；②能提高钢筋加工质量，成型钢筋制品是在专业化的生产线上进行加工生产，加工精度高，受人为操作因素影响小，钢筋部品规格和尺寸准确，工程质量显著提高；③能节能环保，采用成型钢筋制品，可减少材料浪费、场地占用及电能消耗，有效降低现场产生的各种环境污染；④能提高建筑专业化、信息化程度，采用成型钢筋制品，是施工项目组织管理模式的一种创新，有利于建筑企业逐步实行专业化施工、规模化经营，推动建筑企业提升项目管理水平，提高管理信息化程度。

新型高强钢筋强度 635MPa 级热轧带肋高强钢筋为避免通过钢筋冷拉提高强度或增加长度的危险做法，防止冷拉变脆，保证钢筋应有的延性，规定了钢筋调直应采用不具有延伸功能的机械设备，不得采用冷拉调直方法。

2.3 钢筋连接

2.3.1 钢筋焊接

钢筋的碳当量与钢筋的焊接性有直接关系，由此可推断，HPB300 钢筋焊接性良好；

HRB400、HRB500钢筋的焊接性较差，因此应采取合适的工艺参数和有效工艺措施；HRB600的碳当量很高，属于较难焊钢筋。新型高强钢筋强度635MPa级热轧带肋高强钢筋因自身材料强度高，焊接连接技术要求更为严格，为保证钢筋连接有效及可靠性，不宜在施工现场焊接。

（1）电阻点焊特点和适用范围

混凝土结构中的钢筋焊接骨架和焊接网，宜采用电阻点焊制作。在钢筋骨架和钢筋网中，以电阻点焊代替绑扎，可以提高劳动生产率，提高骨架和网的刚度及钢筋（丝）的设计计算强度，因此宜积极推广应用。电阻点焊适用于ϕ8～ϕ16HPB300热轧光圆钢筋、ϕ6～ϕ16HRB400热轧带肋钢筋、ϕ4～ϕ12CRB550冷轧带肋钢筋、ϕ3～ϕ5冷拔低碳钢丝的焊接。

（2）钢筋闪光对焊特点和适用范围

钢筋闪光对焊具有生产效率高、操作方便、节约钢材、接头受力性能好、焊接质量高等优点，故钢筋的对接焊接宜优先采用闪光对焊。

钢筋闪光对焊适用于HPB300、HRB400、HRB500、Q235热轧钢筋，以及RRB400余热处理钢筋。

（3）手工电弧焊特点和接头形式

手工电弧焊的特点是轻便、灵活，可用于平、立、横、仰全位置焊接，适应性强、应用范围广。它适用于构件厂内，也适用于施工现场；可用于钢筋与钢筋，以及钢筋与钢板、型钢的焊接。

钢筋电弧焊的接头形式较多，主要有帮条焊、搭接焊、熔槽帮条焊、坡口焊、窄间隙电弧焊5种。帮条焊、搭接焊有双面焊、单面焊之分；坡口焊有平焊、立焊两种。此外，还有钢筋与钢板的搭接焊、钢筋与钢板垂直的预埋件T形接头电弧焊。

（4）电渣压力焊特点和适用范围

在钢筋电渣压力焊过程中，进行着一系列的冶金过程和热过程。钢筋电渣压力焊属熔化压力焊范畴，操作方便、效率高。

钢筋电渣压力焊可用于现浇混凝土结构中竖向或斜向（倾斜度在4∶1范围内）钢筋的连接，钢筋牌号为HPB300、HRB400，直径为14～32mm。钢筋电渣压力焊主要用于柱、墙、烟囱、水坝等现浇混凝土结构（建筑物、构筑物）中竖向受力钢筋的连接；但不得在竖向焊接之后，再横置于梁、板等构件中作水平钢筋使用。

（5）钢筋气压焊特点和适用范围

钢筋气压焊设备轻便，可进行钢筋在水平位置、垂直位置、倾斜位置等全位置焊接。

钢筋气压焊可用于同直径钢筋或不同直径钢筋间的焊接。当两钢筋直径不同时，其径差不得大于7mm。钢筋气压焊适用于ϕ14～ϕ40热轧HPB300、HRB400、HRB500钢筋。在钢筋固态气压焊过程中，要防止在焊缝中出现“灰斑”。

（6）预埋件钢筋埋弧压力焊特点和适用范围

预埋件钢筋埋弧压力焊具有生产效率高、质量好等优点，适用于各种预埋件T形接头钢筋与钢板的焊接，预制厂大批量生产时，经济效益尤为显著。

预埋件钢筋埋弧压力焊适用于热轧ϕ6～ϕ25HPB300、HRB400钢筋的焊接，亦可用于ϕ28、ϕ32钢筋的焊接。钢板为普通碳素钢Q235A，厚度6～20mm，与钢筋直径相匹配。若钢筋直径粗而钢板薄，容易将钢板过烧，甚至烧穿。

2.3.2　钢筋机械连接

钢筋机械连接技术最大特点是依靠连接套筒将两根钢筋连接在一起，连接强度高，接头质量稳定，可实现钢筋施工前的预制或半预制，现场钢筋连接时占用工期少，节约能源，降低工人劳动强度，克服了传统的钢筋焊接技术中接头质量受环境因素、钢筋材质和人员素质的影响的不足。国内外常用的钢筋机械连接类型见表5-1。

国内外常用的钢筋机械连接类型　　表5-1

<table>
<tr><th rowspan="14">钢筋机械连接接头</th><th>类型</th><th>接头种类</th><th>概要</th><th>应用状况</th></tr>
<tr><td rowspan="5">钢筋头部不加工</td><td>螺栓挤压接头</td><td>用垂直于套筒和钢筋的螺栓拧紧挤压钢筋的接头</td><td>国外有应用</td></tr>
<tr><td>熔融金属充填套筒接头</td><td>由高热剂反应产生熔融金属充填在钢筋与连接件套筒间形成的接头</td><td>美国有应用，国内偶有应用</td></tr>
<tr><td>钢筋全灌浆接头</td><td>用钢筋连接用套筒灌浆料充填在钢筋与连接件套筒间硬化后形成的接头</td><td>主要用于装配式住宅工程</td></tr>
<tr><td>精轧螺纹钢筋接头</td><td>精轧螺纹钢筋上用带有内螺纹的连接器进行连接或拧上带螺纹的螺母进行拧紧的接头</td><td>国外广泛应用于交通、工业和民用等建筑</td></tr>
<tr><td>套筒挤压接头见图5-1</td><td>通过挤压力使连接件钢套筒塑性变形与带肋钢筋紧密咬合形成的接头</td><td>广泛应用于大型水利工程、工业和民用建筑、交通、高耸结构、核电站等工程</td></tr>
<tr><td rowspan="4">钢筋头部加工</td><td>锥螺纹接头见图5-2</td><td>通过钢筋端头特制的锥形螺纹和连接件锥螺纹咬合形成的接头</td><td>广泛应用于工业和民用等建筑</td></tr>
<tr><td>镦粗直螺纹接头见图5-3</td><td>通过钢筋端头镦粗后制作的直螺纹和连接件螺纹咬合形成的接头</td><td>广泛应用于交通、工业和民用、核电站等建筑</td></tr>
<tr><td>滚轧直螺纹接头见图5-4</td><td>通过钢筋端头直接滚轧或剥肋后滚轧制作的直螺纹和连接件螺纹咬合形成的接头</td><td>广泛应用于交通、工业和民用、核电站等建筑。应用量最多</td></tr>
<tr><td>承压钢筋端面平接头</td><td>两钢筋头端面与钢筋轴线垂直，直接传递压力的接头</td><td>欧美用于地下工程，我国不用</td></tr>
<tr><td rowspan="3">复合接头</td><td>钢筋螺纹半灌浆接头</td><td>钢筋灌浆接头连接件的一端是灌浆接头，另一端是螺纹接头</td><td>主要用于装配式住宅工程</td></tr>
<tr><td>套筒挤压螺纹接头</td><td>一端是套筒挤压接头，另一端是螺纹接头</td><td>多用于旧结构续建工程</td></tr>
<tr><td>摩擦焊螺纹接头</td><td>将车制的螺柱用摩擦焊焊接在钢筋头上，用连接件连接的接头。在工厂加工的螺纹精度高，接头的刚度也高，摩擦焊是可靠性最高的焊接方法，接头质量高</td><td>国外广泛应用于交通、工业和民用等建筑</td></tr>
</table>

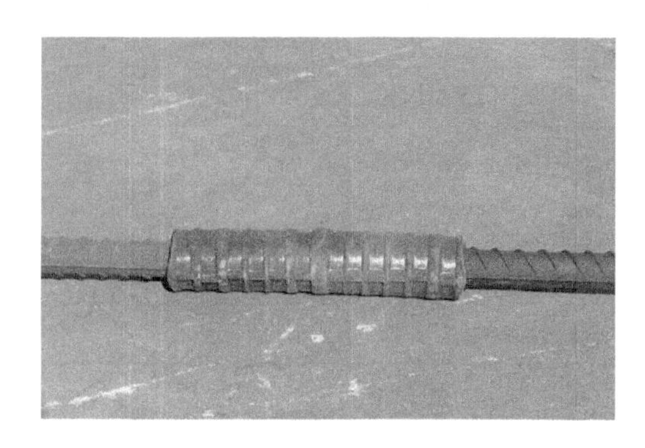

图 5-1　套筒挤压接头

图 5-2　锥螺纹接头

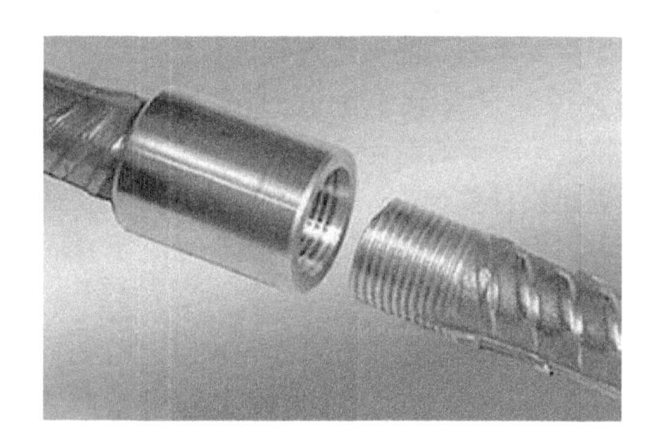

图 5-3　镦粗直螺纹接头

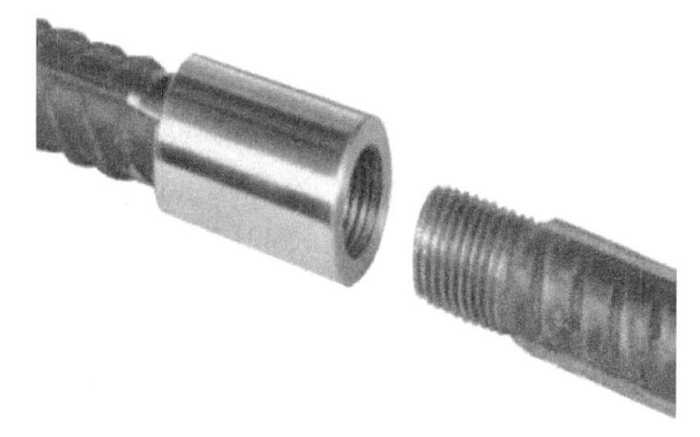

图 5-4　滚轧直螺纹接头

钢筋机械连接有明显优势，与绑扎、焊接相比有如下优点：

①连接强度和韧性高，连接质量稳定可靠，接头抗拉强度不小于被连接钢筋实际抗拉强度或钢筋抗拉强度标准值的 1.10 倍；②钢筋对中性好，连接区段无钢筋重叠；③适用范围广，对钢筋无可焊性要求，适用于直径 12～50mmHRB400、HRB500 钢筋在任意方位的同、异径连接；④施工方便、连接速度快，现场连接装配作业，占用时间短；⑤连接作业简单，无需专门技艺，经过短时培训即可；⑥接头检验方便直观，无需探伤；⑦环保施工，现场无噪声污染，安全可靠；⑧节约能源设备，设备功率仅为焊接设备的 1/50～1/6，不需专用配电设施，不需架设专用电线；⑨全天候施工，不受风、雨、雪等气候条件的影响，水下也能作业。

新型高强钢筋强度 635MPa 级热轧带肋高强钢筋应采用绑扎搭接、机械连接或套筒灌浆连接，不宜采用焊接方式连接。

2.4　钢筋锚固板锚固

钢筋锚固板是指设置于钢筋端部用于锚固钢筋的承压板。锚固板可按表 5-2 进行分类。

锚固板分类 表5-2

分类方法	类别
按材料分	球墨铸铁锚固板、钢板锚固板、锻钢锚固板、铸钢锚固板
按形状分	圆形、方形、长方形
按厚度分	等厚、不等厚
按连接方式分	螺纹连接锚固板、焊接连接锚固板
按受力性能分	部分锚固板、全锚固板

锚固板应符合下列规定：

①全锚固板承压面积不应小于锚固钢筋公称面积的9倍；②部分锚固板承压面积不应小于锚固钢筋公称面积的4.5倍；③锚固板厚度不应小于锚固钢筋公称直径；④当采用不等厚或长方形锚固板时，除应满足上述面积和厚度要求外，尚应通过省部级检测机构的产品鉴定；⑤采用部分锚固板锚固的钢筋公称直径不宜大于40mm；当公称直径大于40mm的钢筋采用部分锚固板锚固时，应通过试验验证确定其设计参数。

常规工程中钢筋在构件末端进行弯曲锚固以满足设计要求，但也会造成钢材浪费、锚固区钢筋拥挤、钢筋端头绑扎困难、施工难度大，而钢筋锚固板就很好地解决了这一问题。

新型高强钢筋强度635MPa级热轧带肋高强钢筋的锚固采用锚固板时，应进行锚固板与635MPa级热轧带肋高强受拉钢筋的受拉承载力试验，纵向受拉钢筋的受拉承载力不应小于其抗拉强度设计值的1.2倍。

三、钢筋工程施工技术最新进展（1～3年）

3.1 钢筋

高强钢筋推广应用工作已取得了初步的成效。500MPa级钢筋在大量工程中得到应用。上海市、江苏省、福建省、陕西省、甘肃省、江西省、安徽省、河北省、河南省、新疆维吾尔自治区等多省、自治区、直辖市颁布了强度600MPa级及以上高强钢筋应用的省级地方工程建设技术标准，并在部分工程中得到应用，新型高强钢筋强度635MPa级热轧带肋高强钢筋代表我国目前最新推广应用方向。

3.2 钢筋加工与配送

在行业内外部需求的推动下，近两年成型钢筋加工与配送技术在我国已开始起步。体现在以下几个方面：

（1）国内已研制开发出钢筋专业化加工的成套自动化设备，见图5-5、图5-6，并出现了专业加工的生产企业。

（2）钢筋专业化加工产品由零件向部件转化，成型钢筋笼、钢筋桁架、钢筋网片等成型制品在部分项目得到了应用，其加工设备见图5-7、图5-8。

图 5-5　全自动调直切断机

图 5-6　数控钢筋弯箍机

图 5 7　数控钢筋笼自动滚焊机

图 5-8　桁架焊接成型机

（3）与成型钢筋制品加工与配送相关的配套规范正在编制或修编过程中。

随着国外设备的引进和国内钢筋加工机械的升级换代，国内部分大型钢筋制品生产企业已具备了成型钢筋加工技术，在一些大型工程也得到很好的应用，国内近年新建的预制构件厂钢筋自动化加工设备已广泛推广使用，未来几年将会进一步发展。

3.3　钢筋连接

3.3.1　钢筋焊接连接

近两年工程中钢筋焊接连接主要以钢筋闪光对焊、钢筋气压焊、钢筋电弧焊等为主。对于 HRB500 级钢筋的闪光对焊较适用，钢筋气压焊、钢筋电弧焊较钢筋闪光对焊稍差，常规钢筋电渣压力焊不适用于直径 ϕ22 以上的大直径钢筋。

3.3.2　钢筋机械连接

（1）钢筋套筒灌浆接头

钢筋套筒灌浆接头原理是用灌浆料充填在钢筋与灌浆套筒间隙经硬化后形成的接头。接头组成：带肋钢筋、连接套筒和无收缩水泥砂浆（灌浆料）。接头通过硬化后的水泥灌浆料与钢筋外表横肋、连接套筒内表面的凸肋、凹槽的紧密啮合，将一端钢筋所承受荷载传递到另一端的钢筋，并可使接头连接强度达到和超过母材的拉伸极限强度。

钢筋套筒灌浆接头连接工艺：构件预制时，钢筋插入套筒，将间隙密封好，把钢筋、套筒固定，浇筑成混凝土构件；现场连接时，将另一构件的连接钢筋插入本构件套筒，再将灌浆料从预留灌浆孔注入套筒，充满套筒与钢筋的间隙，硬化后两构件钢筋连接在一起。

传统的灌浆连接接头是以灌浆连接方式连接两端钢筋的接头，灌浆套筒两端均采用灌浆方式连接钢筋的接头，我们称为全灌浆接头，一般连接套筒是采用球墨铸铁材料铸造生产，随着近代钢筋机械连接技术的发展，出现了一端螺纹连接、一端灌浆连接的接头，我们把灌浆套筒一端采用灌浆方式连接钢筋，另一端采用其他机械方式连接钢筋的接头，称为半灌浆接头，一般连接套筒是采用球墨铸铁材料铸造生产或钢棒料或管料机械加工制成。

全灌浆接头由连接套筒、钢筋、灌浆料、灌浆管、管堵、密封环、密封端盖及密封柱塞组成。其优点：钢筋无需加工，节省工序，连接水平钢筋方便快捷，套筒加工工序少。其缺点：接头长度长，刚度大，钢筋延性受影响大，不利于结构抗震，钢材和灌浆材料消耗大，浪费材料，灌浆质量不易保证。

半灌浆接头由连接套筒、钢筋、灌浆料、灌浆管、管堵、密封端盖组成。其优点：接头长度短，刚度小，钢筋延性受影响不大，利于结构抗震，钢材和灌浆材料消耗小，节省材料，灌浆质量易保证。其缺点：钢筋需加工，工序烦琐，连接水平钢筋需特殊处理，套筒加工工序多。

灌浆套筒可按表 5-3 进行分类。

灌浆套筒分类 **表 5-3**

序号	分类方法	类别
1	材料	球墨铸铁套筒、铸钢套筒、钢套筒
2	加工工艺	铸造套筒、机加工套筒
3	灌浆形式	全灌浆套筒、半灌浆套筒
4	结构形式	整体型、分体型
5	连接方式	直螺纹灌浆套筒、锥螺纹灌浆套筒、镦粗直螺纹灌浆套筒
6	灌浆时间	先灌浆套筒、后灌浆套筒

(2) 普通混凝土结构中采用精轧螺纹钢筋

我国的精轧螺纹钢筋都是强度在 700MPa 的热处理钢筋，只用于预应力混凝土结构。目前欧美、日本等国在普通混凝土结构中有采用精轧螺纹钢筋的，用螺纹套筒进行连接，这些精轧螺纹钢筋强度都为 300～500MPa。精轧螺纹钢筋和连接用螺纹套筒一般都由钢厂大量生产供应。因此，施工现场钢筋除了下料、连接之外，没有螺纹加工这一工序，这有利于节省施工场地、加快施工、确保质量。

(3) 多种多样的复合接头

由于工程的复杂性，钢筋复合接头在工程中得到应用，虽然数量不多，但能够解决工程难题。如：钢筋灌浆接头和双螺套螺纹接头广泛应用于预制构件安装工程中。套筒挤压螺纹接头常用于旧结构接续工程。欧美、日本建筑工程中，钢筋接头大多在工厂中加工，有部分工厂采用可靠性最高的焊接方法——摩擦焊螺纹接头。将车制的螺柱用摩擦焊焊接在钢筋头上，螺柱和连接件也在工厂加工，螺纹精度高，钢筋接头的强度高，接头质量高。

(4) 可焊套筒接头

可焊套筒接头是将套筒直螺纹连接技术扩展应用到钢结构与混凝土结构之间的连接接头，见图 5-9、图 5-10。其工艺原理是：接头主件内螺纹套筒，先将套筒与钢结构在工厂或施工现场实施焊接，然后把待连接钢筋与套筒按照螺纹连接要求连接成整体。钢筋与钢结构连接稳定可靠，连接强度高，施工效率高。

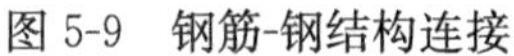

图 5-9　钢筋-钢结构连接

图 5-10　可焊套筒接头

在预先与钢结构焊接在一起的钢结构连接套内直接旋入滚轧好的钢筋丝头实现钢筋连接。特点为结构简单，不需其他零部件。

（5）可调钢筋-钢结构连接器

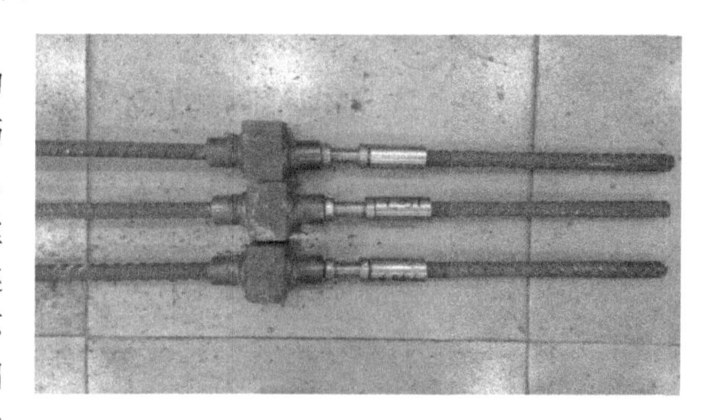

图 5-11　可调钢筋—钢结构连接器

可调钢筋-钢结构连接器由钢结构连接套、连接螺杆、锁紧螺母、钢筋连接套和钢筋丝头组成，见图 5-11。通过调整连接螺杆的长度确定钢筋丝头的连接位置。一般用于钢筋丝头连接点位置空间狭小不能转动且钢筋不能轴向位移的场合。可焊套筒与可调钢筋—钢结构连接器组合应用可有效解决钢结构柱之间的梁、板钢筋连接内力问题。

（6）直螺纹分体套筒接头

直螺纹分体接头是通过两个半圆套筒、两个锁套组成一个连接件，将两半圆形套筒与钢筋端头螺纹配合好后，通过锁套锥螺纹拧紧两个半圆套筒，以消除钢筋与两半圆套筒的螺纹配合间隙，最终使连接件达到连接要求，见图 5-12。

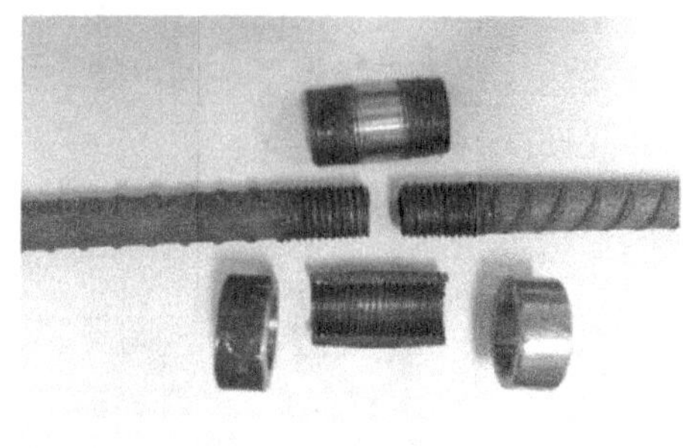

图 5-12　直螺纹分体套筒接头

分体套筒直螺纹连接施工主要设备是剥肋滚压直螺纹机。该技术特点是被连接钢筋既无法旋转也无法轴向移动，可实现钢筋等强度机械连接，可以解决成组钢筋的对接和钢结构柱间钢筋连接问题，分体式直螺纹套筒连接不仅能方便地实现单个连接无旋转运动对接，而且能够实现多个连接件同时连接的要求，如钢筋笼对接、后浇带钢筋连接、钢结构与混凝土结构间梁板钢筋连接等。

(7) 可调预制构件连接器

可调预制构件连接器是由内套筒、连接套筒、外套筒、止回帽组成，内套筒与连接套筒分别与钢筋进行预连接，预制构件就位后，调整连接套筒与内套筒完全吻合后用止回帽背紧连接套筒，再把外套筒与连接套筒进行螺纹连接，完成可调预制构件连接器的连接，见图 5-13。

图 5-13　可调预制构件连接器

可调预制构件连接器直螺纹加工设备是直接滚扎直螺纹滚丝机，以保证直螺纹拉伸试验不会破断在直螺纹部分，该技术的特点是被连接钢筋既无法旋转也无法轴向移动，可实现钢筋等强度机械连接，可以解决成组钢筋的对接和钢结构柱间钢筋连接问题。不仅能方便地实现单个连接无旋转运动对接，而且能够实现多个连接件同时连接的要求，如钢筋笼对接、后浇带钢筋连接、钢结构与混凝土结构间梁板钢筋连接等。

可调预制构件连接器尤其适合竖向预制构件与主体结构之间的连接，它具备轴向容差性，轴向可调节，径向也具备一定调节能力，这对于螺纹连接的接头尤其重要。它突出的优点是可代替预制构件的支撑并可进行构件标高和垂直度调节。

3.4　钢筋锚固板锚固

近两年钢筋锚固板应用范围广泛，建筑工程均有大量钢筋需要钢筋锚固技术。钢筋锚固板锚固技术为这些工程提供了一种可靠、快速、经济的钢筋锚固手段，具有重大经济和社会价值，见图 5-14。

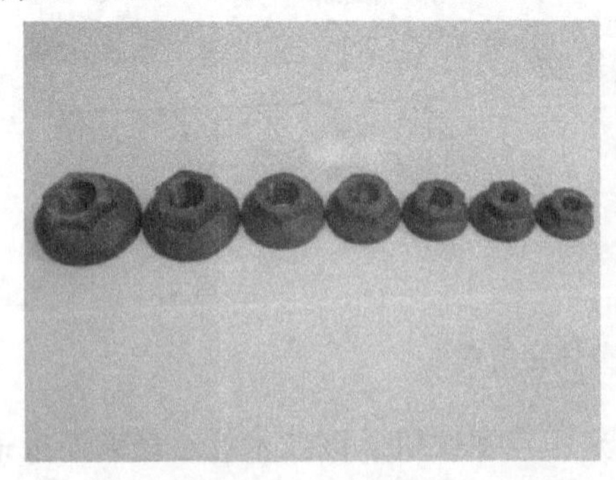

图 5-14　钢筋锚固板

四、钢筋工程施工技术前沿研究

4.1　钢筋

目前建筑工程广泛应用 HRB400 螺纹钢筋，基本淘汰了 HRB335 螺纹钢筋，随着钢铁生产企业技术水平提高，HRB500、HRB600 螺纹钢筋也已经投入批量生产，未来优先使用 HRB500 螺纹钢筋，积极推广 HRB600 螺纹钢筋。未来 5 年对大型高层建筑和大跨度公共建筑，优先采用 HRB500 螺纹钢筋，逐年提高 HRB500 螺纹钢筋的生产和应用比例，加大 HRB600 螺纹钢筋的应用技术研发，逐步采用 HRB600 螺纹钢筋，对于地震多发地区，重点应用高强屈比、均匀伸长率高的高强抗震钢筋。

4.2　钢筋加工与配送

未来 5～10 年内，随着施工专业化程度逐步提高，节能环保要求不断强化，成型钢筋制品加工与配送技术应用得到大力发展。

未来成型钢筋应用量占钢筋总用量的比率将达到 50%左右；未来将出台成型钢筋加工及配送相关配套规范、标准，逐步建立结构设计标准化体系，提高钢筋部品的标准化。

4.3　钢筋连接

未来钢筋连接技术将逐步淘汰大直径钢筋搭接绑扎，减少现场钢筋焊接，全面推广钢筋机械连接，钢筋机械连接方式占钢筋连接方式的 80%以上。由最初在钢筋机械连接工程中只重视接头强度指标忽视残余变形指标到两个指标并重的新阶段，消除接头型式检验与见证取样检验脱节的现象。

钢筋灌浆接头已成为一种重要的预制构件连接形式广泛应用。

4.4　钢筋锚固板锚固

随着钢筋机械连接的推广，将全面推广使用钢筋机械连接锚固板。

五、钢筋工程施工技术指标记录

（1）目前应用于建筑工程中最大直径钢筋是 D=50mm 的粗钢筋。

（2）目前应用于建筑工程中最大强度的钢筋是 HRB500 钢筋。

（3）目前应用于预制装配式建筑灌浆接头最大直径钢筋是 D=40mm 的接头。

（4）目前应用灌浆接头的预制装配式建筑高度达到 140m（北京金域华府）。

（5）目前应用灌浆接头的预制装配式建筑北京通州台湖保障房项目整体一次开工面积达到 40 万 m^2。

六、钢筋工程施工技术典型工程案例

6.1 工程总体概况

特种电源扩产、高可靠性 SiP 功率微系统产品产业化和研发中心建设项目（图 5-15），工程位于北京市昌平区南邵镇，总占地面积 33079.29m^2，总建筑面积 70959.88m^2，北京市第三建筑工程有限公司施工总承包，生产主楼需做装配式建筑，装配率达 52%。

图 5-15 研发中心生产楼

6.2 装配式建筑混凝土结构构件设计概况

（1）构件设计概况见表 5-4。

构件设计概况 **表 5-4**

序号	项目	内容	
1	结构形式	框架结构	
2	预制构件规格	预制柱	空腔柱：外径尺寸 800×800mm、700×700mm、600×600mm；壁厚不小于 80mm
3	构件连接方式及接头等级要求	预制柱	采用可调预制构件连接器连接方式，接头等级为Ⅰ级
4	连接钢筋预留长度	转换层	长度为 295mm（梁顶以上）＋1000mm（梁底以下）＋梁高之和
		预制构件	600mm
5	预制构件强度等级	预制柱	C35

（2）预制构件标准层平面布置图见图 5-16。

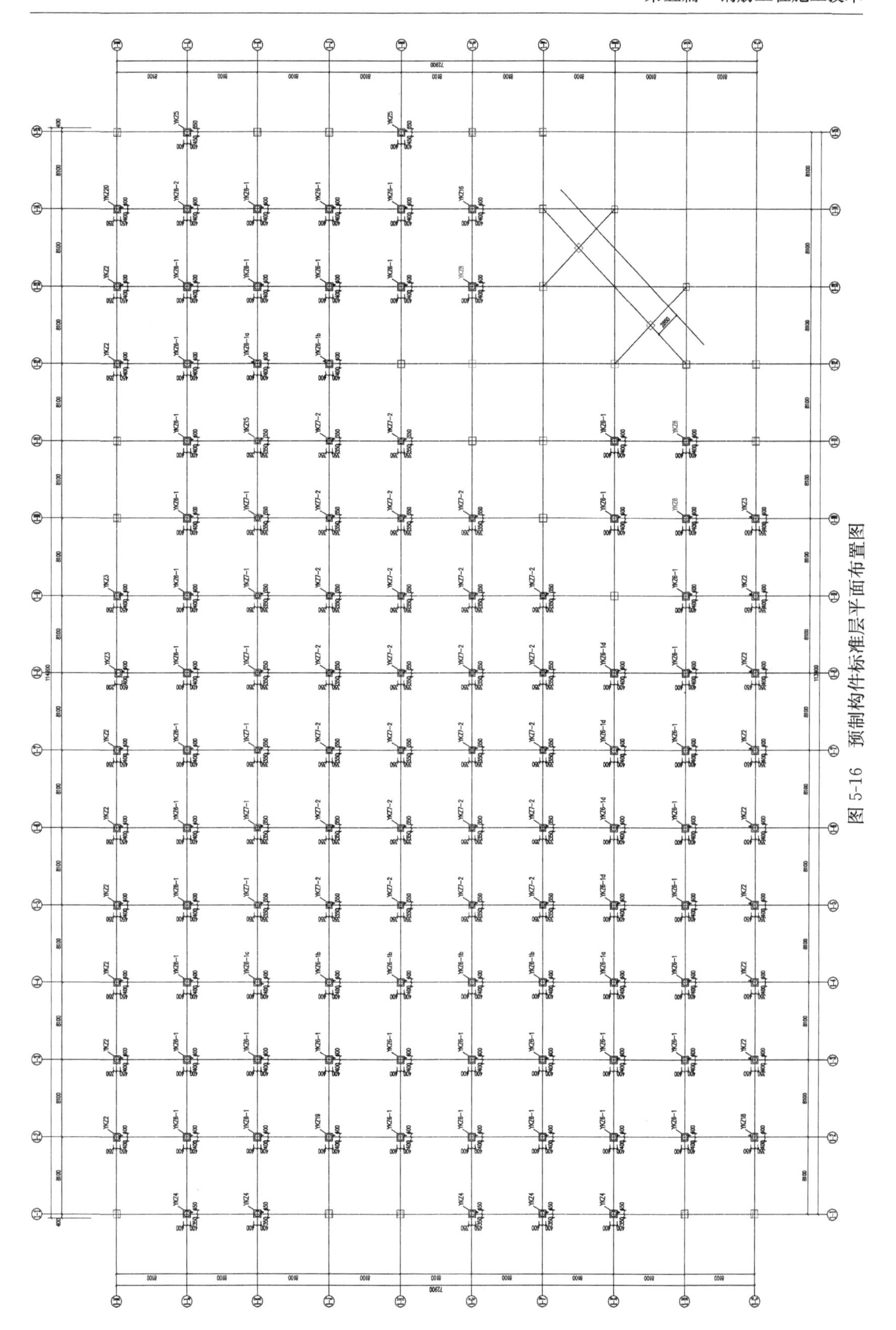

图 5-16　预制构件标准层平面布置图

6.3 主要施工方法的选择

选用可调预制构件连接器连接预制柱竖向主筋。

1号生产楼2～5层为叠合预制空腔柱，其中构件空腔内设置连接钢筋，构件现场就位后用可调预制构件连接器连接预制柱竖向主筋然后在空腔内浇筑混凝土，使预制构件与现浇混凝土形成整体，共同承受竖向及水平作用。体系特点概括为："空腔预制构件＋连接钢筋＋后浇叠合混凝土"。

预制柱纵向钢筋采用机械连接接头，机械连接接头的等级为Ⅰ级，接头采用可调预制构件连接器，形成可调组合连接套筒。转换层钢筋定位选用构件加工厂提供的与预制柱配套的定位钢板。

6.4 施工顺序

地下结构施工顺序：墙柱钢筋→钢筋验收→柱墙模板→墙柱混凝土→梁、板模板→梁、板钢筋→钢筋验收→混凝土浇筑→养护。

地上结构施工顺序：预制空腔柱安装就位→位置验收合格后柱底部钢筋机械连接→合模浇筑混凝土→梁、板模板→梁、板钢筋→钢筋验收→混凝土浇筑→养护。

预制空腔柱工艺流程：测量放线→吊装准备→空腔柱起吊→空腔柱吊装就位→ 位置校正→空腔柱后浇筑节点钢筋连接→空腔柱连接部位浇筑混凝土。

6.5 试验、检测及检验计划

(1) 现场施工验收试验、检测要求见表5-5。

检测依据、检测项目及取样原则 **表5-5**

序号	材料名称（试验项目）	检测依据	检测项目	取样原则
1	后浇混凝土28d标养试件	《装配式混凝土结构技术规程》JGJ 1—2014	抗压强度	同一配合比的混凝土，每工作班且建筑面积不超过1000m² 应制作一组，同一楼层应制作不少于3组
2	后浇混凝土同条件养护试块	《装配式混凝土结构工程施工与质量验收规程》DB11/T 1030—2021	抗压强度	留置组数根据相关规范要求及现场实际需要确定
3	工艺检验	《钢筋机械连接技术规程》JGJ 107—2016	抗拉强度试、残余变形	不同钢筋生产厂家的每种规格钢筋的接头试件不应少于3根，检验项目包括单向拉伸抗拉强度和残余变形
4	现场检验	《钢筋机械连接技术规程》JGJ 107—2016	极限抗拉强度	同钢筋生产厂、同强度等级、同规格和同型式接头应以500个为一个验收批进行检验，不足500个也应作为一个验收批

(2) 现场检验试验计划

可调预制构件连接器试件试验计划见表5-6。

试件试验计划　　表 5-6

序号	装配式预制构件楼层数	相应规格接头数量及取样组数		
		CT25	CT28	CT32
1	2层	1组	1组	1组
2	3层	1组	1组	1组
3	4层	1组	1组	1组
4	5层	1组	1组	1组

6.6 预制空腔柱安装工艺流程

6.6.1 转换层柱纵筋安装、固定

（1）预制构件安装层的连接钢筋应依据设计图纸事先预留，采用专用定位钢板进行固定；一般情况下柱纵筋型号较大，偏位后难以调整位置，故插筋固定极为重要。

（2）预制柱插筋末端间距允许偏差 3mm；钢筋出筋长度允许偏差－3～1mm。

（3）钢筋端头下料时，切口端面应与钢筋轴线垂直，不得有马蹄形或挠曲，端部不直呈现弯曲状应调直后下料。

6.6.2 混凝土浇筑

（1）准备工作：混凝土浇筑前，须对空腔柱空腔及底部基层进行洒水润湿处理，保证结合面上、中、下部均完全润湿。

混凝土浇筑对坍落度有严格要求，混凝土浇筑之前先在现场进行混凝土坍落度测试，符合设计要求才能浇筑，一般为 180±20mm。

（2）混凝土浇筑：混凝土浇筑时，应分层连续浇筑，振捣到位，应对模板及支架进行监测观察和维护，发生异常情况及时处理。

为了保证叠合柱下层主筋定位准确，其中基础部分可将柱插筋整体进行固定，选用几根辅助钢筋增加柱插筋整体的可靠性及稳定性，保证主筋定位的准确性。基础以上部分应根据每根柱子定制钢板模具，按主筋位置进行开孔，钢板厚度一般选用 8～10mm 的即可，浇筑混凝土时用钢模具套在主筋上，以免主筋在浇筑混凝土时发生位移，见图 5-17。

图 5-17　空腔柱主筋定位模具示意图

（3）混凝土浇筑过程中依据规范要求留置混凝土试块，浇筑完成后应及时养护。

6.6.3 工作面准备

（1）测量放线：根据施工图纸在作业层混凝土表面弹设空腔柱位置线及控制线；弹设

标高控制线。

(2) 基层处理：在作业层混凝土强度达到 1.2MPa 后，对柱下表面基层进行凿毛处理，并清理干净。

(3) 柱纵筋校正：去除柱纵筋上的浮浆，用钢卷尺对照柱边线检查柱纵筋定位，对超过允许偏差的进行矫正；也可使用专用校正工具进行校验。利用激光水平仪，检验柱纵筋的露出高度，钢筋外漏长度允许偏差为［−5，0］mm，对于正偏差的柱纵筋采用专用切割设备弹线切割；对于超过允许负偏差的柱纵筋采用加长套筒连接。

6.6.4　连接套筒预装

(1) 将下层预留钢筋顶部的球形单侧套筒安装到位，为保证套筒安装质量，球形单侧套筒应在预留钢筋顶部旋紧，同时，对旋紧后的球形单侧套筒顶部标高进行检查，确保顶部在同一标高。

(2) 检查空腔柱底部钢筋的垂直度情况，如有轻微弯曲应及时调整处理；同时，将空腔柱底部套筒安装到位，使空腔柱底部钢筋套筒外露丝扣总长度等于球形单侧套筒顶部圆球的半径长度，并确保调整后的套筒端部处在同一平面内。

6.6.5　空腔柱起吊

(1) 空腔柱吊装前，施工管理及操作人员应熟悉施工图纸，按照吊装流程和构件类型进行编号，确认安装位置，并标注吊装顺序，并在柱体上弹出标高控制线，同时将箍筋事先放置到位，确保规格、数量满足设计要求。

(2) 空腔柱吊装需采用专用吊装工装，吊装工装通常有三类：空腔柱底部工装、专用吊梁、空腔柱顶部工装见图 5-18。

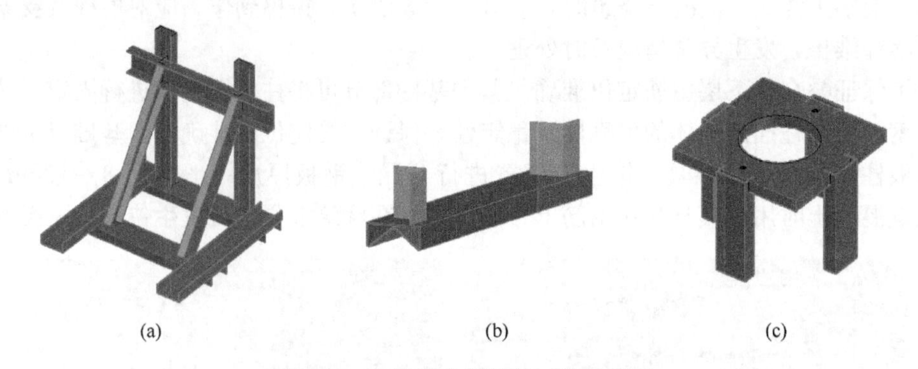

图 5-18　空腔柱专用吊装工装示意图

(a) 空腔柱底部工装；(b) 专用吊梁；(c) 空腔柱顶部工装

吊装工装的主要作用见表 5-7。

工装主要作用统计　　**表 5-7**

序号	工装名称	主要作用
1	空腔柱底部工装	辅助空腔柱扶正：避免底部钢筋在扶正过程中被空腔柱自重压弯、变形，空腔柱吊起后，工装自动脱落
2	专用吊梁	承托空腔柱底部，使空腔柱扶正：吊带通过空腔柱空腔，套过吊梁，在空腔柱扶正后，托住空腔柱底部
3	空腔柱顶部工装	防止空腔柱晃动，使空腔柱处于垂直状态

(3) 工装安装就位

空腔柱起吊前，需先将各类工装安装到位，具体流程如下：

1) 穿吊带。利用长杆将满足吊重需求的吊带穿过空腔柱空腔，吊带在空腔柱底部外露长度 500mm 左右。

2) 安装专用吊梁。吊带套过吊梁，同时将吊梁安装在空腔柱底部平面的对称中心位置，在空腔柱顶端拉紧吊带。

3) 安装柱顶部工装。将空腔柱顶部工装安装就位，吊带需穿过柱顶部工装的定位钢圈，钢圈与吊带之间应垫或缠绕柔性隔离物防止钢圈切割吊带，每次起吊前应检查吊带是否完整，见图 5-19。

4) 安装柱底部工装。将空腔柱底部工装安装就位，柱底工装与构件之间的空隙内应塞方木等塞实，见图 5-20。

图 5-19　空腔柱顶部工装安装

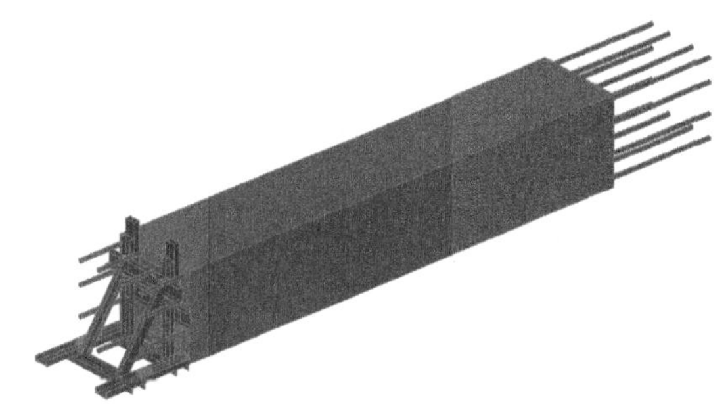

图 5-20　吊装前安装专用吊梁及两端工装

(4) 工装安装就位，检查无误后，将空腔柱顶部吊带挂到起重设备吊钩上，起重设备吊钩位置、吊具及构件中心在竖直方向上宜重合。起吊前，应慢起吊钩，吊带吃力前，呈竖直状态时，应保证其位置处于柱顶主筋之间的空隙内，避免吊带受力过程中紧附在主筋上，导致主筋压弯变形；起吊过程中，注意对空腔柱进行保护，防止磕碰。

(5) 用起重设备缓缓将空腔柱吊起，待空腔柱的底边升至距地面 500～1000mm 时略作停顿，见图 5-21，再次检查吊具是否牢固，柱面有无污染破损，若有问题需立即处理，不得继续吊装作业。确认无误后，继续提升使之慢慢靠近安装作业面。

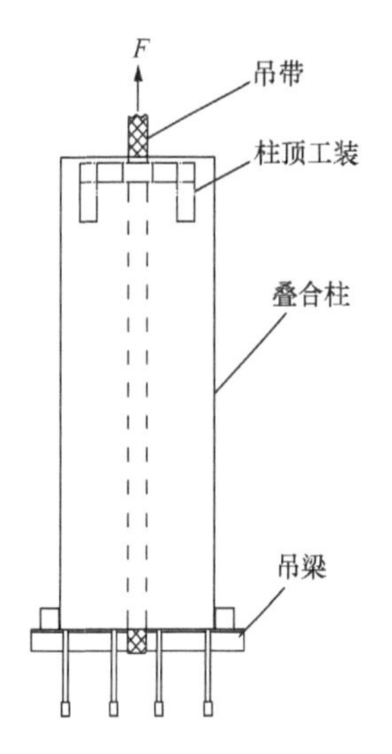

图 5-21　空腔柱吊起示意图

6.6.6　空腔柱吊装就位

空腔柱缓慢下降，待距离预留钢筋顶部 50mm 处时，将空腔柱对准地面上的框架柱外边线，同时，空腔柱外露钢筋对准预留钢筋，将柱体缓缓下降，平稳就位（下部套筒与空腔柱钢筋接触）。

6.6.7　空腔柱垂直度校正

(1) 待柱体垂直度、平面位置均调整到位后，进行柱纵筋连接，空腔柱的外露钢筋通过可调预制构件连接器直螺纹套筒与下部预留钢筋连接。

(2) 连接时，将首先顶紧的连接接头先安装到位，其次安装四个角筋的连接接头。待四个角筋连接接头安装到位后，从两个垂直方向，再次检查柱身垂直度，用靠尺或线坠靠在构件的相邻垂直面，根据测量所得垂直度数据对柱的垂直度进行调整。如有垂直度偏差，应通过松紧上部套筒调节，待垂直度满足要求后，再次拧紧四个角部接头。此时可拆除吊带，同时将剩余接头安装到位。

(3) 垂直度调整完成后摘钩并带走全部工装。

6.6.8　*免支撑安装*

根据构件厂深化设计明确，柱截面尺寸 800×800mm，预制柱高度 4.6m，风荷载计算高度 40.0m，柱纵筋直径按照 22/28mm，混凝土及钢筋综合密度 $27kN/m^3$。计算考虑荷载因素：水平风荷载、构件自重（竖向荷载）、水平施工荷载、构件安装初始偏心。通过验算可知：考虑基本风压为 $0.3kN/m^2$ 及柱顶水平施工荷载 4kN 的情况下，仅连接柱四角纵筋可以满足承载力及稳定验算要求。即可直接通过可调预制构件连接器安装柱子角部 4 根钢筋，即可拆钩，实现免支撑安装。安排专人现场盯控，构件免支撑安装必须在四个角部接头拧紧后方可拆除吊带。

6.6.9　*模板安装*

(1) 柱下部钢筋连接完成后，调整箍筋位置并绑扎牢固，钢筋隐蔽验收完成后安装柱底模板，见图 5-22。

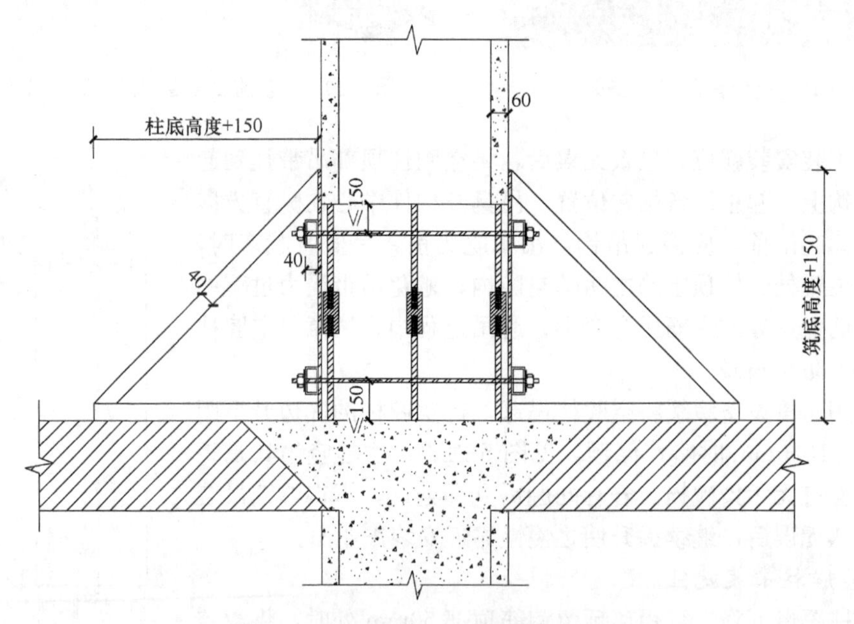

图 5-22　空腔柱下部模板安装示意图

(2) 柱底部模板使用现场加工的定型木模板。

(3) 模板安装前，在柱体表面与模板接缝处应粘贴海绵条。

(4) 柱底模板安装完成后，进行现浇区域其他工序，水平构件施工不再赘述。

6.7　预制空腔柱生产工艺流程及钢筋直螺纹加工方法

6.7.1　工艺流程

模具清理→模具组装→模具检查→喷涂隔离剂→钢筋直螺纹加→工安装钢筋笼→浇筑前检查→浇筑混凝土→离心机离心→蒸汽养护→拆模→成品检查→入库。

6.7.2　钢筋直螺纹生产方法

（1）加工钢筋连接端直螺纹应选用直接滚扎直螺纹滚丝机，以保证直螺纹拉伸试验不会破断在直螺纹部分。

（2）钢筋连接端因按可调预制构件连接器螺纹加工长度要求加工直螺纹长度。

（3）应用专用直螺纹环止规检查直螺纹加工直径。

（4）应用专用量尺检查直螺纹加工长度。

（5）应用专用牙型规检查直螺纹加工牙型。

6.8　可调预制构件连接器连接件的加工及质量保证措施

6.8.1　钢筋接头的加工

（1）HRB400钢筋Ⅰ级机械连接可调预制构件连接器头组成见图5-23。

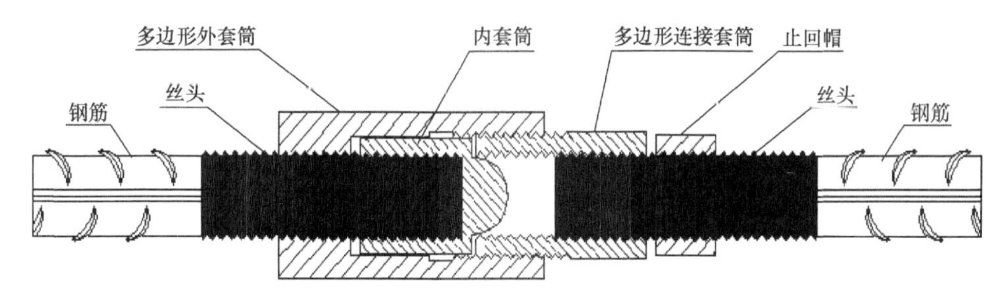

图5-23　可调预制构件连接器

（2）内套筒、连接套、外套筒、止回帽的螺纹中径公差应满足《普通螺纹公差》GB/T 197—2018标准中6H级精度规定的要求。

6.8.2　钢筋丝头的加工

（1）HRB400钢筋丝头的螺纹尺寸应符合表5-8的要求。

HRB400钢筋丝头加工尺寸　　　　**表5-8**

钢筋规格	螺纹规格	螺纹长度（mm）
Φ25	M25.8×2.0	84±10
Φ28	M29×2.5	91±10
Φ32	M33×2.5	101±10

（2）钢筋丝头加工操作工人应经专业技术人员培训，合格获得操作上岗证后，方可持证上岗。

（3）钢筋端面应平整，端部不得有弯曲，出现弯曲时应调直。

（4）钢筋下料时不应用电焊、气割等加热方法切断；钢筋端面宜平整并与钢筋轴线垂直，不应有马蹄形或扭曲。

(5) 钢筋规格应与螺纹滚丝机调整一致，钢筋丝头有效螺纹长度应满足设计规定。

(6) 钢筋丝头加工时应使用水性润滑液，不应使用油性润滑液，不应在没有润滑液的情况下加工。

(7) 当对钢筋丝头螺纹长度有特殊要求时应经商定后确定。

(8) 钢筋丝头加工完毕经检验合格后，应立即戴上保护帽或拧上连接套筒，防止钢筋丝头受损。

(9) 采用Ⅰ级接头连接，钢筋端头应采取挤压处理后方可进行丝头加工。

6.8.3 接头的安装

(1) 接头的安装质量应符合下列要求：

1) 钢筋和接头应按本规程规定的技术标准加工。

2) 生产时应对成品丝头进行措施保护防止丝头损坏。

3) 安装前应先将外套筒正确套入一侧钢筋的连接端头，然后将内套筒拧紧，将连接套筒和止回帽安装在另一侧钢筋的连接端头。

4) 构件吊装就位后宜先连接角部钢筋或中部钢筋，经校整拧紧后再连接其他钢筋。

5) 当发生被连接钢筋偏心时应先进行适度调整，具体方法为使用工具摆动钢筋，使钢筋基本达到同心。应采取措施防止连接套拧紧时的构件移动。

6) 钢筋加工时应负差，负差应控制在允许范围内，当大于负差范围时应更换加长连接套筒。

7) 接头安装时应先将连接套筒拧至内套筒结合面，结合面要平齐没有间隙，然后将外套筒与连接套筒拧紧，最将止回帽与连接套筒拧紧。

8) 当遇到不同直径钢筋连接时可更换内套筒或更换连接套筒和止回帽满足连接要求。

9) 按顺序和要求操作，达到现行《钢筋机械连接技术规程》JGJ 107 中Ⅰ级接头的要求。

(2) 安装时应用扭力扳手校核拧紧扭矩，拧紧扭矩值应符合规范规定。

(3) 校核用扭力扳手的准确度级别可选用 10 级。

6.8.4 接头检验与验收

(1) 工程中应用可调组合接头时应提交有效的型式检验报告。

(2) 钢筋连接工程开始前，应对进场钢筋进行接头工艺检验，生产过程中更换钢筋生产厂时，应对进场钢筋重新进行接头工艺检验。

(3) 接头安装前应检查产品合格证及套筒表面标识；产品合格证应包括适用钢筋直径、批号、套筒类型、生产单位、生产日期以及生产批号。

(4) 现场检验应按规定进行接头的抗拉强度试验，加工和安装质量检验。

(5) 接头的现场检验应按验收批进行，同一施工条件下采用同一批材料的同等级、同型式、同规格接头，应 500 个为一个验收批进行检验与验收，不足 500 个也应作为一个验收批。本工程无法在施工现场原位取样，须在构件厂已加工并检验合格的钢筋丝头成品中截取试件后送检。

(6) 接头安装后应按验收批，抽取其中 10%的接头进行拧紧扭矩校核，拧紧扭矩值不合格数超过被校核接头数的 6%时，应重新拧紧全部接头，直到合格为止。

（7）对接头的每一验收批，必须在工程结构中随机截取 3 个接头试件作抗拉强度试验，按设计要求的接头等级进行评定。

（8）现场检验连续 10 个验收批抽样试件抗拉强度试验一次合格率为 100%时，验收批接头数量可扩大 1 倍。

（9）对抽检不合格的接头验收批，应由建设方会同设计等有关方面研究后提出处理方案。

6.8.5　质量检查

（1）接头外观质量：连接套筒表面不应有任何裂纹，表面及内螺纹不得有严重的锈蚀。

（2）内螺纹尺寸的检验：用专用螺纹塞规检验，其通规应能顺利旋入并达到要求的拧入长度，止规旋入长度不得超过 3P。抽检数量 10%，检验合格率不得小于 95%。

（3）钢筋丝头外观质量：丝头表面不得有影响连接性能的损坏或锈蚀。螺纹大径低于螺纹中径的不完整扣，积压后再用滚轧机加工成的螺纹丝头有效螺纹长度应符合相关要求。

（4）丝头尺寸的检验：用专用螺纹环规检验，其通规应能顺利旋入丝头并达到要求的拧入长度，止规旋入长度不得超过 3P。抽检数量 10%，检验合格率不应小于 95%。

（5）钢筋连接接头应选择检验合格的钢筋丝头与连接套筒进行连接。

（6）安装时可用管钳、扳手拧紧、力矩扳手。

（7）安装完毕后，应用力矩扳手进行抽检，校核拧紧扭矩。

（8）钢筋连接套筒力学性能检查；钢筋连接套筒的极限抗拉强度应不小于被连接钢筋抗拉强度标准值。

6.9　结语

本工程通过可调预制构件连接器的使用，满足了竖向预制构件与主体结构之间的连接的需要，同时符合《钢筋机械连接技术规程》JGJ 107 对于Ⅰ级机械连接钢筋接头性能的要求，它具备轴向容差性，轴向可调节，径向也具备一定调节能力，代替预制构件的支撑并可进行构件标高和垂直度调节。具有构件安装速度快，就位准确的特点，可调预制构件连接器的使用缩短了工程建设周期，节省人工，有力保证了装配式预制混凝土框架结构工程质量，为装配式预制混凝土框架结构的大面积推广打开了广阔的空间。

第六篇　模板与脚手架工程施工技术

北京住总集团有限责任公司　朱晓伟　刘　兮　武廷超　张智宏　张兆龙　张盈辉
高创建工股份有限公司　简征西　高　珂　孙佳伟　陈铭轩　李媛媛　施加国

摘要

本篇主要介绍模板与脚手架工程施工技术历史沿革、最新进展、研发方向以及在建筑施工中的应用。结合衢州体育中心、武汉长江中心工程和国道 109 新线高速公路达摩沟大桥工程项目实例，分别描述了清水模板技术、轻量化集成平台体系、混凝土挂篮悬臂浇筑技术在施工中的应用。模板与脚手架体系顺应时代要求，对材料、技术特点和智能化应用不断地改革创新。近年涌现出玻璃纤维钢化模板、热塑性复合材料建筑模板等一系列新的优质材料模板种类；施工技术方面也有了长足发展，混凝土挂篮悬臂浇筑技术、高层住宅的轻量化智能建造一体化平台、模板台车技术等都是近年来模架技术发展创新的优秀成果，都反映出模架体系朝着绿色化、智能化、工具化、机械化的方向发展。

Abstract

This article mainly introduces the history of formwork and scaffolding engineering construction technology, the latest progress, the research and development direction, and their applications in building construction. Using examples from the Quzhou Sports Center Project, the Wuhan Yangtze River Center Project, and the National Highway 109 New Line Expressway DaMoGou Bridge Project, it describes the application of fair-faced concrete formwork technology, lightweight integrated platform systems, and concrete cantilever construction technology using hanging baskets. The formwork and scaffolding system conforms to the requirements of the times and continuously innovates in materials, technical features, and intelligent applications. In recent years, a series of new high-quality material formwork types have emerged, such as fiberglass tempered formwork and thermoplastic composite building formwork. Construction technology has also made great progress, with notable advancements including concrete cantilever construction technology using hanging baskets, lightweight intelligent construction integrated platforms for high-rise residential buildings, and formwork trolley technology. These innovations reflect the development of formwork systems in the direction of being greener, more intelligent, tool-based, and mechanized.

一、模板与脚手架工程施工技术概述

模板是混凝土成型模具，脚手架是模板搭设等施工作业与防护的临时结构支架，两者组成模板及支撑体系，在工程建设中，两者密不可分，模板与脚手架也直接关系到施工中的安全、质量、工期以及经济效益和社会效益。

模板与脚手架技术正向着标准化、绿色化、集成化、智能化、专业化的方向快速发展、不断进步。近些年以来，传统的组合钢模板、扣件（碗扣）脚手架正在被新型的、更加绿色高效的体系化的模板脚手架产品所优化和替代，钢（铝）框胶合板模板、铝（镁）合金模板、塑料模板等新模板材料应用范围不断扩大，液压爬升模板、箱梁（管廊）模板技术在高层建筑、市政桥梁中广泛应用；销键型、承插型脚手架等新技术产品，集成附着式升降脚手架、电动桥式脚手架等更多的新技术产品应用于高层建筑、地铁站台等项目施工中，随着超高层建筑、超长、超跨等大体量工程项目的日益增多，出现了更多适合用于建造上述工程的硬核技术装备，即集成模板与脚手架等多项功能于一体的整体爬升平台（俗称高空造楼机）和移动造桥机。在未来的模架应用场景中，综合运用数字信息技术，实现模架自动化搭设、监测和维护，与施工技术深度融合与集成，是实现施工现场高质量、高效率、高保障，提升建筑业新质生产力的重要路径。

二、模板与脚手架工程施工主要技术介绍

2.1 模板工程施工技术

2.1.1 胶合板模板

胶合板模板是由三层或多层木或竹材料的薄模板（带），相邻层单板的纤维方向互相垂直，利用工业胶（酚醛胶、三胺胶或者白胶）压粘并经表面硬化处理的板状材料，厚度多以12mm、15mm、18mm为主，板面尺寸以1830mm×915mm和2440mm×1220mm为主。具有板幅大、自重轻、板面平整、裁切方便和易于弯曲成型等优点，高档覆膜胶合板也可满足清水混凝土的要求。

2.1.2 铝合金模板

铝合金模板是新一代模板。绿色环保以及产业升级，加速了模架行业精工时代的到来。

铝合金模板由模板体系、支撑系统、紧固系统以及附件构成，优点为稳定性好、承载力高、混凝土成型后观感质量好、环保、重量轻、耐腐蚀等。在现场施工阶段，竖向墙板和水平顶板可同时浇筑，平整度高，可省去装修基层找平抹灰工序。同时模板周转使用次数多、摊销费用低、回收价值高，有较好的综合经济效益。综上，铝合金模板符合建筑工业化及环保节能要求，具有显著的技术优势。目前铝合金模板安装加固方式可分为拉杆式和拉片式两大类。

2.1.3 组合式带肋塑料模板

塑料模板按材料和结构形式可分为夹芯塑料模板、带肋塑料模板和空腹型塑料模板三

类。塑料模板表面光滑，与混凝土不易黏结，无需隔离剂，易清理，可反复周转使用50次以上，还可全部回收利用；板面材料硬度高，韧性好，吸水率较低，具有较好的耐酸、耐水及耐摩擦性能，在极寒地区和高温地区都有较强的适用性；现场施工操作方便，拆卸容易，灵活快捷，节省人力和工期，可极大加快施工速度。使用塑料模板的施工现场整洁有序，绿色低碳，能提高工程整体形象，有广阔的发展空间。

2.1.4　钢（铝）框模板

钢（铝）框模板是由竹、木胶合板或塑料平板为面板，与钢铝框架组合而成的一种轻型定尺模板，钢框覆膜胶合板独特断面的模板热轧专用型钢，提高了模板的侧向刚度，从而增加了模板的周转次数，提升了经济价值。这种模板具有防水性能好、不变形、不收缩、强度高、重量轻、拆装方便、脱模清模工作量小等优点。

2.1.5　镁合金模板

镁合金具有密度小、重量轻、强度高、弹性模量大、散热好、消震性好、承受冲击载荷能力比铝合金大、耐有机物和碱的腐蚀性能好等优点，镁合金模板的力学性能接近铝合金，优势更加明显，具有以下特点：高周转，建筑垃圾少，占用空间小；施工质量优，板面平整；成本低，质量轻，提高了工人和机械的工作效率；散热性更好，抵消了水泥等胶凝材料在浇灌振捣中产生的热量；安全风险更低，工人施工更安全，是一种理想的新型绿色建材。镁合金模板在强度上与铝模板基本持平，但延伸率低于铝模板。镁模板与混凝土不反应，但极不耐酸。适用于建筑行业模板选用。

2.1.6　爬升模板（滑模）

爬升模板施工是混凝土竖向结构工程特殊的一种模板施工工艺。爬模是按照结构平面形状和尺寸要求，组装一定高度的模板，并安装滑模装置和动力提升设备。施工过程中，混凝土从模板上口分层浇灌，分层振捣。当模板内最下层的混凝土达到一定的强度时，模板依赖滑升机具的作用，开始不断向上滑升。通过模板运动并连续浇筑混凝土，完成混凝土结构的施工，其主要有两类，液压爬升模板和电动爬升模板。

（1）液压爬升模板

液压爬升模板是一种整合模板支架和脚手架的施工方法，通过有效利用已完工的主体结构，有效减少和避免了脚手架的拆除和搭设工作，其随着建设主体结构的升高而升高，施工方便快捷，可以有效地节约施工时间，缩短施工工期，是一种比较科学的施工方法。爬模技术是滑模技术的一种改进，将滑模和支模结合起来，让施工更加简单、安全性更高，并有效保证了施工质量。相较于传统模板，爬模技术的优势在于模板和爬架相互独立，可根据需要进行调整，在实际施工过程中更易于操作。将爬架作为施工的操作平台，工人在操作时更加安全和省力。

液压模架系统采用液压为动力进行爬升，利用附墙系统以及承重机械系统作为支承载体及爬升构件。施工中的主要架体结构可以简单地分为绑筋操作架，模板操作架以及备用操作架，见图6-1。

（2）电动爬升模板（电动滑模平台）

电动滑模平台由提升架、提升机底座、螺杆提升架、电动螺杆、螺杆底座、模板调节组件、操作平台横梁、操作平台斜撑、吊平台立杆、吊平台连接件等组成。

目前，国内钢筋混凝土筒体结构施工，大部分都采用滑动模板工艺施工。通过调整电

图 6-1　液压爬升模板应用

动数控平台，提升单点和多点的精准数控，可以实现电动智能滑模平台空中姿态控制和纠偏。平台立面采用钢板网替代传统密目网，刚性替代柔性结构牢固可靠。操作平台采用花纹钢板替代木脚手板，安全美观，为作业人员提供了可靠舒适的施工环境。下吊架采用方钢管替代钢筋，增强刚度和整体性。

电动滑模平台具有如下特点：螺杆提升机动力稳定，整体提升同步性好；螺杆提升机提升速度均匀，架体滑升平稳；螺杆提升机滑模可进行单机位升降，易于架体纠偏；螺杆提升机具有自锁功能，消除了液压动力提升“回降量”带来的频繁调整；螺杆提升系统对钢筋及结构污染小；电动系统线路布置相对简单，施工过程中智能监测监控易实现；模板面板采用高强不锈钢，表面光洁度好，混凝土与模板之间摩阻力小，见图 6-2～图 6-5。

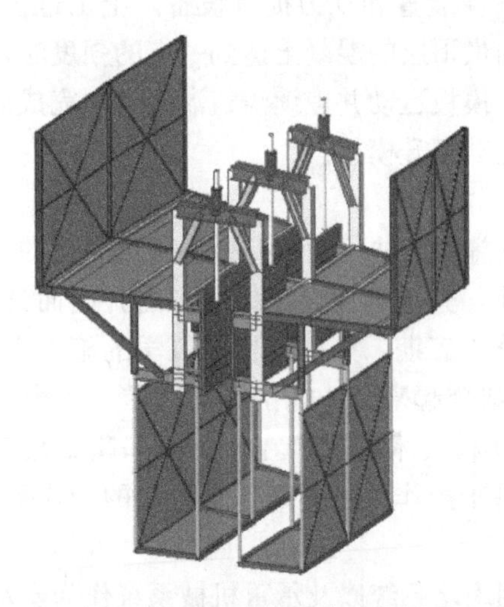

图 6-2　电动滑模平台示意图

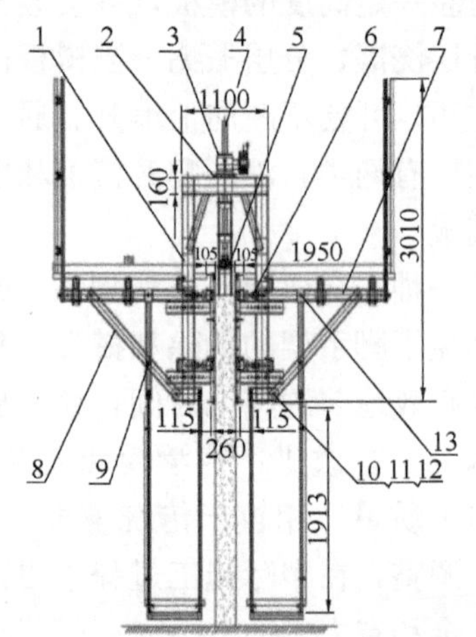

1—提升架；
2—提升机底座；
3—螺杆提升架；
4—电动螺杆；
5—螺杆底座；
6—模板调节组件；
7—操作平台横梁；
8—操作平台斜撑；
9—吊平台立杆；
10—螺栓及垫片；
11—螺栓及垫片；
12—螺栓及垫片；
13—吊平台连接件

图 6-3　电动滑模平台剖面图

2.1.7　全圆针梁模板台车

针梁模板台车主要由模板总成、针梁总成、梁框总成、水平和垂直对中调整机构、卷扬牵引机构、抗浮装置、液压系统、电气系统等组成。模板总成包含顶模总成、左边模总成、右边模总成、底模总成及托架总成。模板总成用于隧道的成形，隧道的形状和尺寸主要靠它来控制。模板间用螺栓连接，每组模板由顶模、左边模、右边模及底模四块组成。

图 6-4　电动滑模平台效果图

图 6-5　电动滑模平台效果

底模两边分别用铰耳销连接左、右侧模板。全圆针梁模板采用钢模，钢模上安装了三组液压油缸，可完成立模、拆模工作。在顶模和边模的对应位置上安装螺旋千斤顶，油缸伸出，钢模定位后，旋紧螺旋千斤顶，保证初衬尺寸的准确性，并减轻油缸荷载。全圆针梁模板台车一般用于短隧道施工，特别是对于平面和空间几何形状复杂、工序转换频繁、工艺要求严格的隧道施工，其优越性更明显，见图 6-6、图 6-7。

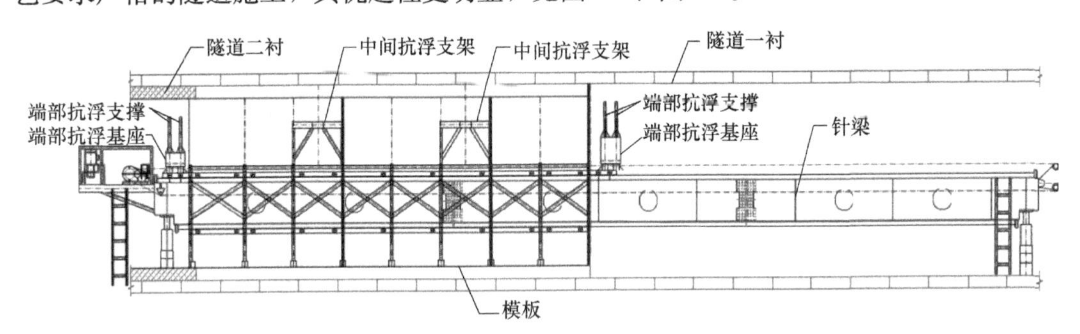

图 6-6　针梁模板台车就位完成示意图

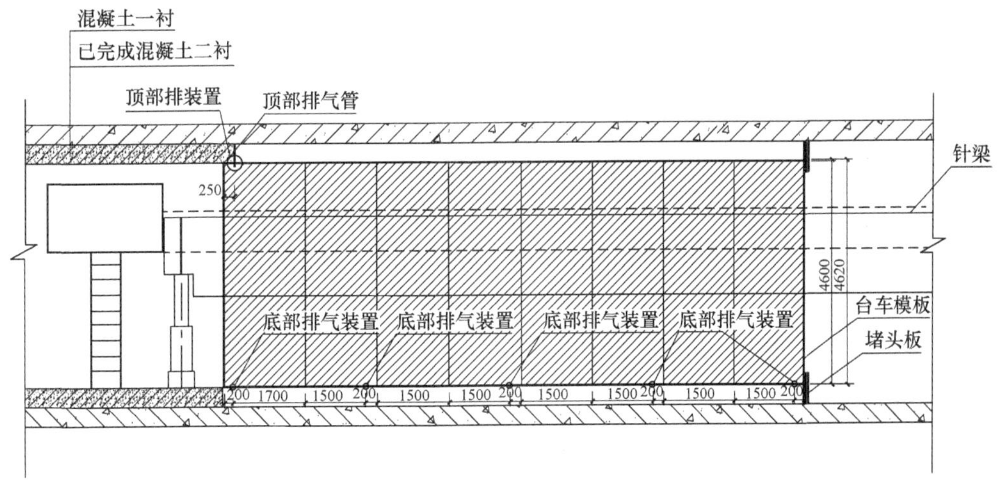

图 6-7　台车模板排气构造布置的侧视图

2.1.8 挂篮

挂篮是预应力混凝土连续梁、T形钢构和悬臂梁分段施工的一项主要设备，它能够沿轨道整体向前。挂篮分为：桁架式挂篮、三角式挂篮、棱形挂篮和斜拉式挂篮等。在桥梁施工中应用最为广泛。挂篮施工技术克服了因地形、江河等不利自然条件下施工桥梁的限制，见图6-8、图6-9。

挂篮由三角形承重构架、底模平台、吊挂调整系统、走行系统、锚固系统、模板系统组成。模板系统由外侧模、内模、底模、封头模板四部分构成。外侧模、底模及内模支架为钢结构，内模其余部分为木模。外侧模由外侧模桁架与模板组成，吊挂于外滑梁（导梁）上；内模由内模骨架、面板吊挂于内滑梁上。外侧模板及其支架、底模现场分块制造，现场组拼成型。外模、底模采用外模夹底模方式，底模随大桥箱梁底板变化不断加宽。外侧模及支架、底模及底模平台可用于施工。封头模板采用钢板加工成梳状。

图6-8 挂篮施工

图6-9 挂篮合拢

2.2 脚手架工程施工技术

2.2.1 扣件式钢管脚手架

扣件式脚手架是由ϕ48壁厚3.0～3.6mm的钢管以及相配套的扣件搭设而成的支撑体系或防护体系。扣件脚手架广泛应用于工业及民用建筑的支撑架和外防护架等。由于不受模数的限制，具有极强适应性，操作方便、灵活，目前市场所占份额仍然处于优势。

2.2.2 盘销式钢管脚手架

盘销式脚手架是采用楔形插销连接立杆上的插座与横杆上插头的一种新型脚手架。盘销式脚手架包括圆盘式脚手架、方板式脚手架、八角盘脚手架等；盘销式钢管脚手架分为ϕ60系列重型支撑架和ϕ48系列轻型脚手架两类，壁厚均为3.5mm。这两种类型的盘销式钢管脚手架，从安全性方面，所用立杆上的圆盘与横杆或斜拉杆上的插头插紧连接，接头传力可靠。立杆与立杆的连接为同轴心承插，架体受力以轴心受压为主。由于有效拉杆的连接，使得架体的每个单元近似于格构柱，因而承载力高，能保证稳定。从经济性方面，由于盘销式钢管脚手架采用热镀锌低合金结构钢为主要材料，与其他支撑体系相比，在同等荷载下，可节省材料1/3左右，产品寿命可达15年，而且可节省相应的运输费、搭拆人工费、管理费及材料损耗费用等。

2.2.3 插接式脚手架及支撑架

插接式钢管脚手架与盘销式钢管脚手架形式类似。插接式脚手架包括U形耳插接式脚手架和V形耳插接式脚手架等，插接式脚手架管径有48mm、60mm两种，壁厚以3.5mm较为普遍。与传统扣件式脚手架相比，插接式钢管脚手架具有施工方便、节省人工、安全高效的特点。插接式脚手架采用插销式节点，因此，插销式节点的力学性能将是决定脚手架整体性能的关键因素。该型脚手架安全可靠、稳定性好、承载力高；全部杆件系列化、标准化、搭拆快、易管理、适应性强。

2.2.4　悬挑式脚手架技术

悬挑式脚手架是利用建筑结构边缘向外伸出悬挑结构来支承外脚手架，将脚手架的荷载全部或部分传递给建筑结构。悬挑式脚手架的构造形式目前有三种：钢管式悬挑脚手架、悬臂钢梁式悬挑脚手架、下撑式钢梁悬挑脚手架。

悬臂钢梁式悬挑脚手架采用型钢（工字钢、槽钢）作悬挑梁，内伸入端部通过埋设连接件与楼板（边梁）连接固定，在钢梁外伸悬挑段上方搭设双排外脚手架用以进行上部结构施工及防护。上部脚手架需按要求设置连墙（柱）点和卸荷钢丝绳。

下撑式钢梁悬挑脚手架采用型钢（工字钢 、槽钢）焊接成三角桁架作为悬挑支撑架，支撑架上下支点与主体结构连接固定形成悬挑支撑结构，支撑架上部搭设双排脚手架。上部脚手架需按要求设置连墙（柱）点和卸荷钢丝绳。

2.2.5　附着式升降脚手架技术

附着式升降脚手架（简称爬架）是由专用架体组成，并搭设适当高度附着在工程结构外侧，依靠专用的液压或电动升降装置，按工程结构进度逐层上升或下降，具有防倾覆、防坠落装置的外防护安全脚手架。目前应用最多的是集成式附着式脚手架，主要由架体结构、附着支承结构、升降机构、安全装置、智能控制系统等组成。

附着式升降脚手架适用于高层或超高层建筑中，建筑立面变化较小的主体结构和装修施工。附着升降脚手架也适用桥梁高墩、特种结构高耸构筑物施工的外脚手架。

三 、模板与脚手架工程施工技术最新进展（1～3年）

3.1　模板技术进展

3.1.1　材料方面

（1）玻璃纤维钢化模板

玻璃钢模板使用PP＋玻璃纤维，可100％回收再利用，质量轻易操作，采光性能好，无需照明，方便施工，具有强度高、精度高、不吸水、收缩率低的特点，受力可达50kN/m^2，耐候性好、不冷脆、不热塑、耐腐蚀、易清理，可周转使用80次以上，成型效果好，表面光洁平整，明显优于胶合板模板。

应用方式较多，采用钢、铝制框体，面板为玻璃纤维钢化模板，可充分发挥各种材质组件的优势；也可应用于模板早拆体系或直接代替木模板采用散支散拼方式，均能达到较好的成型效果并降低综合成本。

不锈钢模板因其不易锈蚀、成型观感质量好等优点，已在一些沿海的项目中得到应用，据报道，杭州湾跨海大桥北引桥滩涂现浇箱梁施工采用了定型不锈钢复合模板，取得了较好的效果。

(2) 热塑性复合材料建筑模板

热塑性复合材料建筑模板具有质量较轻、耐水性强、表面光滑、不易生锈腐烂等优点，在建筑施工过程中，一方面有力地保证了混凝土的表面平整，另一方面可以降低施工拆装的操作难度。热塑性复合模板整体制备工艺简单，采用高分子复合材料熔融注塑成型，同时，产品可回收重复使用。热塑性复合材料模板表面接近于非极性，与传统的混凝土材料不浸润，因此可以达到易于脱模的效果。热塑性复合材料建筑模板的质量较轻且使用寿命较长，可以在大型工程中减少对重型机械设备的依赖，施工简单、省时、省力。

(3) 方圆扣大截面柱模板

方圆扣材质一般为Q345B级钢材，表面镀锌，承载力大，周转方便，安拆方便。由四片镀锌弯头卡板和四片楔形固定销。卡板的两端都设有折弯，为方便固定，每条卡板上都设有间隔一定距离的固定孔，安装时将楔形固定销穿过通孔和固定孔，把限位套和卡板固定。这样的模板紧固件，不仅安装拆卸方便，还可以适应不同尺寸的方形柱。

方圆扣通过调节卡箍位置能适应不同尺寸的框架柱，应用广泛，尤其对于截面尺寸较大、种类较多的矩形框架柱更具优势。同时方圆扣无需螺栓，解决了传统加固方式拆模后柱中螺栓孔的问题，浇筑质量及观感质量较好，值得推广应用。

(4) 耐候钢

耐候钢，即耐大气腐蚀钢，由普碳钢添加铌、钼、磷、钛等耐腐蚀元素而成，其自身具有良好的耐大气锈蚀性能。钢腹板采用Q345qDNH材质免涂装耐候钢设计，对防腐涂装不作要求。钢板外观整体呈黄褐铁锈色。

耐候钢暴露在自然环境中，与空气、雨水等作用，表面会自动形成一层抗腐蚀的致密氧化物保护层，阻碍锈蚀往里扩散发展，保护锈层下面的基体，以减缓其腐蚀速度，达到“以锈防锈”的作用。当耐候钢表面生锈了，说明已经形成了保护层，非但不影响耐久性，反而对钢材有利。

3.1.2 施工技术方面

(1) 挂篮悬臂模板浇筑施工技术

挂篮是利用已浇筑完成梁段作为锚定端、用以承受将要施工梁段的模板、混凝土重量等施工荷载以及可以沿梁面预设轨道移动的悬臂梁式空中施工设备。挂篮悬臂浇筑施工指的是在进行浇筑悬臂梁时，采用吊篮的方法，进行就地分段悬臂施工。无需搭设支架，也不需要大型吊机，和传统桥梁施工技术相比，具有结构轻、拼装简单、无压重等优点。挂篮是一个可沿着梁顶滑动的承重性构架，悬挂在已经完成施工的梁端上，在挂篮上完成下一个梁端模板、钢筋、预应力安设、混凝土浇筑等工作，完成施工任务之后，挂篮继续前移，进行下一个阶段施工，直到完成全部施工项目，是目前桥梁工程施工常用的施工技术，具有良好的发展前景，见图6-10。

(2) 高墩柱翻模施工技术

翻模施工是由两节或两节以上模板交替往上安装，浇筑混凝土，其要求在已浇筑的混凝土强度达到10～15MPa后，将第1节模板周转，新增第3节模板，浇筑混凝土，依此类推。翻模模板制作简单，构件种类少，模板的大小可根据施工能力灵活选用，施工速度快，主要应用于高墩柱的施工。高墩柱模板采用定型钢模板，按照模板高度配置，保证所有墩柱周转使用。墩柱采用定型钢模板，在模板四角采用高强度螺栓斜对拉，模板中间水

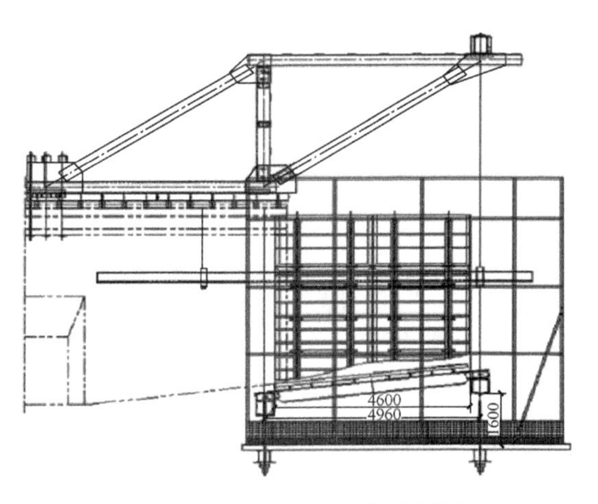

图 6-10　悬臂挂篮行走示意图

平方向和垂直方向均采用高强度螺栓对拉，见图 6-11。

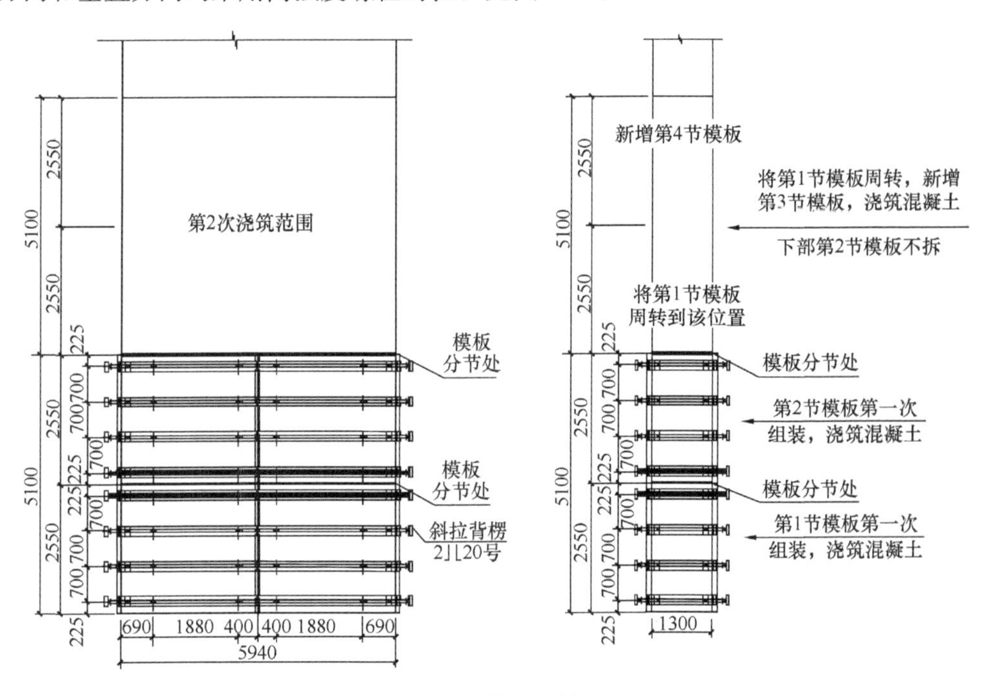

图 6-11　模板周转图

（3）抱箍法施工技术

抱箍法是在桥梁圆形墩柱上的适当部位安装抱箍，利用高强度螺栓的预拉力使抱箍与墩柱夹紧，产生足够大的静摩擦力，来抵抗施工荷载、临时设施重量及盖梁的自重。抱箍法适用于墩柱较高，且墩位处在河流区域或陡峭山坡上的山区高速公路桥梁施工。该方法拆装方便，速度快，无需搭设满堂红支架和预留孔洞，从而提高了墩柱的混凝土外观质量，见图 6-12、图 6-13。

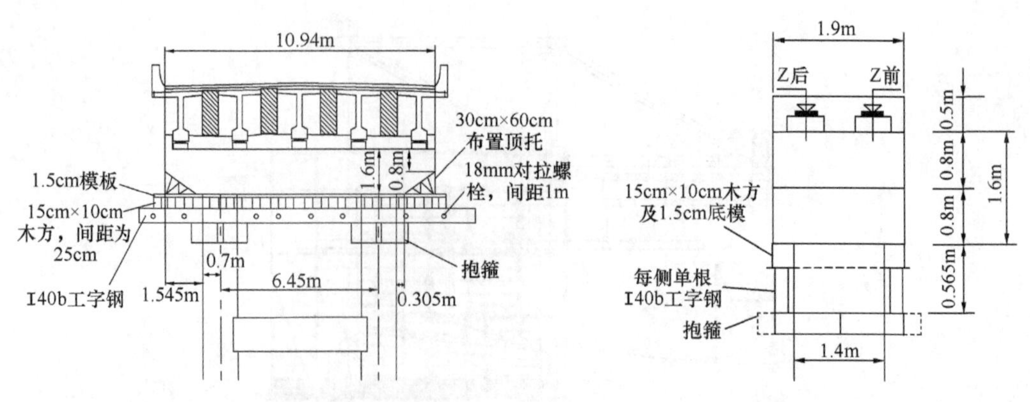

图 6-12　抱箍法施工立面示意图　　　　图 6-13　抱箍法施工侧面示意图

(4) 钢棒法施工技术

钢棒法施工是在墩柱混凝土指定标高预留安装孔，墩柱混凝土达到设计强度后在预留孔处插入钢棒，在钢棒上铺纵、横分配梁，形成施工平台，铺设大块钢模板底膜，然后安装盖梁钢筋。在桥墩墩柱上预留孔，利用钢棒的支撑性能，在上面搭设支撑平台，满足盖梁模板支撑体系承载力要求，减少搭设施工排架工程量，快速安装模板，以达到快速施工的目的，且不受墩下地形及墩柱外形限制。穿钢棒法支撑系统适用于各种桥梁现浇盖梁施工，尤其是墩下地形复杂，场地布置困难、墩柱外形不固定的桥梁，见图 6-14、图 6-15。

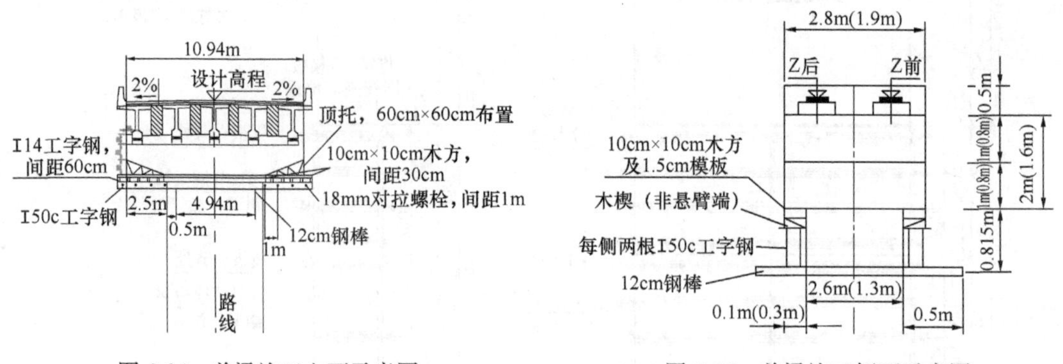

图 6-14　盖梁施工立面示意图　　　　图 6-15　盖梁施工侧面示意图

3.2　模板与脚手架集成技术

3.2.1　城市综合管廊模架技术

管廊施工用模架从满堂红支架逐步向整体移动模架、快拆模架、预制拼装技术发展。

3.2.2　高层住宅的轻量化智能建造一体化平台

高层住宅的轻量化智能建造一体化平台，与传统爬架技术相比，具有以下优势：提供智能、立体的施工作业平台，有效提升高层建筑施工的安全性以及工程品质；实现二次结构、装饰装修等各工序的高效穿插，可有效缩短主体结构施工工期 20%以上。目前，这一技术成果从摩天大楼向普通超高层建筑普及和推广，将全面促进智能建造与建筑工业化协同发展，见图 6-16。

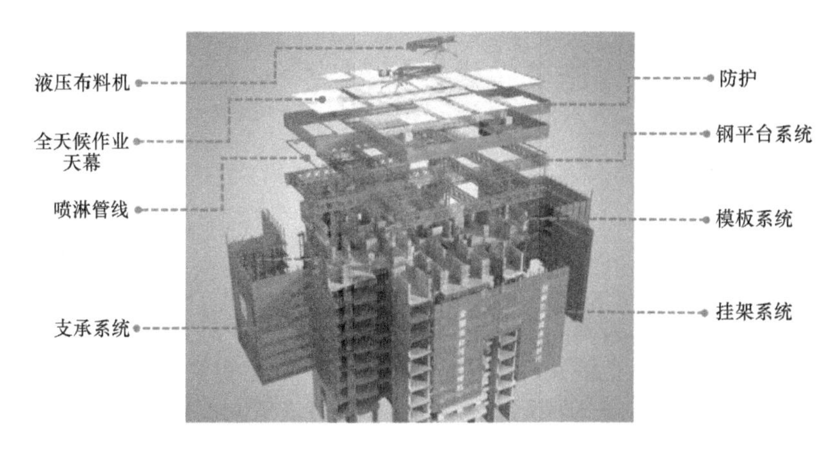

图 6-16　轻量化智能建造一体化平台示意

3.2.3　模板台车技术

模板台车主要由支撑体系、模板系统、行走系统和控制系统组成。在施工过程中，模板台车通过行走系统在支撑结构上移动，将模板系统放置在指定位置，然后通过控制系统对模板进行定位和调整。在混凝土浇筑过程中，模板台车可以自动控制混凝土浇筑高度和厚度，保证混凝土浇筑质量。模板台车根据施工需要可以分为整体式台车和分离式台车。轨道交通工程暗挖隧道采用“跳仓法”施工，利用时空效应，多见于采用分离式衬砌台车，衬砌台车由模板系统、框架系统、液压系统、行走系统、电气控制系统等组成，见图 6-17、图 6-18。

图 6-17　“CRD”隧道分离式模板台车（实例）

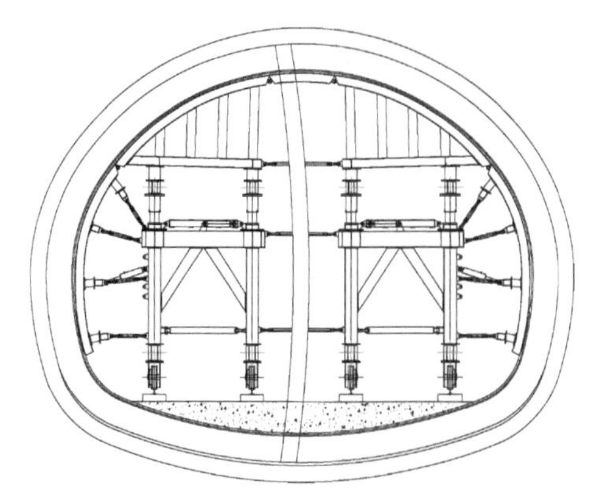

图 6-18　“CRD”隧道分离式模板台车（示意）

3.3　BIM 技术在模板、脚手架设计中的应用

利用 BIM 软件进行参数化的模架布置设计，确定详细的深化设计方案，进而对模板脚手架施工技术、安全、成本、进度、质量进行精细化的管理，解决目前模架设计施工中的问题。在 BIM 主体模型创建完成后，需要建立 BIM 脚手架模型。该过程主要包括工程特征参数设置、杆件材料及施工安全参数设置、架体布置及优化等。工程特征参数主要包括架体类型以及各种规范参数。

四、模板与脚手架工程施工技术前沿研究

4.1 绿色新材料

4.1.1 镁合金模板

中国具有丰富的镁矿资源，占世界镁矿资源的70%以上，对进口依赖度较之铝矿低很多，高度符合中国当前加大经济“内循环”的趋势。镁合金具有密度小、重量轻、强度高，承受冲击荷载能力比铝合金大，耐有机物和碱腐蚀性能好等优点，适用于生产建筑模板。目前，镁合金模板的市场还处于起步阶段，国内仅有五六家生产企业，市场占有率较低，市场上对于镁模板在认可度方面相对于铝模板还有一定的差距。随着镁价的进一步平抑和下行，围绕镁合金材料特性的技术攻关被逐步突破，镁合金模板替代铝合金模板正逐步开启。

4.1.2 聚乙烯基木塑复合模板

木材在建筑工程和室内装修设计领域应用广泛，然而由于木材日渐加剧的供需矛盾，寻求新型的木材替代材料成为木材相关行业亟待解决的问题。在这样的行业背景下，木塑复合材料的出现有效缓解了木材供不应求的压力，该材料具有不吸潮、不膨胀、不变形、重量轻、可回收、阻燃性好、周转利用率高等特点，而且木塑复合材料的迅速兴起也在一定程度上缓解了不可降解高分子材料对环境造成的污染。

4.2 技术迭代与集成创新

4.2.1 铝合金模板与脚手架

随着铝合金模板的应用推广，围绕铝合金模板技术体系以及配套紧固、支撑的配套技术产品的研究与开发已步入快车道，操作更加简便、质量更加可靠的铝合金模板技术和产品应用在房屋建筑和基础设施建设中，实现了技术上的迭代升级。同时铝合金脚手架较之传统的钢管脚手架更加轻质，重量相当于传统脚手架1/3，铝合金脚手架力学性能好、不易锈蚀，便于安装、搬运、储存。所有部件均经过特殊防氧化处理后产品寿命达到30年以上，脚手板和防护栏采用高分子及聚玻纤维制造，实现了安全、环保、防火、轻便、可回收、方便、经久耐用的技术特点。目前部分经济发达地区已经开始使用铝合金脚手架替代传统的钢管脚手架。

4.2.2 装配式建筑配套模板与脚手架

为满足装配式结构施工的特点，叠合板下独立支撑、预制外墙板安全防护架等技术产品将随着装配式建筑的发展不断开发和推广应用。

4.3 数字化、智能化发展

4.3.1 基于TPU材料的3D打印技术在建筑模板中的应用

3D打印技术采用“分层制造，逐层叠加”的原理直接将数据化的虚拟图形转化为实际的实体结构，由传统方式的“减除材料法”转变为“材料叠加法”。利用该方法使产品的开发、制造时间大为缩短，成本也大幅降低，给制造领域带来了全新的变化。

为满足建筑模板工艺材料选用原则，综合对比采用 TPU 材料和 FDM-3D 打印技术，该工艺单位时间产能高，设备工艺简单易于复制，可实现较好的批量化生产，TPU 材料强度高、韧性好、可塑性能力强，易于打印形成高强度、高刚度、结构复杂的打印件，具有较好的综合经济效益。

4.3.2　更加智能的施工装备集成平台（空中造楼机）

空中造楼机，为普通超高层打造“类工厂”施工环境，提升现场工业化、智能建造水平。在可预见的未来，运用人工智能、5G、物联网等新一代数字化、信息化共性技术，基于建造工序应用场景的数字化语言不断丰富，空中造楼机将迎来更加智能的 5.0 时代，在施工现场的中央控制室，项目管理人员远程控制造楼机按照流水节奏、施工工序和建造工法指引，可以实现全过程智能建造、绿色建造、精益建造三位一体的自动化建造目标。

4.3.3　基于 BIM 技术的新工艺改进

利用 BIM 软件添加动画集创建波形钢腹板 PC 箱梁桥整体施工过程动画，然后将施工进度横道图与其相关联，形成 4D 虚拟施工动画。通过 4D 虚拟施工模拟项目实际施工过程可以验证施工工艺的可行性，发现施工过程的潜在问题，实现施工工艺优化；同时施工动画可以清晰地表达施工工序，便于对项目参与人员进行技术性交底，提升工作效率和施工质量，实现项目精细化管理。

基于 BIM 技术针对波形钢腹板 PC 箱梁桥的普通钢筋与预应力钢束之间的位置关系进行碰撞检测，并生成碰撞检测报告，解决了普通钢筋与预应力钢束冲突碰撞问题，优化了项目工程的图纸设计。研究 BIM 技术在波形钢腹板 PC 箱梁桥施工进度管理中的应用，基于 BIM 虚拟施工技术对波形钢腹板 PC 箱梁桥的施工工艺进行 4D 施工模拟，可视化模拟桥梁施工建造的过程，合理分配施工资源，优化施工工艺；另一方面，施工技术人员和项目管理人员能清晰直观地了解施工工艺，避免施工过程出现失误，保障项目施工质量，提升项目管理水平，提高施工效率。

五、模板与脚手架工程施工技术指标记录

（1）广州财富中心工程核心筒项目，总建筑面积 210477m²，地下 4 层，地上 68 层，建筑高度 309.4m。超高层办公楼结构施工全部采用铝合金模板。

（2）郑州市四环全长约 93km，连续高架 76km，桥梁标准宽度为 32.5m，主梁为单箱单室箱梁截面，采用预制节段箱梁模板。

（3）北京中航资本大厦，地下 5 层，地上 43 层，建筑主体高度为 219.95m。该项目采用了承插型键槽式模板支撑体系，节点连接有自锁能力，装拆灵活简单快捷。

（4）北京大兴国际机场旅客航站楼，屋盖为放射型的不规则自由曲面空间网格钢结构，核心区横向宽 568m，纵向长 462m，顶点高度约 50m，最大起伏高差达 27m，屋盖结构厚度 2～8m 不等，重量达 4 万多吨。中央大厅仅采用 8 根 C 形柱支撑，形成直径 180m 的无柱空间，单个 C 形柱高度最高达 37m，重量最大达 655t。超大超宽的网架支撑起这座全球单体建筑面积最大的航站楼。该项目在结构施工期间应用了新型盘扣架，立柱为 Q345 镀锌杆件，水平杆与立柱为自锁节点设计，连接快速、牢固，有配套斜撑杆，可快速搭设出稳定的格构支撑体系，提高了架体的安全可靠性和施工效率。

六、模板与脚手架工程施工技术典型工程案例

6.1 清水模板技术在衢州体育中心项目中的应用

6.1.1 工程概况

衢州体育中心项目（图 6-19）位于浙江省衢州市，是浙江省第四届体育大会主会场，体育场总建筑面积约 9 万 m^2，有 3 万个座位，该工程集合了国内最大面积清水混凝土结构。30000 座体育场下部结构中包含 60 片大截面承重清水混凝土异形墙柱、8 个多曲率异形出入口及伞形柱，清水混凝土展开面积 14.5 万 m^2，是国内最大面积清水混凝土结构。2023 年 6 月，该项目清水混凝土获“中国混凝土大赛金奖”，体现了国内装饰（清水）混凝土建筑设计的最高水平。

图 6-19 衢州体育中心项目实景航拍

6.1.2 空间异形清水混凝土模板及支撑体系

（1）深化设计。出入口异形双曲面的二维 CAD 软件无法满足深化条件，因此使用 Rhino（3D 造型软件）配合 Grasshopper（简称 GH）插件进行深化，背楞深化完成后进行统一编号。出入口异形双曲面结构施工中采用了双层木背楞体系。纵向的背楞的设计根据架子的实际跨度进行深化，对定位背楞模板进行精细加工且进行预拼。

（2）模板加固。模板是保证清水混凝土表面效果的关键，支撑是保证异形结构空间造型的关键。出入口双曲面模板采用双层木背楞体系，支撑采用盘扣式满堂脚手架，见图 6-20～图 6-22。

（3）模板安装。木质背楞安装完成后开始拼装衬板。出入口双曲面造型采用双层模板工艺，一层衬板，一层面板，依次拼装，见图 6-23。

（4）出入口檐口施工。出入口檐口均为双曲面异形，该部位分两次施工完成。第一次施工到出入口边梁下口位置，第二次施工上面部分。出入口屋面搭设盘扣式脚手架作为支

撑，檐口采用12mm厚的木模板，次龙骨采用木质弧形背楞，纵向主龙骨采用C型钢，利用高强通丝螺杆加山型卡和垫片双螺母进行加固，侧面与倾斜面用钢管加顶托进行支撑。

图6-20　现场双曲面加固

图6-21　异形双曲面定型背楞安装（一）

图6-22　异形双曲面定型背楞安装（二）

图6-23　异形双曲面衬板安装

6.1.3　实施效果

通过提前策划施工方案，从混凝土配比、模板排版入手，到模板排版深化、优化模板排版，确保高、低台地禅缝达到同一标高，确定每块模板尺寸、螺杆间距以及针对清水混凝土的明缝、禅缝、阳角、螺栓孔等部位，形成了一整套清水混凝土效果施工方法，保证了清水混凝土表面的观感质量。

6.2 轻量化集成平台在武汉长江中心项目中的应用

6.2.1 工程概况

武汉长江中心工程塔楼地上 80 层，地下 4 层，总建筑面积 21.9 万 m^2，建筑高度 380m，密柱框架-核心筒结构。钢结构形式为由 48 根外框柱、钢梁组成的钢框架及 56 根核心筒钢骨柱组成的劲性结构，见图 6-24。

图 6-24 武汉长江中心工程实拍图

6.2.2 轻量化集成平台施工技术

轻量化支点智能顶模集成平台由支撑与顶升系统、钢平台系统、挂架系统、模板系统及附属设施等组成，见图 6-25。集成平台平面约为 35m×30m，立面高 23m，覆盖 3.5 个结构层施工。武汉长江中心项目塔楼核心筒被内墙分为 9 个筒体，采用 MIDAS Gen（建筑领域通用分析与设计软件）对顶模平台进行有限元分析及设计验算，平台共设置 12 个轻型支点，每个支点由可周转附墙支座、油缸支架、液压油缸、上立柱等组成。支点支撑在墙体一侧的附墙支座上，平台荷载通过上立柱、油缸支撑架及顶升油缸传递至附墙支座，最后传至结构墙体。核心筒施工期间，采用 1 台 ZSL1250 型及 1 台 ZSL750 型内爬塔式起重机作为垂直运输设备，同时核心筒内部布置 1 台双笼 SC200/200 电梯作为上人电梯，施工人员通过该电梯可直接进入顶模顶部钢平台，见图 6-26。

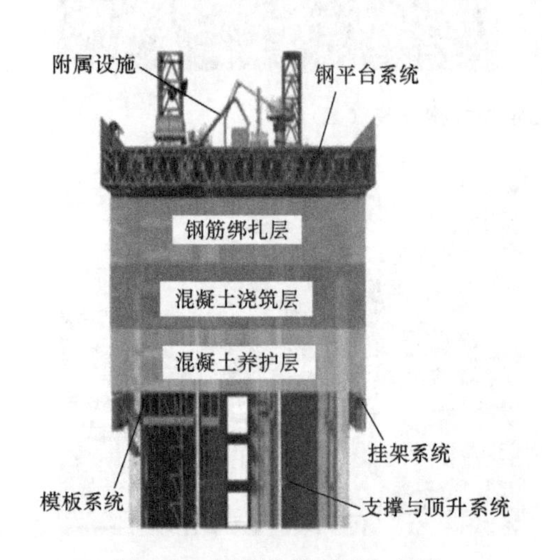

图 6-25 轻量化集成平台立面

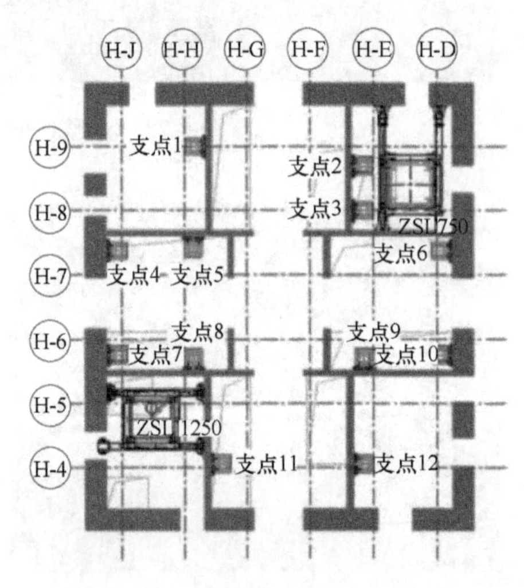

图 6-26 轻量化支点平面布置

为解决轻量化问题，采用最新点式勾爪形式替代凸点形式，极大地减轻了支点结构自重和支点对结构的影响。立柱方面，采用分布分幅设计，利用小油缸和立柱上短间距承力棒有序布置，实现短进程循环顶升。

支点布置选择上，优先选择墙面不变化的部位，避免空中支点转化问题。对于无法避开墙面变化的地方，采用加厚支点的形式，通过垫高支点来弥补墙面内收。对于部分强度不够的墙体进行加固，增加配筋，提升墙体承载力。

考虑到顶升立柱过长难以周转，将顶升立柱分为顶部托梁、支撑立柱接长节、导轨立柱、附墙支座、液压油缸及爬升框等部位，各部位通过法兰盘及插销连接。

顶升立柱高约 20m，设计顶升力 1500kN，设计回收力 500kN，附托在墙面挂爪上，最大行程 1.6m。为保证支撑系统与墙体连接的可靠性和安全性，对支撑系统进行限侧导向功能和防坠功能设计。在附墙支座上设置限侧导向轮，在立柱上设置 T 形导轨槽，现场安装时导向轮套在 T 形槽内，确保顶升过程中立柱不发生较大位移；支撑系统的防坠功能主要通过在支撑立柱上布置承力棒实现，顶升过程中若出现异常，可在 1 个步距内将架体落位，进行检修。

液压顶升系统按整体控制、单独运行的原则，采用 12 只顶升主液压缸单独控制 12 根顶升立柱，电气系统采用 12 组负责主顶升缸的液压站，由 PLC 控制中心、位移编码器等组成一个完善的智能化控制系统。

6.2.3　效果实施

(1) 支点轻量化。该智能化集成平台较前几代空中造楼机总重缩减 50%以上，全新支点顶升力设计值较之前缩减 1/2。采用点式勾爪，不仅单支座体形小、自重轻（仅重 570kg），且能提高支座周转效率。增设顶升导向及多级防坠装置，安全性更可靠，确保平台在突发异常情况下的绝对安全。同时，区别于传统低位顶模大行程、重型油缸，本项目采用中等行程、中型油缸（体形小），为后期因结构变化进行拆改周转使用提供更大的安全保障。

(2) 构件通用化。抗剪型贝雷片自重轻、周转使用率高，对挂架进行通用化设计，根据现场尺寸模数进行组合拼装，适用性强、封闭性好，可确保施工作业的安全。钢平台设计为标准尺寸，相互之间采用螺栓连接，可轻松拆卸，便于后续周转。

(3) 操作便捷化。将模板、吊挂平台集成化，为核心筒施工提供更宽敞的作业空间，提高平台内交通组织效率，并为后期斜墙施工及核心筒结构变化提供更安全的作业基础，大大降低斜墙施工难度，提高安全保障。

(4) 控制智能化。增加顶升过程可视化系统、油缸智能化控制系统，对顶升立柱实现实时监控、实时压力传导等功能；控制系统增加一键顶升，操作简便，有效提高顶升效率。

(5) 空间舒适化。双层平台设计增大空间利用率，外墙和内筒挂架确保钢筋绑扎、模板支设操作空间宽敞、安全，全封闭环境和喷淋系统可应对恶劣天气，提高施工环境舒适性。

6.3　混凝土异步挂篮悬浇施工技术在达摩沟大桥工程中的应用

6.3.1　工程概况

国道 109 新线高速公路达摩沟大桥工程位于北京市门头沟区，上跨达摩路和达洪路，起点始于斋堂 2 号隧道，终点终于清水 1 号隧道，为两山夹一沟地形。桥梁采用分幅设置，桥梁宽度为 13.95m，桥面净宽 12.75m。主桥上部结构为波形钢腹板刚构-连续组合梁桥，跨径组合为 60m+2×105m+60m，见图 6-27。

图 6-27　达摩沟大桥工程实拍图

6.3.2　施工技术

波形钢腹板 PC 组合梁桥结构形式在北京市首次应用。异步挂篮技术是利用波形钢腹板自承重特性，支撑异步挂篮进行多工作面同时施工。异步施工将常规的一个垂直工作面拓展为三个异位工作面，使原先的单一节段闭口截面浇筑形式转变为多节段开口浇筑形式。挂篮顶部导梁和底部纵梁通过钢吊带与承重结构连接，顶、底模板直接架设在顶部导梁和底部纵梁上，仅需设置顶、底模板后锚固装置，挂篮从传统的悬臂体系转化为简支体系。如图 6-28 所示，利用自行走系统将挂篮顶推至底板浇筑段，同时浇筑上一节段顶板，利用自吊装系统安装下一节段波形钢腹板，形成一个稳定有序的施工工艺。

异步挂篮技术适用于波形钢腹板 PC 组合梁桥施工，尤其适用于大跨径、变截面、轻质、高度大、净高高、需要保障桥下交通的正常通行或跨河跨沟谷、施工周期要求紧且传统桥梁形式不适宜的大跨度波形钢腹板 PC 组合连续刚构桥施工。

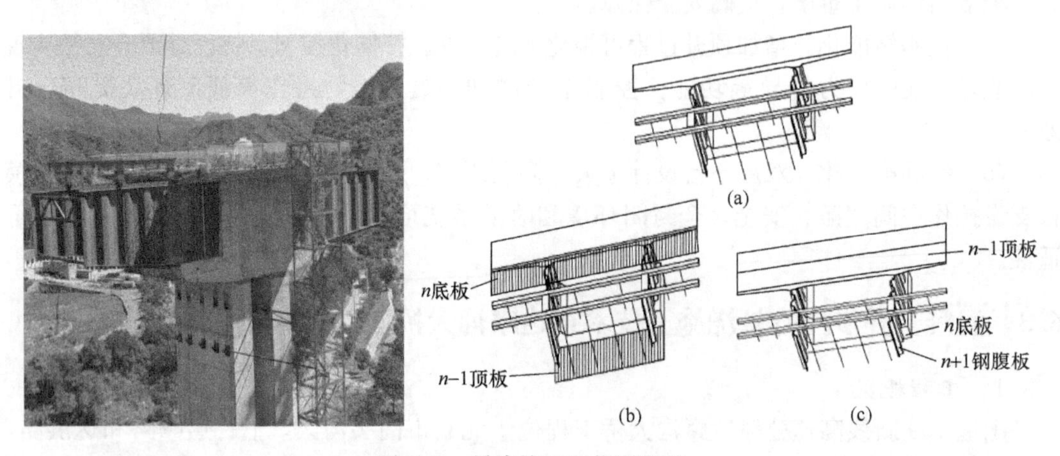

图 6-28　异步施工工艺原理图

(a) 安装挂篮；(b) 绑扎 n 底板，$n-1$ 顶板钢筋；(c) 浇筑 n 底板，$n-1$ 顶板，安装 $n+1$ 钢腹板，移动挂篮

6.3.3　实施效果

异步挂篮有效改善了大跨径波形钢腹板 PC 组合梁桥施工难度，提高施工效率和经济效益。通过应用挂篮施工技术，经现场检测不仅梁体质量达到规范及设计要求，而且也兼顾了施工的安全性、经济性，说明波形钢腹板 PC 组合梁桥异步悬浇施工工艺成熟可靠，挂篮施工技术在预应力混凝土桥梁项目中具有良好的应用及推广价值。

第七篇　混凝土工程施工技术

中铁建设集团有限公司　　　钱增志　李小荣　李长勇
中建西部建设股份有限公司　王　军　王　斌　刘小琴

摘要

在建筑工程中，混凝土施工是保障建筑工程质量的重要环节。目前：我国商品混凝土市场需求已步入下降通道，未来商品混凝土产量将呈现下降走势，需要行业企业不断地进行技术创新及产品升级，扩展新市场和新运用领域并向国际化发展。近3年，混凝土技术取得了较大进展，特别在低碳胶凝材料技术、新型外加剂技术、固体废弃物资源综合利用技术、超高性能混凝土技术、高耐久性混凝土技术、装配式混凝土技术、混凝土3D打印技术、绿色低碳混凝土技术、混凝土工程数字化与智能化技术等方面都体现出了新的变化；在未来5～10年，混凝土技术将持续在建筑工业化、互联网技术与混凝土领域的结合、原材料新技术、混凝土制备及施工技术、特种混凝土技术、混凝土3D打印技术、绿色混凝土技术等方向取得快速的发展。近年来混凝土工程新技术得到不断突破及推广运用，在沱江大桥、衢州体育中心、北海市西村港跨海大桥和天府国际机场等工程中取得良好效益。

Abstract

In construction engineering, the concrete construction is the key procedure to assure project quality. At present: our country commodity concrete market demand already stepped into the decline channel, the future commodity concrete output will present the decline trend, needs the industry enterprise to carry on the technical innovation and the product upgrade unceasingly, expand new markets and new application areas and internationalize. In recent 3 years, concrete technology has made great progress, especially in the low-carbon cementitious material technology, new additive technology, solid waste resources comprehensive utilization technology, ultra-high performance concrete technology, high durability concrete technology, assembled concrete technology, concrete 3D printing technology, green low-carbon concrete technology, concrete engineering digital and intelligent technology, etc. In the next 5～10 years, concrete technology will continue to make rapid development in building industrialization, the combination of internet technology and concrete field, new raw material technology, concrete preparation and construction technology, special concrete technology, concrete 3D printing technology, green concrete technology and so on. In recent years, the new technology of concrete engineering has been broken through and popularized, and achieved good benefits in the projects of Tuojiang Bridge, Quzhou Sports Center, Xicungang cross-sea bridge in Beihai City and Tianfu International Airport.

一、混凝土工程施工技术概述

1.1 新产品新技术不断涌现

随着建筑业的快速发展，以及城市建设和基础设施建设方式的不断更新，实现土木材料的高性能化、增强抗灾变能力，延长构筑物的使用寿命，降低环境代价，成为当前行业的重大需求，对混凝土材料的性能和功能也提出了新的要求，混凝土技术向高端化、绿色化发展。高性能混凝土、生态混凝土、轻骨料混凝土等产业快速成长；超高性能混凝土研究不断增加，应用场景和领域不断扩大；能实时监测混凝土结构健康的自感知混凝土、能自动修复裂缝的自修复混凝土、能实现二氧化碳永久固化封存的固碳预拌混凝土、能提高海工混凝土耐久性的自防护混凝土等新产品、新技术不断涌现。

1.1.1 高性能混凝土应用变广

2023年中共中央、国务院印发《质量强国建设纲要》，要求加快高强度高耐久、可循环利用、绿色环保等新型建材研发与应用，高性能混凝土成为推广的目标。高性能混凝土是用现代混凝土技术制备而成，其特点是低水胶比、掺用高效减水剂和矿物掺合料，以此改变水泥石的亚微观结构、改变了水泥石与骨料间界面结构性质，进而提高混凝土的致密性。高性能混凝土的制备不仅是水泥石本身，还包括骨料的性能、混凝土配合比设计、混凝土的搅拌、运输、浇筑、养护以及质量控制，这也是高性能混凝土有别于以强度为主要特征的普通混凝土技术的重要内容。应用高性能混凝土可延长混凝土结构建筑的使用寿命，减少资源用量和碳排放。目前高性能混凝土已应用于道路桥梁、机场、大型水坝、高层建筑等领域。

1.1.2 绿色低碳混凝土技术持续发展

低碳混凝土的定义可概括为混凝土在原材料采取、设计、制造及施工、使用和服役、再利用及废料处理等全过程中，与传统混凝土相比，能够直接或间接降低碳排放的混凝土。狭义理解可概括为使用较少水泥熟料配制的满足特定工程要求的混凝土，通过合理选择原材料、优化混凝土配合比等技术手段生产满足低碳排放限值要求的绿色混凝土。2023年8月，国家发展改革委等十部门联合印发《绿色低碳先进技术示范工程实施方案》，将绿色低碳技术按照源头减碳、过程降碳、末端固碳分为三大类，提出加强“新型胶凝材料、低碳混凝土、先进生物基建材等低碳零碳新型建材研发生产与示范应用”等，绿色低碳混凝土技术迎来发展新机遇。

1.2 混凝土数字化与智能化技术快速发展

近年来，国家出台多项政策，为预拌混凝土行业加快与互联网、物联网、大数据等现代信息技术的融合，推动混凝土行业实现产业转型升级提供了良好的政策环境和引导。2023年12月，国家发展改革委发布《产业结构调整指导目录（2024年本)》，自2024年2月1日起施行。《目录》鼓励加快推广应用智能制造新技术，为混凝土行业向高端化、绿色化、智能化转型和产业结构优化指明了方向。目前我国预拌混凝土行业数字化与智能化水平不断提高，数字工厂、智慧物流、可视化管理等让行业旧貌换新颜，提供高效便捷的发展路线。

二、混凝土工程施工主要技术介绍

2.1　混凝土原材料

2.1.1　胶凝材料

胶凝材料是配置混凝土的水泥与矿物掺合料的总称，其中水泥是主要胶凝材料，对混凝土的综合性能起主导作用。近三年我国水泥行业需求持续走弱，据中商产业研究院数据：2023年度全国水泥总产量20.23万t，刷新近13年新低（图7-1）。同时“双碳”政策的实施对水泥行业产生了重大影响，2021年10月，国务院发布《2030年碳达峰行动方案》（国发〔2021〕23号），在“推动建材行业碳达峰”章节，明确指出要“加强新型胶凝材料、低碳混凝土、木竹建材等低碳建材产品研发运用”，低碳胶凝材料成为重要研究方向。

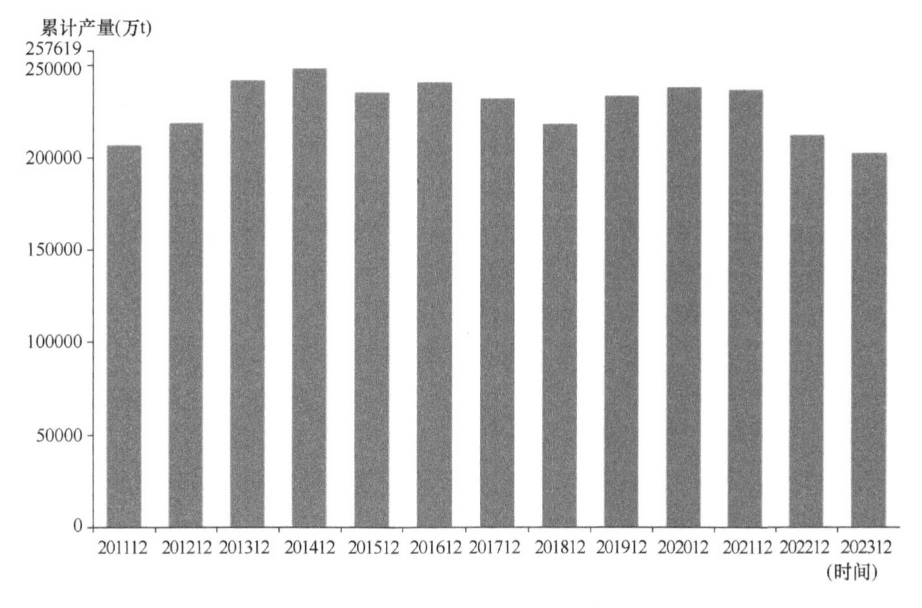

图7-1　2011～2023年全国水泥产量

矿物掺合料是以硅、铝、钙等一种或多种氧化物为主要成分，具有规定细度，掺入混凝土中能改善混凝土性能的粉体材料。粉煤灰和粒化高炉矿渣粉在混凝土中的应用技术已较为成熟，复合矿物掺合料以及硅灰、石灰石粉、沸石粉、磷渣粉、钢渣粉等掺合料在混凝土中应用也越来越广泛。

2.1.2　外加剂

外加剂掺量一般不大于水泥质量的5%。混凝土外加剂作为一种重要的混凝土组成材料，在改善混凝土流变特征、调节混凝土硬化及凝结性能、调节混凝土含气量、改善混凝土耐久性，以及为混凝土提供特殊性能等方面发挥着重要作用。

2.1.3　骨料

骨料是水泥混凝土的重要组成，约占混凝土体积的60%～75%，主要起到骨料填充、限制胶凝材料在凝结硬化过程中的体积变形，以及充当廉价填充料提高混凝土经济性的作用。随着天然砂石资源约束趋紧和环境保护日益增强，混凝土骨料行业发生着重大的变化。机制砂石逐渐成为我国建设用砂石的主要来源，再生骨料改性强化研究及再生骨料运用取得一定突破，风积砂、海砂、珊瑚骨料等特殊骨料运用于混凝土的研究也取得了一定进展。

2.2 配合比设计

混凝土配合比设计是混凝土工程中很重要的一个环节。混凝土配合比设计的常规方法有基于强度的配合比设计方法、全因子混凝土配合比设计方法、基于致密堆积的混凝土配合比设计方法、基于计算—试配的混凝土配合比设计方法，以及基于骨料裹浆厚度的混凝土配合比设计方法，每一种方法都有其优缺点，要合理选择。混凝土配合比设计有着较为丰富的前沿发展方向，包括功能型设计、基于环境设计、利用数学工具设计以及运用新算法设计等，在贴近工程实际的同时又更具有科学性。

2.3 混凝土生产及施工技术

2.3.1 混凝土生产技术

2019 年 10 月 30 日，国家发展和改革委员会第 29 号令《产业结构调整指导目录》(2019 年本）正式发布，预拌混凝土产业首次纳入产业结构调整指导目录，标志着产业属性得以明确，这是预拌混凝土产业向现代制造业发展进程中具有里程碑意义的重要事件，为行业技术进步和产业结构调整指明了方向。

国内预拌混凝土行业智能制造转型升级在积极推进中：2020 年 11 月 13 日团体标准《预拌混凝土智能工厂评价要求》（T/CBMF 89—2020；T/CCPA 16—2020）正式实施，这对加快我国传统预拌混凝土工厂向数字化、智能化转型进程，对全面引领混凝土行业转型升级和高质量发展具有积极意义；2023 年 12 月 19 日，中国建筑材料联合会归口的《预拌混凝土智能调度平台技术规范》协会标准征求意见稿编制完成，这一技术规范的完成也将促进预拌混凝土企业智能调度的普及和水平提高。

目前预拌混凝土行业的“两化”融合已得到一定的发展，借助互联网+、物联网、大数据、人工智能等信息化技术，混凝土搅拌站在绿色、环保的基础上逐步向智能化制造转变，绿色环保智能型混凝土搅拌站建设在上海建工建材集团等多家单位获得成功，其下属上海材九科技有限公司荣获“2023 年度上海市级智能工厂”称号。

2.3.2 混凝土泵送施工技术

混凝土泵送施工技术要点主要包括：泵送混凝土制备及可泵性分析、混凝土泵的选配、运输车的选配、输送管的选配，以及布料设备的选配几个方面。泵送混凝土的可泵性评价是混凝土泵送技术的基础，混凝土可泵性包括四个方面：①混凝土易于流动，能充满泵送管道；②压力作用下混凝土保持良好的匀质性，不离析、不泌水；③泵送过程中的阻力较小；④泵送前后混凝土的性能变化较小。传统的可泵性评价方法很多，普通混凝土采用坍落度、扩展度作为评价指标即可满足要求，但对于特殊性能混凝土，如高强高性能混凝土，宜综合采用多项指标进行可泵性评价，包括倒置坍落筒排空试验、压力泌水试验、模拟泵送试验等，来确保后续泵送施工的正常进行。

2.3.3　大体积混凝土施工技术

大体积混凝土是指混凝土结构实体最小尺寸不小于1m的大体量混凝土，或预计会因混凝土中胶凝材料水化引起的温度变化和收缩而导致有害裂缝产生的混凝土。大体积混凝土温度裂缝控制是一项系统性工程，必须从产生温度裂缝的原因出发，通过减少材料水化热、加强振捣及养护、采取冷切措施降低内外温差、加强温度监测等手段，控制由于温度应力而产生的混凝土有害裂缝。随着技术进步，大体积混凝土温控技术也取得不断进展：通过添加水化温升抑制剂可以有效延缓温峰出现时间并降低温峰值，减缓混凝土内部水化热升温速率，避免热量蓄积，从而避免大体积混凝土出现温度裂缝。

2.3.4　混凝土裂缝防治技术

混凝土裂缝的产生会影响结构耐久性，严重的裂缝将威胁结构安全，影响建筑物的使用寿命。混凝土裂缝控制与结构设计、材料选择和施工工艺等多个因素相关。结构设计主要涉及结构形式、配筋、构造措施及超长混凝土结构的裂缝控制技术等；材料方面主要涉及混凝土原材料控制和优选、配合比设计优化；施工方面主要涉及施工缝与后浇带、混凝土浇筑、水化热温升控制、综合养护技术等。

对超长结构宜进行温度应力计算，大柱网公共建筑可考虑预应力技术，适当加强构造配筋、采用纤维混凝土等超长结构抗裂缝抗收缩技术；对于高强混凝土采用内掺养护剂的技术措施；竖向结构可采取外包节水养护膜的技术措施，保持混凝土表面湿润；对超长、超宽、超厚基础底板可以采取“跳仓法”施工技术有效控制结构裂缝发生[21]；通过向混凝土中引入纳米材料，使其在混凝土损伤或裂纹处发生自修复和自愈合作用进而对结构裂纹进行修复等。

2.3.5　混凝土耐久性提升技术

混凝土耐久性能与建筑物使用年限密切相关，而混凝土在各种特殊环境下会遭受各式各样的破坏，这给混凝土耐久性能带来严重影响。混凝土耐久性影响因素包括碳化作用、硫酸盐腐蚀作用、冻融循环作用、氯离子侵蚀作用等，高效地预防和抵抗这些作用造成的破坏，是改善混凝土耐久性的关键。研究证明：采取大掺量粉煤灰或矿粉可明显降低氯离子在混凝土中的扩散系数，掺入适量的纳米 TiO_2 可明显提高混凝土的抗碳化性能。

2.3.6　混凝土冬期施工技术

冬期浇筑的混凝土，制备原材料加热宜采用加热水的方法，配置中掺入早强剂或防冻剂。施工可采用蓄热法、暖棚法、加热法等技术措施，养护方式有（综合）蓄热养护、蒸汽养护、电加热养护等，同时做好养护期间的温度监测。随着预拌混凝土企业自身的管理和专业化程度提高，在冬期施工的经验更为丰富，混凝土质量控制水平得到进一步提高。

2.4　装配式混凝土结构施工技术

2.4.1　混凝土预制构件生产

预制构件是指在工厂或现场预先制作的混凝土构件。预制构件按结构形式分为水平构件和竖向构件，水平构件包括预制叠合板、预制空调板、预制阳台板、预制楼梯、预制梁等，竖向构件包括预制内墙板、预制外墙板、预制柱、预制女儿墙等。近年来，全国混凝土预制构件生产企业发展迅速，预制构件生产技术日趋成熟，预制构件饰面更加丰富化、造型更加个性化、材料更加多样化、功能更加多元化。

2.4.2 装配式混凝土结构节点连接

装配式混凝土结构节点的性能直接影响整体结构承载力和耐久性，目前我国预制装配式混凝土结构节点连接方式较多，常用节点连接方式包括牛腿连接、焊接连接、螺栓连接、企口连接、套筒灌浆连接、浆锚搭接连接、后浇整体式连接、后张预应力连接等；近年来也出现些新型节点连接方式，比如法兰盘型钢连接、方形薄壁钢管连接、暗牛腿-法兰连接、盒式连接等。不同节点连接方式各有其适用范围及优缺点，节点连接依然是控制现阶段装配式混凝土结构发展的主要因素，需要进一步研究，开发出性能更优越、操作更简便、经济效益更好的连接方式并投入更多实际工程中。

2.4.3 装配式混凝土结构施工

装配式混凝土结构施工技术具有施工速度快、保证质量、节约人力物力、保护环境等特点。施工前做好预制构件的深化设计，结合构件重量和现场施工环境配备满足起重能力的起重设备，构件进场验收合格后按照均衡受力原则进行起吊，安装时精准测量放线、做好定位，校验无误后锁定构件、灌浆锚固及浇筑连接处混凝土。

2.5 混凝土实体检测技术

混凝土实体检测技术可分为强度非破损检测方法（回弹法、超声波法等）、半破损检测方法（钻芯法、拔出法等）、综合法（超声-回弹综合法、超声-钻芯综合法、回弹-钻芯综合法）以及缺陷无损检测方法（超声法、冲击回波法、雷达法、红外成像法、射线成像法等）。

目前，超声-回弹综合法是应用最为成功的综合法，可较全面地测定混凝土的质量。超声-钻芯综合法、回弹-钻芯综合法也开始发展起来。缺陷无损检测技术发展迅速，已普遍应用于工程检测中，如检测混凝土结构内部裂缝、孔洞等缺陷，测定钢筋位置、直径及锈蚀状态，检测饰面剥离、受冻层深度及混凝土耐久性等。

三、混凝土工程施工技术最新进展（1～3年）

3.1 低碳胶凝材料技术新进展

水泥是混凝土全生命周期中碳排放的首要来源，减少水泥生产过程的碳排放可实现混凝土的直接减碳。低碳胶凝材料的应用是降低混凝土碳排放的主要途径，是水泥混凝土产业发展的必然方向。

近年来，国内外对水泥制备过程的碳减排与性能提升技术、水泥组分优化技术、新型低碳凝胶材料研发与应用示范、低钙胶凝材料的开发与应用、特种水泥技术等开展了较多研究，以期降低混凝土原材料的碳排放量。在水泥替代材料方面，开展了采用电石渣、硅钙渣、钢渣替代石灰石制备水泥熟料的研究，并取得重要进展。在水泥组分优化技术方面，国内外加强了粉煤灰、矿渣、硅灰等掺合料大掺量使用技术研究，并研究了多元固废用作新型辅助胶凝材料及其协同效应。

2023年，英国启动零碳排放水泥工业规模性试验项目，发明了一种利用回收废钢的电弧炉将建筑拆除废料转化为水泥的工艺，并生产出20t零碳排放水泥。南开大学罗景山教授课题组提出了一种基于电化学系统的石灰石转化生产消石灰和有价值碳质产物的低碳水泥生产新方法，有别于传统水泥生产制备工艺采用石灰石高温热分解释放 CO_2 同时得到生石灰（CaO）的方法，该方法不排放 CO_2。

3.2　固体废弃物资源综合利用技术新进展

固体废弃物资源化利用是建材生产重要的减碳技术举措。近年来，固体废弃物资源综合利用技术进入高速发展阶段，废弃物资源使用量逐渐扩大，废弃物资源开发利用水平日益提升。众多混凝土企业、科研院所从掺合料、骨料等多个维度，依照法规与各类标准将粉煤灰、矿渣、钢渣、建筑垃圾、矿山尾矿、工业废弃物、城市污泥、江河湖（渠）海淤泥等大宗废弃物无害化生产制备砂石骨料、结构混凝土用高强陶粒、功能陶粒、墙体材料等建材。

中建西部建设股份有限公司开展的城市更新拆除垃圾再生砖骨料资源化利用关键技术研究与应用项目经评价达到国际领先水平。该项目开发了混凝土砖高效分离、产品品质提升等系列设备，大幅提升了再生混凝土（砖）骨料利用率，并利用再生砖细、粗骨料生产湿拌砂浆、再生次轻骨料混凝土等，应用在屋面、车库地面等建设项目非结构部位，施工效果良好。

3.3　新型外加剂技术新进展

近年来，我国外加剂技术围绕应用地区气候环境、工程环境、技术需求差异开展研究与创新，从单一产品的供应，逐步向提供综合解决方案与服务转变，应用领域不断扩大，并向着绿色、环保、低碳的方向发展。用生物基替换石化原材料制备绿色低碳、资源丰富的生物基混凝土外加剂，如淀粉基黏度改性剂、减水剂、水化温升抑制剂和高吸水性材料等，提升混凝土应用性能成为研发热点。绿色高效反絮凝剂；具有降黏、早强、减缩、抗裂等功能性单体、反应助剂；液体速凝剂、满足极端环境下高性能喷射混凝土用无碱速凝剂、无氟无碱速凝剂、便于长距离运输的粉体速凝剂；适应不同环境条件的多类型引气剂等外加剂也成为近年来国内外加剂的主要研究方向，并取得了重要进展。

3.4　超高性能混凝土（UHPC）技术新进展

近年来，超高性能混凝土（UHPC）研究的活跃度越来越高，研究向更大的广度和深度发展，研究重点分三个方面：UHPC 材料体系的开发、成型工艺与装备和质量控制，且国内外 UHPC 标准体系建立不断完善。2023 年国内 UHPC 应用场景和领域在扩大，最大的工程应用领域仍然是桥梁，以钢-UHPC 复合桥面、桥梁构件连接（湿接缝）应用为主；建筑应用主要是预制幕墙、墙板和结构构件；新增的 UHPC 用量较大部分来自风电结构，主要用于预制塔筒管片。此外 UHPC 还有一些新的开发及应用，如工业屋面瓦、桥梁快速维修、旧房加固改造、垂直绿墙模块面板、小盖板、料仓隔仓板等。

在 UHPC 材料、试验方法研究与绿色评价方面，长沙理工大学和湖南德习湘栋科技公司研发了具有足够施工时间的超早强 UHPC，初凝时间可达 36min、3h 抗压/抗折强度可达 41.4/17.0MPa。同济大学研究了超低温下 UHPC 受弯力学性能演变及其本构关系模型。内蒙古科技大学研究采用生命周期评价（LCA）方法构建 UHPC 碳排放定量分析模型，结果表明钢-UHPC桥面板单位产值碳排放量是常规钢-混桥面板的86.41%。

2023年10月24日，上海风领新能源有限公司采用UC150等级UHPC预制生产风电塔筒管片，在江苏涟水巨石风电项目安装完成了世界第一个UHPC风电混塔，这是UHPC新应用和风电塔架结构性能提升的一个重要突破。

3.5 高耐久性混凝土技术新进展

随着工程建设环境日趋苛刻及工程结构日趋复杂，对工程材料的要求越来越高，混凝土材料的耐久性决定了混凝土结构的使用寿命，因此，混凝土耐久性技术一直是混凝土材料科学和技术领域研究的重要内容之一。目前国内外对于混凝土结构的耐久性研究，主要分为两个方面：一是高耐久性混凝土配合比技术研究，二是混凝土结构表面防护和修复技术研究。其中，建立和发展混凝土材料服役性能提升理论和技术，是延长结构工程服役寿命的关键。

广西大学杨绿峰教授团队形成了具有自主知识产权的近海工程结构混凝土耐久性定量设计成套关键技术，成功解决了混凝土材料及结构耐久性定量设计的国际难题，在国内外首次从模型、流程和技术上实现"强度与耐久性并重"的混凝土结构设计理念，有效提升海洋混凝土结构耐久性，降低工程造价、减少碳排放量。该项技术已推广应用于多个"一带一路"国家的建筑工程、桥梁工程、海港码头等领域的工程项目。

东南大学和江苏省建筑科学研究院关于严酷环境下超长、超大结构混凝土在全寿命周期内的抗裂性设计与应用近年来也取得了新进展。在世界在建最大跨度悬索桥张靖皋长江大桥中，应用施工期与服役期开裂风险系数双控的抗裂性设计方法，制备了自密实高抗裂混凝土、清水高抗裂混凝土等，服务重大工程。

3.6 混凝土超高泵送技术新进展

在超高层建筑施工中，混凝土超高泵送技术是现代建筑施工中的关键技术之一。目前国内外对混凝土超高泵送技术的研究，主要包括混凝土制备技术、泵送设备选型、泵管设置及现场管理等方面。目前，在我国超高层建筑工程施工中，混凝土垂直泵送高度最高达到621m（天津117大厦），创吉尼斯世界纪录。

3.7 特种混凝土技术新进展

随着建筑新材料和新技术的不断涌现，混凝土种类不断细化，逐渐发展出了适应不同环境和需求的特种混凝土，特种混凝土不管是产品性能还是环保要求都会得到广泛关注。中国科学院王树涛研究团队运用仿生策略，设计了受沙塔蠕虫巢穴所启发的天然基仿生低碳新型建筑材料。研究团队引入正电性季铵化壳聚糖与负电性海藻酸钠形成仿生天然粘结剂，实现了对于沙粒、矿渣等各类固体颗粒的牢固粘结，并最终在低温常压条件下形成高强度低碳建筑材料。该材料具有优异的抗老化性能、防水性能以及独特的可循环利用性能，其抗压强度高达17MPa，可达到常规建筑材料要求标准。韩国土木工程和建筑技术研究所（KICT）开发了一种可以将周围空气中的一些有害物质转化为无害产品的光催化混凝土，并在一个交通隧道中进行了测试。研究发现，氮氧化物的水平在24h内下降约18%，反应的最终产品是盐类，部分由混凝土中的钙含量形成。美国麻省理工学院的研究人员发现一种储能混凝土，当把水泥和炭黑与水混合在一起时，得到的混凝土会自我组装成一个储能超级电容器，可以输出足够的电能为家庭供电或为电动汽车快速充电。

3.8 装配式混凝土结构技术新进展

“十四五”期间，建筑行业进入新的发展阶段，我国装配式建筑正在推动智能建造与建筑工业化协同发展，大力推广应用工程建设总承包管理模式（EPC）、绿色建材、绿色建筑、超低能耗建筑，有利于促进建筑业与信息化工业化深度融合，推动化解过剩产能。

2024 年 3 月，“新型装配式钢节点混合框架结构及配套体系关键技术研究与应用”科技成果经鉴定总体达到国际先进水平。该成果提出了新型装配式钢节点混合框架结构体系，形成了相应的设计方法，开发了免支撑、免模板、免吊顶的配套预制楼（屋面）板体系，研发出集多功能一体化、绿色节能的配套内外墙板，以促进装配式混凝土建筑的广泛应用。2023 年 6 月，全国首个模块化百米高层建筑——深圳龙华樟坑径保障性住房地块项目竣工交付，该项目创新采用模块化建筑技术全过程智慧建造，将建筑整体拆分为独立空间单元，在工厂内将模块内部的施工工序完成后，在项目现场快速组合拼装。建设周期仅为传统建造方式的三分之一，可实现 1 年快速交付。

3.9 混凝土 3D 打印技术新进展

3D 打印作为数字化、机械化和信息化高度融合的智能技术，具有免模施工、快速高效、节能环保的技术优势，被称为“具有工业革命意义的制造技术”。

近年来，混凝土 3D 打印技术在构件、公共设施、桥梁领域以及民用建筑领域得到了一定的应用。2023 年 10 月 25 日，三峡大学水利与环境学院 3D 打印研究团队研发的大型混凝土建筑 3D 打印机在宜昌问世，打印幅度达到 15m×15m×10m，打印尺寸及跨度等技术参数目前属国内领先水平。2024 年全球首座 3D 打印清真寺在沙特阿拉伯吉达建成并投入使用，大幅缩短建筑时间并减少建筑成本。项目面积 5600m^2，仅用 9 个多月时间完成，其中 3D 打印技术仅用于非承重元件。

3.10 绿色低碳混凝土技术新进展

在低碳混凝土的生产过程中，通过混凝土技术减少水泥用量，间接实现混凝土的低碳制备，称为间接减碳技术。目前现有研究焦点主要包括超低胶凝材料混凝土、紧密堆积理论设计配合比、大掺量工业废渣制备混凝土技术、混凝土耐久性提升技术和废弃混凝土高效循环利用技术等。

2024 年，中建四局自主研发的 C30 绿色低碳自密实混凝土在华润置地贵阳九悦综合体项目成功应用。中建八局工程研究院研发的硅溶胶低碳混凝土（C50）在京台高速项目落地应用，该混凝土是在常规混凝土中掺入一定量的硅溶胶、氧化铝等纳米材料，从微观结构强化水泥石，减少水泥用量，较普通混凝土碳排放量减少约 52%，同时保证了混凝土的工作性和强度，实测 28d 抗压强度达 68MPa。中建西部建设股份有限公司自主开发低碳、近零碳、固废循环利用混凝土产品，其中低碳产品采用复合矿物掺合料配制，在保证混凝土性能的同时，实现碳排放降低 30%以上；近零碳产品利用超硫酸盐水泥超低碳排放的优势，能够使混凝土碳排放降低 80%以上。

此外，国内外也开展了将CO_2汇集封存到混凝土中来实现碳中和的研究。国网浙江省电力有限公司湖州供电公司筹建的安吉城北变电站，是浙江省2023年新型电力系统试点项目，该项目首次在国内大规模商业化应用有碳封存属性的固碳预拌混凝土建材。经测算，在该项目中每使用1m^3 固碳预拌混凝土，将比传统产品减少20%以上的碳足迹，实现了CCUS（碳捕集、利用与封存）技术在国内预拌混凝土建材领域的突破。

3.11 混凝土工程数字化与智能化技术新进展

在我国两化融合及制造业数字化转型在政策利好、市场环境良好的双重优势下，混凝土行业制造模式的转变势在必行：混凝土行业必须从简单投资驱动型向创新驱动型转型，从依靠简单数量型规模增长向绿色、高品质和可持续增长转型。混凝土行业目前的数字化转型的发展重点在于构建混凝土生产过程和运送流程的数字化基础。

北京建工新材公司自主研发的“新材智猛-智旭”建筑产业互联网平台，基于“混凝土+装配式”两大产业的运营特点，打造了服务混凝土产业的“新材智猛”六方角色移动服务平台和服务装配式产业的“新材智旭”多角色信息共享平台，实现了主营业务数字化智能化管理。中建西部建设股份有限公司自主研发的混凝土预拌厂智慧工厂解决方案入选工信部2023年建材工业智能制造数字化转型典型案例。该方案围绕预拌厂全业务场景，从智慧管理、智能制造、智慧物流、智慧工地4个维度，为混凝土企业提供全流程数字化管控工具，核心产品包括：智慧工厂管理平台、预拌厂数字孪生系统、CQMS（混凝土质量管理系统）、易混凝土（智慧工地客户服务端）、视频监控系统、智能过磅、智慧运单、智能仓储等。同时，中建西部建设揭榜第三批全国建材行业重大科技攻关“揭榜挂帅”项目《商品混凝土工厂智能化成套技术开发与应用示范》，以期实现从混凝土原料端到产品端全过程的自动作业与智能管控。

四、混凝土工程施工技术前沿研究

4.1 原材料技术前沿

现代混凝土技术的快速发展，离不开混凝土原材料的技术研发和运用，未来混凝土原材料科学技术发展主要包括以下几个方面。

4.1.1 胶凝材料

胶凝材料前沿技术研究包括：①研发各种新型环保绿色水泥，比如低碳硅酸盐胶凝材料、碱激发胶凝材料、硫铝酸盐水泥、镁水泥等；②研发早期强度正常发展的低热水泥熟料体系，降低水化热和温差开裂敏感性；③研发优秀功能水泥和智能水泥，如防电磁爆水泥、防辐射水泥、智能透光水泥、磷光水泥等；④研发性能调节型矿物材料和工业固废材料，通过提纯、超细、复合等材料技术制备单一或复合组分的矿物掺合料。

4.1.2 外加剂

未来需进一步研发高效、环保、多功能的新型混凝土外加剂，以满足市场对各种性能混凝土的需求，比如：适用于碱激发水泥混凝土的外加剂、适用于超高性能混凝土的超高性能减水剂、制备适合3D打印混凝土性能的外加剂、可防止混凝土遭受氯离子侵蚀的缓蚀剂、可减少混凝土收缩的减缩剂、可利用工业废料的环保型外加剂等。此外，还应不断开发信息技术，加大对复合型外加剂的研发力度，尤其是深入挖掘其作用机理，在消减其副作用的基础上最大限度地发挥其具有的功能。

4.1.3　骨料

骨料前沿技术研究包括：①研究轻骨料材料组分、结构与性能的关系，建立轻骨料强度与孔结构设计理论，实现轻骨料表面改性和作为功能材料载体技术理论，建立和完善烧结型和非烧结型轻骨料结构混凝土理论基础，建立轻骨料混凝土结构与功能一体化设计理论；②进一步提升建筑工程固废的深度分类、破碎、筛分工艺技术和成套装配，研究开发利用尾矿与工业固废制备砂石骨料的深加工精加工生产装备，提高利废再生骨料的品质和利用价值；③研究低品位原材料如海砂、珊瑚骨料、沙漠砂等在混凝土中的综合利用技术；④研发高性能通用型抗碱玻纤，突破抗碱玻纤-低碱水泥的“双保险”经济性限制，实现纤维增强普通硅酸盐水泥的高耐久性。

4.1.4　纳米技术

纳米技术在混凝土技术领域应用前景非常广阔。具有诸多独特效应的纳米材料掺入混凝土中可改善混凝土的机械性能，降低混凝土内部变形及裂缝的开展；可显著增强水泥混凝土材料的物理性能，如耐磨耗性、导电性、导热性、压阻智能性、阻尼自增强型等，使水泥混凝土基材料向高性能和多功能方向发展。另外，还有很多纳米材料在混凝土中的性能尚未开发，且多种纳米材料在混凝土中复掺方法及效能研究还很少，纳米材料及纳米混凝土的研究将持续成为混凝土材料领域研究的热点。

4.2　混凝土制备及施工技术前沿

混凝土制备及施工前沿技术的研究方向包括：①研发适用于各种混凝土构件成型的自密实混凝土技术；②研究常规原材料、常规工艺的超高性能混凝土制备技术；③研究C60及以上轻骨料混凝土及泵送施工技术，满足超高、超长混凝土结构的轻质高强要求；④开发粉体均化工艺与装备，提高不同材性、不同密度、不同掺量粉体复合材料的微均化水平，提高超高性能混凝土预混料的均质性；⑤开发超高性能混凝土工厂制备和现场施工的预拌、成型、养护工艺技术和装配，满足超高性能混凝土不同密度、粒度的粉体材料和增强纤维的拌合均化要求，以及不同产品和工程施工制造的需求；⑥研究缓释技术在混凝土中的运用；⑦研究充分利用无破损检测方法、传感技术、智能养护技术，以及其他的先进技术，对混凝土的性能进行持续性监测，确保混凝土耐久性。

4.3　特种混凝土技术前沿

随着建设工程领域的不断扩大，各类建筑物必须满足不同的环境要求，因此以满足工程建设发展需要的、具有不同性能指标的特种混凝土技术研究越来越广泛，比如：①研究大流动性免振捣绿色高性能混凝土，以降低混凝土施工劳动强度；②研发用于混凝土的导电、发光、吸波、吸声、光催化、防辐射、热相变以及各种健康功能的材料及其载体，开发各类功能型混凝土的运用场景；③研发具有自感知、自调节、自愈合、自修复等功能的智能混凝土；④研发适应海洋环境下高耐久性混凝土、适合远海岛礁建设需求的高耐久性珊瑚骨料混凝土；⑤其他特种混凝土，如生态混凝土、形状记忆合金混凝土、轻质超高性

五、混凝土工程施工技术指标记录

5.1　混凝土强度指标记录

5.1.1　实验室配制

重庆大学蒲心诚和王冲等采用常规的原材料及普通的制备工艺，制成了 90d 抗压强度达 175.8MPa，365d 达到 182.9MPa 的超高强度混凝土。

南京理工大学崔崇、崔晓昱选用熔炼石英粉作为硅质原料，加入钢纤维、陶瓷微珠等材料，配制出抗弯曲强度达到 101.2MPa，抗压强度达到 406.4MPa 超高性能 RPC 混凝土。

5.1.2　实体结构应用

北京交通大学与铁路系统相关部门合作对 RPC 材料在铁路工程中应用进行了多项专题研究，成功研制出 200MPa 级 RPC 混凝土，用于青藏铁路襄渝二线铁路桥梁（T 梁）人行道板及迁曹线上低高度梁中。

5.1.3　预拌混凝土强度指标记录

2016 年 11 月，中建西部建设利用预拌混凝土生产工艺采用常规原材料成功生产 C150 超高强泵送混凝土。

5.2　大体积混凝土指标记录

5.2.1　高强大体积混凝土指标记录

2014 年 8 月～9 月，中建西部建设完成武汉永清商务综合区 A1 地块塔楼底板 C60 混凝土的浇筑，一次性连续浇筑方量 2.5 万 m^3，底板平均厚度 4.5m，最大厚度 11.7m，就混凝土强度等级和一次性连续浇筑而言，在土木建筑底板施工方面为首次。

5.2.2　普通大体积混凝土指标记录

天津高银“117”大厦工程主楼区域（D 区）大筏板历时 82h 连续浇筑，顺利完成 6.5 万 m^3 超大体积底板混凝土浇筑，一次性浇筑厚度 10.9m，为国内外连续浇筑方量最大的筏板混凝土工程，采用无线跟踪测温结合动态养护方法保证混凝土浇筑质量，创下民用建筑大体积底板混凝土世界之最。

5.3　超高泵送指标记录

5.3.1　超高强混凝土泵送高度记录

2016 年 11 月 19 日，中建西部建设利用常规预拌混凝土生产线生产了 C150 超高强高性能混凝土，并在长沙国际金融中心项目一次性泵送至 452m 的高度。

5.3.2　高强混凝土泵送高度记录

2015 年 9 月 8 日，由中国建筑所属中建三局承建、中建西部建设独家供应混凝土的天津 117 大厦主塔楼核心筒结构成功封顶，一举将 C60 高强混凝土泵送至 621m 高度，创下混凝土泵送高度吉尼斯世界纪录。

5.3.3 轻骨料混凝土泵送高度记录

2015年11月13日，中建西部建设成功将LC40轻骨料混凝土泵送至武汉中心大厦第88层楼顶，垂直泵送高度达到402.15m，刷新国内外轻骨料混凝土泵送高度新记录。

5.3.4 机制砂混凝土泵送高度记录

2021年12月7日，三一超高压拖泵在贵州省重点工程碧桂园·贵阳中心项目1号楼，完成机制砂C130超高强混凝土380m超高泵送施工，创造了全球行业新的泵送记录。

5.4 再生骨料混凝土指标记录

5.4.1 实验室配制

陈春红等在再生骨料混凝土研究进展相关文章中记载，国外研究人员采用母体混凝土强度为40MPa、60MPa和100MPa的再生粗骨料，在相同的有效水胶比（0.29）下制备成再生骨料混凝土，其孔隙率分别为5.14%、4.44%和3.10%，抗压强度分别为91.2MPa、100.8MPa和108.5MPa。

5.4.2 工程应用记录

中建三局自主研发的绿色再生混凝土分别在全国首批“中瑞零碳建筑项目示范工程”——绍兴市龙山书院培训中心项目、中建三局低碳建造科技示范工程——深圳华富村改造项目成功试点应用，实现再生骨料对天然骨料的100%替代，每1m³减少天然骨料使用量约1t，可降低碳排放量近25kg。

六、混凝土工程施工技术典型工程案例

6.1 沱江大桥工程

沱江大桥（图7-2）位于四川简阳，是一座四边空间异形独塔双索面非对称混合梁斜拉桥，主桥长455m，南北引桥、主桥合计长度1010m。主梁标准宽度68m，最宽处位于主塔塔梁固结区，宽达79m，是世界上在建的最宽的斜拉桥。

图7-2 沱江大桥

该桥建造的技术难度较大，体现在超宽桥面导致的结构超大荷载，且塔柱承担全桥约90%荷载。为确保钢混组合段及塔梁固结区域结构安全，塔梁固结段采用RPC（UHPC）制成混凝土箱梁形式主梁，位于上下塔柱之间，尺寸为49.4m×49m×4m。对RPC的力学性能要求：抗压强度不小于140MPa，抗拉强度不小于7.5MPa。为攻克大体积RPC结构易因超高水化热、高收缩导致体积稳定性控制难的问题，开发了低热、低收缩RPC制备技术，并研制了专用外加剂，显著改善了大体积RPC工作性能，实现了RPC从搅拌、装车、运输、现场泵送全流程工作性的稳定保持。该超大体积RPC结构在2023年8月19日顺利浇筑完成，RPC用量达6560m^3，创世界民用大体积RPC主体结构施工的新记录。

6.2　衢州体育中心项目

衢州体育中心项目（图7-3）是浙江省第四届体育大会主会场。该工程集合了国内最大面积清水混凝土结构，包含60片大截面承重清水混凝土异形片墙柱、8个多曲率异形出入口及伞形柱，清水混凝土展开面积达14.5万m^2，部分区域清水混凝土要求木纹效果，清水混凝土强度等级均为C50，纹理天然、颜色统一、朴素壮观。

该工程形成了高强度等级承重清水混凝土配合比设计方法，并研发了空间异形清水混凝土模板及支撑体系，在保证清水混凝土表面效果的同时，又保证了在混凝土浇筑过程中保持空间曲面造型。同时，还采用异形模板数字化加工技术，提高了模板的加工精度和施工效率。此外，针对清水混凝土的明缝、禅缝、阳角、螺栓孔等部位，形成了成套清水混凝土效果保证方法，保证了其表面观感效果。

图7-3　衢州体育中心

6.3　北海市西村港跨海大桥

西村港跨海大桥项目（图7-4）是北海市重点建设项目之一，大桥全长2544m。该桥大体积承台混凝土设计采用C40高性能海工混凝土，使用部位的环境作用等级为D级强腐蚀，在混凝土耐久性能方面提出很高要求。项目团队在海工C40超大体积混凝土配比设计中，针对其强腐蚀工作环境、浇筑方量大、水化热反应引起的混凝土内部温度高等一系列技术难点，采用粉煤灰、矿渣粉双掺技术设计配合比，同时掺 1.5%阻锈剂，实现盐水浸烘环境中钢筋腐蚀面积百分率减少 96%的目标；并应用 midas Civil 软件，建立大体积混凝土水化热温度场计算模型，模拟分析承台大体积混凝土内外温度变化及温度应力变化情况，最终较好地完成施工任务，混凝土外观检查无裂纹，各项检测指标均达到设计要求。

图 7-4　北海市西村港跨海大桥工程

6.4　天府国际机场

成都天府国际机场 T1 航站楼（图 7-5），建筑面积约 37.93 万 m^2。航站楼平面采用“T”字形布局，分为大厅和南指廊、中指廊、北指廊三条指廊。其中：大厅平面尺寸约 522m×(107～324)m，南、北指廊平面尺寸约 402m×(69～112)m，中指廊平面尺寸约 213m×(109～80)m，属于典型的超长结构。项目团队在施工中通过采用掺氧化镁膨胀剂配置补偿收缩混凝土，进行“跳仓法”施工，同时认真落实喷淋养护措施，有效地防止了超长结构混凝土裂缝的产生，取得了良好的效果。

图 7-5　天府国际机场

第八篇　钢结构工程施工技术

中建科工集团有限公司　徐　坤　陈振明　赖永强

摘要

近些年来，钢结构建筑因其具有重量轻、抗震性能好、绿色环保等特点，广泛应用于场馆、超高层、桥梁、钢结构住宅等建筑领域。随着钢结构工程的逐渐兴起，钢结构制造技术从最初的手工放样、手工切割演变成采用数控、自动化制造设备加工钢构件。随着信息化的应用，钢结构制作已渐渐步入智能化制造时代。与此同时，钢结构安装技术也取得了长足的发展，每年大量的安装技术得以挖掘，城市的天际线也不断被刷新。本文将结合钢结构技术介绍和典型工程实例分析，全面细致地介绍钢结构工程技术的发展成就和未来趋势。

Abstract

In recent years，because of steel structure building has low weight，seismic performance good，green environmental protection，etc，widely used in stadiums，super high rise building，bridge，steel structure residence and other construction fields. With the development of steel structure engineering gradually rise，steel structure manufacture technology from the original manual lofting，manual cutting to today's numerical control，automated manufacturing equipment to product steel structure members. With the popularization of information technology，Steel components has been gradually into the era of intelligent manufacturing. In the meantime，steel structure installation technology has also made great progress. Every year a large number of installation technology to mining and the city's skyline has been refreshed constantly. This article introduces the development achievements and the future tendency of steel structure engineering technology with steel structure technology presentation and typical project examples analysis.

一、钢结构工程施工技术概述

1.1 钢结构工程技术定义

钢结构工程是由型钢和钢板等制成的钢梁、钢柱、钢桁架等构件组成，各构件或部件之间通常采用焊缝、螺栓或铆钉连接，按照一定规律组成的结构体系，如框架结构、门式刚架结构、网架结构、网壳结构、张弦桁架结构、张拉索膜结构等，是主要的建筑结构类型之一，是主要的建筑结构类型之一。

钢结构工程技术是以钢结构工程为对象的实际应用的技术总称，包括钢结构设计、材料、制造、施工、检测等技术。

1.2 高性能钢应用技术概述

高性能钢有狭义和广义之分，狭义的高性能钢为集良好强度、延性、可焊性等力学性能于一体的钢种；而广义的定位为具有某一种或多种特殊力学性能的钢材。我国高性能钢可以分为高性能建筑结构用钢、耐候钢、耐火钢等。

1.3 钢结构制造技术概述

钢结构制造技术是指以钢材为主要材料，制造金属构件、金属零件、建筑用钢制品及类似品的生产活动，主要包括深化设计、加工制造两部分。

1.4 钢结构施工技术概述

钢结构施工技术是围绕着现场安装的顺利实施和质量控制的综合施工技术，主要包括构件安（吊）装、钢结构测量、钢结构焊接以及防腐涂装等。

1.5 钢结构检测技术概述

钢结构检测包括原材料、焊材、焊接件、紧固件、焊缝、螺栓球节点、涂料等材料和工程的全部规定的试验检测内容。

二、钢结构工程施工主要技术介绍

2.1 高性能钢应用技术

钢材与其他材料相比具有如下特点：钢材强度高，结构重量轻；材质均匀，且塑性韧性好；良好的加工性能和焊接性能；延性好，抗震性好；环境友好，施工垃圾少。正是由于钢材的优良特点，随着我国经济的不断发展和科学技术的进步，钢结构在我国的应用范围也在不断扩大。目前，钢结构应用范围大致如下：大跨结构、多高层和超高层建筑、钢-混凝土组合结构、工业厂房、装配式住宅、装配式学校、装配式医院、立体车库、慢-行交通、容器和其他构筑物等。

2.2　钢结构制造技术

2.2.1　深化设计

钢结构深化设计是根据设计文件和施工工艺技术要求，对钢结构进行细化设计，包括结构深化设计和施工详图设计两部分内容，结构深化设计文件主要包括深化设计布置图、节点深化设计图及计算书、焊接连接通用图等内容，施工详图设计文件主要包括加工详图、安装详图及各类清单等内容。

2.2.2　加工制造

待深化设计出图、材料采购、技术准备等均完毕后，便可进行钢结构构件的加工制作。从材料到位到构件出厂，一般包含如下工序内容：①钢板矫平；②放样、号料；③钢材切割；④边缘、端部加工；⑤制孔；⑥摩擦面处理；⑦组装；⑧焊接；⑨钢构件除锈、防腐。

2.3　钢结构施工技术

2.3.1　起重设备和安装技术

钢结构施工起重设备通常包括塔式起重机、汽车起重机、履带起重机、桅杆式起重设备、捯链、卷扬机、液压设备等类型。

钢结构安装方法主要有：高空散装法、分条或分块安装法、整体吊装法、整体顶升法、整体滑移法、分单元累积滑移法、分条分块滑移法、折叠展开法等。

2.3.2　测量校正技术

钢结构施工测量仪器主要有：经纬仪、水准仪、测距仪、全站仪、激光铅直仪。测量时应遵循“先整体后局部”“由高等级向低等级精度扩展”的原则。平面控制一般布设三级控制网，由高到低逐级控制。

2.3.3　焊接技术

焊接技术就是高温或高压条件下，使用焊接材料（焊条或焊丝）将两块或两块以上的母材（待焊接的工件）连接成一个整体的操作方法。焊接技术主要应用在金属母材上，常用的有电弧焊、氩弧焊、CO_2 保护焊、氧气-乙炔焊、激光焊接、熔嘴电渣焊等多种。

2.4　钢结构检测技术

力学性能检测主要包括钢材力学检测和紧固件力学检测。其中力学检测包括拉伸、弯曲、冲击、硬度等；紧固件力学检测包括抗滑移系数、轴力等。

金相检测分析是对钢结构所使用的钢材进行金相分析，包括显微组织分析、显微硬度检测等。

无损检测就是利用声、光、磁和电等特性，在不损害或不影响被检对象使用性能的前提下，检测被检对象中是否存在缺陷或不均匀性，给出缺陷的大小、位置、性质和数量等信息，进而判定被检对象所处技术状态（如合格与否、剩余寿命等）的技术手段，主要包括超声检测、射线检测、磁粉检测、渗透检测、相控阵超声检测等。

钢结构应力测试和监控对钢结构安装以及卸载过程中关键部位的应力变化进行测试与监控。

三、钢结构工程施工技术最新进展（1～3年）

3.1 高性能钢应用技术的新进展

高性能钢由于其具有强度高、延性好、可焊性强和耐候性强等优势，已逐渐在高层和大跨度建筑以及桥梁中推广使用。

我国结构钢主要分为碳素结构钢和低合金高强度结构钢。在国家标准《低合金高强度结构钢》GB/T 1591—2018 中规定了“Q355”“Q390”“Q420”“Q460”“Q500”“Q550”“Q620”“Q690”八个强度等级，目前 Q355 已替代 Q345 强度等级，中国尊项目、乌鲁木齐 T4 航站楼项目等进行了 Q460GJ 高性能结构钢的应用示范，深圳宝安工人文化宫项目在国内首次应用 Q690GJC 高建钢，为国内高层建筑使用的最高强度级别。

在桥梁结构用钢上，国家标准《桥梁用结构钢》GB/T 714—2015 中罗列了“Q345q”“Q370q”“Q420q”“Q460q”“Q500q”“Q550q”“Q620q”“Q690q”八个强度等级。目前，江汉七桥在国内首次应用 Q690qE 桥梁钢，为国内现有桥梁建设使用的最高强度级别。

耐候钢也被应用在新建成的雅鲁藏布江钢管拱桥上。我国高压、特高压输电线路和大截面导线输电线路的输电塔结构中也大量采用了 Q420、Q460 高强钢，取得了良好的效果。

3.2 钢结构制造技术的新进展

3.2.1 深化设计

钢结构深化设计技术从一阶段向两阶段转变，两阶段深化设计技术即结构深化设计阶段和施工详图设计阶段。《钢结构工程深化设计标准》T/CECS 606—2019 中对两阶段深化设计方法进行了规定，深化图纸报审在钢结构深化设计阶段进行，施工详图设计阶段不再报审，这样大幅减少深化设计图纸报审量，也提高了设计单位的审图效率和质量。同时，两阶段深化设计方法与国际接轨，有助于国内建筑钢结构企业进行海外市场开拓。BIM 因其先进的理念及在工程中成功的应用也受到越来越多的关注，钢结构详图深化设计软件 STXT 基于其思想进行了开发，采用以三维模型数据为核心，参数化建模及读取 PKPM 结构设计模型来完成模型搭建，进行详图设计。通过三维模型自动生成全套施工图纸及进行工程量统计，极大提高了深化设计的效率。

3.2.2 加工制造

现代的钢结构制造发展的趋势是采用信息化、自动化、绿色化的制造装备和工艺来生产各类钢结构构件。目前，国产数控加工装备产品系列已全面覆盖了机械、电力、通信、铁道、交通、石化、建筑等领域的钢结构产品的加工制造。通过智能设备的使用，如全自动等离子火焰切割机、自动拼板机、链式分拣工作台、数控钻锯铣床、程控行车、焊接机器人、走动导引运输车等，实现钢结构全生产线智能化。

焊接技术方面，焊接机器人具有智能化程度高、焊接质量稳定等特点，可大大提高劳动效率，是焊接技术研究的热点。目前，国内在建筑钢结构机器人焊接智能化关键技术方面进展显著：①开发了焊接模型系统软件，此软件可快速建立焊缝模型，并与焊接机器人进行数字互联；②开发多构件自动快速定位技术，通过点对点快速定位方式，将模型与实际构件一一对应，可实现批量非标构件一次性自动焊接；③研发了相机视觉识别和三维模型数字处理技术，通过激光定位与纠偏，可快速计算工件焊缝位置，自动形成精准的焊接路径及运动姿态；④研发了焊接程序自动生成技术，利用与焊接机器人相匹配的数据格式和接口参数，可自动调用、修改、存储焊接工艺参数，根据焊接路径快速生成焊接程序，实现钢结构贴角焊缝机器人智能焊接。

3.3　钢结构施工技术的新进展

3.3.1　超高层钢结构施工技术

（1）塔式起重机应用技术

随着超高层钢结构建筑高度的不断攀升，重型动臂式塔式起重机在超高层施工领域的应用越来越广泛。常用型号有法福克公司生产的 M900D、M1280D 型和中昇建机生产的 ZSL1250 和 ZSL2700 型等。附着方式也呈多样化发展趋势，如核心筒内爬、核心筒外爬和集成于钢平台型、廻转塔基型。

（2）超高空群塔与弧形连廊高位连接施工技术

该技术融合了 BIM 技术下超长弧形连廊与群塔整体变形分析与精度控制、超高空群塔与弧形连廊高位连接、超高空连廊液压整体提升施工等多种先进技术体系的绿色施工技术，在类似的超高空超长弧形空中连廊工程施工领域，该技术具备极大的适用性和通用性，必将为超高空超长弧形空中连廊钢结构施工领域提供强大的技术支撑，促进建筑钢结构绿色施工技术的发展。

重庆来福士空中连廊长 300m，宽 30m，高 22.5m，顶标高 220.930m，最大跨度 54m，悬挑长度 26.8m，离地高度 193m。钢结构用量约 1.2 万 t，连廊构件超大超重，节点复杂，焊接安装难度大。项目应用了超高空群塔与弧形连廊高位连接施工技术，从而保障连廊安装精度、质量和安全。

3.3.2　大跨度空间钢结构施工技术

近些年，大跨度结构如网架与拱、悬索、桁架等结构结合形成的变异结构提升技术取得了新进展。高钒索是我国的新型拉索产品，其索体由多层钢丝旋钮而成，索体中钢丝的表面含有金属元素锌、铝以及稀土合金，具有较强的预应力和防腐、防摩擦、防火等效果。高钒索在青岛北客站、石家庄国际会展中心、国家速滑馆等项目中使用。广州足球公园球场项目应用的高钒密闭索最大直径达到了 140mm，是国内综合性体育场建设中使用的最大直径。

对于大体量、大跨度钢结构屋面的滑移施工，上海中芯国际项目钢桁架屋架采用了一种新型的模块车滚装施工技术。具体而言，每榀桁架分 5 个吊装区段，高空拼接成整榀，两榀作为一个滚装单元，模块车通过车板上的托架将桁架单元从厂房两端的高空拼装位置顶起后滚移至安装位置。通过模块车自身的液压升降机将桁架单元卸荷至柱顶。这种施工技术作业面周转速度快，卸荷安全迅速，整体工效高。

3.3.3　桥梁钢结构施工技术

桥梁施工方面，目前研发了钢箱梁数字化制造生产线、混凝土箱梁整孔预制与架设技术、梁上运梁与架设技术、短线匹配法预制拼装施工技术、钢箱梁整体吊装施工技术以及与缆载吊机、桥面吊机、顶推法和滑模法相结合的主梁架设与施工技术。在施工控制技术方面，在传统的“变形-内力”双控基础上，结合无应力状态控制理念提出了几何控制法，同时研发了一种用于解决桥梁分段施工的理论控制方法——分阶段成形无应力状态法。此外，一种集计算、分析、数据收集、指令发出、误差判断等功能于一体的施工控制系统也在研发之中。基于网络的桥梁智能化信息化施工控制技术正成为研究热点。

3.3.4　钢结构住宅技术

在传统钢结构建筑体系的基础上，为了满足住宅功能和高度要求，出现了新型结构体系，主要包括异形柱结构体系、钢管束结构体系、组合钢板剪力墙体系。

矩形钢管混凝土组合异形柱由天津大学经过试验研究并提出，整体由单肢矩形钢管混凝土柱（内灌自密实混凝土）通过竖向钢板相互连接，并于一定间隔焊接横向加劲肋板而成。目前该结构体系已成功应用于沧州福康家园公租房住宅项目。

钢管束体系是一种用于工业化居住建筑的结构体系，由钢管束组合结构构件与 H 型钢梁或箱型梁或短钢管束组合结构构件连接而成。杭州钱江世纪城人才专项用房采用的此结构体系。

框架-组合钢板剪力墙结构是一种具有多道抗震防线的新型结构体系，利用钢材承载力大、抗剪性能好、重量轻等特性，在普通剪力墙中增设两道定型钢板，钢板内侧焊接栓钉，中间浇筑混凝土，与劲性钢结构柱一同浇筑混凝土。框架-组合钢板剪力墙结构已成功应用于丰台区成寿寺 B5 地块定向安置房项目。

3.4　钢结构检测技术的新进展

在对钢结构进行鉴定时，钢构件材料物理力学性能的现场无损检测技术、钢构件应力的现场无损测定技术和结构关键部位应力及损伤现场测试技术等是目前亟待发展的前沿技术，更加准确、减少损伤、快捷方便无疑是检验测试技术改善和提高的发展目标。

四、钢结构工程施工技术前沿研究

4.1　高性能钢技术

近几年，国内的超高层钢结构建筑和大跨度空间结构快速发展，对钢材的强度等指标提出了更高的要求，像国家体育场就使用了 Q460E-Z35，国家游泳馆（水立方）工程使用了 Q420C，中央电视台新址使用了 Q420D-Z25、Q460E-Z35 高强钢。深圳会展中心的钢架梁下弦杆采用了国产 LG 460MPa 高强钢，上海环球金融中心的三角空腹截面巨型柱采用 SN490B 高强钢，深圳宝安工人文化宫桁架层采用 Q690GJC 高强钢。高强度结构钢在一些工程中的应用，证明我国已经具备生产高强度结构钢的技术能力，但是与发达国家相比，我国的建筑用高性能钢尚有一定差距。

4.2　制造技术

目前，钢结构制造已经建立了新型的数据采集、传输和处理信息系统，形成了工业互联网标识解析钢结构行业标准体系，开创了工业互联网协同制造新模式，形成了建筑钢结构智能制造成套信息化技术。其中“无人”切割下料、卧式组焊矫、机器人高效焊接等钢结构制造新工艺，部品部件物流仓储过程定向分拣、自动搬运、立体存储等新技术，推进了钢结构制造自动化，大幅提升了我国钢结构制造水平。

激光切割、制孔技术切割效率高、材料变形小、可提升材料利用率，已在国内钢结构制作厂大规模采用。

智能化工厂的钢板加工中心主要用于钢结构生产过程中各类带孔零件的加工，通过数控系统实现钻孔、切割、铣孔、喷码的一次加工完成。H 型钢卧式组立机将翼、腹板原材料进行自动定位、翻转、顶升，实现 H 型钢自动组立。同时，全自动切割、卧式组立、机器人焊接、仓储物流、基于离散型智能制造模式的下料、组焊及总装等一体化工作站等智能制造设备也大幅提升钢结构制造质量和效率。

4.3　施工技术

总体而言，国内建筑钢结构施工技术已达到国际水平，但钢结构施工中仍存在大量亟待解决研究问题，如大型复杂结构施工时变特性分析与控制研究，构件内力、变形随结构生长累积变化及控制，施工过程中结构的稳定性、安全性保障等。

未来中国建筑将进行三个转变：由高大新尖向普通大众建筑转变；由片面追求造型好、工期快、成本低向追求坚固、实用、绿色转变；由粗放式的生产方式向精益化的生产方式转变。钢结构体系建筑易于实现工业化生产、标准化制作，同时与之相配套的墙体材料可以采用节能、环保的新型材料，绿色钢结构建筑和模块化工业建筑已经成为发展的主流，相应配套施工技术也会逐步走向成熟。目前已有数款较为成熟的现场焊接机器人产品在国内开始使用。

除此之外，还有海洋工程钢结构、桥梁钢结构、超高压输电、风力发电、核电领域等诸多领域，钢结构都有很好的发展和推广应用前景，相应的施工技术也需要不断创新。

4.4　检测技术

更加准确、减少损伤、快捷方便无疑是已有检验测试技术改善和提高的发展目标。开发新的检验项目，使检验测试技术更加完善则是这项技术发展的方向。

检测仪器和设备在结构的检验与测试技术中扮演着重要的角色。没有仪器设备就无法进行检测，而质量好、操作方便的仪器设备是高质量检测工作的保障。与经济发达国家相比，我国的检测仪器设备在总体上存在着明显的差距，主要体现在性能不稳定、功能少、寿命短、体积大等方面。近年来相控阵超声检测技术逐渐开始在房建领域应用，此技术可对焊缝进行更细致的检测，可替代部分超声及射线检测内容。目前对测量机器人也快完成研发工作，可结合现有测量设备和移动机器人，多测点多角度实现遮挡信息互补，结合深度学习与图像识别的变形时程数据提取、基于 GNSS 技术的变形数据修正技术，测量精度可达±0.5mm。

五、钢结构工程施工技术指标记录

5.1 钢结构建筑高度

目前国内已建成最高的钢结构高耸构筑物为广州电视塔 610m，已建成并投入使用的最高钢结构建筑为 632m 的上海中心大厦。

5.2 钢结构建筑规模

目前国内已建成的房建项目单体规模最大的项目是深圳国际会展中心（一期），单体建筑面积 158 万 m^2，钢结构总量达 27 万 t。

5.3 钢结构建筑跨度

南京奥体中心项目与沈阳奥体中心项目是目前国内平面跨度最大的钢结构工程，二者采用平面拱式结构体系，跨度均为 360m。国家大剧院是目前国内空间跨度最大的钢结构工程，屋盖采用网壳结构体系，跨度达 212.2m。江苏长强钢铁有限公司原料厂综合料场全封闭工程项目是目前国内跨度最大的预应力钢结构工程，采用预应力桁架结构体系，跨度达 182m。北京新机场南航机库焊接球网架屋盖跨度 404.5m，是世界上跨度最大、单体规模最大的维修机库。沪苏通长江公铁大桥是世界首座跨度超过千米的公铁两用桥梁，全长 11072m，主航道桥主跨 1092m。平潭海峡公铁两用大桥是我国首座公铁两用跨海大桥，也是世界上最长的跨海峡公铁两用大桥，全长 16.34km。

5.4 钢结构建筑悬挑长度

无论是悬挑长度、悬挑高度，还是悬挑重量，中央电视台新址主楼无疑为世界第一，悬挑重量 1.8 万余吨，悬挑长度达 75m。考虑塔楼倾斜 24m，结构最大悬挑长度为 99m。

5.5 钢结构钢材强度

近些年，钢结构的迅速发展伴随着钢结构用钢强度和耐候性等性能的不断增强，在房建及公共建筑领域，Q390、Q420、Q460E 已经成功应用在“鸟巢”“央视新址”等工程，“深圳平安金融中心”用到了 Q460GJC，“深圳湾体育中心”则用到了 Q460GJD，国家速滑馆项目中所有的拉索全部为高钒密闭索。在桥梁工程领域，重庆朝天门长江大桥采用了 Q420qENH、沪苏通长江大桥采用了 Q500qE、Q420qE，陕西眉县霸王河大桥则用到了 Q345qDNH、Q500qDNH，深圳宝安工人文化宫项目在国内首次应用 Q690GJC 高建钢，江汉七桥在国内首次应用 Q690qE 桥梁钢。

5.6 钢结构焊接板厚

深圳平安金融中心项目中完成 304mm 厚铸钢件焊接，创造了行业新记录，其中 4 个铸钢件对接焊所用焊丝总量高达 5.8t。央视新址主楼钢柱所用钢板最大焊接板厚 135mm，焊接钢板的厚度为目前全国房建工程领域之最。

5.7　钢结构最大提升量

北京 A380 飞机维修库工程，屋盖面积为 352.6m×114.5m＝40372.5m²，是目前单次提升面积最大的钢结构建筑；世界单次提升重量最大的钢结构项目是厦门太古翔安机场维修基地项目，单次提升重量达 11393t。

六、钢结构工程施工技术典型工程案例

6.1　690MPa 级高强度钢结构建造关键技术研究及应用

目前，Q460 级钢已在国家体育场（“鸟巢”）和中央电视台新楼等工程中应用，我国已开始 Q690 高性能钢的生产，但现行《钢结构设计标准》GB 50017—2017 中规定的钢材最高可使用 Q460 钢，尚未涉及屈服强度 690MPa 级高强钢。

马来西亚 KLCC 项目位于马来西亚首都吉隆坡市中心，总建筑面积 11.68 万 m²，总用钢量约 1.6 万 t，地下 5 层，地上 6 层，主体为钢框架＋悬挑桁架结构体系，桁架整体长 90.2m，悬挑区挑空达 45.7m。该项目钢材屈服强度达 690MPa，最大板厚 200mm，强度和厚度均为在建钢结构项目之最。为了促进高强钢的成功应用，保证高强钢结构的安全可靠，需要对高强钢复杂节点结构设计、加工制造及现场安装技术进行全面系统的研究，为进一步完善现行钢结构设计规范提供基础（图 8-1）。

图 8-1　马来西亚 KLCC 钢结构三维图

6.2　长春东北亚国际博览中心有柱展厅钢屋盖安装过程及模拟分析

东北亚国际博览中心有柱展厅采用下部钢柱＋空间倒三角管桁架钢罩棚体＋托架结构体系，采用“先吊装主桁架，然后插入次桁架，穿插吊装其他构件”的施工工艺。为保证安装效率、提高安装速度、减少因倒料而消耗的时间，依据场地要求，制定从南向北的安装顺序，且利用合理的桁架分段和拼装胎架，降低施工难度，保证大跨度钢屋盖的施工过程中结构的稳定性与安全性，最后采用有限元分析软件验算结构的位移和应力变化情况。

研究表明，安装过程最大位移为 33.1mm，安装过程最大应力为 71.1N/mm²，二者均满足安全性需求。针对屋盖杆件数量多、管桁架横纵交错复杂等问题，提出了相应的质量保证措施（图 8-2）。

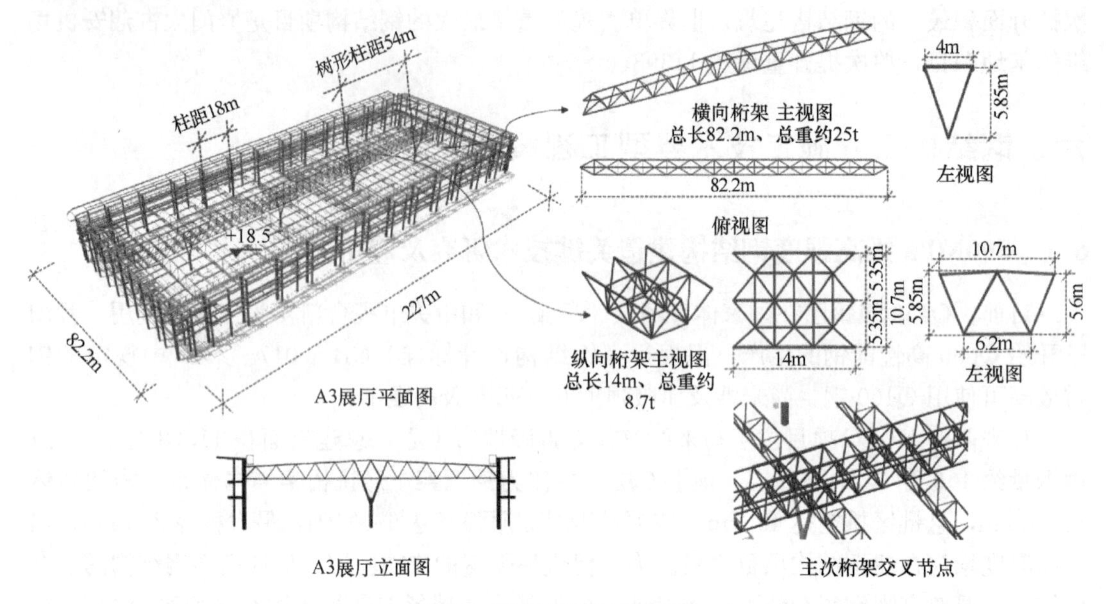

图 8-2　有柱展厅结构概况

6.3　网架结构拆除倒塌数值模拟研究

采用数值模拟 ABAQUS 隐式动力分析的方法对三种常见的平面桁架系网架：正交正放、正交斜放、三向网架和四种角锥系网架：单向折线形、正放四角锥、斜放四角锥和三角锥网架进行拆除倒塌研究。通过将平面桁架倒塌试验和深圳体育馆屋盖网架的实际拆除倒塌情况与数值模拟结果进行对比，验证了数值模拟的准确性。并采用杆件的敏感性分析方法计算结构杆件的重要性系数，确定了不同类型网架拆除中的重要杆件，并制定相应的拆除方案。网架拆除倒塌的研究表明，在拆除网架结构柱端既定的杆件群后，其剩余柱端杆件压应力增大，并发生受压失稳屈曲是导致网架发生竖向大变形的主要原因；网架向下倒塌至柱顶下侧时，柱端杆件转为受拉，并通过悬链线效应来传递竖向荷载，最终发生的强度破坏是导致网架发生整体倒塌的主要原因（图 8-3）。

6.4　复杂空间结构超大连接节点制造及精度控制技术

临沂北站站房建筑规模为 38000m²，采用跨线式候车站房。站房主体为型钢混凝土框架结构，屋面结构为双向钢桁架结构。站房屋盖为空间双向曲面管桁架结构，最大悬挑 40m。主入口采用巨型网格柱，杆件直径达 900mm，采用高强钢、超大直径、厚板、密肋焊接空心球节点。复杂空间结构超大连接节点作为多向受力节点，最大节点焊接球直径 1400mm，厚度 60mm，荷载 14430kN、－21387kN。

结合临沂北站站房项目，对复杂空间结构超大连接节点制造及精度控制技术进行研究，对空间结构超大连接节点深化设计、节点装焊、焊接球制造流程、焊接球内部结构装

图 8-3　拆除倒塌模拟数值研究

(a) 实际结构没倒塌前；(b) 模拟结构没倒塌前；(c) 实际结构东南侧发生倒塌；
(d) 模拟结构东南侧发生倒塌；(e) 实际结构东北侧发生倒塌；(f) 模拟结构东北侧发生倒塌

焊控制等进行详细叙述。复杂空间结构超大连接节点制造过程中，研发了高强钢、厚板空心球的热压成型工艺，形成了 29 块密肋组装、焊接空心球的制造和精度控制技术。通过实体建模模拟制造过程，制定合理装配顺序、焊接顺序，保证隐蔽焊缝焊接。通过控制热压过程、焊接热输入、焊接方法、消应措施和收缩补偿保证焊接空心球尺寸精度(图 8-4)。

图 8-4　项目整体模型

第九篇　砌筑工程施工技术

陕西建工集团股份有限公司　　刘明生　张昌叙　何　萌　王巧莉
孙永民
江苏省华建建设股份有限公司　王立群　周学军　周起太

摘要

该篇在对我国砌体结构工程的历史发展过程及后期发展展望进行阐述的同时，以现代砌体结构的发展为重点，结合现代砌体结构发展中的材料特性、工艺特点、工程实例等内容，对我国现代砌体工程的施工建造技术做了较为全面、系统的描述与总结；同时结合当前我国节能环保和建设绿色建筑的需要，以我国砌体结构工程的发展现状为出发点，以有利于砌体结构施工技术的发展和实现建筑节能要求为目标，对砌体工程未来建造技术的发展应用进行了展望。

Abstract

This paper described the progress of the historical development of masonry structure engineering in our country and late outlook and focusing on the development of modern masonry structure, combining with material characteristics, process characteristic sand engineering applications, amorecom prehensive and systematic summary and description of the construction technology of our country, modern masonry building is made. At the same time, combining with the needs of the current energy conservation and environment protection and construction green building, taking masonry structure engineering in our country development present situation as the starting point , in favor of the development of the construction technology of masonry structure and realize the requirements of building energy efficiency for the target. Aperspective of development and application of advanced masonry engineering construction technology is made.

一、砌筑工程施工技术概述

现代砌体的发展阶段主要是在中华人民共和国成立以后，在这一 时期砌体结构在块材、粘结材料、砌体工程的结构类型及建筑规模等方面发展十分迅速。

1.1 块材

烧结黏土实心砖在相当长的时间内作为砌体结构的主材使用。直到 20 世纪 60 年代末，我国提出墙体材料革新之后，烧结黏土多孔砖、空心砖和混凝土小型空心砌块的生产及应用才有了较大发展。

2003 年国家实行了“禁实政策”以后，普通混凝土、轻骨料混凝土、加气混凝土所制成的混凝土砌块（砖）；以及利用砂、页岩、工业废料（粉煤灰、煤矸石）等制成的蒸压灰砂砖、烧结页岩砖、蒸压粉煤灰砖、煤矸石砖等有了较大发展。

近年来，我国还采用页岩生产烧结保温隔热砌块（砖）、各色（红、白、黄、咖啡白、灰、青、花等）清水砖、多纹理（滚花、拉毛、喷砂、仿岩石）装饰砖等。

1.2 粘结材料

近年来，砌筑砂浆由传统的现场拌制砂浆向工厂化生产的预拌砂浆和专用砂浆发展。现场拌制砂浆有石灰砂浆、水泥砂浆、水泥石灰混合砂浆；预拌砂浆包括湿拌砂浆和干混砂浆；专用砌筑砂浆包括蒸压硅酸盐砖专用砂浆、混凝土小型空心砌块和混凝土砖专用砌筑砂浆、蒸压加气混凝土专用砌筑砂浆等。其中预拌砂浆和专用砂浆因其性能优良，绿色环保，得到了广泛的应用。

1.3 结构工程

根据砌体中是否配置钢筋和钢筋的配置量大小，砌体结构可分为无筋砌体、约束配筋砌体和均匀配筋砌体。

（1）无筋砌体结构

20 世纪 70 年代以前，我国砌体建筑系无筋砌体结构，同时建造了大量无筋砌体结构建筑，包括低层和多层住宅、办公楼、学校、医院以及中小型工业厂房等。

（2）配筋砌体结构

20 世纪 70 年代以后，尤其是 1975 年海城-营口地震和 1976 年唐山大地震之后，对设置构造柱和圈梁的约束砌体进行了一系列的试验研究，其成果引入我国抗震设计规范，并得以推广应用。

（3）预应力砌体结构

砌体结构应用预应力技术后称为预应力砌体，施加的预应力钢筋可增加对砌体的约束作用，延缓砌体的开裂，提高其抗裂荷载和极限荷载，增强砌体的抗震性能。

近十几年来，国际上一些研究者提出了采用预应力技术对砌体墙进行抗震加固的方法，并开展了相关研究。我国在这方面的研究工作起步较晚，而且对预应力砌体的研究很少。目前，现行国家标准《砌体结构设计规范》GB 50003 中还没有关于预应力砌体方面的内容。

(4) 填充墙砌体

填充墙砌体是目前砌体结构的重要形式，所使用的块材为轻质块材，如烧结空心砖（砌块）、蒸压加气混凝土砌块、轻骨料混凝土小型空心砌块等。

(5) 夹心复合墙砌体

夹心复合墙系指在预留连续空腔内填充保温或隔热材料，内、外叶墙之间用防锈金属拉结件连接而成的墙体。我国夹心复合墙是在参照国外做法的基础上发展起来的。为推广其应用，国家编制了相应的图集和技术标准。

二、砌筑工程施工主要技术介绍

2.1 传统砌体施工技术

砌体是由块材与砂浆组成，其主要施工技术仍为手工操作。砌筑方法有：瓦刀披灰法（满刀法、带刀灰法）、“三一”砌筑法、“二三八一”砌筑法、铺浆法、坐浆法等。

2.2 墙体薄层砂浆砌筑技术

目前，砌体结构施工中出现了采用蒸压加气混凝土砌块或烧结保温隔热砌块（砖），与其配套使用的专用砂浆进行薄层砂浆砌筑的施工技术。薄层砂浆砌筑是采用一种预拌高性能粘结砂浆砌筑块材，对块材外形尺寸要求高，允许误差不超过±1mm，在砌筑前和砌筑时无需浇水湿润，灰缝厚度和宽度为2～4mm。

2.3 配筋砌体施工技术

配筋砌体是由配置钢筋的砌体作为主要受力构件的砌体。其构造柱、芯柱混凝土浇筑及墙体内钢筋布设为施工重点和难点。在小砌块施工前绘制排块图，确保搭砌合理，孔洞上下贯通，施工中宜采用专用砌筑砂浆和专用灌孔混凝土，使用铺灰器铺灰，小型振动棒振捣芯柱混凝土，可提高工效，降低劳动强度，保证施工质量。

2.4 墙体裂缝控制技术

砌体墙体裂缝是砌体结构的一种质量通病，一般以温度、收缩、变形或地基不均匀沉降等引起的非受力裂缝较为常见。为了有效控制砌体墙体裂缝，除设计要求采取相应的技术措施外，在施工中对材料和工艺都有具体要求。

材料要求：注意块材及砂浆强度、非烧结砖（砌块）的生产龄期，推广采用预拌砂浆或与其配套的专用砂浆砌筑等。

工艺要求：砌筑前应根据块材规格进行预排，对有浇（喷）水湿润要求的块材按规定进行湿润；确定砌筑方式、日砌筑高度、施工工序；规范操作，控制质量等。

2.5 外墙自保温砌体施工技术

外墙自保温砌体包括砖（砌块）自保温结构体系及夹心复合墙保温结构体系两类，其中夹心复合墙保温结构体系适用于严寒及寒冷地区地震设防烈度8度及以下建筑。

砖（砌块）自保温结构体系是指以蒸压加气混凝土砌块、自保温混凝土复合砌块、泡沫混凝土砌块、陶粒增强加气混凝土砌块、硅藻土保温砖（砌块）和烧结自保温砖（砌块）等块材砌筑的墙体自保温体系。块材的种类及墙体厚度应符合墙体节能要求。

夹心复合墙保温结构体系是指在承重内叶墙与围护外叶墙之间的预留连续空腔内，粘贴板类或填充絮状散粒保温隔热材料，并采用防锈金属拉结件将内外叶墙进行连接的结构体系。

2.6 填充墙施工技术

2.6.1 与主体连接技术

填充墙与主体结构之间的连接构造将影响主体结构的受力及填充墙的受力状态，连接构造如不合理，将产生不良后果，甚至引起结构破坏。目前，填充墙与框架的连接方式有三种形式：除现行国家标准《砌体结构设计规范》GB 50003规定的不脱开连接（刚性连接）、脱开连接外，还有国家建筑标准设计图集《砌体填充墙结构构造》12G614-2中介于不脱开连接（即刚性连接）和脱开连接之间的柔性连接。其中柔性连接又有两种方式：构造方案A（与框架柱完全脱开）和造方案B（与框架柱脱开但仍然有水平钢筋连接）。两者都是要在填充墙各竖向截面两侧设置砌体组合柱，柱顶端与主体结构铰接，底部为固端连接。方案A适用于8度设防地区，包括建筑场地为Ⅲ、Ⅳ地区以及高档装修的框架结构；方案B适用于小于等于7度设防地区，包括建筑场地为Ⅰ、Ⅱ地区以及中低档装修的框架结构。

2.6.2 后置拉结筋施工技术

填充墙的拉结筋采用后置化学植筋，可显著提高施工效率，但是由于化学植筋的施工技术不规范，往往存在后置拉结筋锚固不牢固或位置偏差较大的问题。

为确保植筋质量，工序中应重视的关键环节为：钻孔应保证孔深满足设计要求（参考表9-1）；清孔应保证彻底清除孔壁粉尘；注胶应由孔内向外进行，并排出孔中空气，确保注胶量在植入钢筋后有少许胶液溢出为度；植筋应在注胶后，立即按单一方向边转边插，直至达到规定深度。当使用单组分无机植筋胶时，待钻孔、清孔后，将搅拌好的植筋胶捻成与孔大小相同的棒状后放入植筋孔内（是孔深的2/3），插入钢筋后稍转动一下即可。

植筋深度及孔径 **表9-1**

钢筋直径（mm）	钻孔直径（mm）	钻孔深度（mm）
6.5	8	≥90
8	10	≥120

填充墙与承重墙、柱、梁的锚固钢筋拉拔试验的轴向受拉非破坏承载力检验值应为6.0kN。抽检钢筋在检验值作用下应基材无裂缝、钢筋无滑移宏观裂损现象，持荷2min期间荷载值降低不大于5%。

2.7 砌体现场检测技术

随着砌体结构现场检测技术的不断发展和完善，为客观准确评定砌体抗压强度或砌体砂浆强度提供了有效手段，其中按照不同的检测内容，检测方法主要分为：①检测砌体抗压强度：原位轴压法、扁顶法、切制抗压试件法；②检测砌体抗剪强度：原位单剪法、原位单砖双剪法、钻芯法；③检测砌筑砂浆抗压强度：贯入法、推出法、筒压法、砂浆片剪切法、回弹法、点荷法、砂浆片局压法、钻芯法。

不同的检测方法具有其相应的特点、用途及适用性，因此在具体工程检测时，应根据检测目的及测试对象，选择合适的检测方法。

三、砌筑工程施工技术最新进展（1～3年）

3.1　再生骨料砖（砌块）在砌体工程中的应用

再生骨料砖（砌块）是使用新建、改建、扩建和拆除各类建筑物、构筑物、管网等产生的弃料及其他废弃物所生产的砖（砌块）。随着城市化进程的不断提速，基础设施建筑更替速度也不断加快，通过对建筑固废的研究和开发，再生骨料砖（砌块）在砌体工程中得到广泛应用。

3.2　预拌砂浆推广应用

目前在我国砌体工程的施工中，随着绿色施工和节能减排方针政策的贯彻落实，预拌砂浆以具有质量稳定、品种丰富、性能优良、施工效率高、现场劳动强度低和利于环境保护等优点在近年来得到广泛应用。

3.3　装饰多孔砖（砌块）

烧结装饰多孔砖是以页岩、煤矸石或粉煤灰等为主要原料，经焙烧后，孔洞率不小于25%且具有装饰外表的砖；非烧结装饰空心砌块是以骨料和水泥为主要原料，经混料、成型等工序而制成的，空心率不小于35%且具有装饰外表的砌块。

3.4　烧结保温隔热（砖）砌块

烧结保温隔热（砖）砌块是以黏土、页岩或煤矸石、粉煤灰、淤泥等固体废弃物为主要原料制成（图9-1），或加入成孔材料的实心或多孔薄壁经焙烧而成的砖（砌块），主要用于有保温隔热要求的建筑围护结构。

图9-1　烧结保温隔热砌块

同非烧结块材相比，烧结砖（砌块）具有耐久、透气性好，收缩率低，墙体不易开裂等特点。同传统外墙保温相比，烧结保温砖和保温砌块可作为墙体自保温材料，具有不易老化、耐久性和耐候性较好等特点。同时保温体系与承重体系自成一体，保证了建筑物主体构件与保温构件的同寿命，无需额外投资就可以满足节能标准的要求。

3.5 砌体结构加固技术

随着砌体结构理论研究的不断进步和完善，砌体结构的房屋加固改造技术也日趋成熟。其常用加固技术有：钢丝网片-聚合物砂浆加固、钢筋网片-混凝土面层加固、纤维复合材料加固、外包型钢加固、外加预应力撑杆加固、增设扶壁柱加固等。近年来，随着新材料和新工艺的研究应用，一些新的加固技术得到了推广应用。

3.5.1 高延性混凝土（砂浆）加固砌体结构技术

西安建筑科技大学邓明科教授团队研发的高延性混凝土（砂浆）新材料，具有高韧性、高抗裂性和高耐损伤性，该高延性混凝土抗压强度可达 50MPa 以上，极限拉伸变形超过 2.0%，是普通混凝土的 200 倍以上。采用该材料加固砌体结构可以显著提高结构的整体性、改善砌体结构的脆性破坏模式；显著提高结构的抗震性能；施工速度快、加固效果好。

3.5.2 聚丙烯网水泥砂浆加固砌体结构技术

陕西省建筑科学研究院有限公司张风亮博士团队研发的聚丙烯网水泥砂浆加固砌体结构，通过充分发挥聚丙烯网防火、阻燃、耐久性能好、抗拉强度高以及专用聚合物水泥砂浆抗压强度高（≥50MPa）、抗拉强度高（≥4.5MPa）、正拉粘结强度高（≥1.8MPa）的特点，具有加固效果好、施工简便、施工周期短和加固价格低廉等优点。近年来，该技术已在砌体结构农房加固、危旧房屋改造修缮中得到推广应用。

3.5.3 多层砖砌体建筑预应力抗震加固新技术

砌体结构应用预应力技术后成为预应力砌体，施加的预应力钢筋可增加对砌体的约束作用，延缓砌体的开裂，提高其抗裂荷载和极限荷载，增强砌体的抗震性能。

近年来，北京市建筑工程研究院有限责任公司刘航等研究者提出了一种适合多层砖砌体房屋的抗震加固新技术，即采用竖向无粘结预应力筋对砌体墙体进行加固，从而改善了墙体的抗震性能，房屋的抗震能力显著提高。

3.6 装配式砌体建造技术

3.6.1 混凝土模卡砌块预制墙

混凝土模卡砌块预制墙是由混凝土模卡砌块堆砌而成。混凝土模卡砌块尺寸为标准 400mm×225mm×150mm，内插 EPS 保温板。每块模卡砌块上下左右四边设有特制卡肩卡口，砌块之间通过卡肩卡口相嵌连接（图 9-2）。高度方向每 450mm 放置 2 根水平钢筋进行拉结。墙体内用 U 形钢筋穿过块体内的孔洞并在孔洞内灌注水泥砂浆进行加固。墙顶浇筑钢筋混凝土压顶并预埋吊点。墙体堆砌完成后墙面挂网抹灰，最终运至施工现场。

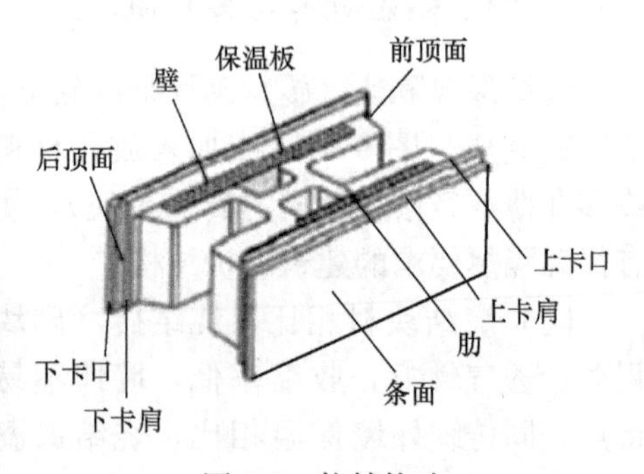

图 9-2 拉结构造

混凝土模卡砌块预制墙通过砌块之间四边独特的卡口相嵌彼此连接形成墙体，整体性好，强度高，抗裂能力强。在工厂预制生产、现场吊装的施工工艺，更易于机械化作业，流程化操作，生产时受环境影响小，墙体质量容易保证。墙体内含保温板，整体保温性能好，材料耐久性能优秀，墙体制作前可考虑结合墙体的竖向或横向孔洞埋设管线或预埋件，无需现场开槽埋线或加装部件，减少对墙身的破坏。

模卡砌块预制墙与框架的连接可采用柔性连接和刚性连接的方式，缝隙小可采用聚苯乙烯泡沫塑料板或环氧树脂弹性阻尼材料进行密封，缝隙大可采用斜砌砖加防水砂浆填充或直接支模浇筑微膨胀细石混凝土，外侧统一做墙面防水即可。墙与墙之间采用预埋水平插筋锚入构造柱中形成拉结。细节处理相对简单，质量控制难度低。

混凝土模卡砌块预制墙的施工可先于其他主体结构，前置条件简单，受其他工艺影响小，尤其适用于需要尽早实现外墙封闭半封闭的工程。

3.6.2　装配式配筋砌块砌体

装配式配筋砌块砌体剪力墙结构不但克服了传统现场砌筑配筋砌块砌体剪力墙结构的上述技术和管理难题，而且获得了诸多的技术和组织管理优势，主要表现在：①彻底解决了装配式建筑钢筋连接受限的技术难题，实现了无障碍连接和各种连接方法的通用；②破解了芯柱浇筑混凝土孔洞因砂浆和钢筋堵塞不畅带来的浇筑质量难题；③实现了砌筑作业由传统的串联作业改为并联作业，节省了工期；④破解了预制三维多形状构件的难题，实现安装和堆放的自稳定；⑤破解了装配式建筑的运输难题和吊装难题。

3.7　太极金圆砌块建筑技术

太极金圆砌块是一种榫卯型装配式新型再生砌块，用于砌筑房屋建筑的承重墙体和填充墙体，它采用金属尾矿、荒沙、建筑废渣等作为主要原材料，可以实现 70%～85%的大比例废渣消纳。其砌块块体薄壁内空，孔洞率约为 33%，呈双正方体阴阳状（图 9-3）。太极金圆砌块有多种规格，通用规格（长×宽×高）为 480mm×240mm×120mm、240mm×240mm×120mm 等。

图 9-3　太极金圆砌块顶部与底部图

由于太极金圆砌块的强度、质量和化学成分都达到或优于国家相关标准，而且有利于节约资源，保护环境，近两年已在贵州、四川等地的工程中得到应用。

3.8　自保温砌块生产及应用

3.8.1　QX 高性能混凝土复合自保温砌块生产及应用

QX 高性能混凝土复合自保温砌块（以下简称自保温砌块）（图 9-4）及生产线是住房城乡建设部及山东省住房和城乡建设厅《建筑节能与结构一体化应用体系》重点推广项目。该项目于 2010 年研发成功并推广应用，取得了良好的社会效应和经济效益。

自保温砌块生产线采用全自动闭环式设备，生产工艺为：模箱中定位整体保温芯→浇筑混凝土→静置预养→整体抽侧模→太阳能养护→堆放砌块→清理钢底模。

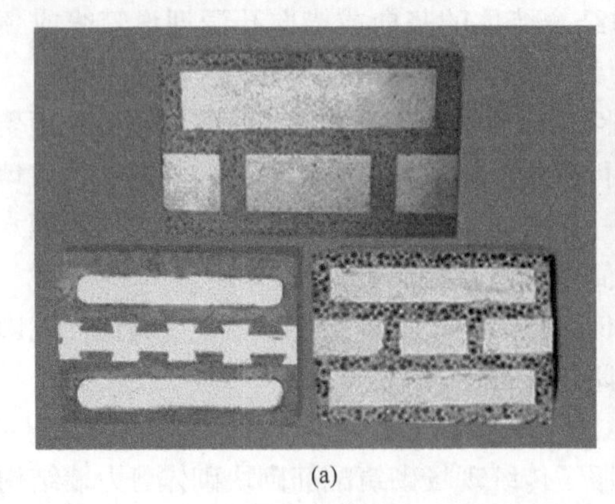
(a)

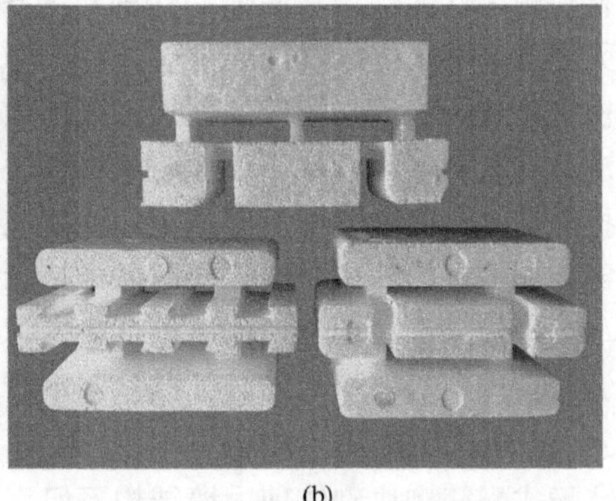
(b)

图 9-4　自保温砌块（主规格：390mm×240mm～290mm×190mm）

（a）整体保温芯；（b）自保温砌块横截面

自保温砌块外观设计采用双排或多排“断桥”结构设计，可有效减小墙体的热量损失，满足建筑节能 75%以上的建筑节能要求，实现了建筑节能与结构一体化。

采用自保温砌块的保温体系具有以下特点：

（1）墙体采用专用粘结砂浆薄缝砌筑，砌块沿厚度方向不形成“热桥”，240mm 厚墙体热阻不小于 2.1m^2·K/W，根据里面填充节能材料不同，可以满足节能 75%～80%的标准要求。

（2）自重轻、强度高。密度不大于 800kg/m^3，抗压强度可达 8～15MPa。

（3）吸水率小、收缩低。砌块的含水率为 2.1%，吸水率为 7.8%，干燥收缩率为 0.2mm/m，可有效避免墙体空鼓、开裂、渗水等砌块墙体质量通病问题。

（4）良好的耐冻融性能。砌块采用高性能混凝土作为砌块壳体材料，经 35 次冻融循环后质量损失为 2.1%，强度损失为 10%，明显优于常见的加气混凝土砌块和轻骨料混凝土保温砌块。

（5）防火性能优良，无火灾隐患。

（6）施工工艺简单，无需做辅助保温处理，易于推广应用。

（7）外墙保温与建筑物使用寿命相同，避免了外墙外保温工程因使用寿命短所产生的维修维护难题和费用。

（8）外墙不需要做其他保温处理，减少了工序，提高了施工效率，降低了工程造价。

3.8.2　砂加气混凝土自保温砌块生产及应用

砂加气混凝土自保温砌块，是以硅质材料（砂）和钙质材料（石灰、水泥）为主要原料，掺加发气剂（铝粉），通过配料、搅拌、浇筑、预养、切割、蒸压养护等工艺过程制成的轻质多孔硅酸盐制品，具有保温、自重轻、制品精度高、可刨、可锯、可钉、方便施工的特点。自保温砌块规格中的有槽砌块，砌块之间具有连锁作用，可提高砌块的整体性，同时可减少灰缝的贯通，减少由灰缝产生的热桥。

自保温砌块墙采用干法施工，即砌块在砌筑和装饰施工时，砌块不用水浸湿，直接用专用胶粘剂进行薄层灰缝砌筑的施工方法。采用干法施工的自保温砌块墙体，是目前单一墙体材料即可达到有关现行居住建筑、公共建筑节能标准的保温做法。

3.9　陶土砖砌筑技术

3.9.1　陶土砖

陶土砖是黏土砖的一种，是产品不断优化及传统技艺不断升级的产物。它主要由黏土、水、砂以及其他辅助原料经过加工成型、烧制而成。陶土砖具有以下特性：优异的抗冻特性；良好的抗光污染性能；良好的吸声作用；良好的透气性；良好的抗风化、耐腐蚀性。根据生产工艺、表面质感、形状（通用与异形）、颜色分成很多种类。陶土砖可以根据其不同的用途，分为外墙砖、内墙砖、地砖、屋面砖、防火砖等。

3.9.2　应用范围

（1）建筑领域：陶土砖在建筑领域的应用非常广泛。例如在屋顶、外墙、内墙、地面铺装和装饰方面都有应用。陶土砖的热性能较好，有利于冬暖夏凉，且可以有效地隔声降噪。

（2）景观规划：陶土砖也有在景观规划领域的应用，例如创意造型的景观砖铺装、园路铺装等。

（3）家居装修：陶土砖在家居装修方面也有着广泛的应用。例如在家庭厨房、浴室等地方，可以使用陶土砖进行铺设。

3.9.3　工程应用

陶土砖是将空间的复古与现代之间架起 ·座桥梁的一种特殊建筑工艺品。建筑师们为了适应经济、生态及建筑方面的需求，对陶土砖应用进行不断创新，造就了砖的现代感。现在，在世界各地，有越来越多的建筑师选择在房屋墙面装饰上使用陶土砖，它以不同的方式排列可以发掘出各种新鲜的设计风格。

陶土砖在建筑工程中的应用有房屋幕墙、外立面砌筑墙、室内装饰墙、砖铺地面等（图 9-5）。

3.10　墙面修补膏修补裂缝

关于墙体表面裂缝的修补，可采用我国近年来研发推广的一种新型建筑材料——墙面修补膏，它是一种经过特殊处理的腻子，能对墙面上的一些缺陷，如裂缝、局部凹陷、掉皮、钉眼和涂鸦进行有效处理，使墙面呈现平整和清洁的状态。产品为纯色（常为白色），无甲醛、无腐蚀性，具有防水作用。使用方法为三步操作：挤一挤，挤压出墙面修补膏至需要修补的区域；刮一刮，将墙面修补膏批刮平整待干固（干固时间为 2～3h）；磨一磨，墙面修补膏干固后，使用砂纸轻轻打磨平整。

3.11　砌筑墙体无架眼施工工艺

工艺做法：先在脚手架钢管横杆端头焊一“T”形扁铁，砌筑高度至搭设点，搭设点要选在竖向灰缝与水平缝交叉处；支脚手架时，横杆端头“T”形扁铁，平担在墙上即可，在扁铁放置处可不放砂浆，以便拆装方便。

3.12　免抹灰施工工艺

采用高品质砂加气混凝土砌块等砌筑墙体时，采用干法薄层砂浆等清水墙施工工艺，

图 9-5　陶土砖工程应用

(a) 幕墙；(b) 砌筑外墙；(c) 装饰内墙；(d) 砖地面

保证墙体的表面平整度与垂直度，墙体砌筑完成后可以免去砂浆找平工序，直接进行薄腻子批嵌找平施工。

四、砌筑工程施工技术前沿研究

4.1　绿色建筑材料

绿色建材是指采用清洁生产技术、少用天然资源和能源、大量使用工业或城市固态废物生产的无毒害、无污染、无放射性、有利于环境保护和人体健康的建筑材料。

4.1.1　再生粗、细骨料

经过对建筑垃圾破碎筛分的细骨料试验表明，再生砂具有比天然砂更好的级配，完全能够满足砌筑及抹灰砂浆的需要；废砖渣再生细骨料虽然吸水率偏大，但级配可调，其微粉含有活性成分，还有微骨料效应，配制砂浆强度可达 M15，保水性及和易性好。配制的砌筑砂浆与普通砂浆相比，水泥用量低且可达到相同强度。

近年来，也出现了利用建筑垃圾破碎筛分的粗骨料生产再生砖（砌块），也收到良好的社会效益和经济效益。

4.1.2　因地制宜发展具有地域特色的墙体块材

我国地域广阔，因地制宜发展具有地域特色的墙体块材有很好的条件。例如，东北、东部及沿海地区宜发展以混凝土，工业废料为主的块材；江河流经地区可利用江（河）、湖淤泥生产块材；页岩资源丰富的地区应大力发展页岩烧结砖（砌块）；黏土资源丰富的西北地区，在不破坏耕地的前提下，可按照要求推广发展黏土空心制品，限制生产和使用实心黏土砖。

4.1.3　石膏空心砌块

石膏砌块是以建筑石膏为主要原料，经加水搅拌、浇筑成型和干燥而制成的块状轻质建筑石膏制品（图 9-6）。在生产中还可以加入各种轻骨料、填充料、纤维增强材料、发泡剂等辅助材料。有时也可用高强石膏代替建筑石膏。实质上是一种石膏复合材料。常见的产品规格为 666mm×500mm×100mm、666mm×500mm×120mm、666mm×300mm×200mm 等。

图 9-6　石膏空心砌块

石膏砌块主要用于框架结构和其他结构建筑的非承重墙体，一般作为内隔墙用。若采用合适的固定及支撑结构，墙体还可以承受较重的荷载（如挂吊柜、热水器、厕所用具等）。掺入特殊添加剂的防潮砌块，可用于浴室、厕所等空气湿度较大的场合。

4.1.4　植物纤维砌块

主要包含稻壳砖、稻壳绝热耐火砖、秸秆轻质保温砌块等。这类植物纤维绿色砌体材料一般为植物纤维与水泥、耐火黏土、树脂，以改性异氰酸酯胶为胶粘剂等进行混合，经搅拌、加压成型、脱模养护后制成。国内外利用稻壳等植物纤维生产绿色砌体材料，已经取得了一系列研究成果。该类材料具有防火、防水、隔热保温、重量轻、不易碎裂等优点，可用于房屋的内、外墙等部位。

4.2　建筑墙体节能技术

4.2.1　夹心复合墙砌体

夹心复合墙体是严寒和寒冷地区考虑墙体节能要求出现的一种新型结构体系，其保温节能效果显著，且墙体能够达到结构预期寿命，是墙体节能的一种主要发展方向。

夹心复合墙建筑，除用于承重砌体结构建筑外，还可用于混凝土结构的外填充墙，如山东省泰安市泰川石膏股份公司的办公楼（七层框架结构）、沈阳市五里河大厦（高层建筑）等。

4.2.2　自保温砌块砌体

自保温砌块包括复合自保温砌块和烧结空心自保温砌块。其中，复合自保温砌块由混凝土外壳和其内部填塞的保温材料组成，或在烧结空心砌块孔洞内填塞保温材料组成；烧结空心自保温砌块则依靠自身单一材料及众多小孔洞实现墙体保温隔热功能。

4.2.3　保温复合墙体

保温复合墙体包括外保温复合墙体和内保温复合墙体。

外保温复合墙体是主体结构的外侧贴保温层，再做饰面层，它能发挥材料固有特性。

承重结构可采用强度高的材料，墙体的厚度可以减薄，从而增加了建筑的使用面积，通过外保温复合墙体节能建筑的综合造价经济分析可知，其经济效益明显。

内保温复合墙体由主体结构与保温结构两部分组成。内保温复合外墙的主体结构一般为空心砖、砌块和混凝土墙体等。保温结构由保温板或块和空气间层组成。保温结构中空气间层的作用，一是防止保温材料吸湿受潮失效，二是提高外墙的热阻。

4.2.4 聚丙烯纤维增强蒸压加气混凝土砌块

蒸压加气混凝土（AAC）是一种轻质、多孔、保温、隔声和抗风的理想墙材，常用于墙体建筑、内部隔断、地基填充和保护等。其具有原料来源丰富和价格低廉等优势，是一种低能耗、低材料消耗、环境友好的填充墙材料。然而，AAC砌块的多孔结构和轻质特性导致其抗压强度和抗弯强度较弱，易造成抹灰过程中砌块断裂、抹灰层开裂以及外墙渗漏等问题。聚丙烯纤维是以丙烯为原料制成的纤维材料，具有强度高、轻质、耐化学品、耐水等特点。在混凝土材料中添加聚丙烯纤维可以提高其防水、防渗、抗压、抗拉、耐久性等，在加固和修复混凝土结构、桥梁和建筑物中具有广阔的市场前景。掺加聚丙烯纤维的蒸压加气混凝土砌块大幅降低了干燥收缩值，提高了抗压强度和劈裂抗拉强度，提高了填充墙体的稳定性，并有助于抹灰裂缝的防治。

4.3 工业化建筑施工技术

砌体建筑工程工业化的基本内容包括：采用先进、适用的技术、工艺和装备，科学合理地组织施工，发展施工专业化，提高机械化水平，减少繁重、复杂的手工劳动和湿作业等。

4.3.1 高层砌体结构技术

在我国，砌体结构虽然有着悠久的历史，但由于高层配筋砌块砌体剪力墙结构的抗震性能试验、理论研究及施工技术等方面有待进一步的研究与完善，我国现行砌体结构设计规范对配筋砌块砌体剪力墙结构的建筑高度限制较为严格，与钢筋混凝土剪力墙结构规定的高度相差甚远，这也成为制约砌体结构发展的主要瓶颈。随着高层砌体结构理论研究的不断完善和技术的不断创新，砌体结构的发展必将迎来良好的前景。

4.3.2 智能化建造技术的应用

近年来，国内许多工程采用了具有装饰效果的清水砖（砌块）。由于装饰砌体对砖的组砌方式要求很高，需要通过不同颜色、不同尺寸的砖进行组砌，来达到满意的艺术效果。因此在采用具有装饰效果的清水砖（砌块）的部分工程中，通过利用BIM技术，结合现代通信技术，采用物联网和智能建造的方式管理砖的制造、运输、砌筑、验收等建筑施工全过程，有效推动了智能化建造在砌体结构建造中的应用。

4.3.3 薄层砂浆砌筑技术

薄层砂浆砌筑技术因其具有粘结性能好、减少墙体热桥效益、节省砂浆用量、现场湿作业少、施工速度快、节能环保等优点，是今后墙体块材砌筑技术的发展方向。

4.3.4 干混砂浆现场储存搅拌一体化技术

干混砂浆运至施工现场后，按照不同种类或专业队伍分别储存在不同储存罐内，利用电子计量专用搅拌机进行现场加水量控制稠度，按需搅拌，节省用量，减少浪费，减少粉尘污染。

4.3.5　预应力砌体技术

预应力砌体是指在混凝土柱（带）中或者在空心砌块的芯柱中配置预应力钢筋，通过施加预应力增强对砌体的约束作用，延缓砌体开裂，提高砌体的抗裂荷载和极限荷载，增强砌体的抗震性能。

4.3.6　新型施工机具应用技术

2020年，住房城乡建设部等部门相继出台了《关于推动智能建造与建筑工业化协同发展的指导意见》及《关于加快新型建筑工业化发展的若干意见》，大力推进先进智能设备及智慧工地相关装备的研发、制造和推广应用，提升各类施工机具的性能和效率，提高机械化施工程度，促使一批新型施工机具得到推广和应用。

（1）砌筑抹灰升降平台

在砌体工程施工中，按照传统施工方法需要搭建脚手架。近年来出现砌筑抹灰升降平台这种新型施工机具（图9-7）。它的承载重量达1000kg，升降高度为4～15m，可根据施工需要灵活选用。其优点在于：减去了搭建和拆除脚手架的时间，提高了工作效率；该机具可以进行水平移动，增强了施工的灵活性，适用于建筑物各种部位；施工时避免了工人上下爬脚手架，提高施工人员的安全性；较搭设脚手架经济，降低了使用成本。

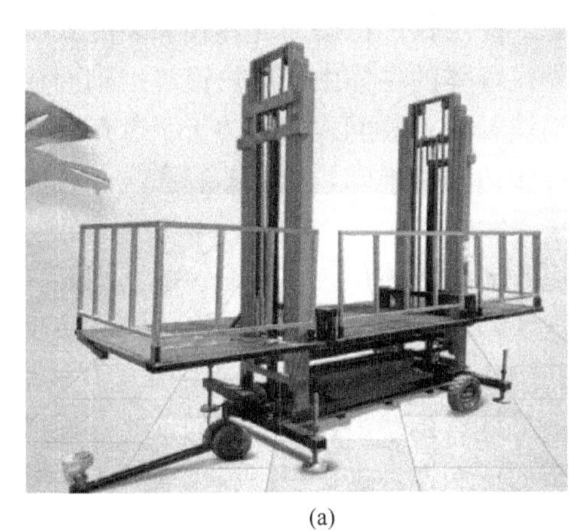

(a)

(b)

图9-7　砌筑搽灰升降平台
(a) 升降平台；(b) 升降平台在墙体砌筑中使用

（2）二次结构混凝土输送泵

二次结构系非承重结构，在砌体工程施工中，对墙体构造柱混凝土的灌注，在传统施工中，采用人工灌注方法，浇筑速度慢、费人力且不便操作。近年新研制并应用了二次混凝土输送泵。

二次结构混凝土输送泵有人力推动和电推动行走多种型号，输送混凝土水平距离和垂直距离及每小时输送量可根据施工现场实际情况选用。

（3）墙面砂混喷涂机

砌体工程中墙面抹灰，在传统施工中均采用人工作业方法。该方法耗时耗工，常出现砂浆层空鼓和粘结不牢的质量通病。近年来，墙面砂混喷涂机的应用（图9-8），一天可喷800m^2墙面砂浆。施工时，首先对墙面进行喷涂，然后用人工抹平砂浆，使抹灰施工节省了大量人工和时间，质量也得到了很好保证。

(a)

(b)

图 9-8 墙面砂浆喷涂机

(a) 砂浆喷涂机；(b) 墙面砂浆喷涂作业

4.3.7 定型化预制件组合拼砌砌体填充墙施工技术

预制装配式砌体墙，装配式墙体由若干装配式砌块错缝组砌而成，相邻装配式砌块之间通过水平连接结构和竖向连接结构连接，装配式墙体的主体由主砌块错缝堆砌而成，装配式墙体的边缘错缝缺口通过 1/2 砌块和端头砌块补齐，装配式墙体的丁字节点处通过若干丁字节点砌块堆砌，装配式墙体的转角处通过转角砌块堆砌，主注芯腔和次注芯腔中浇筑混凝土。

与传统施工技术相比，使用该技术可有效提升墙体的施工效率，缩短施工周期；预制砌块内设有保温槽，保温槽内填充隔热保温泡沫块，可保证保温隔热效果，同时减少了后期施工保温层的工序，提高了保温层的耐久性；砌块采用工厂制作、现场拼装的方式，可有效控制砌块的加工质量，降低现场安装难度；另外，砌块内设置专用的钢筋穿设槽，为钢筋安装提供专门的固定空间，提高了钢筋安装的便利性，进而提高施工效率。

4.4 强化框架结构填充墙传力和变形的规定

现行国家标准《砌体结构设计规范》GB 50003 虽然规定：“填充墙、隔墙应分别采取措施，与周边主体结构构件可靠连接，连接构造和嵌缝材料应能满足传力、变形、耐久和防护要求。”但工程中很少按规范执行，从而影响了砌体结构的安全性、耐久性。

目前工程中的填充墙与主体结构柱、墙的连接大多为刚性连接构造，没有执行现行国家标准《砌体结构设计规范》GB 50003“填充墙端部应设置构造柱”与“填充墙端部构造柱距框架柱之间应留出不小于 20mm 的间隙”的规定。也没按现行国家标准《建筑抗震设计规范》GB 50011“框架结构的填充墙，应考虑其设置对结构抗震的不利影响，避免不合理设置而导致主体结构的破坏”及墙与主体结构为柔性连接的规定。一般的做法是在采用刚性连接的基础上采用预埋钢筋法或化学植筋法，其最大的弊端是柱间填充墙参与了工作，可局部改变框架结构的刚度分布，由于填充墙在框架中起斜压杆的作用，会改变柱子的变形状态，将使柱子遭到破坏。如刚性连接的柱间窗间墙会使柱子形成短柱，导致柱受剪损坏或填充墙的破坏引起的构件倒塌等。

基于以上原因，《砌体结构设计规范》GB 50003 主编单位中国建筑东北设计研究院有限公司高连玉等专家发表论文建议规范给出更合理的构造规定，以保证填充墙既可以实现墙端按规范设置构造柱并与主体的柔性连接，又能使墙体竖向变形不被约束，降低墙体开裂风险，同时还要确保墙内拉结钢筋通长布设，做到地震时墙体不发生平面外倒塌。具体建议如下：

（1）在填充墙两端设置构造柱。

（2）预先在紧贴混凝土柱（墙）面沿竖向铺设 100mm 宽 20mm 厚的弹性材料（岩棉毡等）。

（3）将填充墙内的拉结钢筋伸入构造柱内，钢筋锚固长度应满足相关标准规定。

（4）浇筑构造柱混凝土并保证振捣密实。

（5）利用专用锚固设备，在填充墙的两侧沿竖向约 500mm 的间距将限位角钢铁件锚在框架柱或剪力墙上，使其成为限制填充墙平面外位移、防止墙体倒塌的措施。最后用薄层腻子将铁件进行密封至与填充墙一个水平面。

（6）墙顶面与框架梁之间留出不小于 15mm 的缝隙，用硅酮胶或其他弹性密封材料封缝。水平方向设置限位角钢（图 9-9）。

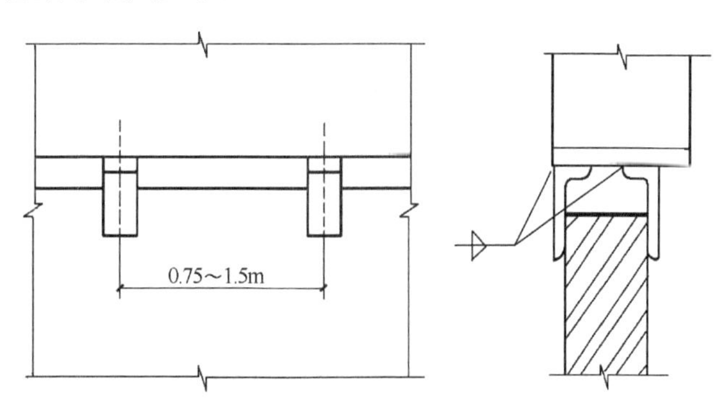

图 9-9　填充墙顶部限位角钢设置示意

五、砌筑工程施工技术指标记录

5.1　块体材料

5.1.1　烧结多孔砖（砌块）的孔洞率和最高强度等级

我国发布了新国家标准《烧结多孔砖和多孔砌块》GB/T 13544—2011 替代《烧结多孔砖》GB 13544—2000，该标准增加了淤泥及其他固体废料作为制砖（砌块）原料的规定；改变砖的圆形孔和其他孔形，规定采用矩形孔或矩形条孔；将承重砖的最小孔洞率提高为 28%、将承重砌块的孔洞率规定为不小于 33%。近年来，国内已有多家生产企业引进国外最先进的真空硬塑挤压技术生产抗压强度达 60MPa 以上的烧结砖。

5.1.2　烧结空心砌块的最大孔洞率、体积密度、抗压强度和导热系数

我国在消化吸收国外技术的基础上，生产出主规格尺寸 3650mm×248mm×248mm、孔洞率 52.7%、体积密度 860kg/m³、抗压强度不小于 10MPa、导热系数 0.12W/（m·

K）的烧结保温空心砌块。

5.2 砌筑砂浆的最高强度等级

目前，砌筑砂浆设计和应用的最高强度等级为 M30（预拌砂浆）。

5.3 专用砌筑砂浆

蒸压硅酸盐砖专用砂浆砌筑的砌体试件沿灰缝抗剪强度平均值高出相同等级的普通砂浆砌筑的蒸压硅酸盐砖砌体试件 30%；混凝土小型空心砌块及蒸压加气混凝土砌块专用砌筑砂浆的工作性能应能保证竖缝面挂灰率大于 95%；蒸压加气混凝土专用砂浆砌筑的砌体试件沿灰缝抗剪强度平均值高出相同等级的普通砂浆砌筑的砌体试件 20%。

5.4 最高砌体建筑

位于哈尔滨市的国家工程研究中心基地工程项目，属于办公建筑，地上 28 层、地下 1 层，总高度 98.80m（檐口高度），是目前世界上和我国已建造的最高配筋砌块结构砌体建筑。

六、砌筑工程施工技术典型工程案例

上海世博会重点工程——上海市黄浦区 174 街坊项目（洛克外滩源）位于苏州河和黄浦江的交汇处（外滩源），南起北京东路，北至南苏州路，西抵虎丘路，东为圆明园路，南北长约 300m，东西宽约 50～70m。外滩源位于黄浦江和苏州河的交汇处，为外滩历史文化风貌区的核心区域，是外滩“万国建筑博览会”的源头，也是上海现代城市的源头。洛克菲勒外滩源主要集中了 1900 年至 1937 年兴建的大量近代现代历史建筑，且以大厦为主要特色。项目总建筑面积约 11.5 万 m^2，需加固修缮 11 栋历史建筑，保留 1 栋历史建筑的两片沿街外墙，拆除 3 栋历史建筑，并新建 6 栋大楼，4 个深 8～21.6m 的地下室，是上海最大的历史风貌区成片综合改造项目，总造价达 7 亿元。需改建、修缮历史建筑面积 40000 多 m^2。新建建筑面积为地上 50000 多 m^2，地下 20000 多 m^2。

工程施工难点是施工场地狭小，如同螺蛳壳里做道场；地处闹市，环境限制条件多；地质条件复杂，建筑构件脆弱，破损严重；保护单片墙内部新建大型地下室，历史建筑保护的安全风险极高。

施工技术创新主要是：①研制了单片砖墙单侧基础桩基悬挑托换施工技术；设计了无需借助建筑自重作为压桩反力的分段静压钢管桩技术；研发了历史建筑保留外墙单侧施工和变形控制关键技术。解决了新建筑施工期间历史建筑单片墙体单侧保护的难题。②创建了紧邻历史建筑的地下清障和深基坑施工成套技术。研制了地下木桩拔除设备，开发了在障碍物上施工钻孔灌注桩、非开挖清障后施工地连墙、坑内清障与开挖同步施工等技术。实现了邻近历史建筑的深基坑绿色安全施工。③创新了历史街区保护建筑的加固、修缮技术。研制了历史建筑基础多重工艺复合的防水施工技术、外墙旧砖换面修复和砖粉勾缝技术、水磨石拆除后复原技术、注射法修复保护建筑防潮层技术，达到了独特的修缮效果（图 9-10、图 9-11），提高了建筑物使用寿命。

图 9-10　安培洋行

图 9-11　圆明园公寓

第十篇　预应力工程施工技术

中国建筑科学研究院有限公司　　冯大斌
建研（北京）结构工程有限公司　　董建伟　董　超
江西省交通投资集团有限责任公司　　彭爱红　余小晴　蔡　裕
江西省交通工程集团建设有限公司　　吴　飞　谭志成　彭毅杰

摘要

本章介绍了预应力施工技术的历史、现状及最新发展情况，对预应力混凝土结构先张法、后张无粘结、后张有粘结、后张缓粘结和预应力钢结构拉索法、支座位移法、弹性变形法等的主要技术施工特点进行讲解，并介绍了预应力桥梁和特种预应力结构（SOG 预应力整体地坪）的施工特点以及近 1～3 年预应力工程施工技术的最新进展以及预应力工程施工技术前沿研究和指标记录，最后对国内目前一些比较有代表性的采用超高强预应力钢绞线、缓粘结预应力技术、折线先张法 T 梁预制的项目进行介绍。

Abstract

This chapter introduces the history, current situation and latest development of pre-stressed construction technology, and explains the main technical construction characteristics of pre-stressed concrete structure (pretensioned system, unbonded post-tensioning system, bonded post-tensioning system, retard-bonded tensioning system) and pre-stressed steel structure . The construction characteristics of prestressed bridges and special prestressed structures (SOG prestressed integral floor), the latest progress of prestressed engineering construction technology in recent 1～3 years, the frontier research and index record of prestressed engineering construction technology are also introduced. Finally, some representative domestic projects using ultra-high strength prestressed steel strand, retard-bonded prestressed technology and broken-line pretensioning T-beam prefabrication are introduced.

一、预应力工程施工技术概述

1.1 预应力混凝土结构

预应力混凝土技术在我国发展至今已经相当成熟，形成了包含设计、施工、材料等多个方面的技术规程，如《混凝土结构设计规范》GB 50010—2010（2015 版）、《预应力混凝土结构设计规范》JGJ 369—2016、《无粘结预应力混凝土结构技术规程》JGJ 92—2016、《缓粘结预应力混凝土结构技术规程》JGJ 387—2017、《预应力混凝土结构抗震设计标准》JGJ/T 140—2019 等。

预应力钢绞线等材料的发展也较为迅速，大直径、高强度钢绞线应用较为广泛，并形成了相关的标准，如《多丝大直径低松弛预应力钢绞线》GB/T 31314—2014，《大直径缓粘结预应力钢绞线》T/CECS 10097—2020，《预应力混凝土用超高强钢绞线》T/CISA 215—2022，《铁路预应力混凝土用钢绞线》Q/CR 907—2022，《预应力混凝土用超高强钢绞线》T/CECS 10327—2023。

在房屋建筑中，上部结构以预应力混凝土为主，预应力技术多用于大跨、重载、超长结构；基础底板、地下室外墙、抗浮桩等部分使用预应力技术；预制预应力混凝土管桩在软土地区大量使用；预应力装配式混凝土结构如预制预应力混凝土叠合板等也重新得到推广应用。

1.2 预应力钢结构

1.2.1 概念

在钢结构体系中引入预应力以抵消原荷载应力，增强结构的刚度及稳定性，改善结构其他属性及利用预应力技术创建的新型钢结构体系，都可称之为预应力钢结构（Prestressed Steel Structure，简称 PSS）。预应力钢结构的经济性与结构体系、布索方案及施工工艺、结构构造及节点等多种因素有关，正常情况下，采用单次张拉的预应力钢结构比非预应力钢结构可节约钢材 10%～20%；多次张拉时可达 20%～40%。

1.2.2 发展趋势

进入 21 世纪后，PSS 发展的特征是：出现了预应力技术与空间结构新体系结合而衍生出来的 PSSS（Pre-stressed Space Steel Structure），它具有优秀的力学特性和良好的技术经济指标。从悬索体系延伸出来的吊索体系大大扩展了“零刚度”杆件的应用范围，而人工合成膜及玻璃等新材料与预应力钢索新体系相结合进一步衍生出以预应力钢索承重结构为主的张力膜结构和拉索幕墙结构，极大地丰富了建筑造型并减轻了结构自重，与初期的 PSS 体系相比有了本质上的提高与突破。可以预见，PSSS 结构体系的发展前景广阔。

二、预应力工程施工主要技术介绍

2.1 预应力混凝土结构

预应力混凝土结构根据张拉和浇筑混凝土的先后顺序可分为先张法和后张法。后张法根据工艺的特点，分为有粘结预应力技术、无粘结预应力技术、缓粘结预应力技术。

先张法预应力混凝土技术主要工作内容为：①制作张拉台座；②安装预应力筋；③张拉预应力筋；④浇筑混凝土及混凝土养护；⑤预应力筋放张。

后张法有粘结预应力混凝土技术主要工作内容：①预应力工程进行深化设计（包括深化设计说明、设计要求、预应力筋布置图、张拉节点做法）；②预应力筋孔道预留；③穿入预应力筋；④浇筑混凝土及孔道张拉端清理；⑤预应力筋张拉（多级张拉）；⑥孔道灌浆、端部封闭。

后张无粘结预应力混凝土技术主要工作内容：①预应力工程进行深化设计（包括深化设计说明、设计要求、预应力筋布置图、张拉节点做法）；②无粘结预应力筋制作下料；③预应力筋铺设；④浇筑混凝土；⑤预应力筋张拉及封堵。

后张缓粘结预应力混凝土技术主要工作内容：①预应力工程进行深化设计（包括深化设计说明、设计要求、预应力筋布置图、张拉节点做法）；②缓粘结预应力筋制作下料；③预应力筋铺设；④浇筑混凝土；⑤预应力筋张拉及封堵。与无粘结主要区别在材料制作方面，采用缓凝胶等材料，缓凝材料固化后，预应力筋通过固化的缓粘材料和刻痕护套等与混凝土粘结在一起。

2.2　预应力钢结构

2.2.1　预应力钢结构的分类

（1）张弦结构体系

张弦结构体系是指预应力拉索通过撑杆形成中间支点以支撑上弦钢梁的结构体系，可分为单向张弦、双向张弦、空间张弦结构体系，见图 10-1。

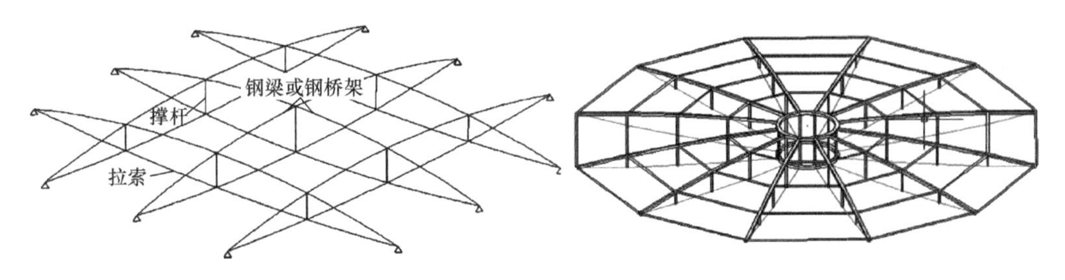

图 10-1　张弦结构体系

（2）弦支穹顶结构体系

弦支穹顶结构一般由上层刚性穹顶、下层悬索体系以及竖向撑杆组成。上层穹顶结构一般为单层焊接球网壳，可以采用肋环型、葵花型、凯威特型等多种布置形式。上弦钢结构也可以是由辐射状布置的钢梁与环向连系梁组成的单层壳体，见图 10-2。

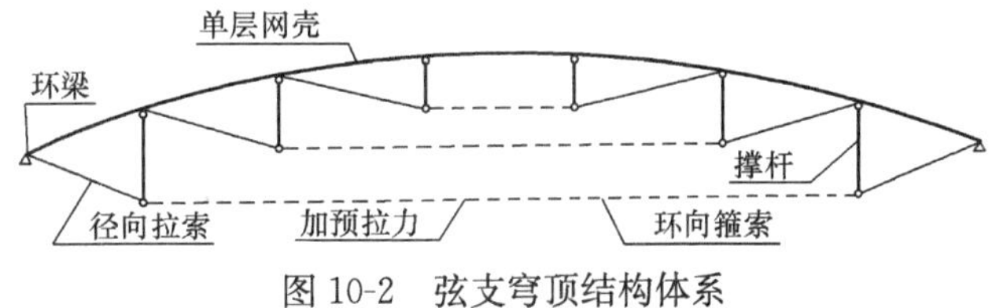

图 10-2　弦支穹顶结构体系

(3) 索穹顶结构体系

索穹顶结构是由脊索、斜索、压杆和环索构成的整体张拉结构体系，这种结构体系具有受力合理、自重轻、跨度大和结构形式美观、新颖的特点，见图 10-3。

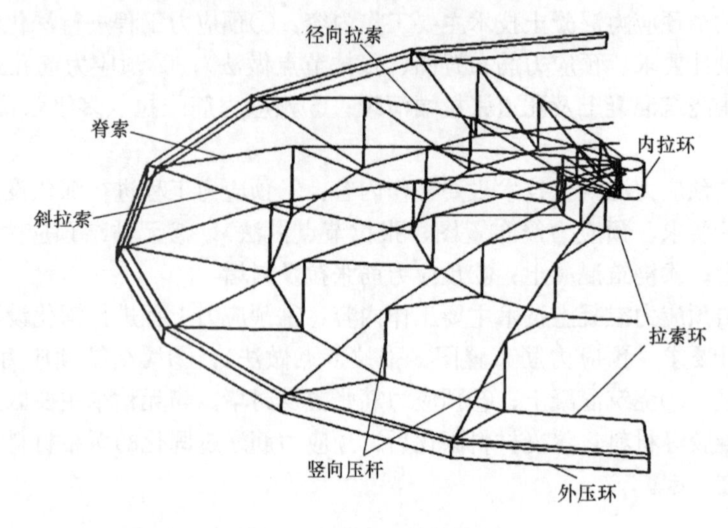

图 10-3 索穹顶结构体系

(4) 悬索结构体系

悬索结构是以一系列受拉的索作为主要承重构件，索按一定规律组成各种不同形式的体系，并悬挂在相应的支承结构上的结构体系。悬索结构形式多样，常见的悬索结构分为：单层悬索体系、双层悬索体系、马鞍形索网体系。

(5) 斜拉结构体系

斜拉结构体系一般由高出屋面的桅杆或塔柱、悬挂屋面以及由桅杆或塔柱顶部斜伸下来的拉索系统组成，见图 10-4。

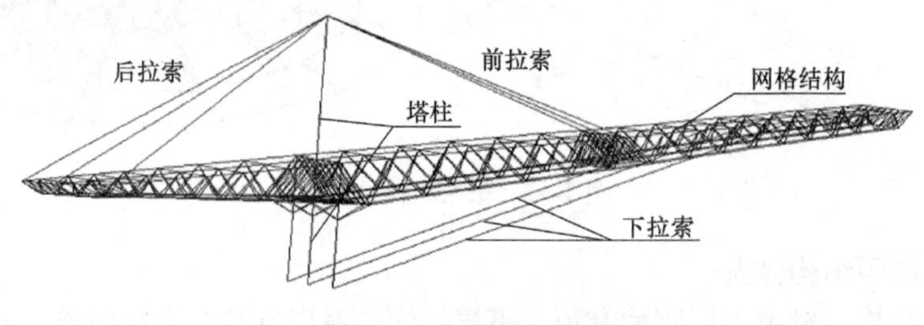

图 10-4 斜拉结构体系

(6) 其他类型

包括索膜结构、点支式幕墙结构、预应力桁架结构等。

2.2.2 施加预应力的主要方法

施加预应力的方法主要有拉索法、支座位移法、弹性变形法，其中应用最广泛的是拉索法。

(1) 拉索法

拉索法即在钢结构的适当位置布置拉索，通过张拉拉索使钢结构内部产生预应力。拉索法的柔性拉索大多锚固于钢结构体系内的节点上，这种方法施工简便，施加的预应力明确。

（2）支座位移法

支座位移法是在超静定钢结构体系中通过人为手段强迫支座产生一定的位移，使钢结构体系产生预应力的方法。支座位移法的预应力钢结构在钢结构设计制作时预先考虑到强迫位移尺寸，在现场安装后强迫结构产生设计的位移，并与支座锚固就位，强迫位移使结构产生预应力，或强迫使支座产生高差，使之建立预应力效应。

（3）弹性变形法

弹性变形法是强制钢结构的构件在弹性变形状态下，将若干构件或板件连成整体，当卸除强制外力后就在钢结构内部产生了预应力。

2.3　桥梁预应力结构

桥梁预应力结构普遍应用于我国交通工程建设领域，如铁路桥、高速路桥、跨海大桥等。大量路桥的建设推动了我国预应力向智能化和高耐久性的方向不断提出更高的要求，尤其是在超大跨度桥梁和特种结构领域，提出了智能拉索和免维护的预应力产品，长寿命的产品技术，以及预制拼装建桥技术的需求。

2.3.1　预应力混凝土桥梁

预制混凝土桥主要工艺：在预制梁场内制作预应力混凝土箱梁，总体施工工艺同有粘结预应力混凝土，张拉灌浆完成且达到设计强度后吊装。

2.3.2　拉索桥

大跨度斜拉桥主要工艺：同预应力钢结构斜拉索。

2.4　特种工程

2.4.1　预应力整体地坪

预应力整体地坪施工技术是近年来引入我国的，通过分阶段对预应力筋的张拉，抵消混凝土本身的不良特性，使整块混凝土板早期不开裂，后期刚度大，整体不切缝的整体地坪。

总体施工工艺包括：地坪水稳层施工—沙滑层铺放—PE膜铺放—预应力筋铺放—混凝土浇筑—早期预应力筋张拉—预应力筋最终张拉—孔道灌浆、封闭张拉端。

2.4.2　风电预应力

风电预应力是在国家“双碳”目标背景下，随着风电新能源产业快速发展，将预应力技术成功应用于风电塔筒结构之中。风力发电机的基本结构主要由基础、塔筒、主机、叶片、控制系统等构成，其中塔筒主要分为钢塔筒、混凝土塔筒、钢混塔筒三种类型。目前随着陆上风力发电机功率逐步增大至5MW以上，塔筒高度也逐步从120m发展到160m，甚至180m以上。在塔筒结构越来越高的发展过程中，预应力技术在混凝土塔筒以及钢混塔筒结构之中起到了至关重要的作用。

混凝土塔筒（或钢混塔筒的混凝土部分）的安装首先需要分节预制混凝土段，然后通过大型吊装机械，将预制的混凝土段依次竖向叠加至风机的基础结构上，组装成完整的塔筒形式，之后通过对预应力钢绞线的安装及张拉将塔筒最顶层混凝土段与风机基础连接成整体。目前常用的预应力形式主要有体外无粘结预应力、体内有粘结预应力两种，有粘结预应力体系由于施工工艺上相对复杂，因此并未大规模推广应用，体外无粘结预应力体系由于施工简便，且有利于后期检查与维修，所以在风电预应力领域应用较为广泛。

三、预应力工程施工技术最新进展（1～3年）

最近几年，预应力技术在国内蓬勃发展，重点有以下几个方向：

3.1 缓粘结预应力成套技术

缓粘结预应力技术是对传统预应力技术的又一次重大革新，其以缓粘结钢绞线为核心材料，通过缓凝粘合剂固化实现预应力筋与混凝土之间从无粘结过渡到有粘结的一种新型预应力技术。

缓粘结钢绞线由外保护套、缓凝粘合剂和钢绞线三部分组成，如图 10-5 所示，其核心成分为缓凝粘合剂。缓凝粘合剂前期具有一定的流动性及对钢材良好的附着性，随时间推移缓凝胶粘剂逐渐固化，与预应力钢筋、外包护套之间产生粘结力，实现钢绞线与混凝土之间由无粘结向有粘结的过渡，以达到与有粘结预应力筋相同的力学效果，缓凝粘合剂固化曲线如图 10-6 所示。常用的缓凝粘合剂类型有热固型和湿气固化型，两者最大的区别在于固化机理的不同。

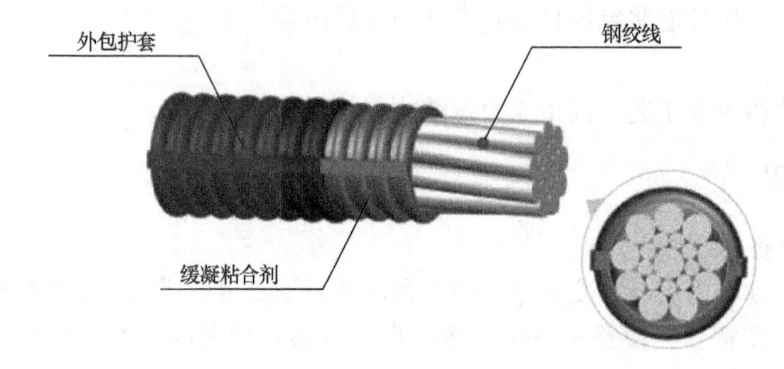

图 10-5　缓粘结预应力钢绞线

热固型缓凝粘合剂主要通过吸收周围热量来完成固化，温度敏感性较高，在高温环境以及水化热较为严重的大体积混凝土中，会明显加快其固化进程，缩短实际张拉适用期，严重影响其在结构中的应用；湿气固化型缓凝粘合剂主要是通过吸收周围水汽来完成固化，固化过程不易受温度的影响，在高温环境下依旧能保持较为稳定的力学性能。

现常用的缓粘结预应力钢绞线规格有 15.2mm、17.8mm、21.8mm、28.6mm，随着钢绞线直径的不断增大，大跨、重载结构在相同受力条件下，预应力钢绞线的配筋根数会有明显减少，可明显降低预应力混凝土梁、板结构以及复杂梁柱节点处的施工难度，提高施工效率。

相比无粘结预应力技术，缓粘结预应力钢绞线在缓凝粘合剂完成固化后，能与周围混凝土形成有效粘结作用，保证两者协同作用，共同受力，从而显著提高结构抗震性能；同时，钢绞线与混凝土间的有效粘结，可从根本上避免无粘结预应力锚具损伤或失效而引起

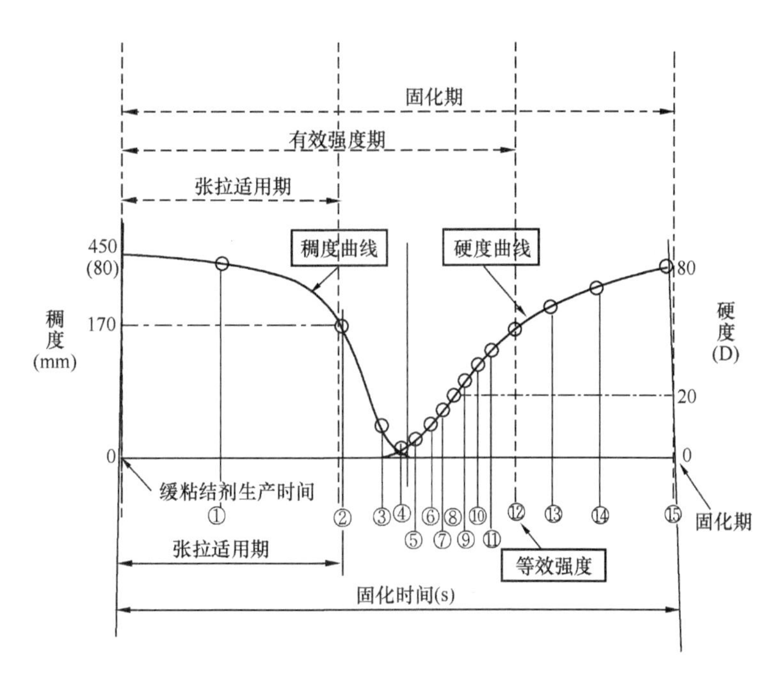

图 10-6 缓凝粘合剂固化过程

的有效预应力完全丧失，提高结构安全裕度。

相比有粘结预应力技术，缓粘结预应力减少埋设波纹管与灌浆两道复杂且极易出现施工质量问题的工序，既能提高施工便捷性，又可保证施工质量；缓粘结预应力技术张拉和锚固均可在梁顶或板面崛起张拉，无需在梁侧加腋，也无需在板面预留张拉洞口，提高施工效率的同时，也避免了加腋混凝土块对结构整体受力的影响。

经过近十年的发展以及在数百项工程中的推广和应用，缓粘结预应力技术在产品研发生产、结构设计施工等方面都积累了非常丰富的经验，并且形成了完整且系统的技术和标准体系，使缓粘结预应力成为预应力混凝土结构的主流技术，目前《大直径缓粘结预应力钢绞线》T/CECS 10097—2020 也已发布实施，17.8mm 和 21.8mm 两种规格钢绞线在国内各大预应力站房中已经得到了大量的应用。

3.2 超高强预应力成套技术

在预应力技术类型不断发展完善的过程中，钢绞线原材亦取得突破，超高强钢绞线研发成功并逐渐得到应用。超高强钢绞线指极公称抗拉强度不低于 2160MPa 的钢绞线，是在现有 82b 盘条基础上，通过调整金属成分比例，改进生产设备和生产工艺等措施，将现常用的 1860MPa 级别的钢绞线提高至 2160MPa、2230MPa、2360MPa，最大力总延伸率不小于 4.5%，极大提高了材料利用率，不同直径超高强钢绞线力学性能见表 10-1 和表10-2。

对于大跨、重载等需要大量配置预应力钢绞线的混凝土结构，能在保证结构受力性能不变的前提下，减少钢绞线以及锚具用量 15%～25%，在复杂梁柱节点处可明显降低施工难度，提高施工效率。

1×7 结构超高强钢绞线力学性能 **表 10-1**

结构类型	公称直径 D_n（mm）	公称抗拉强度 R_m（MPa）	整根超高强钢绞线最大力 F_m（kN）≥	整根超高强钢绞线最大力的最大值 $F_{m,max}$（kN）≤	0.2%屈服力 $F_{p0.2}$（kN）≥	最大力总延伸率（L_p≥500mm）A_{gt}（%）≥	应力松弛性能	
							初始负荷相当于实际最大力的百分数（%）	1000h应力松弛率 r（%）≤
1×7	15.20	2160	303	331	267	4.5	70/80	2.5/4.5
		2230	313	341	276			
		2360	331	359	292			
	17.80	2160	413	451	364			
		2230	426	461	375			

1×19 结构超高强钢绞线力学性能 **表 10-2**

结构类型	公称直径 D_n（mm）	公称抗拉强度 R_m（MPa）	整根钢绞线最大力 F_m（kN）≥	整根钢绞线最大力的最大值 $F_{m,max}$（kN）≤	0.2%屈服力 $F_{p0.2}$（kN）≥	最大力总延伸率（L_p≥500/m）A_{gt}（%）≥	应力松弛性能	
							初始负荷相当于实际最大力的百分数（%）	1000h应力松弛率 r（%）≤
1×19S（1+9+9）	21.80	2160	677	739	596	4.5	70/80	2.5/4.5
		2230	698	761	615			
1×19W（1+6+6/6）	25.40	2160	910	994	801			
		2230	939	1023	827			

我国每年1860MPa级预应力钢绞线用量约500万t，如采用超高强预应力钢绞线替代，根据等效代换原则，每年可节省20%～30%的原材料（约100万t钢材），同时可节约锚具500万孔，具有重大经济社会效益。

超高强钢绞线适用于各类预应力混凝土结构中，尤其是在配筋量较大的大跨、重载以及超长混凝土结构中，对于控制结构开裂、减少配筋根数，提高施工便捷性方面具有明显优势。

但是随着单根钢绞线张拉控制力的提高，对混凝土局部承压问题也造成了一定的影响，因此，为更好推动超高强预应力技术在混凝土结构中的应用，同步开展了超高强锚具的研发，目前已成功研制出能与超高强钢绞线配套使用的锚具，解决了张拉、锚固区域混凝土局部承压过大的问题。

现阶段超高强预应力成套技术已在体育场馆、机场航站楼、高铁站房等多种类型的大跨、重载、超长混凝土结构中进行了推广应用，国内首个使用2230MPa的超高强预应力技术的厦门新体育中心项目已于2023年正式投入使用，相比普通1860MPa的钢绞线，钢绞线以及相应的锚具用量等减少了20%，带来了明显的经济效益的同时，也降低了施工难度，保证了施工进度。目前超高强预应力成套技术体系已较为完善，已成功编制《预应力混凝土用钢绞线》GB/T 5224—2023、《预应力混凝土用超高强钢绞线》T/CECS 10327—2023、《铁路预应力混凝土用钢绞线》Q/CR 907—2022等相关产品标准，旨在以材料研发为核心，全面推进预应力混凝土结构朝着高强、大跨等方向的转型发展。

3.3　光纤光栅智慧预应力成套技术

光纤光栅智慧钢绞线是近年来在传统的光纤光栅测量法的基础上，兴起的具有一定监测功能的新型钢绞线产品，如图 10-7 所示，其由普通预应力钢绞线和复合光纤光栅传感器的碳纤维复合筋构成，通过向植入光纤光栅的钢绞线内射入特定波长的光并沿轴向方向传递，利用传感器等设备对光纤中光格栅的反射波长进行识别，测量出光格栅在钢绞线内部的位移变化。智能钢绞线除了具有传统钢绞线优异的力学指标，还具有优良的感知性能可以实现自身的长期重复性监测。

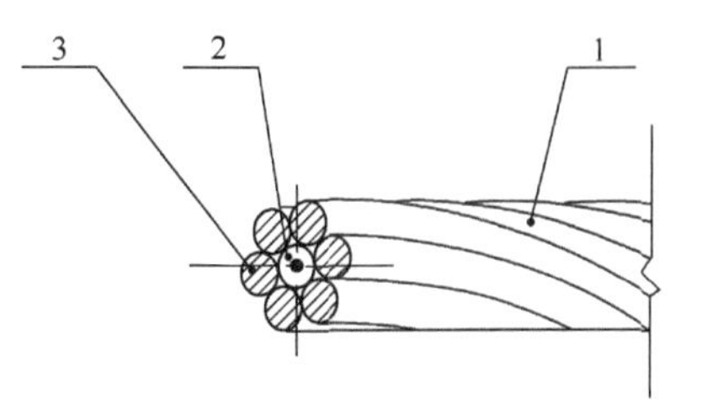

图 10-7　光纤光栅智慧钢绞线
1—钢绞线；2—光纤光栅纤维增强复合智能筋；3—钢丝

目前光纤光栅智慧钢绞线已经在多个预应力混凝土的监测项目中进行了应用，采用智慧钢绞线测到的应力应变误差值明显小于传统应变片的误差值，能在监测过程中始终保持良好的性能，更适用于体内预应力监测，是预应力混凝土结构应力监测逐步走向科学化、信息化和智能化的重要一步。

四、预应力工程施工技术前沿研究

4.1　混凝土工程领域

近些年预应力技术在机场、航站楼、交通枢纽、会展中心、大型桥梁等工程中得到广泛应用。其中典型的项目包括重庆东站、宜昌北站、沪昆铁路义乌高架站房、高铁合肥西站、赣州西站等高铁站房，珠海机场及综合交通枢纽、长沙机场改扩建工程综合交通枢纽工程、西安咸阳国际机场三期扩建工程、广州白云国际机场 T3 航站楼等机场航站楼等大型重点项目，预应力技术的引入有效解决了工程中的大跨度梁、楼板挠度与裂缝等问题。

4.2　钢结构工程领域

在大跨度空间结构中，通过拉索引入预应力，形成合理高效的结构体系。自 2018 年以来几乎所有建成的大型体育及大部分体育馆均采用了预应力钢结构体系，如贵州同仁体育场、上海浦东足球体育场、三亚体育中心体育场、大连梭鱼湾足球场等罩棚采用了轮辐式索结构，西安国际足球中心体育场、国家速滑馆等屋盖采用索网结构，上海浦东足球场、兰州奥体中心综合馆、上海八万人体育场改造工程、青岛足球场等采用弦支结构，成都凤凰山足球场罩棚、天津理工大学体育馆屋盖等采用索穹顶结构。随着预应力技术在大跨空间结构领域的广泛应用，逐渐形成高效的分析与建造技术，其中大型同步张拉技术应用于大型体育场馆的建造中，有效实现了预应力的高效张拉与精准控制。

4.3　特种结构领域

在特种结构领域，预应力技术能够充分利用高强材料并能有效解决裂缝问题，有效满足特殊结构的特殊要求，如核电安全壳、LNG储罐等领域。

针对工业化需求，预应力技术与预制装配技术相结合，形成了独具特色的预应力预制装配体系，这其中典型应用代表是预应力钢—混凝土组合风电塔架结构。预应力混凝土塔架作为新型超高风电塔筒结构可有效降低建设维护成本、提高整机发电量，在风电塔筒领域被大力推广。钢—混凝土组合塔架是把预制混凝土塔筒段，依次竖向叠加至风机的基础结构上，组装成完整的塔筒形式，后通过对预应力钢绞线的安装及张拉将塔筒最顶层混凝土段与风机基础连接成整体。目前在混塔中已有体外无粘结预应力、体内有粘结预应力等形式，并逐步形成从设计、施工到后期维护的完整体系。

五、预应力工程施工技术指标记录

（1）目前应用于建筑工程中最大直径的预应力钢绞线是直径 D＝28.6mm的钢绞线。

（2）目前应用于建筑工程中最大强度的预应力钢绞线是2360MPa级的钢绞线。

（3）目前应用于建筑工程中的缓粘结预应力筋最长张拉适用期是540d。

六、预应力工程施工技术典型工程案例

6.1 厦门新体育中心

厦门新体育中心工程（施工）Ⅰ标段项目总占地面积66.64万 m^2，总建筑面积30.26万 m^2。其中白鹭体育场东西长326m，南北跨350m，属于超长混凝土结构，其变形和内力受温度影响大，易产生混凝土梁板开裂，影响结构的正常使用和耐久性，是国内首个在设计及施工中采用2230MPa超高强预应力技术的工民建项目。

从相关计算结果可以看出，二层环向应力在剪力墙附近偏大，约为5MPa左右；三层最大环向应力为3.3MPa，四层以上环向应力小于3MPa。已经超过C40混凝土抗拉强度设计值1.71MPa，必须采取相应措施控制开裂。为抵抗温度应力，体育场二层至五层梁板设计为预应力混凝土结构，通过设置普通钢筋与预应力钢筋等措施，保证楼板的承载力与抗裂性能。

若采用1860MPa钢绞线，钢绞线间距过密，增加布筋难度的同时，也增加了张拉端和固定端的数量，增加了钢绞线张拉的不便，而采用2230MPa钢绞线，钢绞线数量减少了20％，配筋间距可明显增大，张拉端数量也相应减少了20％，极大地增大了施工便利性，在工程总造价方面，与使用普通级别的钢绞线相比，可以基本持平，随着超高强钢绞线的大规模生产以及全国范围内的推广和应用，节省预应力用量，降低总造价的优势也逐渐突出。

6.2 北京大兴国际机场

北京大兴国际机场整体结构属于超长超大结构，且具有非常复杂的钢结构，对于结构长度大于规范限值的超长超大结构，需要重点解决结构开裂、温度作用对结构内力的影响以及结构扭转的问题。对于超长混凝土结构裂缝控制，预应力无疑是目前最有效且简便的

措施。北京大兴国际机场最终采用 1860MPa、ϕ15.2mm 规格的湿气型缓粘结预应力钢绞线。

湿气固化型缓粘结预应力钢绞线，其固化周期不易受温度的影响，在大体积混凝土结构中依然能保持良好的力学性能，对保证结构的正常施工以及施工质量奠定了重要的基础，且相比传统的有粘结预应力结构形式，省掉了预穿波纹管和张拉后灌浆的施工步骤，缩短了工期，降低了工程造价，实现了单层 18 万 m^2 混凝土结构不设缝的工程奇迹，工程验收至今未出现开裂现象。

6.3 小里站缓粘结预应力抗浮桩

小里站站房工程站址位于雄安新区起步区第一组团东西轴南北侧干路之间，为地下三层两台夹四线车站，并与规划 M1、M3 地铁小里站及市政配套工程同期建设；站房和枢纽配套工程桩采用大直径扩底抗浮桩，桩基在抗浮工况作用下受拉，在低水位工况下受压。工程桩采用 C40、抗渗等级 P12 水下混凝土；底板与地梁采用 C45、抗渗等级 P12 混凝土。

站房工程基础中均采用直径 2000mm 的缓粘结预应力抗拔桩，每根桩内通长配置 Φ^s21.8 缓粘结预应力钢绞线；枢纽配套工程基础中采用直径为 2000mm、1000mm 的缓粘结预应力抗拔桩，每根桩内通长配置Φ^s21.8 缓粘结预应力钢绞线，其中预应力钢绞线伸出桩顶构造示意图如图 10-8 所示。Φ^s21.8 缓粘结预应力钢绞线抗拉强度标准值为 $f_{ptk}=2230$MPa；缓凝粘合剂的标准张拉适用期为 300d，标准固化时间为 900d。缓粘结预应力钢绞线固定端锚具采用挤压式锚具，张拉端锚具采用单孔夹片锚具，工程桩中预应力张拉控制应力 $\sigma_{con}=0.65\times2230=1449.5$MPa。

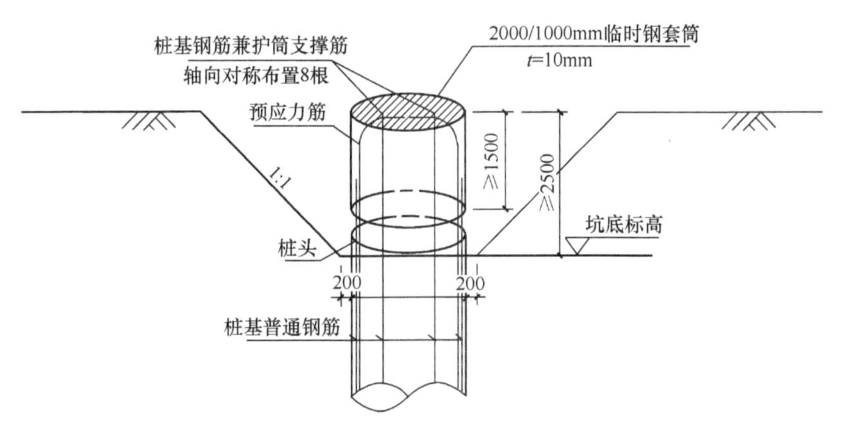

图 10-8 预应力筋伸出桩顶保护

本项目共使用 21.8mm 的超高强缓粘结钢绞线 820t，超高强缓粘结预应力桩与普通预应力桩相比，可降低桩身内部预应力筋数量，总体节省钢材 200 余吨，且有利于张拉端在桩顶或底板进行布置，提高了施工便捷性，保证了施工质量。

第十一篇　建筑结构装配式施工技术

中建科技集团有限公司　　　　　　曾运平　邱　勇　袁银书　郑　义　李思遥
南京大地建设集团有限责任公司　庞　涛　张明明　黄　宏

摘要

本篇详细描述了建筑结构装配式施工技术在我国的发展概况，内容涵盖装配式结构体系，预制构件设计、生产、储运，装配化施工，模块化建造技术，以及信息化技术和智能建造等内容。结合最近1～3年国内建筑结构装配式施工技术典型案例，介绍了当前国内装配式框架结构、装配式剪力墙结构和模块化建筑技术应用情况。

Abstract

The state-of-art prefabricated construction technology is described in detail. The content covers typical prefabricated construction systems, design of prefabricated structural components, factory production, storage and transportation of components, assembly construction, modular construction, application of information technology and intelligent construction technology, and other technologies. Combined with the typical cases of assembly construction technology of building structures in China in recent 1～3 years, the application of prefabricated frame structure, prefabricated shear wall structure and modular building technical indexes are introduced.

一、建筑结构装配式施工技术概述

1.1 国外装配式建造技术的发展与现状

进入21世纪，随着信息化时代的到来，BIM技术、网络技术和通信技术等在装配式建筑领域得到广泛应用，建筑工业化更加高效、集成、节能，更加个性化、风格化，有效促进了装配式建筑技术体系的完善和管理水平的提升。装配式建筑产业链在发达国家开始建立和完善，该时期的典型项目为美国模块化“迷你”公寓项目。随着工业4.0时代的到来，人们对生活质量和环境提出了更高要求，装配式建筑开始向着人本设计、环保建造和智能居住的方向发展。3D打印、新材料、模块化建筑技术、智能建造等新兴技术也拓展了装配式建筑产业。2013年荷兰以莫比乌斯环为原型，利用3D打印技术创造了“没有起点也没有终点”的建筑Landscape House，标志着装配式建筑的科技、人本和文化内涵不断增强。

1.2 国内装配式建造技术的发展与现状

2016年国务院办公厅印发了《关于大力发展装配式建筑的指导意见》。在中央和地方各级政府的大力推动下，我国装配式建筑飞速发展，各类自主研发的新技术体系不断涌现，如2017年研发的预应力压接装配式框架结构体系和2020年研发的装配整体式纵肋叠合剪力墙结构体系等。近年来，适用于快速建造的模块化建筑得到大量应用，进一步丰富了我国装配式建造技术。目前，我国模块建筑技术标准体系已初步建立并日趋完善。国务院办公厅于2021年印发《关于推动城乡建设绿色发展的意见》，进一步推动了装配式建筑向更加绿色化、工业化、信息化、产业化方向发展，更多绿色、集约、高效的新技术、新产品不断涌现。

二、建筑结构装配式施工主要技术介绍

在施工阶段其主要环节包括：构件深化设计→构件生产制作→构件储运→构件吊装。

2.1 基于BIM的预制构件深化设计

预制构件深化设计是统筹构件生产、储运与安装的关键环节。随着BIM正向设计的不断成熟，基于BIM的预制构件深化设计技术逐渐成熟。该技术可接力结构设计模型，完成预制构件拆分、配筋及验算，形成包含配筋、预埋件、预留孔洞、节点和临时安装措施等信息的BIM模型。该模型可用于检查调整配筋、复杂节点精细化设计、碰撞检查和施工安装模拟等，还可以导出预制构件图和加工数据，传递给智能生产加工装备，实现设计数据驱动工厂装备自动化生产，保证构件生产的准确性和质量。预制构件深化设计流程见图11-1。

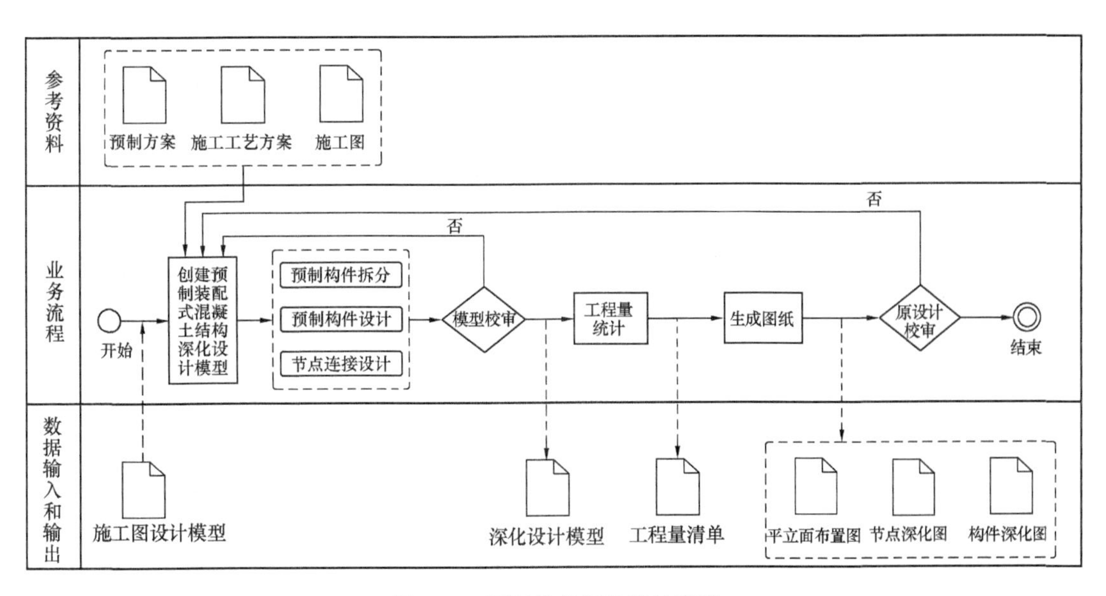

图 11-1　预制构件深化设计流程

2.2　构件生产制作

2.2.1　预应力构件长线台座生产工艺

预应力长线台座长度通常在 80～100m，一端为预应力筋固定端，另一端为预应力筋张拉端，台座承受张拉力在 2000～6000kN，可用于预应力空心板、钢管桁架叠合板、双 T 板、预应力梁等的生产加工。生产时，将钢筋笼放进模具后进行预应力筋张拉，采用混凝土布料机进行浇筑，可一次生产多个构件，见图 11-2、图 11-3。预应力空心板厚度一般为 150～400mm，可采用螺旋挤压法和滑模成型法等工艺生产。螺旋挤压法工艺是在混凝土坍落度为零的条件下，在长线台座上铸造空心预制板，通过机内的给料螺旋和振动套筒给混凝土加压，挤压机向前移动成型，再用切割机按需要的长度切割。单块板最大长度可达 20m 以上。

图 11-2　预应力空心板生产线

图 11-3　预应力梁生产线

2.2.2 双面叠合剪力墙预制构件生产工艺

双面叠合剪力墙预制构件由内外叶预制混凝土板和中间空腔组成，内外预制混凝土板通过钢筋桁架或连接件进行连接，标准化程度高，可采用自动化生产线实现高效生产，其主要生产工艺流程为：模台清扫→钢筋入模→一次浇筑混凝土→一次养护→构件翻转→二次浇筑混凝土→二次养护→构件脱模→构件存储，见图 11-4、图 11-5。

图 11-4 双面叠合剪力墙生产线

图 11-5 双面叠合剪力墙翻转机

2.2.3 钢结构永久模块生产工艺

钢结构永久模块一般以轻钢龙骨或轻型钢结构作为结构体系，配以轻型围护材料，集成建筑、结构、水电暖通、消防、装饰装修、智能化系统等元素，是一种高度集成化的新型工业化建筑产品。钢结构模块多采用全自动柔性生产线生产，可兼容长 6～16m，宽 2.4～4.5m，高 2.8～4.2m 的各类模块生产。主要生产工艺流程为：钢结构零部件加工→模块组立→管线敷设→外围护施工→室内装饰装修施工→打包待运，见图 11-6、图 11-7。

图 11-6 钢结构永久模块生产线

图 11-7 钢结构永久模块翻转生产线

2.3 构件储运

2.3.1 堆放

堆放构件的场地应平整坚实，并应有排水措施。构件应根据其刚度及受力情况，选择平放或立放，并保持稳定。构件堆放可采用智能立体堆场，以提高空间利用率和构件出入库速度。

2.3.2　运输

构件运输应采用专用工装及车辆。运输车车厢底板应做好支撑与减振措施。叠合板、梁、柱、阳台板、楼梯应采用平放运输，预制墙板、三维构件等应采用专用运输架立式运输。专用运输架下应设置枕木并进行可靠固定，防止移动或倾倒。当设计无具体规定时，构件运输时的混凝土强度不应低于设计强度的 75%。

2.4　施工安装关键技术

2.4.1　钢筋连接

（1）套筒灌浆连接

钢筋套筒灌浆连接是通过套筒约束下灌浆料与钢筋之间的粘结咬合来间接传递钢筋的拉压力，具有传力可靠、连接刚度大、接头较短、允许一定施工误差等优点，分为全灌浆套筒连接和半灌浆套筒连接，可广泛应用于 HRB400、HRB500 和 HRB600，直径 12～40mm 钢筋的等强连接。我国特有的钢管滚压成型灌浆套筒具有加工方便、成本低的优点，近年来成为市场上的主流产品。套筒灌浆密实度的检测方法主要有：钻孔内窥镜法和射线法等。

（2）浆锚搭接连接

钢筋浆锚搭接连接是一种适合小直径钢筋连接、成本相对较低的连接方式，主要有约束浆锚连接和金属波纹管浆锚连接两种形式。约束浆锚连接在钢筋搭接区间采用螺旋箍筋约束以降低搭接长度；金属波纹管浆锚连接通过预埋金属波纹管提供预留插筋孔道，生产工艺较简便，见图 11-8、图 11-9。钢筋浆锚搭接连接在高烈度地震区的应用部位受到限制。

图 11-8　约束浆锚连接

图 11-9　金属波纹管浆锚连接

（3）轴向冷挤压连接

钢筋轴向冷挤压连接是利用轴向冷挤压连接套筒的内孔孔壁嵌入钢筋纵、横肋，在液压作用下，使套筒径向收缩产生塑性变形，形成锚固力达到钢筋连接目的，见图 11-10。与传统直螺纹连接相比，该技术具有钢筋端头无需打磨、无丝头加工、对中要求低、所需施工空间小、施工方便等特点，可广泛应用于 HRB400、HRB500 和 HRB600，直径 16～50mm 钢筋的等强连接。

2.4.2　构件连接

（1）预应力压接装配梁柱节点

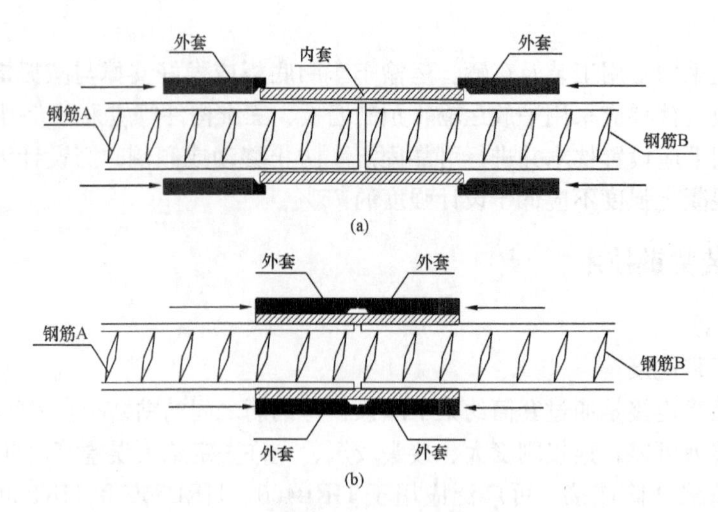

图 11-10　钢筋轴向冷挤压连接示意图

(a) 挤压前；(b) 挤压后

预应力压接装配梁柱节点是由预制柱和预制叠合梁通过后张无粘结预应力钢绞线、叠合层内梁端耗能钢筋及混凝土叠合层连接在一起的装配式混凝土干式连接节点，具有良好的抗震性能、施工简便，可广泛应用于地震区医院、学校、宾馆和办公等多高层建筑，以及大跨工业厂房（图 11-11）。

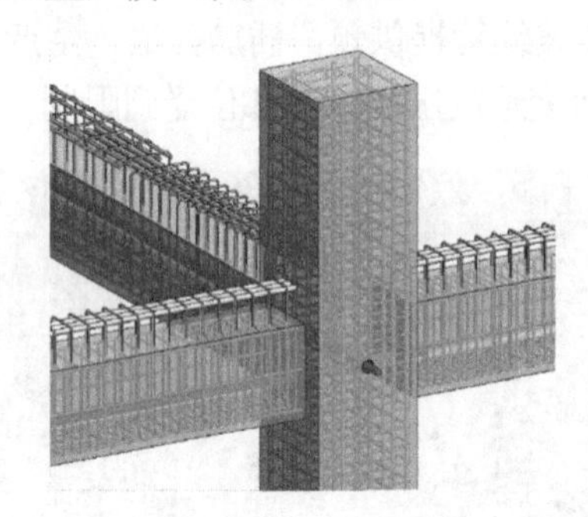

图 11-11　预应力压接装配梁柱节点

(2) 预制预应力混凝土装配整体式框架结构梁柱节点

该节点是指采用先张法技术的预应力混凝土叠合梁和预制或现浇钢筋混凝土柱，通过梁柱节点内的 U 形连接钢筋和后浇混凝土形成的连接节点。预应力混凝土叠合梁端可采用设置凹槽或不设置凹槽两种形式，见图 11-12。

(3) 新型装配式钢-混组合梁柱节点

近年来国内发展出多种新型高效连接的装配式钢-混组合梁柱节点形式。此类节点在常规现浇钢骨连接节点的基础上进一步创新，将连接节点与预制混凝土柱一同在工厂现浇，免去了施工现场梁柱节点区后浇混凝土的湿作业方式，保证了连接质量，提高了现场施工效率。因其连接的高效性，近年来在装配式建筑结构中应用逐渐增加，见图 11-13。预制梁柱节点生产时混凝土密实度和安装阶段预制混凝土柱的精确定位是施工质量控制关键环节。

(4) 竖向钢筋集中约束搭接连接剪力墙连接节点

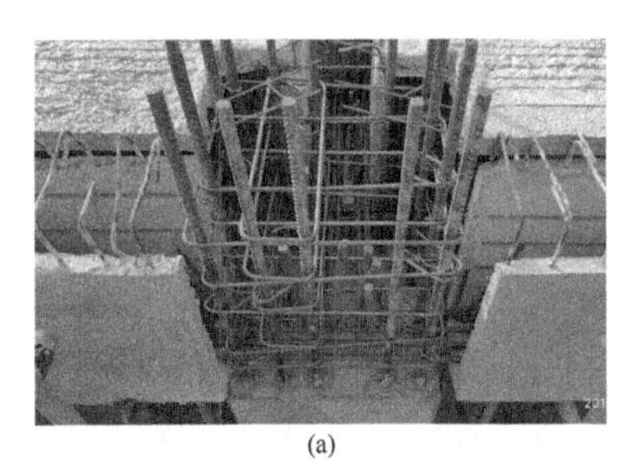
(a)

(b)

图 11-12　预应力叠合梁柱节点

(a) 有凹槽壁预应力叠合梁柱节点；(b) 无凹槽壁预应力叠合梁柱节点

(a)

(b)

图 11-13　新型装配式钢-混组合梁柱节点

(a) 梁贯通型节点；(b) 柱贯通型节点

竖向钢筋集中约束浆锚连接剪力墙连接节点是将下层预制剪力墙顶端的竖向插筋集束，伸入上层预制剪力墙下部的外加螺旋箍预埋波纹管内，采用压力注浆机将水泥基灌浆料从注浆口注入波纹管内，使集束钢筋可靠地锚固在波纹管内，形成整体结构。钢筋集中约束浆锚连接与逐根浆锚搭接连接相比简化了构件制作和现场安装难度，提高了施工效率，且灌浆孔道更大，灌浆密实度易于保证，见图 11-14。该体系已成功应用于抗震设防烈度为 7 度的民用建筑。

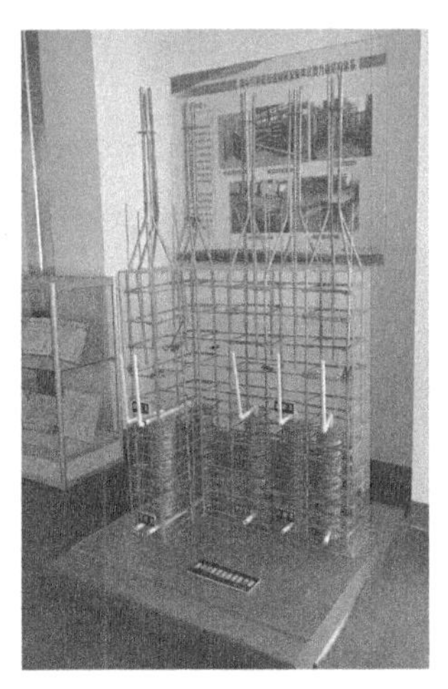

图 11-14　竖向钢筋集中约束搭接连接节点

(5) 双面叠合剪力墙竖向连接节点

双面叠合剪力墙现场安装就位后，通过空腔内后浇钢筋混凝土与其他水平或竖向构件连接，形成上下层结构的竖向连接，具有整体性好、施工周期短的特点，见图 11-15。该体系在构件连接处，空腔内钢筋比较拥挤，空腔内后浇筑混凝土的密实度，以及避免后浇混凝土涨坏预制外皮是技术质量控制要点。

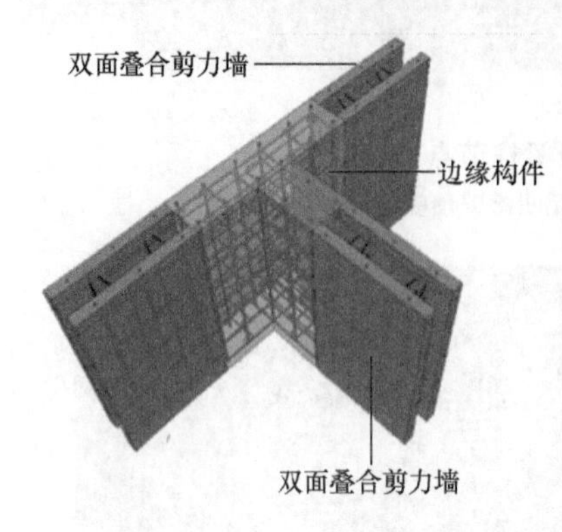

图 11-15　双面叠合剪力墙竖向连接节点

(6) 钢结构永久模块连接节点

钢结构模块化建筑原多用于临时性建筑，随着技术进步，近年来在酒店、住宅公寓、数据中心、展示中心等永久性建筑中不断应用。钢结构永久模块主要有嵌入式与叠箱式两种形式，见图 11-16、图 11-17。嵌入式模块多采用钢结构框架形式，是将整体框架设计建成，然后将模块单元填装到框架内并与框架连接。叠箱式模块多用于低多层建筑，模块箱体间通过螺栓、拉杆、连接板焊接等形式连接，具有多柱多梁的连接特点。

图 11-16　嵌入式模块化建筑

图 11-17　叠箱式模块化建筑

三、建筑结构装配式施工技术最新进展（1～3 年）

3.1　装配式混凝土剪力墙结构体系

装配式混凝土剪力墙结构是近些年我国装配式住宅建筑中应用最多、发展最快的结构体系。

3.1.1　竖向分布筋不连接装配整体式剪力墙体系

竖向分布筋不连接装配整体式剪力墙体系是由竖向分布钢筋不连接的预制墙板、现浇边缘构件和楼屋盖组成的剪力墙结构体系，见图 11-18。其预制剪力墙上下层接缝处竖向分布钢筋不连接，拼缝处采用坐浆方式；预制剪力墙边缘构件采用现浇方式进行节点连接，竖向主筋通过抗弯等强方法适当加大。该体系设计施工应符合《竖向分布钢筋不连接装配整体式混凝土剪力墙结构技术规程》T/CECS 795—2021 的规定。

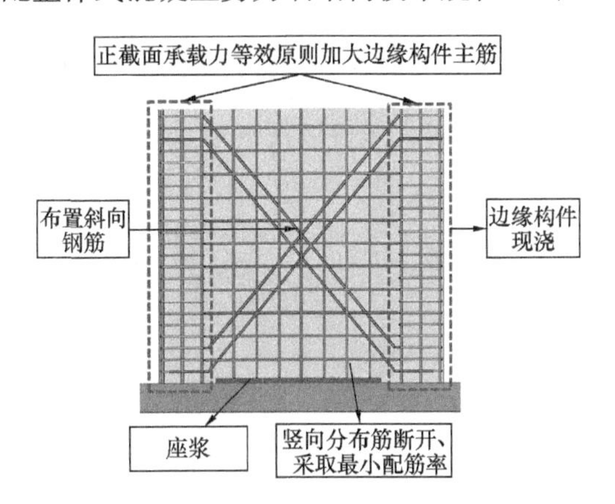

图 11-18　竖向分布筋不连接装配整体式剪力墙体系

3.1.2　预制空心墙板装配式剪力墙体系

预制空心墙板装配式剪力墙体系（EMC 体系）是指部分或全部采用预制空心墙板、墙板竖孔内后浇混凝土成为叠合剪力墙的结构体系，见图 11-19。预制墙板内部采用金属波纹管预埋成孔，竖向钢筋在波纹管内机械连接或搭接连接，在波纹管内后浇混凝土。边缘构件竖向受力钢筋采用大直径贯通纵筋后穿于墙板空腔中，上下层间采用机械连接。该体系钢筋与孔洞对位容差大、安装精度要求低，安装质量可控，提升了施工效率。该体系设计施工应符合《装配式叠合混凝土结构技术规程》T/CECS 1336—2023 的规定。

图 11-19　预制空心墙板装配式剪力墙体系

3.2　装配式混凝土框架结构体系

装配式框架结构一般多用于需要开敞或灵活可变空间的公共建筑或多高层工业厂房

中，常与剪力墙联合使用以提高结构的抗侧刚度。近些年，采用预应力张拉和钢-混组合节点实现梁柱节点的干式连接技术得到较大范围应用。

3.2.1 预应力压接装配式混凝土框架体系

预应力压接装配式混凝土框架结构体系（PPEFF 体系）是一种抗震性能良好、施工高效的装配式框架结构体系。该体系采用前述“预应力压接装配梁柱节点”，楼板可采用预应力空心板、各类型叠合板或钢承板，柱可采用预制混凝土柱或钢管混凝土柱，当与剪力墙或核心筒联合使用时，可用于高地震烈度区百米以上高层建筑。该体系可实现 80% 以上的预制率，可广泛应用于地震区的医院、学校、宾馆和办公楼等多高层建筑，以及大跨工业厂房，见图 11-20。该体系设计施工应符合《预应力压接装配混凝土框架应用技术规程》T/CECS 992—2022 的规定。

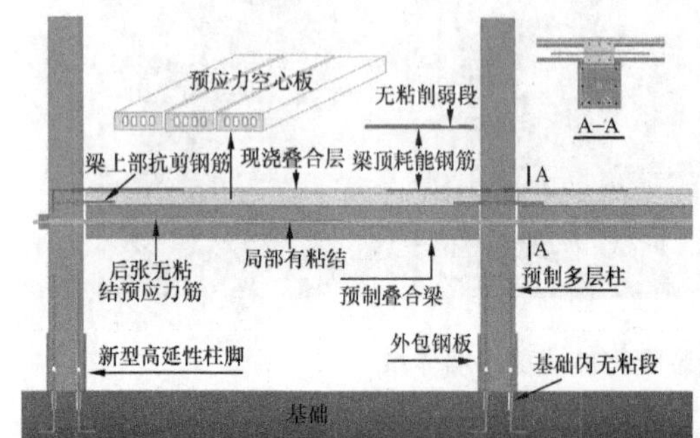

图 11-20 预应力压接装配式混凝土框架结构体系

3.2.2 钢箍构造梁贯通型钢筋混凝土柱-钢梁混合结构体系

钢箍构造梁贯通型钢筋混凝土柱-钢梁混合结构是一种新型干式连接装配式框架结构体系。该体系采用钢箍构造梁贯通型梁柱节点，实现混凝土柱和钢梁的高效连接。该节点由钢梁、承压板、柱面钢板、上下钢板箍、柱纵筋、箍筋和核心区混凝土等构成，与预制混凝土柱一起在工厂生产形成整体。钢梁与钢-混组合节点外伸钢梁通过栓焊高效连接（图 11-21），用钢量和结构抗侧刚度介于钢结构和混凝土结构之间，主要用于低多层大跨度公共建筑中。

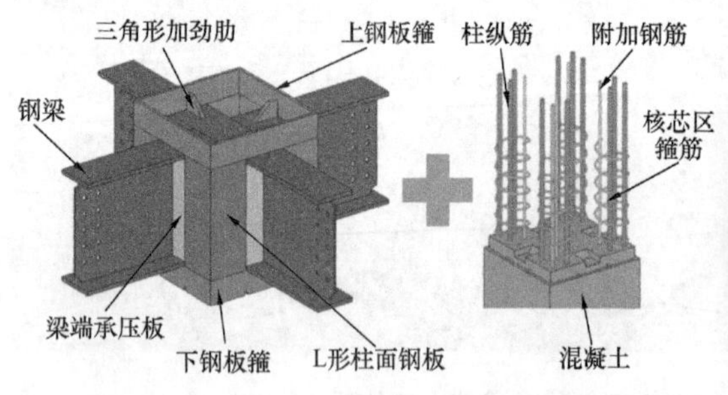

图 11-21 钢箍构造梁贯通型钢筋混凝土柱-钢梁混合结构体系

3.3 模块化建筑体系

模块化建筑基于产品化思维，通过一体化设计、产品化集成、智能化制造，更好地实现了“像造汽车一样造房子”，是装配式建筑中集成度最高的形式，是新型建筑工业化的优良载体，具有工业化、数字化、绿色化的特点。

3.3.1　混凝土模块化建筑

混凝土模块化建筑将模板、隔墙、底板等非受力构件和叠合板（预制层）在工厂集成制作成箱体，并实现水电集成与装修一体化，可极大缩短工期，提高建造效率；混凝土立体箱模现场安装后，箱模薄壳板仅作为楼板、剪力墙和梁的浇筑模板使用，不参与结构受力，通过现场浇筑楼板、剪力墙、连梁实现等同于现浇的力学性能；适用于酒店、宿舍、住宅等居住类项目。

3.3.2　钢-混凝土组合模块化建筑

钢-混凝土组合模块化建筑（CMC 体系）是一种安全耐久、高效建造的模块化建筑新体系。该体系先在工厂完成钢模块结构、机电设备和装饰装修的自动化生产，在工地组合拼装后，通过在墙体空腔、模块拼缝、楼板底模上浇筑混凝土形成钢-混凝土组合结构，从而实现建筑结构、围护、机电、内装四大系统的集成，可应用于 8 度地区 100m 以下的住宅、公寓、学校、酒店等项目。

3.4　预制构件及建筑部品件

3.4.1　四面不出筋开槽型混凝土叠合板

四面不出筋开槽型混凝土叠合板是指采用板侧预留 U 形槽口的预制混凝土底板，与后浇混凝土层叠合而成的装配式楼板，见图 11-22。该类叠合板在传统钢筋桁架叠合板的基础上，取消了胡子筋和桁架钢筋，并在板侧开槽口放置连接钢筋实现板缝的拼接及板端与梁的连接。该连接方式运用密拼技术，避免形成后浇带，显著提升楼板安装效率。取消桁架钢筋后，预制板刚度通过预制层厚度来调整，以控制生产、运输和安装过程中预制板的变形和裂缝。

3.4.2　钢管桁架预应力混凝土叠合板

钢管桁架预应力混凝土叠合板（PKⅢ型叠合板）是指采用了灌浆钢管桁架为加劲肋的先张预应力混凝土预制底板，与后浇混凝土层叠合而成的装配式楼板，见图 11-23。PKⅢ型叠合板下部受拉区采用预应力技术，有效降低了预制板厚度，避免了储运安装过程中板的开裂，同时便于叠合层中的预埋设备管线的铺设。PKⅢ型叠合板厚度薄，适合形成密拼的双向板，降低板中钢筋用量；上部受压区采用灌浆钢管桁架提高了预制底板的抗弯刚度，可提升施工现场板的临时支撑间距，节省施工费用。

图 11-22　四面不出筋开槽型叠合板

图 11-23　PKⅢ型叠合板

3.4.3 预应力空心板与预应力双T板

预应力空心板与双T板适用于大跨度工业与民用建筑。预应力空心板采取高强低松弛钢绞线为预应力主筋，将特殊配合比的干硬性混凝土在长线台座上进行挤压成型，生产效率高，适用于5～12m跨度，施工过程可以做到免支撑。预应力双T板是一种板、梁结合的预制钢筋混凝土承载构件，由宽大的面板和两根窄而高的肋组成。双T板的应用可以在施工中省去很多主梁、次梁及板、屋面的模板钢筋及现浇混凝土，其面板既是横向承重结构，又是纵向承重肋的受压区，适用于12～24m大跨度、大覆盖面积的结构。

四、建筑结构装配式施工技术前沿研究

4.1 现状

传统装配式结构体系存在建造成本高、施工效率低等问题，为解决上述问题，未来装配式结构的发展应重点集中在新型干式连接创新与应用、模块化建造技术、3D打印技术、智慧工厂和信息化建造技术等方向发展。

4.2 发展趋势

（1）装配式结构干式连接技术

现阶段装配式结构连接多采用“等同现浇”设计理念的湿式连接，节点区域钢筋密集、施工难度大且施工质量要求高。区别于湿式连接节点，采用预应力张拉、螺栓、焊接等没有湿作业的连接方式称为干式连接。干式连接节点技术可以显著提高装配式建筑的施工效率和施工质量，降低建造成本并节约工期，实现装配式建筑高效、高质量发展的目标。

（2）高强、高性能与固废材料在装配式建筑中应用

高强、高性能混凝土材料和高强钢筋在装配式结构中应用能够显著减小构件的尺寸，降低预制构件的生产、运输和安装成本，提高有效建筑使用面积，节材降碳效果显著。此外，利用工业固废或建筑垃圾再生作为骨料混凝土制作预制构件能够消纳固废，属于绿色环保建材，是国家大力推广的节能减排新技术。

（3）模块化建筑技术

模块化建筑技术可以做到机电、管线、家具、装饰、幕墙等90%在工厂完成预制生产，与传统建造方式相比速度、精度、质量更高且节约人力物力、绿色环保，符合我国建筑业转型发展要求。当前的模块化建筑基于钢或混凝土模块。钢模块的施工安装速度比混凝土模块更快，但造价略高。混凝土模块受吊装重量限制，一般长度较小、模块及模块间连接数量较多。未来的研究应开发一种更坚固、更轻巧耐用的新型模块，使模块化建筑能够建得更高更安全。未来有必要开发新型连接技术，以适合高层建筑应用并易于安装。

（4）智能建造技术

随着人工智能、机器人、5G、新材料等技术与建筑业的融合，智能建造的时代已经到来。智能建造技术是指在建造过程中充分利用智能技术及相关技术，减少建造过程对人工的依赖，从而使建造的品质和效率更高，同时在建筑的全生命周期内实现节材省工、节

能减碳的目标。

4.3　前沿技术

4.3.1　智能工厂

装配式建筑智能工厂以无人或少人辅助作业为原则，通过智能化、自动化设备进行生产，利用物联网、云计算、大数据、机器视觉、故障预测与健康管理等新一代信息技术，构建智能、高效、低碳、舒适的人性化工厂。智能工厂考虑到不同产品的生产及加工制造特点，协同建筑、结构、水电等专业需求，以智能化装备和信息化系统打通设计、生产、交付全流程，提高生产精度、效率和效能，实现“像造汽车一样造房子”。

4.3.2　BIM信息化技术

装配式建筑最主要的核心是“集成”的概念，BIM全专业信息化管理可以将建筑的设计、生产、施工、装修各环节充分集成，形成全生命周期管理。

4.3.3　3D打印技术

3D打印建筑通常采用两种建造方式。第一种是模块化打印再拼装，另一种是建筑现场原位打印。3D打印建筑具有节能环保、节省材料的优点，可节约建筑材料30%～60%，工期缩短50%～70%，建筑垃圾减少30%～60%。“火星巢穴居所”酒店项目，作为国内首个3D打印商业建筑，展示了科技与建筑的完美结合，见图11-24。国内首个真正意义上可居住、可交付使用的整体3D打印二层建筑灵岩社区卫生服务中心在南京落成，标志着智能建造技术迈出了重要的一步，见图11-25。

图11-24　“火星巢穴居所”酒店

图11-25　灵岩社区卫生服务中心

4.3.4　智能建造装备

（1）螺杆洞封堵机器人

螺杆洞封堵机器人采用视觉识别技术，可自动识别孔洞大小并精准定位，匹配封堵参数，自动完成孔洞封堵工艺并复检封堵质量，可对不合格孔洞进行二次封堵，全自动封堵作业合格率可达到99%以上。

（2）墙板安装机器人

传统的室内装修，从板材的运输、切割到安装完全由人工作业，既费时费力又无法保证操作过程的规范化，且人工成本较高。室内墙板安装机器人可完全代替人工完成以上作业。

(3) 装配式建筑自动化施工装备

装配式建筑自动化施工装备（简称“装配式造楼机”），在传统造楼机的基础上，围绕工业化、标准化、数字化、智能化要求，聚焦装配式建筑应用场景，通过数据驱动、人机协同，打造装配式建筑“现场智慧工厂”。装配式造楼机集预制构件取放、吊运、寻位、调姿就位、接缝施工于一体，实现建筑结构高效安装，施工效率可提高15%，用工减少50%以上，达到了综合工序施工智能化，全面提升装配式建筑智能化建造水平。

五、建筑结构装配式施工技术指标记录

双面叠合剪力墙结构：广州白云机场三期扩建工程周边临空经济产业园区基础设施建设三期工程方石地块项目，包含11栋住宅楼，地上23～25层、地下2层，总建筑面积15.3万m^2，抗震设防烈度6度，装配率达到77%，综合指标达到国标AA级。

竖向钢筋集中约束搭接连接剪力墙体系：丁家庄二期（含柳塘）地块保障性住房项目A27地块（1号、2号、地下车库）工程，总建筑面积5.2万m^2，包含2栋住宅楼和裙楼，地上30层，地下2层，建筑高度98.15m，抗震设防烈度7度，100%装配化装修，装配率达到90%。

预制预应力混凝土装配整体式框架结构体系：南京一中分校项目施工总承包工程，总建筑面积10.9万m^2，包含13栋单体建筑，地上最高5层，地下1层，建筑高度19.35m，抗震设防烈度7度，装配率达到70%。

钢-混凝土组合结构：宜兴市光明小镇项目H地块商业建筑项目，包含22栋单体，建筑最高23.9m，总建筑面积约7万m^2，抗震设防烈度7度，装配率达到70%，综合指标达到国标AA级。

六、建筑结构装配式施工技术典型工程案例

6.1 深圳坪山新能源汽车产业园区一期项目

坪山新能源汽车产业园区一期项目总建筑面积25.6万m^2，最大建筑高度97.2m，包含4栋塔楼。本工程采用新型装配式结构体系，实现主体结构全装配，对标国际一流、打造全国首座装配式高层产业空间——“摩天工厂”和深圳特色新能源汽车产业标杆示范区。

作为全国首个新型装配式智能建造摩天工厂，本工程创新采用了“钢管混凝土柱＋钢梁＋预应力空心板＋预制外墙”的结构体系，是全国首个百米高层预应力空心楼板示范工程。楼板采用预应力空心板，承载力高、刚度大、可大跨布置，实现了现场免模免支撑且安装简便。厂房最大跨度达13m，首三层层高达10m，每层使用荷载可达2.5t/m^2，满足新能源汽车生产企业设备上楼和生产需求。

本工程通过平面标准化设计、预制构件应用、免外架施工工法、新型DAP模板支撑系统等多项国内外先进技术，工期大大缩短，施工效率与传统建造方式相比提升25%以上。工程首创“工程总承包＋BIM＋互联网＋物联网技术集成应用”的管理模式，利用

信息化手段对工地进行“智能化”管理，引进视频监控、智能管理平台、智能建造机器人、无人机巡航等，将先进的信息技术与工地管理深度融合。

6.2　广州白云机场三期扩建工程周边临空经济产业园区基础设施建设三期工程方石地块项目

广州白云机场三期扩建工程周边临空经济产业园区基础设施建设三期工程方石地块项目总建筑面积23.8万m^2，包含19栋楼，主要功能为住宅、商业、幼儿园、老年人福利院等。

（1）双面叠合剪力墙结构体系

本工程住宅采用竖向密拼全装配新型双面叠合剪力墙结构体系，外饰面砖与预制构件一体成型，实现免抹灰、免模板、少支撑，工业化程度高，施工速度快，绿色环保。项目采用预制一体化外墙、预制楼梯、预制叠合剪力墙、预应力叠合板、普通叠合板、预制阳台、预制叠合梁及ALC内墙板等多种预制构件，装配率达到77%。

（2）钢-混凝土组合模块化建筑技术

本工程幼儿园采用钢-混凝土组合模块化建筑体系，将3层的标准活动区域拆分为57个组合模块建筑，智能工厂根据项目定制化需求，完成结构、机电设备和装饰装修自动化生产，组装成“模方”运输到工地精益装配、一体化浇筑成形。该体系不用在施工现场支模板、绑钢筋，将工厂制造工程量提升至80%，现场施工量减少至20%，节省工期50%，减少人工60%，减少建筑垃圾排放70%。

6.3　丁家庄二期（含柳塘）地块保障性住房项目A27地块（1号、2号、地下车库）工程

本项目主楼采用竖向钢筋集中约束搭接连接剪力墙体系，100%装配化装修，装配率达到90%，见图11-26。

图11-26　丁家庄二期（含柳塘）地块保障性住房项目实景图

本工程主楼 6 层及以上预制剪力墙采用竖向钢筋集中约束搭接连接节点。该节点构造简单，施工安装方便，灌浆密实度检测方法可靠，是一种新型装配整体式混凝土剪力墙结构连接方式，相关技术入选江苏省建筑业 10 项新技术。本工程采用装配化装修，包括集成厨房系统、集成卫浴系统、快装墙面系统、快装地板系统、轻质隔墙系统等，实现工厂化生产、现场一次性安装到位。相较于现场湿作业，减少固体废弃物 90%，节约用水 85%，降低能耗 60%，大大减少扬尘和噪声，节省工期，保证了装修质量。

6.4 南京一中分校项目施工总承包工程

南京一中分校项目施工总承包工程主体结构采用预制预应力混凝土装配整体式框架结构体系，主要构件有预制预应力叠合梁、预应力叠合板、预制柱、预制楼梯等，装配率达到 70%。

本工程主体结构采用预制预应力混凝土装配整体式框架结构体系。该体系是采用现浇或预制钢筋混凝土柱，预制预应力混凝土叠合梁、板，通过钢筋混凝土后浇部分将梁、板、柱及凹槽节点连成整体的框架结构体系。该体系预制构件安装方便快捷，施工高效，缩短工期，施工质量易于保证。

6.5 深港生物医药产业园项目

深港生物医药产业园总建筑面积 19.7 万 m^2，包含 3 栋厂房、1 栋综合楼和其他配套用房。

本工程厂房采用装配式框架-剪力墙结构体系，采用预制混凝土空芯柱、预制叠合梁、预应力空心板、钢筋桁架叠合板、ALC 墙板等多种预制构件，剪力墙为现浇形式。该项目为工业上楼项目，具有高层高、大跨度、重荷载的特点。厂房最大高度为 91.05m，标准层层高 6m、最大层高 7.5m，内部最大跨度 8.4m，最大负载 2t/m^2。项目预制混凝土柱最大尺寸为 800mm×900mm、净高 5.3m。为有效解决预制柱重量过大导致吊装困难的问题，项目将塔式起重机末端覆盖范围内的柱改为预制空芯柱，并研发相应生产工艺及施工工法，有效降低了施工成本、提升建造效率，见图 11-27。

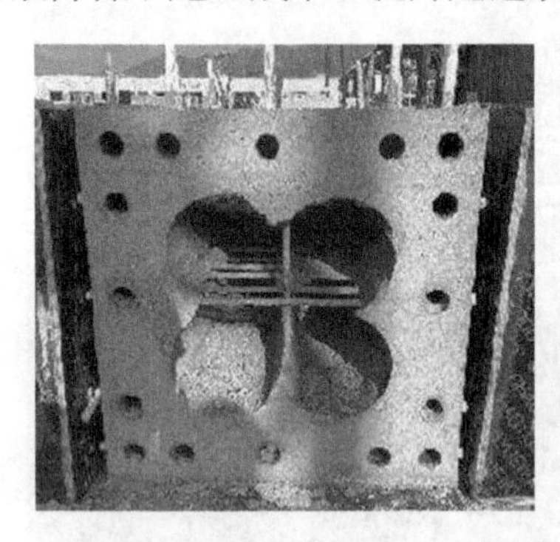

图 11-27　深港生物医药产业园项目预制柱及施工过程

第十二篇　装饰装修工程施工技术

中建装饰集团有限公司　　杨双田　姚　曙　韩　超　吕　萌
曹亚军　周　康
浙江省建工集团有限公司　陈敏璐　杨淑娟

摘要

近年来，在国家“双碳”目标、“城市更新”战略以及住房城乡建设部“好房子”等政策引导下，建筑装饰工程施工技术支撑项目高质量履约和科技创新赋能主营业务的作用越发明显，装饰装修工程施工技术的创新和发展也对企业转型升级、推动行业变革起着至关重要的作用。

随着新型材料、建筑工业化及电子信息技术的发展，装饰装修工程开始从传统施工方式朝着信息化、绿色化、工业化、智能化方向发展。目前装配化装修、BIM、AI、3D打印、绿色建材等新技术已在建筑装饰装修工程中得到广泛应用，不断推动建筑工程在提升品质、降低成本、提高效率等方面稳步发展，不断推动人居环境向着绿色、健康、舒适、智能的方向发展。

Abstract

In recent years, under the guidance of the national “dual carbon goals” “urban renewal” strategy, the Ministry of Housing and Urban Rural Development’s “good houses”, the role of construction technology support projects in high-quality performance and technological innovation empowering the main business of building decoration engineering has become increasingly evident. The innovation and development of construction technology in decoration engineering also play a crucial role in the transformation and upgrading of enterprises and the promotion of industry change.

With the development of new materials, construction industrialization, and electronic information technology, decoration and renovation projects have begun to upgrade from traditional construction methods towards informatization, greening, industrialization, and intelligence. Currently, prefabricated decoration、BIM、3D scanning、AI、3D printing and green building materials have been widely applied in building decoration and renovation projects, continuously promoting the steady development of construction projects in improving quality, reducing costs, and improving efficiency, and continuously promoting the development of living environments towards green, healthy, comfortable, and intelligent directions.

一、装饰装修工程施工技术概述

装饰装修工程施工指在建筑物主体结构所构成空间内外，为满足使用功能需要而进行的装饰设计与修饰，是为了满足人们视觉要求和对建筑主体结构的保护作用，美化建筑物和建筑空间所做的艺术处理和加工。

随着建筑业的迅速发展，人们对生活和工作环境要求越来越高，建筑设计的造型越来越复杂多样，空间艺术感越来越强，建筑市场规模的扩大，促使劳动力需求增大，传统生产力水平已不能满足市场的需求，这也给装饰施工带来了巨大挑战。为适应建筑业发展的需求，各种新技术、新型机具、新型环保材料、复合材料应运而生，绿色建筑、BIM技术、装配化施工、信息化管理、健康装修等先进建筑装饰设计和施工管理技术逐步引进和发展，逐步取代传统的手工作业和现场切割加工，有效解决劳动力短缺的现状，推动建筑装饰行业朝着绿色化、智能化、工业化、信息化方向发展。

二、装饰装修工程施工主要技术介绍

2.1 新型材料与施工技术

2.1.1 新型卡式龙骨施工技术

新型卡式龙骨（图12-1）是一种多功能龙骨，包括V形直卡式龙骨和造型卡式龙骨。其做法是利用其侧边的凹槽，在与覆面龙骨连接时，可以采用卡接；采用自攻钉将石膏板钉在副龙骨上，不易钉偏，有效提升施工质量。

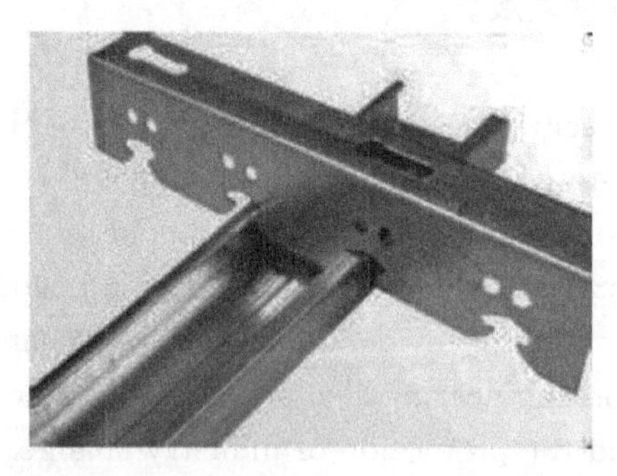

图12-1　新型卡式龙骨

2.1.2 模块化墙面砖预粘贴施工技术

模块化墙面砖预粘贴，适用于室内精装修墙面墙砖铺贴施工，施工中能更好地控制墙面的平整度、垂直度、砖缝一致，包括墙面砖、粘结剂、基层板、螺钉、固定扣条，墙面砖或饰面板通过粘结剂粘结于基层板上，基层板通过固定扣条与基层墙体连接，在常规墙面砖铺贴的基础上，通过改变、优化其结构形式，使其能满足快速铺贴并控制质量需求的新型墙面砖铺贴体系（图12-2）。

2.1.3　新型夹条软硬包施工技术

新型夹条软硬包施工技术将原来的活动板改为固定卡条，减少制作工序，用卡条来保证软硬包的垂直及平整度。此种做法软包布卡入固定卡条内，可以拆卸清洗和更换饰面及填充物，避免了传统做法缝隙大、有钉眼，分隔缝、棱角不直等缺陷，对现场的操作空间也要求较小（图 12-3）。

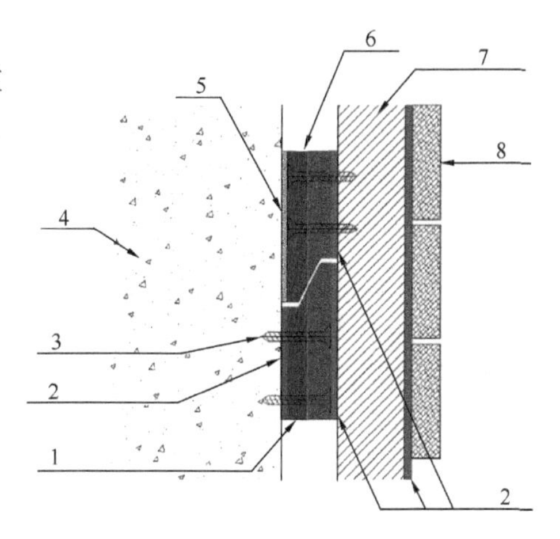

图 12-2　墙面砖铺贴体系

1—扣件母材；2—AB 胶；3—螺钉；4—基层墙；5—垫片；6—扣件公件；7—基层板；8—饰面砖

2.1.4　铠装无龙骨干挂施工技术

铠装无龙骨干挂技术是建立在铠装技术基础上的一种装饰安装技术，其是以墙体为支撑结构，通过膨胀螺栓或化学锚栓将专用铝合金挂件固定在墙体上实现饰面板的干挂。铠装技术就是通过机械加工在装饰面板棱边上植入一个金属支架，让装饰面板与支架形成牢固一体，使面板具备安全可靠干挂条件的技术，其功能与通槽干挂技术类似（图 12-4）。

图 12-3　夹条处理

2.1.5　提升窗系统的施工技术

该技术能使提升窗的上下开启扇通过直径 8mm 的不锈钢拉索串联起来，并通过定滑轮及两个转向轮，保证上下扇在重力作用下保证力的平衡；U 槽深度达到 10mm，丝杆滑杆由 12mm 不锈钢螺杆＋铝加工件及 SG15 精密静音滚珠组成，钢拉索采用定制拉索，拉索两端通过螺纹套管与丝杆连接；外壳采用加厚铸造铝合金防护，经久耐用（图 12-5）。

图 12-4　铠装无龙骨干挂技术

2.1.6 3D打印装饰造型模板技术

图 12-5 提升窗系统

某项目利用3D打印技术，将整个幕墙孔洞模型等比例缩小进行3D打印，并配备等比例缩小的投光灯具，在办公室就可以打样，且随时可以更换灯具角度、试灯位置等，最终找出能基本满足设计要求的灯具角度和安装位置。使用该技术进行的3D打印极大地提高了施工效率、大幅节省了人工和机械费成本，为实现建筑效果，推动方案确定提供了新的尝试(图 12-6)。

2.1.7 高隔声龙骨系统

该系统特别适用于水电管线安装复杂、隔声性能较差、容易发生窜声、占用空间较大及安装效率低等问题的现有墙体，在现有轻钢龙骨墙体的基础上，采用改变龙骨结构、提升龙骨隔声性能，采用墙体双空腔隔声构造、增设多功能高隔声板、预设管线孔等技术，实现了各类管线、底线盒与墙体集成化安装。大幅提高了墙体隔声性能，解决窜声问题，增强了墙体强度，整体采用了装配式施工提升了安装效率（图 12-7）。

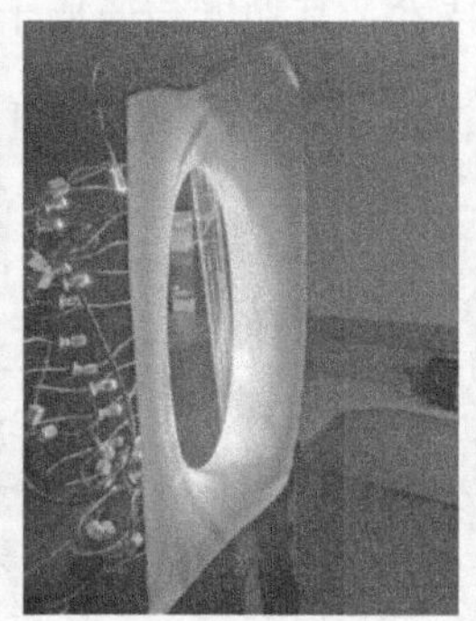

图 12-6 中建照明公司的3D打印技术助力项目降本增效

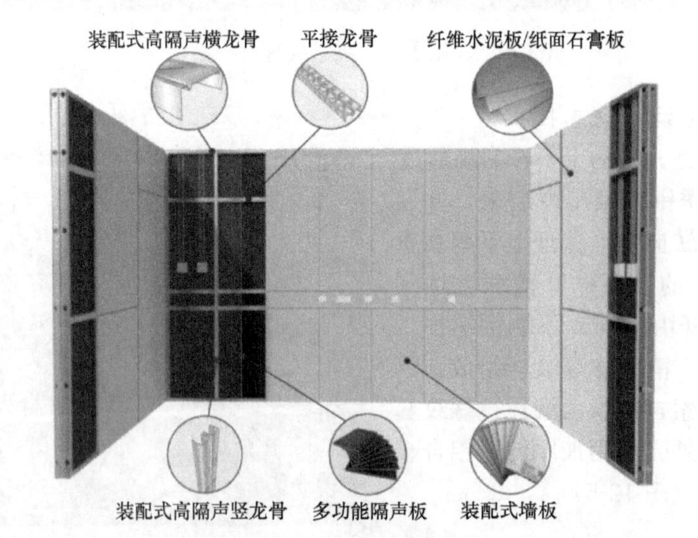

图 12-7 高隔声龙骨系统

2.1.8 装配式钢楼梯施工技术

针对造型复杂的钢楼梯，在工期紧张且施工场地空间狭小、较长钢材无法直接运输到现场施工的情况下，可通过前期扫描 BIM 建模，将整个钢楼梯钢架分成若干段集中在加工区焊接，然后运用地牛运输至现场进行装配式组装，同时 U 形玻璃槽收口钢板先行施工，实现基层钢架焊接一次成活快速装配式施工，通过集中加工有效地节约了工期，较好地控制了焊接质量，实现了工作面的快速移交（图 12-8、图 12-9）。

图 12-8 整体分成七段现场拼装焊接

图 12-9 现场吊装施工

2.1.9 基于 BIM 建模下料的室内踢脚线安装技术

室内踢脚线安装质量在某种程度上体现了施工单位的装饰装修水平，因为踢脚线的安装技术显得尤为重要。某项目的室内单元体踢脚线为铝合金型材，转角为不规则角度，为提升安装质量，现场不容许动刀切割型材。首先在单元体安装过程中严格控制安装精度，减少对踢脚线平整度的影响，然后安装固定底座及限位铝角码，踢脚线型材加工采用犀牛软件排版下料，控制转角角度，可直接向加工厂输出加工图，同时安装过程中采用挂线安装，以保证踢脚线安装完成后的水平度（图 12-10）。

图 12-10 室内踢脚线转角现场完工效果

2.1.10 超高空间幕墙安装整体液压提升技术

某项目针对高层和超高层吊顶幕墙安装需要在高空中搭设平台等措施的问题，采用在地面搭设组装胎架平台组装超大尺寸、超大重量的集成化幕墙单元，使用液压同步提升的技术进行安装。超高层吊顶的框架形式优化为装配式，同时集成泛光照明、安装排水等功能板块，所有材料全部工厂加工，现场组装。采用多个吊点液压同步提升和高空滑移完成安装。适用于现场施工场地狭小，高度较高，措施搭设难度大的项目，可以减小高空施工风险（图 12-11）。

图 12-11　超高空间幕墙安装整体液压提升技术

2.2　新型机、器具与设备

2.2.1　VR 虚拟现实设备

基于 BIM 模型开发 VR 漫游程序，可以沉浸式体验装饰效果，充分理解设计意图，辅助确认设计方案，提高项目质量管理水平。还可以开发软装选配等多种交互功能，配合调整设计方案。上海市中建幸福公寓 VR 样板间漫游与家具移动布置交互图见图 12-12。

图 12-12　VR 样板间漫游与家具移动布置交互图

2.2.2　吊杆神器、消音射钉枪

吊顶神器（图 12-13）可以代替常规膨胀螺栓，可以在高强度等级的混凝土上使用，可打穿 10mm 钢板；吊顶神器的连接杆可以根据楼板的高度来调整增减长短，能满足不同高度的楼板，减少了高空作业带来的搭架子的复杂性，减少了高空作业，更安全；用吊顶神器打一颗钉子的仅需 10s 左右，非常高效。

2.2.3　滑移切割平台

此设备中（图 12-14）的一个轨道平台与传送滑轨相连，切割平台通过螺栓与轨道平台固定，通过上述方式仅需一人即可进行型材的切割；通过横向和纵向限位器可调节型材加工尺寸，通过可调角度切割平台调节型材切割角度，可以实现各类型材的二次加工。

图 12-13　吊杆神器、消音射钉枪

图 12-14　滑移切割平台

2.2.4　视频监控管理平台

现场安装摄像头，办公区域设置监控显示器，手机终端安装远程监控 APP，可通过手机实时监控现场施工作业情况。

2.2.5　可移动升降式封闭通道围挡

此装配式围挡（图 12-15）可重复利用，快速搭拆，与传统围挡相比，避免了材料浪费，节省了大量的搭拆时间与劳动力投入。该技术成果在国内属于首例。另外，该围挡采用的是装配式围挡，拆搭极其便捷，对于边营业边施工的装饰工程来讲，此围挡可有效解决营业现场的施工作业所带来影响，十分适用于改造工程，极具参考价值。

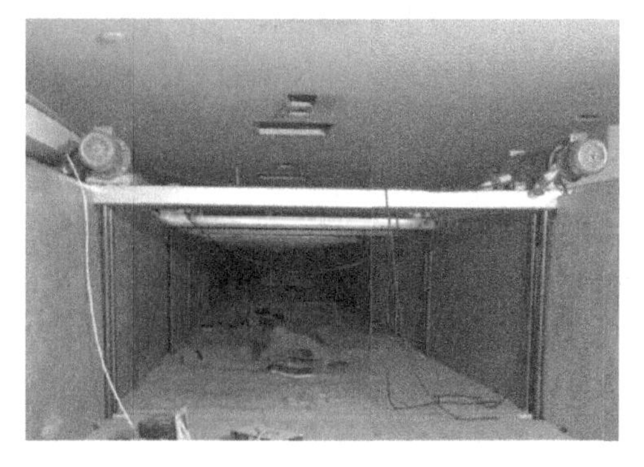

图 12-15　围挡升降机

2.2.6　移动智慧储能电源

此项新设备是推行充电式施工时，针对大功率充电机具（冲击钻、电锤）续航以及施工现场的频繁断电等问题，自行研制的新型机具，可满足施工现场用电需求。其对大功率机具的超长续航能力、便捷移动的方式，为推行无电化施工提供了十分重要的助力，弥补施工现场大功率机具续航能力不足的空白，在降低项目临电投入和用电风险的同时，提升施工工效，让充电式施工完美运行，起到了显著的降本增效的作用。当前最新版本的产品具备防摔抗震、便捷移动等特点，其电池容量可满足冲击钻工作 10h 或角磨机 27h 或切割机 21h，无惧停电不误工期，同时搭配超级快充，2h 内即可充满。

2.3　绿色装饰技术

2.3.1　绿色设计

绿色设计也称生态设计、环境设计、环境意识设计。在产品整个生命周期内，着重考虑产品环境属性并将其作为设计目标，在满足环境目标要求的同时，保证产品应有的功能、使用寿命、质量等要求。绿色设计的原则被公认为“3R”的原则，即减少环境污染、减小能源消耗、回收再生循环或者重新利用。

2.3.2 绿色建材

绿色建材是指采用清洁生产技术、少用天然资源和能源、大量使用工业或城市固态废物生产的无毒害、无污染、无放射性、有利于环境保护和人体健康的建筑材料。装饰绿色材料发展日新月异，目前已开发的“绿色建材”有纤维强化石膏板、陶瓷、玻璃、管材、复合地板、地毯等。

2.3.3 绿色施工

绿色施工是指工程建设中，在保证质量、安全等基本要求的前提下，通过科学管理和技术进步，最大限度地节约资源与减少对环境负面影响的施工活动，实现四节一环保。

随着大量环保材料的使用，各种小型机器具的推广、工厂化加工现场组装施工技术的普及，以及BIM技术在施工管理方面的应用，促使装饰工程在施工方面取得了较大的发展，尤其在降低材料损耗、减少现场湿作业，达到现场节水节电、降尘降噪方面取得了较好的效果。

2.4 装配一体化技术

装配一体化是一种将工厂化生产的部品部件通过可靠的装配方式，由产业工人按照标准程序采用干法施工的装修过程。装配式装饰装修特点有：标准化设计、工业化生产、装配化施工、信息化协同。

2.4.1 装配式隔墙系统与装配式玻璃隔断系统

装配式隔墙体系是一种现代建筑中常用的墙体形式，通过在工厂预制墙体材料，在施工现场进行快速装配来实现墙体组装，具有施工速度快、质量易于控制、对环境影响小等优点。以某公司自主研发设计的金属板整体挂接产品为例，该产品面层为金属钢板背附钢瓦楞板的纯钢组合，表面可覆仿木纹、布纹、石材、铝板等不同样式的膜层，同时加装金属挂件，基层采用了“凹”形竖龙骨、U形转接件及底部调平器，结合金属板自身的优良平整度，使得整个墙面缝隙控制均匀，该装配式隔墙系统适用于装饰面无横向分缝，大板块的墙面，可用于商场、酒店、医院等项目，适配各类不同面板材料；板缝密实，平整度高；面板可独立拆卸，维护更换简便；骨架系统简单，现场只需布置竖向龙骨，底部安装具有承载力的踢脚线基层，材料成本低；面板顶部不需要预留太多安装空间。

装配式玻璃隔断系统是一种现代建筑中常用的室内分隔方式，它具有多种优点，包括美观、通透、灵活、安全等特点。以某公司的装配式玻璃隔断系统为例，该系统主要由铝型材、双面6mm玻璃和内置百叶帘组成，均采用工厂预制成组，现场统一进行装配式安装。此产品以单元式幕墙为设计原型，结合了公母槽的设计思路，把单元式玻璃隔断的竖龙骨造型设计为AB款，一侧为公立柱，一侧为母立柱，将单元式玻璃隔断板块之间的连接处设计为插接形式。

2.4.2 装配式整体卫浴

当前，装配式产品越来越多，装配式整体卫生间已经成为装饰业装配式施工的典型产品。“整体卫浴”是采用一体化防水底盘或防水底盘组合，与壁板、顶板构成整体空间，配套各种功能结构形成的独立卫生间单元，采用大型数控压机、内导热精密模具和SMC(Sheet Molding Compound，片状模塑料）原材料在大工厂整体制造，整体卫浴在工厂完成室内所有工作后，采用整体运输，现场整体吊装或现场拼装的形式安装（图12-16），现场将水电暖通等连接进入系统。

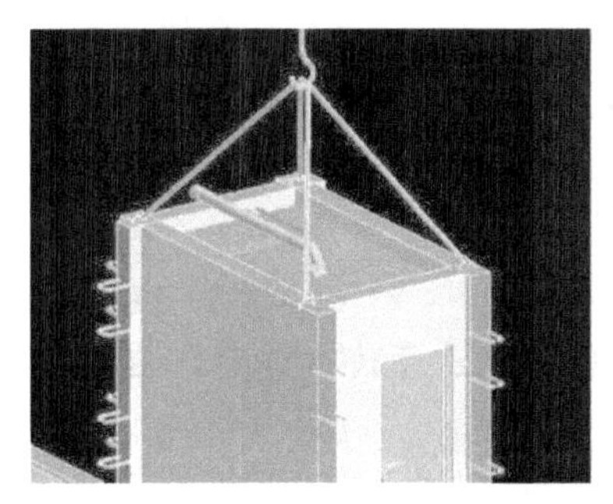
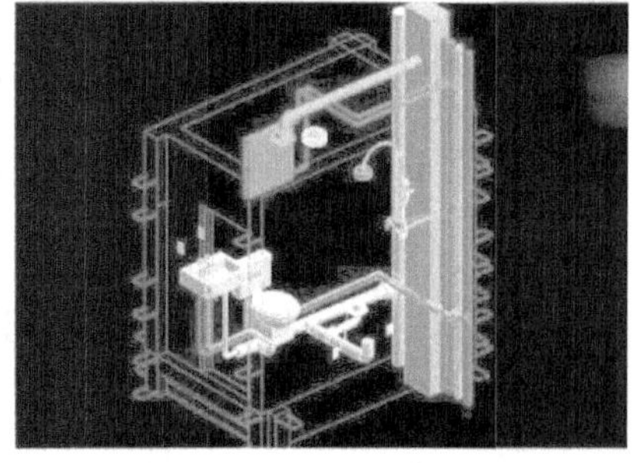

图 12-16 整体卫生间安装

2.4.3 装配式技术与 BIM 技术融合

装配式技术和 BIM 技术的结合，能优化装配式建筑的过程，提前将设计过程中出现的问题集中反映并解决；同时能辅助验算设计方案的合理性及经济性，在提高设计效率的同时保证设计质量；通过可视化交底还能提高一线产业工人对构件的理解，从而降低加工出错率，提高装配式部品部件的加工效率；施工过程的模拟能保证施工过程全程的可视化。

2.5 信息化技术

2.5.1 Rhino+Grasshopper 应用于工程深化设计与出图下单

Rhino 与 Grasshopper 结合使用，快速布置构件，如果修改方案，有时仅仅需要修改某个参数即可获得新的方案模型，相对于传统的手动建模，具有颠覆性的效率提升。

2.5.2 BIM 技术交底、碰撞、下单

通过 BIM 建模，将抽象复杂的平面二维大样节点图升级为直观易懂的三维立体模型，极大增强技术交底过程中的效率和精准度，帮助管理人员及工人有更专业化的理解。

在碰撞检查上，导入三维数据，电脑通过 BIM 软件预先进行运行分析，通过碰撞检查功能，有效找出设计与施工流程上的空间碰撞，及时反馈数据，深化调整。

运用犀牛软件的 GH 电池自动生成板块编号，可按照设置好的规律排列，避免手动编号的错漏，同时极大降低人工出错率，提高下单效率。

三、装饰装修工程施工技术最新进展（1～3 年）

3.1 工业化内装数字化设计系统

装配式内装工业化系统包含墙面、顶棚、地面、水暖电设计功能，能快速实现硬装全三维设计。通过门窗、家具布置等功能，能快速实现家居软装产品布置，吊顶主龙骨、次龙骨、吊杆等自动生成，满足云端规则智慧校验要求。提供进行水电设计点位间自动智能布线，对接施工阶段的数据应用，包括图纸生成功能，实现包括平面方案图、全屋施工图、节点图等图纸的一键输出。本系统能做到正向设计，轻量化图模联动，智能出图，解

决设计变更与实施期限相矛盾的关键问题，实现快速创建模型，图纸、构件数据一键提取。装配式内装工业化系统有助于内装设计、生产、施工一体化体系建设，提高设计到出图的工作效率，转变传统内装设计施工的观念，打造数字化智能建造的理念。

3.2 全生命周期背景下 BIM 管理技术体系

项目全过程管理对 BIM 的核心要求有以下几点：

（1）项目数字化建造技术标准，完善项目数字化建造技术标准打通项目管理平台与 BIM 协同平台等信息系统的数据互通。

（2）数字设计技术，数字深化设计就是要为项目提供全生命周期管理的基础模型。

（3）数字化加工技术，通过 BIM 模型进行材料下单和加工。

（4）全过程物料跟踪管理技术，项目物料从采购、加工、运输、验收到分发安装全过程的数据自动跟踪管理，为项目提供全过程可视化物料管控数据，提升项目物料跟踪管控的能力。

（5）项目进度可视化技术，施工前，运用 BIM 技术对项目建造全过程进行数字化模拟，提前反映施工情况，预测施工中的问题或困难，优化施组方案，保证施工的顺利进行。

（6）项目成本管控，项目实施前，参照中标图纸建立初期 BIM 模型，辅助商务准确统计项目物料成本。施工图深化过程中，通过模型的深化，实时反馈深化后与深化前的物料成本对比结果，支撑商务部门策划，为项目争取最大利润提供分析数据。

（7）项目质量管控，依托 BIM 协同平台，将施工过程中的质量控制相关数据在 BIM 施工模型上以可视化形态来反映。

四、装饰装修工程施工技术前沿研究

4.1 绿色健康发展

装饰装修工程很容易造成高能耗和高污染，其设计、材料、施工中涉及的各种绿色和可持续发展技术需要深入研究和普及推广。因此，行业需要加大投入，加强研究和应用，构建绿色健康的人居环境，坚持绿色理念、绿色设计、绿色选材、绿色施工，推动全产业链的绿色发展。

4.2 信息化发展

未来 BIM 技术发展将呈现“BIM＋”特点，发挥更大的综合作用，体现其巨大价值。具体表现为五个方面：一是从聚焦设计阶段向施工和运维阶段深化应用转变；二是从单业务应用向多业务集成应用转变；三是从单纯技术应用向项目管理集成应用转化；四是从单机应用向基于网络的多方协同应用转变；五是从标志性项目应用向一般项目应用延伸。未来，单纯的 BIM 应用将越来越少，更多地是将 BIM 技术与其他专业技术、通用信息化技术、管理系统等集成应用以及全生命周期的信息化发展平台是重点。

4.3　工业化发展

装饰装修工程的工业化、集成化是装饰行业大趋势。随着装配式装饰施工技术日益成熟，各施工企业将充分发挥建筑装饰工业化生产优势，研制出适合各种新型装配式部品构件、装修部品生产的机械设备和安装方法。

在未来5～10年内，加快新型建筑工业化发展，推动新型建筑工业化带动建筑业全面转型升级，促进多专业协同，通过数字化设计手段推进建筑、结构、设备管线、装修等多专业一体化集成设计，提高建筑整体性，“装修装配式技术集成”将成为工业化发展方向。

4.4　智能化发展

对装饰业智能化，一是实现生产过程智能化，即智能制造；二是形成的产品智能化，如智能家居。当前，机器人已经取代了一些重复性重复度很高的工作，以及一些危险性高的动作。新一代人工智能相关学科发展、理论建模、技术创新、软硬件升级等整体推进，正在引发链式突破，推动经济社会各领域从数字化、网络化向智能化加速跃升。人工智能将作为新一轮产业变革的核心驱动力，创造新的强大引擎，重构装饰业生产、分配、交换、消费等各环节，形成从宏观到微观的智能化新需求，催生装饰业新技术、新产品、新业态、新模式，引发经济结构重大变革，深刻改变生产生活方式和思维模式，人工智能助力项目建造和AI出图，实现生产力的整体跃升。

五、装饰装修工程施工技术指标记录

北京城市副中心图书馆项目，提出了玻璃稳定性屈曲因子的概念，将钢结构的稳定性分析原理应用于玻璃的自支撑体系，首创了国内超大自承重式互为支撑的全玻璃幕墙系统。

该项目特制π形钢件，只承担水平荷载不承担玻璃自重，通过玻璃顶底的构造可适应屋顶结构在地震作用向下65mm和向上25mm的竖向地震位移变形，攻克了自承重式互为支撑全玻璃幕墙抗震设计难题。特制的弧形滑移块可以适应120mm水平地震位移变形，玻璃通过弧形滑移块实现了面内的摆动和面外的错动，进而吸收玻璃面内的水平地震位移，攻克了自承重式互为支撑全玻璃幕墙玻璃稳定性分析难题。

该项目中，单块16m高、2.5m宽、重11t、厚132mm的超级大玻璃，突破了幕墙单块玻璃的重量极限。首次在施工现场施打超深超宽结构胶35mm×150mm，突破了超宽超厚结构胶的应用极限。研制了“幕墙神器”——24爪独立回路的真空电动吸盘，吸盘可360°无极旋转，±90°翻转，额定载重可达12t，突破了幕墙玻璃安装设备的承重极限。

六、装饰装修工程施工技术典型工程案例

6.1　中碳登碳汇大厦室内装修工程项目

（1）该项目某处天花为三角形铝板，不易安装，项目团队采用装配式理念，将三角形

铝板采用三角形背筋整体组装，增加六角形铝板的整体稳定性；板缝前后采用U形铝角码加强连接，保证模数整体性，防止板面变形。采用三角形组装成六角形铝板后整体安装，大大提高了工效，且完成效果观感理想（图 12-17）。

图 12-17　天花三角铝板模块化组装及安装

（2）该项目存在很多高大空间隔墙施工，优化前，原施工图纸做法存在安全隐患，且损耗巨大，也不便于施工。优化后，根据基础材料的尺寸特性，在保证结构受力安全的情况下，将材料损耗控制到极小，钢架中间轻钢龙骨以整体模块的形式，在集中加工区组装好后运至现场位置进行集中快速安装，运用了装配式原理，结合结构受力计算和基材的尺寸特性，实现了装配式快速建造，提高了工效的同时，真正意义上达到了为项目降本增效的目的（图 12-18）。

图 12-18　墙面超高超大空间隔墙装配式模块化施工

6.2　坝光生物谷城市示范区项目

本项目二层采用装配式箱体结构，箱体在工厂加工完成现场直接吊装。其中箱体主框架采用 200×200 的方通钢材，箱体的单个高度为 3.3m，吊装的主要材料为装配式箱体。其中装配式箱体有 29 个，卫生间每个箱体为 28t，其他的箱体重量在 11～15t、整个工程吊装量约 500t。

（1）建装一体化设计，将隔墙与装饰面板结合，取消了隔墙基层的安装步骤，装好隔墙龙骨，直接把集成好的饰面板装上即可，或者直接将隔墙与饰面板在工厂加工为单元体，现场将带有饰面板的一体隔墙锁紧螺钉安装。此种方式可节省 32%造价，可减少 65%人工，可缩短 78%时间（图 12-19）。

图 12-19　隔墙、面板“建装一体化”三维示意图

（2）利用 BIM 软件，逆向翻模和正向建模，可以直接从三维模型导出二维图纸，不用设计师再去 CAD 里反复地修改图纸，节约时间，提高了效率，降低图纸出错率，同时也直观地看出各专业是否有碰撞干涉等问题，实现各专业协同，提前解决施工问题。

6.3　未来社区工业化装修项目

基于“三化九场景 500 个设计点 500 个效益点”体系，沿“三维扫描＋BIM 设计＋自动料单工厂加工＋物流轨迹监控＋现场快装”主线展开，具体分投标、设计、施工和运维四个阶段。从设计阶段考虑节能低碳设计并精确地落实到施工及运维中，为未来实现超低能耗建筑，近零能耗建筑，甚至零能耗建筑提供参考方案（图 12-20）。

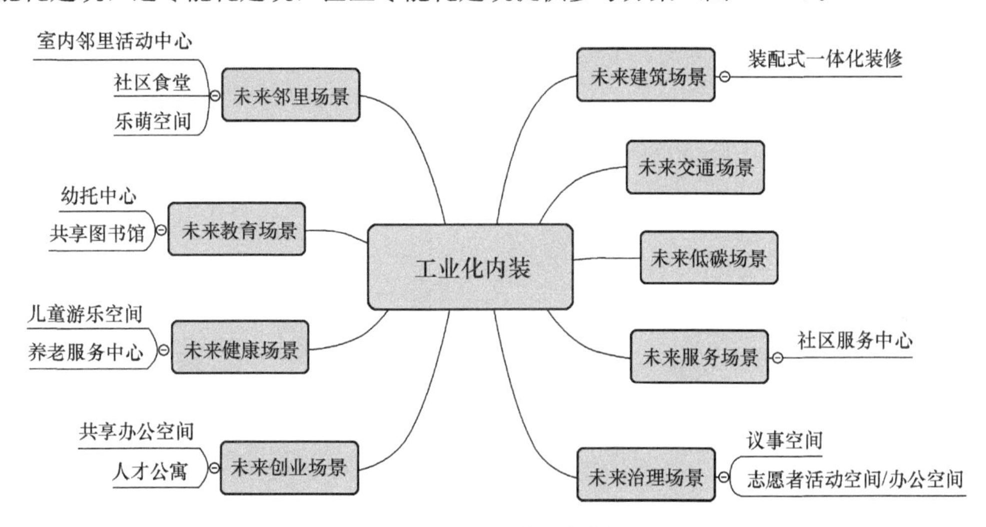

图 12-20　三化九场景

未来社区工业化装修项目在设计阶段就通过使用自有的数字化设计成套技术系统，完成成套施工图纸及模型输出，便于工厂定制化生产和施工指导，通过自有部品部件模数体系的集成化设计提升装配式装修整体效益。

能混凝土、超高性能装饰混凝土、高强透水混凝土、超疏水混凝土、超高延性混凝土等。

4.4 装配式建筑技术前沿

随着装配式建筑实施规模的不断增长，在建筑工业化领域，也取得了一些产业化推广科技成果，同时实施过程中也暴露出较多问题，需加快推进装配式全产业链实施专业化和职业化的高质量发展战略，继续重点推进以下方面技术研究：①开发通用型、标准化、模块化、系列化预制装配式构件部品的高精度模具技术，利用新材料和3D打印技术开发个性化模具定制技术，提高预制混凝土制品尺寸精度，降低制造成本；②研发各类预制装配式建筑用轻质高强混凝土，保温与结构一体化复合外墙板，标准化、通用型、易拆卸、可重复使用的隔墙板、屋面板、楼面板、楼梯及其节点设计与结构构造；③拓展预制构件的品种和应用领域，研发适合多低层建筑的预制构件，研发公路、铁路、市政等行业大型工程构筑物的轻量化装配式预制构件；④研究装配式再生混凝土结构技术；⑤研发装配式超高性能混凝土UHPC预制构件及部品；⑥研究新型装配式建筑结构节点连接技术。

4.5 混凝土工程领域信息技术应用前沿

在互联网不断向传统行业渗透的同时，传统行业亦迫切需要互联网带来新的变革，互联网技术将成为混凝土行业发展的有效支撑：①通过物联网、互联网将地理位置上分散的制造资源全面连通，以灵活和可拓展的方式高效整合资源并共享，不断优化生产组织模式；②采用信息化管理技术、在线监控设备和自动化控制技术，实现混凝土性能的精准设计和拌合，提高混凝土生产的质量控制水平和生产效率，促进生产的自动化、智能化，建设智慧工厂，实现智能制造；③采用互联网技术提高商混凝土企业服务效率和质量，促进施工企业与商混凝土企业的紧密联系，提高企业品牌建设及用户忠诚度；④研究计算机、互联网、物联网及人工智能等技术，应用于混凝土制备、运输、浇筑、养护及使用阶段，混凝土各项性能的自动监测和检测技术。

4.6 混凝土3D打印技术前沿

混凝土3D打印技术现阶段还需解决材料、配套设施及规范标准等方面问题，重点研究内容包括：①研发具有良好挤出性、粘接性和塑性强度的3D打印混凝土拌合物以及高强度、高韧性的3D打印混凝土材料，开发钢筋混凝土3D打印技术，进一步提升混凝土3D打印表观效果和尺寸精度；②研发模块化、便携式、可三维拓展、打印精度高的混凝土3D打印装备，开发适应不同纤维增强混凝土的挤出打印头，开发多任务协调打印以及施工建造过程可智能控制的3D打印建造系统；③研究适于3D打印建筑的设计理论和设计方法，建立3D打印技术规范及评价标准。

4.7 绿色低碳混凝土技术前沿

绿色混凝土技术研究是一项长期的工作，绿色混凝土前沿技术研究主要包括：①充分利用建筑垃圾、工业废弃物等固体废弃物的绿色混凝土的技术研发；②大掺量固废制备装配式建筑预制构件技术研究；③高耐久、高性能混凝土的推广，延长结构寿命，降低全寿命成本；④混凝土原材料的绿色化生产技术研究；⑤预拌混凝土的绿色化生产技术研究。

第十三篇　幕墙工程施工技术

中国建筑第五工程局有限公司　李　凯　贺雄英　谭　卡　邹石军　胡　威
浙江宝业幕墙装饰有限公司　朱志雄　陈国柱　何成成　周海锋

摘要

建筑幕墙是柔性外挂于建筑结构外具有装饰作用的多功能外墙；新型材料的应用为建筑幕墙在结构造型、构造方式、建造方式等方面提供了物质基础，同时建筑市场容量的变化，存量幕墙的更新改造正逐步增多。随着新型材料技术、建造技术和BIM信息技术的快速发展，以及国家“双碳”目标的提出，建筑幕墙除满足外围护结构基本功能的要求外，正在向节能减排、绿色供能等方面发展。

本篇总结了建筑幕墙的设计技术、材料应用技术、加工制作以及施工工艺进步等，对建造幕墙数字化设计、智能制造、信息化建造以及既有幕墙的安全检测和更新等方面进行了阐述。

Abstract

The building curtain wall is a multi-functional exterior wall which is flexibly hung outside the building structure and has decorative function. The application of new materials provides the material foundation for the building curtain wall in the structural modeling, construction mode, construction mode, etc. At the same time, the change of the construction market capacity, the renovation of the stock curtain wall is gradually increasing. With the rapid development of new material technology, construction technology and BIM information technology, as well as the proposal of the national “double carbon” goal, the building curtain wall in addition to meeting the requirements of the basic functions of the perimeter structure, is developing towards energy conservation and emission reduction, green energy supply and other aspects.

This paper summarizes the design technology, material application technology, processing and construction technology progress of building curtain wall, and expounds the digital design, intelligent manufacturing and information construction of building curtain wall, as well as the safety inspection and update of existing curtain wall.

一、幕墙工程施工技术概述

建筑幕墙（Curtain Wall for Building），是指由面板与支撑结构体系组成的、可相对主体结构有一定位移能力或自身有一定变形能力、不承担主体结构受力作用的建筑外围护墙。经过40多年发展，到21世纪初，我国已经发展成为世界幕墙行业第一生产大国和使用大国。

2020年至今，是幕墙行业的稳定期，2020年以来，建筑幕墙体量整体平稳，幕墙产品及施工技术成熟稳定，幕墙由高效节能幕墙向光伏产能幕墙的转变。

二、幕墙工程施工主要技术介绍

2.1 建筑幕墙设计技术

2.1.1 建筑幕墙设计技术标准化、模块化、集成化、信息化、智能化

在建筑幕墙设计中，标准化是指建立幕墙系统标准化图集，统一设计要求、规范设计流程，提高设计一致性和稳定性。模块化设计是指将幕墙设计分为玻璃幕墙系统模块、金属幕墙系统模块、陶瓷石材系统等模块，每个模块都可以独立设计，每个模块具有特定的功能和接口，模块之间可以相互组合。集成化设计是指将各个设计要素整合在一起，形成一个统一的系统指令，将幕墙结构设计、隔热防火设计、采光设计、外墙灯光、园林景观设计、幕墙清洗维护、幕墙与主体结构关联等要素整合在一起，形成一个整体设计方案，有利于设计师全面考虑各个方面的影响，避免设计冲突和漏洞。信息化是指利用信息技术手段，实现信息的高效获取、传递和利用；利用BIM技术，可以实现建筑幕墙的三维建模和信息管理，有利于设计师在设计过程中进行多维度的协同设计和分析，提高设计效率、减少沟通成本、降低错误率，提高设计质量和效率。智能化是指利用先进的科技手段和智能系统，对建筑幕墙进行设计；随着人工智能、大数据等技术的不断发展，建筑幕墙设计智能化将迎来更广阔的发展空间。

2.1.2 建筑幕墙可视化技术

建筑幕墙是建筑同外界联系与区隔的围护结构，建筑幕墙设计的可视化主要是建筑外围立面设计的可视化，其可视化设计主要表现为空间立面的可视化建模与渲染，在各类自然环境：光照、风雨、不同视角条件下的渲染与逼真预现问题。建筑幕墙的渲染必须考虑自然光线多光谱（从紫外光到红外光的全光谱）、多光源（除了自然界外光源，还要考虑建筑自身内透光以及其他邻近建筑的反射光问题），以及光照强度等问题。

2.1.3 建筑幕墙三维激光扫描测绘及逆向建模技术

三维激光扫描是一门新兴的测绘技术，近些年来逐渐发展完善并运用于幕墙施工中。幕墙构件空间定位和尺寸控制与施工质量和经济成本息息相关，需要及时掌握现场实际结构情况，一方面控制材料下单，节约成本，另一方面保证幕墙尺寸准确，没有质量隐患。三维激光扫描仪可迅速获取现场的高精度完整点云，通过高新技术实现了1∶1“实景复制”，测量高效、全面、精确、直观，相比传统方法具有更多优势。图13-1为现场扫描，

图 13-2 为点云模型。

图 13-1　现场扫描

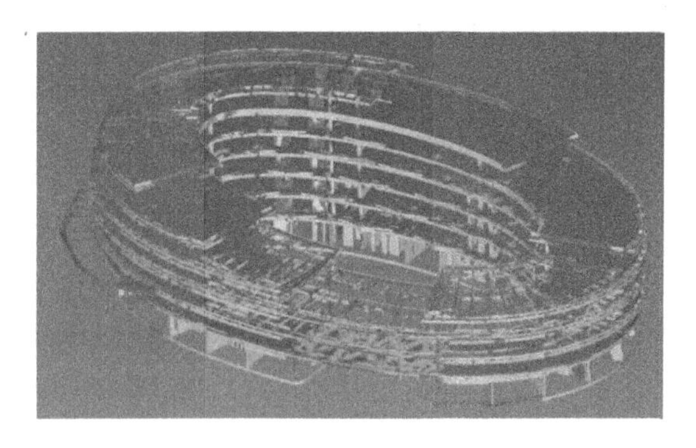

图 13-2　点云模型

2.2　建筑幕墙材料技术

建筑幕墙材料主要包括龙骨、面板、结构胶及五金配件等材料。继传统材料之后，新型材不断应用于建筑幕墙。聚氨酯玻璃纤维复合材料、滚压钢型材、三银 Low-E 玻璃、LED 光电玻璃，自洁玻璃、智能调光玻璃、陶瓷数码打印彩釉玻璃、薄膜太阳能电池、UHPC 板、钛、铜、不锈钢复合板、PTFE 网格膜、铝合金全维板、防火保温装饰复合材料、水性纳米烤瓷涂料和陶瓷薄板保温装饰一体板在建筑幕墙上的使用，加速了建筑幕墙产品类型的增加，促进了建筑幕墙向着轻质、高强、环保和集成化的方向发展。

2.3　建筑幕墙加工技术

建筑幕墙加工已经实现了数字化设计和加工，通过计算机辅助设计软件（CAD）和计算机数控机床（CNC）等设备，可以实现对复杂幕墙构件的精确加工，大大提高了生产效率和产品质量。数控双头可倾式切割机、数控铝合金加工机床、四位液压角连接冲铆机、双轴仿形铣床、高精冲床、全自动注胶机等数字化加工设备以及工业机器人的应用，实现了无人工厂。以自动化、智能化以及 BIM 技术、数控加工、物联网等技术综合应用为基础，通过 BIM 信息转化技术、BIM 数控加工代码技术、BIM 多轴数控加工技术，实现 BIM 与智能工厂的数字化链接，全自动化生产线的出现，大大提高了生产效率。

2.4　建筑幕墙测量放线技术

测量放线技术的基本方法基准定位、测量放线、放线复核。常用的测量技术设备有全站仪、水平仪、经纬仪、铅垂仪等，对于一些造型特殊或复杂的异形幕墙，常使用三维激光扫描仪、全站仪和自动放线机器人。随着城市更新项目的增多，无人机扫描测量技术逐渐得到应用。

2.5　建筑幕墙安装技术

随着测量技术和 BIM 技术的广泛应用，建筑幕墙施工朝着工厂化预制、现场整体吊装等施工技术发展，幕墙现场施工安装从单根构件手工安装向主要依靠吊装设备进行安装发展。现场吊装设备常用汽车起重机、层间悬臂式起重机或幕墙专用塔式起重机进行安装。幕墙材料垂直运输设备采用加大型电梯笼和带有刚性导轨的垂直吊装设备，楼层安装采用环形轨道和层间机器人进行幕墙单元安装；一些特殊项目，幕墙体系同主体结构进行同步吊装施工。以智能幕墙安装机器人为先导，促使建筑幕墙安装技术从传统的手工安装向现代化的自动化安装过渡。

2.6 幕墙试验检测技术

试验检测技术是幕墙技术的重要组成部分，也是推动幕墙行业发展的重要因素。目前我国已经建立了较为完整的建筑幕墙物理性能技术参数标准，形成了中国建筑科学研究院国家实验室和地方检测站（中心）两级检测体系，并建立了风洞模拟试验、地震振动台试验、传热隔热试验、隔声性能试验、结构密封胶试验等专业实验室以及平板玻璃、中空玻璃、金属复合板材、防火材料检测实验室，为我国建筑幕墙科研试验、产品开发、质量论证提供了科学依据。

2.7 建筑幕墙质量控制技术

建筑幕墙质量控制技术是指通过一系列的控制措施和技术手段，确保建筑幕墙在设计、制造、安装和维护过程中达到预期的质量标准和要求。其核心目标是保证幕墙的安全、耐久、美观和功能。

通过标准化、模块化、集成化、信息化、智能化设计技术确保图纸质量。检测检验、材料尺寸偏差检查、材料表面缺陷及损伤检查、材料材质分析检验、结构胶相溶试验、蝴蝶试验、单元体浸水试验、幕墙淋水试验、幕墙四性试验、现场拉拔试验、焊缝探伤检测、工地工序验收等确保施工质量。采用先进的自动化加工设备和智能化安装设备确保幕墙品质。

2.8 建筑幕墙维护技术

定期维护可以保持建筑外观清新，保持建筑的美感和品质。制定维护计划针对不同类型的建筑幕墙，制定相应的维护计划，包括维护周期、维护内容、维护人员等，确保维护工作有条不紊地进行。幕墙清洗机器人等设备定期清洗保养，可以保持幕墙清洁，延长使用寿命。利用现代科技手段如人工智能、无人机等进行幕墙巡检和维护，提高效率和准确性，降低人力成本。建立档案管理，建立建筑幕墙维护档案，记录每次维护的内容、时间、费用等信息，形成完整的维护记录，为今后的维护工作提供参考。

2.9 建筑幕墙改造技术

建筑幕墙改造的目的，提升建筑使用年限，通过及时的幕墙改造，可以提升建筑物的使用年限，提高建筑物的整体品质和价值。提高建筑节能性，更新幕墙材料和设计可以提高建筑的节能性能，减少能耗，符合可持续发展理念。改善建筑外观，幕墙是建筑的外立面，通过改造可以提升建筑的外观美感，提高城市形象。以装配式幕墙方案改造旧建筑幕墙，提高施工效率，减少对居民的生活影响。

三、幕墙工程施工技术最新进展（1～3年）

3.1　建筑幕墙设计信息化技术

3.1.1　建筑幕墙BIM协同设计技术与自动加工技术

随着BIM技术在建筑设计领域的广泛应用，建筑BIM设计协同管理平台得到大力应用。幕墙BIM设计与建筑主体、安装、室内装饰等专业，在同一建筑信息模型中进行协同设计；各专业BIM模型在同一建筑模型中得到体现，及时发现各专业间的空间关系和碰撞检查，保证各专业间的协调统一，减少施工返工和材料浪费。

数字化信息与自动化机器对接技术，将BIM模型中精准的加工信息传输给数控机床等加工机器，从而进行幕墙构件的加工生产，实现了幕墙加工的模型信息与机器对接。

3.1.2　曲面建模和碰撞检查技术

针对曲面幕墙的BIM设计，近年来Revit软件结合Dynamo插件基本达到与Rhino-grasshopper一致的曲面建模的能力，为现阶段建筑幕墙行业最具备竞争力的BIM软件。

Navisworks主要用于三维激光扫描模型与BIM模型的碰撞检测，为现阶段幕墙BIM技术中，现实与模型相连接的关键性软件。它能够根据碰撞数据检测出两者的交接处，从而得出修正幕墙方案。

3.1.3　无人机巡检技术

无人机巡检是指利用无人机进行巡检作业，通过搭载各种传感器和设备，实现对目标区域的、高精度的巡检和监测。无人机巡检作为一种新兴的巡检方式，改变了传统巡检的模式，具有高效、安全、可靠等优势。

无人机巡检技术优点，高效快捷：相比传统巡检方式，无人机巡检可以大幅提高巡检效率，减少人力和时间成本。无人机可以快速飞行，覆盖范围广，能够在短时间内完成大面积的巡检任务。安全可靠：无人机巡检可以避免巡检人员面临的高风险环境。高精度测量：无人机搭载的各种传感器和设备可以实现高精度的测量和监测。数据处理智能化：无人机巡检的数据可以通过云计算和人工智能技术进行智能化处理。例如，利用大数据分析技术可以对巡检数据进行快速分析，提取出重要信息，为巡检人员提供决策支持。

3.2　幕墙材料技术

3.2.1　光伏幕墙技术

随着光伏电池技术进步，结合我国政策要求，实现建筑物碳中和，利用建筑幕墙安装光伏产品产生能源是必然选择，对光伏幕墙的需求也将更加刚性。光伏幕墙主要分为三大系统：光伏电池系统、控制系统和幕墙系统。光伏电池主要分为：单晶硅、多晶硅和薄膜电池。其中薄膜类产品相比晶硅类产品在立面上的效率减低，薄膜产品优秀的弱光性能、丰富的色彩、灵活可调的透光度以及组件形式更能在立面幕墙上大显身手。

薄膜类光伏幕墙是最为主流的应用方式，从发电材料角度进一步细分，薄膜类光伏产品有碲化镉、铜铟镓硒、钙钛矿等细分类别，鉴于色彩、透光透视、纹理、弱光性、可定制化等灵活性、综合性因素，目前实际应用最为广泛、适应场景最为丰富的是碲化镉薄膜透光光伏幕墙（图 13-3）。预计未来光伏幕墙市场空间有望超 1500 亿元，当前市场空间不足 100 亿元，从当前不足 100 亿元的市场空间到远期超 1500 亿元的市场空间，国内光伏幕墙市场有望迎来快速发展。

图 13-3　嘉兴科创中心—碲化镉薄膜透光光伏幕墙

3.2.2　智能调光玻璃

智能调光玻璃，它是普通玻璃与液晶调光膜组合在一起形成的一种新型的特种光电玻璃产品。其采用的智能液晶调光膜由两层柔性透明导电薄膜与一层聚合物分散液晶材料（PDLC）构成。通过外加电场，便可实现调光膜在无色透明与乳白色不透明两种状态之间的快速变换。透明状态下的调光玻璃透光率高达 80%，与普通的玻璃幕墙相差无几；乳白色不透明状态下，其雾度高达 90%；其造价在 1000～2000 元/m^2，其调光膜目的在于隔热、阻隔 99%以上的紫外线及 98%以上的红外线，减少热辐射及传递。而阻隔紫外线，可保护室内的物体不因紫外辐照而出现退色、老化等情况，保护人员不受紫外线直射而引起的疾病等。智能调光玻璃可用于室内装饰装修，也可应用于建筑外墙。调光膜可直接贴在玻璃上使用，该操作方式简单被应用广泛，凡是有玻璃的地方均可采用；也可将调光膜复合在两层玻璃中间，经高温高压胶合形成夹层调光玻璃作为建筑玻璃使用，相比较原有建筑外墙广告采用的 LED 显示屏，智能调光玻璃具有优越的性能，是未来建筑室内外装饰的必选产品。

3.2.3　PTFE 建筑膜材

PTFE 建筑膜材全称：玻璃纤维基 PTFE 涂层复合材料，PTEF 全名聚四氟乙烯（Polytetrafluoroethylene）。PTFE 建筑膜材的最大特点是：重量轻、强度高、防火难燃、自洁性好，不受紫外线影响、抗疲劳、耐扭曲、耐老化、使用寿命长，具有高透光率，热吸收很少。PTFE 膜结构是一种全新的建筑结构形式，因 PTFE 膜可塑性强，造型夸张美观大方，被建筑师广泛接受和推广使用。

3.2.4　陶瓷薄板保温装饰一体板

陶瓷薄板保温一体板（图 13-4）是一种新型的建筑保温材料，由陶瓷薄板面层和保温材料保温层组成的复合板材。面层采用高品质的陶瓷薄板，根据需要进行设计和加工，具有石材纹理，美观大方。保温层采用优质热固复合聚苯乙烯泡沫保温板（EPS）、挤塑聚苯乙烯（XPS）或岩棉等保温材料，具有优异的保温性能，是保温一体板的重要组成部分。保温一体板保温性能优良，有效隔绝室内外温差，保持室内温度稳定；防水性好，可以有效防止雨水渗入保温层内部；耐火性能好，可以有效减少火灾扩散；耐候性好，不易老化变形，长期使用寿命长；环保安全，采用无机材料，对环境无污染，不会产生有害气体；同时面层平整、美观，大量应用于建筑外墙如（图 13-5）。

图 13-4　陶瓷薄板保温一体板

图 13-5　陶瓷薄板保温一体板建筑

3.2.5　铝合金全维板

铝合金"全维板（图 13-6）"源于其内芯结构专利技术"窝壳状（图 13-7）全维桥拱结构金属板材"缩写。该板材的铝内芯层经特殊辊模压延，在形成双面凸点过程中，点与点之间在应力作用下，使卷铝金属薄片形成半窝壳状连续性桥拱结构的中间层芯材，经上、底铝卷材复合而成全维度（无方向）均匀受力的铝板。宽度 1220mm 和 1570mm，长度 2440mm，也可根据设计要求及运输条件定制，厚度 3mm、4mm、6mm，全维板优异的物理结构，相对于瓦楞铝板的纵横受力不均、蜂窝铝板和单面凸点的多维铝板的平压强度不高、铝单板的饰面隔声差等更具优势。

3.2.6　陶瓷数码打印彩釉玻璃

陶瓷数码打印彩釉玻璃（图 13-8）就是通过数码打印方式将无机高温油墨直接打印在玻璃上，经钢化后形成彩釉玻璃。数码陶瓷油墨，主要由亚微米玻璃粉，具有极强的抗酸碱、稳定性、耐候性的无机矿物质颜料、溶剂组成。丝网印刷彩釉玻璃是利用丝网印刷工艺将玻璃油墨印刷在玻璃表面，然后进行烘干或者烘干后钢化，将油墨固化或者烧结在玻璃表面形成彩釉玻璃。

图 13-6　全维板

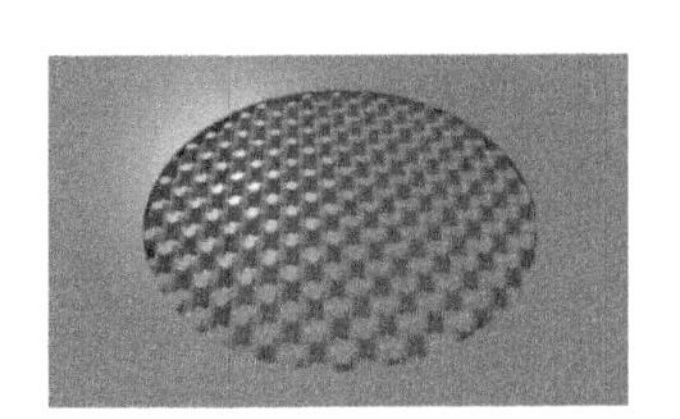

图 13-7　全维板构造

图 13-8　陶瓷数码打印彩釉玻璃

丝网印刷彩釉玻璃的印刷图案需要借助网版加工，在加工中一次网版只能印一种颜色，要实现多种颜色，就需要多次网版，工艺复杂。

陶瓷数码打印玻璃的图案制作过程由图形处理软件完成，打印过程为多色混色一次打印完成，不论单色或者多色、简单或者复杂的图案都可轻易加工。

丝网印刷彩釉工艺仍然由于网版图形因素，只方便加工尺寸整齐的玻璃；若玻璃尺寸和图案不相同时便难以调整和加工。陶瓷数码打印工艺在处理复杂尺寸玻璃方面具有无与伦比的优越性，多种尺寸和图形的玻璃印制时，陶瓷数码打印相比丝网印刷不需要重新制版，不需要特殊定位就能轻易加工任意尺寸和图形的玻璃。陶瓷数码打印彩釉玻璃相比丝网印刷彩釉玻璃，陶瓷数码打印彩釉玻璃具有印刷颜色丰富、印制玻璃尺寸多样、节省人工等特点。

3.3 幕墙加工及施工工艺技术

3.3.1 建筑幕墙智能机加工无人化生产线

2023年12月22日，全球首条建筑幕墙智能机加工无人化生产示范线V1.0投产（图13-9）生产线示意图，由我国企业自主研发、设计并建设的生产车间（图13-10），创新性地融合了机器人、工业物联网、大数据、智能分析、图像识别等技术，实现基于数据驱动的幕墙机加工全流程智能化运行和信息化管理。相较传统生产线，该智能生线人工成本降低70%，仅需4名操作人员就可完成传统生产线16人的工作，并可24h不间断运行，材料利用率显著提高，综合成本显著降低。此外，智能线还具有自动收集处理废料的功能，实现绿色环保生产，并可实现全流程数字化管理，确保高效、高质量交付高品质的幕墙产品。

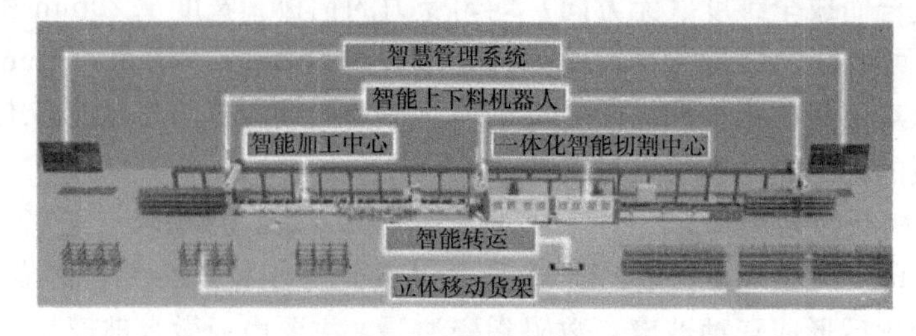

图13-9 生产线示意图

图13-10 生产线车间

3.3.2　幕墙智能安装机器人

最近几年部分幕墙安装工作引入智能机器人（图 13-11）。幕墙安装机器人的工作原理，通过激光雷达、摄像头等传感器实现自主导航，能够准确识别施工环境，规避障碍物；利用定位系统实现对幕墙板材的精准定位，确保安装的准确性和稳定性；通过程序控制实现自动化安装，提高施工效率和质量；通过摄像头等设备实现对施工过程的实时监控，及时发现问题并进行处理。相比传统人工安装，提高施工效率，幕墙智能安装机器人具备自动化安装功能，能够实现 24h 不间断作业，大幅提高施工效率；减少人力成本：幕墙智能安装机器人无需人工操作，可大幅减少人力成本；机器人能够代替人工高空作业，减少安全事故发生的可能性，提升施工安全性；利用先进的定位系统和机器视觉技术，保证安装的精准度和稳定性。

图 13-11　幕墙安装智能机器人

3.3.3　基于 5G 和二维码技术的 BIM 模型在幕墙全链条管控中的应用

应用 5G、二维码等技术结合 BIM 模型，实现构件自生产、运输、仓储、安装等全链条的动态实时跟踪管控方案。通过 5G 技术，以 BIM 模型信息为载体，在幕墙工程项目中全方位运用 BIM 技术，服务期内使用 BIM 参数化建模软件创建并维护幕墙专业 BIM 模型，使模型的深度达到指导现场施工和进行构件提料及加工的要求。利用 BIM 软件进行幕墙构件自动拆分，利用拆分后的 BIM 装配式构件工艺模型生成构件 BIM 数据库，在 BIM 数据库的基础上通过物联网技术对构件的生产、运输、安装等各环节进行有效管理，使用 BIM 技术，从设计到施工过程对该项目的施工工艺、工程进度、施工组织进行管理。及时提交 BIM 数据，实现工程技术由 3D 走向 5D，提高对物料、成本、人员调配的管理水平，保证施工质量和工程进度，为业主后期运营管理提供有力保障。

3.3.4　3D 打印技术

3D 打印技术是新兴的高新技术，是以三维模型为基础，将材料逐层堆积制造出实体物品，3D 打印技术不需切削材料，也不需模具，可批量制造，尤其适用用于结构复杂产品的快速制造，生产周期短，用 3D 打印技术制备结构复杂铸件，可实现铸件的快速成型，降低成本，提高效率。

3.4　幕墙行业新设备

3.4.1　三维激光扫描仪

常用三维激光扫描设备有新拓三维、天远三维、Leica 莱卡、Trimble 天宝等，见图13-12。

（1）三维激光扫描步骤

三维激光扫描步骤主要为定位点安装→扫描结构→生成扫描模型。

(2) 定位点安装

在待扫描测量主体结构侧边固定安装定位球，而后利用三维激光扫描仪进行主体结构扫描。

(3) 扫描结构、生成扫描模型

根据主体结构范围大小，设置多个扫描站点，从而提高扫描精度，减少扫描误差。

3.4.2 BIM 放样机器人

BIM 放样机器人（图 13-13）是直接使用 BIM 模型结合高精度的自动测量仪器，在施工现场同时进行多专业三维空间放线的测量仪器。

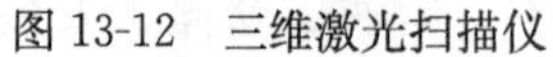

图 13-12 三维激光扫描仪

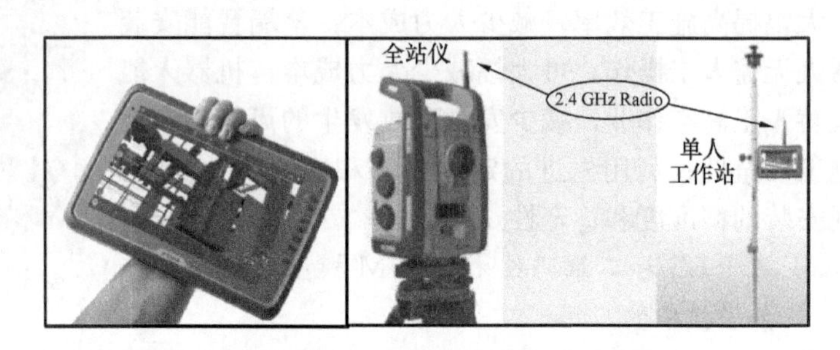

图 13-13 BIM 放样机器人

BIM 放样机器人硬件包括：全站仪主机、平板电脑、三脚架、全反射棱镜及棱镜杆等。软件包括：Trimble FieldLink 软件和基于 Revit 及 CAD 的测量及放样点位插件。

(1) 智能放线骤

BIM 放样机器人执行 BIM 模型（驱动）→ 平板电脑（命令）→ 全站仪（指挥）→ 放线工作人员（执行）→标线的智能放线过程。

(2) 放样机器人的技术优势

1) 软件技术可以让系统自行定位，无需调平，还有超高范围的动态视野满足大部分日常使用要求，提高了生产效率，降低人工成本。

2) 小巧轻便，易于搬动，清晰可见的激光方便标注点位，可利用软件帮助指导工作流程，并在测量过程中同步生成放样偏差报告。

3) 无论是二维图纸还是三维 BIM 模型，利用软件都可以有效识别点位，满足各项工作需求。

3.5 低碳环保幕墙技术

低碳环保幕墙具有减少能耗、降低碳排放和改善室内环境质量的功能。在当前全球气候变化日益严峻的形势下，低碳环保幕墙的应用具有重要意义。低碳环保幕墙实现高效节能兼发电产能模式，传统幕墙在节能方面存在一定局限性，而新型幕墙形式则致力于实现高效节能的同时具备发电能力，为建筑能源利用带来革新。高效隔热材料和隔热措施的应用是低碳环保幕墙的基础，例如用太阳能反射涂料技术、高品质中空 Low-E 玻璃等，利用空气层隔热的双层呼吸式幕墙，有效降低建筑能耗，提高节能效果。太阳能光伏发电集成，将太阳能光伏板集成到幕墙上，实现发电与建筑外观的完美结合。这种方式不仅能为建筑自身提供清洁能源，还能向外输电，实现能源的共享和利用，例如利用采光顶、遮阳百叶等位置实现光伏发电。通过智能控制系统，发电储能用电释能，低碳环保幕墙可以根据环境温度、光照等参数实时调整幕墙的性能，达到最佳节能效果。

四、幕墙工程施工技术前沿研究

4.1　纳米玻璃在建筑幕墙上的应用前景

纳米玻璃，是利用纳米技术，用特殊的装置，对玻璃进行原子、分子级的操作，改变其特性，使之具有全新的性能。

隔热保温效果是玻璃贴膜的 3～4 倍，液体玻璃膜夏季可以阻挡 75%～88%的太阳直射热量进入室内；玻璃强度高，玻璃意外破碎时阻拦碎片飞溅，减少对人体的伤害。防刺目眩光，液体玻璃膜可以在保证透光率的基础上使光线变得柔和，消除刺目眩光对眼睛的伤害。防紫外线，液体调温玻璃膜通过添加紫外线吸收剂和反射剂，可阻隔 99%以上的有害紫外线，长久保持室内物品色泽鲜艳，并保护皮肤免受伤害；阻音防吵，有效阻隔外界噪声；美观装饰，液体玻璃膜颜色可任意调节，可美化居室外观，改善室内环境。透光美景，既要求隔热保温阻隔紫外线，又对透光性及对视线有特别要求的地方尤其适用。减少了二次遮阳的投入费用，如做遮阳棚、百叶窗、外遮阳、贴膜等，不遮光，保证良好的采光；抗污能力强，纳米玻璃表面采用了自清洁技术，因此其表面污垢附着率很低。

目前，纳米玻璃的制备技术已经相对成熟，主要包括溶胶－凝胶法、磁控溅射法等，这些技术能够实现对纳米玻璃的精细控制和调控。纳米玻璃在建筑幕墙上的应用，纳米玻璃具有优异的光学透光性和抗紫外线性能，能够有效降低建筑内部的日晒照射强度，提升室内舒适度，同时减少建筑空调能耗。纳米玻璃表面采用特殊涂层处理，能够有效抵御大气污染物的侵蚀，保持幕墙表面清洁，延长幕墙使用寿命。纳米玻璃具有较高的抗冲击性，能够有效防止外部冲击对建筑幕墙的破坏，提升建筑的安全性。纳米玻璃的成本较高，且在大规模应用中可能存在未知的挑战。为此，需要通过技术创新和成本降低来解决这些挑战，推动纳米玻璃在建筑幕墙上的广泛应用。

4.2　BIM 技术与可视化技术（VR）的结合

在技术不断革新的推动下，传统的建筑行业开始翻天覆地的变化。作为促进建筑行业发展创新的重要技术手段，BIM＋VR 技术的结合正在为建筑业的进步与转型带来无可估量的影响。BIM（建筑信息模型）是以建筑工程项目的各项相关信息数据作为模型的基础，进行建筑模型的建立，通过数字信息仿真模拟建筑物所具有的真实信息。它具有可视化、协调性、模拟性、优化性和可出图五大特点。VR（虚拟现实）是利用电脑模拟产生一个三维空间的虚拟世界，提供使用者关于视觉、听觉、触觉等感官的模拟，让使用者如同身临其境一般，可以及时和没有限制地观察三维空间内的事物。

建筑设计行业目前最大的痛点在于“所见非所得”和“工程控制难”，难点在于统筹规划、资源整合、具象化联系和平台构建。BIM＋VR 技术有望提供行业痛点的解决路径。VR技术在BIM的三维模型基础上，加强了可视性和具象性。通过构建虚拟展示，为使用者提供交互性设计和可视化影像。BIM设计平台＋VR组合，未来将成为设计企业核心竞争力之一。

可视化技术必将向更加深入化、精细化的方向发展。虚拟现实技术（VR）、增强现实技术（AR）等新技术使可视化技术在幕墙设计可视化方面得到全面的应用和发展。建筑可视化技术的未来发展必然会与建筑信息技术（BIM）进行深度的拥抱与融合。配合幕墙企业标准化建设的完成，以及可视化技术多逻辑交互式操作技术的实现，未来的可视化技术不再仅仅只是一个建筑效果的展示和施工流程的预演，而是一个涵盖建筑结构细节、经济技术指标、施工时间周期，甚至施工岗位、工位配置的全方位的建筑信息技术成果出口。

4.3 大环境下绿色节能幕墙发展方向

幕墙作为现代建筑的外围护结构，其设计不仅要满足建筑美学和功能的要求，更要着重考虑幕墙的节能环保。包括选择具有节能环保、保温隔热性能的原材料，合理设计幕墙构造，选用智能化、现代化的幕墙形式。

智能幕墙技术是指利用先进的传感器、控制系统和材料，使建筑外墙具备智能化、自适应、自动化等功能的一种高新技术。智能幕墙技术的特点包括但不限于智能感知、智能控制、节能环保、美观舒适等。通过智能幕墙技术，建筑可以实现自动调节光照、温度、通风等功能，提升建筑整体的舒适度和能效表现。

随着科技的不断进步和人们对建筑环境舒适度和节能环保的需求不断增加，智能幕墙技术作为一种创新的建筑材料和技术应运而生。智能幕墙技术以其独特的智能化、节能环保等特点，正在逐渐成为建筑幕墙行业的发展方向。

4.4 既有建筑幕墙改造和节能技术

建筑幕墙未来最大的存量市场在城市更新和建筑旧改，既有建筑幕墙改造和节能门窗将释放出巨大市场空间。借此契机，深挖低碳创新型技术，强化零碳先进型技术，加快在绿色设计、绿色材料、绿色制造、绿色施工等环节实现绿色转型升级，在既有建筑幕墙改造中，推广使用能耗低的节能幕墙和节能门窗、屋顶光伏、光电幕墙、光电采光顶等，降低碳排放，实现零碳施工、负碳运营。

4.5 无人机检测技术

近些年人工智能技术、数字成像技术以及无人机技术的蓬勃发展，已逐渐应用到玻璃幕墙检测中。数字成像技术精度高、存储性强。无人机技术以高机动性的特点，可以快速到达高层建筑的指定检测位置，并搭配相机以采集数字图像信息，这种技术在施工现场检测等领域得到了广泛的应用。目前使用最多的是旋翼式无人机，这种类型的无人机可以稳定地悬停在待检目标周围。近年来，旋翼式无人机和数字成像融合检测技术，在建筑领域得到了广泛的应用。以旋翼式无人机为眼，数字成像技术为脑的集成式应用是未来建筑检测信息化变革的主要方法。与传统的方法（如升降机、望远镜）进行目视相比，无人机可以显著降低时间消耗、劳动强度和安全风险，进行更频繁的检查。

4.6　装配式幕墙在幕墙施工中的发展趋势分析

装配式幕墙特点包括工艺标准化、质量可控、施工速度快、减少现场浪费、提高施工效率等。装配式幕墙的优势：施工周期短，装配式幕墙采用模块化设计，可以大幅缩短施工周期，提高工程进度；质量可控，预制构件在工厂内进行加工和检验，质量更易控制，减少施工质量问题；安全性高，装配式施工减少了现场作业，降低了施工安全风险。未来，随着技术的不断进步和市场需求的增长，装配式幕墙有望成为幕墙施工的主流方式。同时幕墙企业和幕墙机构应加大对装配式幕墙技术的研发和推广，提高行业整体水平。

五、幕墙工程施工技术指标记录

（1）全球单块最高，22.45m 大玻璃成功安装

2023 年，单块玻璃净高 22.45m 的玻璃成功安装，是目前全球单件最高玻璃记录。大玻璃每件面积近 $50m^2$，重量超 10t。应用于广州市海珠区广商中心项目。

（2）大跨度横梁施工安装

幕墙横梁跨距最大 19.4m，在广州白云国际机场三期（三号航站楼）应用。幕墙横梁采用“T”形钢外饰铝合金盖，配合不锈钢吊杆，幕墙系统构造为“T”形钢横梁承受水平荷载，不锈钢吊杆承受自重。

（3）玻璃最低传热系数

6 白玻＋A＋6Low-E 单银＋A＋6Low-E 单银，间隔 A 为 DY-3 功能复合气体，玻璃的传热系数最低可达 0.68W/（m^2·K）。

（4）保温装饰一体板最低传热系数

保温装饰一体板中金属装饰保温板的传热系数最低，30mm 厚的金属装饰保温板的传热系数最低可达 0.021W/（m^2·K）

六、幕墙工程施工技术典型工程案例

6.1　广州白云国际机场三期（三号航站楼）

广州白云国际机场三期（三号航站楼）幕墙形式较多，主要有单索幕墙系统，吊杆玻璃幕墙系统、铝板幕墙系统、遮阳系统（含内外遮阳）、金属屋面系统等。陆侧主楼，单索夹具式玻璃幕墙系统；指廊两侧、北港湾空侧，横向遮阳板吊杆玻璃幕墙。

单索夹具式玻璃幕墙系统，面板尺寸为 3000mm×2250mm 和 3000mm×1500mm，弯弧双夹胶中空玻璃，支撑结构系统采用单索夹具式玻璃幕墙体系，边界结构为钢桁架支撑体系，支撑结构采用竖向不锈钢密封索，索网有健康监测系统，局部弯弧位置（有楼层板位置）采用钢立柱支撑系统。竖向不锈钢拉索直径 60mm 和 52mm，直径 66mm 不锈钢密封索为智慧索，竖向拉索跨度约 34m。拉索两端分别为固定端和调节端。幕墙荷载通过夹具传导给拉索，由拉索传递给支撑钢架，再由支撑钢架传递给主体结构。玻璃面板采用 316 不锈钢爪形球铰夹具固定。

吊杆系统幕墙采用承受水平力的横梁与承受自重力的吊杆组合结构。横梁跨距 18m，吊杆高度 5～20m，竖向分格 1.5m，面板尺寸，3000mm×2250mm 和 3000mm×1500mm 夹胶中空玻璃；顶部 800mm×300mm 箱形钢梁，幕墙横梁为全钢横梁和钢横梁铝合金组合横梁。超宽度（18m 跨距）横梁吊杆系统，成功解决了大跨度横梁受力计算、设计、加工、施工安装等难题。18m 跨距横梁施工安装采用胎架整体吊装，按计算数据预起拱，保证水平方向平整。本工程的横梁是目前跨距最大的横梁受力系统。

建筑形成高大室内空间，宽阔通透外立面，人在室内有明亮开阔视野(图 13-14、图 13-15)。

图 13-14　外立面图

图 13-15　局部室内图

6.2　国家速滑馆

国家速滑馆（National Speed Skating Oval）又称为“冰丝带”，幕墙主龙骨由 160 根 S 形钢龙骨组成。幕墙钢结构工程包括曲面幕墙 S 形钢龙骨、弧形连接梁、丝带支撑杆、丝带圆钢管的加工制作以及现场安装，每根 S 形钢龙骨由 4 块钢板拼焊而成，最长的为 32.7m，重量约 6t，最短的也有 16.1m。为满足国家速滑馆独特的天坛轮廓玻璃幕墙设计，复杂构件安装精度及施工质量要求，通过对幕墙支撑结构及幕墙体系容差进行专项设计，利用 BIM 技术，基于扫描复测和 BIM 参数化应用，保证了 S 形钢龙骨与幕墙拉索，环形桁架和水泥支座的精确安装，实现了 S 形钢龙骨位置，幕墙板块角度偏差的调节，避免了因构件尺寸误差及施工过程偏差对施工进度的影响，最大限度地保证了施工的正常进行，节约了施工成本，满足了施工要求（图 13-16、图 13-17）。

图 13-16　室内 S 形钢龙骨构造

图 13-17　外立面图

6.3 杭州世纪中心

杭州世纪中心由两座塔楼和商业设施组成。双塔呈独特“H”造型，玻璃幕墙勾勒出光滑流畅的曲面立面。悬垂钢结构连廊勾连双塔，形成马鞍形悬垂屋面。H形双塔之间的下部吊顶建筑表皮为抛物线外形，从建筑功能为3层的宴会厅和6层的屋顶花园，采用了钢结构拱形桁架的形式，跨度最小56m、最大达76m。钢拱桥落地，地上各层与双塔之间设抗震缝脱开。

H形双塔之间的上部天幕建筑表皮为悬链线外形，天幕作为建筑造型和屋顶花园的遮阳，与双塔主体结构相连接。结构方案上巧妙地设计了非常柔性的悬链形式，使得双塔作为天幕牢固支承点的同时，在地震下又不会产生相互拉扯影响。

塔楼外装饰面为不规则弧面，垂直方向由地面逐层收缩、变化直至塔冠，水平方向为不规则椭圆。塔冠位置垂直方向弧度变化变大，平面弧度与垂直方向弧度形成明显的双曲面。

幕墙主要为单元式幕墙，涵盖平面单元，四点不共面翘曲单元，单曲单元，双曲单元。幕墙设计、加工、测量放线、施工吊装、定位安装、密闭防水等方面难度都超过普通单元式幕墙。工程于2023年竣工，杭州世纪中心成为当下已实现竣工的“长三角最高双塔建筑”及“杭州第一高楼”。

第十四篇　屋面与防水工程施工技术

山西建设投资集团有限公司　　　　　　贾　滨　李卫俊　李止芳　李维清
新疆天一建工投资集团有限责任公司　刘国庆

摘要

本篇介绍了屋面与防水工程涉及的技术内容，包括屋面工程材料、防水工程材料、屋面工程施工技术、防水工程施工技术。屋面工程用防水卷材、涂料和密封材料及与其配套辅助材料已逐步完善，形成屋面防水系统。地下工程在强调混凝土结构自防水的同时，预铺反粘防水技术、预备注浆系统施工技术、装配式建筑密封防水技术、丙烯酸盐灌浆液防渗施工技术等逐步推广普及。随着《建筑与市政工程防水通用规范》GB 55030 的发布实施，未来 5～10 年防水材料的产品性能、新材料研发、新技术发展是主流趋势。我国建筑防水发展跨入产品品种和技术深度融合的阶段，是一门跨学科、跨领域、多专业的交叉学科，是具有综合技术特点的系统工程。

Abstract

This article introduces the technical content involved in roof and waterproofing engineering, including roof engineering materials, waterproofing engineering materials, roof engineering construction technology, and waterproofing engineering construction technology. The waterproofing membranes, coatings, sealing materials and their supporting auxiliary materials for roof engineering have gradually been improved, forming a roof waterproofing system. While emphasizing the self waterproofing of concrete structures, underground engineering has gradually promoted and popularized technologies such as pre laid anti adhesive waterproofing, pre grouting system construction, prefabricated building sealing waterproofing, and acrylic grouting fluid anti-seepage construction. With the release and implementation of the "General Specification for Waterproofing in Building and Municipal Engineering" GB 55030, the product performance, new material research and development, and new technology development of waterproofing materials will be the mainstream trend in the next 5～10 years. The development of building waterproofing in China has entered a stage of deep integration of product varieties and technologies, which is an interdisciplinary, cross disciplinary, and multi professional interdisciplinary field. It is a systematic engineering with comprehensive technical characteristics.

一、屋面与防水工程施工技术概述

1.1 屋面工程

屋面工程是房屋建筑工程的十大分部工程之一，是建筑外围护结构的主要组成部分。屋面工程涵盖上部屋面板及构造层次，主要承受各种荷载作用，用以抵御温度、雨雪、风吹、日晒、震害等自然界环境变化对建筑物的影响，同时亦起着保温、隔热和稳定墙体等作用。不同的历史发展阶段，具有不同的社会、经济、文化、科学、技术发展特点，各种类型的房屋建筑无不打上了时代和区域的烙印，从闻名遐迩的古城青瓦屋面到现代建筑的大跨异形金属屋面，以屋面体现地方风格、民族风格和时代风格的房屋建筑随处可见。随着屋面工程系统技术的发展，高品质的现代屋面和屋面新技术应运而生。

1.2 防水工程

防水工程是一项系统工程，它涉及防水材料、防水工程设计、施工技术、建筑物的管理等各个方面。防水工程对保证建筑物正常使用和结构使用寿命具有重要作用，主要包括屋面、地下室、外墙、室内防水等。提高建筑防水工程质量，大幅降低工程渗漏水率，对提高建筑能效和建筑品质，节能减排，降低建筑全寿命周期成本，提升民众对生活的获得感、满意度和幸福感，具有重要意义。

二、屋面与防水工程施工主要技术介绍

2.1 材料

2.1.1 屋面工程材料

(1) 屋面保温隔热材料

屋面保温层应根据屋面所需传热系数或热阻选择质轻、高效的保温材料，目前屋面保温层按形式，可分为松散材料保温层、板状保温层和整体现浇（喷）保温层三种。按材料性质，可分为有机保温材料和无机保温材料。

(2) 屋面找平层材料

屋面找平层材料主要有水泥砂浆找平层、细石混凝土找平层。

(3) 屋面隔汽层层材料

在空气湿度较大的地区，如在纬度40°以北地区且室内空气湿度大于75%，或其他地区室内空气湿度常年大于75%，或其他地区室内空气湿度常年大于80%屋面防水施工时，若采用吸湿性保温材料做保温层，应选用气密性、水密性好的防水卷材或防水涂料做隔汽层。

(4) 屋面隔离层材料

在防水层与上层混凝土之间、保温层与上层混凝土之间等处，应设置允许上下层之间有适当错动的隔离层，常选用粘接力不强、便于滑动的材料，常用材料有聚氯乙烯塑料薄膜、沥青油毡、土工膜、无纺聚酯纤维布等。

（5）屋面保护层材料

为防护屋面防水层、保温层设置的构造层，保护层应根据不同使用功能要求，按照楼地面的设计和施工规范选择，常采用反射涂料保护层、细砂、云母及蛭石保护层、预制板块保护层、水泥砂浆保护层、细石混凝土保护层等。

2.1.2 防水工程材料

防水材料的耐久性应满足现行强制性工程建设规范《建筑与市政工程防水通用规范》GB 55030 和设计要求，并与防水设计工作年限相适应。根据材质属性将防水材料分为柔性防水材料、刚性防水材料和瓦片防水材料三大系列，再按类别、品种、物性类型和品名来划分不同的防水材料，具体分类见表 14-1。

防水材料分类 **表 14-1**

材性	类别	品种	物性类型		品名
柔性防水材料	防水卷材	合成高分子卷材	橡胶型	硫化型	三元乙丙橡胶卷材
					丁基橡胶卷材
			橡胶类	非硫化型	氯化聚乙烯卷材
					三元乙丙-丁基橡胶卷材
				增强型	氯化聚乙烯 LYX-603 卷材
			橡塑类		氯化聚乙烯橡塑共混卷材
					三元乙丙-聚乙烯共混可焊接卷材
			树脂类		聚氯乙烯卷材
					低密度聚乙烯卷材
					高密度聚乙烯卷材
					聚乙烯丙纶卷材
					EVA 卷材
		聚合物改性沥青卷材	弹性体改性		丁苯橡胶改性沥青卷材
					SBS 改性沥青卷材
					再生胶粉改性沥青卷材
			塑性体改性		APP（APAO）改性沥青卷材
			自粘型卷材		自粘聚合物改性沥青卷材
	防水涂料	合成高分子涂料	反应型		聚氨酯涂料（PU）
					聚甲基丙烯酸甲酯（PMMA）
			水乳型（挥发型）		硅橡胶涂料、丙烯酸涂料
			有机无机复合型		聚合物水泥基涂料
		聚合物改性沥青涂料	热熔型		非固化橡胶沥青涂料
					热熔橡胶沥青防水涂料
			水乳型		水乳型氯丁胶改性沥青涂料
					SBS 改性沥青涂料

续表

材性	类别	品种	物性类型		品名
柔性防水材料	密封材料	合成高分子密封材料	不定型	橡胶型	硅酮密封胶
					改性硅酮密封胶
					聚硫密封胶
					氯磺化聚乙烯密封胶
					丁基密封胶
					聚氨酯密封胶
				树脂型	水性丙烯酸密封胶
			定型	橡胶类	橡胶止水带
					遇水膨胀橡胶止水带
				树脂类	塑料止水带
				金属类	金属止水带
		高聚物改性沥青密封材料			丁基橡胶改性沥青密封胶
					SBS 改性沥青密封胶
					再生橡胶改性沥青密封胶
刚性防水材料	防水混凝土				普通防水混凝土
					补偿收缩防水混凝土
					减水剂防水混凝土
					密实、纤维混凝土
	防水砂浆				金属皂液防水砂浆
					硫酸盐类防水砂浆（三乙醇胺）
					聚合物防水砂浆（掺丙烯酸、氯丁胶、丁苯胶）
					纤维水泥砂浆（掺纤维）
	水泥基渗透结晶型				抗渗微晶
瓦片防水材料	黏土瓦片				黏土筒瓦
					黏土平瓦、波形瓦
					琉璃瓦
	有机瓦片				沥青瓦
					树脂瓦
					橡胶瓦
	波形瓦片				水泥石棉波形瓦
					玻璃钢波形瓦
	金属瓦片				金属波形瓦
					压型金属复合板
	水泥瓦片				水泥瓦片

2.2　屋面工程施工技术

2.2.1　屋面保温隔热

屋面保温层按形式，分为松散材料保温层、板状保温层和整体现浇（喷）保温层三种；松散材料保温层采用松散膨胀珍珠岩、松散膨胀蛭石；板状材料保温层采用膨胀珍珠岩板制品、膨胀蛭石板制品、聚苯乙烯泡沫塑料、硬泡聚氨酯板、泡沫玻璃等；整体现浇（喷）保温层材料采用沥青膨胀蛭石和硬泡聚氨酯。

（1）松散材料保温层施工技术

松散保温材料具有堆积密度小、保温性能高的优越性能，但当松铺施工时，一旦遇雨或浸入施工用水，则保温性能大大降低，而且容易引起柔性防水层鼓泡破坏。所以，在干燥少雨地区尚可应用，而在多雨地区应避免采用。同时，松散保温材料施工时，较难控制厚薄匀质性和压实表观密度。

（2）板状材料保温层施工技术

目前生产的有机或无机胶结料憎水性膨胀珍珠岩和沥青作胶结料的膨胀珍珠岩、蛭石，具有较好的憎水能力；聚苯乙烯泡沫板、泡沫玻璃和发泡聚氨酯吸水率低、表观密度小、保温性能好，应用越来越广泛；泡沫混凝土、加气混凝土等表观密度大，保温性能较差。

（3）整体保温层施工技术

整体保温层目前有沥青膨胀蛭石，现喷硬质聚氨酯泡沫塑料。沥青膨胀蛭石应采取人工搅拌，避免颗粒破碎。以热沥青作胶结料时，沥青加热温度不应高于 240℃，使用温度不宜低于 190℃，膨胀蛭石的预热温度宜为 100～120℃，拌合以色泽均匀一致、无沥青团为宜。

2.2.2　屋面防水

屋面防水一般采用卷材防水层、涂膜防水层和复合防水层。复合防水层可以使卷材防水层和涂膜防水层的优势互补。

2.2.3　平屋面

屋面防水层完工后，应检验屋面有无渗漏和积水，排水系统是否通畅，可进行雨后观察及淋水、蓄水试验。采用雨后观察时，降雨量应达到中雨量级标准；采用淋水试验时，持续淋水时间不应少于 2h；有可能做蓄水检验的屋面应做蓄水检验，其蓄水时间不宜少于 24h。确认屋面无渗漏后，再做保护层。

平屋面面层的设计，根据不同使用功能要求，按照楼地面的设计和施工规范有关要求进行。

2.2.4　瓦屋面

瓦屋面是以排为主的屋面防水技术，在 10%～50%的屋面坡度下，将雨水迅速排走，并采用具有一定防水能力的瓦片搭接进行防水。根据斜坡瓦屋面的特点和防水设防的要求，用于斜坡屋面的防水材料，除要求防水效果好外，还要求强度高、粘结力大。在面层瓦的重力作用下，在斜坡面上不会发生下滑现象，同时也不会因温度变化引起性能的太大变化。

持钉层是块瓦和沥青瓦的基层，为保证瓦屋面铺装和使用安全，在满足屋面荷载前提下，持钉层需满足一定的厚度要求。

2.2.5　金属屋面

金属屋面系统是以金属材料作为屋面层，通过合理的方式，借助现代屋面施工机具和屋面接口技术，将符合建筑物功能要求的各屋面层体有机组合而成。建成后的屋面系统，可以同时或根据需要部分满足建筑物屋面的结构支撑、吸声、降噪、隔热、保温、防潮、防水、排水和内外装饰等功能，配合其他建筑附件，兼顾采光、消防、排烟、防雷等功能。构造形式以立边咬合屋面、平锁扣金属屋面、金属板饰面屋面。

近年来，由于金属板屋面抗风揭能力不足，对建筑的安全性能影响很大，被大风掀掉的情况时有发生，造成的损失也非常严重。因此，国内和国外对建筑的风荷载安全都很重视。现行《屋面工程技术规范》GB 50345 规定，金属板屋面应按设计要求提供抗风揭试验验证报告。我国也与国际屋面系统检测最权威的机构美国 FM 认证公司合作，引进了 FM 成熟的屋面抗风揭测试技术，中国建筑材料科学研究总院苏州防水研究院建成了我国首个单层卷材屋面抗风揭实验室。

2.2.6　玻璃采光屋面

玻璃采光屋面的支承形式包括桁架、网架、拱壳、圆穹等玻璃采光顶的坡度属结构找坡，排水坡度不应小于 3%，并满足设计要求，密封防水接缝的位移量不宜大于 15%。建筑采光顶的玻璃面板应采用安全玻璃，宜采用夹层玻璃或夹层中空玻璃。玻璃原片可根据设计要求选用，且单片玻璃厚度不宜小于 6m，支层玻璃的玻璃原片不宜小于 5mm 所有玻璃应进行边倒角处理。近年来，玻璃采光顶在我国的使用面积越来越大，形状也越来越复杂，在建筑中的应用也越来越广泛，因此对采光顶的装饰性和艺术性要求越来越高。

2.3　防水工程施工技术

2.3.1　地下防水工程

本章所指地下工程是指深入地面以下为开发利用地下空间资源所建造的地下土木工程，主要包括地下房屋和地下构筑物。现行《地下工程防水技术规范》GB 50108 将混凝土结构自防水和外包防水层统称为主体防水，规定地下防水工程设计与施工应遵循“防、排、截、堵相结合，刚柔相济，因地制宜，综合治理”的原则。现行《建筑与市政工程防水通用规范》GB 55030 规定地下工程防水设计工作年限不应低于工程结构设计工作年限，并根据建筑工程的防水功能重要程度、防水使用环境类别确定防水等级，采用混凝土自防水及外设卷材或涂膜防水层；叠合式结构的侧墙等工程部位，外设防水层应采用水泥基防水材料。

(1) 防水混凝土

防水混凝土作为防水第一道防线，结构自防水。不适用于允许裂缝开展宽度大于 0.2mm 的结构、遭受剧烈振动或冲击的结构、环境温度高于 80℃的结构，以及耐蚀系数小于 0.8 的侵蚀性介质中使用。防水混凝土的抗渗等级应不小于 P6，分为普通防水混凝土、掺外加剂防水混凝土。

胶凝材料用量应根据混凝土的抗渗等级和强度等级等选用，其总用量不宜小于 320kg/m^3；当强度要求较高或地下水有腐蚀性时，胶凝材料用量可通过试验调整；在满足混凝土抗渗等级、强度等级和耐久性条件下，水泥用量不宜小于 260kg/m^3；砂率宜为 35%～45%，泵送时可增至 45%；灰砂比宜为 1∶1.5～1∶2.5；水胶比不得大于 0.50，有侵蚀性介质时，水胶比不宜大于 0.45；普通防水混凝土坍落度不宜大于 50mm。防水混凝土采用预拌混凝土时入泵坍落度宜控制在 120～160mm，坍落度每小时损失值不应大于 20mm，坍落度总损失值不应大于 40mm；掺引气剂或引气型减水剂时，混凝土含气量应控制在 3%～5%；预拌混凝土的初凝时间宜为 6～8h。

(2) UEA 无缝技术——膨胀加强带

超长结构超出 60m 时，可用膨胀加强带代替后浇带——在结构收缩应力最大部位给予较大的膨胀应力，即为膨胀加强带。膨胀加强带一般宽 2m，间距不宜大于 40m，采用膨胀加强带取代后浇带时，宜采用连续式膨胀加强带，也可采用间歇式膨胀加强带或后浇式膨胀加强带。膨胀加强带两侧用限制膨胀率大于 0.015%（UEA 掺量为 10%～12%）的补偿收缩混凝土，膨胀加强带内部用限制膨胀率大于 0.03%（UEA 掺量为 14%～15%）、强度等级较带外提高 5MPa 的补偿收缩混凝土。膨胀加强带两侧用钢筋固定，钢丝网拦隔加强带外混凝土流入加强带内。地下超长混凝土结构可连续浇筑，避免设置若干条后浇带的间隔施工法，取消后浇带，增强了混凝土结构的整体性，减少处理后浇带的难度及质量缺陷，增强了混凝土的密实性，有效地提高了混凝土结构的抗裂性，从而提高了混凝土结构的抗渗能力。

(3) 其他防水措施

不同防水等级对应的主体结构外设防水层措施选择上，一级设防应选两道其他防水措施，二级设防应选一道。所谓“一道防水”，是指具有单独承担防水功能的一个构造层次。两道设防时，按照“刚柔相济”的原则，给出四种方案。如一级防水设防中，当设计选用两道防水设防时，可选用卷材—卷材、卷材—涂料、卷材—防水砂浆、涂料—防水砂浆，不少于 2 道；当设计选用一道防水设防时，可根据工程地质条件任选卷材、涂料、防水砂浆不少于 1 道。

2.3.2　外墙防水工程

建筑外墙防水应根据工程所在地区的工程防水使用环境类别进行整体防水设计。建筑外墙门窗洞口、雨篷、阳台、女儿墙、室外挑板、变形缝、穿墙套管和预埋件等节点应采取防水构造措施，并应根据工程防水等级设置墙面防水层。

防水等级为一级的框架填充或砌体结构外墙，应设置 2 道及以上防水层。防水等级为二级的框架填充或砌体结构外墙，应设置 1 道及以上防水层。当采用 2 道防水时，应设置 1 道防水砂浆，及 1 道防水涂料或其他防水材料。

防水等级为一级的现浇混凝土外墙、装配式混凝土外墙板应设置 1 道及以上防水层。闭式幕墙应达到一级防水要求。

2.3.3　室内防水工程

室内厨房、厕浴间宜按一级防水等级设防，防水做法不应少于 2 道，防水涂料或防水卷材不应少于 1 道。有防水要求的楼地面应设排水坡，并应坡向地漏或排水设施，排水坡度不应小于 1.0%。

三、屋面与防水工程施工技术最新进展（1～3年）

3.1 屋面工程

屋面工程用防水卷材、涂料和密封材料及与其配套辅助材料正在逐步完善，形成屋面防水系统。各种防水材料都有相应的施工工具，防水卷材粘结采用热粘法、冷粘法、自粘法、热焊接法，热粘法为传统粘结方法。聚氯乙烯（PVC）、热塑性聚烯烃（TPO）防水卷材机械固定施工技术，以及三元乙丙（EPDM）、热塑性聚烯烃（TPO）、聚氯乙烯（PVC）防水卷材无穿孔机械固定技术，将是未来防水卷材固定的发展方向。

3.1.1 种植屋面

种植屋面具有改善城市生态环境、缓解热岛效应、节能减排和美化空中景观的作用。种植屋面也称屋顶绿化，分为简单式屋顶绿化和花园式屋顶绿化。简单式屋顶绿化土壤层不大于150mm厚，花园式屋顶绿化土壤层可以大于600mm厚。一般构造为：屋面结构层、找平层、保温层、普通防水层、耐根穿刺防水层、排（蓄）水层、种植介质层以及植被层。要求耐根穿刺防水层位于普通防水层之上，避免植物的根系对普通防水层的破坏。

目前有阻根功能的防水材料有：聚脲防水涂料、化学阻根改性沥青防水卷材、铜胎基—复合铜胎基改性沥青防水卷材、聚乙烯高分子防水卷材、热塑性聚烯烃（TPO）防水卷材、聚氯乙烯（PVC）防水卷材等。聚脲防水涂料采用双管喷涂施工；改性沥青防水卷材采用热熔法施工；高分子防水卷材采用热风焊接法施工。

技术指标：改性沥青类防水卷材厚度不小于4.0mm，塑料、橡胶类防水卷材不小于1.2mm，其中聚乙烯丙纶类防水卷材芯层厚度不得小于0.6mm。

种植屋面系统用耐根穿刺防水卷材基本物理力学性能，应符合表14-2相应国家标准中的全部相关要求。

现行国家标准及相关要求 **表14-2**

序号	标准	要求
1	GB 18242—2008	Ⅱ型全部相关要求
2	GB 18243—2008	Ⅱ型全部相关要求
3	GB 12952—2011	全部相关要求（外露卷材）
4	GB 27789—2011	全部相关要求（外露卷材）
5	GB/T 18173.1—2012	全部相关要求
6	GB 18967—2009	R类全部要求

种植屋面用耐根穿刺防水卷材应用性能指标应符合表14-3的要求。

应用性能 **表14-3**

序号	项目		技术指标
1	耐霉菌腐蚀性	防霉等级	0级或1级
2	尺寸变化率（%）≤	匀质材料	2
		纤维、织物胎基或背衬材料	0.5

续表

序号	项目				技术指标
3	接缝剥离强度	无处理（N/mm）	改性沥青防水卷材	SBS	1.5
				APP	1.0
			塑料防水卷材	焊接	≥3.0或卷材破坏
				粘接	≥1.5
			橡胶类防水卷材		≥1.5
		热老化处理后保持率（%）≥			80或卷材破坏

排（蓄）水系统：种植屋面的排（蓄）水层材料品种较多，为减轻屋面荷载，应尽量选择轻质材料，建议优先选用塑料、橡胶类凹凸型排（蓄）水板或网状交织排（蓄）水板材料，具体凹凸型排蓄水板要求应符合表14-4，网状交织排蓄水板应符合表14-5。排蓄水材料有天然砾石、人工烧制陶粒、塑料排水板和橡胶排水板等。

凹凸型排蓄水板主要物理性能　　表14-4

项目	单位面积质量（g/m³）	凹凸高度（mm）	抗压强度（kN/m³）	抗拉强度（kN/m³）	断裂延伸率（%）
性能要求	500～900	≥7.5	≥150	≥200	≥25

网状交织排（蓄）水板主要物理性能　　表14-5

项目	抗压强度（kN/m³）	表面开孔率（%）	空隙率（%）	通水量（cm³/s）	耐酸碱性
性能要求	≥50	≥95	85～90	≥380	稳定

3.1.2　金属屋面

金属屋面主要是指将金属板材作为建筑工程的屋盖材料，主要包含防水层和结构。屋面系统主要由外层金属板、防水层、防水垫层、绝热层、隔汽层、室内层、支承结构构件基本构造及隔声吸声层、防坠落设施、防冰雪设施、附加功能层等辅助构造组成，见图14-1。

（1）金属板材及防水卷材

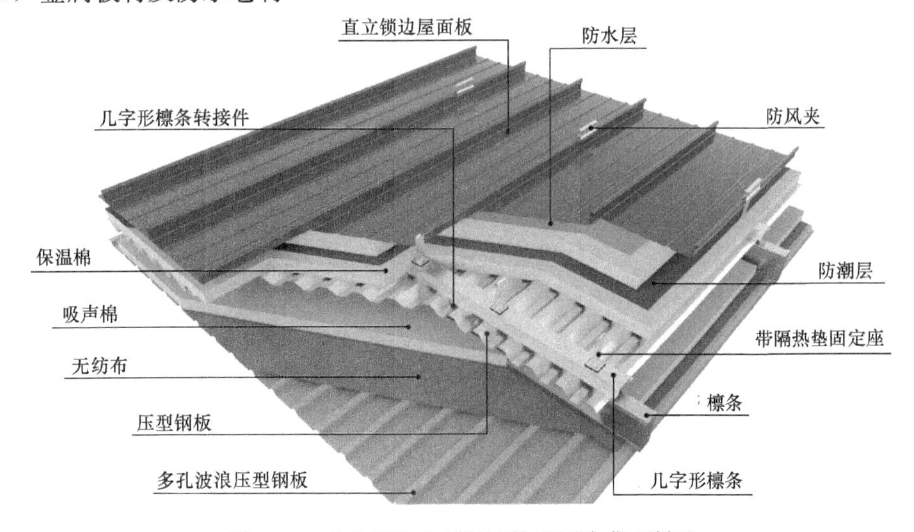

图14-1　直立锁边金属屋面构造层次典型做法

金属板材有不锈钢板、铜板、钛合金板、铝合金板、镀铝锌板以及锌板等，板表面通常需进行涂装处理，且板厚应为0.4～1.5mm，不同屋面的涂层、材料质量与寿命也不同。金属屋面形式多样，被广泛应用于住宅、库房、厂房以及大型公共建筑中。

外层金属板主要有压型金属板、金属面夹芯板等两大类。压型钢板用钢材宜选用250MPa、350MPa级结构用钢。厚度外层板不应小于0.6mm，内层板不应小于0.5mm。

(2) 聚氯乙烯（PVC）、热塑性聚烯烃（TPO）防水卷材机械固定施工技术

机械固定即采用专用固定件，如金属垫片、螺钉、金属压条等，将聚氯乙烯（PVC）或热塑性聚烯烃（TPO）防水卷材以及其他屋面层次的材料机械固定在屋面基层或结构层上。机械固定包括点式固定方式和线性固定方式。固定件的布置与承载能力应根据试验结果和相关规定严格设计。

聚氯乙烯（PVC）或热塑性聚烯烃（TPO）防水卷材的搭接是由热缝焊接形成连续整体的防水层。焊接缝是因分子链互相渗透、缠绕形成新的内聚焊接链，强度高于卷材且与卷材同寿命。

点式固定即使用专用垫片或套筒对卷材进行固定，卷材搭接时覆盖住固定件；线性固定即使用专用压条和螺钉对卷材进行固定，使用防水卷材覆盖条对压条进行覆盖。

(3) 三元乙丙（EPDM）、热塑性聚烯烃（TPO）、聚氯乙烯（PVC）防水卷材无穿孔机械固定技术

三元乙丙（EPDM）防水卷材无穿孔机械固定技术采用将增强型机械固定条带（RMA）用压条、垫片机械固定在轻钢结构屋面基面上，然后将宽幅三元乙丙橡胶防水卷材（EPDM）粘贴到增强型机械固定条带（RMA）上，相邻的卷材用自粘接缝搭接带粘结而形成连续的防水层。

聚氯乙烯（PVC）防水卷材、热塑性聚烯烃（TPO）无穿孔机械固定技术采用将无穿孔垫片机械固定在轻钢结构屋面基面上，无穿孔垫片上附着与TPO/PVC同材质的特殊涂层，利用电感焊接技术将TPO/PVC焊接于无穿孔垫片上，防水卷材的搭接是由热缝焊接形成连续整体的防水层。

与常规机械固定系统相比，固定卷材的螺钉没有穿透卷材，因此称之为无穿孔机械固定。

3.1.3 光伏屋面

光伏应用技术作为一种新型的能源技术，使建筑物自身利用绿色、环保的太阳能资源生产电力，在建筑屋顶上已经成为一种可行的选择。由建筑光伏组件作为屋顶面层，与支承体系构成的具有光伏发电功能的屋面，见图14-2。

光伏组件屋面应按照主体结构的外围护结构设计，设计年限不应低于25年，在25年使用期内建筑光伏组件发电输出功率不应低于80%的标称功率。

光伏组件屋面工程的隔汽、隔热、保温材料，防水透气膜，应采用不燃或难燃性材料；室内和室外保温系统宜采用燃烧性能为A级的保温材料，不应采用低于B_2级保温材料；直接作为屋面使用的建筑光伏组件，其外保温材料的燃烧性能应根据屋面板耐火极限要求选择。

光伏组件屋面板接缝处、金属板等非暴露位置宜采用丁基密封胶带，洞口、收边、搭接等暴露处应采用耐候型的硅酮建筑密封胶或聚氨酯建筑密封胶。防水垫层材料可采用防

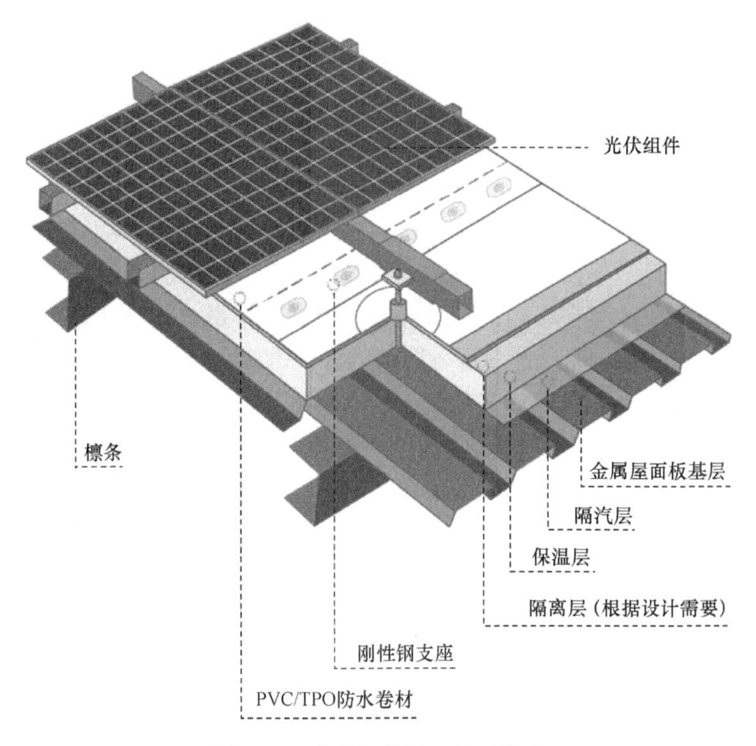

图 14-2　光伏组件屋面典型做法

水透气膜和反射隔热膜，不燃或难燃，密度不应小于 $50g/m^2$。绝热材料宜采用燃烧等级为 A 级的玻璃棉、岩棉、泡沫玻璃等憎水性材料。隔汽层材料可采用聚乙烯膜、聚丙烯膜、复合聚丙烯膜、复合金属铝箔、防水卷材等，隔汽层材料水蒸气透过量不应大于 $25g/(m^2 \cdot 24h)$。

主要电气设备材料中电线、电缆应根据屋面防火等级选用耐火等级不低于阻燃 C 级或耐火等级不低于 B_2 级电缆，并网、离网逆变器、交流电弧保护装置等应符合相关规范规定。

3.2　防水工程

根据地下工程的防水设计理念，在强调混凝土结构自防水的同时，对底板、侧墙、顶板及变形缝、后浇带和施工缝等细部工程部位，结合防水材料施工工艺，进行有针对的防水设计已得到普遍认同。地下室侧墙与顶板采用粘结性能较好的防水涂料或卷材，底板防水采用预铺反粘技术，使混凝土与防水卷材直接接触，以达到防止窜水的目的。另外在施工缝中预埋注浆管，是一种主动防水措施，形成主体结构不完全依赖于防水材料的防水体系，从而达到其耐久性与结构同寿命的要求。

3.2.1　地下工程预铺反粘防水技术

地下工程预铺反粘防水技术所采用的材料是高分子自粘胶膜防水卷材，该卷材系在一定厚度的高密度聚乙烯卷材基材上涂覆一层非沥青类高分子自粘胶层和耐候层复合制成的多层复合卷材；其特点是具有较高的断裂拉伸强度和撕裂强度，胶膜的耐水性好，一、二级的防水工程单层使用时也可达到防水要求。采用预铺反粘法施工时，在卷材表面的胶粘层上直接浇筑混凝土，混凝土固化后，与胶粘层形成完整连续的粘接。这种粘结是由混凝土浇筑时水泥浆体与防水卷材整体合成胶相互勾锁而形成。高密度聚乙烯主要提供高强度，自粘胶层提供良好的粘接性能，可以承受结构产生的裂纹影响。耐候层既可以使卷材在施工时可适当外露，同时提供不粘的表面供工人行走，使得后道工序可以顺利进行。

3.2.2 预备注浆系统施工技术

预备注浆系统是地下建筑工程混凝土结构接缝防水施工技术。注浆管可采用硬质塑料或硬质橡胶骨架注浆管、不锈钢弹簧骨架注浆管。混凝土结构施工时，将具有单透性、不易变形的注浆管预埋在接缝中，当接缝渗漏时，向注浆管系统预设在建、构筑物外表面的导浆管端口中注入灌浆液，即可密封接缝区域的任何缝隙和孔洞，并终止渗漏。当采用普通水泥、超细水泥或者丙烯酸盐化学浆液，且注浆管为可重复注浆管时，系统可用于多次重复注浆。利用这种先进的预备注浆系统可以达到“零渗漏”效果。

预备注浆系统是由注浆管系统、灌浆液和注浆泵组成。注浆管系统由注浆管、连接管及导浆管、固定夹、塞子、接线盒等组成。注浆管分为一次性注浆管和可重复注浆管两种。

3.2.3 装配式建筑密封防水技术

装配式建筑的密封防水主要指外墙、内墙的各种接缝防水。密封防水是装配式建筑应用的关键技术环节，直接影响装配式建筑的使用功能及耐久性、安全性，主要有材料防水、构造防水两种。

材料防水主要指各种密封胶及辅助材料的应用。装配式建筑密封胶主要用于混凝土外墙板之间板缝的密封，也用于混凝土外墙板与混凝土结构、钢结构的缝隙，混凝土内墙板间缝隙，主要为混凝土与混凝土、混凝土与钢之间的粘结。装配式建筑密封胶的主要技术性能如下：

(1) 力学性能：装配式建筑密封胶必须具备一定的弹性且能随着接缝的变形而自由伸缩以保持密封，经反复循环变形后还能保持并恢复原有性能和形状，其主要的力学性能包括位移能力、弹性恢复率及拉伸模量。

(2) 耐久耐候性：装配式建筑密封胶用于装配式建筑外墙板，长期暴露于室外，因此对其耐久耐候性能就得格外关注，相关技术指标主要包括定伸粘结性、浸水后定伸粘结性和冷拉热压后定伸粘结性。

(3) 耐污性：传统硅酮胶中的硅油会渗透到墙体表面，在外界的水和表面张力的作用下，使得硅油在墙体载体上扩散，空气中的污染物质由于静电作用而吸附在硅油上，就会产生接缝周围的污染。对有美观要求的建筑外立面，密封胶的耐污性应满足目标要求。

(4) 相容性等其他要求：预制外墙板是混凝土材质，在其外表面还可能铺设保温材料、涂刷涂料及粘贴面砖等，须提前考虑装配式建筑密封胶与这几种材料的相容性。

除材料防水外，构造防水常作为装配式建筑外墙的第二道防线。外墙产生漏水需要三个要素：水、空隙与压差，破坏任何一个要素，就可以阻止水的渗入。在设计应用时主要做法是在接缝的迎水面，根据外墙板构造功能的不同，采用密封胶形成二次密封，两道密封之间形成空腔。空腔与排水管使室内外的压力平衡，即使外侧防水遭到破坏，水也可以排走而不进入室内。内外温差形成的冷凝水也可以通过空腔从排水口排出。漏水被限制在两个排水口之间，易于排查与修理。垂直缝部位每隔 2～3 层设计排水口，水由排水管排出。预制构件端部的企口构造也是水平缝构造防水的一部分，可以与两道材料防水、空腔排水口组成的防水系统配合使用。

3.2.4　外墙工程防水技术

外墙防水应按外墙系统工程综合考虑，合并保温、防水和门窗安装等内容，形成相关技术整体统一技术标准。

(1) 建立整体外墙防水所有建筑外墙均宜设置防水层。根据不同墙体结构与外墙形式，采取不同的整体外墙防水方案，详见表 14-6。

整体外墙防水层设置　　　　表 14-6

墙体结构形式	防水层设置部位	防水材料或做法	
混合结构 砌体结构 框架砌体填充墙结构	砌体墙找平层面	年降雨量≥800mm	聚合物水泥防水砂浆厚度≥5mm，加玻纤网格布
		年降雨量<800mm	聚合物水泥防水砂浆厚度≥3mm
混凝土结构 混凝土装配结构	可不设置整体外墙防水层	混凝土外墙模板螺栓孔防水密封，接缝采用密封胶防水	

(2) 门窗框周边防水密封

设计中规定室内窗台应高于室外窗台；门窗框与结构墙的间隙，应采用密封胶或发泡聚氨酯填实，并在迎水面采用专用丁基橡胶密封带密封胶进行密封防水。

(3) 不锈材质金属压顶

女儿墙顶、幕墙顶端，应采用不锈钢板、铝板或其他不锈金属材质盖板压顶，金属盖板厚度不小于 1.0mm。

3.2.5　丙烯酸盐灌浆液防渗施工技术

丙烯酸盐化学灌浆液是一种新型的防渗堵漏材料，它可以灌入混凝土的细微空隙中，生成不透水的凝胶，填充混凝土的细微孔隙，达到防渗堵漏的目的。丙烯酸盐浆液通过改变外加剂及其添加量可以准确地调节其凝胶时间，从而可以控制扩散半径。

四、屋面与防水工程施工技术前沿研究

4.1　屋面工程

4.1.1　膜结构屋面

膜结构屋面是由多种膜材及加强构件，通过支承结构使其内部产生一定的预张应力以形成某种空间形状，并能承受一定的外荷载作用的一种空间结构形式。其具有力学特性好、光学热学性能优、阻燃自洁、工艺性能佳、成本低、工期短等优点。

膜材根据所处环境、使用年限、承受荷载及防火要求等可分为 G、P、E 三类，主要包括 PVC、PVDF、PTFE 及 ETFE 等材质。支承结构根据建筑功能、防火要求、立面造型等可分为张拉、刚性支撑、充气、混合结构四类，主要包括桅杆、钢索、桁架、网架、网壳、气承式、气胀式等结构。

通过膜材与气凝胶、吸音棉、柔性太阳能电池板等材料的结合，使得膜结构屋面具备更低传热、更高降噪、光伏一体化等新型功能。

4.1.2 索结构屋面

索结构屋面是由一系列拉索和支撑结构组成，拉索承受拉力，支撑结构承受压力并提供稳定性。其具有大跨度覆盖、视觉效果轻盈、适用场地灵活、材料用量小、施工高效等优点。

屋面结构形式可分为悬索、斜拉、张弦、索穹顶四类，主要包括单层索系、双层索系、横向加劲索系、斜拉索、张弦网壳、张弦拱等结构体系。

随着索缆复合材料应用的扩大、索具强度和韧性的提高及空间结构应用范围的拓展，索结构屋面将向着材料高强轻量、结构体系杂交、大跨立体空间、自动施工、智能监测等方向发展。

4.1.3 开合屋面

开合屋面是一种在很短时间内部分或全部屋盖结构可以移动或开合的结构形式，它使建筑在屋面开启或关闭两个状态下都可以使用。可根据季节或天气变化进行开合或伸缩，其具有提高室内空气质量、增加观赏性、降低能耗等优点。

开合屋面可分为滑移、提升、旋转、折叠、混合五类，主要包括单向与多向滑移、整体与局部升降、水平与空间旋转、平行与褶皱折叠等开合方式。

开合屋面通过智能化控制和多功能集成，可根据天气、光照、温度等环境因素自动调节开合程度，从而实现对室内环境的精准调节，同时，可集成绿化、光伏、雨水收集等多种功能，在可持续发展方面发挥重要作用。

4.1.4 装配式屋面

装配式屋面系统是集防水、保温、抗风揭防护、景观为一体的工业化制造、现场装配的屋面系统。其具有使用寿命长、环境友好、无湿作业、打开式维修、可定制、可回收等优点。混凝土平屋面采用具备防水和透气双重功能的装配式屋面，将构造内水汽有效排出，有效降低热传导，为室内创造清爽、低能耗使用环境。

装配式屋面系统分为基体防水、层间防水、保温、衬垫防水、雨水收集、保护/景观压铺六类，主要包括防水卷材、抗渗涂料、层间排水通道、保温板、土工膜、排蓄水板、广场砖、绿岛与花园式种植等组件。

4.1.5 薄板金属屋面

薄板（板厚≤1.2mm）金属屋面系统又称高级金属屋面系统，是以具有自保性防腐能力、轻质、高强、耐久的钛锌、铜、钛、镀铝锌彩板等金属薄板及铝合金、不锈钢薄板作为面材的建筑屋面系统。

目前，薄板金属屋面主要致力于施工、材料、设计和性能方面的创新，实现屋面系统的智能化、高效化和环保化。通过智能化施工技术的引入，利用先进的传感器、无人机、机器人等技术，实现对施工过程的实时监控和管理，提高施工效率和质量。新型的薄板金属材料具有更高强度、更轻质的合金材料，以及具有自清洁、自修复等功能的涂层，以提高屋面的耐久性和抗腐蚀性能。此外，数字化制造技术如 3D 打印和自动化机器人施工，正在改变屋面板的生产和安装过程，使其更加高效和精确。这些创新不仅提高了建筑的功能性，也为建筑美学和环境友好性开辟了新的可能性。

4.2　防水工程

4.2.1　聚脲防水涂料

高弹喷涂（纯）聚脲防水涂料A组分是由端羟基化合物与异氰酸酯反应制得的半预聚物；B组分是由端氨基树脂和端氨基扩链剂组成的混合物，并不得含有任何羟基成份和催化剂，但允许含有少量颜料及分散的助剂。

高弹喷涂聚氨酯（脲）（俗称半聚脲）弹性防水涂料A组分是由端羟基化合物与异氰酸酯反应制得的半预聚物；B组分是端羟基树脂或端氨基树脂与端氨基扩链剂组成的混合物，在B组分中可以含有用于提高反应活性的催化剂，允许含有少量颜料及分散的助剂。

涂料成膜采用特殊专业施工机械喷涂成型，其优异的理化性能指标、便捷的施工工艺、防水防腐系统的整体性，以及环保性是其他任何一种传统防护材料及技术无法企及，被广泛地用于城市地铁、高速铁路、隧道桥梁、水利机电、海洋化工、军民两用项目之防水、防腐、耐磨“两防一耐”工程。

4.2.2　抗渗修复型自愈合混凝土

抗渗修复型自愈合混凝土是一种具有革命性的建筑材料，它能够在出现裂缝后自动修复，从而提高结构的耐久性和安全性。这种混凝土中含有特殊的自愈合剂或微生物，当裂缝形成时，这些成分会被激活，填补裂缝并恢复混凝土的完整性。目前不断探索不同类型的自愈合技术，包括物理、化学和生物方法，以及它们对混凝土自愈能力的影响。在混凝土中加入矿渣可以促进裂缝愈合；而纤维增强自愈法则通过掺入碳纤维、钢纤维等来控制裂缝宽度。此外，形状记忆合金、微胶囊和微生物技术等创新方法也显示出在修复裂缝方面的巨大潜力。这些研究不仅有助于延长建筑物的使用寿命，还能减少维修成本和环境影响，为可持续发展做出贡献。

4.2.3　建筑防水材料喷涂机器人

建筑防水材料喷涂机器人是一种自动化设备，专门用于在建筑表面上喷涂防水材料，以提高建筑结构的防水性能。这种机器人通常由喷涂系统、传感器、控制系统和移动平台等组成部分，其主要功能是在建筑表面精确、均匀地喷涂防水材料，以确保建筑结构在恶劣天气条件下不受水分侵害。

建筑防水材料喷涂机器人具备高精度的喷涂设备，能够根据设计要求在建筑表面进行精准涂覆，确保涂料均匀覆盖，防水效果可靠。通常配备有自动化控制系统，操作人员根据具体的施工要求设置喷涂材料的种类、喷涂厚度、喷涂速度等工作参数，使用机器人控制系统规划喷涂路径，机器人使用激光或摄像头等传感器来实时监测建筑表面的形状和轮廓，以确保喷涂的精准性和一致性。由于施工过程中减少了人工作业，建筑防水材料喷涂机器人可以降低工人接触危险环境的机会，提高施工安全性。

4.2.4　渗漏修复技术

渗漏修复防水工程是针对建筑结构发生漏水问题而进行的修复和防水处理工程。建筑渗漏修复是建筑维护中的一个重要课题，尤其是对于地下室和屋面的防水性能至关重要。

目前，利用智能检测、新型修复材料、数字化技术等开发出更加高效、可持续和智能化的修复技术，以应对建筑渗漏问题。利用物联网、无损检测技术、红外成像等先进技术，实现对建筑渗漏问题的智能检测和定位，准确识别渗漏位置和原因。利用智能化的渗漏修复技术，包括机器人、无人机等智能设备进行修复作业，实现对渗漏点的精准定位和修复。

根据漏水原因和程度，可以使用不同类型的修复材料，如聚合物涂料、水泥砂浆、防水涂料等，采用表面处理、填充缝隙、涂覆防水材料等施工工艺，对渗漏处进行修补；施工结束后对修复部位进行维护和检验，确保修复效果持久并达到预期的防水效果。

五、屋面与防水工程施工技术典型工程案例

5.1 潇河国际会展中心北侧项目

潇河国际会展中心北侧项目（图 14-3），金属屋面系统为多层复合结构，面板为镀铝锌压型金属屋面板，屋面为多段曲线形，每条金属板为超长下凹形弧形镀铝锌金属板。由吸声、隔声、保温、隔汽防水一体化构造组成的金属屋面系统。采用光伏发电、高效储能、直流输电、柔性控制的“光储直柔”技术。

图 14-3 潇河国际会展中心北侧项目

5.2 超深基坑地下防水

4 号科研楼等 4 项［中石化科学研究中心（北区）］项目位于北京昌平区温榆河故道，基坑开挖深度 31.4m，共有 4 层地下水，下部 2 层（18.70～31.40m）为承压水。地下防水采用 P8 级抗渗混凝土自防水结构，4＋3mm 厚聚酯胎Ⅱ型 SBS 高聚物改性沥青卷材；同时，地下水控制是地下结构施工的难点，采用降排结合的方式，坑壁采用三轴搅拌桩止水帷幕进行隔水，在止水帷幕内外分别设置疏干井和减压井，包括疏干、抽渗、隔离、减压等多种降、排水并用，实现了周边封闭截水、内疏与外减联动的地下水控制系统。在承压水砂层中预应力锚杆施工采用全套管跟进成孔，二次高压劈裂注浆施工工艺，预应力锚杆施工期间，在止水帷幕外设置临时减压井，将承压水减压为静态水，保证此部位锚索的施工成功。通过降水与防水结合，保证了超深基坑地下结构施工和地下防水工程效果，见图 14-4。

图 14-4　中石化科学研究中心超深基坑地下防水

5.3　索膜结构屋面-国家速滑馆

国家速滑馆屋盖为钢结构环桁架＋索结构＋金属屋面＋人字形玻璃天窗，其中索网投影尺寸为 198m×124m，钢结构环桁架外轮廓投影尺寸为 220m×153m，屋盖整体呈马鞍形，东西最高点 33.8m，南北最低点 15.4m。本工程屋面索网结构是世界体育馆场馆中规模最大的单层双向正交马鞍形索网屋面，也是世界上跨度最大的单层正交索网结构，见图 14-5。

图 14-5　国家速滑馆索膜结构屋面

本工程膜结构位于室内，均采用G类膜材（PTFE），按使用功能分为玻纤膜（钢结构骨架）和低辐射吸声膜（索—钢—铝网架）两类。通过精确的主体结构复测、膜材下料、定位安装等一系列措施，解决了大空间马鞍形膜结构精准找形的难题，将2万余平方米的马鞍形膜面结合结构尺寸优化成条状膜单元，运用巨长条状膜单元整体吊装法，控制了安装过程膜面的应力稳定，同时确保整体安装效果。

5.4 开合屋面-阿尔贾努布体育场

阿尔贾努布体育场是为2022年世界杯建造一座可容纳4万人的28000m^{2}足球场，体育场中心屋顶为可伸缩屋面，由特氟龙涂层PVC屋顶膜材和电缆制成，球场两侧球门上方都有一个膜库，膜材通过屋顶集束电缆由膜库径向拉出后，悬挂在球场上方50m处，见图14-6。项目屋面运用被动式设计、计算机建模和风洞测试等技术，让开合结构的性能得到最大限度发挥，确保球员和观众的舒适度。

图14-6　阿尔贾努布体育场开合屋面

第十五篇　防腐蚀工程施工技术

青建集团股份公司　　王　胜　刘晓英　王海崧　刘文涛　张玉斗　李逢春
科兴建工集团有限公司　车稳开　程慧珍　李冠英　臧雪伟

摘要

本篇介绍了混凝土结构、钢结构和木结构防腐蚀材料的分类和特点、主要技术、工艺的技术标准，重点介绍了石墨烯在防腐蚀领域中两个研究方向的进展、包覆防腐蚀技术的发展情况，展望了石墨烯、纳米复合涂料、地质聚合物、有机-无机复合防腐蚀材料、阴极保护技术，以及环保防腐蚀涂料等在防腐蚀领域的应用前景，简单介绍了杭州湾大桥等工程的防腐蚀应用案例。未来我国将推动复合防腐蚀技术向着环保、可持续、长效化、多元化、低碳化的方向发展。

Abstract

This paper introduces the classification and characteristics of anticorrosive materials for concrete structures, steel structures and wood structures, the main technology and process research, and the technical standards for anticorrosion. It focuses on the two research directions of graphene in the field of anticorrosion, and the development of coating anticorrosion technology. The application prospects of graphene, nanocomposite coatings, geopolymers, organic and inorganic composite anticorrosive materials, cathodic protection technology, and environmental protection anticorrosive coatings in corrosion prevention are prospected. The corrosion prevention application cases of Hangzhou Bay Bridge Project are briefly introduced. In the future, China will promote the development of compound anticorrosion technology in the direction of environmental protection, sustainable, long-term and diversified.

一、防腐蚀工程施工技术概述

随着科学技术的发展，腐蚀成为新兴海洋工程、现代交通运输、能源工业、大型工业企业、岛礁工程等领域装备和设施安全性和服役寿命的重要影响因素之一，材料腐蚀破坏对人类造成的危害慢慢引起了人们的重视。经过19、20两个世纪的发展，腐蚀与防护科学已经成为一门独立的学科。其中防腐蚀涂料行业总的发展趋势是，在现有涂料成果的基础上，遵循无污染、无公害、节省能源、经济高效的“4E”原则。

我国建筑防腐蚀工程的发展大致经历了起步阶段（20世纪50年代到60年代）、发展阶段（20世纪70年代到90年代末）、提高发展阶段（21世纪以后）3个时期，从沥青类材料逐步发展到了新型环保的防腐蚀产品。目前，我国防腐蚀工程正沿着高性能、高效率、低能耗和低污染的方向前进，且有一部分水性防腐蚀涂料生产企业采用了低污染的原材料进行生产，防腐蚀涂料企业正淘汰禁止使用的各种涂料原料，取而代之以更加环保的原料产品，以达到产品节能减排、环境友好的目的。

建筑防腐蚀工程主要包括混凝土结构防腐蚀工程、钢结构防腐蚀工程、木结构防腐蚀工程。目前提高建筑耐久性的现有措施可分为两大类，第一类为基本措施，如采用高性能混凝土、耐候钢、合金钢、防腐木从材料本身改善其性能抵御外界腐蚀；第二类为附加措施，如表面面层防护、阴极防护技术、钢筋阻锈剂以及增加保护层厚度等。本篇所说的防腐蚀工程主要是指针对混凝土结构、钢结构和木结构防腐蚀工程的第二类附加措施。

二、防腐蚀工程施工主要技术介绍

2.1 防腐蚀材料的分类及特点

建筑防腐蚀工程可以按材料类别和施工方式划分为树脂类、涂料类、水玻璃类、聚合物水泥、沥青类、喷涂型聚脲、塑料类和包覆类防腐蚀工程等。建筑防腐蚀工程由于使用部位、作用环境的不同，各有其严格的应用范围。有时为了达到更好的防腐蚀效果，或由于介质情况复杂，往往不能仅仅采用单一材料进行有效防护，就需要实行联合保护或者采用复合做法。

2.2 全面腐蚀控制

要使防腐蚀工程达到预期效果，不仅要选择与合适的防腐蚀材料相匹配的施工工艺，还要控制好每一个环节，即对防腐蚀工程材料选择、方案设计、试验研究、工程施工、养护验收、日常使用和维护各个环节都必须把好关，这一控制好每一环节的过程称之为全面腐蚀控制。防腐蚀工程有其自身的特点和要求，如果在某一环节上发生问题，都可能导致全过程功亏一篑。

防腐蚀工程施工时，表面处理是保证防腐蚀工程效果的关键因素，同时施工工艺、施工环境、温度、湿度、风力等状况对防腐蚀工程的质量也具有较大影响，不同防腐蚀材料的施工适宜条件不尽相同，也需要予以重视。

2.3 基层处理

防腐蚀工程的基层处理必须符合设计规定才能进行后续施工。

混凝土基层表面常用的处理工艺包括手动或动力工具打磨、抛丸、喷砂或高压射流；常用机械包括手持研磨机、铣刨机等；混凝土基层处理完成后应平整、干净、无附着物。

钢结构表面处理常采用的处理工艺包括：喷射或抛丸、手动或动力工具打磨、高压水射流等处理工艺；常用机械包括：铣刨机、喷砂机、打磨机、抛丸机等；完成后的基层应符合现行《涂覆涂料前钢材表面处理　表面清洁度的目视评定　第1部分：未涂覆过的钢材表面和全面清除原有涂层后的钢材表面的锈蚀等级和处理等级》GB/T 8923.1 的有关规定。

木质结构基层处理常采用的处理工艺包括，控制含水率，对节疤、虫眼填补并顺纹保证与收缩膨胀应力一致，清理油污、灰尘和树脂等。

2.4 防腐蚀技术及工艺研究

2.4.1 混凝土结构防腐蚀技术

混凝土是一种非均质、多孔隙，且具有微裂缝结构、表面较为粗糙的高渗透性材料。环境中的Cl^-、CO_2、O_2、H_2O、SO_4^{2-}等通过孔隙渗透到混凝土内部引起诸如混凝土碳化反应、钢筋锈蚀、冻融破坏等危害混凝土耐久性的行为。仅依靠混凝土原材料及施工的质量并不能保证结构的完整性以及耐久性，尤其是无法避免在严酷条件下发生的腐蚀破坏。因此，对严酷环境中混凝土采取附加防护措施极为必要。目前可选用的附加措施主要有涂层钢筋、阴极保护、钢筋阻锈剂和混凝土涂层，以及上述两种以上的复合措施等，其中混凝土涂层最为简单有效。

2.4.2 钢结构防腐蚀技术

钢材腐蚀存在电化学腐蚀以及化学腐蚀两个特点，电化学腐蚀是指钢材在保存与应用中与周围环境介质相互间发生的氧化还原反应，从而形成了腐蚀。化学腐蚀是指钢材表层与周围介质直接形成的化学反应而促成的腐蚀，此类腐蚀会随时间与温度的提升而加深。钢结构腐蚀是一个尤为烦琐的化学物理过程，不仅表现于材料腐蚀方面，更加关键的则为减弱建筑结构的稳定性，因此会影响建筑的安全。防腐蚀材料作为钢结构表面防护最常用的材料，具有成本低，工艺简单，对钢结构无形状要求等优点。2022年，西南石油大学碳中和研究院唐鋆磊课题组面向“碳达峰碳中和”这一国家重大战略需求和人类永续发展重大命题，在国内外首次将腐蚀失效模型、腐蚀防护评估引入钢铁材料的全生命周期碳足迹模型，在“单位GDP碳排放（碳排放强度）”之外，率先提出了另一个具有普适意义的强度性质指标“全生命周期年均碳排放（单位时间碳排放）”，该强度指标可以从时间维度上约束钢铁材料的全生命周期碳足迹。课题组在国内外首次明确了钢铁材料碳排放量与腐蚀防护效果的定量关系，致力于在腐蚀科学的基础上发展耐蚀减碳技术。

2.4.3 木结构（木材）防腐蚀技术

木质材料是一种常见的有机材料，是我国古代建筑中使用最多的材料。近年来随着国家提倡建造绿色节能建筑和使用绿色建材，钢木混合建筑、装配式木结构建筑成为新的热点。木结构建筑会随着时间的延续出现变形、虫蛀、裂缝、腐蚀等缺陷及人为破坏现象，对构件的耐候、防腐蚀、防霉、防白蚁等性能要求极高。为提高建筑的耐久耐候性，木结构建筑的特殊位置（如结构构件与混凝土基础的连接）和景观类建筑中的木材均需进行防腐蚀处理。常见的防腐蚀药剂有铜铬砷（CCA）、季铵铜（ACQ）、五氯酚（钠）、膨化物等。其中铜铬砷 CCA 中具有砷元素。人体长时间接触五氯酚（钠）可能造成周围神经炎，这 2 类药剂在有些国家和地区被限制使用。

2.4.4　防腐蚀材料技术及工艺研究

(1) 防腐蚀涂料概述

防腐蚀涂料种类繁多，是防腐蚀材料中发展速度最快、品种最多的品种。根据市场研究数据，2020 年全球主要国家防腐蚀涂料市场规模约为 200 亿美元，2024 年预计可达到 240 亿美元，最大市场份额来自亚太地区，约占全球总量的 40%，北美和欧洲分别占据 25%和 20%，其余地区占 15%。环保型防腐涂料市场需求持续增长，将为市场主流，替代传统防腐涂料。新型树脂、纳米技术及无溶剂型涂料是防腐涂料技术的创新及未来研发方向。

高性能产品主要有以下几类：

1）环氧树脂涂料。具有高附着力、高强度、固化方便以及防腐蚀性能高的特点。主要用于混凝土表面的封闭底漆和中漆。但涂膜的户外耐候性差、易失光和粉化、质脆易开裂，耐热性和耐冲击性能都不理想。

2）丙烯酸酯涂料。主要有热塑型和热固型两大类，具有耐化学品性、耐碱性、耐候性和保光保色性、装饰性能优异的优点。主要用作铝镁等轻金属以及混凝土结构面漆。但耐水性较差、低温易变脆、耐污染性差，耐酸性不如环氧树脂及聚氨酯涂料。

3）聚氨酯涂料。分为双组分以及单组分两种涂料，具有耐腐蚀性、防水性能优异的优点。但涂膜易变黄、粉化褪色；固化反应慢，附着力相对较小，是目前常用的一类面漆涂料，也常用于水泥砂浆、混凝土的基层。

4）树脂玻璃鳞片涂料。具有良好的渗透性和耐化学品性、具有优异的附着力和抗冲击性，适用于工业储罐、设备基础以及海洋构筑物上。但在低温条件下涂层固化慢不能满足施工要求、户外抗紫外线性能较差、价格较高。

5）有机硅树脂涂料。具有良好的耐高低温性、很强的渗透性和憎水性，保色性能优异，适用于海浪飞溅区的混凝土表面。但不适用于水下结构、价格昂贵。

6）氟树脂涂料。是以氟烯烃聚合物或氟烯烃与其他单体为主要成膜物质的涂料，又称氟碳涂料，具有优异的耐候性、耐化学品性、良好的耐污染性能、装饰性能好，较好的附着性使其可以广泛地应用于金属、混凝土、合成塑料、玻璃等表面，但价格昂贵。

7）石墨烯防腐蚀涂料。随着石墨烯研究的不断深入和制备技术的不断发展，石墨烯增强有机涂料的腐蚀防护性能成为防腐蚀领域中一个非常重要的研究方向。石墨烯有机涂料不仅保留了石墨烯优异的热、电学以及阻隔性能，同时还兼具了有机树脂良好的黏附性和力学性能。

(2) 防腐蚀涂料配套体系设计

涂料配套体系是以多道涂层组成一个完整的防护体系来发挥其防腐蚀功能，包括底漆、中间层漆和面漆。涂料配套体系的设计应按腐蚀环境、涂料的防腐蚀性能和耐久性要求来进行。

1）底漆

底漆的作用是防锈和提供涂层对底材的附着力。目前国内最普遍应用的重防腐蚀底漆是富锌底漆。富锌漆由于富含锌粉，对钢材基底有阴极保护作用，因此是优良的防锈底漆。

2）中间漆

中间漆的作用是增加涂层的厚度以提高整个涂层系统的屏蔽性能，因此在选择中间漆时，要求它对于底漆和面漆应具有较好的附着力。

3）面漆

面漆的作用是赋予漆膜装饰性、耐候性和耐腐蚀性能。

4）常见配套案例

① 钢结构：无机富锌底漆 2 遍＋环氧云铁中间漆 2～3 遍＋聚氨酯面漆 2 遍。

② 混凝土：与面层同品种的底涂料＋面层涂料（如环氧、聚氨酯、丙烯酸等）。

(3) 防腐蚀涂装工艺

涂装厚度及涂层遍数是涂料防腐蚀的重要指标，它们根据使用年限以及腐蚀性等级来确定。涂装工艺要与涂装材料相适应，常用的涂装工艺有：人工刷涂、滚涂、浸涂、喷涂等。

喷涂施工应按照自上而下，先喷垂直面后喷水平面的顺序进行。

刷涂施工随涂料品种而定，一般可先斜后直、纵横涂刷，从垂直面开始自上而下再到水平面。

涂装间隔时间应参照说明书和施工环境温度确定，涂装间隔时间不应过少，当间隔时间过多时需进行处理。养护期间，应避免淋水、接触腐蚀介质，避免造成涂膜损伤。

涂层检修。涂层在使用中应定期检查，及时修补受损部位。当涂层达到设计防腐年限时应进行评估，对于涂层表面无裂纹、无气泡、无严重起粉化，并且附着力仍然满足时，可以继续使用。对认为已经丧失防护能力的涂层，应当清除，经表面清洁处理后涂装新防腐涂层。

(4) 包覆防腐蚀技术

包覆防腐蚀技术分为复层矿脂包覆和氧化聚合包覆防腐蚀技术。

复层矿脂包覆防腐蚀技术（PTC）是一种用于钢制构筑物表面，包含多层矿脂类材料外加硬质保护套的耐蚀技术，由四层紧密相连的保护层组成，即矿脂防蚀膏、矿脂防蚀带、密封缓冲层和防蚀保护罩。其中矿脂防蚀膏、矿脂防蚀带是该技术的核心部分，含有优良的缓蚀成分，能够有效地阻止腐蚀性介质对钢结构的侵蚀，并可带水施工。密封缓冲层和防蚀保护罩具有良好的耐冲击性能，不但能够隔绝海水，还能够抵御机械损伤对钢结构的破坏，该技术多用于海洋浪花飞溅区钢制构筑物的腐蚀防护。

氧化聚合包覆防腐蚀技术（OTC）是一种用于钢结构表面，包含多层材料外加聚合物氧化膜的包覆防腐蚀技术，包括防蚀膏、防蚀带和外防护剂，是针对室外钢结构的长效防腐蚀技术，尤其适用于法兰、阀门储罐等异形部位，以及螺栓、焊缝等表面处理困难的部位。该技术对于已建成的钢结构工程设施，在其他防腐蚀方法达到其防腐寿命或防腐蚀保护失效后，可以对表面进行简单处理，就可快速方便地施工。氧化聚合型包覆防护技术能充分解决其他防腐蚀方法表面处理要求高的难题，弥补其他防护手段的不足。可用于已建成的工程设备以及苛刻的难以现场施工的工程。

2.5 防腐蚀标准技术发展

住房城乡建设部 2018 年 11 月 8 日发布了《建筑防腐蚀工程施工质量验收标准》GB/T 50224—2018，主要修订了涂料类防腐蚀工程的检查项目和检测方法以及增加了材料耐腐蚀性能试验方法和评定标准等内容。近几年，住房城乡建设部针对包覆防腐蚀技术更新了两部规范，分别是《钢结构氧化聚合型包覆腐蚀控制技术》GB/T 23120—2022 与《海洋钢制构筑物复层矿脂包覆腐蚀控制技术》GB/T 32119—2023，前者自 2023 年 7 月 1 日起实施，删除了防蚀胶泥相关内容、着火点要求及检测方法，增加了燃烧性能要求及检测方法、钢结构表面处理内存，更新了防蚀膏、防腐层总厚度及电火花检漏方法等内容。后者自 2024 年 4 月 1 日起实施，删除了封闭胶泥相关内容，增加了防蚀保护罩预制要求及整体防腐层条款，更新了密封缓冲层要求、抗冲击强度要求及检测方法。在工业设备及管道防腐蚀工程方面，住房城乡建设部发布了《工业设备及管道防腐蚀工程技术标准》GB/T 50726—2023，更新替代原《工业设备及管道防腐蚀工程施工规范》GB 50726—2011 及《工业设备及管道防腐蚀工程施工质量验收规范》GB 50727—2011，更新了橡胶衬里、热塑性塑料衬里、设计、施工、验收、检验等内容。

现行防腐蚀工程相关的国家、行业标准整理如表 15-1 所示。

现行防腐蚀工程相关标准　　表 15-1

序号	等级	颁布年份	规范名称	编号
1	国家标准	2021	建筑防腐蚀构造	20J333
2		2020	古建筑木结构维护与加固技术标准	GB/T 50165—2020
3		2018	建筑防腐蚀工程施工质量验收标准	GB/T 50224—2018
4		2018	工业建筑防腐蚀设计标准	GB/T 50046—2018
5		2017	木结构设计标准	GB 50005—2017
6		2017	建设工程白蚁危害评定标准	GB/T 51253—2017
7		2022	钢结构氧化聚合型包覆腐蚀控制技术	GB/T 32120—2022
8		2023	海洋钢制构筑物复层矿脂包覆腐蚀控制技术	GB/T 32119—2023
9		2014	建筑防腐蚀工程施工规范	GB 50212—2014
10		2014	色漆和清漆　防护涂料体系对钢结构的防腐蚀保护	GB/T 30790.1～30790.8—2014
11		2012	防腐木材工程应用技术规范	GB 50828—2012
12		2012	白蚁防治工程基本术语标准	GB/T 50768—2012
13		2011	预防混凝土碱骨料反应技术规范	GB/T 50733—2011
14		2023	工业设备及管道防腐蚀工程技术标准	GB/T 50726—2023
15		2010	乙烯基酯树脂防腐蚀工程技术规范	GB/T 50590—2010
16		2008	防腐木材	GB/T 22102—2008

续表

序号	等级	颁布年份	规范名称	编号
17	行业规范	2016	白蚁防治工职业技能标准	JGJ/T 373—2016
18		2015	城镇桥梁钢结构防腐蚀涂装工程技术规程	CJJ/T 235—2015
19		2015	防腐木结构用金属连接件	JG/T 489—2015
20		2011	混凝土结构耐久性修复与防护技术规程	JGJ/T 259—2012
21		2011	建筑钢结构防腐蚀技术规程	JGJ/T 251—2011
22		2011	房屋白蚁预防技术规程	JGJ/T 245—2011
23		2011	混凝土结构修复用聚合物水泥砂浆	JG/T 336—2011
24		2009	混凝土耐久性检验评定标准	JGJ/T 193—2009
25		2009	钢筋阻锈剂应用技术规程	JGJ/T 192—2009
26		2007	建筑用钢结构防腐涂料	JG/T 224—2007
27	协会标准	2020	混凝土耐久性修复与防护用隔离型涂层技术规程	T/CECS 746—2020
28		2013	钢结构防腐蚀涂装技术规程	CECS 343—2013
29	其他标准	2017	钢结构用水性防腐涂料	HG/T 5176—2017
30		2017	无溶剂防腐涂料	HG/T 5177—2017
31		2017	带锈涂装用水性底漆	HG/T 5173—2017
32		2015	水性无机磷酸盐耐溶剂防腐涂料	HG/T 4846—2015
33		2014	水性环氧树脂防腐涂料	HG/T 4759—2014
34		2011	建筑用加压处理防腐木材	SB/T 10628—2011
35		2005	木材防腐剂	LY/T 1635—2005

三、防腐蚀工程施工技术最新进展（1～3年）

3.1　石墨烯防腐蚀涂料

石墨烯防腐蚀涂料作为一种新型防腐蚀涂料，主要有纯石墨烯涂层和复合石墨烯涂层两种。纯石墨烯防腐蚀涂料由于其性质单一，基本不能满足海洋钢结构的防腐蚀需求，而复合石墨烯涂料由于其复合了各种材料，改良了纯石墨烯的防腐蚀特性，能较好适应目前海洋钢结构防腐蚀环境。但是目前大部分的研究都是将石墨烯添加到其他材料中，作为一种辅助材料。石墨烯具有良好的化学稳定性和热稳定性，可以在海面大气中反射太阳光，避免紫外线对涂料的老化影响，另外，研究表明，在其他涂层中添加适量的石墨烯可以提高涂料的整体防腐蚀性能，具体应用体现在向环氧富锌涂料和水性防腐蚀涂料中添加石墨烯能够有效地降低涂层厚度，增加涂层与基体间附着力，提高防腐蚀涂层的耐磨性及抗老化性等。徐非桐将 PF-127 加入石墨烯中，制备出分散性良好的石墨烯分散液，将其加入水性环氧涂料中，得到附着力更强、耐海水腐蚀和耐中性盐雾腐蚀性能更好的水性复合石墨烯防腐蚀涂料，具有广阔的应用前景。

3.2 纳米复合涂料

纳米复合涂料是一类由纳米级材料和其他防腐蚀材料复合而成的涂料。通过对纳米级涂料的选择，使新型复合涂料具有高强度、高韧性和高硬度等特点。目前用于涂料的纳米粒子主要有金属氧化物（如 TiO_2、Fe_2O_3、ZnO 等)、纳米金属粉末（如纳米 Al、Co、Ti、Cr、Nd、Mo 等)、无机盐类（如 $CaCO_3$）和层状硅酸盐（如一维的纳米级黏土)。纳米粒子填充涂料具有优异的耐候性、装饰性、抗污染和抗菌性能，完全符合当代环保的要求。作为一种特殊的涂料，纳米复合涂料具有很高的应用价值，是 21 世纪最有前途的涂料之一。

3.3 硅烷类材料

硅烷类材料被广泛应用于欧美国家涉及防水防腐方面诸如码头、机场等混凝土结构工程。国外相关研究表明，硅烷类材料是提高混凝土结构抵抗氯离子渗透性防护最有效和最经济的一种材料，其浸渍技术被引进国内后广泛应用于大型桥梁、隧道、海洋、机场等工程混凝土结构防水防腐方面。硅烷浸渍技术是一种可抑制外界水分浸入混凝土并能确保混凝土呼吸的技术，被认为是最有效的涂层防水技术，在我国已成功应用于港珠澳大桥、双岛海湾大桥等项目。

四、防腐蚀工程施工技术前沿研究

4.1 石墨烯防腐蚀涂料的发展

石墨烯防腐蚀涂料的研究将是未来的研究热点，不管是将石墨烯作为辅助材料还是基础材料，研制出制造方便、经济的石墨烯涂料显得尤为重要，另外石墨烯作为添加剂的分散方式过于费时费力，合适便捷的分散方法也可以大大提高制作和研究石墨烯材料的效率。

4.2 水性、高固体等环保防腐蚀涂料的发展

近年来，我国政府加快了环境保护和可持续产业结构调整的步伐，如完善涂料、胶粘剂等产品挥发性有机物限值标准，加快实施工业源 VOC 污染防治等。由此促进了环保类涂料，如水性涂料、无溶剂型涂料、高固体分涂料、粉末涂料以及辐射固化涂料等技术的快速发展。目前一些水性涂料 VOC 含量其实并不低，因此生产并使用真正低 VOC 的防腐蚀涂料是未来发展的必然趋势之一。

4.3 有机-无机复合防腐蚀材料

有机-无机物改性涂料是兼具有机聚合物和无机材料优良特性的涂料，克服了传统有

机聚合物树脂性能上的局限性，使其具有高强度、高韧性、高附着力、耐高温性、耐老化性等特性。例如采用无机纳米材料（ZnO、SiO_2、黏土等）改性聚氨酯防腐蚀涂料。因此，如何研制综合性能优异的有机-无机复合涂料成为涂料研究的热点之一。

有机改性混凝土（砂浆）仍处于初步发展阶段，是未来重要发展方向之一。

4.4 阴极保护技术的发展

阴极保护技术的应用至今已有约200年的历史。该技术在最初用来保护船只，如今很多和土壤、海水接触的金属都采用了阴极保护，如埋地管道、码头钢桩、原油储罐、热交换器等。阴极保护是基于电化学腐蚀原理的一种防腐蚀手段。实施阴极保护的基本原理是，从外部对被保护金属结构物施加阴极性电流，通过阴极极化使被保护金属的电位负移至某个保护电位范围，从而抑制金属结构物的电化学腐蚀。阴极保护分为外加电流法和牺牲阳极法两种方法，目前国内技术均已成熟，已采用防腐蚀涂层联合阴极保护的措施作为防腐蚀手段，经国内外大量工程实践证明为最有效的腐蚀防护手段之一。

4.5 防腐蚀材料向可持续发展、长效化、多元化发展

防腐蚀材料的可持续发展将变得越来越重要。为了降低碳排放，减少对环境的污染，防腐蚀涂料将向着采用可再生原材料的方向研究，同时通过延长防腐蚀涂料的耐久性提高可持续发展性。德国修订版基础标准 DINENISO 12944—2018 的发布，引入了“非常高”这样一个新的耐久期限（耐久期限超过25年）。

推动特种复合防腐蚀技术向多元化发展，未来一种防腐蚀材料将结合多种功能（如防火和防腐蚀功能）或具有自修复特性。将来防腐蚀材料必将更加多元化，功能更复合，向隔热降温、导热导静电、防霉防水、耐高温、耐候、耐冻融、阻燃等方向继续探索和发展，同时还要有再生利用能力，减少对环境的影响。这不仅对材料要求更加严格，施工工艺和基层处理的工艺也要随之不断改进。

五、防腐蚀工程施工技术指标记录

部分防腐蚀工程应用范围及技术指标见表15-2。

部分防腐蚀工程应用范围一览表 **表15-2**

种类	代表材料	特点	施工条件	适用场合	不宜使用场合	慎用场合
树脂类防腐蚀工程	环氧树脂、乙烯基酯树脂、不饱和聚酯树脂、呋喃树脂和酚醛树脂	1. 强度高，密实度高，几乎不吸水； 2. 耐磨性好，抗冲击性好； 3. 绝缘性能好、化学稳定性好； 4. 价格相对较高	温度	液态介质≤140℃，气态介质≤180℃	介质或环境≥180℃	液态介质＞120℃，气态介质＞140℃

续表

种类	代表材料	特点	施工条件	适用场合	不宜使用场合	慎用场合
树脂类防腐蚀工程	环氧树脂、乙烯基酯树脂、不饱和聚酯树脂、呋喃树脂和酚醛树脂	1. 强度高，密实度高，几乎不吸水； 2. 耐磨性好，抗冲击性好； 3. 绝缘性能好、化学稳定性好； 4. 价格相对较高	介质	中低浓度酸溶液(含氧化性酸)，各类碱盐和腐蚀性水溶液，烟道气、气态介质	高浓度氧化性酸，热碱液，高温醋酸、丙酮等有机溶剂	氢氟酸、常温强碱液、氨水、各类有机溶剂
			部位	楼面、地面、设备基础、沟槽、池和各类结构的表面防护、烟道衬里等	屋面等室外长期暴晒部位	室外工程、潮湿环境
涂料类防腐蚀工程	环氧类、丙烯酸酯类、高氯化乙烯、有机硅类、富锌类等	1. 与建筑物基层具有良好的粘结性，外用涂料还有良好的耐候性； 2. 具有装饰性能； 3. 施工方便； 4. 种类繁多、性能多样	温度	液态介质≤120℃	液态介质>120℃	液态介质≥80℃
			介质	中、弱腐蚀性液态介质，气态介质，各类大气腐蚀	中高浓度液态介质经常作用	用于特殊环境或复杂介质作用
			部位	各类建筑结构配件表面防护，中等以下腐蚀的污水处理池衬里等	有机械冲击和磨损的部位，重要的池槽衬里	高温高湿环境
水玻璃类防腐蚀工程	钠(钾)水玻璃胶泥、钠(钾)水玻璃砂浆、钠(钾)水玻璃混凝土	1. 具有优良的耐酸性能和耐热性能； 2. 具有良好的物理力学性能； 3. 改性后的水玻璃类材料的密实度和抗酸渗透性好； 4. 钠水玻璃材料来源广、价格较低	温度	液态介质≤300℃	液态介质>1000℃	液态介质≥300℃
			介质	中高浓度的酸、氧化性酸	氢氟酸、碱及呈碱性反应的介质、干湿交替的易结晶盐	盐类、经常有pH>1稀酸
			部位	室内地面、池槽衬里、设备基础、烟囱衬里、块材砌筑	室外工程、经常有水作用	地下工程
聚合物水泥类防腐蚀工程	聚丙烯酸酯乳液水泥砂浆、氯丁胶乳水泥砂浆、环氧树脂乳液水泥砂浆	1. 抗冻融、抗冲刷、抗渗透性好； 2. 固化快、强度高； 3. 施工方便、适合潮湿面作业； 4. 后期检修维护成本低； 5. 受原材料价格及制备工艺的影响，价格偏高	温度	液态介质≤60℃，气态介质≤80℃	液态介质>60℃，气态介质>80℃	—
			介质	中等浓度以下的碱液、部分有机溶剂、中性盐；腐蚀性水(pH>1)	各类酸溶液、中等浓度以上的碱	稀酸、盐类
			部位	室内外地面、设备基础、结构表面防护、块材砌筑水工混凝土建筑物防护及修补工程	池槽衬里	污水池衬里

续表

种类	代表材料	特点	施工条件	适用场合	不宜使用场合	慎用场合
沥青类防腐蚀工程	SBS改性沥青、沥青砂浆、沥青混凝土	1. 本身构造密实，防水性能优良； 2. 弹性和延伸率较高； 3. 耐热耐寒性差； 4. 材料来源广、价格低廉、施工方便	温度	常温	经常＞50℃介质或环境，≤0℃环境	常温以上介质经常作用
			介质	中低浓度非氧化性酸、各类盐、中等浓度碱、部分有机酸	浓酸、强氧化性酸、浓碱、有机溶剂	含氟介质、氧化性酸、非极性溶剂
			部位	地下工程的防水防腐蚀、隔离层、结构涂装（特别是潮湿环境）	室外暴露部位	有温度、有重物挤压部位
塑料类防腐蚀工程	硬（软）聚氯乙烯、聚丙烯、聚苯乙烯等制作的板材、管材等	1. 质量轻、密度小，耐磨性能好； 2. 成型加工方便，维修成本低； 3. 机械强度、硬度较低； 4. 产量大，用途广，价格较便宜	温度	常温	液态介质＞100℃，经常作用	常温以上介质经常作用的受力构件
			介质	酸、碱、盐、部分溶剂、氢氟酸	醚、芳烃、苯、卤代烃（二氯乙烷、氯仿、四氯化碳）	溶剂、含卤素化合物
			部位	水管、地漏、设备基础面层、门窗	软聚氯乙烯、聚丙烯不适用于室外暴露部位	有温度变化、变形可能的部位、地面面层
喷涂型聚脲防腐蚀工程	芳香族聚脲、脂肪族聚脲、聚天冬氨酸酯聚脲	1. 超长的耐老化性及耐腐蚀性； 2. 便捷的施工性能； 3. 出色的封闭性能及力学性能； 4. 优良的环保性能	温度	常温	经常≥50℃介质或环境，≤0℃环境	—
			介质	盐溶液、乙酸（10%）、氢氟酸、KOH（20%）、氨水（20%）、苯、二甲苯、铬酸钾、柴油、液压油	硝酸（20%）、乳酸、丙酮、甲醇、二甲基酰胺	NaOH(50%)
			部位	碳钢、混凝土、水泥砂浆、玻璃钢等基面的防腐蚀，化工设备及管道、钢制框架的内外表面防腐蚀	强氧化性液态和固态腐蚀	—
包覆类防腐蚀工程	复层矿脂包覆、氧化聚合包覆	1. 30年以上超长服役周期； 2. 低表面处理施工性能； 3. 优良的环保性能	温度	常温	经常≥50℃介质或环境，≤−10℃环境	—
			介质	海水环境、海洋大气区、工业区等严苛环境	—	—
			部位	浪花飞溅区、潮差区；螺栓螺母、焊缝、边缘板、重点连接部位等	—	—

部分防腐蚀工程施工条件及技术指标见表15-3。

部分防腐蚀工程施工条件一览表 **表15-3**

种类	代表材料	施工条件要求	
		温度要求	湿度要求
树脂类防腐蚀工程	环氧树脂、乙烯基酯树脂、不饱和聚酯树脂、呋喃树脂、酚醛树脂、自流平树脂、玻璃鳞片胶泥和纤维增强塑料等	施工环境温度宜为15～30℃，施工环境温度低于10℃时，应采取加热保温措施。原材料使用时的温度，不应低于允许的施工环境温度	相对湿度不宜大于80%
涂料类防腐蚀工程	环氧类、丙烯酸酯类、高氯化乙烯、有机硅类、富锌类等	被涂覆钢结构表面的温度应大于露点温度3℃，在大风、雨、雾、雪天或强烈阳光照射下，不宜进行室外施工	施工环境相对湿度宜小于85%
水玻璃类防腐蚀工程	钠（钾）水玻璃胶泥、钠（钾）水玻璃砂浆、钠（钾）水玻璃混凝土	水玻璃类防腐蚀工程施工的环境温度宜为15～30℃，当施工的环境温度、钠水玻璃的施工温度材料低于环境温度10℃，钾水玻璃材料的施工温度低于环境温度15℃时，应采取加热保温措施；钠水玻璃的使用温度不应低于15℃，钾水玻璃的使用温度不应低于20℃	相对湿度不宜大于80%
聚合物水泥类防腐蚀工程	丙烯酸酯共聚乳液砂浆、氯丁胶乳水泥砂浆	聚合物水泥砂浆施工环境温度宜为10～35℃，当施工环境温度低于5℃时，应采取加热保温措施。不宜在大风、雨天或阳光直射的高温环境中施工	施工前基层保持潮湿状态但不得有积水
沥青类防腐蚀工程	SBS改性沥青、沥青混凝土	施工的环境温度不宜低于5℃	施工时的工作面应保持清洁干燥
塑料类防腐蚀工程	硬（软）聚氯乙烯、聚丙烯、聚苯乙烯等制作的板材、管材等	施工环境温度宜为15～30℃	相对湿度不宜大于70%
喷涂型聚脲防腐蚀工程	芳香族聚脲、脂肪族聚脲、聚天冬氨酸酯聚脲	施工环境温度宜大于3℃，不宜在风速大于5m/s、雨、雾、雪天环境下施工	相对湿度宜小于85%
包覆类防腐蚀工程	矿脂防蚀膏、矿脂防蚀带、密封缓冲层、防蚀保护罩、整体防腐层、外防护剂	施工环境温度宜大于5℃，不应在雨、雪天环境下施工	相对湿度小于95%

六、防腐蚀工程施工技术典型工程案例

6.1　深中通道工程结构耐久性检测技术应用

深中通道全长 24km，是一项集“桥、岛、隧、水下互通”于一体的跨海集群工程。深中通道桥梁部分长约 17km，其中伶仃洋大桥主跨 1666m，主塔高度 270m，是世界上最大跨径海中钢箱梁悬索桥和世界上最高通航净空尺度的跨海桥梁；海底隧道部分长约 6.8km，是世界最长、最宽的钢壳混凝土沉管隧道。

长时间处于海洋腐蚀环境中，受盐雾、潮汐、高温、干湿交替等众多因素，会影响工程设计使用寿命。为保障深中通道的设计使用寿命，通过耐久性监测系统的设计、安装及监测数据分析，高效地了解混凝土结构的耐久性健康状况，利于科学合理地采取维护措施，降低服役期内结构的维护成本，提高维护效率，有效保障了桥梁的结构安全。

结合深中通道腐蚀环境和结构特点，针对性地设计及搭建了耐久性监测系统，成功地将 36 套耐久性监测传感器安装于深中通道锚碇、箱梁、桥墩的浪溅区及大气区（图 15-1）。通过现场采集的耐久性监测数据分析可知，耐久性传感器尚未监测到腐蚀发生，桥梁耐久性健康状态良好。

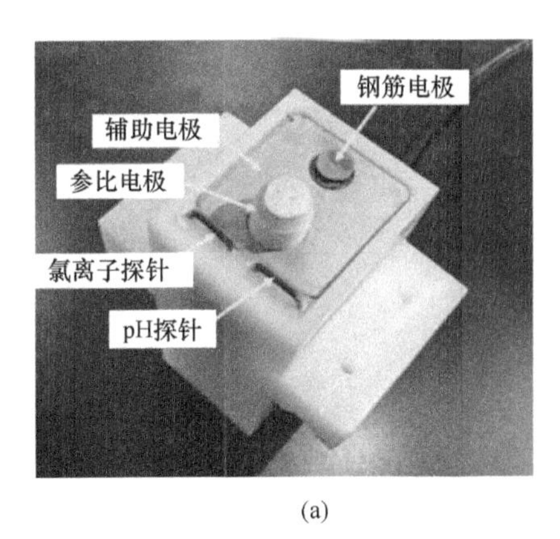

(a)

(b)

图 15-1　多功能耐久性监测传感器的结构及安装

(a) 结构；(b) 安装

6.2　杭州湾大桥下部结构防腐蚀技术应用

杭州湾位于我国沿海中段，作为世界三大强潮海湾之一，该海域平均潮差达 4.52km，区域内码头和港区附近无掩护，水域宽广，风大、浪高、流急，潮差大，水文条件复杂，腐蚀环境恶劣，属于腐蚀性很高的海洋大气环境。建成后的杭州湾跨海大桥跨越该强潮海水水域，北起杭州湾北岸的郑家埭，跨越杭州湾北航道和南副航道，经南岸滩涂、南经九塘、八塘后到达本工程的终点水路湾，桥梁全长约 36km。

杭州湾大桥下部结构的所有钢管桩采用了腐蚀余量设计＋防腐涂装＋牺牲阳极的联合防腐蚀保护方式。基于耐久性考虑，杭州湾大桥从材质本身出发，其基本措施是采用高性能混凝土，同时，下部结构的混凝土保护层厚度设计值均不小于 50mm，海中区承台及钻孔灌注桩更达到 90mm，以提高混凝土密实度及抗渗透性能。此外，桥墩湿接头、承台等结构还在完工后即进行了硅烷浸渍处理。大桥混凝桥墩、承台、索塔施工完毕后，即进行表面防腐蚀涂装施工，其涂层防腐蚀体系设计使用年限为 20 年，防腐涂装面积共计约 90 万 m^2。作为百年大桥的重要组成部分，该桥下部结构桥墩（浪溅区域）、现浇湿接头使用环氧涂层钢筋，配合阻锈剂使用，南、北航道桥索塔（＋10.2m 高程以下）、承台结构中的钢筋使用外加电流阴极保护技术措施。

第十六篇　给水排水工程施工技术

河北建设集团股份有限公司　甄志禄　刘永奇　高瑞国　詹林山　裴建新
江苏扬建集团有限公司　邹厚存　薛德华　廖　星

摘要

随着社会的进步和我国经济的不断发展，人民生活水平不断提高，对生活环境的要求越来越高。基础设施是保障人们日常生活水平的基础。而给水排水工程是其中最为重要的一个部分，跟人民的生活息息相关，给水排水工程一定要紧跟时代的步伐，不断提升质量，满足人们的需求。本篇主要介绍了目前我国建筑给水排水施工技术的现状，同时论述了其未来的发展趋势。

Abstract

With the progress of society and the continuous development of China's economy, people's living standards are constantly improved, and the requirements for the living environment are getting higher and higher. Infrastructure is the foundation of ensuring People's Daily living standards. The water supply and drainage project is the most important part, which is closely related to people's life, the water supply and drainage project must keep up with the pace of The Times, constantly improve the quality, to meet people's needs. This paper mainly introduces the current situation of the construction technology of building water supply and drainage in China, and discusses its future development trend.

一、给水排水工程施工技术概述

随着市场经济高速的发展，使城市化进程的脚步得到了大幅度的促进，而在这个发展的进程当中，建筑给水排水工程在现代建筑中占据着非常重要的地位，是不可或缺的基础设施之一。面对给水排水施工的施工量大，工期紧张，难度较高等问题，施工组织单位和人员必须能够做好详细的施工规划和准确的施工安排。确保各项施工工序能够有秩序地开展，并做好给水排水施工过程中的相关问题关注和处理，重点掌握施工技术要点和其对应的节水处理，确保整体建筑给水排水系统能够在工程投入使用后比较高效、稳定使用。

二、给水排水工程施工主要技术介绍

2.1 铸铁管道柔性连接技术

2.1.1 A型铸铁管

A型铸铁管其一端有已固定的法兰做承口，另一端做插口，为手工制作，质量较好价格也较高。其在安装施工中采用柔性法兰及密封胶圈连接。具有抗震性能好，密封性强，施工简便，便于维修，使用可靠等优点。

A型铸铁管单法兰柔性接口安装方法：

（1）在插口上面画好安装线，承插口端部间隙取5～10mm，安装线所在平面应与管轴线垂直。在插口端先套入法兰压盖，再套入密封胶圈，胶圈边缘与安装线对齐。

（2）将插口端插入承口内，为保持胶圈在承口内深度相同，在推进过程中尽量使插入管与承口管保持在一条轴线上。紧固螺栓应确保胶圈均匀受力，不得一次紧固到位，要逐个逐次均匀紧固，直至将胶圈均匀压紧。

2.1.2 B型铸铁管

B型铸铁管综合了W型和A型铸铁排水管优点，直管部分采用了W型无承口铸管，管件采用双法兰结构。这种连接组合既有A型结构连接强度高和安装便捷的优点，又因采用W型直管而降低了材料成本，加之B型管件设计结构较为紧凑，较A型管件节约安装空间。

B型铸铁管双法兰柔性接口安装方法：

（1）在插口上面画好安装线，承插口端部间隙取5～10mm，安装线所在平面应与管轴线垂直。在插口端先套入法兰压盖，再套入密封胶圈，胶圈边缘与安装线对齐。

（2）将插口端插入承口内，为保持胶圈在承口内深度相同，在推进过程中尽量使插入管与承口管保持在一条轴线上。紧固螺栓应确保胶圈均匀受力，不得一次紧固到位，要逐个逐次均匀紧固，直至将胶圈均匀压紧。

2.1.3 W型铸铁管

W型铸铁管两端均无法兰，需用套袖（相当于PVC的直接）连接，在安装施工中采用不锈钢柔性卡箍连接，可以随意切割，价格较A型廉价些，是现在的铸铁管使用较多的。在安装施工中采用不锈钢柔性管箍连接。具有抗震性能好、施工简便、易检修、使用可靠、美观耐久等优点。

W 型无承口铸铁管卡箍式柔性接口安装方法：

（1）安装时应确保铸管断面垂直、光滑、无飞边毛刺，以免划伤橡胶密封圈；用扭力扳手松开卡箍螺栓，取出胶圈，套入管件一端，使胶圈内中间凸缘与铸管断面完全接触为止；

（2）将一端套入管件的胶圈另一端完全下翻，使胶圈中间凸缘平面完全暴露；将另一管件垂直放在胶圈凸缘平面上，将下翻的胶圈复位，将两个管件移正至同一轴线上；

（3）上移卡箍至橡胶密封圈的部位，使之与胶圈端面平齐；用扭力扳手逐次交替紧固卡箍螺栓，切忌将一边螺栓一次紧固到位，造成卡箍扭曲变形。也不要用力过大，造成螺栓打滑。

W 型管的连接采用不锈钢卡箍件进行连接施工。不锈钢卡箍件由胶套、卡箍、穿孔滚动轴及螺栓构成。接口采用橡胶套密封，效果好，能承受来自各方向的震动（包括强烈地震）。外罩为不锈钢卡箍，接口美观牢固、耐腐蚀。在安装接口时将卡箍放松到最大直径限位，先将不锈钢外套套入管道，然后接口的两端分别对入橡胶套内，将不锈钢外套套在橡胶套外部拧牢即可获得满意效果。

2.2　衬塑复合钢管管道沟槽连接技术

2.2.1　施工方法

给水衬塑复合钢管的连接工艺有丝扣连接和卡箍连接两种方法：

（1）丝扣连接是在钢管上制备管螺纹，并采用机械连接用丝接配件将钢管密封连接；对丝扣的质量要求较高。与传统的镀锌钢管的连接方式基本相同。

（2）卡箍连接是用压力响应式密封圈套入两连接钢管端部，两片卡件包裹密封圈并卡入钢管沟槽，上紧两圆头椭圆颈螺栓，实现钢管密封连接的工艺。与其他刚性连接相比，卡箍连接还有简易、隔振吸震、零污染、占据空间少、维护方便等优点。

2.2.2　操作要点

给水衬塑复合钢管的连接一般采用丝扣连接或卡箍连接，与法兰阀件连接采用丝扣法兰或卡箍法兰。一般管径小于等于 DN65mm 的管道采用丝扣连接、管径大于 DN65mm 管道采用卡箍连接。

2.2.3　管道预制加工

（1）切管下料：

可用钢锯、套丝机或割管机将管子切断，不得采用砂轮切割。

当采用手工锯截管时，其锯面应垂直于管轴心。

使用套丝机时先将管道卡牢，然后在所需尺寸位置压紧割管刀片，转动管道均匀用力进刀将管道切断即可。

使用切管机下料时，把管道放在切管机的两个滚轴上，将刀片对正管道需要切断的位置，开动机器，滚轴带动管道转动使管道的周长逐一与旋转的刀片接触将管道切断。

（2）套丝及滚槽：

套丝：应采用自动套丝机；套丝机应采用润滑油润滑。

滚槽：应用专用滚槽机压槽，压槽时管段应保持水平，钢管与滚槽机止面呈 90°。管外壁端面应用机械加工 1/2 壁厚的圆角。压槽时应持续渐进，槽深应规范要求；并应用标准量规测量槽的全周深度。如沟槽过浅，应调整压槽机后再行加工。

(3) 管端清理：

用细锉将金属管端的毛边修光；

采用棉回丝和毛刷清除管端和螺纹内的油、水和金属切屑；

衬塑管应采用专用铰刀，将衬塑层厚度 1/2 倒角，倒角坡度宜为 10°～15°；

管端、管螺纹清理加工后，应进行防腐、密封处理，宜采用防锈密封胶和聚四氟乙烯生料带缠绕螺纹，同时应用色笔在管壁上标记拧入深度。

2.2.4 管件连接

(1) 丝扣连接：管子与配件连接前，应检查衬塑可锻铸铁管件内橡胶密封圈或厌氧密封胶。然后将配件用手捻上管端丝扣，在确认管件接口已插入衬（涂）塑钢管后，用管子钳按下表进行管子与配件的连接，管子与配件连接后，外露的螺纹部分及所有钳痕和表面损伤的部位应涂防锈密封胶。

(2) 卡箍连接应按下列程序进行：

检查橡胶密封圈是否匹配，涂润滑剂，并将其套在一根管段的末端；将对接的另一根管段套上，将胶圈移至连接段中央。

将卡箍套在胶圈外，并将边缘卡入沟槽中。

将带变形块的螺栓插入螺栓孔，并将螺母旋紧。应对称交替旋紧，防止胶圈起皱。

2.3 塑料管道的熔接连接

熔接适用于 PE 管、PPR 管的连接，按接口形式和加热方式可分为：

电熔连接：电熔承插连接、电熔鞍形连接

热熔连接：热熔承插连接、热熔鞍形连接、热熔对接连接

2.3.1 安装的一般规定

管道连接前，应对管材和管件及附属设备按设计要求进行核对，并应在施工现场进行外观检查，符合要求方可使用。主要检查项目包括耐压等级、外表面质量、配合质量、材质的一致性等。

应根据不同的接口形式采用相应的专用加热工具，不得使用明火加热管材和管件。

采用熔接方式相连的管道，宜使用同种牌号材质的管材和管件，对于性能相似的必须先经过试验，合格后方可进行。

管材和管件应在施工现场放置一定的时间后再连接，以使管材和管件温度一致。

在寒冷气候（－5℃以下）和大风环境条件下进行连接时，应采取保护措施或调整连接工艺。

管道连接时管端应洁净，每次收工时管口应临时封堵，防止杂物进入管内。

管道连接后应进行外观检查，不合格者马上返工。

2.3.2 电熔连接

先将电熔管件套在管材上，然后用专用焊机按规定的参数（时间、电压等）给电熔管件通电，使内嵌电热丝的电熔管件的内表面及管子插入端的外表面熔化，冷却后管材和管件即熔合在一起。其特点是连接方便迅速、接头质量好、外界因素干扰小、但

电熔管件的价格是普通管件的几倍至几十倍、（口径越小相差越大），一般适合于大口径管道的连接。

（1）电熔承插连接

检查—切管—清洁接头部位—管件套入管子—校正—通电熔接—冷却

切管：管材的连接端要求切割垂直，以保证有足够的热熔区。常用的切割工具有旋切刀、锯弓、塑料管剪刀等；切割时不允许产生高温，以免引起高温变形。

清洁接头部位并标出插入深度线：用细砂纸、刮刀等刮除管材表面的氧化层，用干净棉布擦除管材和管件连接面上的污物，标出插入深度线。

管件套入管子：将电熔管件套入管子至规定的深度，将焊机与管件连好。

校正：调整管材和管件的位置，使管材和管件在同一轴线上，防止偏心造成接头焊接不牢固，气密性不好。

通电熔接：通电加热的时间、电压应符合电熔焊机和电熔管件生产厂的规定，以保证在最佳供给电压、最佳加热时间下、获得最佳的熔接接头。

冷却：由于PE管接头只有在全部冷却到常温后才能达到其最大耐压强度，冷却期间其他外力会使管材、管件不能保持同一轴线，从而影响熔接质量，因此，冷却期间不得移动被连接件或在连接处施加外力。

（2）电熔鞍形连接

这种连接方式适用于在干管上连接支管或维修因管子小面积破裂造成漏水等场合。

连接程序：清洁连接部位—固定管件—通电熔接—冷却

用细砂纸、刮刀等刮除连接部位管材表面的氧化层，用干净棉布擦除管材和管件连接面上的污物。

固定管件：连接前，干管连接部位应用托架支撑固定，并将管件固定好，保证连接面能完全吻合。通电熔接和冷却过程与承插熔接相同。

2.3.3　热熔连接

（1）热熔承插连接

将管材表面和管件内表面同时无旋转地插入熔接器的模头中加热数秒，然后迅速撤去熔接器，把已加热的管子快速地垂直插入管件，保压、冷却的连接过程。一般适用于4寸以下小口径塑料管道的连接。

连接流程：检查—切管—清理接头部位及划线—加热—撤熔接器—找正—管件套入管子并校正—保压、冷却

检查、切管、清理接头部位及划线的要求和操作方法与前者类似，但要求管子外径大于管件内径，以保证熔接后形成合适的凸缘。

加热：将管材外表面和管件内表面同时无旋转地插入熔接器的模头中（之前已经预热）加热数秒，加热温度为260度，加热时间表。

插接：管材管件加热到规定的时间后，迅速从熔接器的模头中拔出并撤出熔接器，快速找正方向，将管件套入管段至划线位置，套入过程中若发现歪斜应及时校正。找正和校正可利用管材上所印度线条和管件两端面上呈十字形的四条刻线作为参考。

保压、冷却：冷却过程中，不得移动管材或管件，完全冷却后才可进行下一个接头的连接操作。

(2) 热熔鞍形连接

将管材连接部位表面和鞍形管件内表面加热熔化。然后把鞍形管件压到管材上，保压、冷却到环境温度的连接过程。一般适用于管道接支管的连接。

连接过程：管子支撑—清理连接部位及划线—加热—撤熔接器—找正—鞍形管件压向管子并校正—保压、冷却

连接前应将干管连接部位的管段下部用托架支撑，固定。

用刮刀砂纸及棉布等清理管材连接部位氧化层、污物等影响熔接质量的物质，并做好连接标记线。

用鞍形熔接工具（已预热到设定温度）加热管材外表面和管件内表面，加热完毕迅速撤除熔接器，找正位置后将鞍形管件用力压向管材连接部位，使之形成均匀凸缘，保持适当的压力直到连接部位冷却至环境温度为止。鞍形管件压向管材的瞬间，若发现歪斜应及时校正。

热熔对接连接

是将与管轴线垂直的两管子对应端面与加热板接触使之加热熔化，撤去加热板后，迅速将熔化端压紧，并保压至接头冷却，从而连接管子。这种连接方式无需管件，连接时必须使用对接焊机。

连接程序：装夹管子—铣削连接面—加热端面—撤加热板—对接—保压、冷却

将待连接的两管子分别装夹在对接焊机的两侧夹具上，管子端面应伸出夹具20～30mm，并调整两管子使其在同一轴线上，管口错边不宜大于管壁厚度的10%。

用专用铣刀同时铣削两端面，使其与管轴线垂直、待两连接面相吻合，铣削后用刷子、棉布等工具清除管子内外的碎屑及污物。

当加热板的温度达到设定温度后，将加热板插入两端面间同时加热熔化两端面，加热温度和加热时间按对接工具生产厂或管材生产厂的规定，加热完毕快速撤出加热板，接着操纵对接焊机使其中一根管子移动至两端面完全接触并形成均匀凸缘，保持适当压力直到连接部位冷却到室温为止。

2.4 无应力配管施工技术

高速泵、压缩机等设备在与管道连接后，由于配管应力的影响，设备机体或多或少会产生位移，导致同心度超差，引起机组的振幅超标、轴承过热。管道安装时，可采用无应力配管。

大型动设备的管道连接，应尽量采用合拢组对法，最后将调整管段两端焊口焊好。设备和管道的法兰组对前，法兰密封面必须清理干净。组对时，使两法兰密封面的距离等于垫片厚度，调整法兰平行度偏差在0.1～0.15mm。应经常检查法兰组对的平行度和同轴度是否在允许偏差之内。管道与动设备连接前，必须将其内部处理干净，做到管内无杂质、焊渣、油污、铁锈等物。与动设备连接时，其固定焊口一般应远离设备，以避免焊接应力的影响。管道与动设备应自由对中，在自由的状态下，法兰的平行度和同轴度应满足要求。管道系统与设备最终封闭连接时，应在设备联轴节处架设百分表监测位移。管道安装不允许对主机产生附加应力，不得用强制的方法来补偿安装偏差。

三、给水排水工程施工技术最新进展（1～3年）

3.1　非开挖管道修复技术

目前我国大多数城市，排水管道损坏的修复的方法都是采用开挖重新埋管的方法进行修复。但随着城市化的进展，城市地下管线错综复杂，城市道路的负荷越来越严重，使得排水管线在修复的过程中存在大量的技术问题。例如：主干道开挖严重影响交通或排水管线上方存在其他压力或电力管线给开挖带来极大的隐患。而管道如果长期不修复，轻则污染地下水，重则导致道路塌陷，交通瘫痪。因此寻找行之有效的修复方案是目前各排水管理部门最迫切的任务。

3.1.1　排水管道的非开挖修复

目前较先进的管道修复方法分为3大类：

一类是采用树脂固化的方法在管道内部形成新的排水管道，如CIPP，现场固化等工艺属于此类修复方法。

一类是采用小管穿大管的方式，在原有管道内部排入小的排水管道，以解决燃眉之急。如短管内衬，U形管拖入等工艺属于此类修复方法。

最后一类是采用螺旋制管的方式在原有管道的内部采用缠绕法形成一新管道，如螺旋扩张法等属于此类方法。

下面就这三大类做逐一介绍：

（1）CIPP，现场固化法，又称翻转内衬法。是采用树脂加热或遇光固化的原理，将未成型树脂利用水压或气压翻转至管道内部，然后对管道内部加热水加热，使树脂在管道内部固化，形成新的管道。它可以对一整段管道同时进行修复，也可以对局部的接口漏水处进行修复。主要工艺见图16-1。

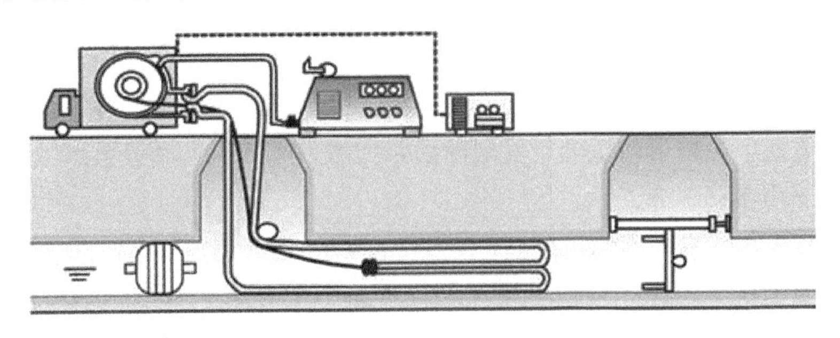

图16-1　翻转法（CIPP）修复技术

利用此方法修复排水管道之前，需将排水管道封堵清洗干净，并将管道内壁漏水点采用注脂注浆等方法填堵。待管道内部无漏水等现象后，将工厂内加工好的树脂半成品管道运至现场，通过水压，将管道翻转至原管道内部，然后采用循环加热的原理对管道内部的水加热至70℃左右，一段时间都加热至90℃，时间充分，使树脂固化，最后冷却，将管道与检查井的连接处处理好。

（2）短管内衬，即将短管现场一边焊接一边拖入旧管道内，最后将新旧管道之间间隙注浆填满，这样的修复方法通常适用于水流量较小的情况。主要工艺见图 16-2。

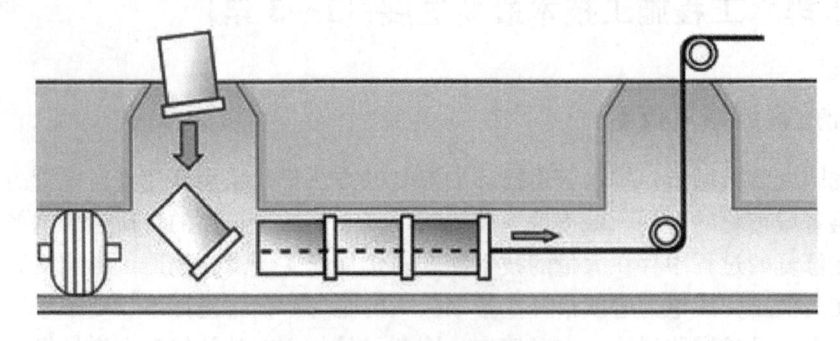

图 16-2　短管内衬的修复技术

此方法在我国引用比较早，费用相对比较低，但由于管道修复后断面损失比较大，目前逐渐被新工艺所淘汰。

(3) 螺旋内衬，主要是通过螺旋缠绕的方法在旧管道内部形成将带状通过压制卡口不断前进形成新的管道。管道可在通水的情况作业，水深 30％通常可正常作业。主要施工工艺见图 16-3。

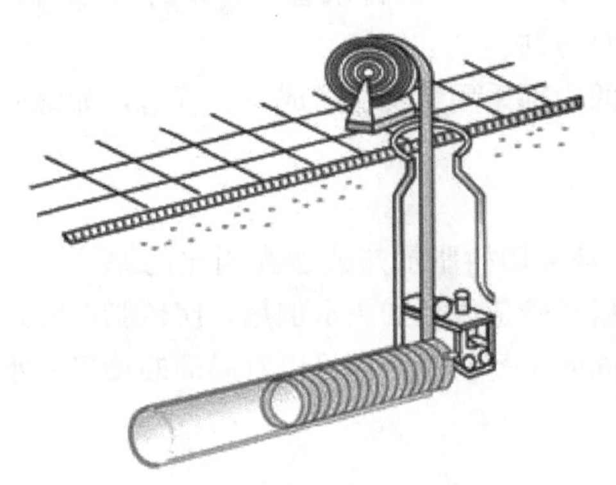

图 16-3　螺旋制管法修复技术

螺旋制管法目前应用比较广泛，管道修复后内壁光滑，过水能力比修复前的混凝土管要好。而且材料占地面积较小，适合长距离的管道修复。

(4) 局部修复，目前比较成熟的技术是在内窥摄像系统车的指引下，采用不锈钢套环在管道接口等漏水处将其卡住，并在其内部注浆使管道恢复功能。

此种方法适用于管道只有局部接口或地方存在问题，为节省开支，专门对此处进行修复。

以上介绍的方法为目前国外应用较为普遍的非开挖修复方法，国内目前正处于发展阶段，大城市尤其像上海等重点城市目前管道修复方法正逐渐采用这些方法。

3.1.2　非开挖修复技术的前景

非开挖修复的方法整体优势在于修复的负面影响小，修复所占用场地比较少，对地面、交通、环境以及周围地下管线等的影响很微弱。因此推广非开挖修复技术在排水管道修复领域的运用势在必行。

非开挖修复推广的难度在于修复费用的居高不下，使得很多中小城市望而止步，其实综合考虑交通，周围管线开挖的危险、市民的生活质量等等因素，非开挖修复的费用是可以接受的，而且费用高的主要原因在于材料完全依赖进口的原因，使得修复成本大大提高。若我国非开挖修复进入全新的阶段，材料能在国内批量生产，那么修复费用也会相应降低。所以非开挖修复在我国的发展是可以预测的，在不久的将来，此技术必定会被排水和市政行业所接受，并且广泛地应用于城市管道的修复。

3.2　先进的水处理技术

3.2.1　膜分离技术

膜分离技术是一种在分子水平上实现不同粒径分子混合物选择性分离的技术。其核心在于使用具有选择性分离功能的半透膜，这种膜壁布满小孔，根据孔径大小可以分为微滤膜（MF）、超滤膜（UF）、纳滤膜（NF）、反渗透膜（RO）等。膜分离技术可以在常温下进行，有效保持被分离物质的原有性质，如色、香、味、营养和口感，以及功效成分的活性。

膜分离技术的原理是将流体相分隔为互不相通的两部分，利用膜的选择透过性能，允许一侧流体中的一种或几种物质通过，而不允许其他物质通过，从而实现离子、分子或某些微粒的分离。膜分离法通常包括电渗析、反渗透、超滤、微滤、纳滤等分类。

膜分离技术具有许多优点，如能耗低、操作过程简单、选择性好、适应性强等。它在常温下进行，特别适用于热敏性物质的分离与浓缩，如抗生素、果汁、酶、蛋白等。此外，膜分离技术还广泛应用于食品、医药、生物、环保、化工、冶金、能源、石油、水处理、电子、仿生等领域，产生了巨大的经济效益和社会效益。

膜分离技术是一种高效、节能、环保的分离技术，具有广泛的应用前景和潜力。

3.2.2　紫外线消毒技术

紫外线消毒技术是一种高效、环保的消毒方法，它利用特定波长的紫外线破坏微生物体内的DNA或RNA分子结构，从而达到杀菌消毒的目的。紫外线消毒技术无需添加任何化学药剂，因此不会在水或其他被消毒物体中引入杂质或产生有害副产物。

在实际应用中，紫外线消毒设备通常采用紫外线灯管作为光源，通过控制灯管的功率和照射时间，确保足够的紫外线剂量照射到待消毒物体上。当微生物体受到紫外线照射时，其DNA或RNA分子吸收紫外线能量后，结构会发生改变，导致微生物失去繁殖能力，最终被杀灭。

紫外线消毒技术具有许多优点。首先，它具有广谱杀菌能力，可以杀灭多种细菌、病毒和其他微生物。其次，紫外线消毒速度快，处理时间短，通常几分钟内即可完成消毒过程。此外，紫外线消毒设备操作简单，易于安装和维护，且运行成本相对较低。

紫外线消毒技术是一种安全、高效、环保的消毒方法，广泛应用于水处理、医疗卫生、食品加工等领域。在实际应用中，需要根据具体情况选择合适的紫外线消毒设备和操作参数，以达到最佳的消毒效果。

3.2.3　雨水收集与利用系统

雨水收集与利用系统是一种可持续的城市水资源管理技术，它通过收集、预处理、储存、净化、控制和监测雨水，实现雨水的有效回用，提高水资源利用效率。下面将从雨水收集设备、预处理技术、储存与调配、净化与过滤、控制与监测、利用与回用、系统设计与施工以及维护与保养等方面对雨水收集与利用系统进行简述。

（1）雨水收集设备

雨水收集设备主要包括雨水收集面、雨水口、雨水管道和储存设施等。雨水收集面是指能够汇集雨水的屋顶、地面等区域；雨水口用于将雨水引入雨水管道；雨水管道则负责将雨水输送到储存设施中。储存设施可以是地下蓄水池、水箱等，用于存储收集到的雨水。

(2) 预处理技术

预处理技术主要用于去除雨水中的大颗粒杂质、垃圾和悬浮物等。常用的预处理方法包括格栅过滤、沉砂池沉淀和初级过滤等。这些措施能够有效减少后续处理设备的负担，提高雨水利用的效率。

(3) 储存与调配

储存与调配是雨水收集与利用系统的关键环节。通过合理设计储存设施的容量和布局，可以满足不同时段和用水需求的雨水供应。同时，系统还可以根据实际需求进行雨水的调配，确保水资源的合理利用。

(4) 净化与过滤

经过预处理的雨水仍含有一定的杂质和微生物，需要进一步进行净化与过滤。常用的净化方法包括物理过滤、化学处理和生物处理等。通过这些措施，可以有效去除雨水中的有害物质，提高水质。

(5) 控制与监测

控制与监测系统是雨水收集与利用系统的重要组成部分。通过安装传感器、监测仪表等设备，可以实时监测雨水收集、储存、净化等各个环节的数据，并根据需要调整系统运行状态。同时，控制系统还可以实现远程监控和自动化管理，提高系统的运行效率和管理水平。

(6) 利用与回用

雨水收集与利用系统的主要目的是实现雨水的回用。经过净化和过滤的雨水可以用于非饮用水用途，如冲厕、洗车、绿化灌溉等。在特定条件下，还可以用于工业用水或补充地下水等。通过合理利用雨水资源，可以减轻城市供水压力，降低水资源消耗。

雨水收集与利用系统是一种实现水资源可持续利用的有效手段。通过合理设计、施工和维护该系统，可以实现雨水的有效收集、净化和回用，为城市的水资源管理和环境保护做出贡献。

3.2.4 排污系统永临结合技术

目前我国高层、超高层建筑工程施工工地的工人大、小便普遍使用移动厕所，此厕所的弊端是制作成本高，移动和储存麻烦占用空间大，而且大、小便需要每天人工清除，臭味很大工人不乐意干，施工电梯不乐意拉，带来很多不便，也不能满足文明施工和环保的要求。将永久排污管道和临时卫生间连接，局部设置临时管道、化粪池提前至施工阶段临时使用，定期联系环卫抽水车进行清理化粪池，此方案减少临时排污管道的安装拆除，减少工作量、临时设备及材料。

(1) 工艺流程：设备及管道设计选型→临时排污管道施工→临时转正式施工。

(2) 设备及管道设计选型主要包括：临时卫生器具选型、室外化粪池选型、临时排污管道选型等。

(3) 临时排污施工：

预留准备→结构模支设→定位固定件锚固→预埋件或套管在模板上锁定→预留洞口清理及吊“通线”→排水立干管支架安装→主立管道预制→管道安装→管道洞口的永久性封堵→截堵洞口防水处理→截水层临时过滤引流→排水干管通水、通球试验→移交精装手续办理。

(4) 临时转正式施工：

主要工艺流程：临时排污系统停止使用→正式排污系统其余部分进场→临时卫生器具拆除→正式卫生器具安装→接口处理→高压冲洗管道→通水试验→验收

四、给水排水工程施工技术前沿研究

4.1 建筑给水排水智能化节能节水技术发展趋势

智能化成为建筑给水排水节能节水技术的重要发展方向。通过应用物联网、大数据、人工智能等先进技术，实现给水排水系统的智能监控和自动调节，有效减少水资源浪费，提高用水效率。例如，智能水表可以实时监测用水量，为管理者提供数据支持，便于制定节水措施智能控制阀门能够根据实际需求自动调节水量，避免过量用水。

智能监控系统是建筑给水排水节能节水技术的重要组成部分。通过安装各种传感器和执行器，实时监测给水排水系统的运行状态，如流量、压力、水位等参数，并将数据传输至中央处理单元进行分析和处理。中央处理单元根据预设的逻辑和算法，对系统的运行进行智能调控，确保系统在最佳状态下运行，从而达到节能节水的目的。

信息化管理平台是建筑给水排水系统管理的重要工具。通过建立信息化管理平台，可以实现给水排水系统的数据集成、分析和处理，为系统管理提供科学依据。信息化管理平台可以实时显示系统的运行状态，对异常情况进行预警和报警，同时还可以对历史数据进行存储和分析，为系统的优化和改进提供参考。

云计算与大数据技术在建筑给水排水领域的应用，为节能节水提供了强大的数据支持。通过收集大量的给水排水系统运行数据，利用云计算和大数据技术进行分析和处理，可以发现系统的运行规律和潜在问题，为系统的优化和改进提供依据。同时，云计算和大数据技术还可以实现不同建筑给水排水系统之间的数据共享和协同，提高整个行业的节能节水水平。

4.2 光伏热水系统

4.2.1 光伏热水系统解决方案——应用原理

通过光伏板，将光能转化为电能，电能通过直流电加热给水箱中的水加热；

光伏组件安装在屋顶（或阳台）在光照情况下产生直流电；

通过直流电缆将直流电传送至热水器，通过直流加热管加热水体；

当达到最高设定温度（75℃）时，自动断开直流连接；

在阴雨霜雪等光照不好的天气里，温度没有达到用户使用需求时，可开启交流加热进行快速补充。

4.2.2 光伏热水系统解决方案——光伏储热系统的优势

(1) 加热效率高，无能量损耗

直流加热效率高达98%，光伏板吸收光能产生直流电，无需逆变成交流电，直接用于热水器加热，全程无能量浪费。

(2) 冬天不怕冻，无冬季管道防冻问题，能耗低

屋面光伏太阳能系统无水泵、无水箱、无管道、无保温、无防冻、无膨胀罐、无防冻液、无换热，运行几乎零费用。

(3) 安装简单，运行稳定可靠，无管理，无售后

以线缆替代管路，全程标准电气化施工，极大降低施工难度。光伏组件原理是直接产生直流电，直接对水箱进行加热，组件工作环境温度−40℃～80℃，无跑冒滴漏问题，基本无售后维护。

(4) 使用寿命长

光伏组件使用寿命25年以上，25年内发电衰减率≤20%，远大于常规太阳能热水器15年寿命。

(5) 位置随意，无空间限制

因为线缆连接，光伏板既可阳台安装，也可楼顶集中安装，水箱位置也可自由选择，安装在阳台、卫生间、厨房等合适的位置（水箱建议安装卫生间），无空间限制。水箱靠近用水点，热水即开即用。

(6) 成本造价低，性价比高

传统的集中集热-分户储热太阳能热水系统，屋面需要建设备间、预留电源、水源、管道井、循环管，造价非常高。光伏太阳能电热水系统，仅仅需要电源线连接，无需其他任何预留预埋。

4.2.3 系统应用对比分析（表16-1）

系统应用对比分析 **表16-1**

对比类别	光伏集分热水系统	太阳能集分热水系统
产品	① 水箱、光伏板、光伏支架（悬挂架）、电线、汇流箱。 ②体积小，重量轻，运费低	① 分户水箱、缓冲水箱、平板或真空管集热器、控制柜、管泵阀、保温、(换热器、膨胀罐）等。 ② 体积大，重量重，运费高
性能	① 光伏组件效率20%，系统效率80%，系统效率可达16%。 ② 辐照强度要求低，有光就能加热，365天一点不浪费。 ③ 同等光照条件下，越冷效果越好，更适合寒冷地区。 ④ 冬天不怕冻，无冬季管道防冻问题	① 系统集热效率38.8%，但强制循环，耗电量大，实际安装管道长，加上一次或二次换热，储热水箱与集热水箱距离太长，热损非常大，真实转换效率非常低。 ② 辐照强度要求高，温差循环，换热加热。 ③ 同等光照条件下越冷效果比较差，不适合寒冷地区
质保寿命	光伏板质保25年以上，25年效率衰减≤20%	寿命15年
客户安装	① 安装费用、材料费用低：无管道，无保温，无管泵阀，电气化线路安装，成熟稳定，效率高。 ② 以线缆替代管路，全程标准电气化施工，极大降低施工难度。 ③ 采用专用光伏C型钢支架，全程无焊接，节省安装费	① 安装费用、材料费用高：水路、循环管路、保温、管泵阀、膨胀罐等安装，难度大，要求高，故障率高，效率低。 ② 支架采用焊接方式，安装麻烦，安装费用高
用户使用	系统简单可靠，故障率低，用水无忧	故障率高，难于管理，基本弃用

五、给水排水工程施工技术指标记录

（1）消防给水系统应满足水消防系统在设计持续供水时间内所需水量、流量和水压的要求。

（2）低压消防给水系统的系统工作压力应大于或等于 0.60MPa。高压和临时高压消防给水系统的系统工作压力应符合下列规定：

对于采用高位消防水池、水塔供水的高压消防给水系统，应为高位消防水池、水塔的最大静压；

对于采用市政给水管网直接供水的高压消防给水系统，应根据市政给水管网的工作压力确定；

对于采用高位消防水箱稳压的临时高压消防给水系统，应为消防水泵零流量时的压力与消防水泵吸水口的最大静压之和；

对于采用稳压泵稳压的临时高压消防给水系统，应为消防水泵零流量时的水压与消防水泵吸水口的最大静压之和、稳压泵在维持消防给水系统压力时的压力两者的较大值。

（3）室外消火栓系统应符合下列规定：

室外消火栓的设置间距、室外消火栓与建（构）筑物外墙、外边缘和道路路沿的距离，应满足消防车在消防救援时安全、方便取水和供水的要求；

当室外消火栓系统的室外消防给水引入管设置倒流防止器时，应在该倒流防止器前增设 1 个室外消火栓；

室外消火栓的流量应满足相应建（构）筑物在火灾延续时间内灭火、控火、冷却和防火分隔的要求；

当室外消火栓直接用于灭火且室外消防给水设计流量大于 30L/s 时，应采用高压或临时高压消防给水系统。

（4）室内消火栓系统应符合下列规定：

室内消火栓的流量和压力应满足相应建（构）筑物在火灾延续时间内灭火、控火的要求；

环状消防给水管道应至少有 2 条进水管与室外供水管网连接，当其中一条进水管关闭时，其余进水管应仍能保证全部室内消防用水量；

在设置室内消火栓的场所内，包括设备层在内的各层均应设置消火栓；

室内消火栓的设置应方便使用和维护。

（5）消防水池应符合下列规定：

消防水池的有效容积应满足设计持续供水时间内的消防用水量要求，当消防水池采用两路消防供水且在火灾中连续补水能满足消防用水量要求时，在仅设置室内消火栓系统的情况下，有效容积应大于或等于 $50m^3$，其他情况下应大于或等于 $100m^3$；

消防用水与其他用水共用的水池，应采取保证水池中的消防用水量不作他用的技术措施；

消防水池的出水管应保证消防水池有效容积内的水能被全部利用，水池的最低有效水位或消防水泵吸水口的淹没深度应满足消防水泵在最低水位运行安全和实现设计出水量的要求；

消防水池的水位应能就地和在消防控制室显示，消防水池应设置高低水位报警装置；

消防水池应设置溢流水管和排水设施，并应采用间接排水。

(6) 高位消防水箱应符合下列规定：

室内临时高压消防给水系统的高位消防水箱有效容积和压力应能保证初期灭火所需水量；

屋顶露天高位消防水箱的人孔和进出水管的阀门等应采取防止被随意关闭的保护措施；

设置高位水箱间时，水箱间内的环境温度或水温不应低于 5℃；

高位消防水箱的最低有效水位应能防止出水管进气。

(7) 消防水泵控制柜应位于消防水泵控制室或消防水泵房内，其性能应符合下列规定：

消防水泵控制柜位于消防水泵控制室内时，其防护等级不应低于 IP30；位于消防水泵房内时，其防护等级不应低于 IP55。

消防水泵控制柜在平时应使消防水泵处于自动启泵状态。

消防水泵控制柜应具有机械应急启泵功能，且机械应急启泵时，消防水泵应能在接到报警后 5min 内进入正常运行状态。

(8) 自动喷水灭火系统的系统选型、喷水强度、作用面积、持续喷水时间等参数，应与防护对象的火灾特性、火灾危险等级、室内净空高度及储物高度等相适应。

(9) 自动喷水灭火系统的持续喷水时间应符合下列规定：用于灭火时，应大于或等于 1.0h，对于局部应用系统，应大于或等于 0.5h；用于防火冷却时，应大于或等于设计所需防火冷却时间；用于防火分隔时，应大于或等于防火分隔处的设计耐火时间。

(10) 洒水喷头应符合下列规定：

喷头间距应满足有效喷水和使可燃物或保护对象被全部覆盖的要求；

喷头周围不应有遮挡或影响洒水效果的障碍物；

系统水力计算最不利点处喷头的工作压力应大于或等于 0.05MPa；

腐蚀性场所和易产生粉尘、纤维等的场所内的喷头，应采取防止喷头堵塞的措施；

建筑高度大于 100m 的公共建筑，其高层主体内设置的自动喷水灭火系统应采用快速响应喷头；

局部应用系统应采用快速响应喷头。

(11) 每个报警阀组控制的供水管网水力计算最不利点洒水喷头处应设置末端试水装置，其他防火分区、楼层均应设置 *DN*25 的试水阀。末端试水装置应具有压力显示功能，并应设置相应的排水设施.

(12) 自动喷水灭火系统环状供水管网及报警阀进出口采用的控制阀，应为信号阀或具有确保阀位处于常开状态的措施。

六、给水排水工程施工技术典型工程案例

6.1　新疆宝能城商业街区项目

6.1.1　工程概况

某项目主要功能：集中商业、街区商业、办公、创意办公、酒店、公寓式酒店。占地面积 89066m^2，总建筑面积 1242094.47m^2。

6.1.2　主要施工技术

（1）管井内垂直管道配管前，应进行实地测量，避免累计误差造成各层标高超差。其安装原则是先排水，后给水，先管井内侧，后管井外侧。管道应合理地分段并进行纵向固定，必要处应设置膨胀节。管道系统的试压和冲洗必须分层分系统进行，以免低层部分管道系统出现压力过高而产生破坏的现象。卫生间配管前，应先找出面层基准线、洁具定位坐标和给水排水管口的位置，再进行配管。浴缸混合器的嵌墙深度应一次到位，出墙的管口应及时加堵。

（2）给水系统安装基本要求为保证供水能力，强调稳定性和美观性。具体工作中，应考虑水平管道、立管以及分流管的安装管理，对明管和暗管安装进行分别控制。在安装前应首先根据建筑用水特点，加强管道设计，确保其能够持续满足各层民众用水需求，以水泵作为核心设备，进行基础安装施工。明管一般敷设在墙面、室内边缘，安装前选取高层建筑的第一层作为安装的标准层次，所有管道安装位置应在施工前予以标注，根据图纸要求分析可行的施工路径。连接不同部分时，应确保密封性，避免机械破坏、热破坏，以管网上的各类阀门进行给水系统控制。管道安装过程中要求避免复杂的转弯设计，以简单的垂直设计为主，转弯处采用材料加厚和弧面设计，保证其承受冲击破坏的能力。

（3）本项目室内采用污废水合流的排水系统。室内地上排水系统采用设专用通气立管的排水系统，首层单独排出。地下层排水排至集水池，经污水泵提升后排向室外。室外生活污水和生活废水合流排水系统。粪便污水等经化粪池，厨房污水经隔油处理后排向市政污水管。

超高层部分排水管材采用柔性接口的机制排水铸铁管，法兰承插式连接或平口对接、橡胶圈密封不锈钢法兰连接，有效提升排水系统的稳定性，有效避免堵塞现象的发生。

6.2　冬奥会非注册 VIP 接待中心工程

6.2.1　工程概况

冬奥会非注册 VIP 接待中心项目占地 17000m^2，建筑总面积 80880m^2，场地高程分布在海拔 881～1140m 区间。

6.2.2　给水系统

给水水源：接自市政给水管网，由市政给水管从地块西侧通盛路引入一路 DN200 给水管，市政供水最小压力 0.30MPa。

此工程室内给水系统竖向分两个区，低区：六层及以下用水由市政给水管网直接供水；七层及以上用水由蓄水箱和变频加压水泵的方式供给，加压设备设于地下一层车库给

水泵房内。

给水系统户用水表集中设于每层管道井内。管道井内水表采用远传水表。

6.2.3 供暖系统

供暖热源：冬季热源为市政热力管网，在热交换站经水-水板式换热器换热，提供冬季供暖用热水。供暖系统补水定压装置设于换热站内。换热站内部工艺设计由当地热力公司负责。

供暖系统采用分户计量新双管系统，供回水干管设在地下室内，每户设热量表。热表设在管井内。户内供暖系统采用分、集水器并联系统。

供暖系统分区：一至七层为低区系统，八至十六层为高区系统。

供暖系统：采用散热器供暖系统，供暖管道干管设在车库顶板下，为上供上回双管异程系统。

6.2.4 排水系统

(1) 污废水系统

室内污废水合流排除，卫生间生活污废水根据排水流量分别采用专用通气立管排水系统和污水立管伸顶排水系统。室内地面以上采用重力自流排除，地下室废水均汇至地下的潜水泵坑，用潜水泵提升排除。地下室污水采用污水一体化设备经提升后排出。本工程均采用下层排水，卫生间污水和厨房污水集水坑均设通气管接入通气系统。公共厨房污水采用明沟收集，明沟设在楼板上的垫层内，污水进集水坑之前设隔油器处理后排入室外污水管道。

(2) 雨水排水系统

屋面雨水采用重力排除到室外或采用87型雨水斗雨水系统。裙房屋面雨水单独排除到室外。阳台雨水单独收集，排至室外散水面，阳台雨水口采用机械密封型无水封地漏。各车库入口均有雨棚，在入口附近设置截流沟，截流漂流或汽车带进的少量雨水，直接排入室外雨水管道。

6.2.5 消防系统

本工程给水引入管分别由市政不同管段上引入两路 *DN*200 给水管，在本工程红线内布置成环状管网，管网上设置地下式消火栓，消火栓井内设置 *DN*100mm 和 65mm 的消火栓各一个。

室外消火栓间距不大于120m。保护半径不大于150m，每个室外消火栓流量按15L/s计算。室外消火栓距路边不宜小于0.5m，并不应大于2.0m；距建筑外墙或外墙边缘不宜小于5.0m。地下式消火栓应有明显的永久性标志。

室外消防用水量30L/s，室内消防总用水量40L/s，室内消火栓的布置满足同一平面内有2支消防水枪的2股充实水柱同时达到任何部位的要求。系统接室外消防泵房及消防水池，室内消火栓箱内设报警按钮，高位消防水箱设于4号楼屋顶。地下2～15层消火栓采用稳压、减压消火栓（消火栓栓口出水压力不大于0.5MPa）。系统在室外设一个地下式消防水泵结合器。

消防水池及消防泵房：设在地下车库内，消防水池有效容积594m。

高位消防水箱：设在4号楼屋顶，有效容积36m^3。水箱间内设室内消火栓增压设备一套，喷洒系统稳压管各一根。

6.2.6　施工中的亮点

（1）管线综合布置技术

依靠计算机辅助制图手段，在施工前模拟机电安装工程施工完后的管线排布情况。根据所施工的图纸在计算机上进行图纸“预装配”，采用 3D（三维图）直观地反映出设计图纸上的问题，尤其是在施工中各专业之间设备管线的位置冲突和标高重叠。根据模拟结果，结合原有设计图纸的规格和走向，进行综合考虑后再对施工图纸进行深化，以达到实际施工图纸深度。

（2）施工过程水回收利用技术

现场制作蓄水箱或者蓄水池，将基坑施工降水和雨水集中存放于水箱（池），通过水箱（池）的管道将水引入生活区、加工场、施工区，用于生活用水的冲刷厕所及现场洒水控制扬尘，引入施工现场的水可用于结构养护用水、喷射混凝土用水等。

在施工现场内建立高效洗车池，设置于工地大门内侧，冲洗场地应有足够的空间，其周边设置排水沟。排水沟与二级沉淀池相连，并按规定处置泥浆和废水排放，沉淀池需定期清理并与市政排水管网相接。在冲洗场地内接通水管并配备压力不小于 8MPa 的高压水枪等冲洗设备。水枪连接水管长度不少于 10m。根据工地运输车辆进出情况，对驶出工地的物料运输车辆的冲洗。

第十七篇　电气工程施工技术

湖南六建机电安装有限责任公司　何　平　唐　军　陈　全　吴独秀　余海敏
湖南省工业设备安装有限公司　　成立强　吴　凡　欧阳学明　章志锋　于冬维

摘要

本篇从建筑电气专业工艺流程等方面介绍了电气专业技术的工艺措施特点，同时通过光伏发电、风力发电、风光互补、碲化镉发电玻璃、太阳能光热发电等新能源，电气火灾监控、机电集成单元、智能照明、光导照明、“光、储、柔”建筑新型供配电等系统，以及LED新型光源、永磁调速技术、电气自动化技术、电缆模块式密封技术、电缆集成T接技术的节能措施等一系列新技术的发展应用，阐述了电气专业技术的前沿研究方向，提出了最大电缆敷设、耐火母线最长耐火时间和温度、可弯曲金属导管主要性能、钢缆-电缆最大提升速度、电缆集成T接端子主要性能等一系列技术指标。

Abstract

This article introduces the process measures and characteristics of electrical technology in the field of building electrical engineering, and elaborates on the cutting-edge research directions of electrical technology through the development and application of new energy sources such as photovoltaic power generation, wind power generation, wind solar complementary, cadmium telluride power glass, solar thermal power generation, electrical fire monitoring, electromechanical integration units, intelligent lighting, optical lighting, “light storage, flexible” building new power supply and distribution systems, as well as a series of new technologies such as LED new light sources, permanent magnet speed regulation technology, electrical automation technology, cable modular sealing technology, and energy-saving measures of cable integrated T-connection technology, A series of technical indicators have been proposed, including the maximum cable laying, the longest fire-resistant time and temperature of fire-resistant busbars, the main performance of bendable metal conduits, the maximum lifting speed of steel cables and cables, and the main performance of cable integrated T-junction terminals.

一、电气工程施工技术概述

本篇对导管敷设，梯架、托盘和槽盒安装，导管内穿线和槽盒内敷线，电缆敷设，电缆头制作，导线连接和线路绝缘测试，母线槽安装，灯具安装，开关、插座、风扇安装，成套配电柜安装，UPS及EPS安装，柴油发电机组安装，变压器、箱式变电所安装，防雷接地及等电位联结，系统调试等主要施工技术进行了简要描述。对近几年来的最新电气工程施工技术进行了介绍，包括基于BIM的管线综合技术、导线连接器应用技术、可弯曲金属导管安装技术、装配式成品支（吊）架技术、机电管线及设备工厂化预制技术、超高层垂直高压电缆敷设技术、钢缆-电缆随行技术、矿物绝缘电缆施工技术、铝合金电缆施工技术、铜包铝电缆施工技术、铜包钢接地极施工技术、耐火封闭母线施工技术、浇注母线槽施工技术、电气支吊架的哈芬槽预埋技术、电缆敷设机械化施工技术、电缆模块式密封技术、电缆集成T接技术等。介绍了光伏发电、风力发电、风光互补、碲化镉发电玻璃、太阳能光热发电等新能源发展、变频器发展、电气火灾控制系统发展、LED新型光源的应用、智能照明系统的节能应用、光导照明系统的应用、机电集成单元的应用、特高压直流输电系统、“光、储、柔”建筑新型供配电系统、电气自动化技术、智能电网等技术前沿研究。收集了超高层电缆垂直敷设最大长度，单根最大重量、最大电缆截面敷设技术指标，耐火封闭母线最长耐火时间、最高耐火温度技术指标。密集母线最大额定电流、最高额定工作电压，可弯曲金属导管主要性能，钢缆电缆最大提升速度、电缆集成T接端子主要性能等技术指标记录。介绍了国家速滑馆、长沙市污水处理厂污泥与生活垃圾清洁焚烧协同处置二期工程等项目电气工程案例。

二、电气工程施工主要技术介绍

2.1 导管敷设

钢导管不得采用对口熔焊连接；镀锌钢导管或壁厚小于或等于2mm的钢导管，不得采用套管熔焊连接。

金属导管应与保护导体可靠连接，镀锌钢导管、可弯曲金属导管和金属柔性导管连接处的两端宜采用专用接地卡固定保护联结导体。

塑料导管在砌体上剔槽埋设时，应采用强度等级不小于M10的水泥砂浆抹面保护，保护层厚度不应小于15mm。

对于暗配的导管，导管表面埋设深度与建筑物、构筑物表面的距离不应小于15mm。当设计无要求时，埋设在墙内或混凝土内的塑料导管应采用中型及以上的导管。

导管采用金属吊架固定时，圆钢直径不得小于8mm，并应设置防晃支架，在距离盒（箱）、分支处或端部0.3～0.5m处应设置固定支架。

明配的电气导管应排列整齐、固定点间距均匀、安装牢固；在距终端、弯头中点或柜、台、箱、盘等边缘150～500mm范围内应设有固定管卡，中间直线段固定管卡间的最大距离应符合规范要求。

金属导管与金属梯架、托盘连接时，镀锌材质的连接端宜用专用接地卡固定保护联结导体，导体应为铜芯软导线，截面积不应小于 $4mm^2$，刚性导管经柔性导管与电气设备、器具连接时，柔性导管的长度在动力工程中不宜大于 0.8m，在照明工程中不宜大于 1.2m，可弯曲金属导管或柔性导管与刚性导管或电气设备、器具间的连接应采用专用接头。

敷设于室外的导管管口不应敞口垂直向上，导管管口应在盒、箱内或导管端部设置防水弯。

2.2　梯架、托盘和槽盒安装

梯架、托盘和槽盒全长不大于 30m 时，不应少于 2 处与保护导体可靠连接；全长大于 30m 时，每隔 20～30m 应增加一个连接点，起始端和终点端均应可靠接地；非镀锌梯架、托盘和槽盒本体之间连接板的两端应跨接保护联结导体，保护联结导体的截面面积应符合设计要求；镀锌梯架、托盘和槽盒本体之间不跨接保护联结导体时，连接板每端不应少于 2 个有防松螺母或防松垫圈的连接固定螺栓。

电缆首端、末端、检修孔和分支处应设置永久性标识。

直线段钢制或塑料梯架、托盘和槽盒长度超过 30m，铝合金或玻璃钢制梯架、托盘和槽盒长度超过 15m 时，应设置伸缩节；梯架、托盘和槽盒跨越建筑物变形缝处时，应设补偿装置。

配线槽盒与水管同侧上下敷设时，宜安装在水管的上方；与热水管、蒸汽管平行上下敷设时，应敷设在热水管、蒸汽管的下方。

敷设在电气竖井内穿楼板处和穿越不同防火区的梯架、托盘和槽盒，应有防火隔堵措施。

电缆梯架、托盘和槽盒转弯、分支处采用专用弯头和分支接头，其弯曲半径不应小于梯架、托盘和槽盒内电缆最小允许弯曲半径。

电缆梯架、托盘安装高度低于 1.8m 或垂直敷设的电缆梯架、托盘离地高度 1.8m 以内且可能受机械损伤时，应增加盖板。

电缆槽盒的垂直敷设段盖板不宜采用自攻螺钉固定，如因盖板自重过重必须采用自攻螺钉固定时，槽盒内部应有防止线缆损伤的措施。

梯架、托盘和槽盒采用吊架固定时，应有防晃支架，在分支处或端部 0.3～0.5m 处应有固定支架。

室外的电缆梯架、托盘和槽盒进入室内或配电箱（柜）时应有防雨水进入的措施，电缆槽盒底部应有泄水孔。

2.3　导管内穿线和槽盒内敷线

绝缘导线穿管前，应清除管内杂物和积水，绝缘导线穿入导管的管口在穿线前应装设护线口。

同一交流回路的电线应敷设于同一金属电缆槽盒或金属导管内。

绝缘导线接头应设置在专用接线盒（箱）或器具内，不得设置在导管和槽盒内，盒（箱）的设置位置应便于检修。

同一槽盒内不宜同时敷设绝缘导线和电缆。槽盒内导线排列应整齐、有序。绝缘导线在槽盒内应留有一定余量，并应按回路分段绑扎，绑扎点间距不应大于 1.5m。

2.4 电缆敷设

电缆的敷设排列应顺直、整齐，并宜少交叉。电缆出入电缆沟，电气竖井，建筑物，配电（控制）柜、台、箱处以及管子管口处等部位应采取防火或密封措施。电缆的首端、末端和分支处应设标志牌。金属电缆支架与保护导体应可靠连接。

交流单芯电缆或分相后的每相电缆敷设应符合下列规定：不应单独穿钢导管、钢筋混凝土楼板或墙体；不应单独进出导磁材料制成的配电箱（柜）、电缆桥架等；不应单独用铁磁夹具与金属支架固定。

2.5 电缆头制作、导线连接和线路绝缘测试

电缆头应可靠固定，不应使电器元器件或设备端子承受额外应力。

电力电缆的铜屏蔽层和铠装护套及矿物绝缘电缆的金属护套和金属配件应采用钢绞线或镀锡铜编织线与保护导体做连接，其连接导体的截面积应符合规范要求。当铜屏蔽层和铠装护套及矿物绝缘电缆的金属护套和金属配件作保护导体时，其连接导体的截面积应符合设计要求。

导线与设备或器具连接时，截面积在 $10mm^2$ 及以下的单股铜芯线和单股铝/铝合金芯线可直接与设备或器具的端子连接；截面积在 $2.5mm^2$ 及以下的多芯铜芯线应接续端子或拧紧搪锡后再与设备或器具的端子连接；截面积大于 $2.5mm^2$ 的多芯铜芯线，除设备自带插接式端子外，应接续端子后与设备或器具的端子连接；多芯铜芯线与插接式端子连接前，端部应拧紧搪锡；多芯铝芯线应接续端子后与设备、器具的端子连接，多芯铝芯线接续端子前应去除氧化层并涂抗氧化剂，连接完成后应清洁干净。

低压或特低电压配电线路线间和线对地间的绝缘电阻测试电压及绝缘电阻值应符合规范规定，矿物绝缘电缆线间和线对地间的绝缘电阻应符合国家现行有关产品标准的规定。

2.6 母线槽安装

母线槽组对前，每段母线的绝缘电阻应经测试合格，且绝缘电阻值不应小于 20MΩ。段与段连接时，两相邻段母线及外壳宜对准，相序应正确，连接后不应使母线及外壳受额外应力。

母线槽直线段安装应平直，垂直穿越楼板处其孔洞四周应设置高度为 50mm 及以上的防水台，并应采取防火封堵措施。母线槽通电运行前应检验或试验合格。母线槽的金属外壳等外露可导电部分应与保护导体可靠连接。

2.7 灯具安装

Ⅰ类灯具的外露可导电部分必须与保护导体可靠连接，连接处应设置接地标识。

灯具的固定应牢固可靠，在砌体和混凝土结构上严禁使用木楔、尼龙塞或塑料塞固定；吸顶或墙面上安装的灯具，其固定用的螺栓或螺钉不应少于 2 个，灯具应紧贴饰面。

质量大于10kg的灯具，固定装置和悬吊装置应按灯具重量的5倍恒定均布载荷做强度试验，且不得大于固定点的设计最大荷载，持续时间不得少于15min。

洁净场所灯具嵌入安装时，灯具与顶棚之间的间隙应用密封胶条和衬垫密封，密封胶条和衬垫应平整，不得扭曲、折叠。高低压配电设备、裸母线及电梯曳引机的正上方不应安装灯具。

在人行道等人员来往密集场所安装的落地式景观照明灯，当采用表面温度大于60℃的灯具且无围栏防护时，灯具距地面高度应大于2.5m；灯具的金属构架及金属保护管应分别与保护导体采用焊接或螺栓连接，连接处应设置接地标识。

2.8　开关、插座、风扇安装

开关边缘距门框边缘的距离宜为0.15～0.20m；相线应经开关控制；紫外线杀菌灯的开关应有明显标识，并应与普通照明开关的位置分开。

暗装的插座盒或开关盒应与饰面平齐，盒内干净整洁，无锈蚀，绝缘导线不得裸露在装饰层内；面板应紧贴饰面、四周无缝隙、安装牢固，表面光滑、无碎裂、划伤、装饰帽（板）齐全。

保护接地导体（PE）在电源插座之间不得串联连接，相线与中性导体（N）不得利用电源插座本体的接线端子转接供电。

吊扇挂钩安装应牢固，吊扇挂钩的直径不应小于吊扇挂销直径，且不应小于8mm；挂钩销钉应有防振橡胶垫，挂销的防松零件应齐全、可靠。吊扇扇叶距地高度不应小于2.5m。

壁扇底座应采用膨胀螺栓固定，固定应牢固可靠；膨胀螺栓的数量不应少于3个，且直径不应小于8mm。换气扇安装应紧贴饰面、固定可靠。

2.9　成套配电柜安装

电气设备安装应牢固可靠，且锁紧零件齐全；配电箱（柜）不应设置在水管接头的下方。

柜、台、箱相互间或与基础型钢间应用镀锌螺栓连接，且防松零件应齐全。柜、台、箱、盘上的标识器件应标明被控设备编号及名称或操作位置，接线端子应有编号，且清晰、工整、不易脱色。箱（盘）内配线应整齐、无铰接现象；导线连接应紧密、不伤线芯、不断股，同一电器器件端子上的导线连接不应多于2根；垫圈下螺丝两侧压的导线截面积应相同，防松垫圈等零件应齐全。

柜、台、箱的金属框架及基础型钢应与保护导体可靠连接；对于装有电器的可开启门，门和金属框架的接地端子间应选用截面积不小于4mm^{2}的黄绿色绝缘铜芯软导线连接，不得串接，并应有标识；配电柜成排布置时不应少于两处可靠接地。

2.10　UPS及EPS安装

安放UPS的机架或金属底座的组装应横平竖直、紧固件齐全，水平度、垂直度允许偏差不应大于1.5‰。

引入或引出UPS及EPS的主回路绝缘导线、电缆和控制绝缘导线、电缆应分别穿钢导管保护，当在电缆支架上或在梯架、托盘和线槽内平行敷设时，其分隔间距应符合设计要求；绝缘导线、电缆的屏蔽护套接地应连接可靠、紧固件齐全，与接地干线应就近连接。

UPS及EPS的内部接线应正确、可靠不松动，紧固件应齐全。UPS及EPS连线及出线的线间、线对地间绝缘电阻值不应小于0.5MΩ，UPS的输入端、输出端对地间绝缘电阻值不应小于2MΩ。

2.11 柴油发电机组安装

发电机组随机的配电柜、控制柜接线应正确、紧固件紧固状态良好、无遗漏脱落。

发电机馈电线路连接后，两端的相序应与原供电系统的相序一致。发电机组至配电柜馈电线路的相间、相对地间的绝缘电阻值，低压馈电线路不应小于0.5MΩ，高压馈电线路不应小于1MΩ/kV。

受电侧配电柜的开关设备、自动或手动切换装置和保护装置等的试验应合格。其应按设计的自备电源使用分配预案进行负荷试验，机组应连续运行无故障。

发电机并列运行时，应保证其电压、频率和相序一致。

发电机的中性点接地连接方式及接地电阻值应符合设计要求，接地螺栓防松零件齐全、且有标识。发电机本体和机械部分的外露可导电部分应分别与保护导体可靠连接，并应有标识。燃油系统的设备及管道的防静电接地应符合设计要求。

2.12 变压器、箱式变电所安装

变压器安装应位置正确，附件齐全，油浸变压器油位正常，无渗油现象。

变压器本体应两点接地。变压器中性点的接地连接方式及接地电阻值应符合设计要求；中性点接地引出后，应有两根接地引线与主接地网的不同干线连接，其规格应满足设计要求。变压器箱体、干式变压器的支架、基础型钢及外壳应分别单独与保护导体可靠连接、紧固件及防松零件齐全。

箱式变电所及其落地式配电箱的基础应高于室外地坪，周围排水通畅。用地脚螺栓固定的螺母应齐全，拧紧牢固；自由安放的应垫平放正。对于金属箱式变电所及落地式配电箱，箱体应与保护导体可靠连接，且有标识。配电间隔和静止补偿装置栅栏门应采用裸编织铜线与保护导体可靠连接，其截面积不应小于4mm^2。

箱式变电所的高压和低压配电柜内部接线应完整、低压输出回路标记应清晰，回路名称应准确，有通风口的，其风口防护网应完好。变压器、箱式变电所的交接试验应符合规范要求。

2.13 防雷接地及等电位联结

接闪带安装应平正顺直、无急弯，其固定支架应间距均匀、固定牢固，过建筑物变形缝处的跨接应有补偿措施；当设计无要求时，固定支架高度不宜小于150mm。接闪带一般敷设在女儿墙中心位置，若女儿墙宽度大于300mm，则接闪带应尽量敷设在女儿墙的外侧，距离边缘100～150mm。

接闪器必须与防雷专设或专用引下线焊接或卡接器连接，专设引下线与接地装置应采用焊接或螺栓连接。

当设计无要求时，接地装置顶面埋设深度不应小于 0.6m，且应在冻土层以下，人工接地体与建筑物的外墙或基础之间的水平距离不宜小于 1m。

明敷的室内接地干线沿建筑物墙壁水平敷设时，与建筑物墙壁间的间隙宜为 10～20mm，支持件间距应均匀，固定可靠，接地干线全长度或区间段及每个连接部位附近的表面，应涂以 15～100mm 宽度相等的黄色和绿色相间的条纹标识，接地干线跨越建筑物变形缝时，应设置“Ω”或“V”形弯进行补偿，变压器室、高压配电室、发电机房的接地干线上应设置不少于 2 个供临时接地用的接线柱或接地螺栓。

接地体（线）采用搭接焊时，其搭接长度必须符合下列规定：扁钢不应小于其宽度的 2 倍，且应至少三面施焊；圆钢不应小于其直径的 6 倍，且应两面施焊；圆钢与扁钢连接时，其长度不应小于圆钢直径的 6 倍，且应两面施焊；扁钢与钢管应紧贴 3/4 钢管表面上下两侧施焊，扁钢与角钢应紧贴角钢外侧两面施焊。

建筑物等电位联结的范围、形式、方法、部位及联结导体的材料和截面积应符合设计要求；需做等电位联结的外露可导电部分或外界可导电部分的连接应可靠，可以焊接，也可螺栓连接；当等电位联结导体在地下暗敷时，其导体间的连接不得采用螺栓压接。等电位联结线应有黄绿相间的色标，在总等电位联结端子板上刷黄色底漆并作黑色“接地”标记。

需做等电位联结的卫生间内金属部件或零件的外界可导电部分，应设置专用接线螺栓与等电位联结导体连接，并应设置标识；连接处螺母应紧固、防松零件应齐全。

2.14　系统调试

照明系统通电，灯具回路控制应与照明配电箱及回路的标识一致；开关与灯具控制顺序相对应，风扇的转向及调速开关应正常。公用建筑照明系统通电连续试运行时间为 24h，住宅照明系统通电连续试运行时间应为 8h。所有照明灯具均应同时开启，且每 2h 按回路记录运行状态 1 次，连续试运行时间内无故障。

电动机应试通电，并应检查转向和机械转动情况。空载试运行时间宜为 2h，机身和轴承的温升、电压和电流等应符合建筑设备或工艺装置的空载状态运行要求，并应记录电流、电压、温度、运行时间等有关数据；空载状态下可启动次数及间隔时间应符合产品技术文件的要求；无要求时，连续启动 2 次的时间间隔不应小于 5min，并应在电动机冷却至常温下进行再次启动。系统调试时，电气动力设备的运行电压、电流应正常，各种仪表指示应正常。电动执行机构的动作方向及指示应与工艺装置的设计要求保持一致。

三、电气工程施工技术最新进展（1～3 年）

3.1　基于 BIM 的管线综合技术

基于 BIM 技术的管线综合技术，可将建筑、结构、机电等专业模型整合，使管线布置更合理、更美观；同时为检修人员预留了足够的检修维护操作空间，保证了后期运维检修操作。根据各专业及净空要求将综合模型导入软件进行碰撞检查，根据碰撞报告结果对管线进行调整、避让，对设备和管线进行综合布置，在工程施工前发现问题，通过深化设计进行优化和解决问题。

同时，通过BIM技术的可视化、参数化、智能化特性，进行多专业碰撞检查、净高控制检查和精确预留预埋，或利用基于BIM技术的4D施工管理，对施工过程进行模拟，对各专业进行事先协调，减少因不同专业沟通不畅而产生的技术错误，大大减少返工，节约施工成本。

装配式建筑近几年内呈现蓬勃发展的态势，如何大力发展装配式建筑，推进新旧动能转换，实现建筑业产业化、信息化、工业化的跨越式发展，成为“互联网＋”背景下建筑业发展的大势所趋，BIM技术的出现为装配式建筑提供了更加牢固的理论和实践支撑。装配式建筑借助BIM强大的信息共享平台，提高了装配式建筑的设计、生产、施工水平，实现工程项目的标准化设计、工厂化生产、装配式施工、信息化管理，从而保证项目各阶段的效益最大化。

3.2 导线连接器应用技术

导线连接器应用技术是通过螺纹、弹簧片以及螺旋钢丝等机械方式，对导线施加稳定可靠的接触力，能确保导线连接所必需的电气连续、机械强度、保护措施、检测维护四项基本要求。按结构分为螺纹型连接器、无螺纹型连接器和扭接式连接器。

3.3 可弯曲金属导管安装技术

可弯曲金属导管，曾用名“可挠金属电线保护套管（俗称普利卡管）”“可挠金属电气导管（俗称可挠管）”，属于可弯曲类管材，是建筑电气应用中的节能、节材、环保、创新产品。

可弯曲金属导管生产原材料为双面热镀锌钢带和热固性粉末涂料。内壁绝缘防腐涂层采用静电喷涂技术紧密附着热镀锌钢带，生产工艺采用双扣螺旋的结构，管内壁光滑平整无毛刺，具备用手即可弯曲并定型的特点，完全摒弃传统建筑电气保护管材类的繁琐施工流程，提高工作效率，可节省工时40％～70％。同时，传统建筑电气保护管材类截面均为平面，可弯曲金属导管截面为异形截面，其单米耗钢量为传统建筑电气保护管材类的1/3，具备重要的节能推广价值。

3.4 装配式成品支（吊）架技术

装配式成品支（吊）架由管道连接的管夹构件与建筑结构连接的生根构件构成，将这两种结构件连接起来的承载构件、减振构件、绝热构件以及辅助安装件，构成了装配式支（吊）架系统。

该技术满足不同规格的风管、桥架、工艺管道的应用，特别是在错层复杂的管路定位和狭小管井、吊顶施工，更可发挥灵活组合技术的优越性。近年来，在机场、大型工业厂房等领域已开始应用复合式支（吊）架技术，可以相对有效地化解管线集中安装与空间紧张的矛盾。复合式管线支（吊）架系统具有吊杆不重复、与结构连接点少、空间节约，后期管线维护、扩容方便等特点。

3.5　机电管线及设备工厂化预制技术

工厂模块化预制技术是将建筑给水排水、供暖、电气、智能化、通风与空调工程等领域的建筑机电产品按照模块化、集成化的思想，从设计、生产到安装和调试深度结合集成，通过模块化及集成技术对机电产品进行规模化的预加工，工厂化流水线制作生产，实现建筑机电安装标准化、产品模块化及集成化。不仅能提高生产效率和质量水平，降低建筑机电工程建造成本，还能减少现场施工工程量、缩短工期、减少污染、实现建筑机电安装全过程绿色施工。

由于工程现场的运输条件限制，对工程化预制单元有严格的限制，模块化预制单元的分割至关重要，预制单元之间的连接方式、位置精准度是工厂化预制技术控制的关键。

3.6　超高层垂直高压电缆敷设技术

在超高层供电系统中，有时采用一种特殊结构的高压垂吊式电缆，这种电缆不管有多长多重，都能靠自身支撑自重，解决了普通电缆在长距离的垂直敷设中容易被自身重量拉伤的问题。由上水平敷设段、垂直敷设段、下水平敷设段组成，吊装圆盘为整个吊装电缆的核心部件，由吊环、吊具本体、连接螺栓和钢板卡具组成，其作用是在电缆敷设时承担吊具的功能并在电缆敷设到位后承载垂直段电缆的全部重量，电缆承重钢丝绳与吊具连接采用锌铜合金浇铸工艺。

3.7　钢缆-电缆随行技术

钢缆-电缆随行技术利用卷扬机进行提升作业、滑轮组进行电缆转向，卷扬机设置在电缆井道上方，电缆和卷扬钢缆由专用电缆夹具固定，电缆和钢缆同步提升，垂直段电缆升顶后开始拆卸第一个夹具，电缆提升到位后，由上而下逐个拆卸夹具，并及时将垂直段电缆固定在电缆梯架上。

提升速度控制在不宜超过 15m/min，电缆夹具设置间距按电缆重量和单个夹具的承重力进行计算后设置，卷扬机端设置智能重量显示限制器，实时监测吊运的承载力。

3.8　矿物绝缘电缆施工技术

矿物绝缘电缆是用普通退火铜作为导体、密实氧化镁作为绝缘材料、普通退火铜或铜合金材料作为护套的电缆，按结构可以分为刚性和柔性两种。刚性矿物电缆，顾名思义，其工艺要求高，无法较长生产，施工复杂严谨，抗撞击能力强，防火性能高；柔性矿物电缆可连续生产，不同的金属护套结构又拥有不同的弯曲性能，柔韧性较强，防火性能高。

矿物绝缘电缆具有耐高温、防火、防爆、不燃烧且载流量大、外径小、机械强度高、使用寿命长，一般不需要独立接地导线的特点（除在 TN-S 系统中，需单独设置地线）。应用当中主要根据建筑防火等级和重要程度选择相匹配产品，广泛应用于高层建筑、石油化工、机场、隧道、购物中心、停车场等场合。

3.9　铝合金电缆施工技术

铝合金电缆是在电缆导体铝基体中增加铜、铁、镁等元素，使传导率指标提升，机械性能大幅提高，同时保持重量轻的优势。不含卤族元素的铝合金电缆，即使在燃烧的情况下，产生的烟雾比较少并且具有阻燃特性，有利于灭火和人员逃生。国内铝合金电缆在市政民用领域，钢铁石化、商业娱乐、高速公路领域都有使用，在电力系统需求侧取代低压电力铜缆，为住宅、办公楼、工业厂房以及公共设施提供了最佳的电力供应方案。

3.10 铜包铝电缆施工技术

铜包铝电缆的导体，是将铜层均匀而同心地包覆在铝芯线上，并使两者界面上的铜和铝原子实现冶金结合而产生的铜包铝材料。因导体表面为铜层，具有与纯铜导体相同而比铝和铝合金导体更优异的导体连接性能。在直流电阻相等的情况下，铜包铝电缆的安全载流量比铜芯电缆大，温升值比铜芯电缆低，两种电缆的电压损失相当，同时，铜包铝电缆采购成本低，具有突出的经济优势。

铜包铝电缆适用于交流电压 0.6/1kV 及以下固定敷设供配电线路，在国外已较广泛和安全地使用超过 30 年，在国内民用建筑中推广应用，对于我国“用铝节钢”，节省资源有很好的促进作用。

3.11 铜包钢接地极施工技术

铜包钢接地极选用柔软度较好，含碳量在 0.10%～0.30%的优质低碳钢，采用特殊的工艺将具有高效导电性能的电解铜均匀地覆盖到圆钢表面，厚度在 0.25～0.5mm，该工艺可以有效减缓接地棒在地下氧化的速度，螺纹是采用特殊工艺将轧辊螺纹槽加工成螺纹，保持了钢和铜之间连接没有缝隙，十分紧密，确保高强度，具备优良的电气接地性能。

铜包钢接地极适用于不同土壤湿度、温度、pH 值及电阻率变化条件下的接地建造，其使用专用连接管或采用热熔焊接，接头牢固、稳定性好，配件齐全、安装便捷，可有效提高施工速度，特殊的连接传动方式可深入地下 35m，以满足特殊场合低阻值要求。

3.12 耐火封闭母线施工技术

耐火封闭母线在环境温度 700～1000℃的条件下，可维持 1.5h 的输电运行，其载流量最大可达到 5000A。耐火封闭母线安装时附件较少，同时能防止小动物的破坏，安装后便于以后的运行维护。

每安装一段母线就要遥测一次电阻值，绝缘电阻应大于或等于 20MΩ。当整条耐火封闭母线安装完毕后，要进行通条遥测绝缘电阻，当安装封闭母线长度超过 80m 时，每 50～60m 宜设置伸缩节，母线伸缩节是有轴向变化量的母线干线单元，安装在适当的位置，用来吸收由于热胀冷缩等产生的轴向变化量。

3.13 浇注母线槽施工技术

浇注母线槽是采用高性能的绝缘树脂和多种无机矿物质，将母排直接浇注密封而成。其合理的“三明治”相线紧密叠压结构设计，使母线槽外形更加紧凑、体积更小，增强了母线系统的动热稳定性；高性能的绝缘树脂为自熄性绝缘材料，耐火性为 A 级，防火等级为 F120，可在 950～1000℃的火焰中工作 90min 以上，同时绝缘树脂具有优良的气密性和水密性，防护等级达 IP68；浇注母线槽能承受 6J 的机械冲击，具有良好的防爆性能，同时环氧树脂浇注料具有优良的防腐性能，能有效抵抗各种化学品的侵蚀。

浇注母线槽能适用于各种恶劣与高洁净环境，被广泛应用于电厂、变电站、石油化工、钢铁冶金、机械电子和大型建筑等各种场所。

3.14　电气支吊架的哈芬槽预埋技术

哈芬槽是一种建筑用的预埋装置，由 C 形槽钢、T 形螺栓和填充物组成。施工时将 C 形槽钢预埋在混凝土中，填充泡沫或条形填充材料以防止混凝土或杂物进入槽内，待浇筑完成后取出填充物，再将 T 形螺栓的 T 形端扣进 C 形槽，使用相匹配的螺母、垫圈将要安装的构件进行固定。哈芬槽由于其体积小、重量轻、承载能力高、调节方便、安装省时等特点，可以作为电气支吊架固定点使用。

3.15　电缆敷设机械化施工技术

电缆敷设机械化施工技术是根据电缆输送机的自身特点，采用一台牵引机牵引、若干输送机传输的方法，应用速度同步控制技术，实现电缆敷设。电缆敷设时，根据电缆敷长度及施工环境布置若干台敷设机，输送机大约 50m 设置一台，转弯处适当增加敷设机数量，敷设机固定牢固，输送机电源与分控箱连接牢固，并接好接地线，电缆端部使用电缆牵引套防止牵引时损坏电缆，再通过牵引机进行牵引。每台输送机的功率、转速相同，牵引机与输送机转速也相同，牵引机和输送机全部通过总控箱与分控箱进行连接、多台设备达到启、停同步，正、反转一致；当解除同步时还可以达到随意一台输送机单独运行。输送机之间用电缆敷设专用导向尼龙滑轮来减少电缆与桥架间的摩擦，减小输送机负荷，保证电缆外绝缘完好，输送尼龙滑轮平均 4～7m 一个，转弯处增设支撑输送滑轨将滑轮进行固定，并保持滑轮与输送机在同一直线上。

3.16　抗震支吊架

抗震支吊架由锚固体、加固吊杆、斜撑、抗震连接构建共同组成，是基于原支吊架系统的基础上形成的一种新技术。原有一般意义的支吊架系统主要是以重力作为主要的荷载支撑系统，而抗震支吊架则是以地震作为主要荷载的一种支撑结构体系，这两种支撑系统的设置并不是单纯意义上的重复，而是一个相辅相成的过程。抗震支吊架系统在地震发生时可以为各个机电系统提供有效的保护，也为建筑结构电气系统的正常运行提供保障。

3.17　静态转换开关（STS）

STS 静态转换开关是一种电子电路式结构的开关，通过智能控制板、高速可控硅和断路器等组件实现电源之间的快速切换。当主电源发生故障，STS 能在极短的时间内（通常小于 8ms、最快可达 3ms）将负载自动切换到备用电源，确保供电的连续性，它采用先断后合的切换方式，确保主备电源之间不会产生冲击电流，保护负载设备的安全。当主电源恢复正常后，负载又会自动切换回主电源。当 STS 感应的负载电流超过预先设定的过流值时，会进入过流抑制模式，避免对设备造成损害。STS 能够实时监控 SCR（可控硅）的状态，并在发生短路、开路等故障时自动告警，确保系统的安全运行。

STS静态转换开关是一种高性能、高可靠性的电源切换系统，能够确保在电源切换过程中负载的供电保持不间断，广泛应用于医院、宾馆、商场、高速公路、隧道、地铁、轻轨、民用机场等对供电中断敏感的用电环境中。

3.18 电缆模块式密封技术

电缆模块式密封是一种新兴的电缆穿隔或穿底板密封形式，由电缆密封框架、电缆密封模块、隔层板、压紧装置四部分构成，辅以润滑脂和安装工具等。电缆模块式密封技术具有防水防潮防尘效果好、阻燃抗爆性能优良、安装简单快捷、可反复拆卸、可预留未来扩容空间、后续维修改动成本低、外形美观等优点，是代替防火包、防火堵料等传统封堵方式的新材料、新技术。

3.19 电缆集成T接技术

电缆集成T接技术是近几年兴起的一种电缆集成分支连接技术，具有优良的阻燃、耐火、防水性能。

电缆集成T接端子安装机动灵活，可在任意位置分支连接。主干电缆无需截断，分支电缆软硬均可。主干电缆和分支电缆集中在集成T接端子体上集成一体连接，电缆线芯不外露，电缆完整，保证电缆的正常使用寿命。

电缆集成T接端子应用领域广泛。在工业和民用建筑领域，可用于高层建筑低压配电系统阻燃电缆、耐火电缆和矿物绝缘耐火电缆分支连接，在铁路隧道、公路隧道、地铁、管廊领域，可用于照明配电系统低压阻燃电缆、耐火电缆和矿物绝缘耐火电缆分支连接，在路灯、景观亮化领域，可用于直埋、电缆井、电缆沟、水中敷设低压电缆分支连接。

大量工程应用案例证明，此种技术具有线路安全、连接可靠、施工简单、维护方便、省时省力、可重复使用、布线美观、占用建筑空间小等特点，能有效解决、补充和完善预分支、穿刺线夹、T接端子、T接箱、隧道接线盒、干包接头和灌胶防水盒的缺点和不足。

四、电气工程施工技术前沿研究

4.1 新能源发展

4.1.1 光伏发电

光伏发电是根据光生伏特效应原理，利用太阳能电池将太阳光能直接转化为电能。光伏发电系统主要由太阳能电池板（组件）、控制器和逆变器三大部分组成，光伏发电设备极为精炼，可靠稳定寿命长、安装维护简便。

4.1.2 风力发电

风力发电机的运行方式包括独立运行方式，风力发电与其他发电形式结合，或是在一处风力较强的地点，安装数十个风力发电机，其发电并入常规电网使用。目前的发展趋势表明，我国的风力发电机制造由小功率向大功率发展。不再实行独门独户的风力发电形式，而是采取联网供电，由村庄集体供电等形式。从长远角度看，风力发电技术的应用范围进一步扩大，不仅单纯用于家庭，更扩大到众多公共设施及政府部门。

4.1.3　风光互补发电

风光互补发电系统通过风能和太阳能这两种资源的互补实现持续发电，是一种性价比较高的新能源发电系统。该系统主要由风力发电机组、太阳能光伏电池组、控制器、蓄电池、逆变器、交流直流负载等部分组成。根据风力和太阳辐射变化情况，该系统可以在三种模式下运行：风力发电机组单独向负载供电、光伏发电系统单独向负载供电、风力发电机组和光伏发电系统联合向负载供电。风光互补发电通过合理的设计与匹配，可以设计较低的光电阵列容量和蓄电池容量同时在不配备其他电源的情况下可以基本上保障用户电力供应，使整个系统的成本下降，获得较好的社会效益和经济效益。

4.1.4　碲化镉发电玻璃

发电玻璃是一种能够将太阳光转化为电能的新型建筑材料，它可以用于阳光房、幕墙、门窗、大棚、发电站、屋顶、厂房等部位使用，并实现建筑物的自给自足或并网发电。碲化镉发电玻璃以其卓越的光电转换效率，成为建筑光伏一体化（BIPV）领域的明星产品。这种发电玻璃利用碲化镉薄膜作为光电转换层，能够将太阳光高效地转化为电能。相较于传统的硅基太阳能电池，碲化镉发电玻璃在弱光环境下也能保持较高的发电效率，为建筑提供更加稳定的能源供应。在建筑中广泛应用碲化镉发电玻璃，不仅可以满足建筑自身的用电需求，还能将多余的电能并入电网，实现能源的互补利用。这种高效的能源利用方式，有助于降低建筑的能耗和碳排放，推动绿色建筑的发展。

4.1.5　太阳能光热发电

太阳能光热发电是一种将太阳能热能转换为电能的技术，采用大规模阵列抛物或碟形镜面收集太阳能，利用太阳能加热熔盐或油等介质，吸收太阳光中的热能，然后通过换热装置将加热后的高温熔盐或油与水进行热交换，产生高温蒸汽，结合传统汽轮发电机的工艺，从而达到发电的目的。太阳能光热发电技术有三个优势，一是不需采用昂贵的硅晶光电转换工艺，可以大大降低太阳能发电的成本，二是太阳能所加热后的蒸汽可以储存在巨大的容器中，夜间可以持续发电，三是电力输出平稳，可做基础电力、可做调峰。

太阳能光热发电形式有槽式、塔式、碟式（盘式）三种系统。

4.2　变频器发展

据统计，风机、泵类负载采用变频调速后，节电率为20%～60%，同时，变频器的软启动功能将使启动电流从零开始变化，最大值也不超过额定电流，减轻了对电网的冲击和对供电容量的要求，延长了设备和阀门的使用寿命，同时也节省设备的维护费用，目前，应用较成功的有恒压供水、各类风机、中央空调和液压泵的变频调速。

随着工业自动化程度的不断提高，IT技术的迅速普及，未来在网络智能化，专门化和一体化、节能环保无公害及适应新能源等方面，变频器相关技术将得到迅速发展和广泛的应用。

4.3　电气火灾监控系统发展

电气火灾监控系统是指当被保护线路中的被探测参数超过报警设定值时，能发出报警信号、控制信号并能指示报警部位的系统，基本组成包括电气火灾监控设备，剩余电流式电气火灾监控探测器以及测温式电气火灾监控探测器三个最基本产品种类。电气火灾监控系统属于消防产品，已经强制3C认证，属于先期预报警系统。

4.4 LED新型光源的应用

LED光源具有节能、环保、寿命长等优点。其超低功耗（单管0.03～0.06W）电光功率转换接近100％，相同照明效果比传统光源节能80％以上，且光谱中没有紫外线和红外线，既没有热量，也没有辐射，眩光小，废弃物可回收，属于典型的绿色照明光源。LED光源为固体冷光源，环氧树脂封装，使用寿命可达6万～10万小时，比传统光源寿命长10倍以上。LED光源是低压微电子产品，成功融合了计算机技术、网络通信技术、图像处理技术、嵌入式控制技术等，具有在线编程、无限升级、灵活多变的特点，可形成不同光色的组合变化多端，实现丰富多彩的动态变化效果及各种图像。

4.5 智能照明系统的节能应用

建筑照明应充分利用自然光，大开间的场所，照明灯具应顺着窗户平行敷设且分区控制，并根据情况，适当增加控制开关。建筑物公共场所的照明宜采取集中遥控的管理方式，并配备自动调光装置。照明系统可采用定时、调光、光电控制和声光控制开关，以进一步节能，还须在应急状态下可强行点亮。

4.6 光导照明系统的应用

光导照明即利用室外自然光为室内提供照明，又称自然光照明。光导照明系统通过采光装置聚集室外的自然光线并导入系统内部，再经过特殊制作的导光装置强化与高效传输后，由系统底部的漫射装置把自然光线均匀导入室内任何需要光线的地方。系统主要由采光罩、光导管和漫射器三部分组成。

4.7 机电集成单元的应用

机电集成单元是一个机电专业齐全并集中布置的机电设备单元，容纳了通风空调送回风风道、消防水管线、消火栓、灭火器等设施，同时还包括强、弱电竖井、配电盘、智能建筑模块箱等电气设施。

4.8 特高压直流输电系统

特高压电网是指1000kV及以上交流电网或±800kV及以上直流电网，它的最大特点是可以长距离、大容量、低损耗输送电力。特高压直流输电系统能大大提升我国电网的输送能力，在我国的应用前景广阔。

4.9 “光、储、柔”建筑新型供配电系统

“光”指的是在建筑场地内设置的分布式光伏发电装置，“储”在供配电系统中主要是储能电池，“柔”则是具有可调节、可中断特性的智能建筑用电设备，包括智能空调、智能照明、智能充电桩等智能化设备。“光、储、柔”建筑新型供配电系统与建筑传统供配

电系统相比具有显著的差别，一方面是源、储、荷的布局从分离到融合；另一方面终端建筑的用电需求也将从原来的刚性需求（用户用多少、电网供多少）转变为柔性需求（可中断、可调节）。

4.10　永磁调速技术

永磁调速技术是一种利用磁力来实现无机械接触扭矩传递的技术，按结构可分为盘式、筒式和双筒式；按用途可分为永磁耦合器、永磁调速器、限矩型永磁耦合器等，具有调速节能、减小振动、轻载启停等功能，用于电力、石化、钢铁、水泥、造纸、水务等行业的风机、水泵、压缩机、输送带等设备，结构简单，环境适应能力强，可靠性高，维护成本低，应用前景广阔。

4.11　电气自动化技术

电气自动化技术是利用电气控制装置、传感器、执行器以及计算机和通信技术等手段，对各种设备和系统进行监测、控制和优化的一种技术。它涵盖了电力系统、工业自动化、建筑自动化、交通运输等多个领域，是现代工业生产和社会发展中不可或缺的重要组成部分。在电气工程中的应用包括电网调度自动化系统和变电站自动化技术，它们通过计算机和网络技术实现对电力系统的实时监控和智能控制，提高电力系统的运行效率和可靠性。

4.12　智能电网

智能电网也被称为“电网 2.0”，是建立在集成的、高速双向通信网络的基础上，通过先进的传感和测量技术、设备技术、控制方法以及决策支持系统技术的应用。它是一种基于信息和通信技术的电力系统，通过集成先进的传感器、计算机和通信技术，实现对电力系统的动态监测、控制和优化。智能电网可以提高电力系统的可靠性、安全性和效率，支持可再生能源的大规模接入和供应侧管理。它是现代电力系统的重要发展方向，实现了电网的智能化、高效化、环境友好和使用安全的目标，对于推动能源转型、促进可持续发展具有重要意义。

五、电气工程施工技术指标记录

（1）超高层电缆垂直敷设最大长度，单根最大重量：超高层电缆垂直敷设最大长度824m，单根最大重量 14t（为上海中心大厦数据）。

（2）最大电缆截面敷设技术指标：低压电缆单芯 400mm^2。

（3）耐火母线最长耐火时间、最高耐火温度技术指标：耐火时间≥180min，耐火温度≥1100℃，在环境温度 700～1000℃的条件下，可维持 1.5h 的输电运行，其载流量最大可达到 5000A。

（4）密集母线最大额定电流、最高额定工作电压：最大额定电流 6300A，最高额定工作电压：690V AC。

（5）可弯曲金属导管主要性能：

1）电气性能：导管两点间过渡电阻小于0.05Ω标准值。

2）抗压性能：1250N压力下扁平率小于25%。

3）拉伸性能：1000N拉伸荷重下，重叠处不开口（或保护层无破损）。

4）耐腐蚀性：浸没在1.186kg/L的硫酸铜溶液，不出现铜析出物，经检测可达分类代码4内外均高标准要求。

（6）钢缆-电缆最大提升速度：最大提升速度6m/min。

（7）电缆集成T接端子主要性能：

1）阻燃性能：对电缆集成T接端子进行垂直燃烧试验，供火30s，移除火源，电缆集成T接端子的火焰自熄时间小于5s，无熔滴物滴落。

2）耐火性能：受火（750℃）90min、冷却15min后，电缆集成T接端子保持完整，继续保持供电。

3）防水性能：电缆集成T接端子的防水等级有IP65级和IP68级两种，IP65级适合非沉没水场景应用，IP68级适合沉没水场景应用。

六、电气工程施工技术典型工程案例

6.1 国家速滑馆

国家速滑馆又称“冰丝带”，其最为引人注目的莫过于顶部那22条如梦似幻的“冰丝带”。这些优雅流畅的线条，实际上是由超过12000块精心设计的发电玻璃拼接而成，共同构成了一面独特的曲面玻璃幕墙。采用最新的工艺技术，这些发电玻璃不仅赋予了建筑独特的美学魅力，宛如冰雪融化后留下的飘逸痕迹，更在美观之余实现了发电、产能的双重功能。这一创新设计不仅彰显了科技与艺术的完美结合，也为绿色能源的利用和可持续发展树立了新的典范（图17-1）。

图17-1 国家速滑馆夜景图

照明设计分别根据建筑在双曲方向上的旋转角度，考虑灯光呈现的方向所形成的视角变化及亮度的关系，同时也需要考虑“冰丝带”亮度和背景亮度之间的合理对比。22根玻璃圆管在速滑馆立面上盘旋，形成总计 2.75 万 m 长的冰之光带。1088 套 LED 线形灯沿玻璃圆管两侧通布，每根灯具采用 RGBW 的全彩 LED 芯片，助力服务于冬奥与春节期间丰富的展演展示需求，以及科技奥运、人文奥运的深层次的内涵表达。

灯光照明安装在两片玻璃胶合处 1mm 的交缝上，每 1m 将密集安装 90 多个小灯泡，通过彩釉膜的导光效果，把光导进玻璃，使整个“冰丝带”成为一个发光的玻璃体。这种创新型“冰丝带”状曲面玻璃幕墙，其设计灵感来自冰雪运动与速度的结合，盘旋的“冰丝带”象征着滑冰运动员高速滑进时冰刀留下的轨迹。

国家速滑馆屋面外缘设有建筑一体化的太阳能光伏电力系统。蓝色的单元电池板自屋顶外边缘向内侧渐变排列，如同正在融化的雪，展现冬季运动的特色。

6.2　长沙市污水处理厂污泥与生活垃圾清洁焚烧协同处置二期工程

长沙市污水处理厂污泥与生活垃圾清洁焚烧协同处置二期工程，为国内已建成的最大市政污泥和生活垃圾协同处置发电厂，承担着长沙市六区一县生活垃圾和市政污泥全量处置任务，设计日处理生活垃圾 2800t、市政污泥 500t。

本项目对安全稳定运行要求非常高，因此在配电柜底部和电缆沟穿越防火墙等重要部位，采用了防火、防水、防潮、防灰尘、防其他有害物质侵入的电缆模块式密封技术，由电缆密封框架、电缆密封模块、隔层板、压紧装置四部分构成，辅以润滑脂和安装工具。

密封框架固定密封模块由镀锌钢或不锈钢或铝等材料制成，通过螺栓、焊接等方式与墙体、机柜连接，根据应用环境不同，有不同形状可供选择，同时框架形状可根据具体情况在高度和长度上进行不同的排列组合。电缆密封模块采用环保氯丁橡胶压制而成，模块由两个半块及可撕掉瓦状多层实心棒拼合而成，施工时只需撕掉瓦状层，便可完美适配任何外径的电缆。隔层板是长方形的金属板，用于排列固定电缆密封模块，并传导来自压紧装置的压力。压紧装置也是环保氯丁橡胶制成的模块，置于框架内模块的上部或模块的周围，通过拧紧螺栓均匀施加、传导压力至整个模块，以使整个密封系统更加密闭。润滑脂用于增加模块之间及模块与隔层板、框架内壁的附着度，以增加密封效果（图 17-2、图 17-3）。

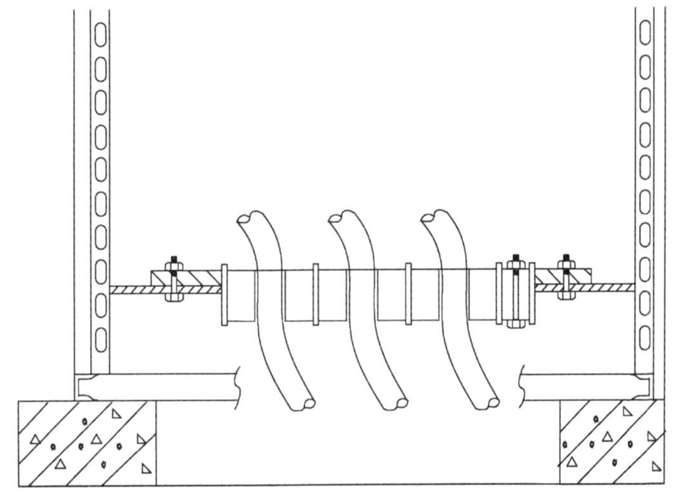

图 17-2　电缆模块式密封技术做法示意图

图 17-3　电缆模块式密封技术安装实例

第十八篇　暖通工程施工技术

中国建筑第四工程局有限公司　　黄晨光　何　伟　芮剑彬　周国平　谭　燕
中铁电气化局集团北京建筑工程有限公司　　刘新乐　张泽宁　杨宝令　刘建魁　孟佳文

摘要

暖通空调系统作为建筑的一个重要组成部分，承担着营造适宜的生产、生活建筑环境的重任。本文以典型工程案例为依托，从传统暖通空调施工技术出发，介绍互联网+BIM技术、空调系统调试技术、减振降噪技术、试压清洗技术等暖通空调施工技术的最新进展。围绕空调系统研发，蓄冷/蓄热系统的运用，新能源的利用，新材料、新标准、新设备的应用等多方面对暖通工程施工技术未来的发展作出展望。

Abstract

As an essential part of the building, the HVAC system plays a massive role in creating a good environment for production and living. Based on typical engineering cases, starting from traditional HVAC construction technology, this article introduces the latest progress in HVAC construction technology such as Internet + BIM Technology, air-conditioning commissioning technology, vibration reduction and noise reduction technology, pipe pressure test and cleaning technology and other HVAC construction technology. Focusing on the R&D of air-conditioning systems, application of cold/heat storage system, Utilization of new energy, the application of new materials, new standards, and new equipment, the future development of HVAC engineering construction technology is highly expected.

一、暖通工程施工技术概述

暖通工程作为基本建设领域中一个不可缺少的组成部分，对节约能源、保护环境、保障工作条件、提高生活质量，有着十分重要的作用。而对于暖通工程施工技术来说，其风管安装、水管安装、设备安装及系统调试几大部分的节能和环保方面也在近几年得到长足进步，并朝智能化、信息化方向快速发展。

展望21世纪空调技术的发展，“节约能源、保护环境和获取趋于自然条件舒适健康环境”必将是暖通技术发展的总目标。“双碳”目标倡导绿色、环保、低碳的生活方式。加快降低碳排放步伐，有利于引导绿色技术创新，提高产业和经济的全球竞争力。随着现代制造加工设备的日益精细化，新材料、新工艺不断产生，暖通工程领域的技术也在不断发展。未来的暖通工程技术将趋于节能化、静音化、智能化发展，其环保性、安全性和舒适性也将作为重要的技术指标。

本篇将从可以降低能耗的新技术应用与现场可优化的施工工艺等方面着手，重点介绍现阶段的施工技术、新技术的发展现状，以及对前沿技术的展望和典型工程案例的分享。

二、暖通工程施工主要技术介绍

2.1 系统组成简介

2.1.1 供暖系统的组成

供暖系统由热源（供热站或换热站）、管道系统和末端散热设备组成。

2.1.2 通风系统的组成

通风系统由空调处理设备、风机、风管、风管配件、风管部件、末端设备等组成。

2.1.3 空调系统的组成

空调系统由空调水系统和空调风系统组成。其中空调水系统通常由制冷（热）设备、水处理设备、输送管、末端及阀门等组成，空调风系统通常由空调箱、风管、风阀、风口等组成。

2.2 常用材料设备

2.2.1 管道系统常用材料

供暖管道普遍使用的管材有金属管、复合管、PE-X、PPR、PE-RT、PB等；空调水系统管道常用管材主要有无缝钢管和焊接钢管等。

2.2.2 风系统常用材料

常用材料一般有金属材料、非金属材料、复合材料和其他材料。金属类通风管道材料包括普通薄钢板、镀锌钢板、铝合金板、不锈钢板、复合钢板；非金属类通风管道材料包括硬聚氯乙烯板、玻璃钢；复合材料风管包括钢面镁质复合板材、双面彩钢复合板材、酚醛板、玻纤板、聚氨酯复合板材；其他材料有砖、混凝土、矿渣石膏板、木丝板等。

2.2.3　供热站、换热站设备

供热站、换热站内的供热系统主要由换热器、水泵、水处理设备、分集水器、水箱以及各种阀组组成。

2.2.4　供暖系统热源设备

热源主要由锅炉、热泵、太阳能等提供，热水循环的动力由水泵提供，水处理设备的主要作用是去除水中的钙镁离子及各种其他杂质，提升供热经济效率、保持热水的良好性能状态。供热式发电厂（亦称热电厂）也可作为热源，既供应电能，又供应热能（蒸汽或热水），称为热电联产。在地热供暖系统中，地球表面浅层地热资源作为热源，通过地源热泵技术把地能中的热量“取”出来，提高温度后，给室内供暖。太阳能供暖是指通过集热器，利用太阳能加热储存热水后输送到发热末端。

2.2.5　末端散热设备

一般有散热器、暖风机、风机盘管、辐射板等，使用较为普遍的主要是散热器和风机盘管。

2.2.6　空调水系统设备

主要有制冷（热）主机、热泵机组、冷却循环泵、冷却塔、冷冻循环泵、软化水设备、净化装置、过滤装置、蓄热蓄冷装置、集分水器等。

2.2.7　空调风系统设备

一般有组合式空调机组、新风处理机组、空气净化器、变风量末端装置等，民用建筑通风系统中多数采用轴流风机、混流风机、离心机、柜式离心机、射流风机、诱导风机等。

2.3　施工工艺

2.3.1　水系统施工工艺

(1) 热水供暖系统安装

热水供暖系统是供暖工程中较为常用的供暖方式。水暖系统安装应做好前期好预埋预留工作，并在施工过程中把控好管道连接、管道保温及设备安装质量。

供热站、换热站设备安装流程如下：

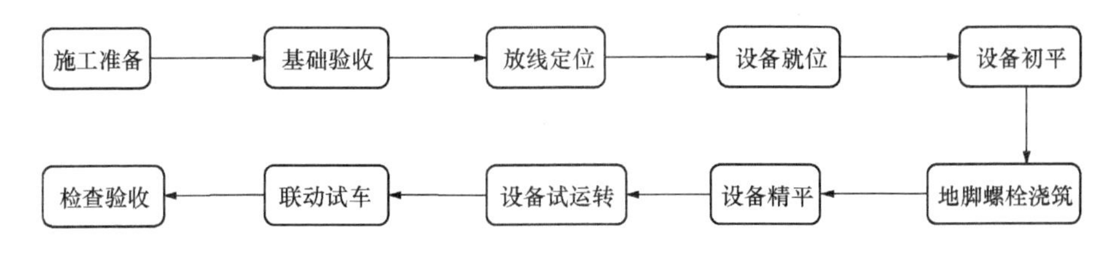

管道系统安装流程如下：

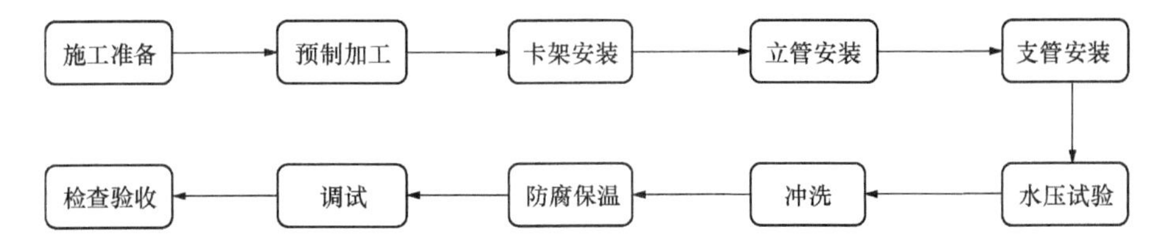

(2) 空调水系统安装

空调水系统安装作为暖通工程施工中较为重要的安装工序，采用合理的安装技术强化安装效果，不仅能够维护水系统稳定运行，还能增强暖通空调的使用性能，减少暖通空调的耗能量以及空调维修成本。

空调水系统安装流程如下：

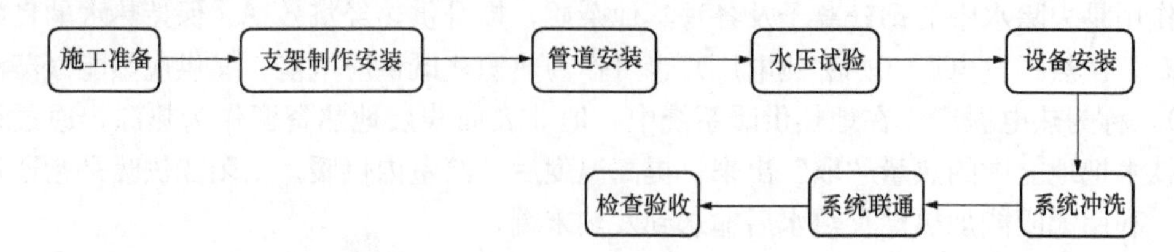

装配式制冷机房系统安装流程如下：

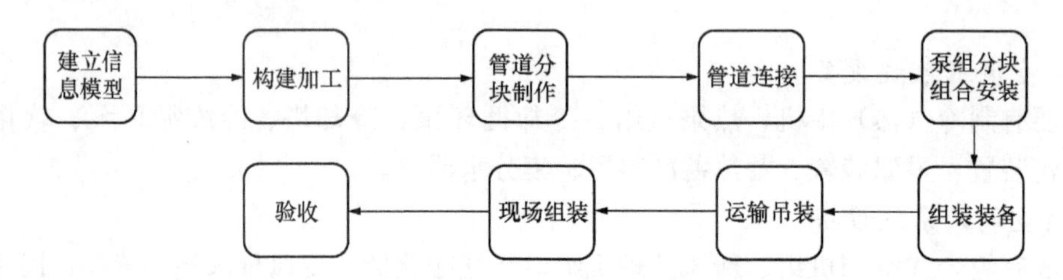

2.3.2 风系统施工工艺

空调风系统施工主要包括设备安装及风管制作安装。首先要确定设备的参数和功能是否符合设计要求。其次要根据选型核实设备的具体尺寸并确认安装空间。不同形式的风管制作及安装工艺流程如下：

(1) 装配式风管工厂预制工艺流程

装配式风管是指工厂标准化预制、现场模块化装配组合而成的风管。简单说就是“拼积木”，是一种工业化的生产方式。装配式风管采用标准化设计、工厂化生产、装配化施工，把传统风管制作方式中大量的现场作业转移到工厂进行，大幅降低了现场施工对风管制作工人的要求，以工业化方式实现风管制作安装标准化，实现风管安装质量、精度可控，确保风管密封可靠，大幅提高施工装配效率。

共板法兰风管工厂化预制工艺流程：

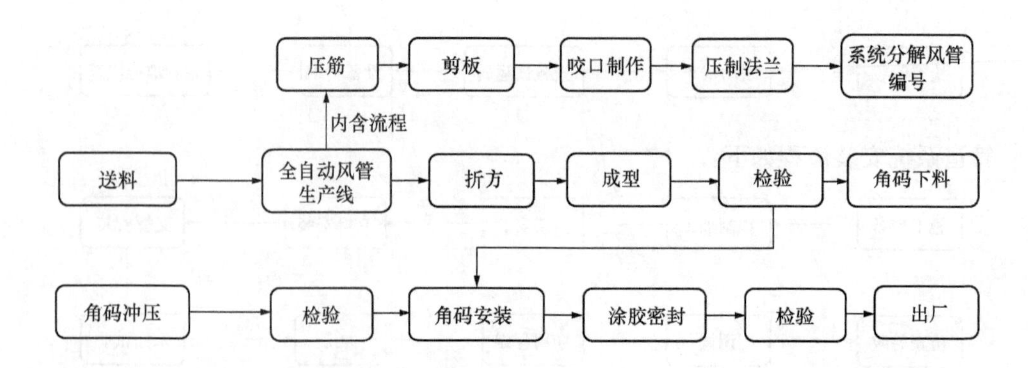

角钢法兰风管工厂化预制工艺流程：

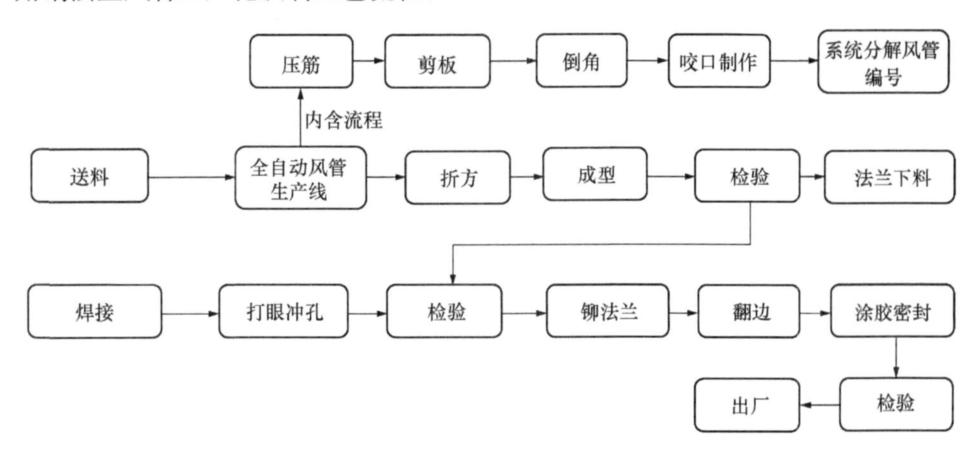

插接式风管工厂化预制工艺流程：

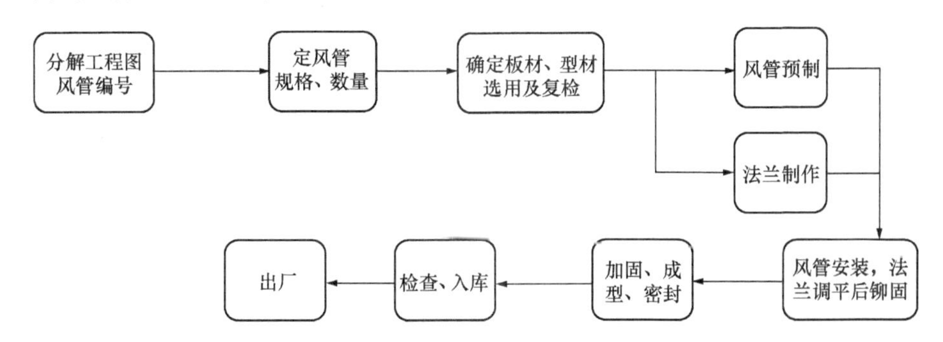

（2）风管系统安装工艺流程

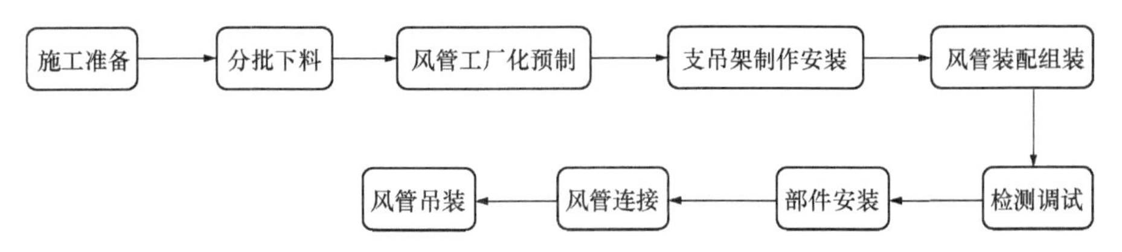

（3）风系统设备安装工艺流程

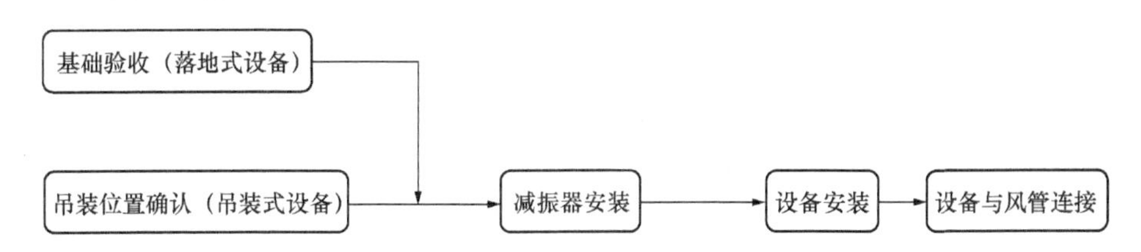

2.3.3 电供暖施工工艺

电供暖是一种将电能转化成热能直接放热或通过热媒介质在供暖管道中循环来满足需求的供暖方式。相比于其他能源，电能无噪声、无废气，是环保、清洁的能源。电供暖在热负荷计算、供电线路设计、施工要求，以及在材料设备选用等方面需要施工技术人员重视。由于聚苯板在高温下会产生一种化学物质，对热缆的外护套有侵蚀，影响发热电缆使用寿命，因此施工层位中热缆层不能直接接触保温层。地板辐射电供暖施工工艺流程如下：

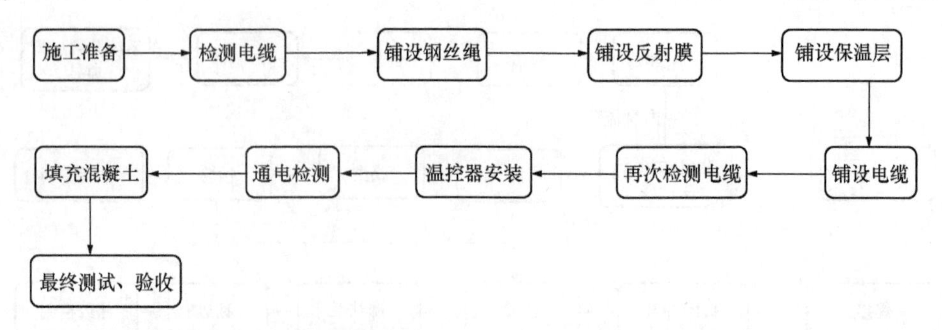

2.3.4 供暖更新改造工程施工工艺

《“十四五”全国城市基础设施建设规划》要求：“持续提升供水安全保障能力、提高城镇管道燃气普及率、集中清洁供暖（供热）能力和服务面积”，鼓励城市内热网联通、热源相互支持，保障供热安全，降低供热管网热损失率和单位建筑面积集中供热能耗，提升清洁供暖率。对使用年限较长的老旧供热管道、设备进行更新改造将逐步增多，其施工工艺则尤为重要。

煤粉锅炉燃气改造是将传统的燃煤锅炉改造成燃气锅炉的过程，其目的通常是为了提高锅炉的环保性能、降低排放、减少能源消耗，并且适应清洁能源发展的趋势。这种改造通常需要进行以下几个方面的技术转变和调整：

燃料供应系统改造：将原本用于供给煤粉的供给系统改造成适用于燃气的供给系统。这包括更换燃料输送管道、燃气调压装置、燃气喷嘴等设备。

燃烧系统改造：将原本适用于燃煤的燃烧系统改造成适用于燃气的燃烧系统。这包括更换燃烧器、调整燃烧参数、优化燃气与空气的混合比例等。

控制系统改造：改造控制系统，使其能够对燃气供给、燃烧过程、温度控制等进行准确控制和调节。

烟气处理系统改造：燃气锅炉产生的烟气可能含有一定的污染物，需要进行处理以满足环保要求。这包括安装烟气脱硫、脱硝、除尘等设备。

安全设施改造：根据燃气锅炉的特点，改造相应的安全设施，确保燃气锅炉的安全运行。

煤粉锅炉燃气改造可以有效地降低锅炉的排放量，提高能源利用效率，减少对环境的污染，是推动清洁能源利用和环境保护的重要举措之一。在进行改造过程中，需要充分考虑技术可行性、经济性以及安全性等因素，并且遵守相关的法律法规和标准。

煤改燃气工艺流程：

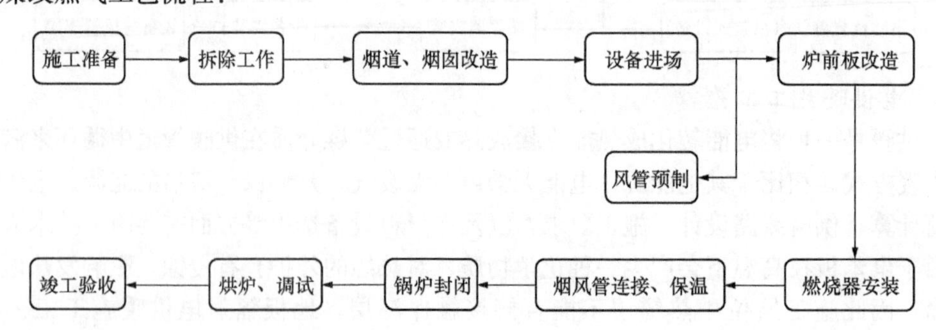

三、暖通工程施工技术最新进展（1～3年）

3.1 “互联网＋BIM”的机电项目管理技术

“互联网＋BIM”技术使项目管理发生革命性的变化，生产效率大幅提升，同以高精度的BIM模型作为应用基础，形成BIM＋物料追溯系统、BIM＋二维码技术、BIM＋VR虚拟现实技术、BIM＋短焦互动投影技术、BIM＋3D扫描技术、BIM＋3D打印技术、BIM＋AI、BIM＋智能机器人等综合技术，能够提前预知和解决各专业冲突等其他问题，使建筑产品的品质得到提升。通过“互联网＋BIM”对建筑业价值链决定性关键要素进行重分配，即对工程量、建材设备产品价格、消耗量指标、造价等建筑产业链中工程信息透明化，使行业竞争变得更为健康。

3.2 预制装配化施工技术

3.2.1 制冷“一体化”机房施工技术

对于模块化预制、定位配送、装配式施工为一体的机电安装施工体系而言，暖通工程的制冷机房与该体系完美契合，是目前机电预制工厂化的重要组成部分，也是主要应用部位。目前主要采用“BIM＋模块化装配式一体化施工技术”，该技术的应用流程重点在于正向设计阶段、工厂化预制阶段和装配化施工阶段。

3.2.2 预制立管装配化施工

通过综合考虑管井尺寸形状、建筑结构形式荷载、管井内立管的进出顺序、管组的运输、场地内水平垂直运输等具体条件，突破传统的工程立管逐节逐根逐层的安装方法，将一个管井内拟组合安装的管道作为一个单元，以一个或几个楼层为一个单元模块，模块内所有管道及管道支架预先在工厂制作并装配，运输到施工现场进行整体安装，该技术可提高立管的施工速度，降低施工难度，提高施工质量，缩短垂直运输设备的占用时间。

3.2.3 装配式防排烟机房

装配式防排烟机房结构紧凑，施工方便，工厂可批量预制加工，工地现场拼装，无需预留土建排烟机房，减少现场作业，提高工效，缩短工期，降低物料消耗，节省建筑面积，增加空间利用率。降低噪声，减少扬尘，减少环境污染。同时便于保养维护与维修。随着建筑工业化的推进，这种施工技术将在未来的建筑项目中发挥越来越重要的作用。

3.3 减振降噪施工技术

3.3.1 浮筑基础

浮筑隔振地台对设备机房的隔振隔声效果良好，已成为大型公共建筑设备机房的首选措施，浮筑隔振地台施工技术主要是通过快速拼装加工好的带楔口的新型隔振隔声板，组合形成隔振隔声板组，然后用隔振橡胶使隔振隔声板组与墙体断开接触，并采用橡胶隔振器、铺设槽钢等措施，以达到提高施工效率，缩短工期，降低成本，同时提高隔振隔声性能的目的。

3.3.2 管道固定集成措施

多功能支架主要采用弹簧减振器与常用槽钢支架的结合体，活动式连接，达到减振、承重的效果，同时由其布置位置尽完美节材及布置方式达到其限位功能。管道通过受力于多功能支架的弹簧减振器上，然后传递于槽钢，槽钢传递力于承重墙或板。使整个系统的稳定性得到了保障，隔声降噪功能得到了加强，同时节省了部分空间，美观性增加。

3.4 洁净技术

近年来伴随着我国微电子制造、半导体等高端制造产业生产技术的不断创新与持续高增长，中国洁净室行业发展逐步加快数字化转型，并由价格竞争转向技术和服务能力的价值竞争，对节能增效、绿色环保等指标有更高的要求。“预制装配化施工技术”将在加工厂预制的模块组运输至项目现场进行装配，能够有效地进行洁净管控，快速完成洁净室系统集成，为洁净室的可持续化、工业化和信息化提供了全新的发展方向，未来将逐渐成为洁净室行业发展的新趋势。

3.5 既有建筑暖通系统调适技术

对于既有公共建筑，定期进行空调系统的“体检”，检测各设备性能指标，是保持空调系统健康、高效运行的重要措施，可以及时发现设备存在的“隐疾”，避免设备损坏和提高暖通系统运行经济性。空调系统调适的实施要点主要包括以下几个方面：①系统检测与问题识别。通过对空调冷热源（锅炉、冷水机组等）及相关水泵的运行状态进行详细检测，确定设备运行中存在的问题。②设备整改。对存在问题的设备进行整改，如：换热器和过滤器的清洗、结垢管道的清洗、问题设备的维修和更换等。③运行调适实施。根据运维过程中发现的问题，调整现有自控系统的程序，确保设备在满足使用要求的条件下，安全、高效地运行。如：调整水泵的变频运行程序，优化水泵的性能和运行效率；根据系统的实际运行情况调整换热器的出水温度设定，确保高效的热交换效果。④节能优化。通过系统调适提高了制冷系统的节能性，如调整螺杆式冷水机组的蒸发温度和 *COP*（性能系数），以及优化冷却塔的风机运行策略。⑤监测和维护。增设监测点位以实时监控系统的运行状态，确保系统运行的效率和舒适度。

3.6 风管清洗技术、清洗机器人

3.6.1 洁净工程风管清洗技术

风管清洗的整体流程包括准备、清洗、检验和密封几个关键步骤，旨在确保风管系统的卫生和功能性。首先，在准备阶段，必须确保使用的清洗剂为中性且对人体及材料无害，清洗工具和设备应专人专用，避免交叉污染。清洗间设置要符合规范，例如铺设厚橡胶板保护地面，维持正压环境并采用过滤装置以减少外部尘埃的影响。

在清洗过程中，应按照流水线操作，以减少工作区内的人员移动，避免二次污染。完成清洗后，使用无纤维脱落的白棉布对风管内外表面进行彻底擦拭，确保没有任何污迹留下，这是检验清洗质量的标准。

最后，进行风管密封，具体方法是在风管正压系统内侧及负压系统外侧使用密封胶打胶，确保法兰转角处内外都已涂覆。打胶工作需要做到平整和密封性好，没有凹凸不平或漏打的现象。风管端口也要进行彻底密封，保护整个法兰边不受污染。如果风管在运输或处理过程中密封膜损坏，需要重新进行清洗和密封，以保证风管的清洁和密封效果。通过这一系列精细的操作，可以显著提高空调系统的效率和室内空气质量。

3.6.2　多功能清洗机器人

多功能清洗机器人的工作流程开始于配置机器人以适应特定的风管类型和条件，同时进行安全检查确保操作环境安全。机器人通过内置的导航系统自主进入并定位到风管的清洗区域。整个过程中，操作者可以远程监控机器人的作业进度，并根据实时反馈调整清洗策略。

3.7　节能综合技术

现行《近零能耗建筑技术标准》GB/T 51350 的推出标志着中国在节能建筑领域迈出了更大的步伐。近零能耗建筑的设计技术主要依靠被动式设计来降低建筑的冷热需求，并通过提高主动式能源系统的效率以及利用可再生能源，实现近零能耗的目标。在条件允许的情况下，甚至可以达到零能耗。这些措施将极大地推动节能建筑的建设和发展。

3.7.1　优化设计

(1) 被动式设计：这是减少建筑能耗的首要步骤。通过建筑能耗模拟优化建筑的方位、使用高效的保温材料、合理的窗户设计和其他建筑外壳的改进，最大限度地减少能源需求。例如，利用自然采光、改善自然通风，以及采用高效的建筑材料。

(2) 在执行分时电价、峰谷电价差较大的地区，经技术经济比较之后，宜合理采用蓄冷/蓄热技术，利用水蓄冷、冰蓄冷、水合盐蓄热或其他相变材料蓄冷/蓄热，可有效对电网“削峰填谷”和节省运行费用。

(3) 根据房间或区域负荷特性，合理划分空调区域；对于需要长时间同时供冷和供热的建筑，宜采用水环热泵空调系统或四管制空气源热泵供冷、供热。

3.7.2　智能监控系统的运用

(1) 对空调系统和设备的主要运行参数进行监测，包括但不限于：水流量、水温、水压、空气温湿度、功率、电流、电压，以及室内温湿度、CO_2 浓度等，实时监控空调系统的运行现状。

(2) 配置必要的调节装置，优化空调水系统和风系统水力平衡。

(3) 高效空调制冷机房的 AI 控制策略结合了数学优化算法和先进的控制框架，基于设备的物理数学模型和模型预测控制技术进行开发。系统通过机器学习算法，基于历史负荷数据、天气预报、日期时间、建筑使用时间表及特殊事件等因素，预测未来每小时的制冷、供热和电力需求。控制软件根据这些预测来优化决策，实现能源的高效使用并提升制冷机房性能。

(4) 实现空调水系统、风系统的质调节与量调节的优化控制以及其他节能控制的需求。

(5) 依据室内温湿度需求和系统负荷的变化，及时有效地优化系统运行，提高运行能效，降低系统能耗。

(6)通过计算机视觉系统收集室内空间的图像信息，并运用先进的人员计数与定位模型，实时评估各区域的使用负荷。此信息结合有效的控制策略，可调整各空调区域的温度和风量，从而优化暖通系统的能效。

3.7.3 清洁能源的推广

(1)自然冷源利用：采用冷却塔直接供冷，这种方法适用于冬季也需要提供空调冷水的建筑；利用焓值控制和温差控制技术的基本原理，即在空调的过渡季充分利用较低参数的室外新风，以减少全年冷源设备的运行时间，达到节能的目的。

(2)可再生能源利用：采用太阳能光伏系统、太阳能热利用系统（太阳能供暖和空调系统)、地源热泵系统、空气源热泵系统等系统形式。

(3)余热利用：采用冷凝热回收、排风热回收等能量回收技术，同时充分考虑南方地区预冷和北方地区余热需求。

(4)废热或工业余热利用：采用吸收式冷水机组。

(5)对于天然气充足的地区，利用效率和经济技术比较合理时，宜采用分布式燃气冷热电三联供系统。

3.8 新型暖通形式施工工艺

数据中心液冷系统

(1)冷板式液冷

冷板液冷系统包含二次侧和一次侧两个冷却环路。二次侧环路通过工艺冷媒（乙二醇溶液、丙二醇溶液、去离子水等）循环导出发热元件的热量，而一次侧环路则将这些热量传递至室外环境或进行热回收。

二次侧冷却环路的具体构成包括冷板组件、CDU（冷量分配单元，Coolant Distribution Unit)、RCM（机柜工艺冷媒供回歧管，Rack Coolant Manifold)、QDC（快速接头，Quick Disconnect Coupling）和 LCM（环路工艺冷媒供回歧管，Loop Coolant Manifold）等组成。而一次侧冷却环路则主要由冷源和一次侧输配回路组成。二次侧与一次侧冷却环路在 CDU 处交汇，实现热量的交换。

主要施工内容包括：服务器与冷板组件的组装、冷量分配单元 CDU 的安装、液冷系统管路安装、管道试验、工艺冷媒充注、运行调试等。

(2)单相浸没式液冷

单相浸没式冷却系统是一种新型的数据中心散热方案，旨在通过不导电的冷却液有效冷却 IT 设备。在此系统中，冷却液直接接触并吸收设备产生的热量，随后循环回 CDU (冷却液分配单元)。CDU 内的液泵会提升冷却液的压力，使其通过板式换热器与一次侧制冷剂进行热交换，实现降温。降温后的冷却液再次通过管路回到 IT 设备，如此循环往复，确保设备在稳定、低温环境中运行。

此系统主要由以下几个关键部分组成：CDU（冷却液分配单元)、Tank（液冷机柜)、室外散热设备（如干冷器或冷却塔）以及监控系统组成。主要施工内容包括：浸没机柜的安装、冷量分配单元 CDU 的安装、液冷系统管路安装、管道试验、工艺冷媒充注、运行调试等。

四、暖通工程施工技术前沿研究

4.1　空调系统的研发方向

4.1.1　高效节能化

（1）高效气悬浮离心式冷水机组

气悬浮离心机组，综合能效比高达 12，比普通机组节能 50%。采用静压气浮技术，实现真正 0 摩擦。高速直流变频压缩机技术，实现无级调节宽范围输出，提高效率。换热器高效传热技术，整体换热效率提升 30%。高效两级过冷技术，增大过冷度，最大提升 12%能效。高效流体动力学设计技术，极大降低气动噪声、振动及效率损失。

（2）智能型变流量高效冷却塔

智能型变流量冷却塔其技术原理为利用变流量技术使冷却塔流量 30%～100%变化时仍然能使整个冷却塔群填料均匀布水，利用近湿球温度控制技术使冷却塔长时间工作在高效区。尤其适用于需要全年供冷的空调系统，全年运行可以降低耗水量 70%，同时在冬季无需防结冰维护。

（3）低温吸收式制冷机组

低温吸收式制冷机组是一种以低温余废热作为热源，制取冷水的节电型设备。它具有耗电少、噪声低、运行平稳、能量调节范围广、自动化程度高、安装、维护、操作简便等特点，在利用低势热能与余废热方面有显著的节能效果。低温吸收式制冷机组溴化锂驱动热源温度为 65℃，其工作动力主要来源于工业废余热（70℃以下）。

4.1.2　系统集成化

（1）一体式蒸发冷却屋顶空调机组

一体式蒸发冷却屋顶空调机组为屋顶露天安装使用，集成制冷和空气处理功能，自带冷源，集制冷、送风、加热、加湿、空气净化及电气控制于一体。无需另配冷源，具有防太阳暴晒、防锈蚀、防暴雨等性能，无需专用机房，不占用室内有效空间，无须额外设置冷却塔、冷却水泵、冷却水系统，降低附属设备费用。机组采用蛇形管蒸发式冷凝器，同时配有铝合金挡水部件，具有换热效率高、冷凝温度低、运行水耗低等特点，整机能效高，有效降低运行成本。

（2）模块化水处理设备

模块化水处理设备分为冷却水处理模块和冷冻水处理模块。冷却水处理模块由水处理器、冷凝器胶球在线清洗装置、加药装置、在线水质监控系统等组成。冷冻水处理模块由水处理装置、加药装置、在线水质监测系统、综合控制系统等组成。实现了从传统的分散式安装到集成化整合，能够有效降低运营成本、提高运行效率、节约占地面积、预制化生产缩短现场安装周期。采用智能化控制系统，能够实现一键启停、自动运行、反馈调节、在线监测、数据分析、故障预警等功能，并将实时数据传输至远程客户端。

4.1.3　运维智能化

空调设备以互联网为基础，通过物联网、人工智能 AI、大数据等科技支撑，实现环境感知、主动服务、生态服务，建立全自动空调智能监控系统，实现运维智能化。通过后台实时了解设备运行情况，并进行智能化运维管理。通过对采集数据的分析处理，可以拓展平台功能，涵盖工单管理、巡检管理、计划性维护、设备台账信息等功能。智能化方向，结合 BIM 技术的机电运维管理平台，利用设备自身的检测功能，或外设传感器的方式，采集设备运行参数，通过网卡传输到数据云平台，从而对设备进行远程监控。

4.1.4 环境友好性

(1) 新型制冷技术

随着科技的进步，太阳能制冷、余热制冷、磁制冷、热声制冷、地热制冷、激光制冷、蓄冰空调制冷、蓄能空调制冷等多种新型制冷技术在空调系统上的发展应用，将会逐渐取代氟利昂类制冷剂，这对于保护地球的臭氧层、改善温室效应、节约能源有着非常重要的意义。

(2) 环保制冷剂

新型节能环保制冷剂包括氢氟烯烃（HFOs）和碳氢天然工质制冷剂（HCs），是指不含氟利昂、不破坏臭氧层、极低的温室效应、可与常用制冷剂润滑油兼容的制冷工质，是继氢氯氟烃（HCFCs）和氢氟烃（HFCs）之后新一代 ODS 替代品，符合国家减排要求。此外，北京冬奥会首次使用的 CO_2 制冷剂，具有优良的环保性能和制冷性能，可以将商用制冷系统碳足迹减少到几乎为零，助力我国实现“双碳”目标。预计新型制冷剂的不断涌现，将促进空调技术的可持续健康发展。

(3) 下沉式冷却塔

地铁车站沿线通常是城市中寸土寸金、对环境要求高的繁华地带，冷却塔作为地铁车站空调冷源的一部分，如何合理布置至关重要。考虑到地铁车站地理位置、冷却塔体积及冷却效果，下沉式布置是一种较好的隐藏安装方式。

冷却塔消隐措施为风道内置设置方案，采用单面进风轴流式（超低噪声）冷却塔（侧进风侧出风），冷却塔靠近新、排风道布置。

4.2 新能源的利用

4.2.1 太阳能的利用

太阳能制冷有两条途径，一是太阳能光—电转换技术，利用光伏技术产生电力，以电制冷；二是太阳能光—热转换技术，以热制冷。太阳能利用研发方向主要是尽可能降低能量转换过程中的各种热、电损失的研究，以及对高效太阳能光热转换材料的技术研究，如超材料表面聚光技术、仿生材料储热技术、太阳能热电材料器件等。这些太阳能利用的技术研究应用，将对“双碳”目标的实现能起到重要作用。

4.2.2 空气能的利用

主要通过空气源热泵技术以空气中的热量作为低温热源，在夏季提取较高温室外空气的冷量对建筑供冷，在冬季则从较低温室外空气吸取热量供热。目前主要应用产品有空气源热泵地暖、空气源热泵空调等。

4.2.3 地（水）热能的利用

地（水）热能在利用过程中，目前主要通过地（水）源热泵技术来实现，地（水）源热泵系统由热泵机、循环水泵、定压系统、换热器、分集水器、水处理设备、蓄热装置等多个部件所组成，能够实现对地（水）热能源的收集和存储，为暖通系统提供稳定、高效的地热能源输送。将地（水）源热泵加入暖通系统后，根据当地的地（水）热能源储量，能够降低暖通系统能源总消耗。

4.2.4　风能的利用

风能的利用主要是结合风力发电设备为暖通设备提供用电需求，以电制冷。欧美等发达国家在风能的利用上已尝试采用风力制热技术，将风能直接或间接转化为热能，用于家庭热能需求。

4.3　新材料、新标准的应用

4.3.1　一体化防火风管

一体化防火风管集隔热、耐火等功能于一体，吸收了国内外复合风管和传统镀锌铁皮风管的优点，采用机械化自动复合流水线工艺，减少劳动消耗，提升并确保产品品质，施工现场装配式安装，高效便捷的施工工艺，可减少安装工序，具有安装方便、维护简单等优点，可大大缩短材料的安装周期和降低防排烟风管的人工安装成本，同时减少安装过程中的材料浪费。

4.3.2　无甲醛环保消音风管

无甲醛环保消音风管采用高密度无甲醛玻璃棉板材制作，与无醛有机硅树脂粘结剂凝固而成，产品内表层板材经过特殊的处理工艺，可以保护风管内壁抗拒任何由于过滤系统维持不当而产生的灰尘、污物的侵蚀，具有防霉、防潮的优良性能，可减少微生物在管内壁上的滋生。消音风管采用的无甲醛环保玻璃棉完全摒弃了苯酚、甲醛、尿素等有毒、有害物质，保障了空气的清新和无污染。

4.3.3　双面彩钢复合风管

双面彩钢复合风管是由内外彩钢板与保温板材表面用高强粘合剂热合、一次性成形的彩钢“夹芯”复合板，彩钢复合板按照工程需要制成集风道与保温材料为一体的风管，管道在成型后不需要二次保温。双面彩钢板复合风管内外彩钢板表面喷涂处理，耐酸碱、耐腐蚀、耐磨损，保温层耐久不易损坏，免日常维护，寿命长，同时风管可根据工程需求采用不同的内保温夹层，是通风空调管道系统理想的产品。

4.3.4　新标准

住房城乡建设部2023年3月1日实施的《消防设施通用规范》GB 55036—2022和2023年6月1日实施的《建筑防火通用规范》GB 55037—2022，覆盖了工程建设领域各类工程项目，规范了建筑防火通用性条文，为预防建筑火灾、减少火灾危害，保障人身和财产安全起到了重要作用。

五、暖通工程施工技术指标记录

5.1　节能指标

高效空调制冷机房评价标准，要求三级能效≥4.5，二级能效≥5.0，一级能效≥5.5。实际运行项目数据显示，基本达到预定目标，与现状机房比，能效提升30%以上。在制冷机房能耗中，通常冷水机组能耗占比75%以上，附属设备能耗小于25%。实际案例数据显示，附属设备能耗甚至降至20%以下。

深圳市公共建筑能耗监测分析报告（2020）显示，办公建筑的冷源装机容量设计指标主要集中在105～138W/m²（此处为建筑面积，余同）的范围，平均值为124W/m²。商场建筑的冷源装机容量设计指标主要集中在126～205W/m²的范围，平均值为171W/m²。空调面积按建筑面积的75%考虑，办公与商业空调面积冷指标分别为165W/m²与228W/m²。而综合近几年的冷源机组运行数据，办公建筑、商场建筑和宾馆饭店的平均盈余台数水平基本一致，均在33%左右即3台盈余1台。故实际运行空调冷指标分别为127W/m²、175W/m²。而根据目前高效机房运行数据看，办公指标与上述运行指标吻合，商业类指标控制在150W/m²以下。

在蓄冷及低温送风技术方面，如选用8～10℃的低温送风系统，在空气输送能耗方面可节能40%～50%。

吊顶辐射空调系统一般采用18～20℃的冷水作为冷媒即可满足使用要求，相对于传统使用5～7℃的冷水作为冷媒的传统空调系统具有较大的节能潜力。

间接蒸发冷却空调因其气候适宜性，在西北干燥地区相对于传统空调系统可节能40%～70%。

大温差供冷采用8℃温差，可以大大减少空调水泵流量，实现水泵节能30%以上。

5.2 施工管理指标

一体化制冷机房施工技术的出现，使机房施工效率较传统得到了极大的提升。传统制冷机房施工耗时一般为2～3个月，使用以装配式施工技术为核心、BIM技术为依托的一体化机房施工技术后，工期一般能控制在7天内。

全过程调试作为一种质量保证工具，包括调试和优化双重内涵。根据国外工程统计数据，使用全过程调试技术后，建筑节能20%～50%、降低建筑维护费用15%～35%、减少工程2%～10%的返工率。另外，国内某工程项目提炼了其在进行全过程调试中的273例经典问题，分析发现深化设计、施工质量管控、设备与材料、检测对全过程调试的影响权重分别为：38.5%、37%、7.3%、17.3%，设计和建造阶段占比达82.7%。

超高层预制化立管，相比于传统机电管井的安装方式，超高层建筑采用预制立管装配式施工技术，减少现场焊接、安装及运输工作量，实施工厂化预制加工，提高了工作效率，减少了劳动力的消耗，加快工程进度，缩短了建筑对管井支模的施工时间，并且随结构施工周期同步安装，使机电管井施工时间前移，真正实现施工的安全、经济、省时、省力。

5.3 施工技术指标

《社会生活环境噪声排放标准》GB 22337—2008与《声环境质量标准》GB 3096—2008规定，对于特别需要安静的区域内白天和晚上分别允许噪声值为50dB和40dB，这使得暖通空调设备往往需要设置减振措施。对于水泵，一般根据对振动传递比T值的要求选择隔振措施，$T>0.2$选择采用橡胶隔振器，$0.01<T<0.2$则根据水泵类型选用弹簧隔振器或橡胶隔振器，$T\leqslant 0.01$采用双层隔振安装。

通风系统应根据建筑物用途每隔1～2年对其洁净程度进行清洗检查。《公共场所集中空调通风系统卫生规范》WS 394—2012 和《公共场所集中空调通风系统清洗消毒规范》WS/T 396—2012 要求：集中空调系统风管内表面积尘量≤20g/m²、细菌总数≤100CFU/m²、真菌总数≤100CFU/m²；风管清洗后，风管内表面积尘≤1g/m²。

空调水管道的闭式循环清洗分别进行 8～10h 的粗洗循环、清水循环，然后进入净洗循环直至化验全部合格，最后带机循环 2～3h 即可完成全部清洗工作，起到了用工少、效率高、施工质量明显改善的作用。

BIM＋预留洞应用：暖通系统繁多，预留洞工作量大，开发了满足施工要求且自动识别管线保温尺寸的开洞插件，提高了开设预留洞口的准确性及效率，并降低了预留预埋留洞工作的时间。

《绿色高效制冷行动方案》提出到 2030 年，大型公共建筑制冷能效提升 30%，制冷总体能效水平提升 25%以上，绿色高效制冷产品市场占有率提高 40%以上。提升制冷系统能效的前提是必须进行系统能效检测。通过检测各项数据指标，指导系统改造、升级，为运行管理提供有力支撑。

六、暖通工程施工技术典型工程案例

6.1 “新福厦铁路站房”智能型组合式空调机组的应用

新福厦铁路是我国“八纵八横”高铁网主通道“沿海通道”的重要组成部分，福厦高铁全线线路长度 277km，共设 7 座新建站房，各车站均引入了先进低碳节能的智能型组合式空调机组，充分体现了新时代铁路智能化建设的管理特色。

各站房候车大厅、旅客服务等房间全空气空调系统采用智能型组合式空调机组，组合空调机组均设置在空调机房内，冷源由设置在屋顶的蒸发冷却一体式冷水机组供应，每台组合空调机组通过配置的智慧型动态平衡电动调节阀和电动风阀以及环境检测传感器，通过对站房环境数据采集、末端空调设备数据分析，采用智能优化控制策略，可以最大限度地减少末端空调系统的能源消耗，为车站提供高效、安全、节能和良好空气品质的空调管理解决方案。

6.2 “宁波地铁”高效机房＋智能环控

6.2.1　设计概况

地铁通风空调控制系统发展经历了 BAS 监控＋机房群控→BAS 监控＋机房节能→BAS 监控＋风水联动→高效机房＋智能环控等方案的应用。高效机房＋智能环控的技术方案，在风水联动技术的基础上增加了小系统、隧道风机、数据分析、物联网、主动寻优、AI 计算等新技术，将系统能效及节能率均提升到一个新的阶段。

以宁波地铁 5 号线兴庄路站作为科研站，制冷机房全年平均运行能效比不低于 6.5，空调全系统全年平均运行能效比不低于 3.5。工程包括磁悬浮冷水机组、水泵、冷却塔、空调末端、智能环控系统等设备，以及深化设计、BIM 预制在内的全系统集成服务。

6.2.2 项目实施

(1) 精确负荷计算主机冷量差异化分配

通过对车站负荷逐时、逐日、逐月的计算可获得准确的制冷总负荷、最小制冷负荷，获得详细的车站日负荷变化规律和年负荷变化规律。剔除设计选型余量、为系统精细化设计、设备精细化选型及精确控制提供前提。

(2) 高效设备

1) 磁悬浮冷水机组

低负荷区域，磁悬浮多机头，变频等特点使得能效远高于传统有油机组。

高负荷区域，磁悬浮无摩擦，无油等特点确保其能效高于传统有油机组。

空调大部分时间处于部分负荷运行磁悬浮相比传统机组有极大的节能优势。

2) EC 风机空调箱

采用全直流变频 EC 风机墙取代传统普通离心式风机＋三相异步电机（AC）方案。

3) 永磁直驱冷却塔

采用永磁同步电机驱动传统的三相异步电机＋皮带传动的方案。

(3) 自优化高效节能控制系统

1) 空调智能控制系统针对地铁暖通空调设备打包集成；

2) 主机、水泵、冷却塔、大小空调系统、新/回/排风机、风阀、站厅温湿度、CO_2 监控；

3) 多项暖通控制策略和自主控制算法，实现自动寻优，高效运行，节能效果佳；

4) 每套系统均提供精细化调试服务，确保系统的稳定、可靠。

宁波地铁高效环控机房项目，打破了原有环控系统设备与系统“各自为政”的传统模式，将整个环控系统作为一个整体进行设计、配置及控制，在降低整体管道阻力的同时，使系统内的各设备均能协调运行，最终实现超高能效。

6.3 基于高效机房＋光储空的零碳工厂低碳智慧能源技术创新实践

6.3.1 案例简介

珠海格力绿控冷水机组智能制造工厂总占地面积约 4 万 m^2，空调面积约 3 万 m^2，共 2 栋厂房，主要承接离心机、螺杆机、冷冻冷藏机组以及壳管换热器、油分、罐体等、离心压缩机、螺杆压缩机产品试制、生产、存储。

本项目为绿控冷水机组智能制造工厂打造高效化、可视化、信息化的综合能源管理形式的空调系统，建成行业内首个智能光伏储能高效集成冷站示范项目，实现制冷机房综合能效 $EER\geqslant6.0$，同时满足生产工艺 22±2℃恒温要求。

6.3.2 技术方案

项目采用高效机房＋光储空架构，冷源为集中式高效制冷机房，末端为组合式空调机组，制冷机房位于压缩机制造车间屋面设备层。项目能效指标要求制冷机房能效 EER 达到 6.0 以上，比常规制冷机房提升 70%，节约 500tce；同时，压缩机制造车间空调环境温度控制 22±2℃以内，满足生产工艺要求；输配环路采用全变频水环路系统，对环路水阻进行优化控制。

通过采用光伏直驱离心式冷水机组等全变频设备，搭载格力群控，通过高效风水联动控制、泵阀一体化节能控制实现系统在全工况下的高效运行及水力平衡。应用工业厂房高大空间环境温度恒定控制、高大空间恒温系统气流组织设计方法、高效低阻空气处理系统、高大空间恒温系统控制策略，实现厂房工作空间温度精度±2℃，实验室温度精度±0.5℃。

（1）高效空调系统

1）高效制冷机房技术。项目空调系统采用全永磁变频暖通空调系统，含主机、水泵、冷塔、组合柜，提升系统效率；其中，冷水主机选用1台10kV高压直驱永磁变频离心机和3台光伏直驱变频离心机，水泵、冷却塔电机均采用永磁变频电机；系统设计为中温水大温差（系统冷冻供回水温度9/16℃）系统，同时进行输配环路的优化。

2）智能群控系统。中央空调系统属多子系统耦合复杂系统，提供基于“机理框架+大数据驱动”的AI节能优化控制，通过自动寻优控制策略使制冷机房匹配末端负荷需求，实时调控冷机、水泵、冷却塔以及末端设备的运行工况，使系统始终运行在能效最优状态。通过全自动控制实现数字化管理、可视化运行，远程操作、快速响应，故障预警、及时应对；同时，提供智能移动运维终端，便捷机房管理，实现机房无人值守，节省人力成本及减少人工干预。

（2）可再生能源利用系统（光储空系统）

项目在工厂屋顶铺设光伏板，光伏总装机容量共6833.2kWp，在光伏系统投入使用周期内（以25年计算），系统的累计发电量约可达18635万kWh，年均发电量约可达754.1万kWh，年均约可节约2375.45tce，约可减排$CO_2$6176.22t。其中，工厂空调系统主机为光伏直驱变频离心机，共接入光伏1188kWp，占工厂光伏总装机容量的17.4%，相比传统光伏方案，减少三次中间转换，系统损耗可减少8%，年均约可多节约33.03tce，减排$CO_2$85.9t。

1）光伏直驱技术。项目采用光伏直驱变频空调系统拓扑技术，光伏输出直流电直接通过变频空调机组内部的逆变模块为空调压缩机供电，多余电量直接通过空调机组的整流模块进行并网。利用极简的光伏直驱拓扑，实现了光伏输出直流电由空调直接消纳及盈余电量的直接并网，实现光伏直驱利用率高达99.04%，光伏发电的电能转换利用效率能够提升5～8个百分点。同时，对比传统的光伏方案，系统省去光伏逆变器，光伏配电房面积减少40%，设备及工程投入减少15%。

2）多元换流控制技术。应用双端多元换流控制技术，建立光伏发电系统、变频离心机负载、储能系统和公用电网四者之间的多元换流模型，实现电能在直流侧双向流动、多路混合。系统可实时切换系统运行模式，保证系统在任何能量变化的情况下都能稳定运行。

储能系统可作为峰谷调节及需求侧响应使用，以珠海市电价为例，系统效率以85%计算，一套储能系统作峰谷调节的平均年收益约为47.6万元，需求侧响应以平均价1元/kWh计算，一次一套储能系统需求侧响应收益约为2720元。

3）供需联动控制技术。通过能源信息管理系统，可实现能源的系统化、透明化、网络化，达到精细化管理和利用。光储空系统可等效为一个微型能源网络，由分布式电源、储能装置、能量转换装置、相关负荷和监控、保护装置汇集而成，是一个能够实现自我控制、保护和管理的自治系统，既可与外部电网并网运行，也可离网运行。与传统工厂相比，系统可以有效地实现需求侧管理，减小负荷的峰谷差，既可以降低供电成本并提高电力设备利用率，也可以消除可再生能源间歇性对厂区电网的不利影响并提高电网接纳可再生能源的能力，保证重要负荷的不间断供电，同时提高厂区电网的供电可靠性。

6.3.3 项目亮点及经验总结

(1) 先进性。本项目所采用设备，如冷水机组、水泵、末端组控、变频控制柜、群控系统等，均为格力自制产品，冷水机组、水泵、冷却塔均采用永磁同步变频电机；主机采用光伏直驱变频离心机，搭载智能群控，通过高效风水联动控制、泵阀一体化节能控制实现系统在全工况下的高效运行及水力平衡，同时，应用工业厂房高大空间环境温度恒定控制、高大空间恒温系统气流组织设计方法、高效低阻空气处理系统、高大空间恒温系统控制策略，实现厂房工作空间温度精度±2℃，实验室温度精度±0.5℃。

(2) 节能性。项目空调系统全年制冷机房能效 $EER \geqslant 6.0$，省电 374 万 kWh，减排 CO_2 3063t；光伏系统平均年发电量约 754.1 万 kWh，减排 CO_2 6176t。

(3) 稳定性。高效制冷机房内主机跟水泵模块组成的系统间整体互为备用，保证工厂生产环境稳定、安全、可靠。

第十九篇　建筑智能化工程施工技术

苏州市产业技术研究院融合基建技术研究所　李国建　马　杰　胡建民
中国建筑第七工程局有限公司　黄延铮

摘要

首先介绍建筑智能化工程的概念与行业发展特点，以及建筑智能化工程的施工技术与施工要点，分析了 BIM、装配式建筑、建筑电气弱电工程、人工智能、电子信息技术等在建筑智能化工程应用中的最新进展，同时对与 BIM 新应用、通信、物联网、移动互联网等在建筑工程中的应用进行展望，强调建筑智能化工程与产业结合的相互赋能。建筑作为人们生活的基础元素，人对建筑物的管理、服务方面功能性和智能化要求不断提高，智能产品、智慧服务正逐步向工作生活场景全维度渗透，建筑“综合智能”将更加彰显其重要性和时代性。

Abstract

This part firstly introduces the concept and characteristics of Intelligent Building Engineering, as well as the construction technology and construction points, analyzed the latest progress of BIM, prefabricated buildings, building electrical weak current engineering, artificial intelligence, and electronic information technology in the application of building intelligent engineering, and looks forward to the application of new applications of BIM, communications, the Internet of Things, and mobile Internet in building engineering, emphasizing the mutual empowerment of building intelligent engineering and industrial integration. As the basic element of people's life, buildings are increasingly required by people to be functional and intelligent in terms of management and service. Intelligent products and services are gradually infiltrating into work and life scenes in all dimensions. Building "comprehensive intelligence" will show its importance and modernity.

一、建筑智能化工程施工技术概述

1.1 建筑智能化工程概念

近期，智能建筑的研究者们开始关注整个社会和生态的可持续发展，“用户生活质量”“用户需求响应”“环境友好”“节能”“低碳”等名词越来越受到智能建筑业人员们的重视。故《智能建筑设计标准》GB 50314对智能建筑更新了相应定义：智能建筑以建筑物为平台，基于对各类智能化信息的综合应用，集架构、系统、应用、管理及优化组合于一体，具有感知、传输、记忆、推理、判断和决策的综合智慧能力，形成以人、建筑、环境互为协调的整合体，为人们提供安全、高效、便利及可持续发展功能环境的建筑。

从概念方面看，建筑智能化工程被界定在智能化技术范畴之内，具体指向智能化技术在建筑工程中的应用。目前建筑智能化工程中包括了若干智能系统，其中，围绕建筑电气工程，建立了智能化的控制系统。而且，在生产建设方面的智能化设计，在应用方面的门禁系统、公共照明系统、弱电系统、监控系统中，现阶段已经应用了人工智能技术、定位技术、精密传感技术等。建筑智能化工程的应用虽然在内容方面相对完整，但是，在实际的应用中仍然需要对各个系统进行完善。

1.2 建筑智能化工程发展特点

第一，在时间周期上，我国智能建筑的发展共经历了初创期、规范期、发展期3个阶段，目前正处于高速发展期。2018年，我国智能建筑行业总产值达49.07亿美元，到2025年我国智能建筑行业市场规模将超过118.83亿美元，并且在这一时期形成了一定的产业规模和产业链，对城市建设及其他相关行业产生了辐射和影响。

第二，在地域上呈现多点面普及化发展。随着2020年1月1日实施的《产业结构调整指导目录（2019年本)》将智能建筑技术纳入“鼓励类”产业这一政策的落地，我国智能建筑由一线城市逐渐向二、三线城市扩展，未来将普及至农村、城镇等更广泛的地域。

第三，在技术上，通过时间、地域、技术3个维度的特点可见，目前我国智能建筑覆盖领域逐渐增加，行业发展迅猛，国内市场已经开始由智能建筑向智慧建筑过渡。建筑行业应用智能建筑技术势在必行，将促进国内建设业的升级转型。智能建筑技术将在建筑设计到管理各方面起到举足轻重的作用。

二、建筑智能化工程施工主要技术介绍

2.1 建筑智能化系统的组成和分类

建筑智能化系统，过去通常称为弱电系统，是指以建筑为载体，兼备建筑设备、办公自动化及通信网络三大系统，集结构、系统、服务、管理及它们之间最优化组合，向人们提供一个安全、高效、舒适、便利的综合服务环境。

建筑智能化系统主要利用现代通信技术、信息技术、计算机网络技术、监控技术等，通过对建筑和建筑设备的自动检测和优化控制、信息资源的优化管理，来实现对建筑物的智能控制与管理，以满足用户对建筑物的监控、管理和信息共享的需求。

常见的建筑智能化系统分项工程有：智能化集成系统、信息网络系统、综合布线系统、卫星通信系统、有线电视及卫星电视接收系统、公共广播系统、会议系统、信息导引及发布系统、信息化应用系统、建筑设备监控系统、火灾自动报警系统、安全技术防范系统、机房工程、防雷与接地等。

2.2　建筑智能化工程的实施

2.2.1　建筑智能化工程承包模式

(1) 系统分别承包模式：业主选定各系统产品型号，与各承包方签定系统安装承包合同，业主和监理负责对各系统的施工管理和协调。工程承包方负责深化设计，设备、材料供应和运输，安装施工，系统调试开通及通过有关管理部门的验收，直至交付使用。这种承包模式适用于中小型新建或改造工程。

(2) 系统主承包—安装分包模式：业主选定系统产品型号后，主承包方负责系统深化设计、设备材料供应、系统调试、系统集成、项目管理、最终交付使用。安装分包方负责管线施工，设备的安装及检测。业主与主承包方和安装分包方签定合同。此承包模式适用于大中型工程。

(3) 管理型主承包—技术分包—劳务分包模式：系统主承包方负责项目管理、协调或系统集成。各系统由业主选定产品型号，技术承包方（产品供应商）负责深化设计，设备材料供应、运输，系统调试开通。管线施工及设备安装由劳务分包方承担。业主与系统住承包方和技术分包方签定合同。此管理型（三级）承包模式适用于大型工程。

2.2.2　建筑智能化工程实施要求

(1) 工程实施前应进行施工工序交接，做好与建筑结构、建筑装饰装修、建筑给水排水、建筑电气、供暖、通风与空调和电梯等分部工程的接口确认。

(2) 工程实施及质量控制应包括前期工程项目的交接和工程施工条件准备，进场设备和材料的验收，隐蔽工程检查验收，工程安装质量检查，系统自检和试运行等。

(3) 在设备、材料的选购中要确定智能化系统设备供应商和被监控的设备供应商之间的界面划分；明确设备、材料的型号规格符合设计标准和国家标准，各子系统的设备接口必须相匹配。

(4) 智能化工程的各个子系统应具有开放式结构，协议和接口都应标准化和规范化，使用综合布线系统和计算机网络技术，将各自分离的设备、功能和信息集成到互相关联的系统中。

(5) 火灾报警及消防联动系统由消防局统一验收，安全防范系统由公安部门统一验收，自成一个系统。因此，独立建设的系统可以通过接口、协议互相开放，交换数据。

2.3　建筑智能化工程施工技术

2.3.1　弱电桥架安装施工技术

在一个弱电工程项目中，比起造价昂贵、高科技的硬件和软件，桥架显得很不起眼，但这并不降低桥架在机房中的作用，桥架是整个布线工程中不可缺少的部分，设计选型过程应根据各个系统线缆的类型、数量，合理选定适用的桥架至关重要。

具体的桥架施工工序流程为：现场复核图纸→水平仪定位放线→打孔安装固定螺丝→安装桥架支架并调整高度及水平固定→地面拼接桥架及配件→安装桥架并固定→根据现场情况增设防晃支架→安装成品45°弯或三通等配件→防火封堵→质量检查验收整改。

从业人员实际敷设时应注意以下工序要求：在铜芯接地线安装的过程当中，如果桥架是非镀锌材质的话，需要将接地线放置在连接板的两边，使其与连接板保持横平，然后使用螺栓将桥架牢牢地固定住。在桥架安装技术施工的过程当中，要注意在强电桥架和弱电桥架之间保持一定的距离，具体的距离要参考实际情况。同时，还需要安装防火板，并在架桥的表面涂刷防火层，这样可以满足设备防火的需要。

2.3.2 电管安装施工技术

在电管安装之前，首先要按照相关的设计文件对金属电管进行检查，确保电管内壁的光滑性、表面的平整性，确保在使用过程当中金属电管并不会出现锈蚀的问题。与此同时，在实际应用的过程当中，对于受力比较大的地方，还可以增添强度比较高的管材。在实际铺设的过程当中，也要做好合理的规划，最大限度减少弯头电管的数量，确保电管的牢固性和顺畅度，同时保持连接位置的高度密封。最后，还要确保所有的管路都保持接地，并做好隐蔽工程的记录和归档处理。

2.3.3 线路铺设施工技术

在弱电工程施工的过程当中，线路的铺设施工是一个重要的环节。在该环节当中，要充分关注铺设的质量，施工单位需要基于技术文件的要求和施工图纸的标准来进行铺设。进入施工现场的人员需要规范地使用各种材料和各种工具，并在指定的位置上完成安装和施工。在这之后，需要由技术人员利用专门的设备来完成链路的测试，确保信息点满足标准和要求。

2.3.4 信息插座安装施工技术

对于智能化建筑来说，信息插座安装的效果关系到项目功能和价值是否得到发挥。在安装的过程当中，要确保安装效果的牢固性。信息插座按图纸中要求进行深化设计时尽量将安装地点设置在相对平坦的地面或者墙面上。在完成安装之后，还需要使用盖板对其进行保护，为后期插座的安全和灵活使用提供保障。智能化建筑中使用插座的场合有很多，需要结合实际需要来选择合适功能的插座。在安装的过程中，也要认真阅读插座的标签信息，将信息插座的功能最大化地体现出来。同时，还要关注线路的颜色选择，使安装与穿插之间的分辨处理效果得到优化，这不仅可以提高安装效率，同时还可以增强安装的精准性。最后，信息插座的安装位置也存在明显的差异，在确定位置的时候要充分对施工图纸进行分析，达到防潮、防震以及防静电的要求。

2.3.5 检测与调试技术

系统检测应待系统已安装完成，进行了初步调试后，根据工程合同文件、施工图设计、设计变更说明、洽商记录、设备的技术文件进行，依据规范规定的检测项目、检测数量和检测方法，制定系统检测方案并实施检测。产品功能、性能等项目的检测应按国家标准进行。智能化集成系统的设备、软件和接口等的检测和验收范围根据设计要求确定。智能化集成系统检测应在服务器和客户端分别进行，检测点应包括每个被集成系统。接口应符合接口技术文件和接口测试文件的要求，各接口均应检测。检测过程应遵循先子系统，后集成系统的顺序检测。系统集成检测应在各个子系统检测合格，系统集成完成调试并经过试运行后进行。系统集成检测应检查系统的接口、通信协议和传输的信息等是否达到系统集成要求。系统集成不得影响火灾自动报警及消防联动系统的独立运行，应对其系统相关性进行连带测试。

2.4　建筑智能化工程施工的技术要点

智能化系统集成是对各种不同类型设备当中现有的通信子网进行合理的利用，促使计算机网络可以实现系统内部各种设备相互之间的有效连接。智能建筑系统集成最主要的是体现其先进与实用性，其具体功能是对建筑智能化系统的全面监控、资源管理与信息共享，使建筑各功能协调运作，实现安全性及高效的目标。当今世界产业结构正向高增值型与知识集约型转变，智能建筑产业发展极快，建筑技术与“智能化”技术的内在紧密结合，逐渐形成了一体化的智能建筑系统结构。

通信自动化系统、楼宇自动化系统、办公自动化系统3个部分共同组成了以智能化和数字化为基础的智能建筑。为适应建筑工业化科技发展需求，其智能化系统的建设必须提供安全、高效、智能、便捷的协同系统，为业主提供一个自动化、智能化、现代化、功能兼备、开放灵活的生活生产环境，并且为建筑运维提供节能、舒适的技术手段，以高效地实施科学管理。智能化工程施工主要内容有深化设计、工程实施、质量控制、系统检测和竣工验收。

2.4.1　一般施工技术要求

（1）按照合同文件和工程设计的要求，对设备和材料进行进场验收。设备和材料的质量检查重点应包括安全性、可靠性及电磁兼容性等项目。

（2）智能化设备的安装应在土建和装饰工程完工并合格后进行，各种探测器、传感器的安装应与建筑装饰和机电施工协调定位。

（3）施工单位在安装完成后，应依据合同文件和设计要求，以及规范规定的检测项目、检测数量和检测方法对系统进行自检。

（4）建筑设备监控系统的检测应以系统功能及性能检测为主，同时对现场的安装质量、设备性能及工程实施过程中的质量记录进行抽查和复核。

2.4.2　机房环境、电源及接地施工要点

（1）机房应敷设架空防静电地板，地板高度能满足地下管线的敷设；机房高度有足够的配线空间，满足配线架装设。工作面水平照度不小于国家规范标准。

（2）供电应为两路电源，并在末端自动切换。

（3）弱电系统的接地应采用等电位联结。弱电竖井应设有单独接地干线，弱电设备的接地应与接地干线相连接。

2.4.3　设备、元件安装要点

（1）现场控制器的位置应安装在便于调试和维护的地方。

（2）各类传感器的安装位置应装在能正确反映其检测性能的位置，并便于调试和维护。管道上传感器的开孔与焊接，必须在被测量管道的压力试验、清洗、防腐和保温前进行。

（3）各类探测器应根据产品的特性及保护警戒范围的要求进行安装。

(4) 设备安装应整齐牢靠，便于维护和管理。

2.4.4 线缆、光缆施工技术要点

(1) 线缆和光缆的型号、规格应符合合同文件和设计要求。综合布线系统所选用的线缆、连接硬件、跳接线等类别必须一致。

(2) 多模光缆和单模光缆到施工现场时，要测试光纤衰减常数和光纤长度。

(3) 综合布线的对绞线缆端接时，每对对绞线应尽量保持扭绞状态，非扭绞长度要小于规范规定的长度。

2.4.5 系统检测要求

(1) 系统检测应待系统已安装完成，进行了初步调试，并有相应的技术文件和检测方案后实施。产品功能、性能等项目的检测应按国家标准进行；有特殊要求的产品，可按合同约定或设计要求进行。

(2) 火灾自动报警及消防联动系统与其他系统具备联动关系时，其检测应依据合同文件和设计文件，以及规范规定的检测项目、检测数量和检测方法，制定系统检测方案。

(3) 建筑设备监控系统安装完成后，系统承包商要对传感器、执行器、控制器及系统功能进行现场测试。

(4) 综合布线系统性能检测，光纤布线应全部检测，对绞线缆布线以不低于10%的比例进行随机抽样检测，抽样点必须包括最远布线点。

(5) 通信系统的测试包括初验测试和试运行验收测试。

(6) 安全防范系统的检测应包括重点防范部位和要害部门的设防情况，有无防范盲区，安全防范设备的运行是否达到设计要求。

(7) 系统集成检测应检查系统的接口、通信协议和传输的信息等是否达到系统集成要求。计算机网络系统的检测应包括连通性检测、路由检测、容错功能检测、网络管理功能检测。

2.4.6 智能化系统竣工要点

系统竣工验收应按“先产品，后系统；先各系统，后系统集成”的顺序进行。系统验收方式有分项、分部验收；交工、交付验收。

三、建筑智能化工程施工技术最新进展（1～3年）

3.1 建筑智能化工程现状

(1) 建筑智能化中的传感器技术是实现建筑自动化和信息化的关键组成部分。通过安装各种传感器，实时监测建筑内的环境参数（如温度、湿度、光照强度、空气质量等），以及建筑结构的健康状态。目前的主要特征为以下几个方面：

1) 高精度：随着技术的进步，传感器的精度越来越高，提供的测量数据更加精确，这对于建筑环境的精细控制至关重要。

2) 高可靠性：传感器的可靠性得到了显著提升，减少了维护成本，并且提高了建筑智能化系统的稳定性。

3）微型化：传感器的体积越来越小，更容易集成到建筑结构中，不破坏建筑的美观，同时便于安装和隐藏。

4）微功耗化：低功耗传感器技术的发展，使得传感器可以在不频繁更换电源的情况下长时间运行，能适用于难以接触或更换电源的场合。

5）复合型化：多功能复合传感器可以同时检测多种环境参数，减少了安装数量，降低了系统复杂性和成本。

6）网络化：传感器网络技术的发展使得多个传感器能够相互协作，收集和传输数据，提高了数据收集的效率和可靠性。

7）智能化：传感器不仅能够收集数据，还能进行初步的数据处理和分析，甚至能够自我校准和预测维护需求。

8）集成化：现代建筑传感器越来越多地与执行器、控制系统等集成，形成智能系统，实现更加自动化和智能化的控制。

（2）建筑智能化的传输技术是构建智能建筑的基础设施，它们支持数据、语音和视频等信息的高速、可靠传输，将感知到的数据通过有线或无线网络传输到中央控制系统。目前的主要特征为以下几个方面：

1）有线网络传输技术：

① 以太网供电（PoE）：这项技术可以在传输数据信号的同时，通过以太网线为设备提供电力，减少了布线需求。

② 光纤通信：光纤网络以其高速、远距离传输和高带宽特性，在智能建筑中被广泛用于核心网络架构。

③ 10G/40G/100G Ethernet：随着以太网技术的发展，更高速率的以太网标准被引入，支持更快的数据传输速度。

④ 网络切片技术：在智能建筑网络中，网络切片允许创建多个虚拟网络，以满足不同业务需求。

2）无线网络传输技术：

① Wi-Fi 6（802.11ax）：作为最新的无线通信标准，Wi-Fi 6 提供更高的数据传输速率、更大的容量和更好的覆盖范围。

② 5G 技术：5G 网络的引入为智能建筑提供了超高速、低延迟的无线连接，支持大量设备的连接和物联网应用。

③ 蓝牙 5.0 及更新版本：蓝牙技术不断更新，提供更远的传输距离、更快的速度和更好的广播能力。

④ Zigbee 3.0：Zigbee 3.0 是针对物联网设备优化的无线通信协议，支持更大范围的设备互联。

⑤ LoRaWAN：长距离、低功耗的 LoRaWAN 技术适用于智能建筑中的传感器网络，支持大量设备的连接和低功耗运行。

（3）建筑智能化中的存储技术是关键组成部分，它涉及数据的收集、处理、存储和分析，以支持智能建筑的高效运行和维护。目前的主要特征为以下几个方面：

1）云存储：云服务提供商如阿里云、腾讯云等提供的云存储解决方案，允许智能建筑将数据存储在远程服务器上，实现数据的弹性扩展、高可用性和灾难恢复。

2）边缘计算：边缘计算技术将数据处理和存储推向网络的边缘，靠近数据源。这样可以减少延迟，提高数据处理速度，适用于需要实时或近实时处理的应用场景。

3）大数据技术：随着智能建筑中传感器和设备的增多，产生的数据量也在迅速增长。大数据技术如 Hadoop 和 Spark 等，提供了强大的数据存储和分析能力。

4）时间序列数据库：针对智能建筑中传感器产生的连续数据，时间序列数据库（如 InfluxDB）提供了高效的数据存储和查询能力。

5）NoSQL 数据库：NoSQL 数据库如 MongoDB、Cassandra 等，提供了灵活的数据模型和水平扩展能力，适合存储结构化和半结构化数据。

6）分布式文件系统：分布式文件系统（如 HDFS）可以存储海量数据，并支持高吞吐量的数据处理，适合大数据分析和机器学习应用。

7）数据湖：数据湖是存储原始数据的大型仓库，允许存储任意规模的结构化和非结构化数据。数据湖技术（如 Amazon S3）支持多种数据消费模式。

8）数据安全技术：随着数据安全和隐私保护意识的提高，加密存储、访问控制和数据备份等安全技术在智能建筑中变得越来越重要。

9）智能数据管理：智能数据管理系统可以自动执行数据清洗、转换和加载等任务，提高数据的质量和可用性。

目前这些存储技术的发展，为智能建筑提供了强大的数据支持，使得建筑能够更加智能、高效和可持续地运行。

（4）建筑智能化领域正越来越多地利用数据分析和机器学习技术来提高能效、优化运营、增强用户体验，并实现可持续发展。目前的主要特征为以下几个方面：

1）数字孪生技术：数字孪生基于 BIM 等手段创建建筑的虚拟副本来进行模拟和分析，并通过数据可视化技术，将复杂的数据信息转化为直观的图表和仪表板，帮助管理者快速把握建筑运行状况，优化建筑设计和运营决策，提高建筑的性能和效率。

2）云边协同：结合边缘计算和云计算，实现数据的快速处理和智能决策，降低延迟，提高效率。

3）人工智能（AI）与机器学习：AI 和机器学习技术可以对建筑运行数据进行深入分析，预测设备故障、能源消耗模式等，实现自动化的控制和优化管理。应用深度学习网络，如卷积神经网络（CNNs）和循环神经网络（RNNs），处理复杂的建筑数据集，实现更准确地预测和分类。

4）预测性维护：通过机器学习算法分析来自建筑设备的传感器数据，预测设备故障和维护需求，减少意外停机时间，降低维护成本。

5）能源管理优化：利用历史能源消耗数据和实时监测数据，机器学习模型可以预测能源需求，优化能源使用，实现节能减排。

6）语音和图像识别：集成语音和图像识别技术，提供更自然和直观的交互方式，增强建筑系统的可用性和响应性。

7）安全和安防监控：使用计算机视觉和机器学习技术，智能分析视频监控数据，以识别潜在的安全问题和可疑行为。

8）移动应用和无线技术：通过移动应用和无线技术，管理人员和用户可以随时随地接收建筑运行信息，进行控制和管理。

（5）建筑智能化在对建筑的运行进行智能控制和管理方面，主要是通过软件平台来实施的：

1）智能楼宇管理系统（IBMS）更具智慧化：IBMS 集成了建筑内多个系统，如安全、暖通空调、照明等，通过以上技术手段实现更加智慧化的平台进行管理和控制。集成的自动化控制系统基于智慧化的平台自动调节建筑内的照明、温度、通风等，提高建筑舒适度并有效降低能耗。

2）能源管理系统：智能能源管理系统可以监控和控制建筑的能源使用，建立机器学习模型或云边协同后，具备了智慧的大脑，可以优化能源分配，实现节能减排。

3）智能安防系统的智慧化提升：基于视频监控、门禁控制和入侵检测等技术，结合 AI 智能识别，安防系统可以提供更高级别的安全保障。

以上平台和技术的应用使得建筑智能化向更高级别的自动化、智慧化和个性化发展，但同时也带来了新的挑战，如数据隐私保护、技术成本和标准化等问题。

3.2　智能化施工信息技术与工程技术最新进展

3.2.1　BIM 技术

在施工设计阶段，以高精度的 BIM 模型作为信息载体，建立 BIM 资源库，模型具备大量的几何信息，使构件的参数能够更加准确。施工前期，技术人员结合项目实际情况利用 BIM 技术构建相应的立体三维化数据模型，与传统二维模型相比，三维化数据模型更加直观和精准，能够将项目施工过程中出现的问题显现出来，准确发现问题根源；在工地一体化管控方面，基于 BIM、物联网、人工智能等信息化技术推出智慧工地解决方案，在项目中实现质量问题关闭率可达到 70%以上，质量管理水平大幅提高；在 BIM 智能审查方面，新建项目中采用 PKPM-BIM 软件，可顺利通过施工图 BIM 智能审查，实现人工审查与快速机审的协同配合，显著提高审查质量和效率。

3.2.2　人工智能技术

人工智能技术是一种包括计算机技术、智能控制技术、信息技术、系统工程管理等多学科、综合性的技术。在建筑智能化工程施工过程中，有很多专业且复杂的数据需要处理，利用人工智能技术可以将这些信息结合，通过通信和图片处理等方式重新整理数据，满足现阶段智能化工程施工管理的需求，为整个项目提供数据支持。人工智能在建筑建设和运维管理中也发挥着重要作用。如大家熟知的人脸识别门禁、人流分析、语音交互、运维管理机器人等。阿里未来酒店充分应用人工智能技术，实现了智能酒店无人管理，人脸识别系统自动办理入住，进入房间后，可通过天猫精灵控制房间温度、灯光、窗帘、电视等，餐厅采用机器人提供用餐服务。

3.2.3　电子信息技术

在实现智能化工程中，电子信息技术的融入是不可缺少的，电子信息和智能化建筑工程的整合，将实现现代智能化的处理模式，促进建筑变革。在建筑智能化工程当中，电子信息技术已成为不可缺少的辅助生产条件，依托电子信息技术能够在缩减成本的同时提高工作效率，是当前建筑智能化工程建设发展的必要工具。通过电子信息技术能够构建统一完善的信息沟通网络，实现高质量的信息传输与保留。例如在苏州白荡湖水厂运用构建的数字孪生信息化平台，改变了水厂运维模式。BIM 精准映射水厂结构与设备，实现三维可视化管理；GIS整合地理信息，建筑智能化IoT技术实时采集水质、流量、设备状态等数据，与数字孪生模型融合，使远程监控与故障预警能够实时反映至信息化平台。运维团队借此平台能便捷获取定位问题，模拟应急处理方案，优化运行策略，确保供水安全高效。与运行相关的记录报告同步生成，极大提升了水厂运营管理的智能化水平。

3.2.4 建筑电气智能化弱电工程

智能化建筑技术的出现，彻底颠覆了传统的建筑模式，满足了人们日益升高的建筑要求。与传统的电气控制系统研究相比，智能化建筑技术在特点上、应用上有很大的不同。建筑电气工程一般是指建筑物里的电线、电气设备等一系列配件，电气设备的安装、电线的敷设就是电气工程施工的主要内容。而相较于传统的建筑电气系统，智能化电气系统能给人带来更舒适、更人性化的工作、生活环境。比如，智能化电气系统中的车辆诱导系统，能够让车主快速找到停车位置，使车主更快找到车辆，这就加强了车库的服务效能；智能电气系统中的火灾报警系统、灭火系统、监控系统均有着智能化的自动功能，一旦建筑物出现燃烧等情况，就能够实现自动化报警、应急；智能化电气系统中的感应元件，能够实现和智能家电的有效协作，避免了资源浪费情况的出现，体现出了环保、绿色、低碳的施工理念。

四、建筑智能化工程施工技术前沿研究

4.1 BIM技术新应用

4.1.1 BIM+GIS技术

学者们对BIM在装配式建筑项目设计、施工、运维等阶段的工程实践应用进行了不少研究，但实际的应用效果与预期相差甚远。由于BIM不是为了处理实时数据而设计的，它在工业中用于设计、施工、维护任务和互操作性，这些功能的实现不一定需要实时能力。因此，将实时数据（例如通过传感器和物联网设备）输入BIM，进而对BIM功能进行补充和完善的相关工作正在深入研究中。

4.1.2 BIM+AR技术

AR是一种实时计算摄影机影像位置与角度并加上相应图像的技术，是一种将真实世界信息与虚拟世界信息无缝集成的新技术，此技术目标就是在屏幕上将虚拟世界套在现实世界并进行互动。AR技术不仅展现了真实世界信息，也同时显示了虚拟信息，实现了两种信息的相互补充与叠加。

BIM与AR结合，可实现在BIM模型中确定风险源，再到AR中进行虚拟现实的模拟，现场人员通过现实与模拟情况的比较，确定危险源的类型进而对进行安全控制。

4.1.3 BIM+VR技术

VR技术（虚拟现实技术）的基本含义为模拟真实存在的事物与环境因素，运用专门的虚拟仿真软件来构建完整的项目场景空间。因此从根本上来讲，具有动态化以及三维立体场景特征的VR技术模型可以带来全新的虚拟空间场景体验，并且还能够达到全面融合仿真技术手段、传感技术手段、人机交互技术手段、网络技术手段的良好实践效果。VR技术的智能化与虚拟化场景包含了特定的环境空间因素，有益于调动人体各个感官来共同体验场景空间特征。在目前的技术演变发展现状下，VR技术已经具备了多重感知性、自主体验性、交互性与存在感的显著技术特征。

利用虚拟现实技术能按实际情况还原真实的施工现场，设置高空坠落、吊装物体打击、触电事故、排水施工工艺体验、管廊主体施工工艺体验等项目，施工人员可在虚拟场景里漫游，对施工进行模拟，迅速掌握施工相关要领，同时也可体验相关安全事故，从而达到提高建筑施工质量和减少伤亡事故的目的。

4.1.4　BIM+MR技术

MR技术（混合现实技术）指的是将VR的仿真虚拟场景全面运用在特定的项目环节领域，确保原有的虚拟场景中能够融入全新的真实场景信息因素。通过实施以上的混合现实技术转换，可以拓展原有的虚拟化场景体验视角，确保达到紧密衔接虚拟场景以及真实感官体验的效果。通常情况下，MR技术的显著特征体现在实时运行特征、虚拟场景与立体化效果结合特征、现实与虚拟融合特征等。在交互作用的模式基础上，用户可以完整感知全新的虚拟现实情景融合效果。

4.1.5　BIM+360全景+AI技术

360全景+AI技术依托核心的VSLAM（即时定位与地图构建）算法，对目标场景录制的全景视频进行运算处理，生成一条带有轨迹的全景影像集合，同步精准映射在目标场景的场布图上。通过BIM实现基于轨迹的现场全景、图纸的位置关联、视角关联，基于该技术可以实现三位一体的一键定位，同屏展现。通过该技术可以实现快速的实景上云，同屏比对；依此技术的BIM模型运用，例如在现场施工交底、现场工程问题协调的正向作用优势明显，符合工程人员的管理行为习惯，激活BIM模型的实用性，促进BIM的准确及时，提升工程现场协同效率。未来通过例如威视通全景与点云的精准拟合影像，AI全景视觉的算法训练，自动识别工程现场管理要素的关键信息，依托该技术平台分发现场问题相关责任人，将极大提高工程安全、精准实施的效率。

4.2　通信技术

现代化的智能信息设施系统在智能建筑构建以及日常运行过程中发挥着至关重要的作用。是实现智能建筑信息化管理以及智能通信的重要前提，也是提高智能建筑现代化信息管理水平的主要手段。随着社会的进步，科学技术的持续发展，现代化的智能信息技术已经被广泛应用于各个行业，在智能建筑的构建和信息系统的运作过程中得到了普遍的应用。随着计算机控制系统的持续发展，现代化的智能信息控制技术逐渐应用于智能建筑各类。信息设备工作中，主要通过网络技术、语音识别技术以及数据通信的合理利用完成信息设施系统的正常运转，从而提高建筑的智能化水平，增强人们的个性化、智能化服务体验。

4.2.1　LoRa技术

LoRa技术能够实现长距离的通信功能，在线性调频扩频调制的支持下，其展现出低功耗的特点，从而能够有效增加通信的距离，对于单个网关或者基站而言，LoRa技术的应用，它可以覆盖很广的范围，但同时覆盖范围也会受到周边环境或者障碍物的影响。LoRa物联网技术在应用的过程中，其辐射信号在没有任何障碍物的影响下能够覆盖5～10km的范围，即使是在建筑物比较密集的城市中，该技术的辐射信号也能够达到500～

1000m 的范围。

4.2.2 NB-IoT 技术

NB-IoT (Narrow Band Internet of Things) 有广域覆盖、超低功能和超低成本等显著优势，使其在对数据速率要求不高、时延不敏感的垂直应用领域具有广阔的应用前景。基于 NB-IoT 技术的设备可实现即插即用，降低了设备的安装、调试周期和费用。在智能建筑领域，NB-IoT 技术已经崭露头角，在智能消防、智能路灯和智能家居等方面都得到了成功的应用，内置 NB-IoT 芯片的智能家居设备无需配置路由和网关也可以一直在线。

4.2.3 ZigBee 技术

ZigBee 技术可以嵌入多种设备中，广泛应用于自动控制、远程控制领域。相对于其他通信技术来说，ZigBee 技术具有传输效率高，失误率低的优势，其发射功率仅为 1mW，且拥有自动休眠功能。ZigBee 主要由终端设备、协调器和路由器三类设备构成，不同设备负责的功能不同，整体形成三维立体的通信结构。另外，ZigBee 技术的购置成本低，后期无维护费用和通信协议使用费。同时，ZigBee 技术采用免冲撞机制，对信道预留固定带宽，且对通信数据进行确认后，才进行下一次发包，有效避免多方向数据传输造成的信息冲突问题。一旦通信系统处于“死循环”，或者“循环冗余”的条件中，系统进行“跳出”措施，减少对系统资源的过度占用。ZigBee 技术虽然在延迟要求较高的工业控制、预警系统等领域得到广泛应用，但在智能建筑领域的应用程度较低，具有较高的研究空间。

4.3 物联网技术

4.3.1 建筑物联网

建筑物联网主要是由在建筑通信网络上有沟通能力的“物体”或智能对象组成的应用程序和服务。建筑物联网是一个智慧的网络，旨在为无处不在的智能对象提供一个身临其境的连接。建筑物联网能连接来自不同供应商的设备，服务最终端用户的利益。建筑物联网具有建筑运行状态全面感知、建筑运行数据海量处理、建筑运行管理智能化综合应用的特征。因此，建筑物联网在建筑智能运维领域有广阔的应用前景。并且当建筑物联网采集数据达到一定规模后，才能满足人工智能预训练过程中对数据规模和质量的要求，进而满足人工智能在建筑智能化运维应用落地的要求，提升建筑智慧运行的能力。因此，建筑物联网的发展需要具有强大的数据存储和数据计算能力作为支撑，而建筑物联网管理平台能使分布在建筑物内不同地点且数量众多的建筑物联网数据实现集中管理、综合应用的目标。

4.3.2 建筑物大数据技术

大数据技术可以使建筑工程的设计与施工更加合理化，在建设工程中的应用主要体现在 5 个方面：建筑能耗问题分析、对建筑破坏进行检测、建造工程造价数据库、应用于施工设计环节以及减少能源消耗与制作时间。

对智能化建筑工程来说，大数据技术的应用是不可或缺的，并且随着信息技术的发展，未来土木工程的数据量必将进一步增加，大数据技术的使用更加关键，因此，为了保证土木工程建设和运营的高效、快速，使数据发挥出其应有的价值，必须要对大数据技术进行深入研究。

4.4　移动互联技术

移动互联技术的应用，解决了建筑内系统与人员之间互联互通的问题，真正把人员以及其工作融入自动化系统当中，实现了人机协同。在构建移动互联网的过程中，需实现通过信息终端如手机、平板电脑、计算机等人机交互设备来访问城市综合体。而城市综合体还需要提供对应的访问端口，通过各类程序满足用户的服务需求，如现在无处不在的移动支付。首先，使用无线通信服务商提供的基础信息服务；其次，由城市综合体提供付款端口，而用户则使用 App 便捷地完成付款操作。移动互联网的出现为智能建筑带来了基于“平台＋应用”的新方式。

4.5　生物技术

生物技术在智能建筑中的应用包括：①生物技术与建材的融合，使建筑物更节能；②环境检测技术，希望将来生物智能芯片的感知能力更接近于人，生物技术将对有害物的处理发挥功效；③生物智能将把建筑智能化提高到一个新的水准。

例如，目前应用较多的生物识别系统。生物识别系统主要用于身份认证，城市智能化项目开发的过程中通常会面临一些较为隐私的安全需求，如办公区域对出入成员的限制，需要通过生物识别系统来进行识别。现阶段经常采用的生物识别方式主要有声音、指纹、人脸、虹膜等，这些方式多数情况下用于入驻企业或商家的考勤和门禁系统中。同时在得到消费者同意的情况下，也可以用于消费者的智能消费服务，进一步提升消费的服务体验。

4.6　产业生态功能智能化

城市综合体在实际应用的过程中包括办公、娱乐休息、生活、消费等多个产业生态功能，功能的综合化使得其在运行和管理的过程中具有更高的智能化需求。而在智能化技术有效应用的过程中，也需要进一步完善产业、生态的功能性建设，如办公区域可通过大数据、云计算等方式来分配商务群落，并根据使用者的需求来提供更加合理、舒适的办公服务，一方面可以保证办公空间和环境满足商务与工作展开的需求，另一方面还可以通过智能技术来进行远程的沟通与交流，使城市综合体具有更高的竞争力。而在商业、生活区域的分配过程中，一方面可以通过智能化的信息发布来精准投放广告信息，同时联合各个商家来提供线上购买服务，在进一步提升城市综合体商业价值的同时，还可以有效实现商业信息的全面共享；另一方面则需要打造更加人性化的商业、生活场所，根据城市综合体的建筑风格来构建具有特色的休闲、商业场所，并利用语音平台等手段发布商家广告，有效吸引消费者的到来。

4.6.1　新能源应用

近年来，发电能力从集中型的大型、超大型发电厂分散到各个角落；模块化的太阳能面板、风机走进城市，成为生活的一部分。智慧楼宇的绿色环保不再局限于其本身，而被赋予“可再生”“可持续发展”的新概念，成为能够在一定程度上实现能源自给自足，甚至能够产生多余能源的新建筑，成为分布式的能源生产网络中的一个个新节点。

4.6.2 建筑结构健康监测

结构健康监测（SHM）包括多学科的交叉融合，如传感技术、结构工程、材料科学、数据科学等。结构健康监测技术就是利用传感器来对其结构进行监测，以结构特点为基础，来明确结构问题的所在位置，进而来达到监测结构损伤情况的目的。其工作原理就是利用传感器来获取建筑结构的变化情况，明确其中损伤的位置，通过相应的方法来进行计算，推断当前结构的健康情况，并且还能够通过不间断监控的方法来了解结构的耗损。结构健康监测其中融合数据分析、网络通信等等相应技术。结构健康监测系统对推动建筑智能化的发展及智慧城市的实施具有不可或缺的作用。

4.6.3 智能桥梁

“智能桥梁”技术是在桥梁建设和养护技术充分发展的基础上，融合大数据、云计算、物联网、虚拟现实和人工智能等先进技术所形成的新一代桥梁建设和养护技术。“智能桥梁”技术能够实现桥梁工程全寿命周期的风险感知、快速响应和智能管理。其未来的发展方向为：桥梁建设和养护技术发展、平台构建、创新机制建设。以“智能桥梁”为主题的“中国桥梁 2025”科技计划是中国桥梁工程未来 10～20 年的顶层科技发展规划。该科技计划包括“桥梁智能化设计建造技术及装备”“桥梁智能化管养技术及装备”和“桥梁智能化建设和养护一体化技术及平台”三个项目。

五、建筑智能化工程施工技术指标记录

5.1 智能化集成系统关于集中监视、储存和统计功能检测的规定

关于抽检数量的确定，以大型公共建筑的智能化集成系统进行测算。大型公共建筑一般指建筑面积 2 万 m^2 以上的办公建筑、商业建筑、旅游建筑、科教文卫建筑、通信建筑以及交通运输用房。对于 2 万 m^2 的公共建筑，被集成系统通常包括：建筑设备监控系统、安全技术防范系统、火灾自动报警系统、公共广播系统、综合布线系统等。集成的信息包括数值、语音和图像等，总信息点数约为 2000（不同功能建筑的系统配置会有不同），按 5%比例的抽检点数约为 100 点，考虑到每个被集成系统都要抽检，规定每个被集成系统的抽检点数下限为 20 点。20 万 m^2 的大型公共建筑或集成信息点为 2 万的集成系统抽检总点数约为 1000 点，已涵盖绝大多数实际工程的使用范围，推荐抽检总点数不超过 1000 点。

5.2 建筑设备监控系统

（1）暖通空调监控系统的功能检测应符合以下规定：冷热源的监测参数应全部检测；空调、新风机组的监测参数应按总数的 20%抽检，且不应少于 5 台，不足 5 台时应全部检测；各种类型传感器、执行器应按 10%抽检，且不应少于 5 只，不足 5 只时应全部检测。

（2）变配电监测系统的功能检测应符合以下规定：对高低压配电柜的运行状态、变压器的温度、储油罐的液位、各种备用电源的工作状态和联锁控制功能等应全部检测；各种电气参数检测数量应按每类参数抽 20%，且数量不应少于 20 点，数量少于 20 点时应全

部检测。

(3) 公共照明监控系统的功能检测应符合以下规定：应按照明回路总数的 10%抽检，数量不应少于 10 路，总数少于 10 路时应全部检测。

(4) 给水排水监控系统的功能检测应符合以下规定：给水和中水监控系统应全部检测；排水监控系统应抽检 50%，且不得少于 5 套，总数少于 5 套时应全部检测。

(5) 电梯和自动扶梯监测系统应检测启停、上下行、位置、故障等运行状态显示功能。

(6) 中央管理工作站功能应全部检测，操作分站应抽检 20%，且不得少于 5 个，不足 5 个时应全部检测。

(7) 建筑设备监控系统实时性的检测应符合以下规定：检测内容应包括控制命令响应时间和报警信号响应时间；应抽检 10%且不得少于 10 台，少于 10 台时应全部检测。

5.3　综合布线系统

(1) 综合布线系统检测单项合格判定应符合下列规定：

1) 一个及以上被测项目的技术参数测试结果不合格的，该项目应判为不合格；某一被测项目的检测结果与相应规定的差值在仪表准确度范围内的，该被测项目应判为合格。

2) 采用 4 对对绞电缆作为水平电缆或主干电缆，所组成的链路或信道有一项及以上指标测试结果不合格的，该链路或信道应判为不合格。

3) 主干布线大对数电缆中按 4 对对绞线对组成的链路一项及以上测试指标不合格的，该线对应判为不合格。

(2) 综合布线系统检测的综合合格判定应符合下列规定：

1) 对绞电缆布线全部检测时，无法修复的链路、信道或不合格线对数量有一项及以上超过被测总数的 1%的，结论应判为不合格；光缆布线检测时，有一条及以上光纤链路或信道无法修复的，应判为不合格。

2) 对于抽样检测，被抽样检测点（线对）不合格比例不大于被测总数 1%的，抽样检测应判为合格，且不合格点（线对）应予以修复并复检；被抽样检测点（线对）不合格比例大于 1%的，应判为一次抽样检测不合格，并应进行加倍抽样，加倍抽样不合格比例不大于 1%的，抽样检测应判为合格；不合格比例仍大于 1%的，抽样检测应判为不合格，且应进行全部检测，并按全部检测要求进行判定。

3) 全部检测或抽样检测结论为合格的，系统检测的结论应为合格；全部检测结论为不合格的，系统检测的结论应为不合格。

(3) 对绞电缆链路或信道和光纤链路或信道的检测应符合下列规定：

1) 自检记录应包括全部链路或信道的检测结果。

2) 自检记录中各单项指标全部合格时，应判为检测合格。

3) 自检记录中各单项指标中有一项及以上不合格时，应抽检，且抽样比例不应低于 10%，抽样点应包括最远布线点。

(4) 综合布线的标签和标识应按 10%抽检，综合布线管理软件功能应全部检测。检测结果符合设计要求的，应判为检测合格。

(5) 电子配线架应检测管理软件中显示的链路连接关系与链路的物理连接的一致性，

并应按 10%抽检。检测结果全部一致的，应判为检测合格。

5.4 有线电视及卫星电视接收系统

有线电视及卫星电视接收系统进行主观评价和客观测试时，应选用标准测试点，并应符合下列规定：

(1) 系统的输出端口数量小于 1000 时，测试点不得少于 2 个；系统的输出端口数量大于等于 1000 时，每 1000 点应选取 2～3 个测试点；

(2) 对于基于 HFC 或同轴传输的双向数字电视系统，主观评价的测试点数应符合 (1) 的规定，客观测试点的数量不应少于系统输出端口数量的 5%，测试点数不应少于 20 个；

(3) 测试点应至少有一个位于系统中主干线的最后一个分配放大器之后的点。

六、建筑智能化工程施工技术典型工程案例

启迪设计大厦是苏州自贸片区的地标性企业总部大楼，集绿色建筑、智慧运维、艺术美学于一体的，国家级高品质现代化智能建筑。

融合 BIM 设计、智能化集成等新技术新手段。大厦在设计中结合了 BIM 设计、智能化集成和绿色建筑、节能运营等新技术新手段。

在启迪设计大厦项目中，公司综合运用 BIM 技术、AI 技术以及 3D 可视化表现与交互技术，提高了设计、施工的精准度与沟通效率。

通过 BIM 模型为载体，集成能源信息管理的楼宇智慧运维平台。实现运行维护的集成化、可视化管理。该平台支持数字资产的应用拓展到数字交付与智慧运维。在高效建筑智能化的基础上，通过自控系统自动调节建筑内的照明、温度、通风等，满足用户舒适度并有效降低能耗。其中的能碳管理系统通过机器学习模型及云边协同后，具备了智慧的大脑，优化能源分配，实现节能减排。

第二十篇　季节性施工技术

吉林建工集团有限公司　　　　　　王　伟　齐大伟　丁宝杰　黄　晴　张　磊
黑龙江省建设投资集团有限公司　李梓丰　胡晓江　叶光伟　王　威　刘海哲

摘要

随着我国经济的迅速发展，对于建筑工程的效率要求较高，季节性施工在建筑工程中不可避免。在国家“双碳”目标的大背景下，季节性施工技术内涵更加丰富，需考虑不同季节的气候对施工生产带来的不利因素，在工程建设中采取相应的技术措施来避免或减弱其不利影响，融合绿色低碳环保理念，确保工程质量、进度，安全等各项均达到设计及规范要求。本篇主要介绍了不同季节采用施工技术的内容、特点，以典型案例的形式介绍了冬期施工的发展历程、技术要求、发展展望、技术指标、应用案例。

Abstract

With the rapid development of our country's economy, for the efficiency of construction engineering requirements higher, seasonal construction in construction engineering is inevitable. In the context of the national "Double carbon" target, seasonal construction technology is more rich in content, need to consider the adverse factors of different seasonal climate on construction production, in the construction of the project to take appropriate technical measures to avoid or reduce its adverse effects, integration of green low-carbon environmental protection concept, to ensure that the project quality, schedule, safety and so on meet the design and specifications. This paper mainly introduces the contents and characteristics of construction technology in different seasons, this paper introduces the development process, technical requirements, development prospects, technical indicators and application cases of winter construction in the form of typical cases.

一、季节性施工技术概述

季节性施工技术是指工程建设中按照季节的特点进行相应的建设，考虑到自然环境所具有的不利于施工的因素存在，为避开或者减弱其不利影响，而在工程建设中采取相应的技术措施。从而使工程质量、工程进度、工程费用、施工安全等各项指标均达到设计或规范要求，满足合同及施工安全要求。季节性施工主要包括冬期施工、雨期施工、高温期施工、台风季施工等，其中以冬期施工技术难度最大、最为复杂。

二、季节性施工主要技术介绍

2.1 冬期施工

2.1.1 冬期施工期限划分及常用施工方法

(1) 冬期施工期限划分

根据建筑工程冬期施工规程规定，当室外日平均气温连续 5 天稳定低于 5℃即进入冬期施工，当室外日平均气温连续 5 天高于 5℃即解除冬期施工。

(2) 常用施工方法

砌筑工程的冬期施工方法有外加剂法、暖棚法，以外加剂法为主，一般对地下工程、基础工程以及量小又急需使用的砌筑工程，考虑采用暖棚法施工。

现浇混凝土工程的冬期施工方法有蓄热法、综合蓄热法、电热毯法、暖棚法以及负温养护法等。采用综合蓄热法、电热毯法及负温养护法较多。

2.1.2 冬期施工主要材料

(1) 水泥

需选用活性高、水化热大的水泥，硅酸盐和普通硅酸盐水泥中因混合材料掺入量较少，水泥熟料净含量较高，相对于粉煤灰硅酸盐水泥、矿渣硅酸盐水泥、火山灰质硅酸盐水泥、复合硅酸盐水泥，其早期强度增长速率高，有利于混凝土在负温环境下较早达到受冻临界强度，可防止早期受冻，导致性能下降。

(2) 石子

对于有抗渗、抗冻、抗腐蚀及其他特殊要求的混凝土石子中的含泥量和泥块含量分别不应大于1．0%和0.5%，坚固性指标不应大于8%。

(3) 中砂

对于有抗渗、抗冻、抗腐蚀及其他特殊要求的混凝土中砂中的含泥量和泥块含量分别不应大于3.0%和1.0%；坚固性指标不应大于8%，机制砂应按石粉的亚甲蓝指标和石粉的流动比指标控制石粉含量。

(4) 水

混凝土拌合用水应控制 pH 值、硫酸根离子含量、氯离子含量、不溶物含量、可溶物含量；当混凝土骨料具有碱活性时，还应控制碱含量；地表水、地下水、再生水在首次使用前应检测放射线。具体应符合现行行业标准《混凝土用水标准》JGJ 63 的有关规定。

（5）外加剂

负温混凝土、砂浆中掺入早强剂、防冻剂、减水剂、引气剂等外加剂，并结合或单独辅以相应的蓄热、保温等施工措施，可部分或全部实现常温条件下混凝土、砌体等施工达到的水化环境和硬化性能，具体结构混凝土用外加剂应符合现行国家标准《混凝土结构通用规范》GB 55008 的有关规定。

2.1.3　主要分项工程冬期施工

（1）地基与基础工程

1）土方：冻土挖掘一般根据冻土层的厚度及施工条件，采用机械、人工或爆破等方法进行，挖掘完毕的基槽（坑）应采取防止基底部受冻的措施，采用预留土层并覆盖保温材料。

2）地基处理：同一建筑物基坑的开挖应同时进行，基底不留冻土层；基础施工应防止地基土被融化的雪水或冰水浸泡；寒冷地区工程地基处理中，可采用强夯法施工，强夯施工时，不得将冻结基土或回填的冻土块夯入地基持力层。

3）桩基础：冻土地基可采用非挤土桩（干作业钻孔桩、挖孔灌注桩等）或部分挤土桩（沉管灌注桩、预应力混凝土空心管桩等）施工，当冻土层厚度超过 500mm 宜采用钻孔机引孔，振动沉管成孔时保证相邻桩身混凝土质量的施工顺序，灌注桩冬期施工应采取防止或减少桩身与冻土之间的切向冻胀力防护措施，桩身静荷试验应对试桩周边冻土挖除及对锚桩横梁支座保温，地基土冻深范围内的露出地面的桩身混凝土加强保温防护。

4）基坑支护：冬期施工宜选用排桩和土钉墙的方法，下一道工序均需待桩身混凝土和锚杆水泥浆体达到设计强度方可进行。

（2）砌筑工程

1）外加剂法

宜采用预拌砂浆，采用外加剂法配制砂浆时，可采用氯盐、亚硝酸盐、碳酸钾及氨水型等外加剂辅以砂浆增塑剂，注意投放顺序以避免氯盐类外加剂对增塑剂的消泡作用。氯盐应以氯化钠为主，当气温低于－15℃时，可与氯化钙复合使用。氯盐砂浆中复掺引气型外加剂时，应在氯盐砂浆搅拌的后期掺入，用以保证引气效果。配筋砌体不得采用掺氯盐的砂浆施工。

2）暖棚法

暖棚的加热可优先采用热风装置或电加热等方式，若采用天然气、焦炭炉等，应有防火和防中毒等措施。

确定暖棚的热耗时，应考虑围护结构的热量损失，地基土吸收的热量（与基土邻近）和暖棚内加热或预热材料的热量损耗，暖棚温度不应低于 5℃，并根据暖棚温度保证砌体养护时间。

防止砌体与砂浆温差过大，从而产生结冰隔膜，影响砌体强度。

（3）钢筋工程

1）钢筋负温焊接可采用电弧焊、电渣压力焊，焊接前应进行负温条件下的焊接工艺试验，当环境温度低于－15℃时不宜进行施焊。

2）钢筋负温施工建议采用机械连接。

（4）现浇混凝土工程

1）混凝土配合比：应根据施工期间环境气温、原材料、养护方法、混凝土性能要求等经试验确定，并宜选择较小的水胶比和坍落度及保证最小水泥用量，以保证低温早期强度增长率。

2）混凝土搅拌及运输：应对搅拌机械进行保温或加温，搅拌时间延长 30 ～ 60s，混凝土运输、输送机具及泵管应采取保温措施，混凝土拌合物出机温度不宜低于 10℃，入模温度不应低于 5℃。

3）混凝土养护：混凝土的养护方法主要分为加热法和非加热法。加热法有暖棚法、电加热法、蒸汽加热法等；非加热法有蓄热法、综合蓄热法、广义综合蓄热法（也称负温养护法、防冻剂法）等。混凝土越早进行保湿和保温养护，越有利于混凝土强度的增长和质量保障。

（5）装配式混凝土工程

1）构件运输混凝土强度不得小于设计强度的 75%，装配整浇构件接头受冻临界强度不得低于设计强度的 70%，且要根据体积小、表面系数大、配筋密等特点采取保证措施。

2）保证套筒灌浆料强度增长的环境温度，可采取预热套筒、灌浆料内掺加外加剂、提高灌浆料的入套筒温度、加强保温措施等。

（6）钢结构工程

1）钢结构冬期施工应考虑因温度变化对材料、测量设备等温度变形的影响。

2）选用负温度下钢结构焊接用的焊条、焊丝，在满足设计强度要求的前提下，应选用屈服强度较低、冲击韧性较好的低氢型焊条，重要结构可采用高韧性超低氢型焊条。焊条、焊剂使用前应按产品说明书进行烘焙和保温。

3）在负温下露天焊接钢结构时，应考虑雨、雪和风的影响。当焊接场地环境温度低于－10℃时，应在焊接区域采取相应保温措施；当焊接场地环境温度低于－30℃时，宜搭设临时防护棚。严禁雨水、雪花飘落在尚未冷却的焊缝上。

2.1.4 越冬维护施工

（1）施工期间维护

施工期间按照施工方案确定的方法进行维护，主要有保温覆盖、暖棚法等。

（2）停工期间维护

1）停工的工程项目，要尽可能施工到便于越冬维护的部位，然后再停止施工。

2）入冬前将所有支撑在地面上的模板支撑全部拆除，结构上的支撑应尽量拆除，若因特殊原因不能拆除时，要检查支撑是否牢固，支撑处不能有积水，且保证支撑处不因冻胀而破坏。

3）地沟、地下室、池、槽等地下结构要做好保温、防冻的措施。

4）地梁若没按设计要求做防冻处理的应挖空，防止冻胀。

5）工程上预留的钢筋，应采用塑料布包裹或套 PVC 管保护等防腐措施。现场钢筋应进行覆盖，防止锈蚀。

6）暖封闭的工程门窗洞口要做好保温、封闭工作，尽量少留出入口。

7）越冬维护的保温材料及覆盖厚度要经过计算确定。

8）安排专职人员进行气温观测并做记录，及时接收天气预报，防止极端天气对施工产生影响，做好应急处理预案。

2.2　高温施工

2.2.1　高温施工的温度条件

高温施工的是指在气温较高、相对湿度较大的条件下进行的建筑施工活动。高温期施工需制定高温施工专项方案；并在方案执行中，根据实时的气候监测数据，及时调整实施措施。当达到当地高温标准，应按照相关劳动保护法规要求，停止室外作业。

2.2.2　高温施工技术措施

高温条件下分项工程施工前，应对气候条件对施工的影响进行评估，并根据评估结论所需采取改善措施，可以选择采取的改善措施与方法有：

（1）混凝土工程

1）根据气候气温情况，及时做好预拌混凝土配合比和坍落度的调整工作，满足施工要求和质量标准。

2）采取覆盖、搭棚等遮阳措施，降低预拌混凝土原材料、混凝土生产设备和作业面温度。

3）尽量缩短预拌混凝土搅拌、运输、浇筑、密实和修整时间。混凝土浇筑宜选在一天温度较低的时间内进行。

4）混凝土养护工作要在混凝土初凝后，及时养护，用塑料薄膜覆盖，并浇水养护，避免混凝土表面水分蒸发过快，使混凝土表面发生开裂。

（2）砌体工程

1）预拌的湿拌砂浆应采用专用搅拌车运输，运至施工现场后，应进行稠度检验，除直接使用外，应储存在不吸水的专用容器内，并采取遮阳措施。

2）高温季节砌体施工，要特别强调砌块的浇水，除利用清晨或夜间提前将集中堆放的砌块充分浇水湿透外，还应在砌筑之前适当地浇水，使砖块、片石保持湿润，防止砂浆失水过快影响砂体强度。

3）砌筑砂浆的稠度要适当加大，使砂浆有较大的流动性，灰缝容易饱满，亦可在砂浆中掺入塑化剂，以提高砂浆的保水性、和易性。

4）预拌砂浆，当施工期间最高气温超过 30℃时，应在 2h 内使用完毕。砂浆应随拌随用，控制缓凝剂等外加剂掺量，对关键部位砌体要进行必要的遮盖、养护。

（3）钢结构工程

1）测量设备在高温期连续使用时，应用遮阳措施及多次校正。

2）涂层作业施工时气温应在 38℃以下。当高于 38℃时，应停止施工。防止涂层在钢材表面涂刷油漆会产生气泡，降低漆膜的附着力。

（4）防水工程

1）夏季施工，基层如出现露水潮湿现象，应待其干燥后方可铺贴卷材，并避免在高温烈日下施工。

2）溶剂型涂料保管温度不超过 40℃ ，水乳型涂料贮存应注意密封，贮存温度应在 0℃以上、60℃以下。

3）无机防水涂料、防水混凝土、水泥砂浆等施工环境温度不宜高于 35℃。

（5）装饰 、装修工程

1）水溶性涂料应避免在烈日或高温环境下施工。

2）烈日或高温天气应做好抹灰等装修面的洒水养护工作，防止出现裂缝和空鼓。

2.3 雨期施工

是指在雨季期间进项的工程建设活动，通过合理的施工安排和防雨措施，确保工程的质量与安全措施。

2.3.1 土方工程

在基槽内应设排水沟、集水坑，及时疏导积水排出，防止因排水措施不当而引起土方坍塌造成安全事故。基础边坡上砌筑250mm高120mm厚的砖墙挡水槛，外抹水泥砂浆。基坑上部进行适当放坡处理，以防止地面上的雨水等流入基坑，避免出现侵水泡槽。

2.3.2 模板工程

模板拼装后尽快浇筑混凝土，防止模板遇雨变形，若模板拼装后不能及时浇筑混凝土，又被雨水淋过，则浇筑混凝土前应重新检查，加固模板和支撑。模板支撑处地基应坚实或加好垫板，雨后及时检查支撑是否牢固，将雨水及时排到排水沟内，防止场地内积水。每次雨后支模应清理完混凝土根部表面的杂物和淤泥，清理干净后才能施工。

2.3.3 钢筋工程

钢筋加工场地及堆放场地均要硬化处理，成品钢筋要加200mm高垫木架空，雨天应对钢筋原材及半成品进行覆盖，防止生锈。

雨天钢筋焊接不能进行，焊条、焊剂应保持干燥，如受潮要将焊条或焊剂进行烘焙处理。刚焊好的钢筋接头部位应防雨水浇淋，以免接头骤冷发生脆裂，影响建筑物质量。

在绑扎时如遇雷雨天气，应立即离开现场，将已经绑扎的钢筋进行覆盖。雨后要检查基础底板后浇带，清理积水，避免钢筋锈蚀。

2.3.4 混凝土工程

雨期施工时，应加强对混凝土粗骨细料含水量的测定，及时调整用水量。混凝土施工现场要预备大量防雨材料，以便浇筑时突然遇雨进行覆盖。大面积混凝土浇筑前，要了解2～3天的天气预报；混凝土浇筑不得在中雨以上进行，遇雨停工时应采取防雨措施，对已浇筑部位应加以覆盖。现浇混凝土应根据结构情况和可能，多考虑几道施工缝留设位置。

2.3.5 砌筑工程

砌块在雨期不宜浇水，砌墙时要求干湿砖块合理搭配，砌块湿度较大时不可上墙，砌筑高度不可超过1m；雨期遇大雨必须停工，砌砖收工时应采取覆盖措施，避免大雨冲刷灰浆。

2.3.6 外保温工程

进入施工现场的岩棉等保温材料应有遮挡等防雨水渗入的措施，已经上墙的保温材料要及时进行面层保护层施工。

2.3.7 吊装工程

雨天吊装应保证吊装设备操作人员的视线及通信指挥不受影响，应采取增加吊装绳索与构件表面粗糙度等措施；扩大地面的禁行范围，必要时增派人手进行警戒。

2.3.8　市政工程

市政基础设施工程施工要充分考虑雨期施工的影响。路基每一压实面做成2%的横坡以利排水，保证路基表面平整不积水。已摊铺好的松土层在雨天来临前尽快压实，防止雨水进入路基。路面工程严禁在下雨时进行施工。下雨或基层潮湿时，无可靠保证措施不得摊铺沥青混合料。

2.4　台风季施工

台风是一种突发性强、破坏力大的自然灾害，对场区工程建设的人身设备安全构成很大危险，做好防台风技术非常必要。

2.4.1　塔式起重机、施工电梯等防台风措施

（1）当风力达到六级以上（含六级）时，应停止所有起重吊装作业。

（2）台风来临前做好塔式起重机、施工电梯的加固。塔式起重机、施工电梯应与其附属建筑物进行刚性连接。

（3）当台风达到12级以上时，应考虑降低塔式起重机、施工电梯高度。

2.4.2　施工过程中建筑物防台风措施

（1）彻底检查脚手架各杆件连接情况，并及时清理脚手架上堆放的模板、木方等材料，保证在台风来临时，脚手架上不堆放材料。

（2）已就位的梁柱模板应及时立杆或斜撑进行加固，严禁随意挂在柱子上或随意架空在脚手架上，施工平台上的模板采取可靠加固措施或转运至室内安全的地点。

（3）台风来临前1～2天不宜抢工浇筑梁柱混凝土，以免混凝土强度的发展时间不足以抵挡台风的袭击，形成柱根部裂缝。

（4）进行柱、梁钢结构吊装除考虑常规临时支撑措施外，还应制定防台风、防阵风措施。

三、季节性施工技术最新进展（1～3年）

冬期施工技术

（1）土方工程

土方开挖施工基本不受温度及气候的影响，冻土开挖需要辅助机械进行破碎松动处理，对于基底需要及时进行保温覆盖或预留冻胀土的措施。

（2）桩基础

预制桩施工在冬季进行引孔后可以全天候施工，施工完成后应及时对桩孔进行保温覆盖，防止桩孔进入冷空气，导致地基土冻胀。

灌注桩冬期施工需要采取适当措施，主要取决于混凝土的各项性能指标。

（3）基坑支护

冬期基坑支护采用的主要方法为排桩和土钉墙，钢筋混凝土灌注桩作为排桩时，桩身可掺入防冻剂及早强剂，采用负温养护法进行施工。

（4）砌筑工程

常规的砌筑工程冬期施工方法主要有外加剂法、暖棚法、蓄热法、电加热法等。其中

以外加剂法为主，对地下工程或急需使用的工程，可采用暖棚法。

新型 ALC 轻质隔墙板装配化施工的广泛应用，基本不受季节性限制，薄加砌成品砂浆的质量控制等。

(5) 混凝土工程

混凝土工程采取的施工方法较多，主要有蓄热法、综合蓄热法、外加剂法 、暖棚法、负温养护法、蒸汽养护法、内部通气法等，各项技术由于有所在地区及施工条件的限制，采取的方法也不尽相同，基本都处于成熟的状态。其中综合蓄热法、暖棚法是冬期施工较为常见的施工方法，易于保证质量。

(6) 数字混凝土的应用

利用数字图像处理技术，获得骨料与水泥石粘结面积与极限应力之间的数量关系。以此为基础建立二维坐标曲线图用于推算和验证混凝土抗压及抗折强度与微观结构的量化关系，进而确定用于混凝土配合比设计的粗细骨料和胶凝材料的技术参数，便于控制冬施混凝土拌合物的各项指标。从而实现可视化选材和可视化成品质量控制。

(7) 钢结构

钢结构工程在冬期施工项目较为普遍，大多均在工厂预制，现场进行焊接拼装，在−20℃情况下都有施工，但是需要采取严格的防护措施，例如搭设防风、防寒棚等保温措施。

四、季节性施工技术前沿研究

4.1 冬期施工

(1) 开发复合多功能型的冬用外加剂。外加剂的种类繁多，一次使用多种外加剂，会给施工带来很多麻烦，而研发复合多功能型外加剂，利于寒地建造的成果与发展。

(2) 抗冻剂品种系列化、多样化。不断研制开发新品种，使品种系列化、多样化，以满足各种特殊工程的需要，并方便工程使用和质量控制；发展高强化、抗老化所需用的抗冻剂。近年来，各国使用的混凝土的平均强度和最高强度都在不断提高，发展高强化、抗老化所需用的高效能冬用外加剂，为冬期施工高强、超高强混凝土提供技术支撑，−30℃情况下已有施工案例。

(3) 冬季套筒灌浆技术是目前制约建筑工业化发展一个重要技术环节，冬季零度以下无法进行构件安装，发展可在负温环境下使用的灌浆料，对建筑工业化将具有重大的意义。

(4) 沥青路面趋于 5℃冬施，路面冰雪地面监控与抗冰防滑技术已有先进技术措施及多项成功案例。

4.2 雨期施工

随着科学技术的发展，雨期天气施工的危害逐步引起大家的重视，除了材料性质的改善及覆盖措施，雨期施工用专用装配式机具将有望陆续被开发应用，以确保施工的质量和安全。同时大力发展工业化装配式结构体系，也减少了季节性施工的工作量。

五、季节性施工技术指标记录

5.1　冬期施工混凝土热工计算

热工计算是事先控制冬期施工混凝土质量的重要手段，可以在已知的混凝土原材料前提下，根据不同气温条件，确定混凝土拌合温度、出机温度、运输过程中的温度降低、入模温度以及初始养护温度，也可根据不同养护方法所要求的温度条件来调整原材料预热温度 、运输与浇筑过程中的保温条件以及保温材料种类与热工参数等。

5.2　负温混凝土配合比设计

负温混凝土配合比设计主要依据施工环境气温条件、养护方法的不同，结合原材料、混凝土性能要求等经充分试验后确定。针对不同的环境气温，增加测试－7d、－28d、－56d、－7＋28d、－7＋56d 等龄期强度，建立负温混凝土强度增长规律曲线，并用标准养护 28d 强度作为基准，比对－7＋56d 强度，并以此作为调整负温混凝土配合比设计强度标准差的依据。

5.3　负温混凝土原材料的预热

混凝土原材料的预热温度一般可以通过热工计算采用反推法确定。原材料中预热拌合水最为便利，拌合水加热最高温度不超过 80℃ ，骨料加热最高温度不超过 60℃；水泥强度高于或等于 42.5 级时，拌合水加热最高温度不超过 60℃ ，骨料加热最高温度不超过 40℃。

5.4　混凝土施工的温度控制

混凝土出机温度不宜低 10℃，对于预拌混凝土和远距离输送的混凝土，出机温度应提高到 15℃以上。冬期施工控制混凝土入模温度不得小于 5℃。对于大体积混凝土，混凝土入模温度不宜过高，可以适当降低出机温度和入模温度。

5.5　负温混凝土受冻临界强度控制

混凝土在受冻前的强度必需超过临界强度，受冻前的预养时间越长，受冻后的强度损失越小，对于预 4h 后受冻的 C30、C40 混凝土，在负温 7d＋正温 28d 龄期时的抗压强度即可达到试配强度的 95％；受冻临界强度＞5MPa 时，相应的预养时间分别为 18h、14h，不掺加防冻剂混凝土则需 48h、36h；不掺和掺加防冻剂的 C50、C60 混凝土的预养时间分别为 36h、24h。

5.6　装配式建筑套筒灌浆料技术特性

在低温情况下，水泥水化反应速度放缓，灌浆料强度增长较慢，在保证 30min 流动度指标时，低温型套筒灌浆料在施工及养护过程中 24h 内灌浆部位所处的环境温度不应低于－5℃ ，且不宜超过－10℃。

六、季节性施工技术典型工程案例

6.1 长春空港文化创意产业园项目

6.1.1 工程概况

该工程规划总占地面积 57615m^2，总建筑面积 60226.89m^2；项目主要建设长春空港文化创意产业园一座，地上 5 层，地下 1 层，主体为钢结构框架结构，上铺钢筋桁架楼承板，主体结构 1 轴及 16 轴外有雨棚结构，雨棚为管桁架结构；该工程荣获中国建筑钢结构金奖。

雨棚管桁架结构，首先竖向支撑由四片竖向片墙及圆柱组成，顶部由若干主次桁架组成；结构纵向由若干双管桁架结构组成，横向由若干双管桁架结构组成，纵横向桁架之间设置刚性系杆及桁架间交叉支撑；顶标高 30.6m，最大跨度 50.4m，水平投影面积约 5430m^2，立面投影面积约 5000m^2，见图 20-1。

图 20-1 管桁架雨棚立体

管桁架雨棚材料主要为圆管：PIP1000×36、PIP203×8、PIP83×5、PIP203×16、PIP152×6、PIP102×6、PIP83×6。

冬期施工使用的焊接材料，选用金桥 E5015 型焊条。

6.1.2 冬期施工任务情况

冬期施工的主要工程内容为：1 轴外及 16 轴外管桁架雨棚结构的现场焊接及安装。

6.1.3 冬期施工总体部署

钢结构雨棚焊接采用焊前预热、焊后保温的综合施工方法。

6.1.4 冬期施工准备

(1) 组织准备

为确保冬期施工的正常进行，及时应对突发情况，项目部成立冬期施工领导小组。

(2) 技术准备

冬期施工前认真组织有关人员分析冬期施工作业计划，并组织编制冬期施工方案。

应做好施工人员的冬期施工培训工作，组织施工人员学习冬期施工的规范、规定、标准。

（3）生产准备

冬期施工前将所用到的材料准备齐全，主要包括：测温计、焊条保温桶、玻璃丝保温棉、冬期施工电热毯、氧气乙炔等，材料进场后设专人保管。

冬期施工前，组织相关人员进行一次全面检查，包括临时设施、临时用电、机械设备等。

6.1.5　冬期施工主要措施

（1）管桁架雨棚焊接材料保温措施

冬期施工焊条、焊丝等焊接材料，放置于焊条保温桶或暖棚内，以确保焊接材料的正常温度。

（2）管桁架雨棚焊接预热措施

雨棚管桁架焊接前，根据焊接原材料规格及相应的焊接工艺，确定相应的焊接前预热温度，焊缝附近设置测温计，使用氧-乙炔设备对焊缝周围母材进行预热，以达到预期的预热温度。

（3）管桁架雨棚焊接时的防风措施

由于钢结构雨棚结构特点及空间的限制，不能搭设完全封板的保温防风棚，焊接时，在焊缝周围搭设局部防风遮挡。

（4）管桁架雨棚焊接后保温措施

焊接后，使用氧-乙炔设备对焊缝及周围母材进行加热，以逐步降低温度，在焊缝周围绑扎保温玻璃丝棉，并在其上面绑扎冬期施工电热毯，对焊缝进行保温。

6.1.6　主要施工方法

（1）管桁架雨棚焊接施工

1）焊条预热：焊条往往会因吸潮而使工艺性能变坏，造成电弧不稳、飞溅增大，并容易产生气孔、裂纹等缺陷；因此，焊条必须安置于焊条保温桶或暖棚内，并保持温度恒定，保温桶内温度宜保持在10～20℃范围内，见图20-2。

图20-2　焊接材料保温桶

2）冬期施工中，焊接采取焊前预热降低焊接残余应力，在需要焊接的构件坡口两侧各80～100mm范围内，使用氧-乙炔设备进行预热，焊接预热温度控制在30℃左右，见图20-3。

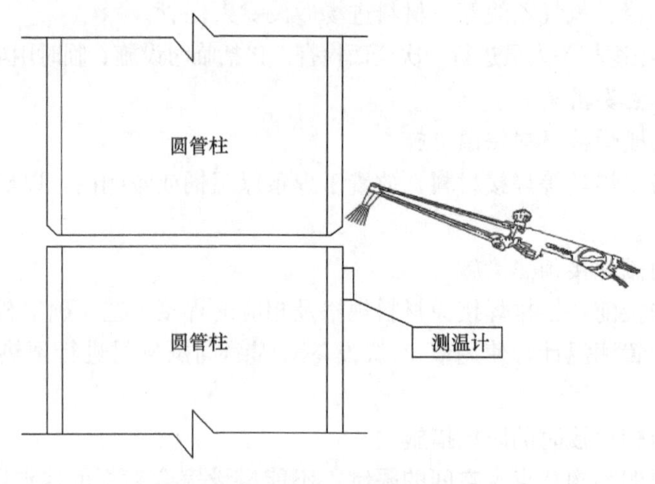

图20-3　焊前预热示意图

3）焊接前进行坡口检查，清除焊接坡口、周边的防锈漆和杂物，保持接缝干燥无残留水分，电弧引入、引出板以及钢垫板点焊固定。

4）焊缝施焊前，搭设局部临时防护遮挡，起到防风阻雪的目的，见图20-4。

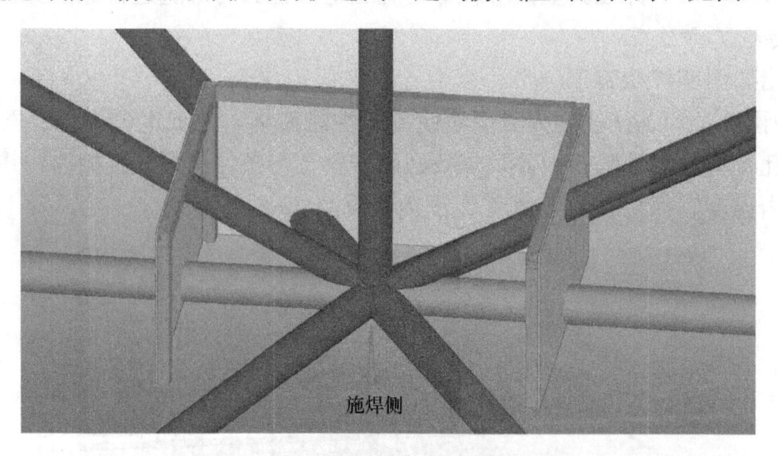

图20-4　焊缝施焊防护遮挡示意图

5）焊缝由下向上逐层堆焊，每条焊缝一次性焊完，如焊接中断，在再次施焊之前先清除焊接缺陷后重新预热，严禁在焊接母材上引弧。

6）为了减缓焊件焊后的冷却速度，防止产生冷裂纹，焊接完后，继续使用氧气-乙炔设备对焊缝及母材进行加热，避免焊缝温度急剧下降；再用玻璃丝棉以及冬期施工电热毯对焊缝进行包裹保温，使焊缝缓慢冷却，见图20-5。

(2) 管桁架雨棚吊装施工

为减少高空作业量，技术人员提前做好施工验算、计算，并由专家论证施工可行性，最后采用地面组装成型，整体吊装施工方法；其中1轴雨棚109m×12m起重量89.7t，

图 20-5　焊缝保温示意图

4 台 240t汽车起重机整体吊装；16 轴雨棚 96m×11m 起重量 136.5t，1 台 500t 汽车起重机及 1 台 400t 汽车起重机合计两台大型起重机整体吊装，见图 20-6。

图 20-6　钢结构雨棚整体吊装示意图

1）冬季运输、堆放钢结构时采取防滑措施，构件堆放场地平整坚实，地面无结冰；同型号构件叠放时，构件应保持水平，垫木放在同一垂直线上，并防止构件溜滑。

2）使用钢丝绳吊装钢构件时应加防滑隔垫。

3）安装前清除构件表面冰、雪、霜，但不得损坏涂层。

4）根据构件重量及现场场地情况合理选用吊装机械设备，安全系数要适当放大，严禁超负载作业。

5）起重工信号工在吊构件前要和吊车司机统一指挥信号，避免产生错误操作。

6）如遇下雪、结霜等气候严禁进行高处作业吊装，须待霜雪融化后或人为清除后方可进行作业。

7）严禁在高空构件上行走作业，高空作业时采用曲臂操作车进行作业。

8）雨棚施工拼装完毕后及时进行焊缝探伤，防止因环境因素造成质量缺陷；

9）高强度螺栓接头安装时构件摩擦面不得有积雪结冰，不得接触泥土、油污等脏物。

6.2 哈尔滨市第一社会福利院异地新建（养老中心）项目

6.2.1 工程概况

本工程为哈尔滨市第一社会异地新建（医疗服务区）项目，建筑面积 11700m²，地上面积 8700m²，地下 3000m²，地下一层，基础形式为钻孔压灌超流态混凝土桩。

6.2.2 冬期施工任务情况

冬期施工的主要工程内容为：哈尔滨市第一社会福利院异地新建（医疗服务区）项目桩基础施工。

6.2.3 冬期施工总体部署

根据现场实际情况，为保证施工工期，经多次研究论证，拟将本工程地下室主体工程分为两个施工段。每个施工区随土方开挖方向施工，并根据每个施工区各自的加强带位置划分施工段，施工时再按模板、钢筋、混凝土三个施工工序流水施工。

6.2.4 冬期施工准备

由于受工期制约，在冬期施工期间应对搅拌站及时提出原材料、外加剂及到达现场时的混凝土温度等技术要求，以确保混凝土工程质量。

（1）在入冬前，组织有关人员对冬期施工的准备情况进行一次全面检查，重点检查技术措施、机械设备、防寒材料、生活用品、人身防寒和冬季安全生产等方面。

（2）根据实际需要购置防寒物资和设备，如外加剂、防寒保温措施、机械润滑油、防冻液、防滑链条、人身取暖设施等。

（3）入冬前对各类机械进行统一换季保养，加注冬季润滑油、防冻液，停机放水，遮盖篷布，确保所有机械、车辆在冬期运转正常。

（4）对全体工作人员进行冬期施工防寒知识的教育，使其掌握相关的施工防寒知识。

（5）安排专人观测和记录气温，与当地气象部门保持联系，及时反馈气象变化的信息，指导工程施工的安排和调整，防止寒流突袭造成损失。

（6）设专职的试验员进驻预拌混凝土拌合站，负责检查掺加剂的用量，挂牌标明配合比，每天测量施工期间的室外气温及自有实验室内的温度，保证混凝土温度符合规范要求，现场设专人对正在进行施工的混凝土进行温度监控，及时调整保温措施和监控混凝土入模温度是否达标。

6.2.5 冬期施工主要措施

（1）冬期施工温度监管措施

按照冬期施工测温办法布置测温点及测温，由专人负责，项目部质检员随时掌握温度变化。

温度监测后如发现温度低于养护要求，立即查找原因增加保温层厚度。

（2）钢筋工程技术措施

1）钢筋的冷拉和冷弯

① 钢筋冷拉温度不宜低于－20℃，预应力钢筋张拉温度不宜低于－15℃。

② 当温度低于－20℃时，严禁对低合金Ⅱ、Ⅲ级钢筋进行冷弯操作，以避免在钢筋弯点处发生强化，造成钢筋脆断。

2）钢筋焊接

① 冬期在负温条件下焊接钢筋，应尽量安排在室内进行。如必须在室外焊接，其环境温度不宜低于－20℃，风力超过 3 级时应有挡风措施。焊后未冷却的接头，严禁碰到冰雪。

② 负温电弧焊。钢筋负温电弧焊时，必须防止产生过热、烧伤、咬肉和裂纹等缺陷，在构造上应防止在接头处产生偏心受力状态。

③ 环境温度达到－5℃时，即为钢筋"低温焊接"，严格执行钢筋低温焊接工艺，严禁在焊接过程中直接接触到冰雪。风雪天气时，焊接操作部位需采取封闭围挡保温措施，使焊接部位缓慢冷却，防止焊接完毕后接头温度下降过快，造成冷脆，影响焊接质量。

冬期施工钢筋焊接前，必须根据施工条件进行试焊，经试验合格后，方可正式施焊。

3）如遇雨雪天气，须将模板内（上）的冰雪打扫干净，模板内（上）难以清理的雨雪及其他杂物，可采用暖风机、吸尘器及汽油喷灯清理。最好在雨雪天气来临之前，采用塑料薄膜覆盖模板、钢筋工程施工操作面，尽量减少大量的清理工作。

（3）混凝土工程技术措施

混凝土工程冬期施工在整个施工过程的各个环节都要采取相应的保温、防冻、防风、防失水措施，尽量给混凝土创造室温养护环境，使混凝土能不断凝结、硬化、增长强度。早期混凝土强度的增长是抵抗冻害的关键。由于气温的影响，混凝土强度的增长取决于水泥水化反应的结果，当气温低于 5℃时，与常温相比混凝土强度增长缓慢，养护 28d 的强度仅达 60%左右，这时混凝土凝结时间要比 15℃条件下延长近 3 倍，当温度持续下降，低于 0℃时，混凝土中的水开始结冰，其体积膨胀约 9%，混凝土内部结构遭到破坏，强度损失。因此冬期施工混凝土，使其受冻前尽快达到混凝土抗冻临界强度至关重要。为了给冬期浇筑混凝土创造一个正温养护环境，必须采取一系列措施，应从混凝土配合比的设计，原材料的加热，混凝土拌合、运输及浇筑过程的保温，养护期间的防风、供热等方面考虑。

1）原材料的防护

冬期混凝土施工采用预拌混凝土，在进入冬期施工前要求预拌混凝土站保证所有材料正温；设置保温防风雪的防护棚，且采用热水进行搅拌。

2）混凝土的拌制

① 外加剂

冬期施工中，从本工程的结构类型、性质、施工部位以及外加剂使用的目的来选择外加剂。选择中应考虑：改善混凝土或砂浆的和易性，减少用水量，提高拌合物的品质，提高混凝土的早期强度；降低拌合物的冻结冰点，促使水泥在低温或负温下加速水化；促进早中期强度的增长，减少干缩性，提高抗冻融性；在保证质量的情况下，提高模板的周转速度，缩短工期，缩短或取消加热养护，降低成本；外加剂的选择要注意其对混凝土后期强度的影响、对钢筋的锈蚀作用及对环境的影响。

② 混凝土的拌制

混凝土搅拌站严格按照实验室发出的配合比通知单进行生产，不得擅自修改配合比。

搅拌前先用热水冲洗搅拌机10min，搅拌时间为47.5±2.5s（为常温搅拌时间的1.5倍）。搅拌时投料顺序为石→砂→水→水泥和掺合料→外加剂（对骨料先行搅拌后再加水泥）。生产期间，派专人负责骨料仓的下料，以清除砂石冻块。保证水灰比不大于0.6，从拌合水中扣除由骨料及防冻剂溶液中带入的水分，搅拌站要与气象单位保持密切联系，对预报气温仔细分析取保险值，分别按－5℃、－10℃和－15℃对防冻剂试验，严格控制其掺量。必须随时测量拌合水的温度，水温控制在90℃，保证水泥不与温度≥80℃的水直接接触。

③ 混凝土的运输

混凝土输送采用混凝土输送罐车，在外部覆盖保温套。混凝土出机后应及时运到浇筑地点。在运输过程中，要防止混凝土热量散失、混凝土离析、坍落度变化，运输工具除保温防风外，还必须严密、不漏浆，并采用帆布包裹，减少热量的损失。泵送混凝土的管道采用毛毯包裹。

④ 混凝土的浇筑

a. 冬期施工要注意在模板各接缝、棱角部位加强缝的嵌塞。

b. 进行混凝土浇筑前应清除模板和钢筋上的冰雪及污垢，浇筑前应采取防风、防冻保护措施。

c. 冬期混凝土的振捣采用机械振捣，振捣快速，保证混凝土的均匀性和密实性，结构的整体性，尺寸准确，钢筋、预埋件位置正确，拆模后混凝土表面平整、光洁。

d. 为浇筑混凝土振捣密实，混凝土应分层浇筑，每层厚度不得低于20cm，振捣时棒间距掌握在40cm，上层棒应插入下层15cm保证层间衔接，待混凝土表面不再显著沉降，表面泛浆后慢慢将棒提出。

⑤ 泵送混凝土

本工程采用的结构混凝土，须对混凝土运输车辆采取保温防护措施。在混凝土冬期施工期间对供应混凝土的搅拌站及时地提出对原材料、外加剂及到达现场时的混凝土温度等技术要求，以保证混凝土的工程质量。

(4) 冬期施工试块管理

1) 冬期混凝土试块取样组数大于3组，并与施工部位同条件养护。其中一组用于检验混凝土受冻前的强度，其他各组用于检验拆模强度；另一组用于混凝土同条件养护。同条件养护的试件，应放在靠近相应结构构件或结构部位的适当位置，并采取相同的养护方法。

2) 同条件养护试件应根据同条件养护强度与标准养护28d龄期试件相对等的原则确定，同条件自然养护试件的等效养护龄期及相应试件强度代表值，宜根据当地的气温和养护条件确定，0℃以下的龄期不计入，等效养护龄期不应小于14天，也不应大于60天。

6.2.6 主要施工方法

(1) 混凝土冬期施工基本要求

本工程基础混凝土为C30抗渗等级为P8，全部由预拌混凝土搅拌站供应。

冬期施工应加强混凝土浇筑的计划性和与搅拌站的协调性。要求项目部派人监督搅拌站的冬期施工措施的落实情况。搅拌站派人到现场协调车辆配置，以保证连续施工的需要，混凝土既要保证连续供应又要避免车辆在现场停留时间过长产生热量损失，混凝土运输车在运输过程中，保持混凝土罐体慢转，防止混凝土离析、沉淀，严禁往混凝土中加水。

混凝土拌合物的出机温度不宜低于30℃，入模温度不得低于10℃。拌制混凝土的各项材料原有温度不能满足要求时，对拌合用水进行加热，温度不超过 80℃。冬期施工混凝土浇筑，为了改善现场施工操作条件和浇筑时混凝土工作度，可以有选择地避开日最低气温时段施工，充分利用每天气温回升的时段。

基础混凝土的养护措施，采用塑料薄膜＋防火棉被的保温措施来满足混凝土强度的增长。

（2）混凝土测温

现场测温采用混凝土电子测温仪，该测温仪能很方便地测出混凝土表面温度，测量误差控制在 0.1℃以内，混凝土养护温度应从混凝土入模开始测量到混凝土达到 50%强度时停止。

（3）越冬观测和测温

为及时掌握基础是否冻胀，在基础顶面角部及框架柱上设变形观测点，冬停期间每周观测一次，当观测发现冻胀超过 5mm 时，要及时采取加厚保温层的措施，由值班人员每隔 6h 定期监测基础温度，并做好记录。在主楼地下室的入口、挡土墙、地下室中间部位每隔 20m 左右悬挂一支温度计，共计 6 处测温点。温度计的悬挂高度为离地 1500mm，安排值班人员，每天间隔 6h 进行测温，填写测温记录，测温记录须填写室外温度和地下室的温度。当有大风、降温天气，应增加测温的次数。见图 20-7～图 20-10。

图 20-7　地下室顶板薄膜覆盖

图 20-8　地下室柴油炉

图 20-9　测温

图 20-10　地下室防水保温

第二十一篇　建筑施工机械技术

中国建筑科学研究院建筑机械化研究分院　吴学松　肖　飞
河北工业大学　刘今越
中国建筑第二工程局有限公司　耿贵军　李　鑫

摘要

我国建筑施工技术的迅速发展，建筑机械起到了至关重要的作用，建筑施工机械的发展推动了建筑业的发展，机械化施工水平成为衡量施工企业技术进步的方向和标志。本篇就建筑工程施工的不同阶段所使用的基础施工机械、塔式起重机、施工升降机、混凝土机械及砂浆机械、钢筋机械等主要建筑施工机械的技术进步与发展进行了论述，阐述了近年广受关注的建筑机器人的发展情况、主要技术及应用。

近年来建筑施工机械进步较大。基础施工机械快速发展、产量大幅提高，而且开发了许多新的产品，适应了我国幅员辽阔，地质复杂多变的特点；混凝土机械、起重机械等创新产品不断涌现，主力机型实现换代升级，满足了各种施工工况的要求；节能环保、信息化、智能化等先进技术在建筑施工机械新产品上普遍应用，满足了建筑工程不断提高的需求，促进了智能建造的发展进步。

近年来，建筑机器人以及基于建筑信息模型的智能建造已经成为推动建筑施工不断进步的重要动力，相比传统的人工施工方式，建筑机器人具有高效、精准、安全等优势，可以显著提高建筑施工的效率和质量。建筑机器人在技术上不断创新，取得了显著的进展，也成为建筑施工领域的研究热点。

Abstract

With the rapid development of construction technology in China, construction machinery has played a vital role. The development of construction machinery has promoted the development of the construction industry. The level of mechanized construction has become the direction and symbol of measuring the technological progress of construction enterprises. This paper discusses the technical progress and development of the main construction machinery (basic construction machinery, tower crane, construction hoist, concrete machinery and mortar machinery, shield machinery, aerial work platform, steel machinery, etc.) used in different stages of construction engineering construction in recent years, and expounds the application of information technology of construction machinery.

Construction machinery has made significant progress in recent years. Foundation construction machinery has developed rapidly, with a substantial increase in output, and many new products have been developed to meet the needs of our vast territory and complex geological conditions. Innovative products such as concrete machinery and lifting machinery have emerged, and the main models have been upgraded, meeting the requirements of various construction conditions. Advanced technologies such as energy saving, environmental protection, and intelligentization are widely used in new construction machinery products, meeting the increasing demands of construction projects and promoting the progress of smart construction.

In recent years, construction robots and intelligent construction based on building information modeling have become important driving forces for the continuous progress of construction. Compared with traditional manual construction methods, construction robots have the advantages of high efficiency, precision, and safety, which can significantly improve the efficiency and quality of construction. Construction robots have continuously innovated in technology and have made significant progress, becoming a research hotspot in the construction field.

一、建筑施工机械技术概述

根据建筑工程施工的不同阶段，通常使用的建筑施工机械主要包括基础施工机械、土方施工机械、混凝土机械及砂浆机械、塔式起重机、施工升降机、工程起重机、钢筋加工机械、高空作业机械等，近年来各种建筑机器人成为行业关注热点。本篇重点论述以上几类建筑施工机械的技术发展。

1.1　建筑施工机械总体发展情况

“十三五”“十四五”期间，我国建筑施工机械制造企业在高端、智能产品核心技术研发和应用推广方面不断取得新突破，充分满足了各类工程建设的需要，涌现出一大批科研成果，一批新型高技术产品实现产业化，传统产品在性能、参数、关键零部件配套方面实现了新突破；一批适应新场景、新工法的技术装备投入使用，促进了工法创新；多项智慧施工技术及装备得到试验性应用，实现了工期计划、资源配置、施工质量、施工效率的有效提升，在人工替代和施工安全管理等多方面有序实现了技术升级。

1.1.1　智能化工程机械快速发展

工程机械在智能化监控、维护、检测、安全防护与管理、远程作业管理、多机协同等方面的应用研究，加快了智能化工程机械的发展步伐。一批具有辅助操作、无人驾驶、状态管理、机群管理、安全防护、特种作业、远程控制、故障诊断、生命周期管理等功能的智能化工程机械得到实际应用，极大地解决了施工中的一些难点问题。

例如，挖掘机械涌现出一批数字化、智能化、无人驾驶/遥控驾驶、大型特大型产品，有效拓展了挖掘机使用领域和适用性，产品技术性能、可靠性、耐久性及工作效率大幅度提升，缩短了与国际领先水平的差距；桩工机械高端产品初步实现产业化，旋挖钻机市场集中度提高，产品性能、可靠性提升明显；双轮铣槽机市场突破徘徊局面实现批量化，对岩土工程施工产生深刻的影响，同时也将带动桩工机械行业迈向产品多元化、高技术化、高集成化；无人驾驶摊铺机和压路机采用了智能技术，实现协同作业，全流程数据协同，路面平整度和施工效率都大幅提高。

以5G、大数据、工业互联网为代表的新技术日新月异，为工程机械的数字化、智能化发展充分赋能。与此同时，人口红利减弱、现代施工项目大型化要求，以及客户对产品价值提升的诉求等，促进了工程机械自动化、数字化与智能化技术发展。“十四五”时期，高质量发展已是建筑行业的关键词。围绕智能建造，国家近年来陆续推出一系列政策措施，鼓励数字化及人工智能在建筑行业的应用。目前，建筑机器人已经在一些地方的工地上纷纷投入使用，助力智慧工地建设，推进智能建造发展。

1.1.2　重大工程装备再上台阶

为满足各类工程建设对施工机械、重大技术装备的需要，诞生了一批高端工程机械和重大技术装备，实现了对进口整机装备的替代、对大量人工作业的替代、对传统低效作业方式的替代、对环境有不利影响的施工方式的替代，实现了施工新工法和极端施工环境的技术突破，满足了我国重大建设项目的需求。

（1）超大型起重机吊装。2600t级越野轮式起重机、2400t级全地面起重机、4000t级履带起重机在国内施工吊装领域取得成功应用的基础上，先后有多台设备交付，并在国际吊装市场成功应用；2000t 级全地面起重机、5200tm 大型内爬式动臂塔式起重机等超大型起重机在大化工、核电、超高层建筑和超大型桥梁施工多个重大吊装领域得到广泛运用，15000tm、20000tm 超大型塔式起重机成功应用在常泰长江大桥、马鞍山公铁两用长江大桥主塔施工。

(2) 桩基础施工。大型高端桩工机械为地下桩基础施工提供高效、环保、可靠的施工方案。直径 2m 及以上大型全液压旋挖钻机实现批量生产；新型地下连续墙液压抓斗进一步在城市地下建筑施工中得到广泛应用；更加高效、环保的地下连续墙双轮铣槽机在超深、超厚、超硬、超大（方量）和接头五个方面地下连续墙和深基础工程中取得较好的应用效果。

(3) 智能高端设备取得重大进展。大型铲土运输机械、环保智能化混凝土沥青搅拌设备、电动智能化仓储物流设备、大载重量臂式升降作业平台、大型成套路面施工及养护设备、大型多臂智能控制凿岩台车、超大型电动轮自卸车、长钢臂架泵车、大型集装箱正面起重机等重大技术装备和智能高端装备在研发、制造、工程应用、关键部件等方面均取得重大进展。

1.1.3 质量和可靠性耐久性进一步提高

近年来，工程机械行业通过改进设计、优化工作装置和结构件等关键部件、对制造技术工艺进行了升级改造。具有高配置、高效率、高可靠性和耐久性的工程机械产品得到更广泛的认可。为满足国内重点工程需要，对标国际高端市场需求，行业企业强化了可靠性、耐久性、适应性测试和工业性考核检验，主要产品性能参数得到新的全面提升。

1.1.4 绿色新能源工程机械成为新的趋势

发展低碳绿色节能的新能源工程机械成为新的趋势。随着“三电”技术逐步成熟，电动化产品制造成本不断降低。挖掘机、装载机、叉车、高空作业设备、混凝土搅拌车等都已有新能源动力机型投入使用。

“十三五”期间，工程机械行业全面实现了非道路移动机械国三阶段排放标准的切换，实现了工程机械排放标准的升级，有效降低了大气污染物排放总量。非道路移动机械第四阶段排放标准于 2022 年 12 月 1 日正式实施。非道路移动机械国四排放标准与柴油车国五排放标准的要求基本相当。新标准的实施将从提升排放控制技术、提升环境监管效果、提升产品国际竞争力、提升空气环境质量贡献等方面，推动我国非道路移动机械排放污染控制迈向新阶段。

1.1.5 工业互联网广泛应用

工程机械工业互联网通过系统构建网络、平台和安全功能体系，打造人、机、物等要素全面互联的新型网络基础设施，形成智能化发展的新兴业态和应用模式，建成了数字化、网络化的作业场景再现与作业参数实时反馈的监控体系，有效地支撑了工程机械研发、制造、施工管理、安全管理、协同作业、应急救援、维保服务、早期故障排除等各环节的高效运营，并积累了大规模设备状态数据，为进一步提高产品性能和服务能力，推动行业在产品全生命周期各个阶段的高质量发展打下基础。

1.2 基础施工机械

我国幅员辽阔，地质复杂多变，决定了各地基础施工所用的设备和工法不尽相同，各有千秋。桩基础按施工方式主要分为预制桩和灌注桩。预制桩是通过打桩机将预制的钢筋混凝土桩打入地下，优点是材料省，强度高，适用于较高要求的建筑，缺点是施工难度高，受机械数量限制施工时间长；灌注桩是首先在施工场地上钻孔，当达到所需深度后将钢筋放入浇灌混凝土。灌注桩按其成孔方法不同，可分为钻孔灌注桩、沉管灌注桩、人工挖孔灌注桩、爆扩灌注桩等。任何一种工法和机械都不是万能的，都有适用性。在基础施工过程中，针对不同的区域以及外界因素的影响，每一种桩基础施工方式都有其各自的特点。注重对施工技术的方法的采用，与此同时还需要对整个施工环节的各个方面进行考虑，进而使得在施工的各个方面应对所出现问题进行及时处理，得到有效遏制。地基与基础施工机械应用是否合理对工程项目发展有着决定性影响。基础施工机械主要用于各种桩基础、地基改良加固、地下连续墙及其他特殊地基基础等工程的施工。

基础施工机械作为工程建设的主要设备，近几年受国家交通运输业、市政工程、房屋建筑发展的带动，基础施工机械行业迎来了快速发展。为了满足不同的桩型、不同的地质条件、不同的工程需求，基础施工机械种类较多，并且有各自的适用范围。其中，旋挖钻机因其效率高、污染少、功能多，在国内外的灌注桩施工中得到广泛应用，已经成为大直径钻孔灌注桩施工的主力机型。

为满足我国基础工程建设的需要，不仅原有的基础施工机械得到了快速发展、产量大幅提高，而且开发了许多新的产品，如大型旋挖钻机、液压抓斗、双轮铣槽机等，产品的性能也得到大幅度提高。基础施工机械不断向大功率、大扭矩、大直径、超深超硬发展；同时随着技术进步，基础施工机械向节能、高效、数字化、智能化方向发展。

1.3　塔式起重机

塔式起重机是建筑工地上最常用的起重设备，主要用于多层和高层建筑施工中材料的垂直运输和构件安装，因其作业范围大、安装高度高、起重能力适应广而被广泛应用在各类建筑工程中。塔式起重机主要由金属结构、工作机构和电气系统三部分组成。金属结构包括塔身、起重臂、平衡臂、底座、附着装置等；工作机构由起升机构、变幅机构、回转机构、行走机构等组成。塔式起重机分类方式有多种，自行架设塔式起重机按基础特征分为轨道运行式塔式起重机和固定式塔式起重机；按上部结构特征分为水平臂小车变幅塔式起重机、动臂变幅塔式起重机；按回转形式分为上回转塔式起重机和下回转塔式起重机。

近年来，塔式起重机新产品在运行控制、生产效能、操作简便、保养方便和使用可靠性方面均有提高，塔式起重机正向着模块化、智能化和绿色化发展。

1.4　施工升降机

施工升降机主要用于垂直运送人员或建材货物，通常与塔式起重机配合使用，广泛应用于高层建筑、桥梁、烟囱的内外装修、外围护结构安装施工。由于其独特的笼体结构让施工人员乘坐起来既舒适又安全。一般载重量有1～3t，运行速度通常为1～63m/min。随着超高层建筑的发展，近年来新研制的高速施工升降机运行速度可达100m/min。

施工升降机按运行方式分为无对重和有对重两种；按照导轨架上吊笼的数量分为单笼、双笼和多笼；按照平层控制分为自动平层和人工平层。

施工升降机主要由轿厢、驱动机构、标准节、附墙、底盘、围栏、电气系统等几部分组成。

1.5 混凝土机械及砂浆机械

目前市场上的混凝土机械，主要包括混凝土生产设备——混凝土搅拌站（楼）、混凝土输送设备——混凝土搅拌运输车和混凝土输送泵（泵车）等。通过多年的技术积累，国内混凝土机械行业发展形成相当的规模，已在全球形成寡头格局。拥有全球最大的主机——搅拌容量 10m³ 的双卧轴强制式混凝土搅拌主机；超高压大容量混凝土泵及泵车——可以将 C100 混凝土泵送到 620m 高的混凝土泵及泵车；世界上臂架最长的泵车——101m 臂架泵车，能够一次性把混凝土输送到 30 多层楼的楼顶；搅拌车巨无霸——车长超过 15m，高近 4m，储运混凝土超过 14m³。

砂浆（商品砂浆）生产线设备基本可分为预拌干混砂浆和预拌湿拌砂浆。

1.6 钢筋加工机械

钢筋加工机械是将盘条钢筋和直条钢筋加工成为钢筋工程施工所需要的形状尺寸或安装组件的专业化加工设备，主要有单件钢筋成型机械、组合钢筋成型机械等。

单件成型钢筋和组合钢筋成型机械主要包数控钢筋调直切断生产线、数控钢筋剪切生产线、数控钢筋弯箍机、数控多功能钢筋弯箍机、数控钢筋弯曲生产线、数控钢筋网片成型生产线、数控钢筋锯切套丝生产线、数控钢筋弯弧弯曲一体机等。

近年来，随着基于 BIM 技术的智能建造和建筑工业化协同发展以及智能工厂、智能梁场对于智能制造技术的需求，以及物联网、大数据和人工智能等技术的不断进步，钢筋加工机械智能化水平逐步提升，现在包括廊坊凯博建设机械科技有限公司在内的部分企业提供的智能化钢筋加工机械实现了钢筋上料、下料、喂料、检测、加工、成品收集、部分数据采集等全部自动化，大大减轻了工人劳动强度，提高了生产效率和加工质量，并缩短了与国外钢筋机械产品的技术差距，实现了钢筋机械产品的出口，提升了我国钢筋机械产品的知名度。

随着物联网、大数据和人工智能等技术的不断进步，用工成本的持续增加，少人化无人化的黑灯工厂建设的推进，人们对智能化钢筋加工技术的要求也必然不断提高，未来数字孪生技术应用到钢筋加工全过程成为趋势，智能化加工设备也正朝着可以通过与其他设备的连接和通信，实现生产过程的智能协同和优化方向发展。

1.7 建筑机器人

建筑机器人是一种智能化的建筑施工机械，可以在建筑施工中自动或半自动完成各种复杂的工作。它们通常具备感知、分析、决策、执行等功能，以提高施工作业的效率和质量。近年来，建筑机器人以及基于建筑信息模型的智能建造已经成为推动这一领域不断进步的重要动力，建筑机器人在技术上不断创新，取得了显著的进展，也成为建筑施工领域的研究热点和施工新宠。

建筑机器人具有自动化、智能化、灵活性和安全性等特点。它们能够自动执行任务，无需人工操控，从而减少了人力投入和施工周期。配备先进的传感器和控制系统，能够感知周围环境并做出相应的反应，具有一定的智能和自适应能力。此外，建筑机器人可以根据不同的施工需求和工作环境进行灵活调整和适应，具有较强的适应性。建筑机器人在解决建筑行业中繁重、危险或重复性工作方面发挥了重要作用。在施工过程中，它们可以替代人工进行高风险作业，有效降低了施工事故的发生率。

建筑机器人根据功能和用途的不同，可分为检测和清洁机器人、焊接和装配机器人、搬运和运输机器人、建筑结构打印机器人等多种类型。检测和清洁机器人主要用于检测建筑表面的破损和清洁高层建筑表面，特别是玻璃幕墙等。焊接和装配机器人用于建筑结构的焊接和构件的装配，能够显著提高施工效率和质量。搬运和运输机器人主要用于建筑材料的搬运和施工现场的运输，可以有效减轻劳动强度，提高工作效率。建筑结构打印机器人是利用先进的 3D 打印技术，在建筑现场直接打印建筑结构，实现了建筑的快速构建。这些建筑机器人类型在不同的施工阶段和场景中发挥着重要的作用，推动着建筑行业的技术进步和发展。

建筑机器人目前尚正处于起步研发阶段，已有部分项目采用了机器人进行施工工作。特别是在新建建筑以及场地测量方面，机器人是高效率帮手。当然，建筑机器人仍然需要进一步的研发完善，包括流程的调整，操作人员的培训等，最重要的是，需要提高机器人日常使用的适用性。

二、建筑施工机械主要技术介绍

2.1　基础施工机械

我国国土范围宽广，地质条件差异性较大，有盐碱地、冻土地、塌陷地，加之滑坡、泥砂石等灾害的侵袭，对建筑工程基础施工提出更高的要求，以应对这些复杂的地质危害因素。我国地基加固和软弱地基的处理技术发展很快，各地从当地的土质、加固材料和工艺条件出发，研究开发了具有我国特色的多种复合地基加固技术，如碎石桩、渣土夯填桩、水泥搅拌桩、CFG 桩、振动挤密砂桩等，产生了双轴、多轴螺旋钻孔机、RJP 高压旋喷桩机、MJS、TRD 等深搅机械。针对软弱地基处理产生了很多新的施工方法，如强夯法、振冲法、锤击法、排水固结法、预压加固法、深层水泥拌合法、高压喷射注浆法、爆破振实法以及处理湿陷性黄土地基和填土地基的土桩挤密法。几种有代表性的基础施工机械：

旋挖钻机：旋挖钻机是一种以成孔为基本功能的机械设备，可配置回转斗、短螺旋钻头或其他作业装置，可采用干法和静态泥浆护壁两种工艺钻进。与其他成孔钻机相比，旋挖钻机具有诸多优点：机、电、液集成度高，操作便利；输出扭矩大且轴向加压力大，地层适应范围广；机动灵活、施工效率高；成孔质量好。

全套管钻机：全套管钻机是一种机械性能好、成孔深、桩径大的新型桩工机械，可在任何地层中施工，特别适合于城区内施工；对于由各类土层组成的卵砾石、回填、岩溶等复杂地基而言，可提供较高的单桩容许承载力地层施工。全套管钻机还可以清障，拔除旧桩，临近既有建筑物施工。

双轮铣槽机：双轮铣槽机目前是世界上最先进的硬岩成槽设备，主要用于建筑基础及地下连续墙施工，适用于地质情况复杂、岩层较硬和特殊岩性的地层。该设备适用于地质情况复杂、岩层较硬和特殊岩性的地层。双轮铣槽机适应范围广，施工效率高，成槽过程全自动控制，成槽精度高，成墙质量好，施工过程对周边环境影响小。

2.2 塔式起重机

最近几年，随着建筑工业化、装配式建筑的发展及设备更新换代需求，塔式起重机需求旺盛，主要制造企业注重提升产品可靠性设计，加大制造升级，近年在新材料应用、模块化设计、智能控制、人性化设计、大型化等方面取得明显进步，起重机智能化控制及无人化技术研究取得突破。主要制造企业加快中大吨位产品升级和新品研发，重点推出了以智能化、高可靠性、高性价比为主打的主力机型服务工程建设。中大型塔式起重机技术升级和智能化技术在塔式起重机上的应用，支持了装配式建筑施工的快速发展。

(1) 平头和动臂塔式起重机成为主流

平头塔式起重机和动臂塔式起重机仍是主要的发展方向，锤头塔式起重机进一步减少，动臂塔式起重机近两年发展迅速。与平臂塔式起重机相比，动臂塔式起重机在作业时，特别是在大型结构件吊装作业时具有显著优势，在进行超高层建筑的群塔作业时，干扰较小，工作范围大。动臂塔式起重机市场总体用量不大，但在超高层建筑等特殊应用工程中越来越受欢迎，市场需求呈快速上升的趋势。

(2) 大型、超大型塔式起重机发展加速

大型、超大型塔式起重机是行业发展的趋势。一是国家大力推动装配式建筑，装配式建筑施工方兴未艾，大吨位吊装需求稳步增长。二是国家对于安全生产的要求达到了新的高度，随着绿色、生态、智能建筑的出现，建造施工工法发生了质的改变，将彻底改变传统的施工方法，大型模块化整体吊装使得大型、超大型塔式起重机需求不断增加。三是风电、核电、水电等行业的发展带动了超大吨位塔式起重机的增长。

近两年，中联重科、徐工先后下线万吨米级的超大型塔式起重机，世界最大塔式起重机记录屡次被突破，这标志着中国品牌企业完全掌握了超大型、特大型塔式起重机的设计、制造等关键技术，在全球塔式起重机领域的影响力和竞争力进一步增强。

2.3 施工升降机

为了便于施工升降机的控制和其智能性，变频器控制的施工升降机已经普遍应用，既节能又能无级调速运行起来更加的平稳，乘坐也更加的舒适；自动平层装置的施工升降机能更精准地停靠在需要停靠的楼层；安装楼层呼叫装置能更加方便使用时的信息流通，也使管理更加的方便。

2.4 混凝土机械及砂浆机械

2.4.1 混凝土搅拌站(楼)

混凝土搅拌站（楼）主要由砂石骨料储存称量输送系统、搅拌系统、粉料储存输送计量系统、水外加剂计量系统和控制系统 5 大系统以及其他附属设施组成，其主要性能体现在计量精度、搅拌效果、环保性能、操作维护人性化上。

(1) 计量精度方面，砂石骨料的计量精度一般控制在±2%之内，水、水泥、外加剂的计量精度一般控制在±1%之内。

（2）搅拌主机形式根据搅拌原理分为自落式和强制式，根据结构形式有单卧轴、双卧轴、立轴涡桨式、立轴行星式以及无轴双螺旋带搅拌机等。近年搅拌机采用螺旋式刀片+常规叶片的市场需求增多，是由于该种设计方式搅拌时间缩短，综合生产效率提高，适应市场的发展。

（3）控制系统，经历手动、半自动、全自动到实现一定程度的智能化控制，技术相对先进和稳定，可自动、手动自如切换。

（4）上料形式，骨料一般采用皮带机、爬斗和斗式提升机上料；粉料通常采用斗式提升机、螺旋输送机或空气输送斜槽输送。

2.4.2　混凝土搅拌运输车

混凝土搅拌运输车主要由取力装置、液压系统、减速机、操纵机构、搅拌装置、清洗系统等组成。取力装置将发动机动力取出，液压系统将发动机动力转化为液压能，再经液压马达输出为机械能、带动搅拌筒正反向运转、实现搅拌筒内混凝土搅拌运输以及卸料动作。

2.4.3　混凝土泵车

实现了设计制造的国产化，技术上不断获得突破，新技术、新工艺不断在泵车上得到了应用。

（1）泵送管件：泵送管件柔性连接技术操作简单，提高了管路系统的稳定性，保护了管路阀件，减少了管道应力对结构件的破坏。

（2）液压系统：主要有开式和闭式两种，在向集成化方向发展。同时，全液压控制、计算机控制等技术已经在泵车上广泛运用。

（3）电气系统 ：控制器可以实时监测混凝土泵车的各种参数，如液压压力、油温、发动机转速等，控制油泵、液压阀门、泵送电机和转向机等设备的运转状态。

2.4.4　混凝土输送泵（拖泵）

拖式混凝土输送泵主要由主动力系统、泵送系统、液压系统和电控系统等组成。

（1）主动力系统：拖式混凝土泵的原动力有柴油机和电动机两种。

（2）泵送系统：此系统将混凝土拌合物沿输送管道连续输送至浇筑现场。

（3）液压和电控系统：液压系统有开式和闭式系统。电控系统一般采用PLC控制。

2.4.5　预拌砂浆生产线

预拌砂浆生产线有站式、阶梯式、塔楼式等布置形式。主要由烘干系统、筛分上料系统、仓储系统、计量系统、搅拌系统、控制系统、除尘系统及辅助设备等组成。

2.5　钢筋加工机械

2.5.1　单件成型钢筋加工机械

（1）数控多功能钢筋弯箍机

弯箍机是集钢筋的矫直、弯曲和切断于一体的箍筋钢筋加工设备，分为普通型和多功能型。普通型能够加工的箍筋最大尺寸一般不超过1.5m，常用于矩形、圆形等普通箍筋的工业化加工；多功能型弯箍机型号按可加工产品的钢筋最大直径划分主要有12型、16型、20型和28型，如20型多功能弯箍机最大可加工产品的钢筋原材直径为20mm。设备在结构上较普通型弯箍机多设置了加持送进机构和长度方向的收料装置，既能加工普通的矩形和圆形等形状的箍筋产品，又能加工尺寸达 12m 的板筋或直条产品。目前数控多功能弯箍机的智能化性能也正逐步加强，主要表现在设备本身带有培训功能，解决了操作人员频繁变动的即时培训问题；可实现远程控制，远程操作、远程下单；可实现网络控制且具有故障自诊断报警系统。

（2）数控钢筋调直切断机

我国调直机品种繁多，调直速度从 20～180m/min。调直机的控制方式逐步实现了由半手工到现在的自动控制，控制方式由过去的双速、三速逐步过渡到采用变频方式实现无级调速。近几年由于我国自动控制技术的发展，调直机的控制方式也逐步提升，如速度控制采用无级调节，任务单远程下载，二维码功能的引入等，集料系统配置抓取机器人，大幅提高成品搜集效率。配置故障自诊断报警系统、自学习系统、长边减速功能等，根据产品尺寸自动调整运行速度。

（3）数控钢筋剪切生产线

钢筋剪切生产线主要用于直条钢筋的定尺下料，按切断主机动力类型划分为液压式和机械式等；按料槽尺寸大小可划分为 300 型、500 型和 600 型等，如 500 型的料槽宽度为 500mm，一次性可以完成 25 根直径 25mm 钢筋的切断下料。该生产线集储料系统、自动上料系统、自动解捆系统、单根分料上料系统、横纵向自动输送、自动定尺切断、成品自动收集和自动打捆系统于一体，实现了从成捆原材上料到成品收集打捆全过程一键式人机界面操作，并且具备通过机器视觉和多种传感器进行缺料检测和自动缺料补偿智能技术，节省了人工、降低了劳动强度，提高了加工质量和生产效率。

该设备切断钢筋直径范围 12～50mm，切断后的成型钢筋长度范围通常为 1～12m，廊坊凯博建设机械科技有限公司等公司推出的新型设备已经可以生产出长度 0.7～1m 的成型钢筋，大大满足了工程建设需要。

（4）数控钢筋弯曲生产线

根据棒材钢筋弯曲成型的直径、形状及要求不同，我国已开发完成系列数控立式弯曲生产线、卧式弯曲生产线、斜面弯曲生产线，再加之弯曲单机，这些不同功能范围和特点的数控设备相互补充和搭配，可以满足绝大多数钢筋加工工程的需要。

2.5.2 组合钢筋成型加工机械

国内组合钢筋成型加工机械主要有：数控钢筋网片成型生产线、数控钢筋桁架焊接生产线、钢筋笼焊接生产线和预制构件墙板钢筋骨架生产线等。焊网设备主要有直条上料焊网机系列、盘条上料焊网机系列。可焊接钢筋直径 5～12mm 钢筋网片的数控设备横筋落料基本实现了自动落料，横向钢筋间距无极可调，纵向钢筋间距通常为 50mm 的倍数。行业企业新开发的智能化无极焊网生产线较好地解决了传统焊网机的短板，不仅可以加工 50mm 间距整数倍数的网片，还可以加工横筋、纵筋任意间距的网片、开口网和标准网，加工过程网片参数无需人工输入，设备可智能识别直接导入的 CAD 图纸自动生产，网片平整、横纵筋焊接牢固、布筋整齐，生产率高（图 21-1）。

数控钢筋桁架焊接生产线可以焊接桁架高度 70～400mm 的桁架，焊接速度最大稳定工作速度不低于 12m/min，弦筋最大直径 ϕ16mm、腹筋最大直径 ϕ8mm。数控钢筋桁架焊接生产线与压型板加工焊接生产线组合可生产各种桁架楼承板，包括免拆桁架楼承板和

图 21-1　钢筋标准网片焊接生产线

可拆桁架楼承板，广泛应用于建筑结构楼板施工。

钢筋笼焊接生产线可制作 300～3000mm 各种笼径钢筋笼，主筋、绕筋间距均匀，精度高；机械驱动旋转，固定盘和移动盘同步旋转，移动盘同时向前移动，盘筋自动均匀缠绕在主筋上，同时进行自动焊接或人工焊接，从而形成钢筋笼产品。完成同样产量时，机械制作钢筋笼可节省人工约 70％ 。

2.6　建筑机器人

建筑机器人是一种应用于建筑领域的具有自主操作能力的机器人系统。目前，建筑机器人的研发主要包括三个层次，第一层次是现有施工机械改造，对于广泛使用的挖掘机、推土机、压路机、渣土车等机械进行改造，实现远程遥控操作，自主导航，无人驾驶等，这是建筑施工智能化的一条捷径；第二层次是对既有机器人的应用，如传感器、无人机、机械手等应用于建筑施工各个环节，这是现阶段建筑施工智能化程度的有效途径；第三个层次是根据建筑业之特性研发专用建筑机器人，例如 3D 打印建筑机器人、喷浆机器人、ERO 混凝土回收机器人等，均是针对建筑业的特殊需要定制研发的。通常我们所说的建筑机器人是指第二、第三层次的建筑机器人。

建筑机器人主要由控制系统、执行机构、动力系统和传感器系统等部分组成。

（1）控制系统：现代建筑机器人的控制系统通常采用先进的计算机技术和控制算法，以实现对机器人各部分的精确控制。

（2）动力系统：动力系统通常包括发动机、电机等，根据机器人的工作需求和使用环境选择不同类型的动力系统。在动力系统中，液压传动系统因其功率密度大、响应速度快等优点而被广泛应用于建筑机器人中。

（3）传感器系统：包括各类传感器，如视觉传感器、声呐传感器、激光雷达等，用于感知和识别周围环境及工作对象。这些传感器能够实时获取周围环境的信息，并通过控制系统进行处理和分析，从而实现机器人的自主导航、避障和工作定位等功能。

（4）执行机构：不同类型的建筑机器人配备不同的执行机构，例如焊接机器人配备焊枪，装配机器人配备夹持装置，搬运机器人配备搬运装置等。执行机构的设计和性能直接影响着机器人的工作效率和精度。

按照建筑工程施工的工序特点，目前建筑机器人在建筑施工中主要应用在建筑施工场地的处理、建筑主体工程的施工、建筑装饰装修工程三大方面以及对建筑的检查清洁。

(1) 建筑机器人处理施工场地：建筑施工场地处理上主要包括测量放线、基坑挖掘、岩石开凿、管道排水、基坑支撑面喷涂和场地平整等，对应工序都开发有相应的机器人进行施工。

(2) 建筑机器人运用于主体工程施工：主要的主体工程施工包括混凝土的搅拌浇筑、钢筋的配置、墙体的砌筑等。

(3) 建筑机器人运用于装饰装修：在建筑工程中，装饰装修工程包括地面平整、抹灰、门窗安装、饰面安装等。建筑装饰装修工程对于作业精度要求非常高。以抹灰为例，其平整度不得超过3%，人工作业要达到相应要求常常需要反复检查和返工。用建筑机器人则精度高，以抹灰机器人为例，其平整度能达到1%，基本一次完成，避免了返工，从而提高工效。

(4) 建筑检查、清洁机器人：建筑表面装饰容易出现开裂、破损，完全依靠人工进行检查工作量大且效率低下。建筑自动检查系统能全面、精确地发现问题。另外，建筑高层化发展，玻璃幕墙使用频繁，但沾染灰尘后影响透光度和建筑形象，需要定期清洁。传统清洁存在高空作业安全隐患和效率低下问题。自动清洁机器人能安全、高效地完成清洁工作。

三、建筑施工机械技术最新进展（1～3年）

3.1 基础施工机械

针对不同施工需要，各桩工机械生产企业近两年开发了许多新的基础施工设备。这些设备已广泛应用于我国的多个重点工程，取得了显著的经济效益和社会效益。

徐工基础工程机械有限公司、三一智造、山河智能将5G技术应用于旋挖钻机远程操控系统，可实现远程操控，具备低时延精准控制、高清视频信号上传的特点。实时人机交互、多重安全保障等技术，保障了施工安全。智能旋挖钻机配置地层自适应加压控制、加压台可视化、机锁杆带杆报警等多项智能辅助施工功能，操作更轻松。

2022年，北京三一智造科技有限公司发布了SR205S、SR275Pro两款中小型旋挖钻机，产品具有施工速度快、能力强、效率高的特点；公司发布了SR435Pro、SR575Pro、SR625Pro大型旋挖钻机，产品面向大孔深桩、硬岩钻削工程领域，并且全部配备L2级自动驾驶功能和6项自动功能。研制成功全新一代国四旋挖钻机，实现了从小机型SR65-S到超大定制机型SR1005-S型谱全覆盖。国四新一代旋挖钻机产品为客户提供更加丰沛的动力，功率提升7%～20%，无论是土层还是岩层，动力更强劲。产品采用智能控制系统+全电控系统，配备自动钻进、智能回转等智能化技术，在提升施工效率的同时，操作更加精准、高效。

2022年，徐州徐工基础工程机械有限公司在大吨位旋挖钻机方面继续发力，开发了700～1600kN·m的XR系列超大吨位旋挖钻机。其中，XR1600E旋挖钻机最大钻孔直径可达7.5m，扭矩为1600kN·m。超大吨位旋挖钻机在重庆黄桷坪长江大桥、嘉陵江特大桥、杭绍台铁路椒江特大桥、浙江舟山西堠门公铁两用大桥等重点工程超硬、超深工况展现出优异的施工性能。还完成了国四机型的升级换代，产品综合性能、施工效率、智能化水平、可靠性均得到大幅提升，促进了行业技术进步。

中联重科桩工机械有限公司研制的G系列国四旋挖钻机新装上市。该系列产品采用大功率、大排量、大扭矩、大加压力、大截面主体结构、低重心等设计理念，具有钻进能力强、施工效率高、施工稳定性高的特点。研制的首台电驱产品ZR240HE旋挖钻机配备电机驱动动力头和主卷扬，输出扭矩大，提升力大，系统效率大幅提高，运营成本相对燃油车降低70%。产品采用增程模式，可不插电作业，续航时间大于10h。

山河智能装备股份有限公司研制的SWDM240EE增程旋挖钻机可智能识别及自动切换电网、电池或增程作业模式施工，运行平稳，操作更便捷；双重节能，施工费用低。纯电动作业时能量利用率高达83%，可精准回收钻杆下放势能，实现纯电模式零排放、增程模式排放低。

上海金泰工程机械有限公司全面推进国四产品升级，开发了全系列产品国四平台，完成SD28F、SD32F、SD42F、SH42F、SH46F多功能钻机的研发。公司针对工况和地质特点，定制开发了SH60大型旋挖钻机。该产品在苏沪嘉互联互通项目中创造了143m超大口径、超深桩施工新记录。

在地下连续墙施工装备方面，徐工基础工程机械有限公司开发了全球最大吨位油电双动力双轮铣槽机XTC180、全球最大吨位地下连续墙液压抓斗XG800E，全球最大深度、国内首台悬吊式双轮铣削搅拌机XCM80。这些地下连续墙施工产品正逐步成为引领行业发展的品牌产品。

北京三一智造科技有限公司研制的SDC120双轮铣槽机可用于各种硬质岩层施工，最大施工深度为120m。该产品通过与抓斗配合施工，可大幅提高地下连续墙的施工能力和效率；开创性研发的新型排渣技术可高效排除渣土。该产品具有5项国际首创技术、4项智能化施工技术。

3.2　塔式起重机

近年来，随着装配式建筑行业的快速发展，市场对塔式起重机的质量、性能以及相关企业的服务能力有了更高的要求，对起重机起重能力和精度的要求远远高于传统建筑方法，导致对起重能力超过200tm及300tm的大中型塔式起重机的需求增加。预制建筑的普及预计将进一步产生对大中型塔式起重机的需求，从而推动中国塔式起重机的发展。

随着新一代信息技术深入应用，数字技术在塔式起重机控制系统中得到运用。未来塔式起重机行业发展将不断向智能化、高端化、数字化等方向转变。在塔式起重机控制系统中实施数字监控，智能化运行，不仅能够做到精确操作，使运行安全可靠，还能够有效降低人力成本，增加生产效益。

数字技术运用于塔式起重机控制系统，安全监管、信息化、人性化设计，主要是对力矩限位、起重量限位、起升限位、回转限位、变幅限位等实现数字监控。其原理是采用传感器、接近开关采集信息，通过放大器及模拟、数字转换（A/D转换），单片计算机对数据进行处理，并通过开关量输入、输出转换（I/O转换），对执行机构进行控制。

在塔式起重机控制系统中实施数字化监控，不仅可以实现精确操作，而且可以有效降低人力成本，从而提高生产效率。随着厂家和用户对智能理念的认可和转变，将推动智能化的进一步普及。

北京中际联合公司为方便塔式起重机司机和安监人员上塔式起重机，推出了3S爬塔机，将人力攀爬上塔方式升级为智能机械爬升方式，让操作人员的登塔作业变得更加高效、安全。

3.3 施工升降机

近两年，施工升降机在绿色节能、智能化方面进步明显。变频施工升降机越来越得到认可，加之齿轮减速机取代涡轮蜗杆减速机，在运行效率和平稳性有很大突破，齿轮减速机传输效率达96%，传动系统综合节能25%；而成熟的变频施工升降机，对启动电压要求较低，启动和运行电流低，对元器件冲击小、寿命高，工地适应性强，同时具有能量回馈系统，可有效节约电力成本，减少使用成本。

3.4 混凝土机械及砂浆机械

3.4.1 混凝土搅拌站（楼）

在工程用混凝土搅拌站方面，新型的集装箱式快装混凝土搅拌站以其模块化设计、集成化组装、安装迅捷、运输方便、易于转场等特点得到施工单位认可。

商品混凝土搅拌站方面，环保、低碳、集约化、智能化搅拌站得到大力推广。后台大方量骨料立体料库成为大型混凝土公司选择趋势，产品技术已由混凝土结构的储存料库转向建设快、占地少、综合效益高的钢板仓料库方向发展。

随着制造业整体能力的提升、信息技术的快速发展以及国家对高质量发展的要求，用户对搅拌站性能和质量的要求也随之上升，对粉尘、噪声、无人值守、低碳运营有了更多要求，环保节能、集约高效、信息化、智能化的混凝土搅拌站越来越受到青睐。

(1) 搅拌站环保工程得到前所未有关注，环保节能技术发展迅速。新型的废混凝土污水零排放处理系统、低压风送技术、龙门式洗车机、工地洗轮机技术、场站内外干雾抑尘及喷淋系统等得到广泛运用，混凝土搅拌站各个投料口高效除尘系统等单元技术实现突破。

混凝土生产过程中因原材料、设备故障、配方等原因会产生废混凝土，清洗搅拌车、搅拌机形成大量污水，若不及时进行处理，对大气、土壤造成严重污染。为此开发了新型搅拌站废混凝土污水零排放处理系统。其工作原理是：采用滚筒砂石分离筛、砂分离螺旋对废混凝土及污水中的碎石、粗砂进行分离；采用旋风分离器、压滤机对污水中的细砂、泥土进行分离；分离出的碎石、粗砂、细砂可以直接利用于再生产，压滤机分离出来的水，可以用于低标号混凝土、砂浆生产，压滤的泥饼晾干粉碎后可再用于工程稳定土拌合料，实现废混凝土污水的再利用和“零排放”（图21-2)。

(2) 信息化、智能化技术提升混凝土搅拌站智能管理。南方路机的物联网+设备远程智能服务平台高效、快速地响应客户问题，可以帮助搅拌站预测故障的发生以及故障隐患。设备连接智能物联网云平台，实现上云管理，可以第一时间采集设备数据并进行异常告警，提升搅拌站设备管理水平，降低设备故障率，保障搅拌站生产进度。南方路机的“AI+骨料智能上料系统”可在骨料输送过程中对骨料级配和形态进行AI识别，通过骨

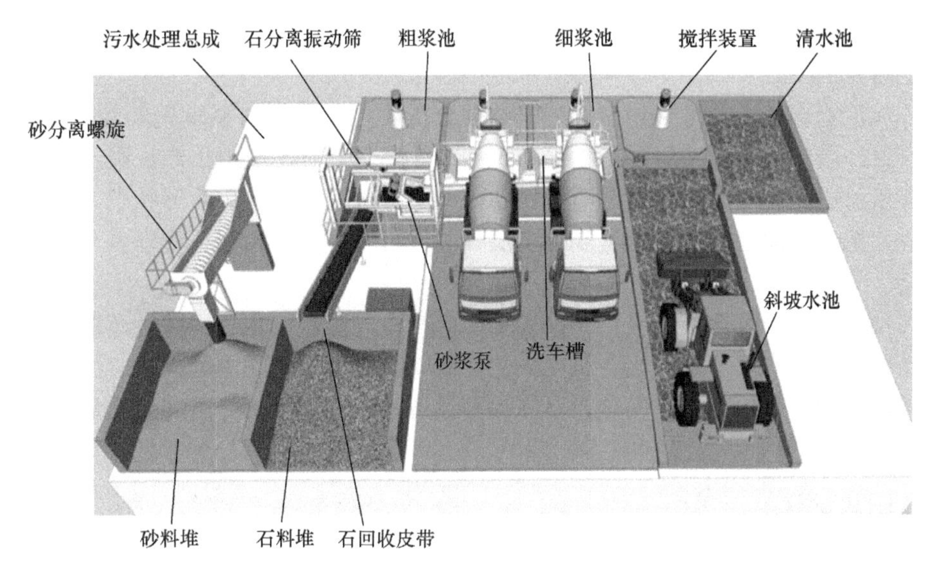

图 21-2　废混凝土污水零排放系统

料智能监测与人工的双重检查，提高系统运作过程中的安全性，降低错误投料的概率。

3.4.2　混凝土搅拌运输车

（1）近年以电动为主流的新能源汽车底盘受到瞩目，用电能代替燃油动力，大大降低了对环境的污染；电池、电机、电控系统，充换电技术、智能网联等核心技术研究成为热点，先进智能化管理系统的引入，实现了更精准运输调度。

（2）混凝土运输过程中质量的监督与控制是行业面临的难题。国内已有厂家研发搅拌车罐体回转密封装置，并应用于生产。

3.4.3　混凝土泵车及混凝土输送泵（拖泵）

（1）混凝土泵车臂架不断向轻量化、智能化、系列化、小型化发展。智能臂架、防倾翻保护、实时在线诊断等自动化、智能化控制技术得到广泛运用。

（2）持续研制智能、节能、绿色环保的混凝土泵车新品。中联 56m 的 4.0 智能化泵车嵌入了 31 个传感器，可对泵送、臂架等五大系统实现 61 项自检，并且可以在施工过程中进行故障诊断。

3.4.4　预拌砂浆生产线

（1）近两年绿色环保、全自动化的砂浆生产线得到大力研发与推广。

（2）新型的干混砂浆生产线以柔性化、自动化、清洁化的设计理念和高性能设备，以满足客户和市场对绿色生产、低成本生产、多品种功能性砂浆的要求。

（3）物联网技术应用于生产，实现了生产线的远程监控和管理，通过大数据分析优化生产流程，提高生产效率和质量。

3.5　钢筋加工机械

（1）设备功能集成化。近几年，国内钢筋加工设备逐步转向多道关联工序集中连线加工的生产方式。加工设备向智能化与信息化相融合的大型成套加工设备、专用成套设备方向发展，将自动原材上料、自动定尺切断、自动进、自动端头螺纹加工、自动弯曲、自动收集打捆、自动输送等多道工序集成为流水线式自动化生产，走专业化成套设备一体化解决方案之路。

(2) 加工管理过程的可视化。可视化数据分析中控大屏实时显示钢筋加工订单进度、钢筋的原材、余料等库存和消耗，钢筋加工生产效率、设定时段内生产、配送的曲线数据图，库存量的成品变化展示；动态监控设备停机、待机、运行、故障等状态，通过多维度的展示方式把多个加工过程数据呈现给多层级的项目管理者，为项目管理者有效决策提供数据支持。

(3) 加工过程少人化或无人化。钢筋加工生产线与混凝土预制构件生产线初步实现了自动化衔接，基本实现了少人化甚至无人化。随着机器人及物联网等大量应用，国内钢筋加工技术已朝“少人化”工厂发展，不断提高设备的产能，不断提高加工质量稳定性和设备的生产效率。

3.6 建筑机器人

近年来，从国家部委到地方政府纷纷推出了一系列支持建筑机器人行业发展的政策、规划，着力加快建筑机器人研发和应用。2023 年 1 月工业和信息化部、教育部、公安部、住房城乡建设部等十七部门印发《“机器人＋”应用行动实施方案》指出，在建筑方面，要研制测量、材料配送、钢筋加工、混凝土浇筑、楼面墙面装饰装修、构部件安装和焊接、机电安装等机器人产品。推动机器人在混凝土预制构件制作、钢构件下料焊接、隔墙板和集成厨卫加工等建筑部品部件生产环节以及建筑安全监测、安防巡检、高层建筑清洁等运维环节的创新应用。推进建筑机器人拓展应用空间，助力智能建造与新型建筑工业化协同发展。具体来说，建筑机器人的技术进步主要表现在：

(1) 产品类型日益丰富。除了传统的焊接、装配和搬运机器人外，还出现了砌砖、涂装、清洁等专用机器人，以满足不同施工需求。砌砖机器人可以实现高效、精准的砌砖作业，提高施工效率。涂装机器人则完成建筑表面的涂装工作，提高了工作效率，减少了施工环境污染。

(2) 本体性能全面提升。当前建筑机器人工作负载能力达到了 500kg，较以往同类产品有所增加，适用于更多重型施工任务。工作半径达到了 6m，有效扩大了施工范围，适用于更广泛的建筑场景。定位精度达到了毫米级别，能够满足高精度施工需求。

(3) 引入最新技术应用。建筑机器人广泛采用人工智能、机器视觉、深度学习等技术。这些技术使建筑机器人更智能地感知和处理信息，提高了施工的精度和效率。机器视觉技术帮助建筑机器人识别建筑结构，深度学习技术使其具有自主学习能力，优化施工过程，提高施工质量。同时，建筑机器人与云计算、物联网等技术结合，实现与其他机器人和设备的联动和数据共享，提高了施工的协作性和效率。

(4) 改善适应稳定性。建筑机器人对特殊自然条件下基础设施建养以及大型复杂基础设施建养的适应性不断提高，使其在高原高寒、恶劣天气、特殊地质等环境下的应用更加可靠稳定。

(5) 节能技术不断创新。通过先进的液压系统和高性能发动机，建筑机器人实现了能源的高效利用；智能化热管理电液控制技术实现了对工作温度的精准控制，降低了能源浪费。部分建筑机器人开始采用可再生能源，如太阳能、风能等，减少了对传统能源的依赖。设计上越来越注重轻量化材料、高效能源部件的应用，优化结构设计和动力传递系统，提高了能源利用效率。

四、建筑施工机械技术前沿研究

4.1　基础施工机械

近两年来制造各企业紧紧围绕客户需求及节能环保，对基础施工机械的更新换代及特殊需求新产品进行研究，取得了一些成果。

山河智能开发的基于5G网络的远程控制SWDM360H智能旋挖钻机，具有全电控操作平台，其操作便利性、施工效率、施工油耗优于液控型旋挖钻机，该智能旋挖钻机配置地层自适应加压控制、加压台可视化、机锁杆带杆报警等多项智能辅助施工功能，操作更轻松。

山河智能装备股份有限公司、中南大学联合研发的“多功能桩基础施工成套装备关键技术及产业化”成果，研究了多地层成孔的全套管护壁环保施工技术，高效成孔装备所用桩架的安全、稳定性增强技术，拆装便捷性技术，高效优质施工智能控制与物联等关键共性技术，全面提升成套装备的安全稳定性、拆装便捷性、操控智能性。提出了双发动机双泵组动力系统及控制方法，发明了分离驱动式套管螺旋钻机及其施工方法、具有公转及可自转的多冲击器组合式大直径潜孔锤，解决了极软、岩溶、极硬等多地层桩基础环保、高效成孔的难题，无需泥浆护壁，入岩效率提高1倍以上；提出了一种桩工机械动力头加压控制回路及方法，开发了桩孔定位与引导系统及钻孔垂直度自动监测与控制技术，提高了作业效率和成孔质量；开发了集成式智能操控系统和施工信息平台，实现了设备及施工的信息化管理。该项目成果推动了我国桩工机械装备向自主化、高端化、智能化、信息化、成套化发展，引领了行业发展。

4.2　塔式起重机

塔式起重机安全管理的不断强化、适应信息技术发展和新的建筑施工方式变化过程中的不断换代，建筑产业化、信息化、智慧化等新型建筑建造方式的新需求必然是塔式起重机技术升级的主要方向。

塔式起重机安全监控管理系统设计理念突出体现了“稳定可靠、实时监控、远程管理”的原则。秉承思维和技术的创新，拥有驾驶仪表、隐患预警、视频模块、性能监控、人员识别、空间限位、顶升监测、数据记录、北斗定位、远程运维、安全评估、大数据分析等功能。使塔式起重机的各个限位控制精度极大提高，操作人员对塔式起重机作业可做到实时查看，通过一个显示器就可以准确地了解吊物的重量、起重力矩以及空间位置等各项工作数据。具有“容错”和“限位”功能，可以对塔式起重机危险的动作予以报警，并且自动终止吊运程序，避免塔式起重机危险作业。通过手机、电脑等移动终端可随时随地监管塔式起重机等。

塔式起重机可视化系统在越来越多项目应用。塔式起重机可视化系统通过摄像头自动聚焦追踪吊钩运行画面和卷扬机钢丝绳运行。吊钩可视化实时以高清晰图像向塔式起重机司机展现吊钩周围实时的视频图像，使司机能够快速准确地做出正确的操作和判断，塔式起重机司机无死角监控吊运范围，减少盲吊所引发事故，对地面指挥进行有效补充，能够有效避免事故的发生。卷扬机钢丝绳运行可视化能够及时发现钢丝绳乱绳，提高塔式起重机作业安全性。

塔式起重机远程控制技术为降低人力成本和安全风险提供一种解决方案。中建三局基于施工现场5G环境的室内远程智能控制塔式起重机，利用5G通信实现现场信息采集系统和远程控制系统的信息交互，通过搭建远程操控平台实现塔式起重机司机的作业环境，从高空驾驶舱转变为室内作业，在保证安全性的前提下大幅提高作业效率。该塔式起重机远程控制技术2023年在武汉市光谷科学岛科创中心项目、2024年苏州太泽之星二期项目等施工现场得到应用。

4.3 施工升降机

随着关键的传动技术和安全控制技术的进一步发展，施工升降机将向更加舒适平稳、更加高效环保、更加安全可靠方向发展。施工升降机设计将采用模块化、数字化、智能化技术。

随着建筑施工向智能建造、信息化施工方向发展，智能控制的人货两用施工升降机应运而生。智能控制的人货两用施工升降机集成了智能呼梯、一触即达、自动平层、安全监控、远程管理、人数识别、上下通道障碍识别、故障自诊断等功能，融合多项行业领先自主核心技术，使吊笼运行平稳舒适、高速安全、智能高效。克服了传统施工升降机智能化程度低、安全监测不足等弱点，无需专职司机操作，能有效降低使用成本。

2022年8月中国工程机械工业协会发布《智能控制的人货两用施工升降机技术规程》CCMA/T 0135—2022团体标准，同年12月上海市发布《智能施工升降机安全标准》地方标准，随着智能施工升降机相关的技术规程和标准日趋完善，智能施工升降机推广加快。2022年以来，国内多家工程机械企业均推出了智能施工升降机产品，并在市场上表现突出。智能施工升降机已在全国各地多个省市逐步推广，上海、浙江、四川、武汉等多个工程项目开始推广应用智能施工升降机。典型项目有成都绿地468项目（468m）、北京国家档案馆、北京上地元中心项目（小米总部）、工业改造工程“宝钢三号高炉中修改造项目”，临海恶劣工况的“临港长城建设集团总部项目”，大型公建项目“华东师范大学绿色化学材料大楼”，超大型住宅小区“青浦区朱家角镇港周路西侧D09-01地块项目”等各种类型施工场所的实际应用，并取得较好效果。

4.4 混凝土机械及砂浆机械

4.4.1 混凝土搅拌站（楼）

随着物联网、人工智能、大数据、云计算等技术的快速发展，新工艺、新材料的应用，形成产业效能提升的巨大驱动力，加快混凝土机械行业向绿色、低碳、集约、高效，个性化、智能化等方面快速发展。

将大数据、移动互联网、云计算等先进信息化技术应用，通过设备底层传感器的自我感知、自我分析、智慧诊断、实时预警等功能将运用到产品生产、运营之中。

4.4.2　混凝土搅拌运输车

电动搅拌车因低碳、节省运营成本等优点受到不少企业的欢迎。从运营成本、碳排放量、企业参与积极性等方面分析，电动搅拌车已具备电动化推广应用基础。2022 年工业和信息化部公告新增纯电动混凝土搅拌车车型款数近 80 款，续航里程大多集中于 190～360km 区间内，常见总储电量约 280～450kWh。电动混凝土搅拌车主要有换电式纯电动混凝土搅拌车、纯电动混凝土搅拌车、插电式混凝土搅拌车与燃料电池混凝土搅拌车。

混凝土搅拌车型具有很好的电动化前景，挑战主要来自于成本和车型成熟度，目前整车购买成本高出油车较多，运营方的资金压力较大。目前，制约电动搅拌车应用的因素有车辆置换成本高、快速充换电设施不足、充换电场站建设不足等，如何让电动搅拌车得到更好推广应用成为各方关注的焦点。

4.5　钢筋加工机械

（1）钢筋智能制造加工技术：钢筋的智能制造将 BIM 的软件化数字处理和先进的钢筋加工设备（数控钢筋网片焊接生产线、数控钢筋弯箍机）有机融合，将信息化技术应用到钢筋的加工生产全过程。钢筋智能制造技术集成各环节信息化模式，以 BIM 模型为主要载体，建立企业资源规划 ERP、制造执行系统 MES、仓储管理系统 WMS、加工控制系统 PCS、物流管理系统 TMS 协同工作的体系，实现脱离人脑决策的钢筋智能制造加工流程。

（2）钢筋智能化加工数字孪生云平台：河北工业大学等单位开发的钢筋智能化加工数字孪生云平台技术集成了建筑信息模型、物联网和人工智能三项技术，以 BIM 作为数据层、收集钢筋及加工设备的几何、物理信息、传感器数据、机器运行数据，建立相应的物理模型；将物联网作为通信层，感知智能加工过程中各物理量的变化，并将信息及时传输到云平台上建立行为模型进行分析，完成信息的交互融合，以便对加工过程作进一步的控制；使用人工智能 AI 作为中间层，对收集的信息进行解释和推演，建立三维数字智慧模型，进行下一步决策，从而实现钢筋加工过程的数字展示、安全预警、图纸识别、物料管理、软件对接等一系列功能。

4.6　建筑机器人

建筑机器人的技术前沿研究主要集中在视觉、智能控制、自主导航和节能技术方面。

近年来，建筑机器人在视觉技术方面取得了重大突破，采用了先进的三维视觉系统，实现了对施工现场的实时三维信息获取，包括建筑结构、工艺设备等。这为机器人的智能控制和规划提供了重要数据支持，提高了施工效率。在智能控制方面，建筑机器人应用了先进的控制算法和传感技术，实现了对机器人运动、动作的精准控制，显著提高了工作效率和准确性。此外，自主导航技术通过激光雷达、惯性导航等技术，实现了建筑机器人在复杂施工环境中的自主移动和定位，极大提高了施工的灵活性和效率。在节能技术方面，建筑机器人采用了先进的液压系统，实现了能源的高效利用。高性能发动机和节能控制技术的应用，使建筑机器人在工作过程中能够有效降低能耗，减少环境污染。此外，建筑机器人还采用了智能化热管理电液控制技术，实现了对机器人工作温度的精准控制，进一步提高了机器人的工作效率和稳定性。

这些技术的不断进步和应用，使建筑机器人不断向数字智能化、节能化、多机器人协作施工方向发展。建筑机器人将能够通过数字化建模和仿真技术，实现施工过程的精准规划和优化。同时，建筑机器人之间将实现更紧密的协作，通过互联互通的方式，共同完成复杂的施工任务。这种多机器人协作的模式将大大提高施工效率，同时减少人力投入，实现施工过程的自动化和智能化。通过采用更加节能高效的动力系统、控制系统和传感器，建筑机器人将在施工过程中实现能源的最大化利用，减少能源浪费和环境污染。随着技术的不断进步和应用的不断拓展，建筑机器人将在未来发挥更加重要的作用，为建筑施工行业的发展注入新的活力和动力。

五、建筑施工机械技术指标记录

一些代表性的建筑施工机械、建筑机器人产品关键技术指标见表 21-1。

建筑施工机械产品关键技术指标 **表 21-1**

机械名称	关键技术指标范围
旋挖钻机	旋挖钻机按不同型号，动力头最大扭矩可达到 40～1600kN·m，最大钻孔深度 20～150m。目前最大的旋挖钻机其最大输出转矩为 1600kN·m，最大钻孔直径 7.5m，最大钻孔深度 190m
液压连续墙抓斗	目前最大的液压连续墙抓斗成槽宽度可达 1.5m，槽深可达 110m。全球最大吨位地下连续墙液压抓斗 XG800E。全球最大吨位油电双动力双轮铣槽机 XTC180
塔式起重机	建筑施工常用塔式起重机起重力矩有 63～2400t·m，最大起重量 5～120t，其中装配式建筑常用的塔式起重机为 160～400t·m。额定起重力矩 20000t·m 的最大塔式起重机已经在工程中应用
施工升降机	按型号和用途不同，施工升降机额定载重量有 200～2000（常用）～10000kg，提升速度一般为 36～120m/min 智能控制无人驾驶的施工升降机已经在成都绿地 468 项目（468m）、北京国家档案馆等多个工程项目应用
混凝土搅拌站	按型号不同，混凝土搅拌站（楼）生产率一般为 25～360m³/h。徐工 HZS360 混凝土搅拌楼和南方路机 HLSS360 型水工混凝土搅拌楼是目前生产能力及搅拌机单机容量最大的混凝土搅拌楼，配 JS6000 搅拌主机，理论生产能力达 360m³/h
混凝土搅拌运输车	国家对混凝土搅拌运输车最大总质量、搅拌筒搅动容量和搅拌筒几何容量都做了严格的规定，四轴混凝土搅拌运输车最大总质量应不大于 31t，搅拌筒搅拌容量应不大于 8m³。但储运混凝土超过 14m³ 的搅拌车也已面世
混凝土泵及泵车	按型号不同，混凝土泵车泵送量为 80～200m³/h，臂架高度 30～80m。 世界上臂架最长的泵车——101m 臂架泵车，能够一次性把混凝土输送到 30 多层楼的楼顶。 混凝土拖泵最高泵送记录：在上海中心大厦施工中将 C100 混凝土泵上 620m 的高度
高空作业平台	臂架式高空作业平台常用工作高度 12～42m，最高 67.5m，最大载荷一般在 500kg 左右；剪叉式高空作业平台常用 6～14m，最高 22m，最大载荷一般在 750kg 左右；桅柱式高空作业平台常用 8m 以下，一般超过 14m 就用剪叉式或臂架式，其最大载荷单桅柱一般 200kg，双桅柱可达 350kg。 采用新能源的纯电驱动和混动增程式（配置高容量锂电池组，搭载通用增程器，无外部电源充电配套下，整机可自行发电）的高空作业平台均已投入使用

续表

机械名称	关键技术指标范围
钢筋加工机械	钢筋加工机械的线材最大加工直径 22mm，棒材最大加工直径 50mm；焊笼机械最大加工笼径 3m，绕筋间距 50～500mm（无极可调），最大钢筋笼长度可达 27m（定制），主筋直径 ϕ16mm～ϕ50mm，螺旋绕筋直径 ϕ5mm～ϕ16mm。 钢筋全自动化棒材加工生产线加工钢筋直径范围 ϕ12mm～ϕ50mm，具备集中自动上料、自动传送、自动分配布料、自动定位、自动成型、自动下料、自动收集料、自动打标、自动打捆、自动码垛等功能，加工钢筋为 HRB400、HRB500MPa 级
工程起重机	工程起重机型号众多，起重量范围很大。汽车起重机起重量可从 8～1000t，底盘的车轴数可从 2～10 根，其中 25t 和 50t 最为常用。目前最大工程起重机有：2600t 级越野轮式起重机、2400t 级全地面起重机、4000t 级履带起重机，可以适应各类吊装需求
地面整平机器人	施工作业面平整度可达到（±5mm）的标准，施工工效≥100m²/h
板材安装机器人	移动本体最大承载能力达 2000kg，最大安装高度达 5m，操作安装板材最大平面尺寸为 1m×1.5m，操作安装板材的最大重量达 70kg 以上
砌砖搬运机器人	机器人一次可夹持 30 块砌砖，搬运速度可达 50m²/h，约为人工的 2 倍，可实现连续工作 12h
智能焊接机器人	焊缝宽度误差在±0.3mm 以内，焊缝深度误差在±0.1mm 以内，焊接接头的强度符合相关标准要求，焊接接头外观平整美观，可以实现每小时焊接 3～5m 长的焊缝，工作周期可以达到 24h 连续工作
室内喷涂机器人	综合喷涂效率约为人工辊涂的 4 倍，可连续 24h 作业。厚度控制精度在±3%以内，可对室内墙面、天花板和飘窗等建筑结构进行自动喷涂作业，自动作业覆盖率可达 95%以上

六、建筑施工机械技术典型工程案例

6.1　基础施工机械

（1）上海浦东机场 T3 航站楼地下交通枢纽项目

徐工 XCM80 双轮铣削搅拌机成功应用于上海浦东机场防渗墙施工工程。面对国内最大深度 80m 防渗墙施工，以及粉质黏土、粉砂层及强风化岩层等复杂地质工况，XCM80 双轮铣削搅拌机表现稳定，施工效率高，打破了国内最深防渗墙施工记录。

（2）重庆黄桷坪长江大桥项目

黄桷坪长江大桥主桥塔底承台基础采用 43 根直径为 2.5m 的钻孔灌注桩，平均入岩深度为 5～20m。项目地质多为中风化、弱风化岩层，岩石硬度在 60MPa 以上。该项目投入多台超大吨位旋挖钻机采用接力的形式施工，其中，XR600E 和 XR700E 各 2 台，XR780E 和 XR1200E 各 1 台，底部入岩施工由 XR1200E 完成，综合施工效率大幅提升。

6.2 塔式起重机和施工升降机

(1) 5G 远程控制塔式起重机应用

2023 年，中建三局在武汉光谷科学岛科创中心项目将 5G 远程控制塔式起重机技术在建筑项目上首次投入常态化应用。该项目安装了 6 台远程控制塔式起重机，利用城市公共 5G 基站完成远程通信组网，实现塔式起重机现场工况信息实时可靠传输和塔式起重机远程操控。塔式起重机司机坐在办公室轻轻摇动操作杆，即可实时监控塔式起重机状况、远程精准操控塔式起重机工作，将远在几百米外的建筑物料精准吊装到位。一名塔式起重机司机可以分时操控多台塔式起重机，有效提升了操作人员工作效率。

(2) 智能施工升降机应用

2023 年，中铁建工五公司承建的上海青浦区朱家角镇 D09-01 地块住宅项目总建筑面积约 10 万 m^2，该项目率先使用智能施工升降机，智能施工升降机集成了智能监控、权限管理、远程操控、自动识别故障、智能语音播报等多项先进技术，不仅能够精准地运行至目标楼层，而且能自动开启吊笼门，平层精度控制 10mm 以内，施工效率获得大幅提升。其智能监控系统、运行通道检测系统和运行语音提示系统，为施工生产增加多重安全保障。

6.3 混凝土机械及砂浆机械

2023 年建成并投产的河北交投 3 台 HLS240 型“绿色智能混凝土搅拌楼生产线”及 10 万 m^3 “智能化立体料库”，位于河北省雄安新区，混凝土搅拌楼由中建机械有限公司提供。该搅拌楼全面落实“绿色低碳、节能环保、智能高效”的理念，融合大数据、数字孪生、知识型工业自动化、物联、传感、AI 识别等技术。其储运技术的核心——“智能化立体料库”，实现物料集中储运、智能化配送，使砂、石等骨料的利用实现精细化、集约化管理，低碳运输——全程采用皮带机自动上料，不使用装载机，避免 CO_2 等温室气体产生，降低碳排放，节能率可达 30% 。

6.4 钢筋加工机械

中铁十九局集团有限公司根据成渝中线高铁（四川段）站前施工 CYZXZQ-8 标项目需求，在四川省资阳市安岳县杨家湾建立了专门的智能化钢筋加工厂，根据钢筋生产工艺要求，廊坊凯博科技有限公司提供的钢筋加工设备包括智能化钢筋弯箍机、智能化钢筋立式弯曲中心、智能化钢筋锯切套丝打磨生产线、智能化钢筋调直切断机等等专业化成套化设备。使用专业化成套化钢筋智能化的成型钢筋加工设备、大大降低了劳动强度、有效提高了生产效率和产品质量，而且节省人工成本和管理成本，实现了少人化，社会和经济效益显著。

6.5 建筑机器人

(1) 建筑机器人在中国城乡总部经济产业园项目中的应用

中国城乡总部经济产业园项目位于武汉经开区后官湖畔，是央企中国城乡在汉兴建的总部基地，规划建设一座 188m 高的总部大楼。2023 年 4 月，该项目引进了 3 台建筑机器人来代替人工，分别用于搬运砖块、打磨混凝土内墙面、封堵螺杆洞。经过近两个月的实际应用，这些机器人不仅提升了工作效率，减轻了工人劳动强度，还缩短了项目建设工期，降低了环境污染和安全隐患。

搬砖机器人平均每小时能搬运 3.6m^{3}的砖块。一台砌砖搬运机器人能够一次性夹起堆砌好的 24 块砖，按照设定的程序将砖块平行移动到系统设定的地点轻轻放下，节省了人工上砖下砖工序。该机器人具备视觉识别、自动上砖、自动乘电梯上楼、自动下砖等功能，大大提升了繁重工序的工作效率，节省了人力，缩短了工期。在某些工序上，建筑机器人不仅比人工干得快，还干得更好。例如，采用混凝土内墙面打磨机器人可自动升降，施工墙面平整度误差在 2mm 以内，远远优于人工打磨。建筑机器人的应用为中国城乡总部经济产业园项目带来了显著的效益，提高了工作效率，降低了成本，缩短了工期，改善了工作环境，值得在建设工程中进一步推广应用。

（2）中建八局钢筋绑扎机器人落地中海成都天府新区超高层项目

钢筋绑扎是钢筋工程现场施工的重要步骤，该工序目的在于固定钢筋位置，确保钢筋间距符合设计要求。此项工序通常由人工在现场完成，钢筋绑扎工作量大、需要人工数量多、耗时长。2022 年 7 月 9 日，中建科技（济南）有限公司联合河北工业大学召开智能钢筋绑扎机器人启动仪式，该机器人是一种可视觉导引的六轴钢筋绑扎机器人，安放在流水线的钢筋绑扎区域，能够高效精准地进行钢筋绑扎工作，具有自动识别，精准高效、协同作业、一机双控等特点，绑扎速度是人工的 2 倍，大大提高钢筋绑扎效率。

同年 11 月，研发的自行式智能钢筋绑扎机器人完成样机试制，成功在中海成都天府新区超高层项目开展多场景测试应用。自行式智能钢筋绑扎机器人具备灵活移动、智能识别和移动端操作等特点。机器人可在施工现场的不同场景中自由移动，适应钢筋摆放误差，并自动完成水平钢筋绑扎。其末端采用六自由度仿人机械臂，配备视觉识别系统和机器学习算法，可一次性识别多个绑扎点，适应不同场景的绑扎要求。机器人配备移动端操控系统，操作简便，可自主规划行走路径和执行绑扎。搭载监控摄像头可观察和记录工作情况，见图 21-3。

图 21-3　中建八局智能钢筋绑扎机器人

（3）苏州相城新基建智能交通项目地坪施工机器人应用

苏州相城新基建智能交通二标段项目主体施工阶段使用三种地坪施工机器人助力项目混凝土施工。第 1 种是四轮激光地面整平机器人。在混凝土浇筑后，使用机器人对地面进行高精度找平施工，一机一人，遥控操作。采用激光对点，保证整个地坪的水平度和平整度。整平头振动板产生均匀的高频振捣，使得混凝土地面更密实均匀。第 2 种是履带抹平机器人。它采用遥控操作，工人不必亲自操控重型机械设备，减轻了体力负担，降低了潜在的工伤风险。第 3 种是四盘地面抹光机器人。此款机器人刀盘直径达到 770mm，施工宽度可达到 1.4m，提供高质量的抛光效果，延长了混凝土地面的寿命，降低了后期运维成本，见图 21-4。

图 21-4　苏州相城新基建智能交通项目中地坪施工机器人施工

第二十二篇　特殊工程施工技术

中国建筑一局（集团）有限公司　郭海山　郝建兵　杨旭东　王　旭
中国铁建十六局集团有限公司　马　栋　王武现　蔡建桢
北京中建建筑科学研究院有限公司　蔡　倩　张金花
上海天演建筑物移位工程有限公司　蓝戊己　王建永

摘要

本篇主要针对加固改造技术、建筑物整体移动、膜结构和建筑遮阳四个方面分别进行了介绍。

首先，通过总结建筑结构加固改造工程近两年来在加固技术和特种加固材料方面的发展与应用，对结构加固改造技术的前沿研究进行了分析展望，并以不同建筑形式、不同建筑部位的典型加固工程示范案例，详细论述了建筑结构加固改造技术对建筑行业绿色与可持续发展的重大意义。

其次，建筑物整体移动技术包括结构鉴定分析、结构加固、结构托换、移位轨道技术、切割分离、移位装置系统、整体移位同步控制、移动过程的监测控制和就位连接等关键技术，具有工期较短、成本较低等优点。随着限位、顶推等技术和装置的发展，建筑物整体移动技术在既有建筑物保护与改造领域的应用将更为广泛。

再次，膜结构广泛应用于大跨度、体态复杂的空间结构上，同时，软膜内装已逐步成为新的装饰亮点。本篇着重介绍了建筑膜材料的特性、分类和膜结构设计，以及膜结构材料的现状及发展方向。

建筑遮阳作为建筑节能的一项关键技术，是最简单而有效的建筑节能措施之一；在降低建筑能耗的同时，还可以改善室内光、热环境，改善室内居住办公健康环境。本篇从建筑遮阳产品的发展概述、施工技术要点，涌现的建筑遮阳新技术等方面进行梳理，并结合典型示范工程案例，详细论述了建筑遮阳产品在工程中的应用及其对建筑行业节能减排的重大意义。

Abstract

The paper mainly states reinforcement and reconstruction technology, overall movement of buildings, membrane structure and building shading system.

Firstly, by summarizing the development and application of the reinforcement technology and special reinforcement materials in the recent two years of the building structure reinforcement and reconstruction project, this paper analyzes and prospects the frontier research of the structure reinforcement and reconstruction technology, and discusses in detail the great significance of the building structure reinforcement and reconstruction technology to the green and sustainable development of the building industry with typical reinforcement project demonstration cases of different building forms and different building parts.

Secondly, the building monolithic shift's technology includes structural identification analysis, structure reinforcement, structure underpinning, Shift track technology, cutting, shift system, synchronous monolithic shift control, shift progress monitor, connection and some other key technology. The advantages of the technology are shorter working period and lower cost. The building monolithic technology will be used in the protection and reconstructing field for existing building extensively with the development of technology and device in limiting displacement and pushing.

And again, membrane structure is used extensively on spatial structure with long span and complex appearance, besides, The interior of the soft film has gradually become a new decorative spot. In this paper, The characteristics and classification of the membrane material and the design of the membrane structure are emphatically introduced. Further more, it also stats the status of membrane structure material and development direction.

As a key technology of building energy saving, building shading is one of the simplest and most effective building energy saving measures; While reducing building energy consumption, it also plays a role in adjusting the brightness balance, improving indoor glare, and improving the health and comfort of living and office. Combined with typical demonstration project cases, it discusses in detail the application of building shading products in engineering and its impact on energy saving and reduction in the construction industry significance of the row.

一、特殊工程施工技术概述

1.1　加固改造工程的发展

加固改造是当前可持续发展观和绿色发展观下的必然选择。我国从 20 世纪 50 年代起发展加固改造工程技术，80 年代进入快速发展，1990 年发布《混凝土结构加固技术规范》，并在四川成都成立了全国建筑物鉴定和加固标准委员会 。近年随着技术的革新，更多的新材料、新技术被用于结构的加固改造上，国际国内的加固改造行业获得了更加迅速的发展。

1.2　建（构）筑物整体移位技术的发展

移位技术在我国经过近 30 年的发展，得到了长足的发展，在既有建（构）筑物移位改造、移位建造、工业设备安装等领域有着广泛的应用，如表 22-1。除了既有建筑物、桥梁及工业领域的应用外，移位技术还应用于古树名木的整体平移，如 2001 年浙江三门县 1200 岁树古樟树向西平移 40m，平移根坨长 34m，宽 12m，厚度 4m，根坨总重约 4000t。2008 年浙江建德 386 岁古樟树整体移位 74m，整体顶升 3.5m，树高 17m，树干最大直径 2m，树冠覆盖面积 $500m^2$，平移根坨总重 5500t。

移位技术的应用类型　　表 22-1

移位类型	移位技术的应用场景	
既有结构移位	既有建筑物	协调城市建设与建筑保留的冲突
		通过移位技术优化建筑视觉效果及恢复周边环境的相互关系
		建筑功能提升的需求，通过移位技术改善建筑的排水、防汛功能
		建筑安全性能提升的要求，如顶升纠偏、移位增设隔震措施
		设计或施工误差
		修建水库对有价值的建筑顶升或移位
	既有桥梁	提高桥下净空需求，内河航道升级改造，铁路提速电气化改造等
		既有市政高架桥与新建高架桥连接再利用
		既有桥梁墩柱主动顶升托换
		既有桥梁病害处理
移位建造	建筑物	低位制作，提升（顶升）就位
		异位制作，平移就位
	桥梁	高位制作，降落就位
		侧位制作，平移就位
		顶推合拢
		旋转移位
	工业	船舶下水
		沉箱平移

2019年我国城市老旧小区改造的大规模启动，标志着我国建筑业进入新建与加固改造并重阶段，已完成的众多移位项目经验累积及移位关键技术研究促进了移位技术的整体进步，目前移位关键技术的研究主要关注托换结构受力机理分析及试验研究、移位轨道及基础技术研究、移位装置及同步控制装备研发、就位连接技术等方面。

1.3 膜结构的发展

膜结构是20世纪中期发展起来的一种新型建筑结构形式。我国于2007年修编的《膜结构检测技术规程》DG/TJ 08—2019—2007、2013年发布的《膜结构用涂层织物》GB/T 30161—2013、2015年修编了《膜结构技术规程》CECS 158—2015，2020年发布《膜结构工程施工质量验收规程》T/CECS 664—2020进一步促进了膜结构在国内的发展。

随着近两年人们对生存环境的高度关注，绿色建筑理念的不断增强，膜结构以其自重轻、对结构要求低、节能环保、透光率高、形态表现形式多样、施工快速等优势，尤其在大跨度、体态复杂的空间结构上被广泛应用，并提出了更高的节能环保要求，从而进一步推进了膜结构体系尤其是膜材方面的发展，出现了各种在膜材上附着柔性太阳能电池板、气凝胶（Nanogel）或由TiO_2涂层＋纳米气凝胶复合绝热材料＋PTFE内膜组合体等新型节能膜材的应用。

1.4 建筑遮阳概述

建筑遮阳是现代建筑外围护结构不可缺少的节能措施，可有效遮挡或调节进入室内的太阳辐射，对降低夏季空调负荷、缓解室内自然采光中眩光问题、改善室内舒适度以及提升建筑外观艺术美有着重要作用。据《欧盟25国遮阳系统节能及CO_2减排》研究报告表明：采用建筑遮阳，可节约空调用能约25%，供暖用能约10%。近些年，在国家大力推动绿色建筑、健康建筑、超低能耗建筑的同时，建筑遮阳得到了更为广泛的应用。

近些年，随着我国经济的不断发展，电动遮阳、智能控制遮阳和光伏遮阳的出现，推动着我国遮阳行业的发展和壮大。与此同时，建筑遮阳标准体系的不断完善，规范和推动了我国建筑遮阳的技术发展。新编制的国家标准《建筑遮阳热舒适、视觉舒适性能分级及检测方法》GB/T 42786—2023于2023年8月发布，是我国唯一一部给出建筑遮阳对室内热舒适、视觉舒适性能分级及检测方法的国家标准。遮阳标准的不断更新完善对推动我国遮阳技术的应用具有重要作用。

二、特殊工程施工主要技术介绍

2.1 加固改造主要技术内容

2.1.1 直接加固法

直接加固法是通过一些加固补强措施，直接提高构件截面承载力和刚度的一种方法，工程中常用以下几种方法：

增大截面加固法即基于原有所需加固的结构，在上面架设一层钢筋网砂浆层或者钢筋混凝土层，确保其能够和原有结构有共同作用产生，确保结构自身承载力能够增强。

置换混凝土加固法主要用于混凝土强度偏低、混凝土有缺陷的梁、柱等混凝土承重构件。通过分别设置上、下置换平台，安装钢管千斤顶支承，拆除缺陷混凝土，最后重新浇筑混凝土。

复合截面加固法以外贴不同材料形式，形成复合截面结构的加固方法。例如外包钢法、后锚固连接技术、化学锚栓连接加固法、外贴纤维增强聚合物（FRP）法、外贴纤维增强水泥基（FRCM）材料法等，具有耐高温、价格低廉、可以被应用于低温环境或者潮湿表面、对水蒸气的渗透性以及与混凝土基材的相容性，是当前结构加固技术应用的热点。

2.1.2　间接加固法

常用的间接加固方法包括体外预应力加固法，增设支点加固法、增设耗能支撑法、增设抗震墙法、撑杆预应力加固法等结构体系加固法，都是通过改变结构的传力途径来达到对原结构减荷的目的。

体外预应力加固法是通过在原构件截面外张拉预应力筋，从而为原构件提供承载力，施工较为简单，能够有效减小被加固构件的挠度，减小裂缝，但其加固后结构外观较差，并且需做一定的防腐防火处理。

增设支点加固法是为改善结构的受力状态，在原有结构内设置新的支承点，减小了结构的计算跨度，结构的内力也得以减小。

撑杆预应力加固法主要用于加固构件的承载力，该方法采用角钢、箍筋板或预应力拉杆等材料加固原有构件，产生预应力使得新旧结构能够共同工作。

结构体系加固法是通过新设置剪力墙或支撑的方式，对结构的整体缺陷进行修复，以提高结构整体性能。

2.1.3　砖混砌体钢木等老旧结构组合加固方法

针对当前历史存量大的砖混砌体、钢木等老旧建筑结构，由于其墙体整体性较差，水平抗剪能力低，抗震能力薄弱，设计人员有针对性地采用组合加固方法。例如采用高强钢绞线砂浆加固的方法，对砌体墙进行加固，能够显著改善结构整体的抗震性；采用增设砌体扶壁柱、圈梁和构造柱加固法，改善整体结构、提高抗震性能；采用粘钢法对混凝土楼板进行加固，能在不显著增加结构自重的情况下有效增加楼板的刚度和承载力，施工现场对环境影响小，且加固后楼板厚度基本不变；环箍绕丝配合张弦式钢拉杆加固木檩条的方法，能有效抑制木结构裂缝开展，提高檩条受弯承载力和刚度，比较适用于木质受弯构件的加固。

2.2　建（构）筑物整体移位技术的内容

建筑物整体移位技术是指在保护上部结构整体性前提下，将建筑物从原址迁移到新址的技术。其实施步骤为：首先在被移位建筑新址修建新的地基基础，在新址和旧址之间修建轨道；之后在建筑物底部施工整体托换底盘，在托换底盘和移位轨道之间安装移动支座；然后在托换底盘下方将上部结构和原基础或地基分离，形成可移动体；安装移动动力设备和同步控制设备，将建筑物移动到新址后进行就位连接。

移位技术是由多项关键子技术集成的综合改造技术，涉及结构、岩土、机械、电气、液压等技术领域，其突出特征是技术集成和综合。移位技术的专项子技术可以分解为：托换技术、临时性地基处理与轨道基础技术、结构切割分离技术、移位设备装置及同步控制技术、过程中的姿态监测监控技术、就位连接技术，组成该技术关键专项子技术的发展决定了移位技术的进步。

各关键子技术对被移动结构的安全性和经济性起到决定性作用，其构件形式、受力性能从移位技术出现以来就被工程技术人员重点关注，进行了大量研究。相关研究成果被编写入移位技术标准中，包括《桥梁顶升移位改造技术规范》GB/T 51256、《建筑物移位纠倾增层改造技术标准》CECS 225、《建（构）筑物托换技术规程》CECS 295、《建（构）筑物移位工程技术规程》JGJ/T 239、《既有建筑地基基础加固技术规范》JGJ 123、《建筑物倾斜纠偏技术规程》JGJ 270、《建（构）筑物整体移位技术规程》DJG32/TJ 57 等。

2.2.1 结构鉴定分析

对既有建筑的移动，在确定方案时应进行结构鉴定，结构鉴定的目的是根据检测结果，对结构进行验算、分析，找出薄弱环节，评价其安全性和耐久性，为工程改造或加固维修提供依据。既有建筑的安全性鉴定应符合现行国家标准《既有建筑鉴定与加固通用规范》GB 55021 和《既有混凝土结构耐久性评定标准》GB/T 51355，既有建筑的抗震鉴定应符合现行国家标准《建筑抗震鉴定标准》GB 50023。

安全性鉴定目的是对现有结构进行安全性评估，确保平移过程中和平移就位后结构在各种荷载作用下的安全性。其具体作用有三个方面：一是为平移技术应用可行性论证提供依据；二是根据鉴定结果确定平移技术方案；三是当委托方需要对平移后的建筑物进行结构和功能改造时，鉴定结果可提供技术依据。

正常使用鉴定的目的是保证平移就位后建筑物满足适用性和耐久性的要求。

对新建结构采用整体移动方法施工时，应根据移动过程的实际受力状况进行全过程分析，从而指导施工，保障安全。

2.2.2 结构加固技术

应根据既有建筑可靠度等级确定既有建筑加固方案，A 级可靠度等级的建筑可直接进行移位设计，B 级和 C 级可靠度等级的建筑应先进行结构移位工况安全分析后，选择临时性加固或者永久性加固方案，D 级可靠度等级的建筑应进行综合效益评估后确定是否采取移位方案。

临时加固保护一般不改变原受力状态，不损伤原构件，工程结束后可以恢复建筑原貌。在意外情况发生或受到不利工况扰动的情况下临时加固体系能够控制建筑物整体和局部构件的变形，保持结构的稳定性，保证建筑物在托换、平移和顶升全过程的建筑安全。

2.2.3 结构托换技术

托换技术是指既有建筑物进行平移或加固改造时，对整体结构或部分结构进行合理托换，改变荷载传力途径的工程技术。目前该技术被广泛用于建筑结构的加固改造、建筑物整体平移、建筑物下修建地铁、隧道等工程领域中。

墙体的托换方法目前应用最广泛的为钢筋混凝土双夹墙梁托换形式（图 22-1），框架结构柱及桥梁墩柱的托换方法目前应用最广泛的为四面包裹的抱柱梁结构（图 22-2）。混凝土托换梁是通过截面尺寸及配筋防止托换结构出现两种破坏模式：

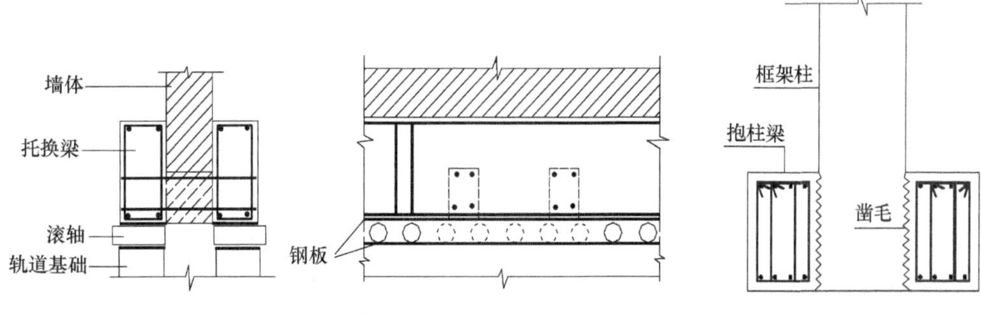

图 22-1　夹墙梁托换方式　　图 22-2　抱柱梁托换方式

（1）新旧结合面的冲切破坏。

（2）托换结构本身的弯、剪、扭及失稳承载力破坏。

除了混凝土托换形式，部分情况下也采用钢混凝土组合的托换方案，钢＋混凝土组合式托换结构通过混凝土托换部分满足结合面受力要求，钢托换构件满足刚度、强度、稳定性要求。钢＋混凝土托换形式与混凝土托换形式的新旧结合面托换机理及计算方法基本一致，设计时可参考现行的相关规范。相较混凝土托换结构，钢＋混凝土组合式托换形式在满足受力情况下，可以减小混凝土结构部分的截面宽度、高度及总体重量，减少后期拆除作业工作量。

便于重复利用及拆除的钢托换梁也在部分项目中应用，如图 22-3、图 22-4 所示，钢结构托换形式的新旧结合面托换机理、构造做法与混凝土托换形式及钢＋混凝土托换形式完全不同，为了保证钢夹墙梁应用时的安全性，设计时应避免单一的摩擦式托换，除了摩擦传力外还应有其他的传力途径。

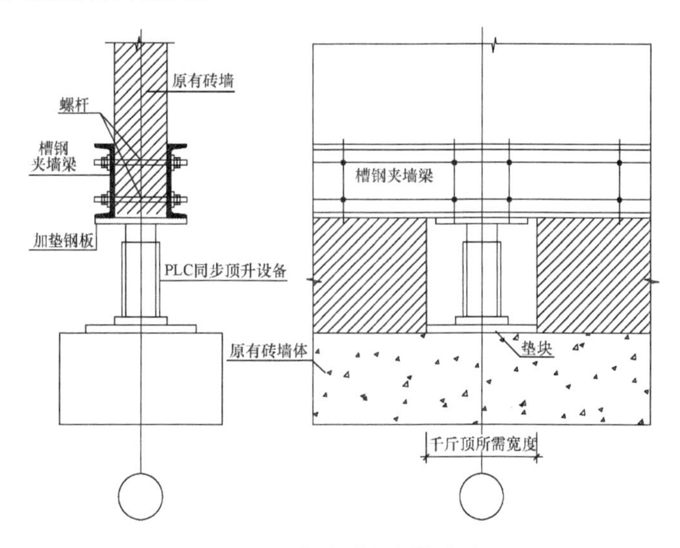

图 22-3　钢夹墙梁托换方式

在桥梁工程中也利用钢抱箍＋混凝土抱箍组合形式，钢抱箍式托换结构构造上由两部分组成，上部为两个半圆形钢抱箍组成，作为顶升及临时支撑平台，下部由立柱加大截面形成支撑结构，为钢抱箍结构提供支撑，相较抱柱梁截面宽度要小很多。立柱加宽后，钢

图 22-4　钢夹墙梁托换照片

筋混凝土结构主要承受压力和剪力，钢抱箍主要承受荷载弯矩，这种组合形式充分利用了各自的受力特点。

2.2.4　移位轨道技术

建筑物移位工程下滑道梁大多采用混凝土下滑道梁，其理论上受力及传力稳定、明确，而且已经有很多成功的经验可以参考，目前下滑道梁主要采用混凝土结构形式。

对于钢结构下滑道梁的应用及研究还较少，但是钢结构下滑道梁具有施工方便，速度快，可拆卸重复利用等突出优点，在某些特殊移位工程中钢结构相较混凝土结构具有明显的优势，2018 年海南文昌淇水湾旅游度假综合体整体移位工程采用模块化组合式钢滑道梁，并且在项目中实现重复倒用（图 22-5）。

图 22-5　组合式钢滑道梁

2.2.5　切割分离

托换结构准备完毕后，需要将平移部分建筑物切割开，机械切割的主要设备包括轮片机及线锯切割设备，轮片机需要的操作空间较大、适用于大面积钢筋混凝土墙体切割。

线锯切割设备包括液压机、驱动设备和驱动轮（主动轮）、导轨、线锯。其工作原理是电动设备驱动主动轮旋转，带动线锯高速运动，线锯将被切割构件磨断。液压设备施加压力使主动轮在导轨上移动，以保证线锯随切割进度随时拉紧，并保持相对稳定的拉力（图 22-6）。

图 22-6　金刚石静力切割

2.2.6　移位装置系统

移位工艺的创新与研发多是以实际项目为背景，当常规工艺与装备较难完成移位项目难题时，从而促进新工艺与装备的创新与尝试。

2003 年上海音乐厅整体平移顶升工程为了实施多点同步顶升，研发了一种力和位移综合控制的顶升方案，而且为了克服移位过程中的不均匀沉降，首次采用了液压悬浮工艺，2006 年厦门检察院刑侦楼采用无固定轴的圆弧曲线牵拉移位技术，整体旋转 45°，最大弧长 57.4m，2009 年济南经八纬一路老别墅采用平板拖车整体移位 25km，2014 年某公路转盘内的城市景观雕塑移位工程中首次采用高压气囊移位技术，2020 年厦门后溪车站整体移位工程首次采用交替步履器技术旋转 90°，最大弧长 288m（图 22-7）。

图 22-7　步履器移位

2.2.7　整体移位同步控制

（1）同步移动控制系统概述

同步移动自动控制系统是近年来新出现的一门综合控制技术，它集机械、电气、液压、计算机、传感器和控制为一体，依靠计算机全自动压力控制完成工程平移。该技术最早是为了解决大型预制结构的同步顶升施工问题，逐渐应用到顶升、纠倾和整体平移工程当中。

PLC 液压同步控制系统由液压系统（油泵、油缸和管路等）、电控系统、反馈系统、计算机控制系统等组成。液压系统由计算机控制，从而全自动完成同步移位施工。

（2）同步移动自动控制系统组成与原理

PLC 控制技术已经由最初的 PLC 阀控系统升级为变频同步控制，其控制方式和控制算法更加合理，并且由传统的同步方式衍生至交替同步顶升方式。

2.2.8　移动过程的实时监测

建筑物移位监测系统包括数据采集、数据传输、数据处理和反馈四个基本功能，并达到以下基本要求：①远程监测系统具备长期可靠性，并具有抵抗环境干扰的能力；②系统应具有较高的测量精度，以确保监测数据能准确反映结构的安全现状；③系统应为小尺寸、模块化，以方便仪器的安装和调试；④数据采集自动化、实时化和标准化；⑤稳定可靠的传输能力；⑥较好的数据运算处理能力；⑦远程监测系统可通过互联网等多种方式发布监测信息和预警信息，使相关单位在第一时间能获取数据信息，及时掌握结构的安全状况。

2.2.9　就位连接

（1）直接连接

建筑物或结构移动到新址后，对混凝土结构需要连接结构柱钢筋及混凝土，由于切割将同一截面的钢筋完全截断，采用焊接连接时不符合《混凝土结构设计标准》GB/T 50010 钢筋连接要求。一般参考《钢筋机械连接技术规程》JGJ 107，当采用挤压套筒连接时，达到一级连接后，可以在一个截面截断。当施工空间有限，或者钢筋无法上、下对应时，可采用扩大柱连接节点的截面，增加连接钢筋的方案处理。或者对于一些平移项目，采用承台（筏板）柱新址范围预留洞口方式，不提前预留钢筋，以保证钢筋对中问题，预留洞口钢筋采取后浇筑方式。另外对钢结构，可采用焊接连接，或直接放在结构的永久支座上(图 22-8～图 22-10)。

（2）隔震连接方法

减（隔）隔震技术应对地震的高效性与可靠性已经被世界各地的大量工程实例所验证，平移建筑物与新建基础的分离状态使基础隔震在平移工程中的实施成为可能。采用加设隔震层的方式进行就位连接，可以充分利用建筑迁移过程中的托换体系，而且形成了安全性和可靠度更有保证的基础隔震体系。

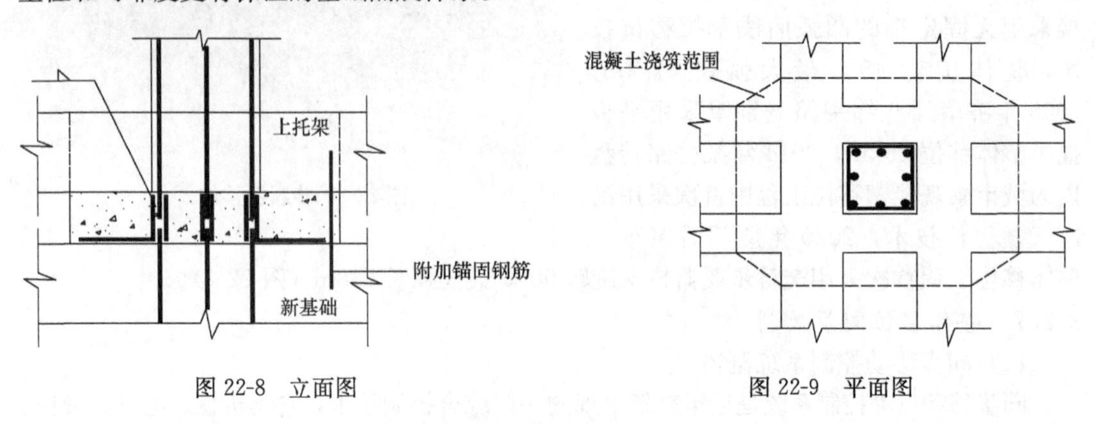

图 22-8　立面图　　　　图 22-9　平面图

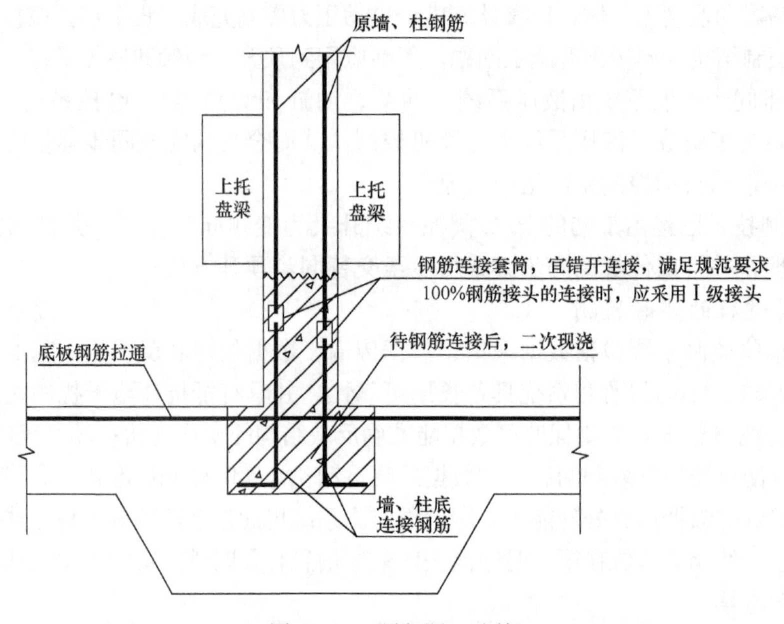

图 22-10　预留洞口连接

2.3　膜结构主要技术内容

2.3.1　建筑膜材料的特性

膜材的物理和化学性能对建筑物的适用性和寿命影响很大，不同纤维基布、涂层或表面涂层，将构成具有不同性能的膜材，从而适应不同层次的膜建筑与特定技术需求。目前建筑膜材料分为织物膜材料和热塑性化合物薄膜两大类。

1. 织物膜材料

织物膜材料是一种耐用、高强度的涂层织物，是在用纤维织成的基布上涂敷树脂或橡胶等而制成，具有质地柔韧、厚度小、重量轻、透光性好的特点，其基本构成见图 22-11，主要包括纤维基布、涂层、表面涂层以及胶粘剂等。

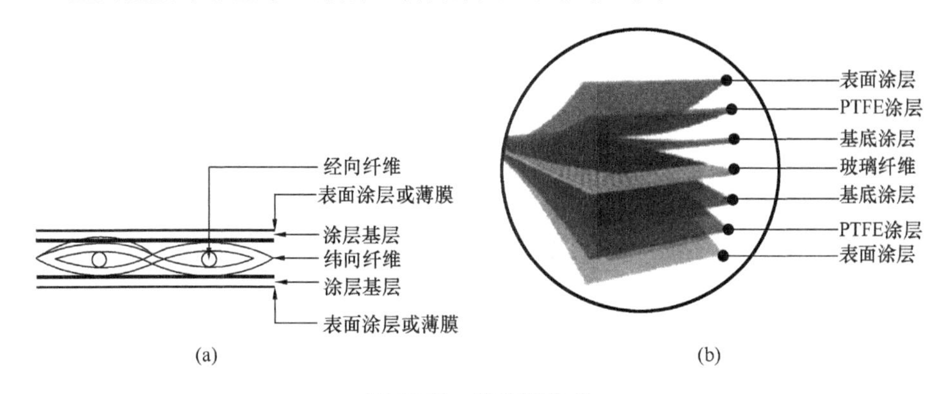

图 22-11　织物膜构成

(a) 聚酯纤维基布 PVDF 涂层膜材；(b) 玻璃纤维基布 PTFE 涂层膜材

2. 热塑性化合物

热塑性化合物薄膜由热塑成形，薄膜张拉各向同性，一般厚度较薄。此类膜材能够作为外部建筑材料长期使用。热塑性化合物薄膜通常经膜压工艺成型已获得高质量以及持久的材料厚度，也能保证材料的最大透明度。建筑中用热塑性薄膜，主要有氟化物（ETFE 和 THV）、PVC 薄膜。

2.3.2　膜结构的设计

膜结构设计时，要根据设计使用年限和结构重要性系数进行设计，使膜结构在规定的使用年限内满足使用功能要求。

由于膜材的特殊性，膜建筑设计需包括建筑造型与体系、采光照明、音响效果、保温隔热等，还应包括消防与防火、排水与防水、裁切线、避雷系统、防护和维护、节点设计等。膜结构设计主要包括三个阶段：找形优化分析、荷载分析、裁剪分析。找形分析是基础，荷载分析是关键，裁剪分析是目标和归宿。找形分析需要建筑师、业主、结构工程师紧密配合，创造出既满足建筑意象，又符合膜受力特征的稳定平衡形态；荷载分析在结构几何非线性分析的基础上要建立正确合理的分析模型，考虑荷载作用的合理取值，结合结构响应评价，确定最优安全度、材料量、经济指标；裁剪分析必须准确模拟膜的任何边界约束，预张力与找形分析和荷载分析所认为合理预张力完全一致，以及考虑材料、加工、安装运输等因素，取得合理结果。

2.3.3　膜结构的分类

膜结构由膜材料和支撑组件构成。根据构造和受力特点不同，常见的膜结构可分为整体张拉式膜结构、骨架支撑式膜结构、索系支撑式膜结构与空气支撑式膜结构，或由以上形式混合组成的结构等。

整体张拉式膜结构可由桅杆等构件提供支撑点，并在周边设置锚固点，通过张拉而形成稳定的体系（图 22-12）。张拉式膜结构使用支撑杆或索对膜材料施加预应力使其形成稳定的曲面来维持建筑的结构形态。这种形式的膜结构能够充分发挥膜材料的性能，且具有很高的可塑性，最能够体现膜结构材料的艺术创造力。

骨架支撑式膜结构应由钢构件或其他刚性结构作为承重骨架，在骨架上布置按设计要

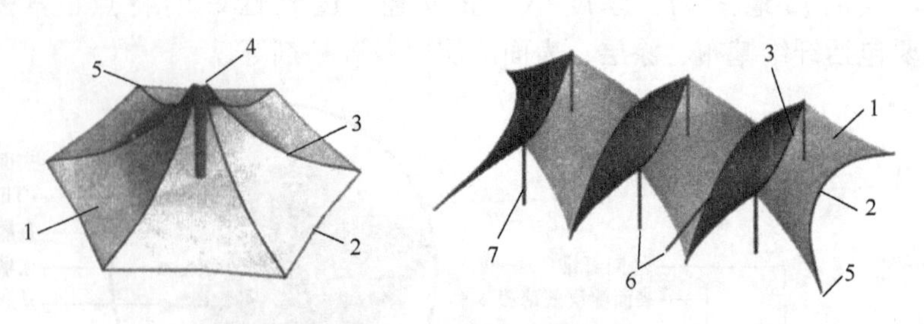

图 22-12 整体张拉式膜式结构

1—膜；2—边索；3—脊索；4—桅杆；5—锚固点；6—谷索；7—柱

求张紧的膜材（图 22-13）。骨架式膜结构主要作为表皮材料使用，刚性骨架为其提供支撑，是结构的主要承力部分。这种结构的设计和施工简单，但无法体现出膜材料本身的特性，通常用于覆盖建筑表面。

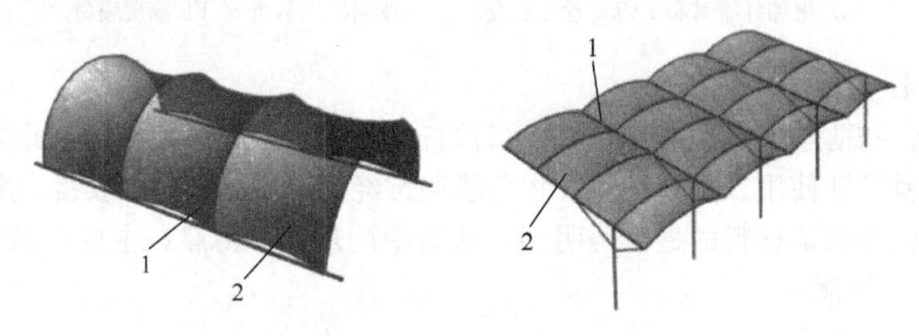

图 22-13 骨架支撑式膜结构

1—骨架；2—膜

索系支撑式膜结构应由空间索系作为主要承重结构，在索系上布置按设计要求张紧的膜材（图 22-14）。

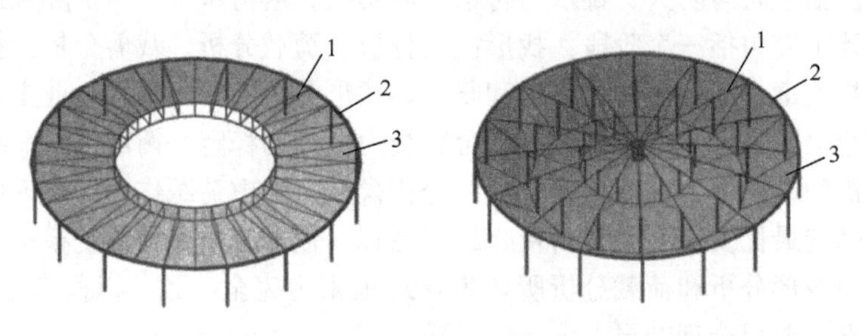

图 22-14 索系支撑膜结构

1—索系；2—环梁；3—膜

空气支撑式膜结构应具有密闭的充气空间，并应设置维持内压的充气装置，借助内压保持膜材张力并形成设计要求的曲面，可采用气承式、气助式和气枕式。气承式膜结构利用其内部与外部空气压力差为膜材料提供预应力。故受外界条件影响大，并且难以承受恶劣的气候条件。而气助式和气枕式膜结构采用双层膜结构，因内部填充气体使其具有一定的刚度，因此气助式和气枕式膜结构比气承式结构的稳定性好（图 22-15）。

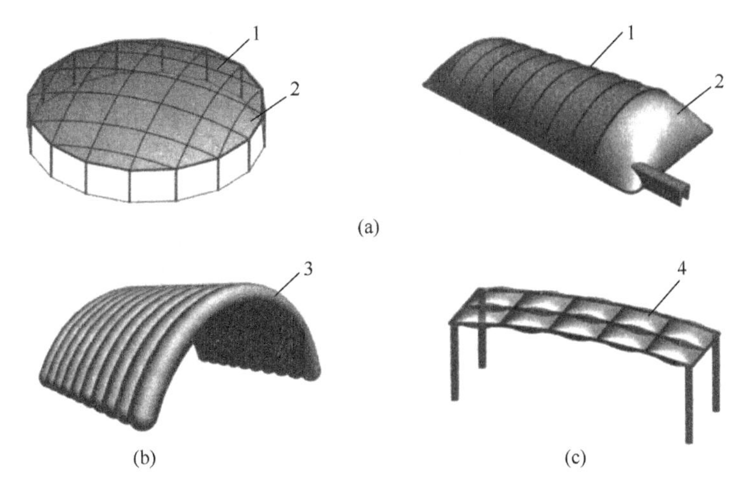

图 22-15　空气支撑式膜结构
(a) 气承式；(b) 气肋式；(c) 气枕式
1—加劲索；2—膜；3—气助；4—气枕

2.4　建筑遮阳主要技术介绍

2.4.1　建筑遮阳产品分类

构件式遮阳按其在建筑立面放置的位置分为水平遮阳、垂直遮阳、综合式遮阳和挡板式遮阳以及百叶式遮阳，多为从建筑结构中挑出的钢筋混凝土遮阳板（格构架）、金属遮阳板（百叶）、塑料遮阳板（百叶）、木质遮阳板（百叶）、固定在构架上的布质或其他纤维制成的遮阳帘幕，一般是固定设置、不能调节的。

遮阳产品是在工厂完成设计定型和加工生产，可按产品种类、安装部位、操作方式、遮阳材料等方面进行分类。其中按产品种类可分为建筑遮阳帘、建筑遮阳百叶窗、建筑遮阳板、建筑遮阳篷、建筑遮阳格栅以及其他建筑遮阳产品；按安装部位可分为外遮阳产品、内遮阳产品和内置遮阳产品（内置铝合金百叶中空玻璃遮阳）；按操作方式分为固定遮阳和活动遮阳（活动式又可分为手动调节和人工控制的电动调节）；按遮阳材料分类可分为金属、织物、非织造布、木材、玻璃、塑料、竹质、陶板等。

2.4.2　建筑遮阳施工安装

建筑遮阳工程除保证遮阳效果和外观外，关键是保证安装和使用过程中的安全和耐久性能。加强对建筑遮阳的施工管理，不仅对建筑本身有积极的影响，还有利于促进遮阳行业的持续发展要求。因此，遮阳产品的施工质量至关重要。

（1）遮阳产品安装流程

1）锚固件安装：遮阳装置应与主体结构可靠连接，锚固件不得直接安装在加气混凝土、混凝土空心砌块等墙体材料的基层墙体上。当基层墙体为该类不宜锚固的墙体材料时，应在需要设置锚固件的位置预埋混凝土实心砌块。大型遮阳装置与砌体结构连接时，应在连接部位的主体结构上增设钢筋混凝土或钢结构构件。

2）遮阳组件吊装：根据遮阳组件选择合适的吊装机具，吊装机具使用前应进行全面质量、安全检验，其运行速度应可控制，并有安全保护措施。

3）遮阳组件运输：运输前遮阳组件应按照吊装顺序编号，并做好成品保护；吊装时吊点和挂点应符合设计要求，遮阳组件就位未固定前，吊具不得拆除。

4）遮阳组件安装：遮阳组件吊装就位后，应按照产品的组装、安装工艺流程进行组装，安装就位后应及时进行校正，校正后应及时与连接部位固定，其安装的允许偏差应满足设计要求，安装施工过程中，应做好遮阳产品及配套附件、相关门窗和墙面的成品保护，不得污染、损坏。超低能耗建筑和近零能耗建筑外遮阳装置安装施工时，锚固件、穿墙和出屋面管线、套管等空气渗漏部位应进行防水、断热桥和气密性处理。

5）电气安装：应按照设计要求及相关规范进行施工，并应检查线路连接以及各类传感器位置是否正确；所采用的电机以及遮阳金属组件应有接地保护，线路接头应有绝缘保护。

6）调试：遮阳装置各项安装工作完成后，均应分别单独调试，再进行整体运行调试和试运转。调试应达到遮阳产品伸展收回顺畅，开启关闭到位，限位准确，系统无异响，整体运作协调，达到安装要求，并应记录调试结果。建筑遮阳智能控制系统，在基本功能调试完成后，还应对运行状态显示、故障检测、报警及消防安全、气象控制模式和情景控制模式等功能进行调试。

（2）超低能耗建筑外遮阳安装要点

严格控制热桥的产生，对围护结构的附着物应进行细致的阻断热桥处理，使围护结构保温性能尽量均匀。无热桥设计遵循“断桥四原则”。根据超低能耗建筑技术导则的明确规定，窗户外遮阳施工重点控制预埋件角码（连接件）与主体结构锚固可靠以及角码（连接件）与基墙之间应设置保温隔热垫块。金属预埋件与墙体之间增加的隔热垫块，隔热垫块导热系数一般不超过 0.2W/（m·K）。外遮阳系统安装设计应根据系统类型特点采取针对措施，并尽量减少接触面积。

穿墙孔洞气密性处理措施，气密性措施是超低能耗建筑的关键性技术之一，建筑气密性对于实现超低能耗目标极其重要。建筑气密性是围护结构内侧设置包围建筑受热体完整的气密层，所以对穿透气密层的穿墙管线应采取预埋穿线管的方式，并对与围护结构交界节点进行密封处理。

三、特殊工程施工技术最新进展（1～3年）

3.1 加固改造技术1～3年最新进展

3.1.1 加固材料进展

ECC是一种经过微观力学设计、在拉伸和剪切荷载下呈现高延性的纤维增强水泥基复合材料，具有弹性模量小、抗剪性能优异、具有一定自愈能力。将ECC替代聚合物砂浆，可显著提升结构稳定性和耐久性，在结构加固方面具有突出优势。

绿色高性能纤维增强水泥基复合材料（GHPFRCC），具有绿色环保、力学性能优异、具有较大比热容以及较低热传递系数，使用GHPFRCC浇筑核心区保护层能够提高结构的耐火性能。

玄武岩纤维网格-纤维增强水泥基基质复合层（BFRP-FRCM）作为一种新型加固材料，既能充分利用玄武岩纤维轻质高强和易于施工的特点，又能避免使用粘结剂在潮湿、高温、火灾等环境因素下导致的加固效果下降，在混凝土结构和砖砌体结构加固方面得到了广泛应用。

高延性混凝土（HDC）材料一方面因其力学性能，适用于各种形式的混凝土结构的维修和加固，另一方面在加固时无需特别支设模板和相对较低的价格，使其相较于其他加固方法有着较高的性价比。

形状记忆复合材料（SMC）是一种形状记忆复合材料，可以用于修复和加固建筑结构中的裂缝、变形或损坏部位，提高结构的稳定性和耐久性。

碳纳米管（CNTs）因其极高的拉伸强度和弹性模量被用于加固复合材料。在混凝土和聚合物基体中加入少量的碳纳米管，可以显著提升材料的抗拉、抗弯和抗冲击性能。

3.1.2　加固设计构造与方法进展

近年来，结构加固设计在主动结构隔震抗震减震技术方向上获得重要进展。大跨空间结构新型三维隔震支座以及同时具有耗能能力、自复位能力、抗疲劳性能及可更换性的新型减振装置获得具体应用。大跨空间结构隔震减振体系韧性提升技术为大跨空间结构的安全运行提供理论支撑和技术保障。PC基础隔震结构新型隔震层框架节点的创新，使其在承载能力、刚度和变形能力上均强于传统现浇节点，展现出良好的结构整体性。

在地基基础加固方面，针对老式住宅楼由于基础形式简单、相邻基坑开挖施工期间水土流失造成局部空洞而引起的房屋沉降，采用微型桩＋对拉地梁技术对沉降明显区域的基础进行加固处理，经处理沉降趋于稳定。针对岩溶地区高层建筑物不均匀沉降，采用锚杆静压桩＋地层注浆加固＋稳压基础托换的综合纠倾加固方法取得明显成效。针对湿陷性黄土地区的既有建筑基础采用静压桩托换技术加固方案，具有施工振动小、噪声小、设备简单、施工方便迅速、发挥作用快等优点，解决了地基不均匀沉降导致房屋倾斜问题。

3.1.3　加固工艺与新型工装应用进展

空间网架结构加固工艺获得成功应用，预应力高钒索、钢支撑及套管装置与原网架结构组装成共同受力的结构体系，作为一种新型加固方法具有工程可行性及可靠性。以镁合金为代表的轻质合金代替各类减震消能构件中低强钢材以提高构件减震消能性能，制成的新型BRB、TMD构件和叠层橡胶支座逐步获得工程应用。

3.2　整体平移技术1~3年最新进展

（1）由单项的移位改造向群体移位改造、减隔震改造、地下空间拓建改造相结合的综合改造方向发展，在组合实施过程中会形成新的改扩建工艺。

临近既有建筑物的基坑开挖及下穿建筑物的隧道开挖必然会对建筑物地基及基础造成扰动，常规的处理措施无法完全避免开挖的影响，尤其考虑到施工的复杂性，常规被动式托换和加固无法准确量化基坑对相邻建筑物造成的影响。有必要研究与开发可以全过程控制开挖对建筑物不利影响的预防性可调平主动式托换技术。

同时针对保护老式里弄类建筑群平移及托换施工中通常存在的操作空间及临时场地狭小，平移通道限制条件多、交通运输组织不便等突出问题，将研究平移与原位托换组合的方案来将保护及开发同步解决。

（2）新型智能移位建造技术及装备的研发，研发方向是提升移位施工的自动化水平及控制精度。近年来，在平移工程中应用步履行走器装置将顶推点分散到各顶升位置，顶推方向按各顶升点位置切线布设，对横向水平分力进行抵消，保证旋转平移的精确性，该装置大大减小对人的依赖，提高移位的工作效率，缩短移位作业的周期。

同时，步履行走器装置也有其改进空间，如应用于单一旋转平移时，大大提高了移位的精度与效率，但是由于旋转平移时每个行走器的角度各异，需要单独计算每个行走器的方向，人工现场测量并标注行走器的位置，造成整体效率不够，自动化程度低。而且如果应用于先平移后旋转或者先旋转后平移的组合式平移时，每个行走器均需要重新计算、测量、调整行走器的角度所以在组合式平移中，研发实现电脑控制每个行走器的角度，提高行走器自动化程度和效率、提高调整精度的目的。

移位技术的发展，需求越来越大应用场景越来越广泛，在某些特殊情况下（如铁路梁更换抢险等）对整体移位速度有着超常规的要求，目前的移位速度 1～3m/h 及常规施工工艺无法满足这些要求。因此在保证安全的前提下，研究快速移位的装置以及施工工艺，大大缩短移位的整体工期很有必要。

（3）可拆卸装配式循环利用的托换结构、临时基础结构及构件的研发与应用。便于重复应用的钢托换梁和滑道梁在建（构）筑物整体平移工程中具有显著经济优势，但至今在实际工程中应用很少，现行相关规范对其选用和设计施工方法也几乎未做详细规定。近年来针对快速施工、快速拆除等情况下及狭小既有支撑空间下应用钢结构的几个移位工程案例，涉及的钢构件在托换梁、滑道梁等临时性结构中应用的具体形式及做法为类似移位工程提供参考。

尤其是跨越大高差场地、利用新建地下结构顶板作为平移平台时，地下顶板结构作为临时底盘结构时，可在地下顶板结构下部设置钢结构临时支撑加固，并根据变形控制需要施加预应力。地下顶板结构作为永久底盘结构时，可将地下室顶板设计为转换结构，或在地下顶板之上设置附加转换构件，转换构件宜直接传力于框架柱。

3.3 膜结构技术 1～3 年最新进展

在膜材领域，向着研发具有高强度、轻质、耐腐蚀等特性的高性能材料，大提高膜结构的承载能力和使用寿命方向发展。开发具有自清洁、防紫外线、隔热等功能的涂层技术，从而提升膜结构的舒适性和技能性。

在智能化与自动化技术应用方面，集成传感器和检测系统，实时监测膜结构的状态和性能。开发智能监控系统，实现对膜结构内环境（如光照、温度、湿度等）的智能调节和管理。

在应用方面，膜结构正在从体育场馆应用向其他各领域拓展，向建筑、园林景观、市政工程等领域发展。

3.4 建筑遮阳技术 1～3 年最新进展

3.4.1 建筑遮阳标准化建设

近年来，我国建筑遮阳领域陆续发布或修订了一系列国家、行业标准和协会标准，这些标准建设对我国遮阳产品的推广和工程应用起到了积极的促进作用。

3.4.2 光电一体化遮阳

光伏幕墙是利用现代建筑外立面大量采用玻璃幕墙，将光伏电池组件集成到幕墙玻璃中间，作为幕墙玻璃使用的一种建筑形式。同时，光伏屋面遮阳也是有效利用这一特点，将具有半透明设计的太阳能电池的太阳能玻璃模块作为屋面构件，既起到遮阳作用，又为建筑物发电。

根据光伏构件与立面幕墙结合方式的不同，光伏幕墙主要点式、单元式、整体式等构造方式，其施工技术特点如下

（1）点式

点式光伏幕墙的施工中，光伏构件与建筑的连接点是重点构造部位，另外还需要设计合理的散热通道，并留有一定的风口，在夏季和冬季有序使用，使光伏自发热能最大化为建筑所用，构造见图 22-16。

（2）单元式

单元式光伏幕墙的安装一般需要在施工时做一定的预埋件处理，预埋件的数量和位置需要体现在建筑的施工图上，没有预留或位置不正确的要增加后置埋件；单元式光伏幕墙构造的重点是与墙面以及楼板的结合点，尤其是在防火问题上，幕墙的垂直与水平两个方向都需要根据实际要求设置一定的防火材料，构造见图 22-17。

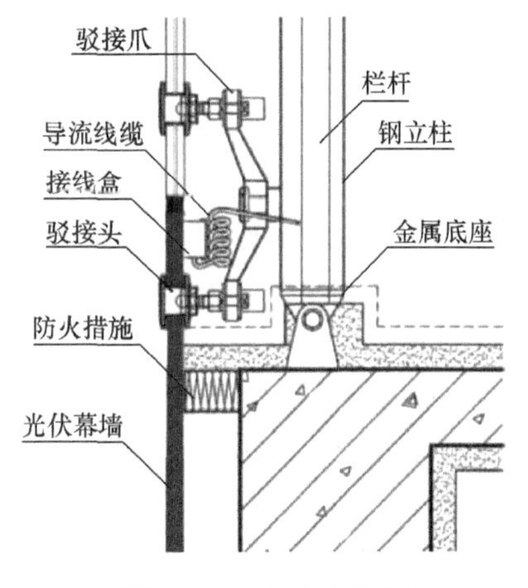

图 22-16　点式光伏幕

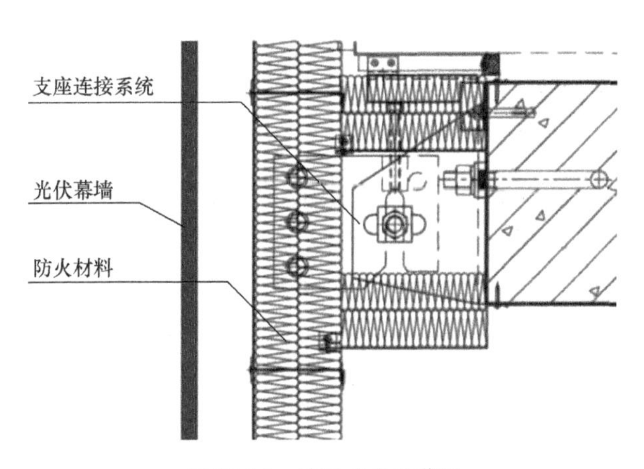

图 22-17　单元式光伏幕墙

（3）整体式

整体式光伏幕墙可以充分利用太阳能资源，从设计到安装各阶段程序均不复杂，重要问题是光伏板边界的密封施工困难，经常出现因密封不严而带来的一系列问题，施工过程中应严格控制，构造见图 22-18。

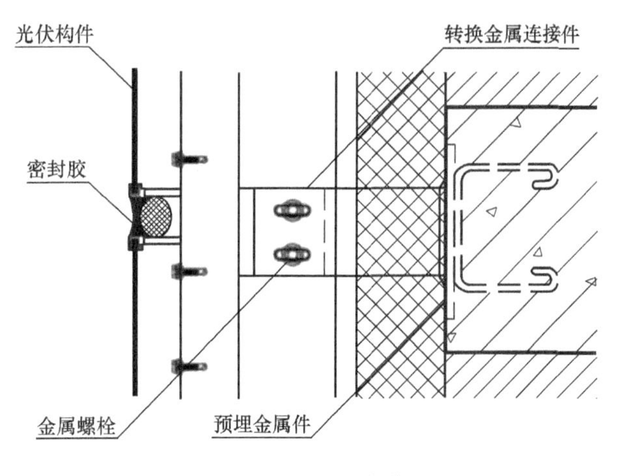

图 22-18　整体式光伏幕墙

太阳能一体化光伏遮阳板是利用太阳能电池板作为遮阳系统的遮阳面板。同时，太阳能百叶窗有效利用这一特点，将太阳能电池连接到百叶窗上的板条，形成一个能够将太阳能转

换成电能的遮阳系统。上述遮阳形式均可通过环境（辐照度、温度、湿度、风向、风速、日照角度等）数据采集及后续的数据处理，实现智能控制。

光伏构件与遮阳一体化的结合方式可分为构架式和点支式两种方式，但这两种结合方式的遮阳构件出挑距离都相对较小，对支撑构件的要求也就相应的较低。施工过程中重点在于光伏构件倾斜角的调整以及与建筑立面的结合上方式的选择，构造见图 22-19、图 22-20。

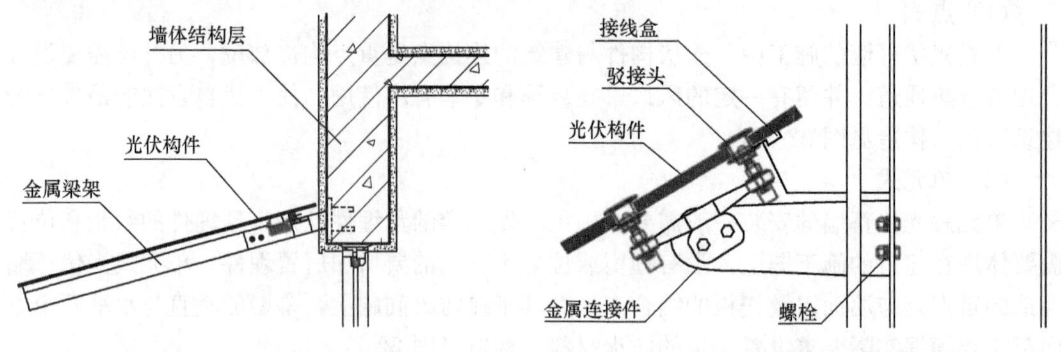

图 22-19 构架式光伏遮阳板　　图 22-20 点支式光伏遮阳板

未来光伏建筑一体化技术的发展，如果能与光伏遮阳技术密切结合，则将为光伏建筑技术的发展开辟一条新路。

3.4.3 智能变色玻璃

虽然不属于传统意义上的“外遮阳”，但智能变色玻璃技术的进步为建筑自遮阳提供了新的思路。通过电控等方式，智能变色玻璃能即时调整其透光性和遮阳效果，实现高效节能的同时，也提供了更大的设计灵活性。

可调节透光率的智能变色玻璃是一种利用电力或其他形式的刺激来改变其透光性能的高科技材料。这种玻璃可以根据需要调整其透明度，从而实现对光线、热量以及隐私的控制。

智能变色玻璃目前主要有电致变色玻璃、热致变色玻璃。电致变色玻璃是通过在两片玻璃之间夹入一层电致变色材料，当施加电压时，材料的分子结构发生变化，导致吸收光谱的改变，从而改变玻璃的透光率和颜色。热致变色玻璃是一种能够根据环境温度变化而改变颜色的智能材料，能够随着太阳光强度或环境温度的升高而变暗，当温度下降时，又会恢复到原来的透明状态或浅色。

其中电致变色玻璃又可分为悬浮粒子调光玻璃、液晶调光玻璃。悬浮粒子技术是在两层玻璃之间充满悬浮液，包含大量微小颗粒。不通电时，颗粒随机分布，阻挡光线；通电后，颗粒排列整齐，光线得以穿透。液晶调光技术是利用液晶材料对光的散射和透射性质，通过电流控制液晶分子排列，实现从不透明到透明的转变。

四、特殊工程施工技术前沿研究

4.1 加固改造技术

我国加固改造技术在基础学科研究的理论创新支撑下，不断地在新材料、新工艺、新技术方向上发展向前。

一是在基础性专业技术方向上不断研发创新。包括新工艺的提出、原工艺的改进、新型构造的研发、新型机械的研发、新型质量检测验收方法等。例如常亚峰、张俊旗等团队对螺旋箍筋约束UHPC加固混凝土大偏心受压柱性能试验研究，研究表明，方形螺旋箍筋约束UHPC加固效果显著，该加固法对构件承载力提高幅度较大，并且能有效提高构件延性。滕锦光认为对于混凝土梁抗弯加固中在加固系统端部使用锚固措施的情况，虽然不能明显提高加固系统剥离时的荷载，但是可以延缓其剥离破坏。杨建栋在钢纤维聚丙烯复材加固的建筑梁柱节点抗裂性能研究中，采用纤维增强水泥基复合材料（FRC）加固建筑梁柱节点，加固建筑结构，增强整体抗断裂性能。

二是以新材料、新工艺、新理论的研究发展，推动加固改造技术的进步升级。杨建栋在钢纤维聚丙烯复材加固的建筑梁柱节点抗裂性能研究，采用纤维增强水泥基复合材料（FRC）加固建筑梁柱节点，加固建筑结构，增强整体抗断裂性能。王秋婉、廖维张、王俊杰研究了玄武岩纤维网格-纤维增强水泥基基质复合层（BFRP-FRCM），既能充分利用玄武岩纤维轻质高强和易于施工的特点，又能避免使用粘结剂在潮湿、高温、火灾等环境因素下导致的加固效果下降。类似新材料、新工艺和新理论有力推动了复合截面加固技术的进一步成熟发展。

三是聚焦交叉学科和专业技术或设备的引进，实现加固技术的向前发展。例如，通过有限元软件技术对加固工程建模，通过数据分析，为工程提供指导意见，机械自动化控制行业中的PLC系统引入结构加固改造行业，使得大型结构的高精度同步顶升成为可能。BIM技术应用到加固工程的全生命周期，即从深化设计到具体施工以及后期维护，并可与PM、云计算、GIS等其他技术协同，以发挥更大集成价值。能够为加固工程的现场踏勘提供数据信息支撑、制定高效、安全的施工计划，为加固工程养护合理制定计划，提升加固工程各系统之间的信息交互水平具有重要的现实价值。

4.2 整体移位技术

移位技术经过长期的工程实践及试验和理论研究，与早期移位技术相比现在取得了质的飞跃，但相较未来广泛的应用需求之间还有不小的提升空间。因此有必要对移位关键子技术方面展开深入的研究，其主要研究内容包括移位关键力学模型研究、移位装备升级改造与智能化研究、移位施工技术的创新、移位建筑功能再生与韧性提升等，从而实现从结构理论分析、设计方法研究、设备装置升级、施工技术创新等方面的突破，促进移位技术的整体进步。

4.2.1 建（构）筑物托换与移位关键力学模型研究

比如整体结构力学模型与振动分析、托换形式及关键节点力学模型分析、移位条件下结构构件力学性能的评估研究等。其中托换技术是移位工程的一项至关重要的关键子技术，根据托换结构的不同（混凝土、砌体、钢结构、木结构等），托换的构造形式及受力机理也不相同。有必要以特定的典型工程为背景，对托换及移位工程进行系统的分析及总结，要根据截断情况建立几种极端状态下的模型，如整体托换模型、局部托换节点模型、结构模型，对比分析几种模型下的梁柱节点内力变化，同时对托换节点的受力机理有针对性地进行现场及实验室试验分析，验证力学模型。

移位施工中除同步控制误差及累积误差会对建筑物造成不利影响外，加速度及振动也可能会对建筑物造成扰动，目前的移位研究多侧重于对同步误差的控制，对移位振动的影响研究较少，多以直观感受为主。尤其是一些历史保护建筑，本身存在较多的薄弱环节，迫切需要开展移位加速度及振动的相关监测及动力特性的研究，得出量化的评估分析，为移位设计与施工提供参数。

4.2.2　移位装备升级改造与智能化

比如大体量建筑复杂体及大跨度桥梁结构的整体顶升同步控制技术的研究、全过程自动保护式顶升装置研发、智能感知装置的研究等。

同步顶升控制精度是通过 PLC 液压同步控制系统实现的，以位移控制为主、压力控制为辅。每一顶升行程需要倒换一次，循环顶升至设计标高。如每一倒换过程误差 0.1mm，顶升到位后累积误差已经比较大。常规需要每顶升 4 个左右循环后，通过全站仪测量建筑物的整体姿态，检验顶升的成果，并以此数据为依据指导下一顶升参数的调整。在建筑顶升中的测量会受现场条件的限制，而且实时的监测数据也有其局限性（温度等影响），不能作为绝对的参考数据。计划开展顶升工况下建筑物整体姿态监测系统的研究，为结构分析和移位控制形成信息闭环和网上展示。

大吨位模块化自动移位设备的研发，实现将同步控制技术、液压控制技术、实时监测技术、数字孪生技术等技术融合，实现高精度、组合式、模块化及自动化的进步，解决石油化工、煤化工、海工、造船、冶金、风电市政、路桥隧道等行业领域大型和超大型构件顶升、降落、平移过程中整体快速安全移动的难题，实现构件的精准到位，并避免构件因受力不均产生变形及有害内应力。

4.2.3　托换与移位施工技术的创新

比如移位构件装配化与循环利用设计、快速移位技术研究。

移位技术的发展，需求越来越大，应用场景越来越广泛，在某些特殊情况下（如铁路梁更换抢险等）对整体移位速度有着超常规的要求，目前的移位速度 1～3m/h 及常规施工工艺无法满足这些要求。因此在保证安全的前提下，研究快速移位的装置以及施工工艺，大大缩短移位的整体工期很有必要。比如香港国际机场天际走廊采用了场外预制拼装，整体顶升安装的施工方法，主桥整体运输、顶升 18m、定位及固定焊接在 4d 内完成。

另外研究步履式平移快速跨越大高差场地各种地面障碍的配套平移设备及工艺，研发实时建筑健康监控装置；研究超大数量步履式行走器的转弯时异步精准控制的自动化控制装置，以及方案阶段数字化分析施工技术。

4.2.4　移位建（构）筑物功能再生与韧性提升研究

比如地下空间开发中托换移位协同施工技术研究、移位建（构）筑物结构减隔震与韧性提升协同施工技术研究。

移位技术的市场接受程度越来越高，应用场景越来越广泛，但是早期移位技术的市场应用都是工程进展到某个阶段后被动式的应用。其实，移位技术也应该积极参与到工程开发的前端，更早期地参与到规划阶段、方案阶段及设计阶段中，在恰当的阶段利用合适的移位技术手段解决工程中的难题，从而达到缩短工期、降低造价的目的。如对有移位需求的新建建筑，在建造设计阶段即考虑移位的设计，对有改造要求的建（构）筑物，在规划阶段即考虑移位技术的应用，将移位路线、地下空间开发、就位连接、移位动作组合等综合比选分析，并且与新建工程结合，达到建（构）筑物功能再生的目的，确定最优的改造方案。

4.3　膜结构技术

目前，膜材的纤维材料绝大部分为玻璃纤维、聚酯和尼龙。随着科技的发展，高性能纤维不断涌现。高强度涤纶、高强聚乙烯纤维、有“纤维之王”之称的PBO纤维等也开始应用于纺织膜结构领域。另外，为了改善PVC膜材自洁性和抗老化性，在其表面再涂敷丙烯酸树脂或含氯树脂（如PVDF）或在PVC表面粘贴含氯薄膜（如PVF）。

随着织物结构、涂层材料的不断深入研究，在膜结构膜材自洁、热学性能、光学性能、抗紫外线等方面会取得更大的进展。仿荷叶效应的纺织膜结构织物、新型纳米溶液涂层技术使织物、加入相变材料的纺织物、新型立体纺织物、新型自洁膜材料——TiO_2膜材料、EPTFE膜材等新型膜材将会更加安全可靠，应用范围更广泛。

随着节能环保技术的综合应用，膜结构材料的发展已不仅仅是表面进行涂层处理，逐步转变为把另外一种材料与膜材进行夹层处理、铺设或附着合成。例如在ETFE膜结构上，把柔性太阳能电池板设置在ETFE气枕膜结构的下层膜上或直接铺设在PTFE膜材料表面的方法，实现了太阳能电池与膜结构的组合，自主产生能源，为建筑提供绿色辅助能源，即“发电膜”技术；将透光保温材料气凝胶（Nanogel）复合材料封闭于外膜与内膜之间，在保证建筑物的透光率的同时降低传热系数，减少能耗，防褪色，防水一防真菌、霉菌生长，截留噪声，且永远不会变质，即“聚能膜”技术。

4.4　建筑遮阳技术

建筑遮阳工程将逐步向复合化、智能化、绿色化、宜居健康等多方面发展。其中，电致变色玻璃因其变色状态多、迅速可控、变色均匀等优点而被广泛研究和应用。该类产品可以通过智能控制方式来改变玻璃的可见光透射比、太阳得热系数等光热参数，达到动态遮阳和调光的功效，实现节能和舒适性的效果。

五、特殊工程施工技术指标记录

5.1　加固改造技术

5.1.1　高延性纤维增强水泥基复合材料（ECC）

ECC是一种经过微观力学设计、在拉伸和剪切荷载下呈现高延性的纤维增强水泥基复合材料。在纤维掺量为2%时，其极限拉应变可以达到3%以上，且在极限荷载作用下裂缝的宽度保持在60μm左右。采用ECC作为高强钢丝绳网片-复合砂浆外层加固法的复合砂浆基体，不仅能充分地发挥此种加固法在抗拉、抗裂、抗剥离等方面的诸多优势，还能弥补普通混凝土结构破坏时延性差、抗裂性能差的不足，最大限度保障或提高结构加固的质量。随着ECC技术日益成熟，ECC配制的性能将越来越稳定，加之纤维材料的国产化，ECC在加固、修复改造工程中将会有巨大的发展潜力和前景，是未来工程加固领域的重点。

（1）高延性纤维增强复合材料（LRS-FRP）

纤维增强复合材料（FRP）由于其耐腐蚀性能好、轻质高强、耐疲劳性能好、施工方便等优点，在结构加固领域得到了广泛的应用。近年出现了一种由聚萘二甲酸乙二醇酯

(PEN) 和聚对苯二甲酸乙二醇酯 (PET) 纤维制成的新型高延性 FRP (LRS-FRP),这种材料具有较大的拉伸断裂应变 (5%以上),已有研究表明,由于高延性的特性,LRS-FRP 加固的桥墩在获得很大延性的情况下 (大于 10 倍屈服位移),尽管塑性铰区混凝土鼓胀和钢筋屈曲明显,LRS-FRP 仍然没有断裂,避免了脆性破坏发生的可能性,在抗震修复中具有极大的优越性。

(2) 超高韧性水泥基复合材料 (UHTCC)

超高韧性水泥基复合材料 (UHTCC) 是一种能够从源头上延缓通过混凝土裂缝进行钢筋侵蚀的材料,可将宏观有害裂缝分散为微细无害裂缝。UHTCC 作为一种新型的纤维水泥基复合材料,因为其纤维的体积率不超过 2.5%,因而使用常规搅拌工艺即可加工成型。UHTCC 极限抗拉应变能力可达到 3%以上,并可将极限裂缝宽度限制在 100μm 以内,甚至 50μm 以内。

5.1.2 膜结构

(1) 骨架式膜结构

以钢构或是集成材构成的屋顶骨架,在其上方张拉膜材的构造形式,下部支撑结构安定性高,因屋顶造型比较单纯,开口部不易受限制,经济效益高等特点,广泛适用于任何规模的空间。

(2) 张拉式膜结构

以膜材、钢索及支柱构成,利用钢索与支柱在膜材中导入张力以达安定的形式。除了可实践具创意,创新且美观的造型外,也是最能展现膜结构精神的构造形式。大型跨距空间也多采用以钢索与压缩材构成钢索网来支撑上部膜材的形式。因施工精度要求高,结构性能强,且具丰富的表现力,所以造价略高于骨架式膜结构。

(3) 充气式膜结构

充气式膜结构是将膜材固定于屋顶结构周边,利用送风系统让室内气压上升到一定压力后,使屋顶内外产生压力差,以抵抗外力,因利用气压来支撑,及钢索作为辅助材,无需任何梁,柱支撑,可得更大的空间,施工快捷,经济效益高,但需维持进行 24h 送风机运转,在持续运行及机器维护费用的成本上较高。

5.2 整体移位技术

顶升移位过程中差异沉降不应超过相邻轴线距离的 2/1000,且不应大于 30mm。

5.3 膜结构技术

在膜材方面,我国起步晚,技术水平低,大部分膜材还主要依靠进口。PTFE、PVC 和表面改性的 PVC、ETFE 等膜材是市场的主流,应用比较广泛。我国已有 PTFE 膜材的自主知识产权,性能也基本达到国外同类产品的要求。很多公司、科研单位以及高校都在进行 PVC 表面涂层材料的研究,如聚丙烯酸酯 (PA)、氟碳树脂 (PVDF)、纳米 TiO_2 表涂剂等研究已初见成效,另外在表面防污自洁处理方面的研究如仿生荷叶构筑微粗糙表面也开始起步。在引进世界一流的生产设备和工艺技术的同时,加紧消化吸收并改进创新,尽快开发适合我国市场需求的膜材表面处理技术,对提升我国整个产业用纺织品产品档次和市场竞争力都具有重要意义。

5.4 建筑遮阳技术

近几年受我国绿色建筑、近零能耗建筑以及建筑节能等相关政策推进和标准强制性要求的影响，大量公共建筑和居住建筑已采用遮阳设施，各类新型遮阳产品不断涌现。

2023年8月住房城乡建设部发布国家标准《建筑遮阳热舒适、视觉舒适性能分级及检测方法》GB/T 42786—2023。该标准给出了建筑遮阳热舒适、视觉舒适性能分级及检测方法，与节能相关的热舒适性能指标要求见表22-2。

建筑遮阳热舒适性能分级　　表22-2

项目		1级	2级	3级	4级	5级
热舒适性能	太阳能总透射比（g_{tot}）	$g_{tot} \geqslant 0.50$	$0.35 \leqslant g_{tot} < 0.50$	$0.15 \leqslant g_{tot} < 0.35$	$0.10 \leqslant g_{tot} < 0.15$	$g_{tot} < 0.10$
	向室内侧的二次传热比（$q_{i,tot}$）	$q_{i,tot} \geqslant 0.30$	$0.20 \leqslant q_{i,tot} < 0.30$	$0.10 \leqslant q_{i,tot} < 0.20$	$0.03 \leqslant q_{i,tot} < 0.10$	$q_{i,tot} < 0.03$
	太阳光直射-直射透射比（$\tau_{e,dir-dir}$）	$\tau_{e,n-n} \geqslant 0.20$	$0.15 \leqslant \tau_{e,n-n} < 0.20$	$0.10 \leqslant \tau_{e,n-n} < 0.15$	$0.05 \leqslant \tau_{e,n-n} < 0.10$	$\tau_{e,n-n} < 0.05$

注：1. 太阳能总透射比、向室内侧的二次传热比为遮阳产品与透光围护结构组合体的结果，太阳光直射-直射透射比为遮阳产品本身的结果。
2. 对于有采光通风口的遮阳卷帘太阳能总透射比，可将帘体完全伸展，分别对采光通风口关闭和开启两种状态进行评价。

六、特殊工程施工技术典型工程案例

6.1 加固改造技术工程案例

中关村广场城市更新改造项目，属于中关村商业核心区，本工程建筑用途为公共建筑，改造完成后主要用途为地上、地下商业零售、餐饮。要求结构增设混凝土剪力墙，改造后结构形式为混凝土框架-剪力墙结构、增加下沉广场，下沉广场涉及楼板开洞，梁、柱改造、增加中庭顶部设置玻璃采光顶，涉及周边梁、板、柱加固改造；新增加部分楼梯间，电梯井道。

本工程采用增大截面面积、包钢、粘钢、粘贴碳纤维加固方式，相关图片见图22-21～图22-24。

图22-21　柱子增大截面钢筋绑扎现场照片

图22-22　柱子粘碳纤维加固现场照片

图 22-23　梁增大截面钢筋绑扎现场照片

图 22-24　板增大截面钢筋绑扎现场照片

6.2　整体平移工程案例

上海张园城市更新项目位于静安区南京西路与茂名路交叉口，场地周边涉及 3 条地铁线路（2 号线、12 号线、13 号线）的 3 个车站以及 43 处各种类型的历史建筑，其中市优秀历史建筑 13 处，静安区文物保护点 24 处，一般保留历史建筑 6 处。张园未来将成为文、商、旅为一体发展的综合体，并将以“保护为先，文化为魂，以人为本”为原则，打造成为世界级地标，实现地铁三线换乘、商业与地下停车空间的拓展。

张园城市更新项目，张园中区保护建筑数量庞大，全部位置分布有地下室，中区共计 16 栋建筑，划分为 8 个组团，平移 4 组团，原位托换 4 组团，紧挨北区和东区的七幢：21～25 号、30～31 号文物建筑采取原位托换后下部基坑盖挖逆作法；中区剩余的其余九幢：26～29 号、32～36 号文物建筑采取临时平移＋回迁的方式后下部基坑分坑盖挖逆作法，平移施工采用逆作法施工托盘梁及反力基础，整体顶升约 1.4m，然后施工平移筏板，最后采用步履器将建筑整体平移至南侧临时址（图 22-25）。

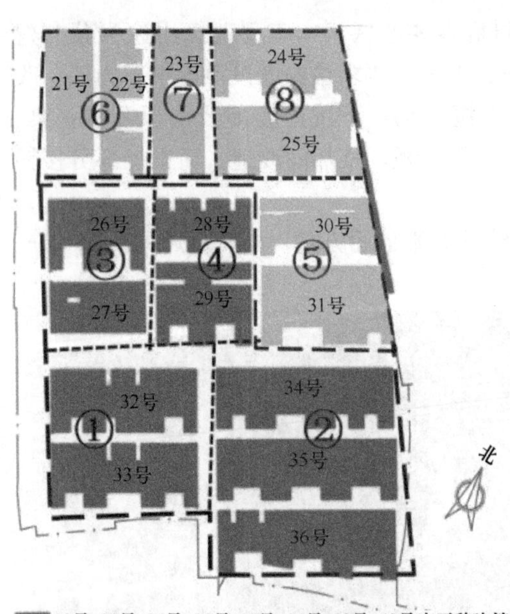

图 22-25　张园中区分区

房屋为 2～3 层砖木结构形式，个别房屋外墙为水刷石饰面均采用红瓦破屋面。9 栋建筑分 4 个组团，由于中区场地狭小，文物保护建筑之间的距离仅 2.5～6.0m。平移施工受到邻近文物保护建筑影响，平移路线曲折复杂（图 22-26）。

本项目属于历史保护建筑平移工程，项目特点包括平移托换结构、步履行走器。

(1) 历史保护建筑平移托换结构

平移托换结构沿房屋原基础或墙体布置纵横向梁体形成托盘梁，将上部结构荷载从原基础通过上托盘梁转换至步履行走器和轨

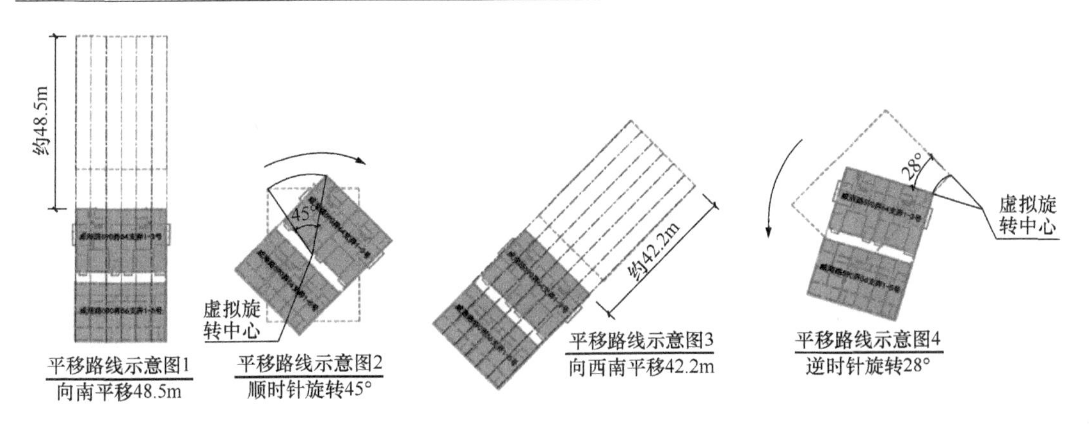

图 22-26 平移路线示意

道上并同时通过全自动实时监测系统，对平移关键技术指标进行监控反馈；总的来说，根据实时监测数据调整建筑物的姿态，实现施工全过程对历史建筑变形的实时控制，并可以在城市核心区成片历史建筑地下空间开发中推广应用。

(2) 历史保护建筑步履式平移

结合本工程平移路线复杂、场地狭小、需二次回移至地下顶板的特点，选择步履式平移方案，通过交替同步平移控制系统保证建筑在平移过程始终能准确控制平移路径，并可方便灵活调整旋转方向。

6.3 膜结构工程案例

新兴盛危改项目位于北京市西城区，B5、B6 楼基坑施工时采用气膜，其中 B5 楼气膜应用尺寸为 141.6m×91.8m（异形）。

基坑气膜是一种兼具防尘性、降噪性、节能性、防火性、智能性的绿色施工新工艺，借助内外气压差支撑，再利用斜向网状结构加以固定，将膜材固定于地面基础结构周边。作业时，利用供风系统让室内气压上升到一定数值，使屋顶内外产生压力差以抵抗外力。无需任何梁柱，可以创造更大的完全净空的施工空间，放气后可以折叠存放。这类气膜建筑的架设、撤收、搬运都很方便。

新兴盛危改项目 B5 楼气膜棚为国内最大，造型最复杂，现场情况最复杂（有文物建筑和构筑物）的气膜棚（图 22-27、图 22-28）。

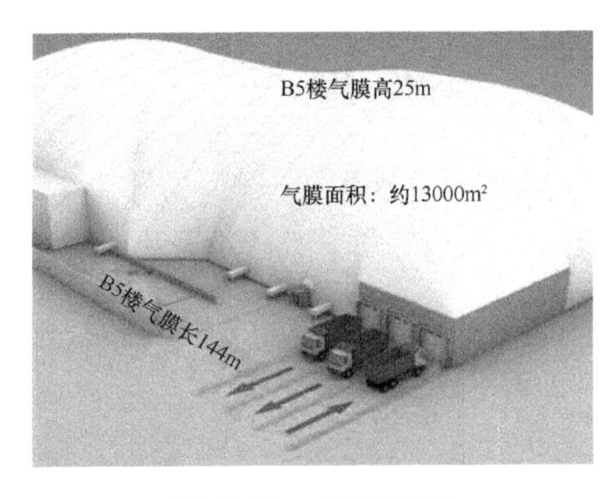

图 22-27 气膜示意图

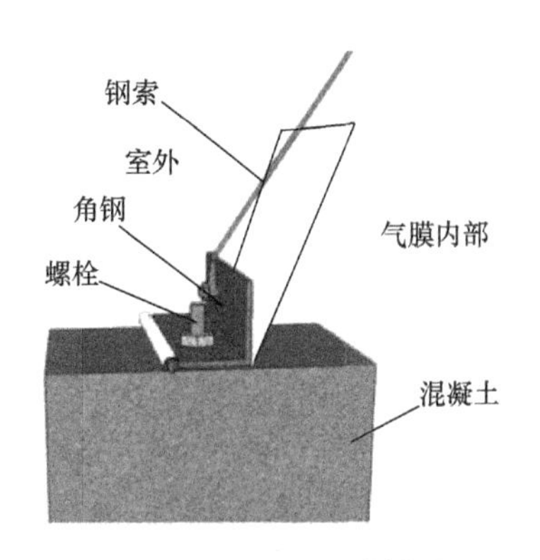

图 22-28 气膜基础锚固

6.4 建筑遮阳工程案例

陕西省超低能耗建筑项目：高新·天谷雅舍以绿色节能环保技术为引领，打造西安首个超低能耗健康绿色大宅，配建幼儿园和内嵌式微型养老综合体。项目在住宅建筑、内嵌式养老机构实现了超低能耗，幼儿园实现了近零能耗良好效果。

高新·天谷雅舍幼儿园工程特点为高效节能外幕墙与遮阳系统相结合，满足被动式超低能耗建筑技术要求所需的冬、夏季不同的得热需求。

为确保该工程达到被动式超低能耗建筑技术要求，遮阳工程具有以下特点：

(1) 针对项目外立面效果的特点，采用600mm宽梭形机翼板百叶，叶片呈梭形，双弧面，造型优美，叶片截面大且为中空结构，强度高，满足韧度及延展度要求，适合大跨度使用，能起到保护玻璃幕墙的作用。

(2) 机翼板百叶不锈钢安装支架与墙体间采用进口10mm防潮保温垫块进行断热桥处理，避免金属与墙体直接接触形成热桥，有效降低传热系数，提高项目整体隔热保温性能。

(3) 电源线过线孔室外侧采用粘贴防水透气膜处理，室内侧粘贴防水隔汽膜处理，中间部分使用发泡胶填充，两头密封胶密封，用以满足近零能耗建筑工程设计及规范中对建筑整体气密性的要求。

(4) 采用楼宇智能控制系统，可根据室外光照情况，自动调节机翼板百叶叶片角度，在充分利用自然光线的同时，避免不必要的眩光。改善室内光、热环境，大幅度减少建筑的空调能耗和照明能耗，见图22-29。

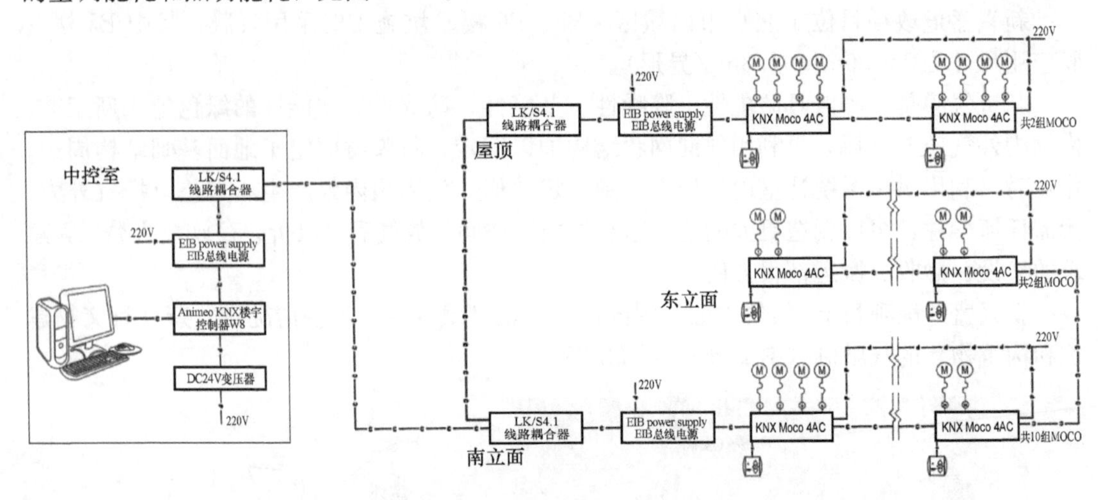

图22-29 外遮阳控制系统布线图

第二十三篇　城市地下综合管廊施工技术

中国五冶集团有限公司　　代小强　刘卫华　罗　利　胡中华
重庆建工住宅建设有限公司　陈怡宏　张　意　伍任雄　李　潇

摘要

本篇对城市地下综合管廊主要施工技术进行了概述，重点对综合管廊技术最新进展、前沿研究、技术指标及典型案例进行阐述。总结了近年来国内管廊最新建设成果；梳理了综合管廊明挖现浇法、装配法及暗挖施工中的盾构法、顶管法、盖挖法等施工技术，重点对防水工程和健康监测技术进行了概述；介绍了综合管廊最新前沿施工技术，诸如装配式、高水头、大纵坡等工况下施工技术及综合管廊人防、综合管廊智慧管理等新技术应用。最后通过3个典型案例展示了国内地下综合管廊施工技术指标记录及新技术运用情况。

Abstract

This paper mainly discusses the history of urban underground utility tunnel technology, the main construction technology, the development direction of comprehensive pipe gallery technology, and typical domestic comprehensive pipe gallery cases. Based on the analysis, the paper introduces the achievements of domestic pipe gallery construction in recent years, and clarifies the suitable forming methods of comprehensive pipe gallery, including open cutting such as open cut cast-in-place pipe rack erection technology, open cutting assembly technology and concealed excavation methods such as pipe jacking method, shield method and covering-digging method, etc; this paper discusses the front construction technology of comprehensive pipe gallery, such as shield structure pipe gallery construction under high pressure and high temperature conditions, application research of civil air defense and intelligent management of pipe gallery, etc; at the end of the paper, the latest technical index records of urban underground utility tunnel construction in China are given. It is significative for utility tunnel construction.

一、城市地下综合管廊施工技术概述

城市地下综合管廊（简称“综合管廊”）又称共同沟，是指将两种以上的城市管线集中布置于同一人工空间中所形成的一种现代化、集约化的城市基础设施。综合管廊主要用于收容给水、再生水管道、排水管道、天然气管道、热力管道、电力电缆、通信线缆等市政管线，属于城市地下空间的重要组成。依据管线收容标准综合管廊可分为干线综合管廊、支线综合管廊、缆线综合管廊。

干线综合管廊一般设置于机动车道或道路中央下方，采用独立分舱敷设主干管线的综合管廊；支线综合管廊一般设置在道路两侧或单侧，采用单舱或双舱敷设配给管线，直接服务于临近地块终端用户的综合管廊。

综合管廊最初兴起于法国，1832 年霍乱大流行，巴黎政府为解决排水以及疫病流行等问题，着手规划市区排水廊道，并逐步将给水、电力、通信、中水等市政管网纳入廊道之中，这是综合管廊规模化建设的雏形。20 世纪综合管廊的应用推广到英国、美国和日本等国家。20 世纪 60 年代末巴黎为配合巴黎副中心的开发，规划了更加完整的综合管廊系统。迄今为止巴黎市综合管廊总长已达 2100km。

我国综合管廊建设可追溯到 1958 年北京天安门广场建设的总长 1 千多米的综合管廊。然而我国真正意义上的综合管廊是 1992 年上海浦东新区张杨路总长 11km 的综合管廊，该综合管廊收容了给水管道、天然气管道、通信线缆等市政管线，为我国后续综合管廊建设和发展提供了借鉴。

为进一步提升市容及市民居住环境，近年来我国综合管廊的建设加速。2013 年及 2015 年国务院分别印发《关于加强城市基础设施建设的意见》《国务院办公厅关于推进城市地下综合管廊建设的指导意见》。2015 年更新了国家标准《城市综合管廊工程技术规范》GB 50838；2022 年国务院发布《进一步部署稳经济一揽子措施，努力推动经济回归正常轨道确保运行在合理区间》，指出要进一步促进我国的综合管廊建设工程的发展。

在相关政策的推动下我国综合管廊建设成效显著。到 2024 年 4 月底我国形成地铁线路 8543km，形成廊体 5100km，城市综合管廊的建设规模和技术水平都有了显著提高，在管理方面信息化程度不断提高。在防水、保温、健康监测、维护管养及智慧化管理方面不断涌现新技术、新方法，施工记录指标屡创新高。

二、城市地下综合管廊施工主要技术介绍

城市地下综合管廊施工按成槽方式分为明挖法与暗挖法两大类。明挖法按廊体混凝土成型方法分为明挖现浇和明挖装配；暗挖法按掘进方式分为顶管法、盾构法、浅埋暗挖等，顶管法、盾构法的综合管廊成型方式一般为装配式，盖挖法成型方式一般为现浇式，浅埋暗挖综合管廊一般为现浇的复合衬砌结构。

综合管廊防水、通风散热工程是重难点，无论现浇还是预制施工综合管廊防水都需要优质的材料、可靠的设计、精细的施工来保证防水、通风散热工程质量。在此基础上，综合管廊要按照人防标准建设，以满足战时使用要求，提高国家战备能力。结合互联网技术

可以有效提高综合管廊检测与管理效率，确保综合管廊的运行安全。

本章将首先对综合管廊明挖、暗挖施工方法进行介绍，而后对防水施工、通风与散热、人防施工、监测与管理技术进行概述。

2.1　明挖施工技术

综合管廊明挖法施工适用于空旷场地或对道路交通影响较小地段，在地面交通和环境等条件限制较小时是首选，按廊体成型方式分为明挖现浇、明挖装配式施工。

2.1.1　明挖现浇技术

综合管廊明挖现浇技术按模板支架形式，分为承插型盘扣式钢管支架、扣件式钢管支架、碗扣式钢管支架等。

（1）承插型盘扣式钢管支架

承插型盘扣式钢管是从国外引进的新型支架，其盘扣式支撑架主要由盘扣、立杆、横杆、脚座、销子等多个部件组成，只需简单的工具和操作即可完成，组装方便；外形和扣件一般采用热镀锌料，材质为铝合金结构钢，其强度几乎是普通碳钢支架的两倍。整体上盘扣支架具有支架组装简便、承载能力强、适用性强等优点，盘扣式支撑架适用于各种建筑施工现场，能够搭建各种高度和尺寸的临时性施工平台和安全防护设施，在建筑施工中应用广泛。

（2）扣件式钢管支架

扣件式钢管支架结构包括立杆、横杆、斜杆、托架、底座几大部分，主要分为铸铁式和钢扣件式钢管支架。钢扣件式钢管支架一般又分为铸钢扣件式钢管支架和钢板冲压、液压扣件式钢管支架，铸钢扣件式钢管支架的生产工艺与铸铁大致相同，而钢板冲压、液压扣件式钢管支架则是采用 3.5～5mm 的钢板通过冲压、液压技术压制而成。钢扣件式钢管支架各种性能都比较优越，如抗断性、抗滑性、抗变形、抗脱、抗锈等。

（3）碗扣式钢管支架

碗扣钢管支架基本构造和搭设要求与扣件式钢管支架类似，不同之处主要在于碗扣接头，碗扣接头是由上碗扣、下碗扣、横杆接头和上碗扣的限位销等组成。在立杆上焊接下碗扣和上碗扣的限位销，将上碗扣套入立杆内。在横杆和斜杆上焊接插头。组装时，将横杆和斜杆插入下碗扣内，压紧和旋转上碗扣，利用限位销固定上碗扣。碗扣式支架具有承载力大、安装拆卸方便、灵活性高的优点。

2.1.2　明挖装配技术

明挖装配技术分为全预制装配和半预制装配，其中全预制装配按照截面拼缝形式又分为整节段预制装配和分块预制装配。整节段预制装配是对综合管廊结构纵向分段，预制节段在工厂一次成型，拼装时通过承插口＋预应力筋的形式进行纵向连接。分块节段预制装配是将综合管廊结构按部位、受力划分为底板、外墙板、内墙板、顶板，在工厂制成预制块，装配施工时先将预制块拼装形成管段，再将管段沿纵向拼装形成整体。分块节段预制装配管廊预制构件较小、方便制作、利于批量运输、吊装方便，在施工中可减少作业人员、缩短工期、降低成本，但对拼装缝的防水性能要求高。

2.2 暗挖施工技术

暗挖法是在地面下开挖成形的洞内敷设或浇筑管道（渠）的施工方法。相对于明挖法，暗挖施工法建设综合管廊不影响地面交通，施工产生的噪声和振动小，对周边既有建筑物扰动较小。暗挖法可分为盾构法、顶管法、盖挖法等。

2.2.1 盾构法

盾构法是采用盾构机在地层中掘进，同时拼装预制管片或现浇混凝土构筑地下管道的不开槽施工方法。盾构法按照开挖挡土形式分为开放式、部分开放式、封闭式。盾构法顶进阻力不因隧道长度增加而增加，始发一次可以在地下盾构 2～5km 甚至更长，随着盾构顶进长度和直径增加，目前在综合管廊建设中应用逐渐增多。然盾构法仍存在要求覆土深度较大、转弯曲线半径要求较高、工程造价较高等不足。

2.2.2 顶管法

顶管法是借助于顶推装置，将预制管节顶入土中的地下管道不开槽施工方法。其基本原理是在施作工作井后，通过传力顶铁和导向轨道，用基坑后座上的液压千斤顶将管线压入土层中，同时挖除并运走正面的泥土。因无需进行大开挖故对既有建（构）筑物影响较小，对地面交通干扰小，广泛用于综合管廊施工。顶管法主要分为机械开挖顶管、挤压顶管、水力机械开挖顶管和人工开挖顶管；机械开挖顶管技术又分为泥水式、土压式以及土压泥水式。

现在使用范围最为广泛的是泥水平衡式顶管法，该顶管法是一种全断面切削土体，以泥水压力来平衡土压力和地下水压力，又以泥水作为输送弃土介质的机械自动化顶管施工法，在复杂地质及高水头压力条件下均具有较好适用性和变形控制能力。然而泥水平衡式顶管法亦存在设备复杂且占地大、耗水和能耗高、设备振动和噪声较大、成本较高等缺点。

在机械顶管无法穿越既有障碍物或采用机械顶管容易对既有障碍物造成重大损失的情况下，常采用人工开挖顶管。

2.2.3 盖挖法

盖挖法是由地面向下开挖土方至一定深度后修筑管廊顶板，在顶板的保护作用下进行管廊下部结构施工的施工方法，盖挖法相对明挖法有如下优点：围护结构变形小，能够有效控制周围土体的变形和地表沉降，有利于保护邻近建筑物和构筑物；施工受外界气候影响小，基坑底部土体稳定，隆起小，施工安全；盖挖逆作法用于城市街区施工时可尽快恢复路面，对道路交通影响较小。盖挖法具体可划分为盖挖顺作法和盖挖逆作法两种作业方式，具体作业方式如下：

（1）盖挖顺作法是自地表向下开挖一定深度的土方后浇筑管廊顶板，在顶板的保护下再自上而下开挖土方，达到坑底设计高程后再由下而上进行管廊主体结构施工。

（2）盖挖逆作法是自地表向下开挖一定深度的土方后浇筑顶板，在顶板的保护下再自上而下进行土方开挖和管廊主体结构施工直至底板。

2.3 防水施工技术

综合管廊防水技术是借助各类防水材料及防水节点构造，阻止各种形态的水进入综合管廊的技术。综合管廊一旦防水不严，势必影响管廊内部管线安全，严重影响管廊正常运行。

2.3.1　现浇综合管廊防水技术

现浇综合管廊防水通常是通过铺设防水卷材、涂刷防水涂料或涂卷结合实现，底板保护层通过浇筑细石混凝土，侧墙保护层采用聚苯乙烯泡沫板或砖墙保护层实现。施工缝、变形缝、后浇带、穿墙管根等管廊节点是防水重难点，其质量问题多、渗漏率高。施工缝可采用外贴式止水带、中埋式止水带、遇水膨胀止水条、外涂防水涂料、预埋注浆管等方式防水，根据防水等级不同选择1～2种方式组合止水。变形缝可根据防水等级不同采用中埋式止水带、外贴式止水带、防水密封材料、外贴式防水卷材、防水涂料中的1～2种防水材料进行组合防水。后浇带止水可通过铺设止水钢板并浇筑附加层的方式进行。穿墙（地）管止水是通过焊接止水环，粘贴膨胀止水条并嵌填密封膏的形式进行。

2.3.2　预制结构综合管廊防水技术

对于预制结构综合管廊，可根据各种防水材料的特性按照先后顺序，在接口安装楔形橡胶圈，在承口安装遇水膨胀弹性橡胶圈，通过千斤顶张拉箱涵压紧胶圈以达到防水目的。对于盾构法建设的综合管廊，是通过在预制管廊靠内、外侧的接缝安装聚乙烯泡沫板和双组分聚硫密封胶进行密封，让各种防水材料的防水特性在施工中达到最佳；保证预制综合管廊接缝处防水材料内外结合，相互填充满足防水要求，避免接缝处出现渗漏现象。越江管廊工程高水头压力对防水质量和材料耐久性都是考验，目前国内报道相关项目投入使用后防水性能良好。

2.4　通风及散热施工技术

综合管廊通风技术是利用风口、风道、风机等结构或者设备促进综合管廊与外部环境进行气体交换的技术，从而达到通风及散热的效果。综合管廊一旦通风不良，综合管廊内氧气缺乏、温度过高等问题，导致设备失效，甚至诱发火灾，严重威胁管廊安全。

综合管廊一般采用自然进＋机械排或机械进＋机械排的通风方式。由于综合管廊总体较长，一段综合管廊要分成多个独立的通风系统，一般按照防火分区来设置通风分区，通风系统一般通过布设通风口、风道，安装风机、防火阀等建设。高压电线、设备运行对于通风及散热系统都是考验，目前国内报道相关项目投入使用后通风散热性能良好。

2.5　综合管廊人防施工技术

按照人防标准建设综合管廊，可以提高综合管廊的战备能力。按照人防要求设计综合管廊，并在管廊出入口、通风口、投料口和逃生口均安装专门的人防防护设备如专用于人防的钢结构防护密闭门，在战时整个工程出入口的大门紧闭，完成转换工作，以达到战时使用的防护标准，届时，管廊成为一个封闭的“盒子”，能够防御外界常规武器、核武器、生化武器等威胁。

2.6　监测与管理技术

通过对建设和运维过程中的廊体及周边土体沉降、开裂、应力、应变、水位等信息进行监测及综合分析，可了解其综合管廊整体健康状态并对异常情况进行预警。成套健康监测系统主要包含感知仪器及自动化监测仪器、数据储存及传输系统、数据分析及配套软件等，过程中涉及仪器安装及调试、信号感知、数据转化（成电信号）、电缆传输、数据转化（成数字信号）、数据储存、数据分析及预警。

随着互联网技术的发展，监测仪器的更新迭代，综合管廊逐步实现了智能化、系统化、集成化监测与管理。

三、城市地下综合管廊施工技术最新进展（1～3年）

近来在国家大力推广综合管廊等基础设施建设，相关的建设和运营等技术标准亦在同步更新和完善。2020～2024年国务院、住房城乡建设部等发布的《城市综合管廊工程技术规范》GB 50838—2020、《城市地下综合管廊建设规划技术导则》（建办城函〔2023〕134号)、《城市综合管廊标识设置规范》GB/T 43239—2023等标准与文件，进一步提高综合管廊的规划编制、运营及安全技术水平。2020～2024年国务院、住房城乡建设部颁布了《城市综合管廊工程技术规范》GB 50838—2020、《城市综合管廊标识设置规范》GB/T 43239—2023；电力行业发布了《城市综合管廊内电力电缆线路技术要求》DL/T 2631—2023、《综合管廊电力舱技术导则》DL/T 5865—2023；北京市、黑龙江省、江苏省发布了《城市综合管廊数据规范》DB11/T 2210—2024、《城市地下综合管廊兼顾人防设计标准》DB23/T 3432—2023、《城市综合管廊运行维护技术规程》DB32/T 4499—2023等一批国家、行业、地方标准和指导性文件，标志着我国城市综合管廊标准体系进一步完善，国内管廊建设进入有序推进阶段。

模板体系和支架体系方面，近年来不断优化和创新。相较于传统木模架，新型模板如铝模板、塑钢模板、复合材料模板可根据管廊结构尺寸定制成套使用，结合配套的快拆体系，装卸方便快捷，可提升施工效率、减少劳动人员数量，综合经济效益好。

在“双碳”目标下综合管廊施工技术在逐步往低碳、绿色、装配技术方向发展。与钢筋混凝土结构管廊相比，新兴技术施工速度快、质量易控制、安全性高、工艺简单、抗震性能好、所需施工人员少，造价低，在城市浅覆土地区管廊建设中应用广泛。

随着信息技术发展和新型工业化推动，联合BIM技术、GIS技术、物联网、云计算、大数据、人工智能等计算机及互联网技术可实现数字建造。集成BIM与其他信息技术，可将综合管廊构造、管线类型及相关环境信息等数据全面注入管廊数字模型中，并以此引导设计、施工、运维一体化，实现城市综合管廊的智能、协同、高效和规范化管理。通过构建由综合信息展示、监控与报警、运营管理三大板块组成的综合管理系统平台，可以实现对综合管廊全域监控、指挥调度、运维管理、信息发布、数据管理与服务等功能，并进一步提高综合管廊安全性和可靠性。

四、城市地下综合管廊施工技术前沿研究

城市地下综合管廊施工技术前沿研究一方面是在面临复杂施工环境考验，或结构尺度突破原有极限条件，抑或降本增效竞争压力下提出新课题；另一方面是劳动力短缺和信息化技术背景下数字、低碳、智能技术在综合管廊规划、设计、施工、运维全生命周期的应用。

4.1 装配式钢制管廊施工技术研究

装配式钢制管廊是由波纹钢板制成的单元片拼装而成的管廊主体及内部配重的混凝土地坪组成，适合覆土浅、地下水含量少、交通恢复早及环境复杂条件下的综合管廊施工。此类综合管廊最大难点在于管片关节之间的拼接，随着施工机械功能日益提高，BIM 等智慧建造技术及柔性连接技术的应用，较好地解决了预制拼装管廊节点的防腐防水等难题。全机械化拼装系统，由两个长条形车身、车身连系梁、钢导轨组成，采用电机驱动行走，预制构件可放置于车身上进行水平运输。车身内置水平横移装置和竖向顶升装置，可调整预制构件的轴线和高程位置，具有施工效率高、适用性强、用工量少、节地、节材等优势。

4.2 高水压盾构管廊施工技术研究

盾构法综合管廊的控制重难点在于防水。区别于一般盾构隧道，深水域盾构综合管廊接缝防水密封垫除了面临老化和耐久性考验外，还需面对高水头的挑战。现有前沿研究通过开展大型振动台、管片原型加载等试验掌握了隧道结构静、动力学特性，提出了双道密封防水技术，同时配合采用高强度螺栓、局部应用掺加钢纤维混凝土等措施，为盾构隧道高温、高水压极限环境下的防水难题提供了一种有效解决方案。

4.3 大纵坡综合管廊施工技术研究

暗挖法综合管廊施工材料及弃土的运输成为制约进度的重要因素，使用超级电容机车可有效提高弃土及管廊材料的运输速度，降低运输工序衔接时间和组织管理难度，提高隧道掘进效率，然而对于大纵坡综合管廊，超级电容机车运行过程中可能出现空转、速度过快的问题。通过给超级电容机车安装撒沙系统、电子标签限速及电子限速等设备和系统，辅以系统自动检测识别系统，即使调至高速挡，机车编组也会自动低速运行，可有效防止坡度过大导致的机车空转及速度过快等问题，确保设备不因坡度过大引发故障，解决大纵坡综合管廊施工难题。

4.4 综合管廊人防研究

在综合管廊规模不断扩大的同时，需要提高极端条件下的综合管廊的利用性。近年来我国各个地方政府及协会论证并制定地下综合管廊人民防空防护标准和防护战术技术措施，并编制了综合管廊兼顾人防需要技术设计相关导则。

最新研制的“新型地下综合管廊口部系列化智能防护设备”，满足 5 级、6 级人防抗力的设防要求。“防护防火密封功能一体化”“自动感知防排水”“门框承插式精确预置锚筋技术”和“封堵板内置可拆卸式执行机构”等关键技术的应用，可以实现综合管廊人防设备产品现代化、信息化、智慧化和可靠管控使用与维护。这些研究有力地促进了我国地下综合管廊工程兼顾人民防空建设事业的健康发展。

4.5 综合管廊智慧化管理研究

随着综合管廊建设规模的不断增加，综合管廊的巡检内容，监测项目及管理内容日益复杂，对于综合管廊管理要求日益提高。最新前沿技术将云计算、物联网 GIS＋BIM 技术、大数据、人工智能等先进技术手段应用在综合管廊的监控及巡查管理上，可实现对综合管廊的智能、协同、高效和规范化管理。通过构建管廊市级总控中心、灾备中心和分控中心，可形成一主一备、若干分控的两级管理体系，构建了全域监控管理和片区巡查管理模式。监控中心可以实现全域监控、指挥调度、运维管理、信息发布、数据管理与服务等功能，大规模提高综合管廊的管理运营效率。

五、城市地下综合管廊施工技术指标记录

随着综合管廊建设规模不断增大、技术愈趋成熟，各项施工技术指标记录不断突破。

随着预制管廊的大面积推广，可充分发挥装配式建筑节能环保、施工高效的优势。位于北京通州的地下综合管廊工程率先使用了装配式综合管廊全机械化施工技术。施工人员利用“导轨＋电驱动车身＋偏差控制系统”完成了综合管廊预制模块的对位、拼装与调差，使施工作业人员减少 50%，构件拼装偏差小于 2mm，实现了自动化高效拼装与绿色施工。

随着综合管廊施工技术的提升，新建综合管廊的断面尺寸不断刷新记录。2021 年竣工验收的成都市成洛大道地下综合管廊工程，直径达 9m，是国内直径最大的城市管廊盾构项目。2022 年重庆市巴南区地下综合管廊试点工程预制段采用节段式预制拼装技术，预制构最大断面尺寸 9.9m×3.8m，最大起重重量约 26t。该项目攻克了超重构件翻转难题，接缝防水难题。2022 年开工建设的江苏省南京市燕子矶新城综合管廊项目，采用 3 条小净距大直径并行顶管法施工，最大顶管直径 5.4m，是目前全国最大圆形断面顶管施工的管廊工程。

在防水方面，综合管廊防水工艺水平日益提升。目前 2019 年竣工的苏通 GIL 综合管廊工程达到 74m、水压 0.8MPa。正在建设的胶州湾第二隧道及综合管廊工程盾构机开挖直径 8.18m，管片外径 7.7m，内径 7m，总重 3000t，掘进总长 3255m。盾构段隧道最大埋深 95m，最大水压 0.94MPa，是国内已建在建水压最大的综合管廊工程。

在大纵坡技术管廊施工方面，综合管廊通过给电容机车安装撒砂系统、电子限速标签系统等技术措施，不断突破既有综合管廊坡度记录。2020 年开工的深圳 14 号线共建管廊长 40.78km，该工程攻克了既有障碍物密集、地质条件复杂工况下的大坡率（5%）综合管廊施工难题。2022 年北京冬奥会延庆赛区开工建设的全长约 7.9km 综合管廊，其垂直提升高度为 550m，是国内首条投入使用的大落差、大坡度山岭综合管廊，最大坡度达 15%。

综合管廊散热防火技术日益提高，可容纳的电缆等级不断创造新高度。2020 年湖北省武汉市江夏区的谭鑫培路城市地下综合管廊全长 6.25km，是世界最长的“500kV 及以上等级 GIL 地下综合管廊”及“国内首条 500kV 超高压线路入廊的城市地下综合管廊”，是国内第一条克服了 500KV 超高压线路散热及防火难题的综合管廊。山东济宁运河新城高压管廊项目完成了 13 条高压线路进行入地改造，共敷设 22 回线路，是全国规模最大（2×4m×4m 方舱）的电力隧道工程，也是全国高压线缆回路铺设最多（22 回、160km）的工程。

随着综合管廊建设技术的成熟，其设防标准不断提高。成都 IT 大道（清水河-绕城高速）综合管廊工程出入口、通风口、投料口和逃生口均安装了人防防护设备，入口处采用了专用于人防的钢结构防护密闭门。该管廊平时是各类管线通道，而一旦进入战时，整个工程出入口的大门紧闭，所有的防护设备完成转换工作，以达到战时使用的防护标准，届时，管廊成为一个封闭的盒子，能够防御外界常规武器、核武器、生化武器等威胁。

云计算、物联网 GIS+BIM 技术、大数据、人工智能等先进技术手段近年应用在综合管廊的监控及巡查管理上，实现了对综合管廊的智能、协同、高效和规范化管理。位于金牛区金周路的成都市地下综合管廊总控中心在全国首创了城市级“1+1+N”综合管廊智能管理架构，即：1 个市级总控中心、1 个天府新区灾备中心和 N 个分控中心，形成一主一备、若干分控的两级管理体系，构建了全域监控管理和片区巡查管理相结合的管理模式。该监控设备具备全域监控、指挥调度、运维管理、信息发布、数据管理与服务等功能，建设由综合信息展示、监控与报警、运营管理三大板块构成的综合管理系统平台，经过 BIM 赋能后运维管理工作效率可提升 50%以上。

六、城市地下综合管廊施工技术典型工程案例

6.1　北京将军府东路综合管廊工程

北京将军府东路综合管廊工程，设计为单舱综合管廊，舱内敷设电力、电信、给水、再生水四类管线，工程总长 326m，其中标准段采用明挖预制法施工，节点段采用现浇法施工。该工程采用了全国首例“综合管廊运输拼装设备”进行管廊全机械化技术拼装施工。

采用该技术，一节预制管廊拼装平均用时缩短至 1.5h，3 名工人一天可以完成 6 节管廊拼装。一段 100m 长、50 节构件的管廊结构，只需 8 天半即可施工成型。通过全机械化技术的革新，每百米管廊的施工时间可节省约 30 天，所需工人数量也缩减为现浇工法的十分之一。机械化施工现场如图 23-1 所示。

图 23-1　机械化拼装综合管廊现场图

6.2　青岛胶州湾第二隧道及综合管廊项目

青岛胶州湾二隧项目全长 17.48km，其中主线隧道长 14.37km，海域段长 9.95km，

隧道分2层结构，上部为行车层、下部为综合管廊层。工程盾构机开挖直径8.18m，管片外径7.7m，内径7m，总重3000t，掘进总长3255m。盾构段隧道最大埋深95m，最大水压0.94MPa，是国内已建在建水压最大的综合管廊工程，世界海底道路隧道领域长度最长、建设规模最大、综合施工难度最高的超级工程，面临极其复杂的地质条件等世界级难题。

为减少对海底基层的扰动，保证施工安全，项目创新实现了8m级盾构机箱涵同步拼装，属世界首次。同时突破了复杂地质超大直径海底盾构掘进稳定性控制技术、高水压破碎岩层海底盾构隧道结构设计与钢纤维混凝土管片施工关键技术研究等世界级难题，打造了海底隧道建设领域的“中国标准”。8m级盾构机箱涵同步拼装见图23-2。

图23-2　8m级盾构机箱涵同步拼装图

6.3　成都市综合管廊智能管理中心

成都市地下综合管廊总控中心在全国首创了城市级“1+1+N”综合管廊智能管理架构，即：1个市级总控中心、1个天府新区灾备中心和N个分控中心，形成一主一备、若干分控的两级管理体系，构建了全域监控管理和片区巡查管理相结合的管理模式。

该综合管廊总控中心具备全域监控、指挥调度、运维管理、信息发布、数据管理与服务等功能，建设有由综合信息展示、监控与报警、运营管理三大板块构成的综合管理系统平台。其中日月大道综合管廊内每公里安设有约500多个监测设备，当监测设备发现氧气、温度、湿度、硫化氢、甲烷、液体等环境参数超标时，就会立即进行报警，并将信息及时上传至日月大道的分控中心，提醒工作人员及时处理。当发生报警时，系统按照设定的联动逻辑自动完成处置，实现管廊全链条智慧化管理，辅助工作人员采取有效措施消除隐患，保障管廊安全。经分析BIM赋能后运维管理工作效率可提升50%以上。

第二十四篇　绿色施工技术

中国建筑第八工程局有限公司　龚顺明　田厚仓　龙厚涛　高　杨
王四久　阮诗鹏　张家诚
南京建工集团有限公司　鲁开明　逯绍慧
中恒建设集团有限公司　聂　恺　伍朋朋

摘要

本篇简述绿色施工技术概念、原理、特点及发展的脉络，侧重阐述了我国绿色施工技术 1～3 年的最新进展，凸显了绿色施工技术创新、研发与推广应用的特点，揭示了绿色施工实践对于建筑企业、施工现场的重要影响，同时还阐释了绿色施工向低碳建造的转型升级。有关技术前沿研究的论述围绕国际相关领域发展的长期愿景，从施工组织一体化、施工方式装配化、施工装备智能化、施工管理精益化、施工过程专业化、施工活动低碳化和建造以人为本的多维度方向进行了展开。最后，结合绿色施工技术典型工程案例，对示范工程的主要绿色低碳施工技术进行了更为具体的展示。

Abstract

This paper provides a brief overview of the concept, principles, characteristics, and development of green construction technology. It focuses on the latest advancements in green construction technology in China over the past 1～3 years, highlighting the characteristics of innovation, research and development, and widespread application of green construction technology. It reveals the significant impact of green construction practices on construction companies and construction sites, while also emphasizing the transformation and upgrading of green construction towards low-carbon construction. The discussion on advanced research in technology revolves around the long-term vision of international developments in related fields. It explores various dimensions such as integrated construction organization, assembly-based construction methods, intelligent construction equipment, lean construction management, specialized construction processes, low-carbon construction activities, and human-centric construction, providing a comprehensive perspective. Finally, by incorporating typical examples of green construction technology in demonstration projects, it presents a more specific demonstration of the main green and low-carbon construction techniques.

党的十八届五中全会提出创新、协调、绿色、开放、共享的新发展理念，将绿色发展作为关系我国发展全局的一个重要理念，作为我国经济社会发展的一个基本理念。近两年来，建筑业持续探索工程施工可持续发展道路，加强资源节约和环境保护意识，绿色施工技术得到长足发展。

一、绿色施工技术概述

绿色施工技术是指在工程建设过程中，在保证质量、安全等基本要求的前提下，通过科学管理和技术进步，最大限度地节约资源与减少对环境的负面影响，能够使施工过程实现“四节一环保”目标的施工技术，其中资源节约和利用技术包括四个方面即：节材与材料资源利用技术、节水与水资源利用技术、节能与能源利用技术、节地与土地资源保护技术；环境保护技术包括噪声与振动、扬尘、炫光、有毒有害物质及气体、污水以及固体废弃物控制技术等。推广应用绿色施工技术可确保工程项目的施工达到绿色施工评价的相关指标。

绿色施工与传统施工的主要区别在于“目标”要素中，除质量、工期、安全和成本控制之外，绿色施工要把“环境和资源保护目标”作为主控目标之一加以控制。此外，绿色施工所谈到的“四节一环保”中的“四节”与传统的所谓“节约”也不尽相同，绿色施工所强调的“四节”是强调在环境和资源保护前提下的“四节”，是强调以“节能减排”为目标的“四节”。因此，符合绿色施工做法的“四节”，对于项目成本控制而言，往往是施工的成本的大量增加。这种局部利益与整体利益、眼前利益与长远利益在客观上的不一致性，必然增加推进绿色施工的困难，因此要充分估计在施工行业推动绿色施工的复杂性和艰难性。

二、绿色施工主要技术介绍

随着我国生态文明建设深入推进，坚持走生态优先、绿色发展之路，既是满足人民日益增长的优美生态环境需要的有效途径，也是立足新发展阶段、贯彻新发展理念、构建新发展格局的必然要求。传统建筑业“大量建设、大量消耗、大量排放”的粗放式发展和“劳动密集型、建造和组织方式相对落后”的产业现状已不能适应新时代高质量发展要求，秉承绿色发展理念的绿色建造已成为建筑业高质量发展中补齐短板和转型升级的内在需求。绿色建造的主要技术包括：

(1) 系统化集成设计：采用精益化生产施工、一体化装修的方式，加强新技术推广应用，整体提升建造方式工业化水平。

(2) 信息化技术应用：结合实际需求，有效采用 BIM、物联网、大数据、云计算、移动通信、区块链、人工智能、机器人等技术，提升建造手段信息化水平。

(3) 工程总承包与全过程工程咨询：采用这些组织管理方式，促进设计、生产、施工深度协同，提升建造管理集约化水平。

(4) 产业链协同：加强全产业链上下游企业间的沟通合作，优化资源配置，构建绿色建造产业链，提升建造过程产业化水平。

(5) 资源节约与环境保护：优先选用高强、高性能、高耐久材料，延长建筑使用寿命，降低部件更换频次，实现源头减排。

（6）施工方法与气候结合：合理安排施工顺序，结合气候特征，减少因气候原因带来的施工措施增加和资源能源用量。

（7）节水节电环保：通过监测水资源使用、安装节能灯具和设备等措施节约资源，提高效益，保护水资源。

（8）减少环境污染：提高室内外空气品质，使用低挥发性材料，安装排风或净化设备，合理安排施工顺序以减少材料对污染物的吸收。

（9）科学管理：实施科学管理，提高企业管理水平，确保工程质量，促进社会经济发展。

三、绿色施工技术最新进展（1～3年）

低碳技术助力绿色施工转型为低碳建造，引领行业变革在全球各产业低碳发展的大背景下，国家以及地方各级部门也都相继出台了低碳相关的标准或法规，对占据碳排放比例高达50%的建筑业各产业链和全寿命期各阶段都提出了新的要求，其中涉及在设计规划、建造准备、施工开展、运维管理等阶段应用和落地低碳技术，这一措施既可以响应国家的总体方针规划，也可以在多个维度助力绿色施工的变革与升级。

近年行业标杆施工单位组织开展的低碳新技术研发与应用，推动绿色施工技术发展，引领行业低碳转型与高质量发展。低碳的技术理念和应用方式可以透过施工的各个层面进行渗透和落地，做到从源头上优化碳排放，从过程中控制碳排放，从结果中降低碳排放。

3.1　地下空间低碳技术

包括基坑补偿装配式H型钢支撑技术、双排桩-土-锚（撑）组合支护体系、基坑装配式钢栈桥技术、软土地区超大超深基坑无内支撑体系综合施工技术、钢支撑内力自动补偿及位移控制技术、WSP钢管连续墙体系施工技术、超深基坑坡道栈桥出土技术、无置换五轴水泥土搅拌墙、低温二氧化碳新型人工地层冻结技术、囊式注浆扩体抗浮锚杆施工技术、劲性复合桩、新型整体碳化加固技术、地固件工法（DBOX）工法技术、低碳高性能混凝土技术、劈裂真空法地基加固技术、三位一体工字形沉管取土灌注桩工法、大直径旋挖扩径桩（OMR工法）、免共振双套管快速拔桩法、旋挖引孔植桩工法、全预制装配式地铁车站施工技术、装配式综合管廊杯槽节点连接技术、潜孔锤高压旋喷劲性复合工法、盾构废弃泥水（土）多相分级处理成套技术、高性能纤维混凝土管片技术、盾构法能源隧道地热利用技术、“垂直造墙”技术等。

3.2　房屋建造低碳技术

包括碳纤维复合材料应用技术、高性能竹基纤维复合材料（重组竹）制造技术、建筑减隔震、高性能集成围护部品、无功功率补偿装置应用、建筑施工中楼梯间及地下室临电照明的节电控制装置、太阳能路灯节能环保技术、光导纤维照明施工技术、LED临时照明技术、太阳能光伏发电、空气源热泵辅助加热技术、太阳能热泵系统应用技术、冬期施工蒸汽养护系统的应用、树脂沥青组合体系（ERS）钢桥面铺装技术、一体化轻质混凝土内墙施工技术、外墙外保温一体化施工技术、雨水回收利用系统、地下水的重复利用、基坑降水利用技术、混凝土泵送余料分离回收系统、下沉式泥浆储备/处理/循环利用施工技术、建筑废弃泥浆固化综合处理技术、地源热泵技术、水源热泵技术、空气源热泵冷/暖/热水三联供系统技术、烟气源热泵供热节能技术、单井循环换热地能采集技术、浅层地（热）能同井回灌技术、新型智能太阳能热水地暖技术、热电协同集中供热技术、分布式水泵供热系统技术、基于全焊接高效换热器的撬装换热站技术、基于喷射式高效节能热交换装置的供热技术、基于相变储热的多热源互补清洁供热技术、温湿度独立调节系统技术、磁悬浮变频离心式中央空调机组技术、基于冷却塔群变流量控制的模块化中央空调节能技术、高效水蓄能中央空调技术、动态冰蓄冷技术、蒸汽节能输送技术、光伏直驱变频空调技术、溴化锂吸收式冷凝热回收技术、宽通道双级换热燃气锅炉烟气余热回收技术、喷淋吸收式烟气余热回收利用技术、分布式能源冷热电联供技术集成、过程能耗管控系统技术、智能热网监控及运行优化技术、建筑（群落）能源动态管控优化系统技术、基于实际运行数据的冷热源设备智能优化控制技术、基于人体热源的室内智能控制节能技术、低电压隔离式分组接地技术、低辐射玻璃隔热膜及隔热夹胶玻璃节能技术、冷库围护结构一体化节能技术、预制直埋保温管保温处理工艺技术、胶条密封推拉窗技术、墙体用超薄绝热保温板技术、夹芯复合轻型建筑结构体系节能技术、节能型合成树脂幕墙装饰系统技术、水性高效隔热保温涂料节能技术、建筑垃圾再生产品制备混凝土技术、建筑垃圾中微细粉再生利用技术、固体废弃物回收利用技术、混凝土废弃物资源化综合处理技术、高速公路改扩建旧路废弃物再生技术。

3.3 建筑新型工业化建造技术

包括模具分解技术、模板切割折弯技术、模板拼装技术、杆式预制构件生产技术、叠合楼板/预制阳台板/预制空调板生产技术、预制夹心保温外墙板生产技术、叠合剪力墙板生产技术、预制剪力墙/柱的安装技术、预制外挂板的安装技术、预制梁的安装技术、预制板的安装技术、预制阳台板/空调板的安装技术、预制楼梯的安装技术、型钢辅助连接技术、预制清水混凝土看台技术、叠合箱网梁楼盖应用技术、GRF成品装配式护面施工技术、城市地下综合管廊预制段施工技术、全预制桥梁立柱、盖梁拼装施工技术、雨污水检查井预制与装配施工技术。

3.4 基于BIM的智慧建造技术

包括BIM协同管理平台应用技术、智慧社区平台应用技术、基于BIM+智慧工地项目管理平台应用技术、基于BIM的工程算量技术、智能钢筋下料技术、基于BIM的机电系统校核技术、基于BIM的装配式机房技术、机电管线洞口预留技术、机电管线综合技术、虚拟样板技术、无人机倾斜摄影建模技术、地下管线高效探测技术、三维激光扫描应用技术。

四、绿色施工技术前沿研究

随着我国生态文明、低碳发展建设深入推进，生态环境保护、绿色建造、低碳技术等都将成为达到人与自然和谐统一的有效路径，也将是立足新发展阶段、贯彻新发展理念、构建新发展格局的必然要求。传统建筑业中粗放式的生产、建设、管理和迭代已经越来越难以适应社会高质量发展的节奏，秉承绿色低碳发展理念的绿色建造、绿色施工已成为建筑业变革和转型升级的内在需求。施工作为建筑活动中的重要环节，其中绿色低碳技术的使用会对上游和下游的产业以及整个建筑行业都产生较大影响。绿色施工技术综合考虑了环境保护、资源与能源消耗、碳排放控制，其目标是使得工程施工过程中，对环境负面影响、资源和能源的消耗都尽可能低，使企业效益和社会环境效益协调化。

4.1　组织模式一体化

一体化的施工模式是指在工程项目施工过程中，以最终所需要实现的建筑或产品为核心，构建出体系化施工流程，运用系统化思维，对施工中所涉及的设计、采购、现场实施和运维等各个环节的要素和需求，通过高效管理、信息与资源协同等方式，实现工程施工整体质量、效益的最大化。

（1）施工模式一体化有利于实现工程建设的高度有序化和组织化。施工模式一体化模式下，委托人完成策划等前期准备，后续全部交由总承包完成。从设计阶段，总承包单位就开始介入，全面统筹设计、生产、采购和装配施工，可以实现设计与构件生产和装配施工的深度交叉和融合，实现工程策划、设计、施工、交付全过程一体化管理，实现工程建设的高度有序化和组织化，有效保障工程项目的高效精益建造。

（2）施工模式一体化有利于整合资源，发挥产业链优势，提升管理水平。传统施工突出问题之一就是施工和设计、生产脱节，产业链不完善，而一体化模式整合了全产业链上的资源，利用信息技术实现了全过程一体化的产业链闭合，将发挥巨大的经济效益。

（3）施工模式一体化有利于绿色低碳施工技术整合实施，提高工程建设效率。一体化的模式更容易实现以点带面的发展，围绕产品功能的实现，可以在各个阶段实施绿色低碳的施工技术，并经过统一管理后实现协同，原较为分散的各项技术可以更好地被整合和发挥相应价值，也可以提高建设效率。

4.2　施工方式装配化

装配化施工即通过工业化理念将建筑进行不同程度的模块化或构件化分割形成工业化产品，在工厂进行批量化生产，统一运输至现场后通过信息化、机械化和智能化技术手段，根据设计要求进行组合和安装，以达到绿色、低碳、快速和高效形成建筑产品的目标。

（1）施工方式装配化与未来社会与经济绿色、低碳的发展趋势高度匹配。根据我国目前总体发展要求，未来建筑和施工产业的转型方向中绿色与低碳将扮演重要角色，而装配化的施工方式可以令建筑构配件的生产集中和专业化程度提高，有效降低资源的额外消耗与碳排放，现场施工时仅需对模块或构件进行组装，大幅降低现场人力与物力的消耗，多角度达成绿色低碳的目标。

（2）施工方式装配化是城市发展和建筑业转型的内在需求。建造装配化，对量大面广的居住性住宅，尤为适用，是新型城镇化建设的需要。我国建筑业仍是一个劳动密集型的传统产业，面对新形势，建筑产业从传统产业向现代化产业转型升级为工厂化生产、装配化施工，以提高工程建设的绿色化和低碳化水平，是建筑产业实现现代化的重要手段，是实现社会化大生产的重要途径。

(3) 施工方式装配化是突破建筑行业人力资源短缺的有效途径。施工现场的传统作业方式主要特征是人力操作比重大，劳动强度高，作业条件差等，建筑业劳动人力流入下降，面临劳务紧缺的危机。装配化施工可使构、配件实现工厂化生产，可极大减少现场工作量，同时，现场作业可进一步采用机械化操作和信息化控制，能有效提升工程建设效率，是建筑业寻求现代化发展与人力资源平衡的有效方法。

相关最新研究涉及：新型装配式结构体系、装配式装饰装修技术、部品化设备集成安装技术、模块化集成建筑等。

4.3 施工装备智能化

在建筑业受到各类新型技术的加持和渗透下，传统施工装备的应用和实施将受到较大的限制，因此根据实际需求，在施工中融入 BIM、物联网、大数据、云计算、人工智能以及自动化机器人等技术可以有效提高智能化水平，提升施工效率、保障人员安全、实现绿色低碳施工。

(1) 施工装备智能化将成为绿色低碳施工的有效助力。随着智能技术与施工装备的融合，一是将推进数字化设计体系建设，统筹建筑结构、机电设备、部品部件、装配施工、装饰装修，实现一体化设计，同时推进应用自主可控的 BIM 技术，构建数字设计基础平台和集成系统加速实现设计、制造和施工的协同，设计数字化体系将对建造全过程的绿色化和低碳化起到很好的基础支撑作用；二是随着数字化技术、系统集成技术、智能化装备、人机智能交互、智能物流管理和增材制造等技术的应用和推广，将推进如钢筋制作安装、模具安拆、混凝土浇筑等工厂生产关键工艺环节的流程数字化和建筑机器人应用，实现少人甚至无人工厂，而在材料配送、钢筋加工、喷涂、安装隔墙板、高空焊接等现场施工环节，建筑机器人和智能控制造楼机等施工设备将得到更多的应用。此外，信息化技术还将进一步拓展智能建造及装配化施工应用场景，有望大幅减轻施工劳动强度、改善作业条件，有效解决传统建造过程中生产方式粗放、劳动效率不高、能源资源消耗较大、科技创新能力不足等问题，进一步实现绿色低碳施工的目标。

(2) 施工装备智能化有利于建筑生产的提质增效和转型升级。建筑智能化设备或机器人，可以有效替代人工，进行安全、高效、精确的生产和施工作业，未来应用前景广阔、市场巨大。目前，我国在通用施工机械、架桥机、造楼机等智能化施工装备研发应用方面取得了显著进展，但在工程预制构件生产、现场施工等方面，智能化设备应用尚处于起步阶段，还没有实现大规模应用。因此，以施工关键环节为中心，探索满足实际需求且具备人机协调、自然交互的智能化设备，将成为施工装备智能化的重点发展方向。

(3) 施工装备智能化促进传统工地升级为智慧工地。在智能化、信息化发展的推动下，诸如通信传感技术、人工智能技术、云计算技术等技术将被嵌入结构构件、机械设备或进出关口等对象中形成物联网，并与互联网进行实时交互，实现人、工程、设备多方的有机结合，在提升工地现代化建设的同时，也可以进一步保障工地质量、环境和人员安全，完成传统工地向智慧化工地的转变。

相关最新研究涉及：全过程模拟与监控技术、BIM 技术的广度和深度应用和施工企业信息化管理系统、基于末端事件驱动的智能传感器技术、基于工程仿真的监测数据分析技术、基于监测数据的工程检测技术、信息监测边缘计算、施工机器人应用技术、基于大数据的机器学习施工设计和过程优化等。

4.4　管理方式精益化

施工管理方式将从原单一、传统的格局向多样化、精细化以及效益化转变，传统的施工总承包向工程总承包、全过程工程咨询等全生命周期精益化管理模式升级，承包模式也趋向于EPC、PPP和BOT等多种类型，也将更为注重项目过程中设计、生产、施工等多环节的深度协同，立足于施工阶段的产品生产，将管理范畴前推至项目策划、后拓至运维管理，打通项目全周期的信息与资源，更好地实现既定目标。

（1）施工管理精益化有助于明确责任主体，以更好推进绿色低碳施工。绿色策划、设计与绿色施工协同推进的模式，可以将绿色建造理念更好地融入建筑全生命周期中。如工程总承包模式能打通项目全产业链条，建立技术协同标准和管理平台，更好地从资源配置上形成统筹引领、配合协同的完整绿色低碳产业链；另外，又如全过程工程咨询可打通项目规划、勘察、设计、监理直至施工的各个相对分割的环节，对项目全过程整体统筹、统一管理和负责，在节约成本的同时提高工期效率、产品质量和环保品质，激发各方主体的主动性、积极性和创造性，促进绿色低碳等新技术、新工艺和新方法的应用和融合。通过多样化管理、承包和发展模式，有效整合各方要素，充分发挥各方资源的积极效应，对建设项目全过程进行系统兼顾、整体优化，更有利于实现工程项目环境、经济和社会综合效益最大化。

（2）施工管理精益化利于全周期企业的协同，提升我国相关企业的国际竞争力。在管理方面的力度和精细化的提升，可以更有效使得建筑全周期不同阶段对标企业进行资源流通和信息共享，以点带面，带动全行业的积极良性升级与发展，提升全行业的国际竞争水平。

相关最新研究主要集中在：基础理论研究、建筑生产系统设计、项目供应链管理研究、预制件和开放型工程项目实施研究，新型承包和管理模式探索等。

4.5　施工过程专业化

建筑行业属于产业种类丰富，受政策干预和市场变化较大的行业，其中建筑施工领域各类企业和资本都可以通过各种切入点涉足。同时，各个生产环节所牵扯的管理部门和市场集中程度也相对较低，因而行业的专业度相对较低。包括施工在内的建筑全流程专业化提升是现代建筑产业体系建设的重要体现，也是能否将建筑产业纳入社会化大生产范畴的重要标志。

（1）施工过程专业化将实现建筑产品的专业化生产。建筑产品因用途与功能不同而带来生产和工艺上存在较大差别，尤其是高精尖或特殊领域应用的建筑产品更是具有极强的专业性，而施工专业化程度的提高可以令产品标准规范化、领域更为细分以及聚焦度提高，形成更为完整和高质量的建筑产品。

（2）施工过程专业化将实现施工工艺和构配件生产的精细化升级。施工工艺专业化将把建筑施工过程中某些专业技术，由传统的小而散生产模式转变为专而精的生产模式。建筑技术的专业性强，需要的施工机械设备多，企业施工工艺的集中往往带来巨大的边界效益。同时，构配件生产专业化将可以向现代化工地提供更符合设计需求和施工要求的高规格构配件，便于现场现代化施工。

(3) 施工过程专业化有利于融入各类技术，实现建筑生产的高质提效和变革。专业化与智能化、自动化、绿色低碳化等协同进行发展，有助于形成涵盖科研、设计、生产、施工和运维等全产业链融合一体的新型建筑产业体系，未来发展中，BIM、XR、RFID、机器人仿真和云计算等信息技术将在装配式施工、智慧工地、智能设备等方面发挥更大作用，最终实现建筑产品生产模式的变革，而这一过程也将催生出更多新产业、新业态、新模式，为跨领域、全方位、多层次的产业深度融合提供更多应用场景和平台。相关最新研究主要集中于：施工对象专业化研究、施工工艺专业化研究和建筑服务专业化研究等。

4.6 施工活动低碳化

在我国“双碳”政策的大背景下，基于建筑业资源能耗大、碳排放量占比高的现状，要求全周期阶段中都能够有效降低碳排放、能源消耗和对生态环境的影响，从施工、生产、运维等多个阶段融入绿色低碳技术，以实现全方位、多角度的低碳化。

(1) 施工活动低碳化将由点至面，从时间与空间层面进行更高维度的延伸和拓展。从时间层面，在项目策划时，将由原先针对单独模块的绿色低碳设计理念向整体设计、施工直至运营全过程绿色低碳理念转变，在策划、设计和施工时实现更为整体和完善的绿色和低碳化方案。在空间层面，绿色低碳化将由单体建筑向区域规划甚至城市大规模的规划转变，在超低能耗、近零能耗建筑成为未来新建建筑主流的同时，结合城市更新也将带动大体量既有建筑的加固延寿和节能改造，“既做精增量，又做优存量”，整体推动区域和城市的绿色低碳转型。

(2) 施工活动低碳化以绿色低碳建材作为推进的物质基础，并以此带动相关技术发展。建筑材料和构配件的生产作为建造全过程中与环境、能源和资源密切相关的一环，对产业绿色低碳化至关重要。技术层面上，推动利用地域性资源节约型（固废循环、就地取材)、环保型（无毒害、无污染)、节能型（热工性能优秀的围护结构)、功能型（光催化、除菌消毒）绿色低碳建材的研发并提高建筑材料寿命与建筑产品寿命的匹配度、采用低能耗和零污染的建材生产工艺，完善建材评价标准和产品认证体系等将成为绿色低碳建材重点强化的发展方向。在宏观政策指引下，对人居条件、环境保护、资源节约和减碳目标的需求也将推动建材产业转型升级。建材作为施工活动的物质基础，从源头出发做好绿色低碳的转型与升级，可以有效推动更多新型技术在各个阶段的落地与应用。

相关最新研究主要涉及：基于智能化控制、创新算法的环境保护和控制污染技术（降噪、控制扬尘、防止光污染等)；结合新型材料、控制策略和新能源的节能降碳技术；自动化、信息化的施工提效技术；全寿命周期碳排放检测和预测技术等。

4.7 建造以人为本

提升工作成就和幸福感，以“建造人”为本。实现“建造人”以人为本，应改善建造人的工作条件，保障其职业健康，并通过装配式建筑、信息化技术和科技创新，减轻劳动强度。进一步提升“建造人”的工资水平，逐步完善其社会保障体系，保障其合法权益。

提升建造品质，以“使用人”为本。建筑从一开始就是为使用人服务的，高品质绿色建筑不但要注重使用功能，更需要其关注对人的影响，满足人的需求。以“使用人”为本，需在提升建造品质和改善人居环境方面做出巨大提升。具体而言，应提高绿色建筑安全耐久性，在资源有效利用前提下保证工程质量，并对使用人采取必要的安全防护措施。使用绿色建材和智能系统的“智慧”，降低全寿命期内对天然资源消耗和减轻对环境影响。

保护“相关人”的当前权益和长期权益，以“相关人”为本。以“相关人”为本，将通过建造前的决策、建造中的实施及建成后的运维三个阶段切实保证相关人的实际权益。针对当前权益，通过各项施工技术措施，控制建筑施工过程产生的水资源、噪声、光污染、建筑垃圾、扬尘等污染问题。针对长期权益，将努力提高城市规划水平，改善公共交通现状，改善公共绿色空间环境，提升人性化公共服务水平。

五、绿色施工技术指标记录

5.1　节能指标

（1）办公区、生活区全部采用节能照明灯具，推荐使用 LED 光源灯具；道路安装太阳能 LED 路灯；公共部位灯具控制应采用红外、声光自动控制；室内灯具分区控制，可根据室外亮度控制室内灯具开启数量。办公区和生活区节能照明灯具配置率宜达到 100%。

（2）考虑到施工临时设施的建筑规模及功能属性，建议按照乙类公共建筑的围护结构热工性能规定执行。对于寒冷地区、夏热冬冷、夏热冬暖地区外窗的遮阳系数均提出了相应的限制要求，施工现场临时设施宜参照《公共建筑节能设计标准》GB 50189 执行。

5.2　节材与建筑垃圾资源化利用指标

工程施工使用的材料设备就地取材，可以节省大量的运输过程中的能源消耗。因此，建筑材料及设备的选用应根据就近原则，500km 以内生产的建筑材料及设备重量占比大于 70%。

针对建筑垃圾处置的指标宜包括下列方面：

（1）装配式建筑施工的垃圾排放量不大于 200t/万 m^2，非装配式建筑施工的垃圾排放量不大于 300t/万 m^2；

（2）建筑垃圾回收利用率达到 30%，建筑材料包装物回收利用率达到 100%。

5.3　环保指标

5.3.1　噪声

根据《建筑施工场界环境噪声排放标准》GB 12523—2011 规定建筑施工噪声是指“建筑施工过程中产生的干扰周围生活环境的声音”。该标准同时规定：建筑施工过程中场界环境噪声白天不得超过 70dB（A），夜间不得超过 55dB（A）。

施工过程中根据噪声产生源和噪声敏感区的分布情况按《建筑施工场界环境噪声排放标准》GB 12523—2011 设置噪声监测点，采用手动或自动设备对现场噪声进行监测，监测的值应满足昼间不大于 70dB（A），夜间不大于 55dB（A）的相关要求，当出现超过限值情况时，应立即查找原因，制定整改措施。

5.3.2 扬尘

施工扬尘是大气污染源之一，2018 年国务院发布了《关于印发打赢蓝天保卫战三年行动计划的通知》（国发〔2018〕22 号），要求采取各种措施进一步明显降低细颗粒物 PM2.5 浓度。并提出了“加强扬尘综合治理，严格施工扬尘监管”。对降低施工扬尘措施提出了“六个百分百”：工地周边 100%围挡、物料堆放 100%覆盖、土方开挖 100%湿法作业、路面 100%硬化、出入车辆 100%清洗、渣土车辆 100%密闭运输。

施工场界设置扬尘自动监测仪，按照行业标准《环境空气颗粒物（PM10 和 PM2.5）连续自动监测系统安装与验收规范》HJ 655—2013、《环境空气颗粒物（PM10 和 PM2.5）连续自动监测系统运行和质控技术规范》HJ 817—2018 规定，采集口离地 3m 高度和围挡上 0.5m 是最低要求。对于周边有建筑物的情况，安置高度要提高。

六、绿色施工技术典型工程案例

6.1 无锡太湖湾国际文化艺术中心暨无锡交响音乐厅项目

无锡太湖湾国际文化艺术中心暨无锡交响音乐厅项目选址无锡市新吴区太湖湾科创城核心区中央位置，建筑面积为 10 万 m^2，项目设计理念以“太湖明月”为主题，集艺术性与功能性于一体，弧形墙面和波浪形屋面形成水波的视觉效果，象征太湖水面上冉冉升起的明月，极具张力和艺术韵味（图 24-1）。该工程是江苏省可容纳人数最多的单体音乐厅之一，大面积采用了龙鳞光伏板屋面、超高性能混凝土、铝合金球壳结构等新型绿建材料及技术。

图 24-1 项目效果图

6.1.1 龙鳞光伏板屋面技术

音乐厅两翼为波浪形龙鳞光伏板屋面（图 24-2），目前在国内尚属首次使用。项目在光伏板产品表面创新性地采用了耐候建筑应用领域专用高分子材料，其表面柔软，可塑性强，可将产品的表面制备成鳞片花纹，完美实现月光水波的设计效果；在玻璃表面添加钙钛矿量子点，钙钛矿量子点可将紫外光线转化成可见光，极大地提升产品的发电效率；表

图 24-2　龙鳞光伏板屋面

面高分子膜材添加氟元素，表面具有较强的自清洁能力。龙鳞屋顶覆盖面积达 7000m²，整个屋顶装机容量达到 1240kW，可实现年均发电量 120 万 kWh，相当于节约标准煤 479t/年，二氧化碳减排 1043t/年。

6.1.2　双曲异形超高性能混凝土技术

超高性能混凝土（UHPC）是一款兼具超高抗渗性能和力学性能的纤维增强水泥基复合材料，具有超高的抗压、抗弯强度，以及优秀的耐磨性、抗腐蚀性和抗化学侵蚀性。同时因其材质密实，有极强的憎水和防污渍能力，使其具有较强自洁能力。音乐厅项目大量采用了双曲异形镂空 UHPC 幕墙体系（图 24-3），通过应用专业设计软件充分发挥其材料性能，在工厂预制完成后直接在现场进行装配，全过程环保无污染，并大幅降低了现场机械、人员投入，同时因其材质密实，有极强的憎水和防污渍能力，使其具有较强自洁能力，在后期维护方面环保效果显著。

图 24-3　UHPC 幕墙体系

6.1.3　椭球形铝合金结构技术

音乐厅外侧围护球壳造型新颖，整体为椭球形单层网壳铝结构（图 24-4），铝结构相较钢结构自重较轻，在超大跨空间使用的同时可保证轻盈感，表观肌理细腻有质感；钢结构易受环境侵蚀，铝表面氧化后形成氧化膜，构件表面不会变色、老化，始终亮丽如新，铝合金结构装饰结构一体化后便于维护保养；铝结构采用主构件工字形、螺栓式节点安装，提供了管线在结构内部贯通转接的条件，不需要像钢结构在外侧再包铝板，综合成本降低，且铝结构与表面围护材料热膨胀系数一致，最大限度减小变形破坏，可降低渗漏隐患。

图 24-4　椭球形铝合金结构技术

6.2　中国中医科学院广安门医院项目

广安门医院项目（图 24-5）位于济南市槐荫区，总建筑面积 24.05 万 m^2，新建床位 1000 张，是国家中医药传承创新重点工程、山东省首个中医类国家医疗中心建设项目，也是省市级重点工程、局级重点项目，建成后将集门急诊、医技、住院、预防保健、中医康复和技术指导功能于一体，对于推动优质医疗资源扩容，提升全省中医药科研创新水平、中医药事业传承创新发展具有重要意义。

图 24-5　项目效果图

6.2.1　机械碳传感器

机械碳传感器利用振动传感原理，将 AIOT 技术应用于建造阶段，可实现作业机械启动/停止的秒级感知、作业机械类型的自动识别、作业机械功率状态的监测等功能，并将其转化为碳排放数据，实现施工机械设备碳排放实时精细化监测和统计管理(图 24-6)。

6.2.2　低能耗 CCUS 碳捕集与利用装置

低能耗 CCUS 碳捕集与利用装置，通过鼓泡反应器、矿化塔等装置，可实现对挖掘机尾气 CO_2 的矿化吸收和利用，可用于建筑工程施工现场移动 CO_2 排放源，如挖掘机、铲车、汽车起重机、柴油发电机、运输车等机械设备的碳捕集（图 24-7）。该装置可利用高钙粉煤灰、电石渣等工业废弃物生产微米/纳米碳酸钙，实现变废为宝。

图 24-6　施工机械碳传感器

图 24-7　挖掘机尾气矿化与利用装置

6.2.3　“临碳空间”临建节能运行系统

“临碳空间”临建节能运行系统由软硬件协同的 AIOT 组成，通过智能化物联网监测与控制设备、集成化 AI 系统平台协同控制，配合自定义策略的方式对临建区能耗进行监测与控制，从而降低运行能耗，在不影响舒适性前提下实现节能降碳的目标，见图 24-8、图 24-9。

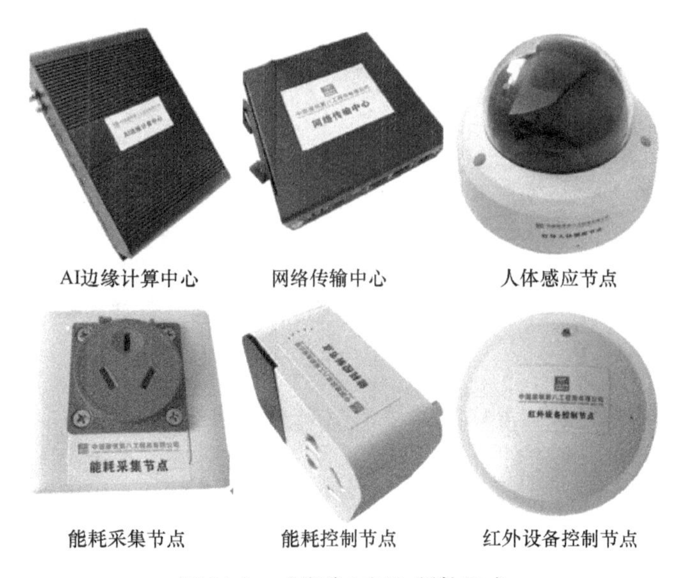

图 24-8　“临碳空间”硬件组成

图 24-9 “临碳空间”办公区内应用

6.3 黄河体育中心专业足球场项目

黄河体育中心专业足球场项目（图 24-10）坐落于崔寨片区黄河体育及科技园区场地内，北至凤凰路北延线，南至华河路，西至黄河大道，东至规划路。足球场项目分为地下1层、地上5层，观众坐席6万余个，可满足FIFA国际足联顶尖赛事标准的大型甲等足球专业场馆，举办全部级别的足球国际国内单项赛事。建筑面积约为19.7万 m^2，其建造理念为追求自然、科技、人文和谐统一，引导人们选择绿色低碳的生活方式，旨在通过多项绿建技术与产品实现建筑节能率的提升和碳排放的有效控制。最终建筑整体“双碳”减排7%，可减少排放约3735t。

图 24-10 黄河体育中心专业足球场项目效果图

6.3.1 BIM-GH 系统的专业足球场草坪天然采光效率分析与优化

膜材透光率对足球场场芯的草坪生长会产生重要的影响。基于 BIM＋Grasshopper 参数化系统，开展不同膜材透光率影响下场芯草坪的太阳辐射强度分析，依据分析数据进行膜材料参数优化，确定最优膜材透光率范围，既可降低人工补光能耗、又可节约采购成本，每年节约400万元补光费用。

6.3.2 施工智能检测系统

通过优化现场监控部署信息采集系统，对现场施工场景、质量缺陷、人体动作进行及时监控，通过该监测系统，可以进行智能检测，辅助管理人员现场管理。在质量管理方面，可以自动检测质量缺陷，实时反馈现场施工状态，并能通过检测数据，增强对于质量缺陷的识别能力；在安全管理方面，通过监控系统，分析人体姿态动作，识别工人危险动作，对危险动作发出警报；对于环境管理方面，能够识别环境危险源，进行智能预警，提醒管理人员及时处理。该系统连接手机，利用手机 App 进行处理，可有效提高管理人员效率，加强管理及时性与准确性。

6.3.3　智慧工地系统与5G扬尘控制系统

施工现场环境多变，扬尘控制需要具有及时性和提前性，需要根据施工现场正在进行的施工工序及时做出应对，本项目智慧工地系统利用5G技术加持，以该系统为中心，连接扬尘监测装置与施工现场喷淋系统、监控系统、车辆清洗装置，当扬尘监测值超过在智慧工地系统中设定的阈值后，自动喷淋控制系统通过接收系统发出的开关指令，实现自动、及时喷淋降尘，同时系统可设置自动喷淋时间段，每天定时喷淋，避免环境污染。同时，依靠智能识别高清摄像头和水流传感器，判断出入车辆是否清洗并对车辆进行抓拍和数据上传，实现在线管理、违规预警。该系统成功完成现场到系统再到现场的管理循环，实现横向协同，纵向拉通，通过科学管理，可以最大限度地节约资源并减少对环境有负面影响的施工活动。

6.3.4　物资智能管理系统

项目物资通过 MRO 采购，利用 MRO 企业实现非生产性物品的采购，所有活动都依络 MRO 工业品超市完成。项目通过利用 MRO 采购，可有效节省采购时间。物资进场，通过云筑称重平台自动称重，节省项目管理人员的成本，提高了过磅率，同时过程透明，数据真实，实现信息自动化管理，解放了管理人员的人力，可以让项目物资管理人员把更多的精力放在现场物资管控中。在验收方面，利用公司开发软件智验宝，统一验收标准、确保验收资料真实，在物资验收过程使用，提高验收水平，并且过程资料齐备可追溯，项目物资验收使用200余次，验收使用率达92%。

6.4　招商银行总部大厦项目

招商银行总部大厦项目（图24-11）位于深圳市华侨城地区南部滨海地区的深圳湾超级总部基地，作为深圳湾超级总部基地的“封面级”地标性建筑，集办公、商业、酒店、文化设施等于一体，包含五栋超高层和高层建筑，最大建筑高度387.45m。项目幕墙设计独具特色，立面造型丰富，展现着独特的现代感，幕墙总面积约20.32万m^2，幕墙工程量位居全国前列。项目建设过程始终秉持“绿色·智能”的建造理念，以绿建三星和 LEED 铂金认证为目标。

图24-11　项目效果图

6.4.1　超高层新型智能自攀爬塔式起重机

超高层新型智能自攀爬塔式起重机的塔机处于工作状态及非工作状态时，水平向千斤顶机构与剪力墙墙面顶紧，支撑梁伸缩牛腿伸入洞口并将竖向千斤顶支座坐落在连梁上。塔机的弯矩及水荷载，转化为水平力及水平力偶由顶（或中）部支撑梁及下部支撑梁直接传递给核心筒剪力墙；竖向荷载通过下梁的底部支撑梁传递给核心筒连梁。该设备采用革新的附着方式实现 100%挤压附着，无拉力附着点，所有附着点皆用千斤顶支撑，通过挤压附着为塔式起重机提供了更加可靠的约束刚度，完全不需要在结构中设置预埋件，消除塔式起重机爬升过程中所需的人员高空切割、焊接、螺栓紧固作业，大幅降低安全风险，显著提升安全文明施工水平。此外，采用全新自攀爬工艺，充分利用结构自有洞口实现塔式起重机的攀附和爬升，爬升过程免除传统倒梁作业，无需占用其他塔式起重机，自身便可完成爬升，塔式起重机被占用时间从传统工艺的 2～3 天降低到 3～6h，大幅提升施工效率，在节省建造工期的同时减少施工机械产生的碳排放量（图 24-12）。

图 24-12　超高层新型智能自攀爬塔式起重机现场应用

6.4.2　泥水固化制砖装备技术

泥水固化制砖装备技术是采用物理法和化学法联合一体化处理工艺，具体为阶段 1［沉淀（沉淀池）＋混凝法（加絮凝剂）＋筛选（微滤机）］＋阶段 2［沉淀（制砖机）＋水分离（自动虹吸管）］（图 24-13）。泥水流入池内由于流速降低，污水中的固体物质在重力作用下进行沉淀，而使固体物质与水分离，这种工艺分离效果好，简单易行，应用广泛，如污水处理厂的沉砂池和沉淀池。沉砂池主要去除污水中密度较大的固体颗粒，沉淀池则主要用于去除污水中大量的呈颗粒状的悬浮固体。混凝法是向污水中投加一定量的药

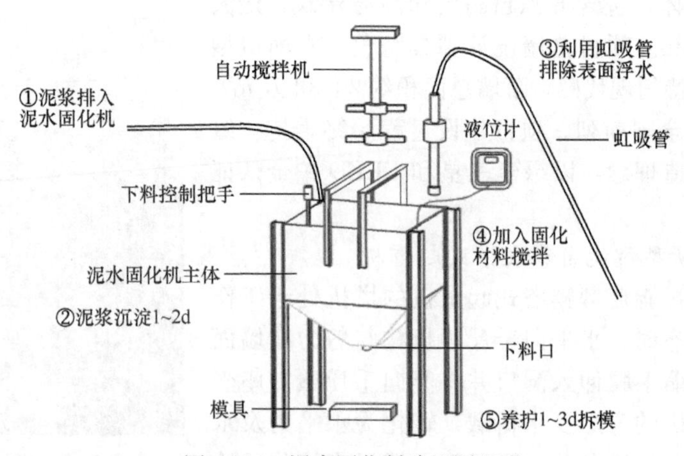

图 24-13　泥水固化制砖机原理图

剂，经过脱稳、架桥等反应过程，使水中的污染物凝聚并沉降。水中呈胶体状态的污染物质通常带有负电荷，胶体颗粒之间互相排斥形成稳定的混合液，若水中带有相反电荷的电介质（即混凝剂）可使污水中的胶体颗粒改变为呈电中性，并在分子引力作用下凝聚成大颗粒下沉。该技术可以使泥水自动从微滤沉淀一体机中导入固化制砖机中，巧妙利用絮凝残液使泥水快速静置分层，创造性地采用自动虹吸管将上浮液与泥浆分离，可实现对泥水中“泥”的资源再利用，减少浪费，减少污染，提高资源利用效率，降低固废处理成本，替代高能耗、高排放的烧结砖。

6.4.3　智能垃圾管道技术

智能垃圾管道包括管道系统和控制系统，管道系统包括管道标准节和投料节，控制系统包括舱门控制、气流控制和投料口控制。管道各节采用法兰连接，连接节点采用橡胶封堵，具有较好密封性。管道下端设置有舱门，舱门处于常闭状态。投料节侧面设有投料舱门，使用时可以旋转打开投料舱门，投入装包完成的建筑垃圾。采用自动控制系统，控制物料运输装置的速度与开合等内容。投料口采用电子锁锁住，程序判断可开启时，电子锁打开。管道通过钢梁附着到各层楼板上（图 24-14）。该技术是基于空气压缩弹簧原理的舱门可自动化开闭的新型垃圾管道，可解决超高层垃圾运输难题。

图 24-14　垃圾通道附墙

6.5　象山文化广场地下社会公共停车场工程

象山文化广场地下社会公共停车场工程位于南昌市象山南路与三眼井街交叉口，地处南昌市老城区闹市，新四军旧址对面，邻近主干道象山南路下有在建地铁三号线，周边老旧建筑物密集，场地狭小，地下管线复杂。项目建设为地下两层兼顾式人防，地面为市民休闲广场，地下一层为 5000m^2 农贸市场，地下二层为 260 车位停车场，地下室开挖深度约 11m。该项目在原象山文化广场的基础上进行整体提升改造，提升城市功能，拓展城市地下空间，共同探索新形势下城市更新、城市地下空间开发、创建人与自然和谐相处的新模式，并将人防工程与市场应用融合，为解决老旧城区的基础配套难，提升旧城老百姓生活品质等一系列民生难题提供了有效解决方案。

6.5.1　长螺旋钻孔压灌咬合桩连续墙

采用双动力的长螺旋桩工设备，全护筒跟进连续成孔作业，通过钢筋混凝土桩与素混凝土桩相互咬合，形成咬合桩连续墙，兼具止水帷幕、支护挡墙和地下室结构外墙三重功能，实现了“一幕两墙三合一”的效果（图 24-15、图 24-16）。此项技术适用于场地狭小的老旧城区碎片化土地开发，可紧贴红线施工，最大限度提高土地利用率。施工过程绿色环保、不产生泥浆、无污染，噪声低、不扰民，施工效率较其他工艺提升数倍以上。结合逆作法施工，利用梁板兼作水平内支撑，保证结构稳定，可在主体结构建成前率先完成地面广场的园林绿化，仅需 3 个月就可以全面恢复广场的市民休闲活动。

图 24-15　长螺旋咬合桩施工

图 24-16　长螺旋咬合桩成桩效果

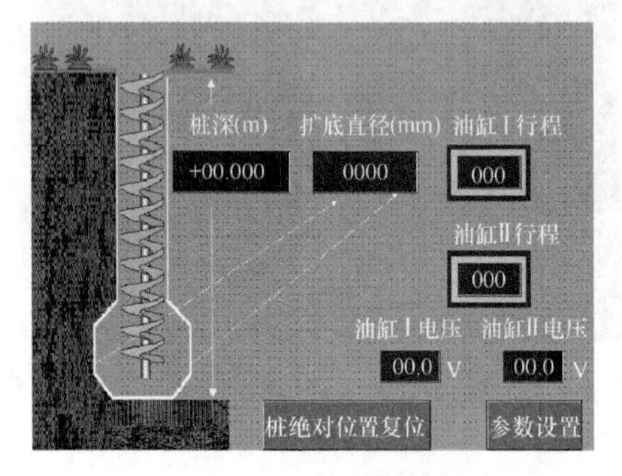

图 24-17　可视化控制界面

6.5.2　智慧泵送及成桩可视系统

利用 PLC 控制器高精度采集成孔深度、直径等信息，智慧泵送及成桩可视系统通过计算获得混凝土泵送量数据，并对自动泵送量及提钻速度进行信息化处理，从而实现成桩和泵送自动匹配且将成桩过程直观地展示在触摸屏界面上（图 24-17）。该系统还具备堵泵报警、通信中断提醒、成桩数据记录、成桩与泵送过程画面数据实时显示等功能。通过自动化、可视化控制系统的应用，在确保工程质量的前提下，可有效降低材料损耗及人工成本，节约资源，为信息化施工及管控提供有力的支持。

6.5.3　装配式梁板结构体系

地下室顶板采用装配式预制叠合钢筋混凝土梁板水平结构体系，由工厂直接生产提前设计好的标准构件，运输至现场后可直接进行拼接安装，工程质量安全可靠，施工效率显著提升。装配式梁板结构构件工厂化生产，可有效降低现场施工能耗、减少建筑垃圾的产生，提高机械化程度，缩短整体工期。施工流程如图 24-18 所示。

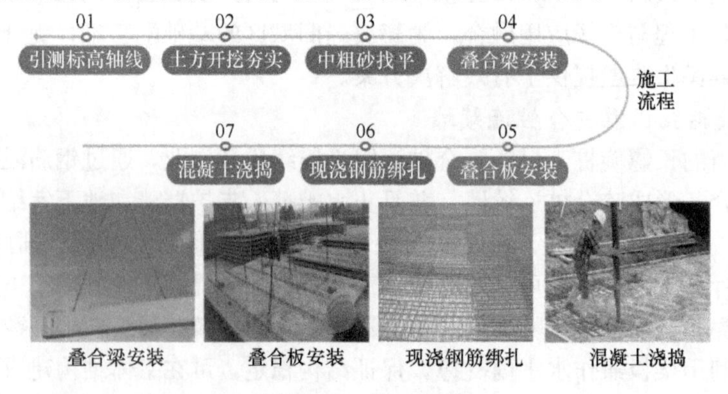

图 24-18　施工流程

第二十五篇　信息化施工技术

中国建筑第三工程局有限公司　彭明祥　洪苑乾　苏　章　李文建　程　哲
福建建工集团有限责任公司　陈宇峰　汪志勇　潘俊儒　吴哲伟　李　翀

摘要

近几年来，为促进建筑业数字化转型升级，建造施工技术水平不断提高，信息化相关的技术在施工现场应用日趋广泛，信息化技术既是施工行业发展的必然需求也是推动施工行业发展的重要手段。目前，国内施工行业在 BIM、物联网、信息综合管理、智能建造、绿色建造等技术等方面的应用经过多年的探索和实践，取得了长足的发展和可喜的成果。在未来发展中，大数据、产业互联网、AI 等技术也将在建筑施工中得到更多的应用。信息化技术将会大力推动建筑施工技术的革新以及项目施工管理水平的提高，有效促进项目施工向精细化、集成化方向发展，本文将对以上技术的主要内容以及在施工行业的发展做一个简要的介绍。

Abstract

In recent years, in order to promote the digital transformation and upgrading of the construction industry, the level of construction technology has been continuously improved, and information technology related to construction sites has been increasingly widely applied. Information technology is not only an inevitable demand for the development of the construction industry, but also an important means to promote its development. At present, the domestic construction industry has achieved significant development and gratifying results in the application of technologies such as BIM, Internet of Things, comprehensive information management, intelligent construction, and green construction after years of exploration and practice. In the future development, big data, industrial Internet, AI and other technologies will also be more applied in construction. Information technology will vigorously promote the innovation of construction technology and the improvement of project construction management level, effectively promoting the development of project construction towards refinement and integration. This article will briefly introduce the main content of the above technologies and their development in the construction industry.

一、信息化施工技术概述

2020年7月3日，十三部委联合下发了《关于推动智能建造与建筑工业化协同发展指导意见》提出以大力发展建筑工业化为载体，以数字化、智能化升级为动力，形成建筑全产业链的智能建造体系。2022年住房城乡建设部发布《“十四五”建筑业发展规划》文件，提到“夯实标准化和数字化基础，加快推进建筑信息模型（BIM）技术在工程全寿命期的集成应用，推动工程建设全过程数字化成果交付和应用。同年5月，住房城乡建设部发布《关于征集遴选智能建造试点城市的通知》，并公布了24个试点城市名单并开展实施工作。以信息化为基础，大力推进智能建造已成为未来行业主流的趋势。

本篇将对近两年来，我国信息化施工的技术发展情况进行介绍，主要包括BIM技术、物联网技术、数字化加工技术、数字化测绘技术、数字新技术、项目施工信息综合管理技术、信息化与工业化的协同技术及绿色建造信息技术。

二、信息化施工主要技术介绍

2.1 BIM技术

BIM技术提供一个统一的信息交流平台，通过集成项目信息的收集、管理、交换、更新、存储过程和项目业务流程，为建设项目生命周期中的不同阶段、不同参与方提供及时、准确、足够的信息。BIM不是一个软件，而是业务流程。就是利用信息将现实通过模型更加精确和科学地模拟出来。它的核心就是解决信息共享问题，提供信息交流平台。其最终目的是使得整个工程项目在设计、施工和使用等各个阶段都能够有效地实现节省能源、节约成本、降低污染和提高效率。

2.2 物联网技术

物联网技术是指通过射频识别（RFID）、红外感应器、全球定位系统、激光扫描器等信息传感设备，按约定的协议，把任何物品与互联网连接起来，进行通信和信息交换，以实现智能化识别、定位、跟踪、监控和管理的一种技术。物联网应该具备三个特征。一是全面感知，即利用RFID、传感器、二维码等随时随地获取物体的信息；二是可靠传递，通过各种电信网络与互联网的融合，将物体的信息实时准确地传递出去；三是智能处理，利用云计算、模糊识别等各种智能计算技术，对海量数据和信息进行分析和处理，对物体实施智能化的控制。

2.3 数字化测绘技术

数字化的测图技术是一种全解析的计算机辅助出图的方法，与传统的测图技术相比较而言，具有较高效率、高精度等优势。它是地形测绘发展的技术前沿，对空间与建筑物分布相关的信息和数据进行采集、测量、更新、获取、传播、应用、管理和存储，可以满足建立各专业管理信息系统的需要。

2.4 数字新技术

数字新技术主要包括大数据、云计算、区块链、人工智能等技术。

大数据技术是对数据进行处理、存储和分析的技术。在建筑上的应用即是形成建筑行业的大数据平台，为施工的成本、质量、安全等控制提供决策依据。

云计算技术是将大量用网络连接的计算、存储等进行资源统一管理和调度，构成一个资源池通过网络向用户提供服务。在施工中，能够实现多人协同工作。

区块链技术是利用块链式数据结构来验证与存储数据、利用分布式节点共识算法来生成和更新数据、利用密码学的方式保证数据传输和访问的安全、利用由自动化脚本代码组成的智能合约来编程和操作数据的一种全新的分布式基础架构与计算范式。

人工智能技术通过对已知数据的统计学分析，得出某种模型，再用模型进行对现实中的问题进行分析和预测，通过对海量数据的学习，达到模拟人的意识和思维的效果。

2.5 项目信息综合管理技术

项目信息综合管理技术以项目计划管理为主线，以项目标准化为基础，从开工到竣工，将项目全过程生命周期的各项工作进行系统梳理；以工作内容为载体，以数据传输为支撑，以绩效考核为促进，以强制关联为约束，围绕项目上的工作职责和流程进行信息化管理，体现的是一种信息化的管理方式。

2.6 智能建造与建造工业化协同技术

智能建造与建造工业化协同技术主要体现在装配式技术在设计、生产、安装过程中的一体化资源整合的集成。通过工厂生产对BIM设计信息的智能读取，BIM构件信息与工厂系统连接，实现构件信息直接导入加工设备完成自动化加工，将设计信息与生产管理系统对接，实现工厂物料采购、排产、生产、库存、运输的信息化管控。基于BIM的现场建造与工厂生产的信息交互和共享，实现装配式建筑、结构、机电、装修的一体化协同生产和建造。

2.7 绿色建造信息技术

绿色建造信息技术是指按照绿色发展的要求，在系统软件和硬件网络平台上，通过建立信息管理系统、建筑数据库以及相关决策知识库等，将绿色建筑企业的管理与执行相统一，基于信息化技术能够更好地实现绿色建筑行业的信息共享、规范管理以及数据统计，提升绿色建筑建造和维护效率。

绿色建造的实施技术主要有四点，一是采用系统化集成设计、精益化生产施工。二是结合实际需求，有效采用数字新技术，整体提升建造手段信息化水平。三是采用工程总承包、全过程工程咨询等组织管理方式，促进设计、生产、施工深度协同。四是加强全产业链上下游企业间的沟通合作，优化资源配置，整体提升建造过程产业化水平。绿色建造信息技术在工程中的应用目前主要集中在零碳技术、近零能耗技术、主动与被动式设计技术、可再生能源技术等。

三、信息化施工技术最新进展（1～3年）

3.1 BIM技术

近几年来，BIM技术在“互联网+”“物联网”“5G技术”“AI技术”等前沿科技的助力下，已经给整个建筑行业带来了一些模式上的变化。2022年住房城乡建设部发布《“十四五”建筑业发展规划》强调了推进自主可控BIM软件研发，完善BIM标准体系，引导企业建立BIM云服务平台，建立基于BIM的区域管理体系，开展BIM报建审批试点等重点方向，到2025年，基本形成BIM技术框架和标准体系，推动BIM技术在工程施工中的应用日趋成熟和完善。

3.1.1 基于BIM的设计管理

BIM具有多专业跨区域协同的优势，不同专业设计师可以在同一个模型的基础上同时开展工作并可以实时查看相关专业的工作开展情况，检查冲突碰撞优化设计方案。并且通过国际通用BIM流转格式进行建筑各类性能指标分析，在设计合格后将模型流转至施工单位由施工单位进行施工深化，实现一模多用，减少因流转产生的错误从而从源头上保证工程质量。例如，可以通过BIM模型直观、快速、准确地对各个功能区块面积进行标示，并可以快速提供面积统计指标报告。面积统计表格，随功能区面积的变化自动进行调整，可以快速对各项面积指标的变化进行预警。

3.1.2 基于BIM的技术管理

BIM技术具有可视化、集成化、参数化等优势，根据施工方案及工艺模拟技术，辅助方案的编制选型，能够在三维环境中直观地展示施工的每一个过程，提高施工方案的合理性，实现技术方案的可视化交底。

3.1.3 基于BIM的进度管理

施工进度模拟是指将时间信息与BIM模型关联，形成4D的施工进度模拟。基于BIM模型的可视化进度管理，让建设方能清晰看到里程碑节点的建筑实体状态，让施工方能更好地控制工期，管理工作面，实时纠偏不合理规划，规避重大工期影响因素，通过相应的组织协调，可视化交底，让各专业队伍交流更通畅，工作面搭接更顺畅，组织运转更流畅。

3.1.4 基于BIM的质量管理

基于BIM管理，将质量验收信息录入模型。利用已建BIM数据库，建立BIM可视化质量管理平台，通过平台完成质量安全问题的预警、分析工作，进而制定科学的应对措施，有效控制危险源，对类似问题可做到预判和处理，为项目的事前、事中、事后控制提供依据（图25-1、图25-2）。

3.1.5 基于BIM的安全管理

基于BIM的建筑信息模型，为建设信息化提供基础，让管理决策更加科学化和标准化。在带动建筑工程施工效率提升的同时，也大大降低了施工安全隐患。可以较大程度地降低返工给带来的安全风险，增强管理人员对安全施工过程的控制能力（图25-3）。

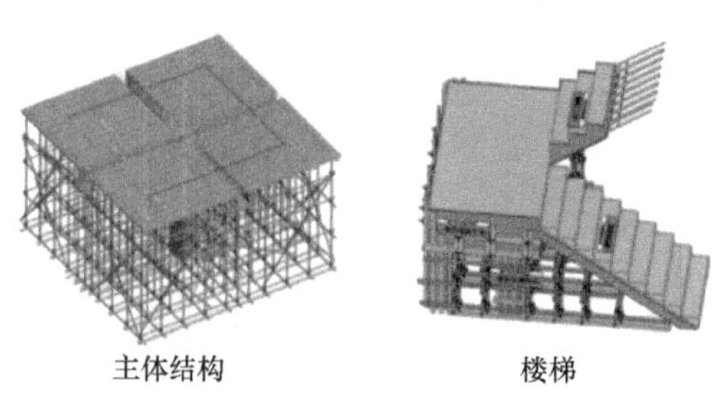

图 25-1　标准化质量样板

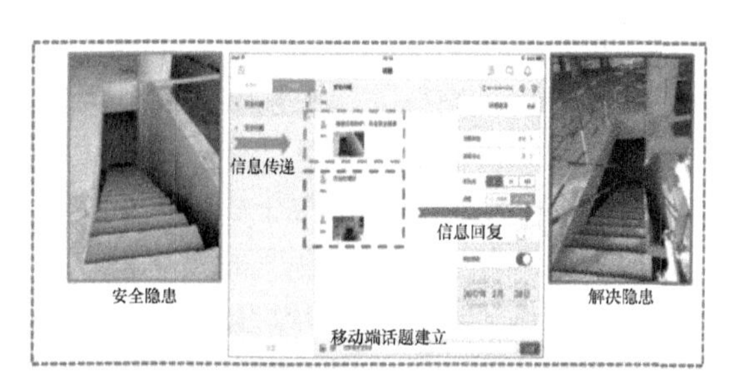

图 25-2　基于移动端质量验收

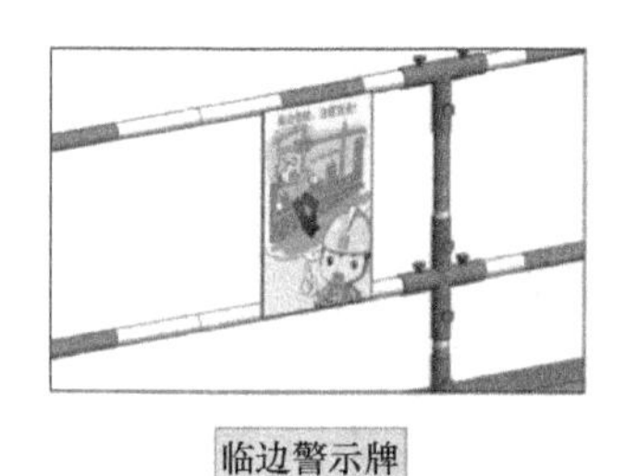

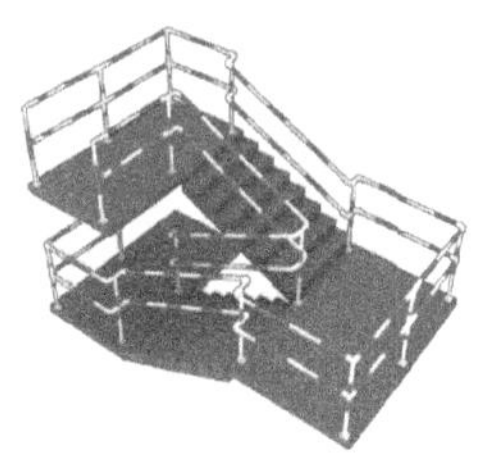

图 25-3　BIM 安全标准化设计

3.1.6　基于 BIM 的文档管理

利用 BIM 技术可以实现工程资料的完整归集。通 BIM 平台与移动终端的结合可以实现随时记录质量工作信息。平台的数据管理功能能够全过程存储质量控制信息，并且建立其数据库。项目参与人员可以随时查阅 BIM 模型中的质量控制资料。统计归档后的各类质量管理资料进行提取，直接形成完善的合格竣工资料。

3.1.7　基于 BIM 的运维管理

通过在竣工 BIM 模型中加入运维信息，能够高效融合多元数据，空间管理、设备与设施管理、资产管理、隐蔽工程管理、应急管理等，相较于传统运维管理具有明显的优势和便利。实现对各类信息的可视化管理，形象化的虚拟场景和真实数据相结合，提高管理人员对运维数据的反应速度。

3.2　物联网技术

物联网技术核心是协同各关键环节，建立以 BIM 模型为基础，集成信息化技术，通过信息化手段，采集建设、设计、生产、施工监理等相关参建单位工业化建筑全生命周期相关数据，以编码系统为基础实现对建筑项目建设全生命周期进行质量监督与管理，建筑质量追溯系统，从而实现建筑质量可追溯。

3.2.1　物联网在预制构件跟踪管理的应用

预制构件的跟踪是以动态二维码为纽带，由 BIM 模型、后台服务器和客户终端组成的综合系统，为原材料采购、构件生产、构件运输等过程提供一个便于管理的综合信息平台。

3.2.2　物联网在现场安全管理的应用

项目劳务人员和分包流动性较大，劳务管理困难。为加强劳务实名制管理和安全文明管理，项目使用了“AI”技术针对工地“自动化监控智能化管理”需求，全时侦测待检测事件，分析、挖掘前端视频图像数据，结合人脸识别技术，提供人员、环境、设备等安全风险事件识别和报警服务，有效节约大量管控人力成本，提高了安全管理水平。

3.2.3 物联网在大型设备管理的应用

(1) 塔式起重机安全管理系统

在大型施工塔式起重机上安装塔机安全监测预警系统，实时监测塔式起重机的运行状态，对塔式起重机间碰撞提供实时预警，对每次塔式起重机吊装是否超载进行实时监控和超载报警等（图 25-4）。

图 25-4 塔式起重机安全管理系统

(2) 施工电梯云管理

在施工电梯里安装指纹识别器，采用射频 RFID 技术，自动统计电梯所在楼层和停靠该楼层时电梯里的作业人员数据，集成到 BIM 模型中，可在 BIM 模型中直观显示现场各楼层的人员分布情况，并实时监控电梯安全载重情况（图 25-5）。

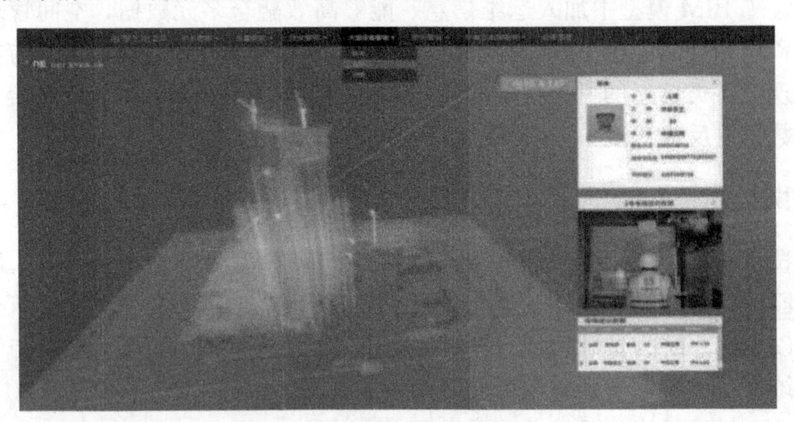

图 25-5 施工电梯云管理

3.2.4 物联网在施工质量管理的应用

(1) 智能巡检设备

使用具有多维感知能力的智能四足机器狗进行工地巡检，机器狗具有良好的运动性能和自适应性，通过搭载 AI 智能摄像头和 5G 传输系统，进行实时画面传输和控制；并可自带扫描系统，能对建筑结构和危险物进行点云扫描，增强项目 BIM 管理能力和创新应用能力。

（2）智能实测实量系统

智能测量设备与移动端实测实量 App 结合技术，可实现质量实测实量数据自动记录、自动采集与分析。现场实测实量数据实时传送至信息化平台，在移动端和 PC 端直接显示实测成绩，辅助提高质量管控水平。

（3）三维激光扫描技术

利用三维激光扫描仪设备作为 BIM 模型核对依据，通过激光扫描出的三维点云模型与 BIM 模型进行核对，能够快速地区分出结构问题区域，为项目实测实量提供了强有力的保障。

3.2.5　物联网在施工监测管理的应用

（1）大体积混凝土无线测温：

项目施工过程中，布设无线测温传感器，监测混凝土内外温差。及时对相关管理人员预警、提醒。并将相关数据传递至智慧工地平台，为混凝土的保养提供数据支持。

（2）高支模变形监测

高支模和卸料平台变形监测系统由高精度传感器、智能数据采集仪、监控终端和报警器组成。各类传感器数据接入智能采集仪，并与云端相连接，系统按秒读取最新数据，实时分析（图 25 6）。

（3）深基坑监测

基坑变形沉降监测是通过掌握基坑边坡、支护结构以及周边建筑的变形和位移的大小、速率及其变化规律和发展趋势来监测基坑安全，保障安全生产（图 25-7）。

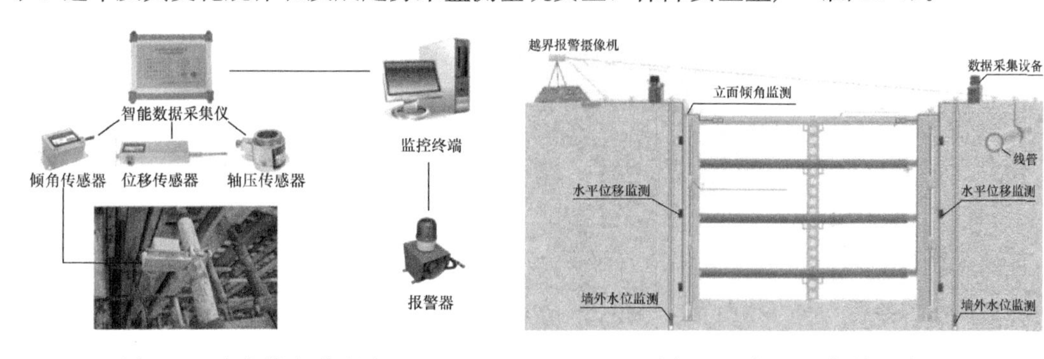

图 25-6　高支模变形监测　　　图 25-7　深基坑变形监测

3.3　数字化测绘技术

3.3.1　GPS-RTK 在工程施工中的应用

RTK 定位有快速静态定位和动态定位两种测量模式，两种定位模式相结合，在工程测量中的应用及推广可以覆盖控制测量、施工放样和断面及线路测量等各个领域（图 25-8）。

3.3.2　GIS 技术在施工中的应用

当运用 GIS 与地下管线进行空间建模和数据叠加时，GIS 可以通过与遥感数据的集成和多维数据的综合考虑，模拟出不同的路线规划，确定拟定最优方案。运用 GIS 技术的空间定位功能，可以实现对管道薄弱点的空间分析和可视化定位（图 25-9）。

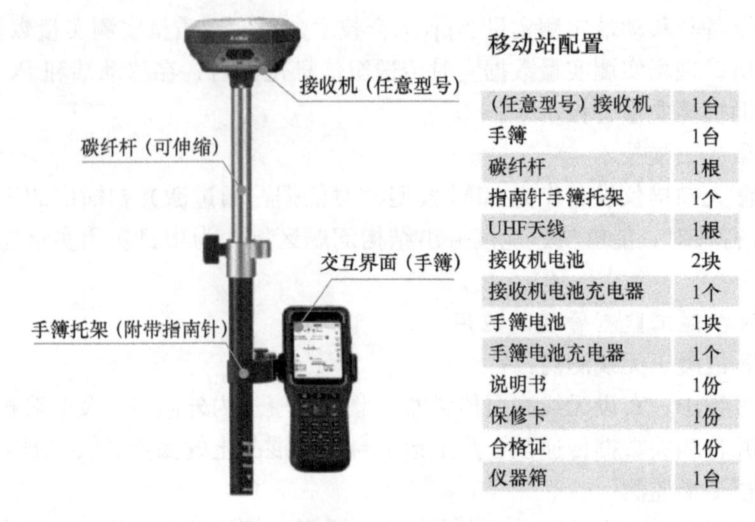

图 25-8　RTK 仪器

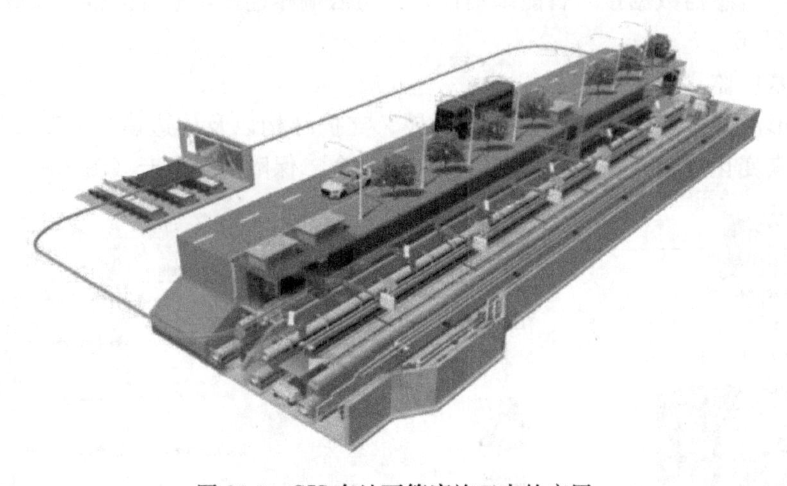

图 25-9　GIS 在地下管廊施工中的应用

3.3.3　无人机测绘的应用

利用无人机分布式平台实现远程操控端与作业现场无人机超视距互联项目人员远程遥控无人机一键起飞进行项目观摩、测绘勘察、日常巡检等任务采集的数据，还可在云端自动处理输出为航拍视频、航拍图片以及全景影像、正射影像、实景三维建模等成果，为建筑工程的数字化转型赋能。

3.4　数字新技术

3.4.1　建筑机器人在施工中的应用

建筑机器人是指应用服务于土木工程领域的机器人，它可以极大提高建设工程的效率和安全性，有助于帮助我国实现建筑业的转型（图 25-10～图 25-12）。

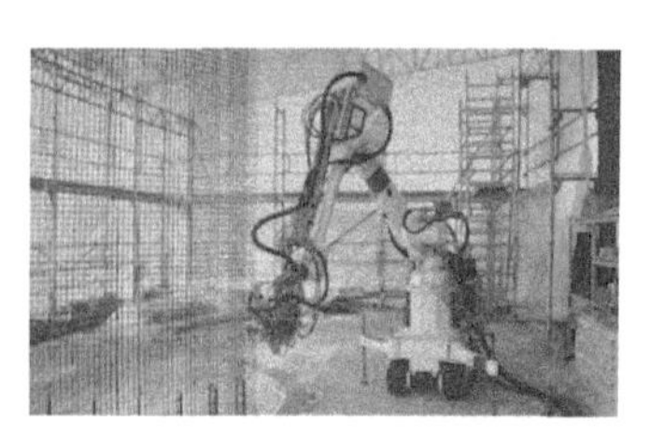

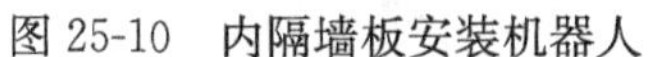

图 25-10 内隔墙板安装机器人　　图 25-11 砌砖机器人　　图 25-12 钢筋绑扎机器人

3.4.2 虚拟技术在施工管理中的应用

虚拟现实技术（VR）、增强现实技术（AR）、混合现实技术（MR）与 BIM 等建筑技术结合，实现全景可视化仿真体验效果（图 25-13）。

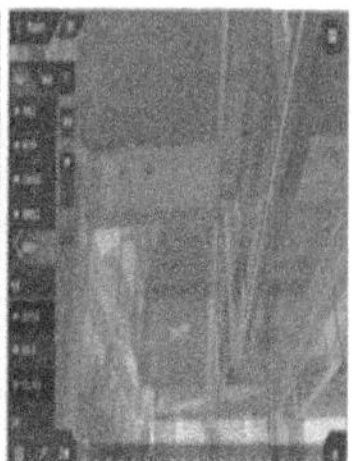

图 25-13 虚拟技术在施工中的应用

3.4.3 区块链在项目履约管理的应用

在建设数字城市的进程中，中国雄安集团推出了雄安区块链资金管理平台，它是国内首个基于区块链技术的项目集成管理系统，具有合同管理、履约管理、资金支付等功能。雄安区块链管理平台多层主体均为三透明，能够有效实现项目全链条合同连续、工程进度明确、资金流转封闭等效果，真正做到工程项目全流程“穿透式管理”。

3.4.4 5G 通信技术应用

5G 是第五代移动通信网络的简称。5G 解决了超高速数据传输问题，满足了客户高速度、高密度、高转换的需求，为实现万物互联、三维呈现等场景奠定基础，3D 技术在过去由于受可视化角度的限制，但由于云存储技术的进步，存储海量信息将毫不费力。

3.5 项目施工信息综合管理技术

随着建筑业的发展，精细化、标准化的管理日渐成为行业的目标，根据项目特点和需求，制定多参与方、多终端的综合管理模式；针对不同的使用情况，分别采用相应的客户端、网页端、移动端等系统终端，有效地将各参与方组织在一起，实现集成式管理，大幅提升管理人员对项目整体把握的能力。

3.5.1 协同办公平台

协同办公平台用于业主、设计、监理及总包间相互协调沟通，各级公司有各自操作界面，既可以实现公司内部文件的传阅及新闻发布，又可以通过平台内部对其他单位间发布任务、传递工作联系单等，让用户轻松完成日常办公工作。

3.5.2 施工项目现场管理系统 PMS 平台

施工现场管理信息系统（PMS）在项目层级应用，主要收集现场进度、质量、安全、材料、设备等多方面数据。

3.5.3 决策支持系统 BAP 及 DSS 平台

(1) 决策支持系统 BAP

顶层决策支持系统（BAP）在企业高级管理层应用，可以随时了解企业主要运营指标的完成情况、风险预警的化解情况、为企业决策提供大数据支持的智能集成（图 25-14）。

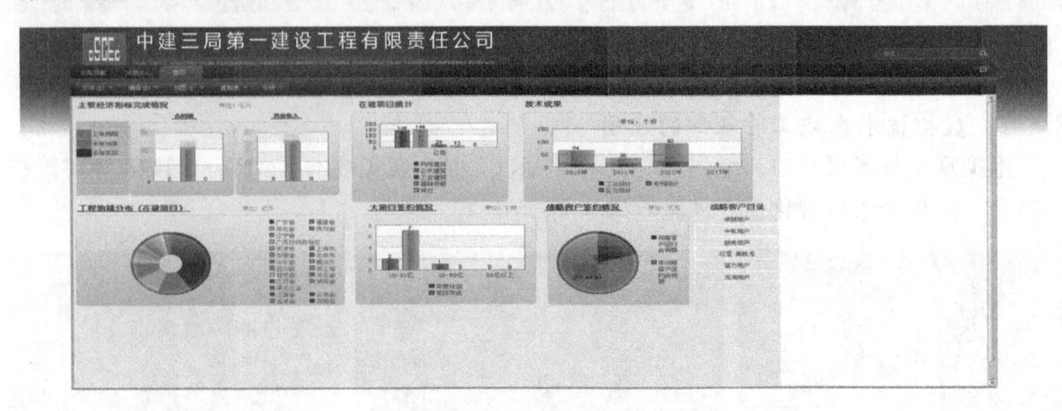

图 25-14 决策支持系统（BAP）界面

(2) 决策支持系统 DSS

项目决策支持系统（DSS）主要面向领导层以及管理层，其设计思路通过为自动提取综合管理信息系统（IMS）、项目现场管理信息系统（PMS）的基础数据，运用“大数据”的思想，结合企业管理制度进行集成汇总、分类分析，形成包含企业各类信息的分析图、汇总表及风险预警信息，为项目决策层提供及时、真实、有效、精准的决策支持依据（图 25-15）。

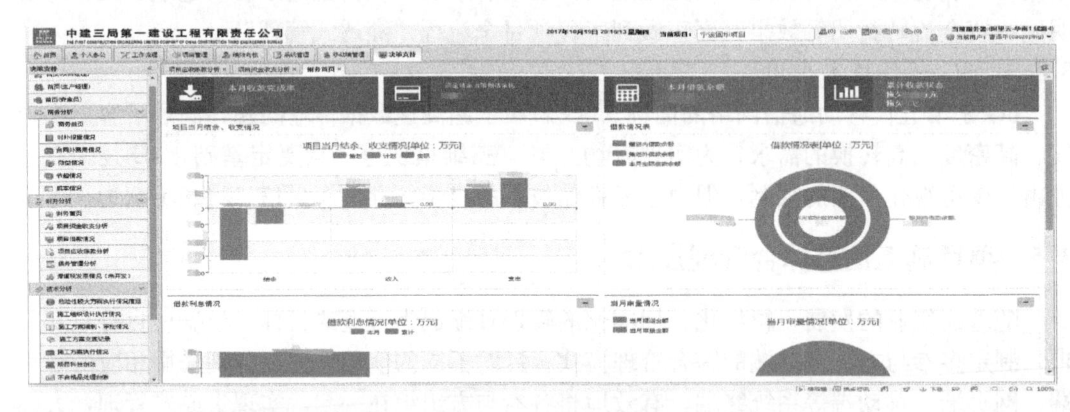

图 25-15 决策支持系统（DSS）界面

3.5.4 基于 BIM 的数智建造云平台

以 BIM 为核心，通过物联网、移动通信技术实时收集数据，上传至基于物联网技术的智慧工地云平台进行数据统计及分析，结合项目管理流程自动进行预警，数据及分析结果反馈至公司管理层，打通项目内部及与公司间的信息通道，实现项目的全面信息化、智能化管理。

3.6　智能建造与建造工业化协同技术

3.6.1　数字化加工技术

数字化加工在引用已经建立的数字模型的基础上，利用生产设备完成对产品的加工。依靠数字化加工设备，通过既定的数据输入和图形输入，设备控制中心控制器分析和处理这些数据并输出到相关执行点，自动加工成不同样式和功能的产品。

3.6.2　构件全生命周期管理

为实现对构件全生命周期的管理，在构件生产时植入 RFID 芯片，以此芯片作为构件的识别码及流转媒介，并开发 BIM 模型实时反映构件状态及属性，从生产订单、材料采购、生产工序环节、存储、运输、现场堆放、吊装、验收、维护、拆除等环节进行信息采集与分析，通过物联网、移动技术等信息化手段，实现部品部件生产、安装、维护全过程质量可追溯。

3.6.3　装配式项目信息化综合管理技术

装配式建筑信息化应用一方面在于上述设计、生产、装配全过程中的技术信息集成共享和数字装备技术，另一方面是实现装配式建筑实施全过程的成本、进度、合同、物料等各业务信息化管控，以达到提高效率、增加效益的目的（图 25-16）。

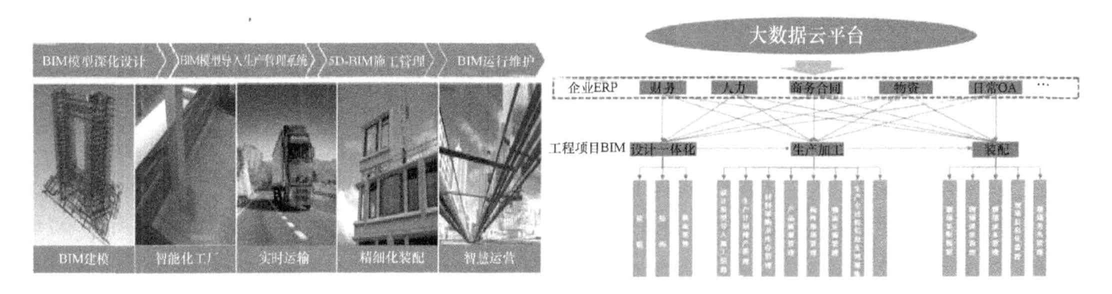

图 25-16　项目一体化终端设备+统一作业平台

3.7　绿色建造信息技术

3.7.1　绿色施工技术

采用基于 BIM 绿色施工管理平台，以 BIM 模型为前端，将数据与模型进行挂接，可将数据收集与环境治理结合，实时监测环境数据并自动进行预警和处理，实时监测能源、水电量并智能调节。

3.7.2　光储直柔技术

光储直柔在建筑领域应用太阳能光伏（Photovoltaic）、储能（Energy storage）、直流配电（Direct current）和柔性交互（Flexibility）四项技术的简称，发展零碳能源的重要支柱，有利于直接消纳风电光电。

3.7.3　光伏一体化技术

光伏建筑一体化指将光伏发电与建筑物相结合，于建筑物结构外围铺设光伏组件，从而产生电力供本建筑及周围用电负载使用。它是光伏发电在建筑上应用的一种形式，也是分布式光伏发电在城市应用的主要形式。

四、信息化施工技术前沿研究

4.1 BIM技术

4.1.1 智慧园区建设

《“十四五”信息化和工业化深度融合发展规划》指出：要打通企业数据链，通过智能传感、物联网等技术推动全数据链数据的实时采集和全面贯通，构建数字化供应链管理体系，引导企业打造数字化驾驶舱，实现经营管理的可视化和透明化。

依托大数据、AI人工智能、物联感知、数字孪生等技术手段，围绕规范化集成、精准化采集、网络化传输、可视化展现、自动化操作、智能化服务的原则，建设精准管控的智慧化服务，实现园区管理的安全与高效，保证问题早发现早解决，提高精细化管理服务水平。相较于传统园区智慧园区可以实现低能耗、省人工、公共信息发布及时、停车方便快捷、公共区域安全指数高等目标。

目前我国智慧园区已经初步呈集群化分布，已经形成“东部沿海聚集、中部沿江联动、西部特色发展”的空间格局。环渤海、长三角和珠三角地区以其雄厚的工业园区作为基础，成为全国智慧园区建设的三大聚集区；中部沿江地区借助沿江城市群的联动发展势头，大力开展智慧园区建设；广大西部地区依据各自园区建设特色，正加紧智慧园区建设。未来一段时间，中西部地区智慧园区建设或将来迎来全新的建设浪潮。

4.1.2 CIM技术发展

2018年11月12日，住房城乡建设部将雄安、北京城市副中心、广州、南京、厦门列入“运用建筑信息模型（BIM）进行工程项目审查审批和城市信息模型（CIM）平台建设”五个试点，这标志着CIM在我国由概念阶段开始正式进入建设阶段。从这些城市数字化治理的建设目标来看，CIM凭借其全面的信息集成特征会成为智慧城市和数字孪生城市的重要模型基础。

2020年3月4日，中共中央政治局常务委员会会议提出，加快5G网络、数据中心等新型基础设施建设进度。“新基建”战略的实施会为智慧城市以及数字孪生城市提供更加强大的数字动力，加速其建设进程。作为智慧城市以及数字孪生城市的重要模型基础，CIM的重要性日益突出，面临空前的发展机遇。

2024年3月雄安新区管委会联合雄安集团发布的《雄安新区规划建设BIM管理平台》及相关建模和交付标准，为千年雄安的城市发展树立了数字化、信息化城市建设的标杆。未来，更多的城市建设将通过BIM图审，逐步转向信息化交付的转型方式。

4.1.3 “BIM＋”的应用展望

随着虚拟技术、3D打印技术、机器人、物联网、云计算、AR、MR等数字新技术的发展，BIM“所见即所得”的技术优势必将推动BIM技术与数字新技术的融合和集成应用，并将从现场应用进一步推广到企业信息化管理中，作为项目大数据的重要来源，成为企业信息化管理的支撑性技术。

BIM＋GIS可以创立新的工作平台，解决城市层面中的问题；BIM＋VR实现工程项目中难点问题的可视化，更真实的场景模拟能够方便设计施工人员更好地了解问题的信息；BIM＋AR 可以使项目在施工阶段更好地展现在施工人员和管理者面前，方便他们更直观地了解项目实施的可行性；BIM＋数字建造可以使拥有比较新颖奇特的建筑造型得到更具效率的施工；BIM＋LBS（定位服务）这一技术主要运用在建筑设计过程中运输建材的物流过程中，它可以实时检测到材料、工作人员的具体位置，实现对施工现场的模拟化并实现现场管理的时效性。

4.2　物联网技术

工程物联网是支撑建筑业与工业、信息化深度融合的一套使能技术体系，包含了硬件、软件、网络、云平台等一系列感知、通信、分析及控制技术。参考了物联网系统的基本架构，工程物联网的体系架构由对象层、泛在感知层、网络通信层、信息处理层以及决策控制层组成。

在整体的实施过程中，通过工程要素的泛在感知与连接，实现建造工序协同优化、建造环境快速响应、建造资源的合理配置以及建造过程的按需执行，从而建立服务驱动型的新工程生态体系，应用于工程建造的全生命周期、全要素、全产业，重构工程管理范式，工程物联网最基础的应用，就是我们所常见的智慧工地或者数字工地。

4.3　数字化测绘技术

新一代人工智能背景下测量机器人将作为多传感器集成系统在人工智能方面得到进一步发展，其应用范围将进一步扩大，影像、图形和数据处理方面的能力进一步增强。大型复杂结构建筑、设备的三维测量，几何重构及质量控制，以及现代工业生产的自动化流程，对产品质量检验与监控的数据与定位要求越来越高，将促使三维业测量技术的进一步发展和生产过程控制。工程测量创新技术和应用将从土木工程测量创新技术和应用、三维工业测量扩展到人体科学测量。传感器的混合测量系统将得到迅速发展和广泛应用，如 GPS 接收机与电子全站仪或测量机器人集成，可在大区域乃至国家范围内进行无控制网的各种测量工作。

4.4　数字新技术

工业制造数字化、网络化、智能化已是世界范围内新一轮科技革命的核心技术，作为承载智能制造的数字化工厂，则是国家“两化融合”战略发展要求的重要应用体现，未来的数字新技术主要体现在区块链、人工智能、智能设备研发、数字孪生技术及 BIM＋GIS 综合应用上。

4.4.1　区块链的应用

区块链优势是借助不同的技术产品在统一的平台进行信息录入、流程把控、资源分配、成本控制等一系列的协调运作，从而达到项目完成交付并将信息传递的目的。使工程建设全过程各个环节、各个动作事项都得到记录，从而促进各环节健康有序合规进行。

建立基于区块链技术的网络可信身份认证体系和证照库，项目信息、企业信息、人员信息、文件流转、资金支付等信息通过区块链技术加密备份，使之可追溯，从而促进各环节健康有序合规进行。

4.4.2 人工智能的应用

人机协同、智能机器人等先进技术正在改变基础设施的传统建造方式。人工智能通过大数据和机器学习可满足不同需求；使用视觉数据选用深度学习算法处理，通过与客户要求的方案和规划进行匹配来衡量施工进度，将工地每天的画面扫描与规划模型做比较以侦测过错；利用图像识别技术对混凝土裂缝、孔洞等施工缺陷进行自动识别，对钢筋、模板等建筑材料进行自动计数盘点；利用语音识别技术控制智能化喷淋系统等，全面实现智能化控制，提高项目智能化水平。此外，虽然机器人技术等人工智能技术在建筑行业才刚刚开始研发，但根据预测，未来 10 年，可从事高危、高强度、重复性作业的机器人，将把建筑业利润提升 71％。

4.4.3 智能设备的应用

随着建造技术的迭代和升级，新型的智能化设备在未来也将得到更加普及化的应用，通过施工现场作业型机器人，取代人工作业，实现作业机械化、工具化，再以此拓展建筑工艺机器人，如 AI 智能巡检、智能测量、智能实测实量、塔基及设备监测等推动质检、测量等技术为核心应用的辅助机器人的研发与应用，高效完成现场数字化决策动作。以高效数据采集为基础的智慧工地系统与机器人的联动。未来，建筑机器人将与智能装备数据互通，功能融合，实现多款创新型建筑机器人和智能工程装备量产，完成智慧管理系统搭载。同时具备智能交互、感知、通信、空间定位等功能，研发可控的智能装备系统平台，实现工序自动化操作、机械化取代人工进行作业。

4.4.4 云计算的应用

利用云计算结合大数据、物联网、在线监测等技术，能够将建筑施工的运作过程虚拟化，传输到云资源中进行诊断、预测，一旦发现问题，就可以实时报警，避免不必要的损失；增强施工企业内部、公司与项目之间、项目各业务之间的协同。

4.4.5 数字孪生技术的应用

数字孪生辅助设计优化。在设计层面，数字孪生除了可以完成建筑场地规划、3D 正向设计、日照测算、能量负荷测算、碰撞检测等任务外，还可以借助其强大的仿真模拟能力和云计算能力优化设计。

数字孪生辅助施工组织方案优化及模拟。数字孪生可根据已有施工组织方案，将各模型构件按照施工工艺、工序和工期要求关联生成施工模拟动画。业主、施工及相关各方可通过此施工模拟动画研讨施工组织的进度安排、场地安排、工序安排、各类资源安排的合理性及问题，并进行优化和调整。

4.4.6 BIM＋GIS＋CIM

未来 BIM 导入 CIM 的技术与更新机制将不断完善，BIM 模型的优势在于其能够从部件级精度上对整个城市进行管理，帮助城市建设运营过程进行成本管理、进度管理。同时与物联网（IOT）数据结合，集成、分析和综合应用各类城市基础设施的物联网数据，对安全、稳定运行等方面进行信息采集和处理，并提供共享服务，为城市建设管理决策提供支撑。

4.5 项目施工信息综合管理技术

建筑工程施工管理信息化的特点，主要是使用信息化的技术与设备来取代以前使用的手工方法来管理施工作业。工程施工中产生的信息数据量庞大，种类繁多复杂，采用电子信息技术能将大量有效信息通过极小的空间与较低的价格来完成，大大地降低了工程成本。同时，工程施工过程中信息的交换非常频繁，采用网络化的信息管理技术能够协调工程施工单位的各个部门之间实现信息的高效传递，可实现对工程的工期、成本以及质量的分析，及时汇总施工成本，找到成本节约与资源浪费的主要因素，使得工程的工作效率以及经济效益得到大幅度的提高。

4.6　智能建造与建造工业化协同技术

通过信息化管理系统的构建，将信息化技术将深入建筑工业化的各个层面。在装配式建筑构件的生产阶段，人工智能与 BIM 技术结合，形成综合考虑生产、运输和施工的进度计划编排和优化方法。除了采用在制造业式的机械手进行机械化生产加工外，未来将机器人和 3D 打印技术与 BIM 技术进行集成，让机器人或 3D 打印可以自动提取 BIM 模型中的信息、自动转化成指挥物理操作的指令以自动完成相关工作。

（1）数据交互和协同工作基于云开展

装配式建筑项目参建各方基于云的系统上维护“一个 BIM 模型”，各方根据事先约定好的数据标准和系统提供的接口将该系统与己方的各业务系统对接，对“一个 BIM 模型”进行更新，其他方则可以实时在该系统上接收到更新并提供自己的反馈。基于云的 BIM 系统保证了数据交互的及时性，同时使得各参与方信息对等，使协同工作更为便利和高效。

（2）人工智能的应用

在装配式建筑构件的生产阶段，人工智能与 BIM 技术结合，形成综合考虑生产、运输和施工的进度计划编排和优化方法。在装配施工阶段，可以使用人工智能算法来进行施工场地布置的优化、预制构件吊装顺序的优化以及施工进度计划的编排和优化

（3）机器人和 3D 打印辅助建造

除了采用在制造业式的机械手进行机械化生产加工外，未来将机器人和 3D 打印技术与 BIM 技术进行集成，让机器人或 3D 打印可以自动提取 BIM 模型中的信息，自动转化成指挥物理操作的指令以自动完成相关工作。

4.7　绿色建造信息技术

在现代社会的发展进程中追求可持续性发展，对于绿色建筑也是一样，寻求使用材料上的可降解可回收，大大减轻生态环境压力，建筑从材料选择的可持续性上就可以到达最终建筑完成的可持续性。不仅是在为环境污染这一问题最为基本有效的解决措施，更是在一定程度上节省了大量能源，减少不必要的资源损失，是一举多得的绿色发展之路。在建筑中利用集成办法，将现代化的信息技术、自动控制技术、智能化的控制技术以及各种多媒体技术极大限度地运用于绿色建筑上，并通过建筑内部的楼宇自动化系统、智能照明系统、智能遮阳板控制系统、空调通风供暖智能系统及信息集成系统等多个高效的智能化系统，实现对现代化的多媒体和网络信息通信技术进行有效监察和管理，既减轻人员工作的劳动负担又使绿色建筑的发展走向一个全新的阶段。

五、信息化施工技术典型工程案例

5.1 深圳南山区高新公寓项目

5.1.1 工程概况

南山区高新公寓棚户区改造项目总建筑面积 35.2 万 m^2。项目采用 EPC 管理模式，是深圳市南山区第一个棚户区改造项目，定位为人才安居集团棚改安居房示范项目，打造智慧社区标杆项目，项目目标直指“鲁班奖”。

5.1.2 项目 BIM 应用情况

1. 设计阶段

项目在方案设计阶段，业主对容积率、景观视野、外立面效果等均提出了较高要求，项目应用 BIM 技术对各设计方案进行分析比较，选出最优方案，并对标准层各个户型方案进行比选，优中选优。

项目在施工设计阶段，借助 BIM 技术，通过施工方与设计方的充分沟通，实现施工设计优化，比如对部分铝模和预制构件节点进行优化，如使用全混凝土外墙，门垛、构造柱、反坎一次成型，门、洞口位置顶板下挂板一次成型，强弱电箱、嵌入式消火栓部位优化成构造墙，滴水线预留一次成型，栏杆杯口、门窗企口一次预留，预制凸窗窗框一次预埋，预制空调板现浇企口一次浇筑等施工深化措施，避免二次施工，减少施工工序，提高施工质量，节省工期（图 25-17）。

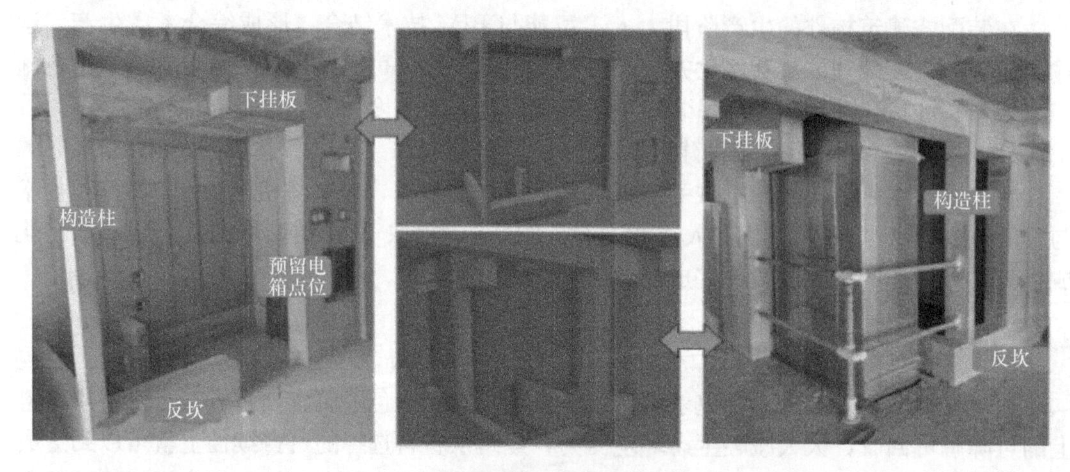

图 25-17　标准层预制构件拆分对比图

2. 施工阶段

(1) 装配式技术管理

传统施工技术交底多为纸质版交底，效率低且不形象具体，本项目基于装配式施工的模式，为提高施工质量，对装配式施工的各种工艺进行工艺动画模拟交底，更加形象，质量控制点更加清晰，也能推广应用到类似施工工艺的项目上。另外，对装配式构件中复杂的节点进行深化，并进行三维可视化的形象交底，避免出现施工质量问题（图 25-18）。

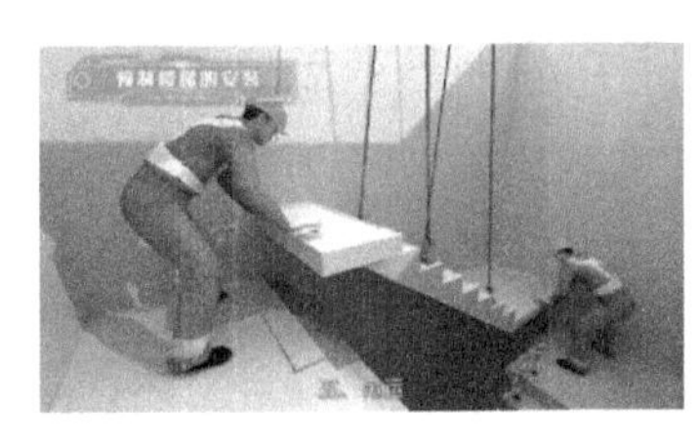

图 25-18　施工工艺模拟

（2）装配式质量管理

为提高装配式构件质量管理水平，使用公司自主研发的装配式施工管理系统来追踪构件的进场验收、安装进度、施工质量等。比如构件进场验收时发现轻微质量缺陷，验收负责人在系统内发布预警信息，经构件驻厂人员确认和修复后复检，复检合格则更新检查验收记录，消除预警信息构件转入后续环节，各环节责任人在系统内录入和更新构件检查和处理情况信息，从而将构件质量管理过程保持为一套完整的可追溯化管理电子档案。

（3）装配式进度管理

项目工期紧任务重，主要通过进度管理平台及进度模拟动画跟踪管理施工进度，在进度管理平台中，通过将施工进度字符信息转换为直观的颜色模型信息，根据构件颜色反应施工进度，在进度模拟动画中，会将施工形象进度和施工时间联系在一起，从而直观、清晰地把握建筑施工进度，为构件生产、运输计划和纠偏提供决策条件（图 25-19、图 25-20）。

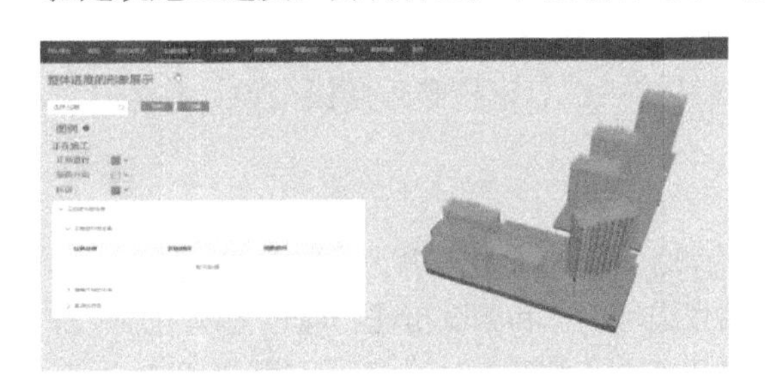

图 25-19　进度管理平台

图 25-20　进度模拟动画

3. BIM＋智慧工地应用

（1）数字建造平台

项目采用中建三局自主研发的数智建造平台，打造集全景监控、物料管理、劳务管理等于一体的项目管理平台，实现对项目人机料环的精细化管理。

（2）VR、MR 技术

利用 BIM＋VR 技术建立交互体验模型，方便项目管理人员和业主更清晰地了解项目建成后的效果。利用 VR 技术“身临其境”感受危险，加深印象，覆盖各工况下可能出现的安全风险，重复、高效化的安全教育。利用 BIM＋MR 技术建立三维全息影像视频，模拟还原项目建设过程与建设各阶段数据情况，并通过 BIM＋二维码技术实现移动端轻量化施工管理。

（3）AI 视频监控

为对施工人员精细化管理，在工地各出入口安装“电子哨兵”，刷脸直接高效识别人员信息，结合“两制”系统、同步考勤，并通过安装AI视频监控对人员安全帽、反光背心等穿着不规范行为进行识别并预警。

(4) 智慧巡检系统

“检到位”智慧巡检系统由我司自主研发（专利），使施工电梯、爬架等大型设备检查、维保、整改落地。该系统利用物联网+云服务+标准化+大数据措施，在进行大型设备检查时检查人员必须到指定点位方可识别打卡，各点位检查完毕后根据检查结果各点位会显示不同颜色，直至全部整改合格方可显示为合格色，系统后台能清晰描绘作业者作业轨迹和内容，使各方能直观掌握大型设备安全状态。

5.2 杭州阿里巴巴西溪五期项目

5.2.1 项目概况

阿里巴巴西溪五期项目施工总承包工程是集行政管理、科技研发、企业运营为一体的特大型智慧建筑，建成后将成为阿里巴巴全球总部大楼。

5.2.2 项目BIM应用实施情况

1. 设计阶段

(1) 图纸检查

项目工程体量大，传统模式核对图纸问题工作量较大，现依据图纸进行三维模型搭建，利用BIM的三维可视化特点进行模型检查核对，查找原土建图纸结构梁标注缺失、空间不封闭、升降板位置不合理、门与结构冲突，建筑与结构冲突等问题1835处，然后按照图纸审查样板进行归档存储，由深化设计团队统一汇总审核整理并提交设计院进行复核修改，提高工程质量。

(2) 脚手架优化

由于项目采用的是盘扣脚手架并且立杆间距有300、600、900、1200四种类型，市面上的插件并不能满足项目需求。运用Dynamo可视化编程进行节点和脑图搭建，通过更改节点构件类型进行不同类型构件快速创建，减少大量重复性工作，节约建模时间11天（图25-21）。

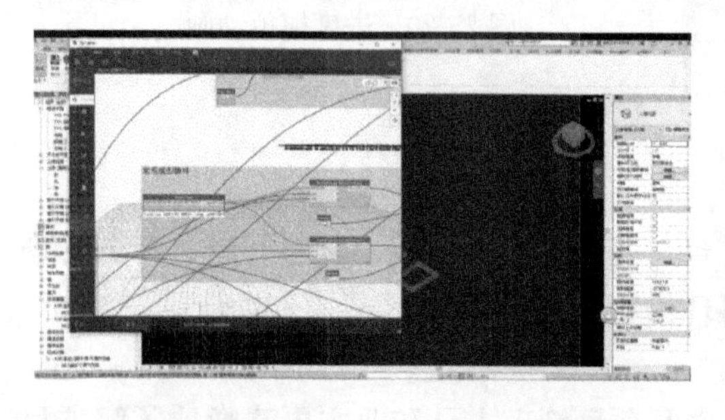

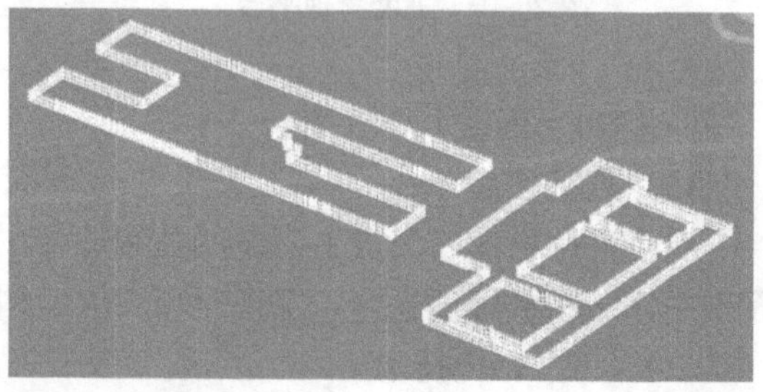

图25-21 可视化编程

(3) 净空分析

发挥BIM三维可视化以及参数化优势对结构模型进行净高分析，输出项目专属净空报告。对出现异常报告位置进行查看、调整，累计处理净空问题3330条。

2. 施工准备阶段

(1) 管理平台

应用自主研发的智慧工地管理平台对项目工程进度、物料管理、劳务管理、安全管理、质量管理等方面进行全方位、全过程监督管控，实现全透明施工。定制模块对接业主、政府平台进行展示，实现“足不出户”即可知项目事。

（2）进度管理

进度计划总控管理员在PC端进行总进度计划导入并进行计划与模型关联，随后通过对施工进度计划修改维护更新现场实际进度完成情况；超级管理员对项目人员进行账户身份管理后，项目人员可以在手机App端进行对应身份的信息维护和更新；网页端可进行人员身份指定以及项目信息更新并进行整体查看项目信息。三个操作平台互联综合、全面管控施工进度以及质量安全。

（3）督办小程序

运用信息化手段结合现场工作制定工作计划，督办小程序自动发送工作开始以及工作截止前提醒。自动编制周计划、月计划，并且可以导出工作完成情况，为下一步制作工作计划提供可靠的参考资料。

3. 施工阶段

（1）无人机应用

针对项目场地占地面积较大，现场工况复杂，为了更为直观地了解和记录各个阶段的现场施工情况采用了日常航拍（835次）、全景航拍（26次）、实景建模（5次）三种模式。日常航拍记录重点区域施工情况，全景航拍用于阶段场地变化，实景建模用于表现里程碑节点项目形象进度，现场工况复杂，变化频繁，传统的文档资料难以全面记录现场变化，以文档资料为主影像资料为辅更为全面地记录现场变化（图25-22、图25-23）。

图25-22　局部拍摄

图25-23　实景拍摄

（2）工程推演

项目总工期较长，项目工况繁多，施工道路边以及堆场等变化比较频繁，为了更直观地进行表述项目工况和场地变化，进行了三维工程场地推演12次，对现场进行三维交底和指导。

（3）桩基施工进度模拟

通过桩位平面布置图进行桩位生成，然后根据勘察报告绘制相应的地质模型，运用桩基工程插件依据设计说明和地质模型进行桩身长度自动判定生成，现场桩位较多，并且种类繁多，现开发了自动编号的插件对工程桩围护桩进行批量编号，并将桩号用于桩基小程序挂接，并且对桩施工进行了进度模拟。

（4）机电综合管线排布

机电BIM团队使用Revit软件对制冷机房、消防水泵房和给水泵房进行深化调整，在不影响系统使用的前提下，使之经济合理，简洁美观。将管道系统及泵组划分成各个模块单元，并进行编码，将深化设计完成的机房预制分解图下发给加工厂进行预制加工，根据图纸编码赋予各模块单元唯一二维码，并将加工好的管段或者模块运送至项目，根据拼装图纸进行高效有序地拼装。机房设备集中、空间大且规整，预制装配条件成熟。采用预制装配技术，可提前预制、缩短机房工期，实现质量创优（图 25-24）。

图 25-24 机电管综模型与现场对比

5.3 福建省妇产医院项目

5.3.1 工程概况

项目总建筑面积 176777.68m²，项目地下 2 层，地上最高 16 层，作为福建省第一个省级公立三甲妇产专科医院，被列入“十三五”期间省属重点建设项目、全省百个重中之重项目、省政府立项挂牌办理事项，肩负着全省妇产科医学发展的重任。

5.3.2 BIM 技术集成应用

1. 设计阶段应用

（1）无人机查勘规划

根据福建建工工程集团有限公司发明专利技术《一种基于 BIM+GIS 技术的施工场地空间虚拟施工方法》，在项目开工前利用无人机航拍测绘，建立倾斜摄影模型并生成等高线数据及场地原始标高示意图，按比例叠合施工平面图，具象化分析场地地形地貌及周边建筑道路，辅助现场踏勘（图 25-25、图 25-26）。

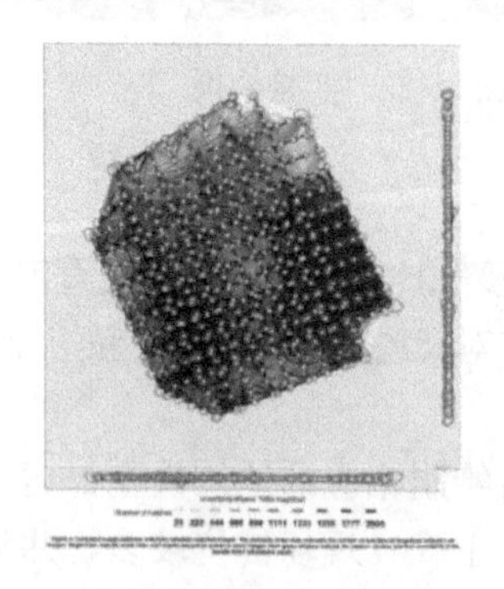

图 25-25 群体作业模拟

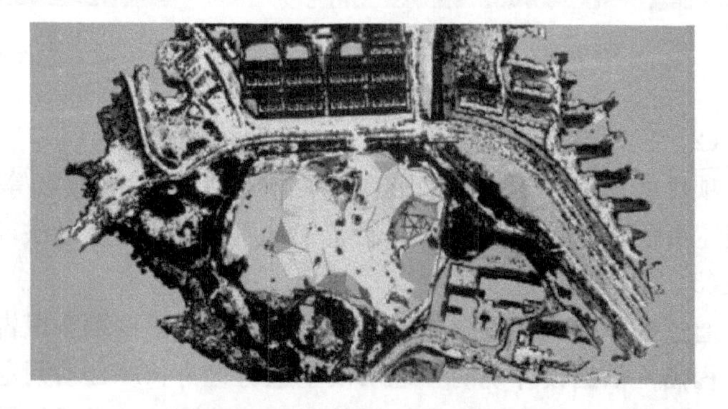

图 25-26 BIM+GIS 模型

（2）桩基础施工优化模拟

利用 BIM 技术对桩基施工过程进行模拟，采用附着方式设置桩基进入持力层长度，将基础桩分布嵌入持力层，形成可随地层起伏变化的项目桩基模型，结合工程算量，优化基础数量与选型。项目经多方核验确认取消原桩基础改为筏板基础，且将项目底板、正负零抬高 2m，约节约工期 2 个月（图 25-27、图 25-28）。

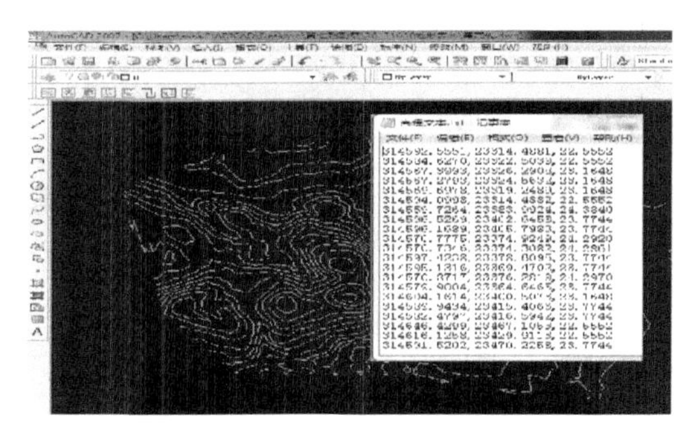

图 25-27　数据提取图

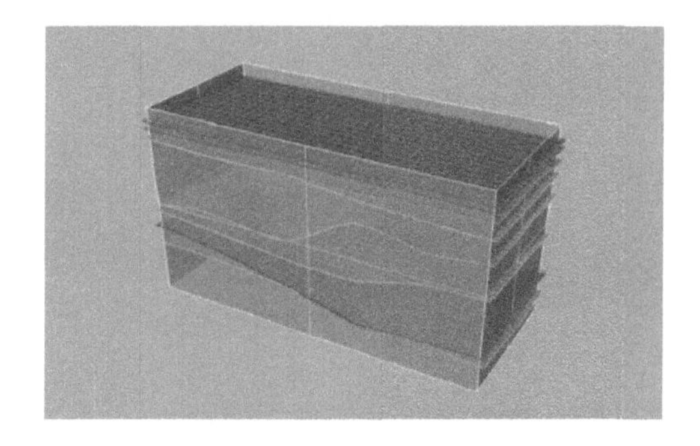

图 25-28　三维地质模型

（3）基坑土方算量

在项目基坑施工阶段，根据项目施工图建立基坑支护模型、地质报告建立 BIM 地质模型，结合两模型能够准确地计算项目地的土石方计划开挖、回填的工程量。

2. 施工深化应用

（1）利用 BIM 技术提高盘扣式模板支撑架一次安装合格点率

通过对末端因素逐一验证，项目质量控制小组认为造成盘扣式模板支撑架一次安装合格点率较低，问题的主要原因有以下两点：分部位进行架体排底，不同部位交接处存在排布盲区；技术交底方式单一，通过 CAD 图纸进行交底不够生动。项目质量控制活动小组使用 BIM 软件对进行一体化建模、使用 BIM 软件生成的三维立体图像进行深入交底（图 25-29、图 25-30）。

图 25-29　主次龙骨

图 25-30　梁底斜拉杆

（2）样板间装饰

基于创建多处标准区域样板间装饰模型，发现并解决装修造型、机电末端设施定位问题，并导出图纸及 360°全景图交予现场施工人员进行现场施工参考，理解设计意图，便于施工。

（3）机房优化

机房深化包括设备基础定位、管线排布、机房设备整体布局、支吊架布置设计等，确保设备安装布局合理、管阀件竖向高度一致、管线布置成排成线等，并进行可视化交底。机房管线综合深化完成后，对设备管线安装，根据公司 BIM 出图标准，对管道、管件等安装间距进行尺寸标注，并辅以设计参数信息说明，输出剖面大样图（图 25-31、图 25-32）。

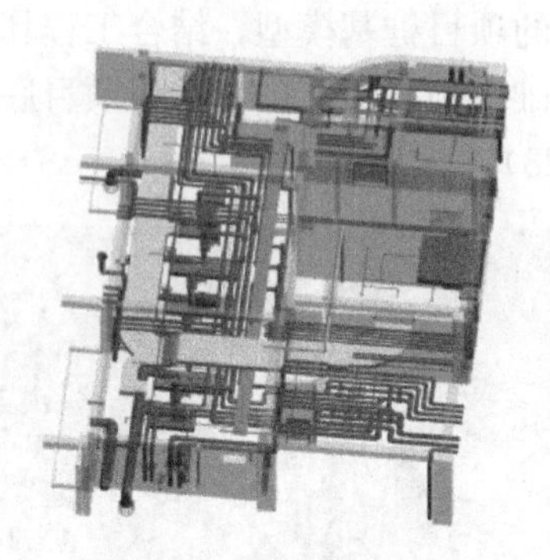

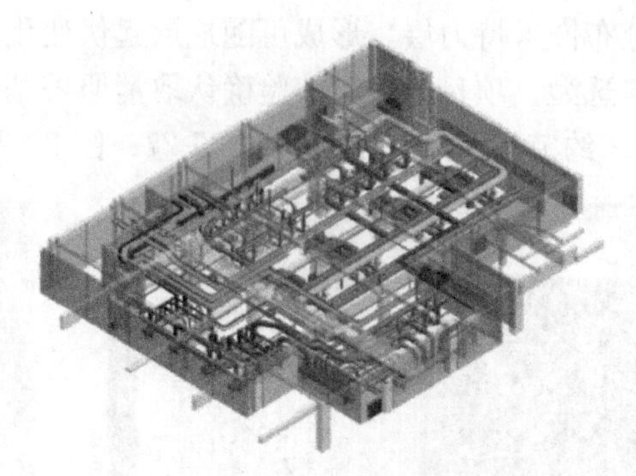

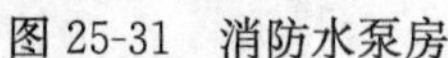

图 25-31　消防水泵房　　　　图 25-32　冷冻机房

（4）快速逆向采集建模技术

项目中曲面造型施工段，结构跨度大、面砖多、悬挑钢梁尺寸大、数量多，导致装修阶段钢梁周边墙面砖的切割拼装受限，现场无法下料施工的情况下。现场利用毫米级的拓扑方式逆向扫描，定位钢梁和面砖，将真实环境复刻，导入 BIM 软件优化面砖尺寸切割。